Wissenschaftlicher Beirat der Bundesregierung
Globale Umweltveränderungen

Jahresgutachten 1994

Welt im Wandel: Die Gefährdung der Böden

Mitglieder des Wissenschaftlichen Beirats der Bundesregierung Globale Umweltveränderungen

(Stand: 1. Juni 1994)

Prof. Dr. Friedrich O. Beese
  Agronom: Direktor des Instituts für Bodenkunde und Waldernährung an der Universität Göttingen

Prof. Dr. Hartmut Graßl (Vorsitzender)
  Physiker: Direktor des Max-Planck-Instituts für Meteorologie in Hamburg

Prof. Dr. Gotthilf Hempel
  Fischereibiologe: Direktor des Zentrums für Marine Tropenökologie an der Universität Bremen

Prof. Dr. Paul Klemmer
  Ökonom: Präsident des Rheinisch-Westfälischen Instituts für Wirtschaftsforschung in Essen

Prof. Dr. Lenelis Kruse-Graumann
  Psychologin: Schwerpunkt „Ökologische Psychologie" an der Fernuniversität Hagen

Prof. Dr. Karin Labitzke
  Meteorologin: Institut für Meteorologie der Freien Universität Berlin

Prof. Dr. Heidrun Mühle
  Agronomin: Projektbereich Agrarlandschaften am Umweltforschungszentrum Leipzig-Halle

Prof. Dr. Hans-Joachim Schellnhuber
  Physiker: Direktor des Potsdam-Institut für Klimafolgenforschung

Prof. Dr. Udo Ernst Simonis
  Ökonom: Forschungsschwerpunkt Technik – Arbeit – Umwelt am Wissenschaftszentrum Berlin

Prof. Dr. Hans-Willi Thoenes
  Technologe: Rheinisch-Westfälischer TÜV in Essen

Prof. Dr. Paul Velsinger
  Ökonom: Leiter des Fachgebiets Raumwirtschaftspolitik an der Universität Dortmund

Prof. Dr. Horst Zimmermann (Stellvertretender Vorsitzender)
  Ökonom: Abteilung für Finanzwissenschaft an der Universität Marburg

Wissenschaftlicher Beirat der Bundesregierung
Globale Umweltveränderungen

Welt im Wandel: Die Gefährdung der Böden

Jahresgutachten 1994

Economica Verlag

Danksagung:

Als externe Stellungnahmen flossen Ausarbeitungen und Korrekturen von

Prof. Dr. Hans-Peter Blume, Prof. Rainer Horn und Prof. Jürgen Lamp
(Institut für Pflanzenernährung und Bodenkunde der Universität Kiel;
die Autoren wurden bei der Abfassung
seitens der Deutschen Bodenkundlichen Gesellschaft, DBG, beraten),

Frau Dipl.-Pol. Birga Dexel (Wissenschaftszentrum Berlin),

Herrn Josef Herkendell (Ministerium für Umwelt, Raumordnung und Landwirtschaft
des Landes Nordrhein-Westfalen),

Prof. Dr. Hermann Waibel und Artur Runge-Metzger unter Mitarbeit von Gerd Fleischer, Adam Koziolek und
Sunday Oladeji (Institut für Agrarökonomie der Universität Göttingen) und

Dr. Roland Weiß (Dritte Welt Haus, Bielefeld)

in das Jahresgutachten 1994 des Wissenschaftlichen Beirats Globale Umweltveränderungen ein.
Der Beirat dankt für die wertvolle Hilfe.

Die Deutsche Bibliothek – CIP-Einheitsaufnahme

Welt im Wandel: die Gefährdung der Böden /
Wissenschaftlicher Beirat der Bundesregierung Globale Umweltveränderungen. –
Bonn : Economica Verl., 1994
(Jahresgutachten ... ; 1994)
ISBN 3-87081-334-2

© 1994 Economica Verlag GmbH, Bonn
Alle Rechte vorbehalten.
Nachdruck, auch auszugsweise, nur mit Genehmigung des Verlags gestattet.

Umschlagfoto:
Satellitenaufnahme von Zentral-Florida, USA.
Abdruck mit freundlicher Genehmigung von EOSAT, Lanham, Maryland, USA.

Umschlaggestaltung:
Dieter Schulz

Satz:
Atelier Frings GmbH, Bonn

Druck:
Paderborner Druck Centrum, Paderborn

Papier:
Hergestellt aus 100 % Altpapieranteilen ohne optische Aufheller.

ISBN 3-87081-334-2

Inhaltsübersicht

A	**Kurzfassung – Welt im Wandel: Die Gefährdung der Böden**	1
B	**Einleitung**	12
C	**Standardteil: Ausgewählte Aspekte globaler Umweltveränderungen**	13
1	Aktuelle Entwicklungen	13
1.1	Kohlenstoffkreislauf	13
1.2	Stratosphärischer Ozonabbau	14
1.3	Fortentwicklung der Globalen Umweltfazilität	16
1.4	Regelungsinstrumente für die „Klimarahmenkonvention": Beispiel *Joint Implementation*	19
1.5	Ein Beitrag zur „Konvention über die biologische Vielfalt": Beispiel CITES	27
1.6	Das Konzept der „Konvention zur Desertifikationsbekämpfung"	35
2	Zur Struktur der deutschen Forschung zum globalen Wandel	38
D	**Schwerpunktteil: Die Gefährdung der Böden**	41
1	Übergreifende Fragestellungen	41
1.1	Einleitung	41
1.2	Globale Analyse der Belastbarkeit und Tragfähigkeit von Böden	59
1.3	Ursachen und Folgen der Bodendegradation	82
1.3.1	Natur- und Anthroposphäre in ihren Wechselbeziehungen mit den Böden	82
1.3.2	Bodenzentriertes globales Beziehungsgeflecht	144
1.3.3	Hauptsyndrome der Bodendegradation	154
2	Zwei regionale Fallbeispiele der Bodendegradation	189
2.1	Fallbeispiel Großraum „Sahel"	189
2.2	Fallbeispiel Ballungsraum „Leipzig-Halle-Bitterfeld"	216
3	Forschungsempfehlungen zum Schwerpunktteil	226
4	Handlungsempfehlungen zum Schwerpunktteil	230
E	**Literaturangaben**	236
F	**Akronyme**	252
G	**Glossar**	253
H	**Der Wissenschaftliche Beirat**	260
I	**Der Errichtungserlaß des Beirats**	261

Inhaltsverzeichnis

Inhaltsübersicht	V
Verzeichnis der Abbildungen	X
Verzeichnis der Tabellen	XII
Verzeichnis der Kästen	XIV

A   Kurzfassung – Welt im Wandel: Die Gefährdung der Böden 1

B   Einleitung 12

C   Standardteil: Ausgewählte Aspekte globaler Umweltveränderungen 13

1   Aktuelle Entwicklungen 13
1.1   Kohlenstoffkreislauf 13
1.2   Stratosphärischer Ozonabbau 14
1.3   Fortentwicklung der Globalen Umweltfazilität 16
1.3.1   Entstehung und Aufgabe der GEF 16
1.3.2   Vom Pilotprogramm zum Finanzierungsinstrument der Konventionen 17
1.3.3   Bewertung von GEF II 18

1.4   Regelungsinstrumente für die „Klimarahmenkonvention": Beispiel *Joint Implementation* 19
1.4.1   *Joint Implementation* in der „Klimarahmenkonvention" 19
1.4.2   Anwendungsvoraussetzungen der *Joint Implementation* 20
1.4.2.1   Suchkosten, Transaktionskosten und Kontrollkosten 21
1.4.2.2   Einbeziehung von Entwicklungs- und Transformationsländern 24
1.4.2.3   Übergang zu einem globalen Zertifikatesystem 25
1.4.2.4   *Joint Implementation* als Element einer umfassenden Klimaschutzstrategie 25
1.4.3   Handlungsvorschläge 26

1.5   Ein Beitrag zur „Konvention über die biologische Vielfalt": Beispiel CITES 27
1.5.1   Kurzbeschreibung der Problematik 27
1.5.2   Ursachen und Lösungsansätze 28
1.5.2.1   Konstruktionsfehler und Schwachpunkte 28
1.5.2.2   „Berner" versus „Kyoto" Kriterien 29
1.5.2.3   *Sustainable use* als artenschutzpolitisches Konzept 30
1.5.2.4   Quotenregelungen 31
1.5.2.5   Vollzugsprobleme 31
1.5.2.6   Positivliste 31
1.5.2.7   CITES: ein Forum der Nord-Süd-Kooperation? 32
1.5.3   Bewertung 32
1.5.4   Handlungsvorschläge 34

1.6   Das Konzept der „Konvention zur Desertifikationsbekämpfung" 35
1.6.1   Entstehungsgeschichte 35
1.6.2   Konsensbereiche 36
1.6.3   Konfliktbereiche 36
1.6.4   Handlungsvorschläge 37

2   Zur Struktur der deutschen Forschung zum globalen Wandel 38
2.1   Interdisziplinarität 38

2.2	Internationale Verflechtung	39
2.3	Problemlösungskompetenz	40

D   Schwerpunktteil: Die Gefährdung der Böden — 41

1   Übergreifende Fragestellungen — 41

1.1   Einleitung — 41

1.1.1	Mensch und Böden	41
1.1.2	Böden und Bodendegradation	43
1.1.2.1	Bodenfunktionen	44
1.1.2.2	Böden als verletzbare Systeme	49
1.1.2.3	Bodendegradation	49

1.2   Globale Analyse der Belastbarkeit und Tragfähigkeit von Böden — 59

1.2.1	Ökologische Grenzen der Belastbarkeit	59
1.2.2	Ökonomische Bewertung der Bodenbelastung	67
1.2.3	Bodennutzung, Tragfähigkeit, Nahrungsversorgung	71

1.3   Ursachen und Folgen der Bodendegradation — 82

1.3.1	Natur- und Anthroposphäre in ihren Wechselbeziehungen mit den Böden	82
1.3.1.1	Atmosphäre und Böden	82
1.3.1.1.1	Einwirkungen einer anthropogen veränderten Atmosphäre auf die Böden	82
1.3.1.1.2	Auswirkungen einer Ausweitung und Intensivierung der Landwirtschaft auf die Atmosphäre	91
1.3.1.2	Hydrosphäre und Böden	92
1.3.1.2.1	Anthropogene und natürliche Prozesse	93
1.3.1.2.2	Systemare Wechselwirkungen	98
1.3.1.2.3	Internationale Regelungen	99
1.3.1.3	Biosphäre und Böden	101
1.3.1.3.1	Landnutzungsänderungen und biologische Vielfalt	102
1.3.1.3.2	Landwirtschaft, Bodennutzung und biologische Vielfalt	102
1.3.1.3.3	Waldnutzung und Bodendegradation	104
1.3.1.4	Bevölkerung und Böden	108
1.3.1.4.1	Zur demographischen Entwicklung	108
1.3.1.4.2	Intra- und internationale Wanderungen, Urbanisierung	109
1.3.1.4.3	Bevölkerungswachstum und die Tragfähigkeit der Böden	109
1.3.1.4.4	Der subjektive Bedarf an Nutzfläche	110
1.3.1.4.5	Nachhaltige Auswege?	110
1.3.1.4.6	Erfassungsprobleme des Flächenverbrauchs	111
1.3.1.4.7	Regionalisierung und Spezifizierung des Flächenbedarfs	111
1.3.1.4.8	Der Mindestbedarf an Nutzfläche	112
1.3.1.4.9	Regionalisierung der Mindestanforderungen	113
1.3.1.5	Wirtschaft und Böden	114
1.3.1.5.1	Dezentrale Koordination globaler Bodenfunktionen?	114
1.3.1.5.2	Folgerungen bezüglich eines globalen Handlungsbedarfs	118
1.3.1.6	Institutionen und Böden	125
1.3.1.6.1	Institutionelle Ursachen einer defizitären Allokation globaler Bodenfunktionen – Innerstaatliche Regelungen	125
1.3.1.6.2	Institutionelle Ursachen einer defizitären Allokation globaler Bodenfunktionen – Internationale Regelungen	126
1.3.1.7	Psychosoziale Sphäre und Böden	133
1.3.1.7.1	Bedeutung von Boden für menschliches Erleben und Verhalten	133
1.3.1.7.2	Menschliche Wahrnehmung von Boden	135

1.3.1.7.3	Menschliche Wertschätzung von Boden	138
1.3.1.7.4	Bodendegradation und menschliches Verhalten	141
1.3.2	**Bodenzentriertes globales Beziehungsgeflecht**	**144**
1.3.3	**Hauptsyndrome der Bodendegradation**	**154**
1.3.3.1	Wandel in der traditionellen Nutzung fruchtbarer Böden: Das „Huang-He-Syndrom"	155
1.3.3.2	Bodendegradation durch industrielle Landwirtschaft: Das „Dust-Bowl-Syndrom"	158
1.3.3.3	Überbeanspruchung marginaler Standorte: Das „Sahel-Syndrom"	161
1.3.3.4	Konversion bzw. Übernutzung von Wäldern und anderer naturnaher Ökosysteme: Das „Sarawak-Syndrom"	164
1.3.3.5	Fehlplanung landwirtschaftlicher Großprojekte: Das „Aralsee-Syndrom"	166
1.3.3.6	Ferntransport von Nähr- und Schadstoffen: Das „Saurer-Regen-Syndrom"	169
1.3.3.7	Lokale Kontamination, Abfallakkumulation und Altlasten: Das „Bitterfeld-Syndrom"	171
1.3.3.8	Ungeregelte Urbanisierung: Das „São-Paulo-Syndrom"	174
1.3.3.9	Zersiedelung und Ausweitung von Infrastruktur: Das „Los-Angeles-Syndrom"	176
1.3.3.10	Bergbau und Prospektion: Das „Katanga-Syndrom"	179
1.3.3.11	Bodendegradation durch Tourismus: Das „Alpen-Syndrom"	181
1.3.3.12	Bodendegradation infolge militärischer Einwirkungen: Das „Verbrannte-Erde-Syndrom"	184
1.3.3.13	Syndromübergreifende Handlungsempfehlungen	187
2	**Zwei regionale Fallbeispiele der Bodendegradation**	**189**
2.1	**Fallbeispiel Großraum „Sahel"**	**189**
2.1.1	Natur- und sozialräumliche Einführung	189
2.1.2	Nomadismus und Übernutzung der Böden	196
2.1.2.1	Traditionelle nomadische Lebensweise	196
2.1.2.2	Wandel der traditionellen Lebensweise	197
2.1.2.2.1	Veränderungen des Landnutzungsrechts	197
2.1.2.2.2	Destabilisierung der traditionellen Lebensweise	199
2.1.2.2.3	Zurückdrängung der Nomaden durch seßhafte Viehhalter	200
2.1.2.2.4	Zurückdrängung der Nomaden durch Ackerbau	200
2.1.2.2.5	Internationale Einflüsse auf die nomadische Viehhaltung	200
2.1.2.3	Folgen für die Böden	203
2.1.3	Subsistenzfeldbau und Übernutzung der Böden	203
2.1.3.1	Traditionelle Feldbausysteme	203
2.1.3.2	Wandel der traditionellen Feldbausysteme	205
2.1.3.2.1	Agrarpolitische Einflüsse	205
2.1.3.2.2	Internationale Einflüsse auf den Subsistenzfeldbau	206
2.1.3.2.3	Destabilisierung der traditionellen Lebensweise	207
2.1.3.3	Folgen für die Böden	207
2.1.4	Cash-Crop-Anbau und Übernutzung der Böden	208
2.1.4.1	Internationale Einflüsse auf den Cash-Crop-Anbau	208
2.1.4.2	Konsequenzen des Cash-Crop-Anbaus	210
2.1.4.3	Folgen für die Böden	211
2.1.5	Migration im Sahel	211
2.1.6	Mögliche Lösungsansätze	213
2.1.6.1	Syndrombezogene Handlungsempfehlungen	214
2.1.6.1.1	Nomadismus	214
2.1.6.1.2	Subsistenzfeldbau	215
2.1.6.1.3	Cash-Crop-Anbau	215
2.2	**Fallbeispiel Ballungsraum „Leipzig-Halle-Bitterfeld"**	**216**
2.2.1	Naturräumliche Situation	216
2.2.2	Ökonomische und soziale Situation	217

2.2.3	Belastung der Böden	219
2.2.4	Mögliche Lösungsansätze	223
3	**Forschungsempfehlungen zum Schwerpunktteil**	226
3.1	Bodenforschung und globaler Wandel	226
3.2	Globale Bodeninventur	226
3.3	Lebensraumfunktion	227
3.4	Regelungsfunktion	227
3.5	Nutzungsfunktion	228
3.6	Kulturfunktion	228
4	**Handlungsempfehlungen zum Schwerpunktteil**	230
4.1	Vorbemerkung	230
4.2	Weltweite Sicherung der Ernährung	231
4.2.1	Leitlinie	231
4.2.2	Handlungsempfehlungen	231
4.3	Berücksichtigung der Lebensraumfunktion bei der Ernährungssicherung	232
4.3.1	Die andere Problemlage	232
4.3.2	Handlungsempfehlungen	232
4.4	Bevölkerungsdruck und Bodendegradation	233
4.5	Auf dem Wege zu internationalen Regelungen	233
4.5.1	Die richtigen Akzente setzen	233
4.5.2	Die Vielfalt der Bodenproblematik beachten	234
4.5.3	Internationale Regelungen schaffen	234
E	**Literaturangaben**	236
F	**Akronyme**	252
G	**Glossar**	253
H	**Der Wissenschaftliche Beirat**	260
I	**Der Errichtungserlaß des Beirats**	261

Abbildungen

		Seite
Abbildung 1:	Ozonkonzentrationen im Sommer und Winter der Nordhemisphäre	15
Abbildung 2:	Weltbodenkarte mit Bodentypen	45
Abbildung 3:	Wassererosion: Erosivität der Niederschläge und Erodierbarkeit der Böden	53
Abbildung 4:	Bodenverdichtung	55
Abbildung 5:	Versauerung von Böden: Säureeintrag, bodeninterne Säurebildung und Pufferfähigkeit	56
Abbildung 6:	Bodennutzung in der Bundesrepublik Deutschland	58
Abbildung 7:	Welt-Bodendegradation	59
Abbildung 8:	Bewertungsschema	60
Abbildung 9:	Bewertungskonzept für Chemikalien in Böden	65
Abbildung 10:	Bausteine der integrierten volkswirtschaftlichen Umweltgesamtrechnung für den Themenbereich Böden	68
Abbildung 11:	Globale Verteilung der Netto-Primärproduktion im Jahre 1980, in g Kohlenstoff m^{-2} Jahr^{-1}	74
Abbildung 12:	Relative Agrarproduktivität	77
Abbildung 13:	Weltweite Entwicklung von landwirtschaftlicher Produktion, Bevölkerung und Produktion pro Kopf	78
Abbildung 14:	Nahrungsangebot in den Entwicklungsländern	78
Abbildung 15:	Einträge von Ammonium in Europa für das Jahr 1991: Modellergebnisse	83
Abbildung 16:	Überschreitung der kritischen Belastungswerte von Ökosystemen am Beispiel von Säurefrachten	87
Abbildung 17:	Einträge von Quecksilber in Europa für das Jahr 1988: Modellergebnisse	89
Abbildung 18:	Jährlicher Wasserverbrauch in m^3 je Einwohner, ausgewählte Länder	94
Abbildung 19:	Ertragsabfall auf tropischen Waldböden	108
Abbildung 20:	Geschätzte Entwicklung der landwirtschaftlichen Nutzfläche pro Kopf	110
Abbildung 21	Lehrtafeln für Schulkinder in Santa Marta, Costa Rica, über Bodendegradation	141
Abbildung 22:	Beispiel für eine Auswirkungsgarbe	144
Abbildung 23:	Beispiel für eine summarische Einwirkungsgarbe	145
Abbildung 24:	Beispiel für eine synergistische Einwirkungsgarbe	145
Abbildung 25:	Bodenzentriertes globales Beziehungsgeflecht: Einwirkungen	146

Abbildung 26:	Bodenzentriertes globales Beziehungsgeflecht: Auswirkungen	147
Abbildung 27:	Beispiel zur globalen Kritikalitätsanalyse. Nutzflächendefizit im Jahr 2000	149
Abbildung 28:	Beispiel zur globalen Kritikalitätsanalyse. Nutzflächendefizit im Jahr 2025	150
Abbildung 29:	Ausgewählte Teilvernetzungen mit positivem Feedback (Teufelskreise): Expansionsschleife, Landfluchtschleife, Intensivierungsschleife	152
Abbildung 30:	Teilgeflecht von Trendbeziehungen	153
Abbildung 31:	Wirkungsmuster	153
Abbildung 32:	Hauptsyndrome der anthropogenen Bodendegradation	154
Abbildung 33:	Syndromspezifisches Beziehungsgeflecht: Huang-He-Syndrom	156
Abbildung 34:	Syndromspezifisches Beziehungsgeflecht: Dust-Bowl-Syndrom	159
Abbildung 35:	Syndromspezifisches Beziehungsgeflecht: Sahel-Syndrom	162
Abbildung 36:	Syndromspezifisches Beziehungsgeflecht: Sarawak-Syndrom	165
Abbildung 37:	Syndromspezifisches Beziehungsgeflecht: Aralsee-Syndrom	167
Abbildung 38:	Syndromspezifisches Beziehungsgeflecht: Saurer-Regen-Syndrom	170
Abbildung 39:	Syndromspezifisches Beziehungsgeflecht: Bitterfeld-Syndrom	172
Abbildung 40:	Syndromspezifisches Beziehungsgeflecht: São-Paulo-Syndrom	175
Abbildung 41:	Syndromspezifisches Beziehungsgeflecht: Los-Angeles-Syndrom	177
Abbildung 42:	Syndromspezifisches Beziehungsgeflecht: Katanga-Syndrom	180
Abbildung 43:	Syndromspezifisches Beziehungsgeflecht: Alpen-Syndrom	182
Abbildung 44:	Syndromspezifisches Beziehungsgeflecht: Verbrannte-Erde-Syndrom	185
Abbildung 45:	Niederschläge im Sahel	191
Abbildung 46:	Bodendegradation im Sahel	193
Abbildung 47:	Viehbestände in ausgewählten Sahelländern	201
Abbildung 48:	Hauptpflanzkulturen in Mali	208
Abbildung 49:	Wanderungsbilanz westafrikanischer Staaten zwischen 1960 und 1990	212
Abbildung 50:	Die Bevölkerungsmobilität in Mali	212
Abbildung 51:	Bodendegradation in Mittel- und Osteuropa	220

Tabellen

		Seite
Tabelle 1:	Ausgaben der GEF nach Aufgabenbereichen in der Pilotphase	17
Tabelle 2:	Beiträge des GEF Trust Fund in Mio. US-$	18
Tabelle 3:	Energieverbrauch je Einheit des Bruttosozialprodukts in ausgewählten Ländern	20
Tabelle 4:	Haupt-Bodeneinheiten der Welt	46
Tabelle 5:	Globale Aufteilung des Degradationsgrades bei den Haupttypen der Bodendegradation in Mio. ha	50
Tabelle 6:	Typologie der Ursachen anthropogener Bodendegradation in Mio. ha	51
Tabelle 7:	Typen und Ursachen der Bodendegradation in Mio. ha	51
Tabelle 8:	Globale und kontinentale Verbreitung der Acker-, Weide- und Waldflächen, der degradierten Böden sowie deren prozentuale Anteile an den jeweiligen Gesamtflächen in Mio. ha	52
Tabelle 9:	Kostenfaktoren der Bodenbelastung durch globale Umweltveränderungen	71
Tabelle 10:	Emissionen von NH_3, NO_x und SO_2: a) global, b) in ausgewählten europäischen Ländern	84
Tabelle 11:	Einträge von NH_4, NO_3 und SO_4 (Gesamteintrag = nasse und trockene Deposition)	84
Tabelle 12:	Gesamteinträge von Cd, Pb und Hg in verschiedenen Ländern	88
Tabelle 13:	Typische Gehalte verschiedener Schwermetalle in Böden, in Niederschlägen und in der Luft	90
Tabelle 14:	Methanquellen. Angaben in Tg C Jahr^{-1}	92
Tabelle 15:	Beispiele internationaler Regelungen zum Thema Böden und Gewässer	99
Tabelle 16:	Regelungen der Europäischen Union zum Thema Böden und Gewässer	100
Tabelle 17:	Ermittlung der verfügbaren und erforderlichen landwirtschaftlichen Nutzflächen (LwN) pro Kopf, in ha	113
Tabelle 18:	Kontinentaler bzw. regionaler Nutzflächenbedarf für die Jahre 2000 und 2025	114
Tabelle 19:	Ansprüche an Bodenfunktionen und globale Veränderungen aus ökonomischer Sicht	119
Tabelle 20:	Regional disaggregierte Analyse der Inanspruchnahme von Bodenfunktionen aus ökonomischer Sicht	121
Tabelle 21:	Taxonomie bodenbezogenen Verhaltens	142
Tabelle 22:	Übergreifende Handlungsempfehlungen für die Syndrome der Bodendegradation	187
Tabelle 23:	Klima- und Vegetationszonen	192
Tabelle 24:	Bevölkerungszahlen (in Mio.) für die Schwerpunktregion im Sahel	194

Tabelle 25:	Flächenaufteilung im Ballungsraum „Leipzig-Halle-Bitterfeld", in ha	216
Tabelle 26:	Entwicklung der Arbeitslosigkeit im Ballungsraum „Leipzig-Halle-Bitterfeld" am Beispiel der MIBRAG	218
Tabelle 27:	Entwicklung der Bevölkerung im Ballungsraum „Leipzig-Halle-Bitterfeld"	218
Tabelle 28:	Metallkonzentrationen im „Welschen Weidelgras" aus dem Ballungsraum „Leipzig-Halle-Bitterfeld"	221
Tabelle 29:	Anzahl der Betriebe, der landwirtschaftlichen Nutzfläche und der durchschnittlich pro Betrieb bewirtschafteten Nutzfläche (1955–1992)	221

Kästen

		Seite
Kasten 1:	*Joint Implementation:* Förderung des bilateralen Systems als Interimslösung	23
Kasten 2:	Die *Convention on International Trade in Endangered Species of Wild Fauna and Flora* (CITES)	27
Kasten 3:	Der Schutz der Grünen Leguane in Costa Rica	30
Kasten 4:	Der internationale Handel mit Papageien: Beispiel Argentinien und Surinam	33
Kasten 5:	Weltbodenkarte	43
Kasten 6:	Gliederung der Bodenfunktionen	45
Kasten 7:	Kulturfunktion von Böden	48
Kasten 8:	Verteilung der Intensität und Ursachen der globalen Bodendegradation	57
Kasten 9:	Kritische Belastungswerte für Ökosysteme (*critical-loads*-Konzept)	61
Kasten 10:	Zur ökonomischen Bewertung der Bodendegradation	69
Kasten 11:	Maßstab der Tragfähigkeit: Standortgerechte, nachhaltige und umweltschonende Bodennutzung	75
Kasten 12:	Rahmenübereinkommen der Vereinten Nationen über Bodennutzung und Bodenschutz („Boden-Konvention")	81
Kasten 13:	Internationale Vereinbarungen zur Luftreinhaltung und Immissionsbegrenzung in Europa	85
Kasten 14:	Entwaldung und Bodendegradation in Costa Rica	105
Kasten 15:	Transaktionskosten sind Kosten	118
Kasten 16:	Bedeutungen von „Boden"	134
Kasten 17:	Die Bodenproblematik in der sozialwissenschaftlichen Umfrageforschung	137
Kasten 18:	Beispiele für die Wertschätzung von Boden in der Vergangenheit	138
Kasten 19:	Bodenbewußtsein: Ansätze zur Umwelterziehung in Costa Rica	139
Kasten 20:	Beispiel Landwirtschaft	143
Kasten 21:	Desertifikation	192
Kasten 22:	Bodendegradation im Sahel	195
Kasten 23:	Landnutzungsrechte	198
Kasten 24:	Der traditionelle Naturbegriff im Sahel	204

A Kurzfassung
Welt im Wandel: Die Gefährdung der Böden

1 Aufbau des Gutachtens

Das Jahresgutachten 1994 des Wissenschaftlichen Beirats der Bundesregierung Globale Umweltveränderungen ist in zwei Teile untergliedert. Im ersten Teil *(Standardteil)* werden neue Entwicklungen aus verschiedenen Bereichen globaler Umweltveränderungen vorgestellt und kommentiert. Neben Ergebnissen aus den Naturwissenschaften werden vor allem aktuelle Bezüge zu bereits verabschiedeten oder derzeit noch verhandelten internationalen Konventionen hergestellt.

Der zweite Teil des Gutachtens *(Schwerpunktteil)* behandelt die globale Gefährdung der Böden. Die Böden werden in ihrer Bedeutung für die Natur- und die Anthroposphäre auf der Basis bodenbezogener globaler Umwelttrends und ihrer Wechselwirkungen dargestellt. Böden bilden eine essentielle, bisher zu wenig beachtete Lebensgrundlage der Menschheit. In sehr unterschiedlicher Ausprägung führen menschliche Aktivitäten an vielen Stellen der Erde zu einer Degradation der Böden, die in graduellen Abstufungen von abnehmender Fruchtbarkeit bis zur unumkehrbaren Zerstörung reicht. Viele lokale Prozesse summieren sich zu einem globalen Umwelttrend, dem dringend mit politischen Maßnahmen begegnet werden muß.

Im Vorfeld einer noch 1994 abzuschließenden internationalen „Konvention zur Bekämpfung der Desertifikation" („*Wüsten-Konvention*") − einem ersten wichtigen Schritt − möchte der Beirat mit diesem Gutachten auf die wachsende, weltweite Gefährdung der Böden aufmerksam machen. Die langsame, für die menschlichen Sinne nur schwer wahrnehmbare Zerstörung der Böden hat bisher zu einer eher randständigen Behandlung dieses Themas in der Umweltdiskussion geführt. Der Bedrohung der Böden muß auf der umweltpolitischen Agenda eine deutlich höhere Bedeutung beigemessen werden: für das Schutzgut Boden müssen national wie international bessere rechtliche Rahmenbedingungen geschaffen werden.

2 Aktuelle Entwicklungen (Standardteil)

♦ Zum Kohlenstoffkreislauf und zum Ozonabbau

Von den weltweiten jährlichen Kohlenstoffemissionen aus der Nutzung fossiler Energieträger und der Verbrennung von Biomasse in Höhe von rund 6,8 Gigatonnen ist der Verbleib von 1,4 Gigatonnen weiterhin noch nicht geklärt. Verantwortlich dafür scheinen nicht marine, sondern terrestrische Senken zu sein, z.B. Holzzuwachs, erhöhte Humusbildung und auch erhöhte Biomassebildung. Der sogenannte CO_2-Düngeeffekt spielt wohl nur eine untergeordnete Rolle. Eine Stabilisierung der CO_2-Emissionen auf dem Niveau von 1990, wie in der „Klimarahmenkonvention" als erster Schritt für die Industrienationen vereinbart, würde auch noch nach dem Jahr 2100 einen wachsenden CO_2-Gehalt über die Verdopplung des vorindustriellen Wertes hinaus bedeuten. Das könnte zu einer weltweiten Temperaturerhöhung bis zu Werten führen, die in den vergangenen 200.000 Jahren nicht auftraten.

Die niedrigen Anstiegsraten der CO_2-Emissionen im Zeitraum 1991 bis 1993 (aber nicht mehr im 1. Quartal 1994) konnten bisher nicht völlig erklärt werden; die verminderten Emissionen in den Transformationsländern des ehemaligen Ostblocks können keinesfalls der alleinige Grund gewesen sein. Ein weiterer Grund für einen verringerten Anstieg ist sicherlich in der Abkühlung durch die stratosphärische Aerosolschicht als Folge des Pinatubo-Ausbruchs zu suchen. Die Ozonkonzentrationen erholten sich im Winter 1993/1994 zwar vom sogenannten „Vulkaneffekt" des Pinatubo-Ausbruchs, der Trend einer Ozonabnahme um 3% pro Dekade für den globalen Mittelwert scheint sich aber fortzusetzen.

◆ Die Globale Umweltfazilität

Im März 1994 einigten sich Industrie- und Entwicklungsländer über die Neustrukturierung der globalen Umweltfazilität *(Global Environmental Facility, GEF)* und die Wiederauffüllung auf rund 2 Mrd. US-$ für die Laufzeit von 1994 bis 1997. Das größte Geberland sind jetzt die USA mit 430 Mio. US-$, gefolgt von Japan mit 410 Mio. US-$ und Deutschland mit 240 Mio. US-$.

Es ist positiv hervorzuheben, daß trotz der schwierigen weltwirtschaftlichen Lage und der damit verbundenen angespannten Haushaltssituation in vielen Ländern der Weiterbestand der GEF gesichert werden konnte. Der Beirat hält angesichts der enormen Anstrengungen, die in den verschiedenen Bereichen des globalen Wandels erforderlich sind, eine weitere Aufstockung aber für unbedingt wünschenswert. Dies gilt vor allem dann, wenn Protokolle zu den vereinbarten Konventionen „Klima", „Biologische Vielfalt" und „Desertifikationsbekämpfung" konkretisiert und zu den Themen „Wald" und „Böden" neue Konventionen angestrebt werden sollten. Verstärkte Berücksichtigung für die GEF sollten in Zukunft die Einbeziehung der betroffenen Bevölkerung und die Zusammenarbeit mit nichtstaatlichen Organisationen erlangen. Das betrifft sowohl die Projektplanung und -umsetzung als auch die Entwicklung nationaler Strategien für eine nachhaltige Entwicklung der einzelnen Länder.

◆ Ein Instrument der „Klimarahmenkonvention": *Joint Implementation*

Die Unterzeichnerstaaten der „Klimarahmenkonvention" konnten sich 1992 noch nicht auf ein konkretes globales Reduktionsziel für CO_2 einigen. Eine konkrete Zielfestlegung wird möglicherweise auf der ersten Vertragsstaatenkonferenz vom 28.3. bis 7.4.1995 in Berlin vorgenommen. Damit wird auch die Auswahl und Ausgestaltung möglicher Instrumentarien zur Durchsetzung von Emissionsreduktionen akut. Das Konzept der *Joint Implementation* sieht vor, daß ein Signatarstaat sein Emissionsziel nicht *nur* durch Reduktion im eigenen Land, sondern *auch* durch die Finanzierung von Vermeidungsaktivitäten in anderen Ländern erfüllen kann; die in diesen Ländern erzielte Emissionsreduktion könnte dann entsprechend auf das eigene nationale Emissionsziel angerechnet werden.

Ohne sich darauf festzulegen, daß dieses Instrument schon zum Hauptinstrument einer globalen Strategie zur Treibhausgasreduktion wird, hält der Beirat seine Anwendung für unbedingt wünschenswert. Das Instrument bietet bei geschickter Ausgestaltung erhebliche Spielräume sowohl für die Reduzierung der ökonomischen Kosten als auch der ökologischen Belastungen. Im Hinblick auf eine möglichst breite Anwendung des Instruments empfiehlt der Beirat, eine supranationale Institution (beispielsweise das Sekretariat der „Klimarahmenkonvention") mit der Förderung und Verifizierung von *Joint-Implementation*-Projekten zu betrauen. Deutschland sollte die Anwendung des Instruments durch Beteiligung an bilateralen Pilotprojekten auf den Weg bringen; die entsprechende Koordinierungsaufgabe könnte z.B. dem Bundesumweltministerium übertragen werden.

◆ Ein Beitrag zur „Konvention über die biologische Vielfalt": CITES

Auch die Umsetzung der am 29. Dezember 1993 in Kraft getretenen „Konvention über die biologische Vielfalt" muß forciert werden. Die im Rahmen der ersten UN-Umweltkonferenz von Stockholm 1972 formulierte *„Convention on International Trade in Endangered Species of Wild Fauna and Flora"* (CITES) ist seit ihrem Inkrafttreten im Jahre 1975 das relevante Abkommen zur Kontrolle und Regulierung des internationalen Handels mit vom Aussterben bedrohten wildlebenden Tieren und wildwachsenden Pflanzen.

Bei der Konzeption von CITES wurde davon ausgegangen, daß sowohl exportierende als auch importierende Nationen ein Interesse daran haben, Tier- und Pflanzenarten auch in Zukunft als Ressource zu erhalten. Dementsprechend räumt das Abkommen den Vertragsstaaten selbst einen breiten Spielraum hinsichtlich der Auslegung und des Vollzugs der Bestimmungen ein. Ein grundlegender Schwachpunkt des CITES-Abkommens ist aber das Fehlen eindeutiger Definitionen und Einstufungsrichtlinien über die Schutzwürdigkeit von Arten.

In Deutschland ist der globale Artenschutz bisher weder ein zentrales Handlungsfeld noch ein wichtiger Forschungsbereich. Dies muß erstaunen angesichts der Tatsache, daß die Bundesrepublik als erster Staat der Europäischen Gemeinschaft CITES beigetreten war und bei der Umsetzung in nationales Recht strikte Artenschutzbestimmungen erließ. Der Beirat empfiehlt der Bundesregierung, diese „Vorreiterrolle" jetzt auch praktisch umzusetzen und global zu aktivieren. Ein wichtiger Schritt zum Erhalt der biologischen Vielfalt auf nationaler Ebene und ein international bedeutsames Signal wäre die Verabschiedung des derzeit auf Eis liegenden Entwurfs eines neuen Bundesnaturschutzgesetzes.

♦ Das Konzept der „Wüsten-Konvention"

Mehr als 25% der Landoberfläche der Erde und über 900 Mio. Menschen sind heute mehr oder weniger stark von Desertifikation betroffen. Im Rahmen der UN-Konferenz für Umwelt und Entwicklung in Rio de Janeiro 1992 (UNCED) wurde daher dieses Thema wieder in das Zentrum der politischen Diskussion gerückt. In Kapitel 12 der AGENDA 21 wird hierzu eine Reihe von möglichen Programmen beschrieben. Gleichzeitig wurde die Formulierung einer internationalen Konvention mit konkreten, rechtlich verbindlichen Verpflichtungen zur Desertifikationsbekämpfung bis Ende 1994 beschlossen.

Die geplanten konkreten Maßnahmen des Konzepts der „Wüsten-Konvention" sind auf den ersten Blick vielversprechend. Sie sehen sektorübergreifende Ansätze zur Desertifikationsbekämpfung und die Erweiterung der bisherigen erfolgreichen Projekte um die Komponenten Koordination und Kooperation der verschiedenen Geberinstitutionen vor. Insgesamt wird versucht, aus vergangenen Fehlern zu lernen. Die Partizipation der Bevölkerung ist eine wichtige Grundlage eines standortgerechten, umweltschonenden Projektmanagements. Der Beirat empfiehlt in diesem Zusammenhang eine proaktive, rasche Implementierung der Konvention, wobei existierende Programme und Projekte der bilateralen und multilateralen Zusammenarbeit (insbesondere die Arbeit der Gesellschaft für Technische Zusammenarbeit, GTZ) unter dem Dach der Konvention integriert werden können.

3 Struktur der deutschen Forschung zum globalen Wandel

Nach Auffassung des Beirats weist die Forschung zum globalen Wandel in Deutschland noch immer inhaltliche Defizite auf, und ihre Organisation wird den Herausforderungen nicht gerecht. Der Forschung fehlt es an *Interdisziplinarität*, um komplexe Probleme hinreichend behandeln zu können, wie auch an *internationaler Verflechtung*, um dem globalen Charakter der Umweltveränderungen und ihrer Auswirkungen in anderen Teilen der Welt angemessen zu entsprechen. Darüber hinaus mangelt es aber auch und vor allem an *Kompetenz* im Aufzeigen von Wegen zur *Lösung der Probleme* des globalen Wandels.

Während die Diagnose von physischen Umweltveränderungen überwiegend eine Aufgabe naturwissenschaftlicher Einzeldisziplinen ist, kommt bei der Analyse der Ursachen- und Wirkungsketten globaler Umweltveränderungen den Gesellschaftswissenschaften besonderes Gewicht zu. Die Erarbeitung von Handlungsanweisungen zur Behebung dieser Veränderungen macht ein enges Zusammenwirken von Natur-, Ingenieur- und Gesellschaftswissenschaften erforderlich. Nach Auffassung des Beirats ist nicht zu übersehen, daß an den Universitäten derzeit die Bereitschaft zum *multidisziplinären Dialog* und zur *interdisziplinären Perspektive* gesunken ist. Beides paßt nicht in das gängige Karrieremuster vieler Fachgebiete und Fakultäten und wird dementsprechend nicht honoriert. Diese Probleme sind nur durch flexible, themen- und projektorientierte Strukturen sowie Forschungsverbünde über Institutsgrenzen hinweg zu lösen.

Hinsichtlich der internationalen Dimension der Forschung ist der Beirat der Auffassung, daß die deutsche Klimaforschung, verknüpft mit Meeres- und Polarforschung, in die globalen und europäischen Forschungsprogramme fest eingebunden ist und diese mitprägt. Für andere Forschungsfelder – insbesondere die der Bodendegradation – ist die Situation in Deutschland weniger günstig und bedarf dringend der Verbesserung, damit die Forschung den Verpflichtungen im Rahmen der zu implementierenden globalen Konventionen (vor allem „Schutz der biologischen Vielfalt" und „Bekämpfung der Desertifikation") nachkommen kann. Besonders die Forschung zu den ökologischen Problemen der Entwicklungsländer muß institutionell und personell gestärkt und regional und thematisch fokussiert werden.

Hinsichtlich der Problemlösungskompetenz zum Thema globaler Wandel gibt es in Deutschland erst wenige institutionelle Ansatzpunkte. Zwar fehlt es nicht an Aktivitäten zur Diagnose des globalen Wandels, wohl aber an ausreichender interdisziplinärer Expertise bei der Zielformulierung und bei der Entwicklung geeigneter Instrumentarien. Nach Auffassung des Beirats sollte in Zukunft die wissenschaftlich fundierte Politikberatung insbesondere die Ziele, Instrumente und institutionellen Rahmenbedingungen für die völkerrechtlich verbindlichen globalen Konventionen wie auch für die zu verabschiedenden Protokolle erarbeiten und evaluieren. Der Beirat empfiehlt, wissenschaftliche Zentren mit entsprechender Problemlösungskompetenz zügig aufzubauen und zu Ansatzpunkten für flexible, themen- und projektorientierte Forschungsverbünde zu entwickeln.

4 Die Gefährdung der Böden (Schwerpunktteil)

Im Mittelpunkt des Jahresgutachtens 1994 stehen die Böden als eine der Grundlagen menschlichen Lebens und gesellschaftlicher Entwicklung. Die Erde verfügt nur noch über wenige (bisher nicht genutzte) zusätzliche Flächen; praktisch alle fruchtbaren oder wenigstens durch extensive Weidewirtschaft nutzbaren Areale der Erde werden bereits vom Menschen bewirtschaftet. Der Ertragssteigerung durch Düngung und Einsatz von Pestiziden sind ökologische Grenzen gesetzt, wohl aber läßt sich durch neue Züchtungen und durch ökologisch verträgliche Bodenbewirtschaftung auch nachhaltig ein höherer Nutzen aus vielen Böden ziehen. Der Mensch hat zu allen Zeiten Böden kultiviert, sie aber auch geschädigt oder zerstört, durch Überweidung, intensiven Ackerbau und Entwaldung, durch Rohstoffabbau, durch Besiedelung, durch Deponierung von Stoffen, durch Verkehr – und auch durch Kriege.

Typologie der Ursachen anthropogener Bodendegradation in Mio. ha

Kontinente/ Regionen	Entwaldung	Übernutzung	Überweidung	Landwirt. Aktivitäten	Industrielle Aktivitäten
Afrika	67	63	243	121	+
Asien	298	46	197	204	1
Südamerika	100	12	68	64	-
Zentralamerika	14	11	9	28	+
Nordamerika	4	-	29	63	+
Europa	84	1	50	64	21
Ozeanien	12	-	83	8	+
Welt	579	133	679	552	22

Quelle: Oldeman, 1992 + = geringe Bedeutung – = keine Bedeutung

Bodendegradation als wichtiger Bestandteil des „globalen Wandels" wurde in der AGENDA 21 und während der UNCED-Konferenz in Rio de Janeiro 1992 nicht ausreichend behandelt, weil bisher diesem Thema weder die Industrieländer noch die Entwicklungsländer (aufgrund der engen Verknüpfung mit dem Bevölkerungswachstum) die erforderliche Priorität einräumten. Die vor allem durch das rapide Bevölkerungswachstum bedingten Folgen der Nutzung der Bodenressourcen werden in den nächsten zwei bis drei Dekaden den terrestrischen Folgen des Klimawandels *deutlich vorauseilen*. Die sich aus der Bodennutzung ergebenden Probleme werden noch ausgeprägter in Erscheinung treten, wenn sich aufgrund des zunehmend wirksam werdenden Klimawandels die Schwankungen der Witterung verstärken und sich die Ökozonen großräumig verschieben.

♦ Die Analyse der Belastbarkeit von Böden

Als „Kostgänger" und „Ausbeuter" natürlicher Ressourcen haben Menschen in Vergangenheit und Gegenwart in terrestrische Ökosysteme und deren Böden eingegriffen. Dabei wurde das Prinzip der Nachhaltigkeit häufig außer acht gelassen. Zu nennen sind Rodung und Übernutzung von Wäldern, Überweidung von Grasland durch unangemessenen Viehbesatz, unsachgemäßer Ackerbau, Ausbeutung der Vegetation für den häuslichen Bedarf und das Anwachsen von Industrie oder urbanen Ballungsgebieten. Weltweit weisen fast 2.000 Mio. ha Böden zumindest geringe Degradationserscheinungen auf, das entspricht ungefähr 15% der eisfreien Landoberfläche. Rund 300 Mio. ha Bodenfläche sind bereits stark degradiert.

Sollen weltweit die Bodendegradation vermindert und ihre Ursachen beseitigt werden, ist es unumgänglich, die *Belastung* an den *jeweiligen Standorten* zu erfassen, ihre Wirkung in den Ökosystemen zu ermitteln und diese in Relation zu der Belastbarkeit des jeweiligen Bodens zu bewerten. Zur Bekämpfung von Bodendegradation reicht es jedoch nicht aus, deren Ursachen allein naturwissenschaftlich aufzuklären und die Symptome zu beseitigen; in verstärktem Maße müssen vielmehr die ökonomischen Triebkräfte und deren soziokulturelle Hintergründe in lokale, regionale und globale Vermeidungs- und Sanierungsstrategien mit einbezogen werden.

Bodendegradationen sind das Resultat von *Überlastungen* der jeweiligen Ökosysteme. Ein Bewertungsrahmen, der es erlaubt, anthropogene Veränderungen zu quantifizieren und sie im Hinblick auf den Erhalt der natürlichen Bodenfunktionen und eine nachhaltige Bodennutzung zu bewerten, muß daher auf der Quantifizierung der Überlastungen aufbauen.

Das diesem Gutachten zugrundeliegende Konzept fußt auf „kritischen Einträgen", „kritischen Eingriffen" und „kritischen Austrägen", also den Energie-, Materie- oder Informationsflüssen über die jeweiligen Systemgrenzen hinweg, welche in den Böden kritische Zustände verursachen. Das verwendete Konzept stellt eine Erweiterung des *critical-loads*-Konzepts dar, wie es im Zusammenhang mit den Problemen der Luftverunreinigungen und deren Deposition in Wäldern entwickelt worden war.

Eine wesentliche Forschungsaufgabe der Zukunft wird es sein, für verschiedene Arten von Umweltstreß die Belastbarkeit von Böden zu bestimmen. Der Beirat stellt allerdings fest, daß global gesehen bisher weder die Informationen über die Belastung noch über die Belastbarkeit von Böden ausreichen, um zu verläßlichen Aussagen zu gelangen. Die Erfassung und Verarbeitung der benötigten Informationen ist daher eine wichtige Aufgabe, die in globaler Kooperation gelöst werden muß.

♦ Die Wechselbeziehungen von Natur- und Anthroposphäre mit den Böden

Die Böden stehen mit der Natur- und der Anthroposphäre in vielfältigen und komplexen Wechselbeziehungen. Am gewählten Schwerpunkt Böden wird eine vertiefte Darstellung dieser Wechselbeziehungen vorgenommen, mit besonderem Augenmerk auf den Verknüpfungen der naturwissenschaftlichen und der sozioökonomischen Ebene.

Atmosphäre und Böden

Die vom Menschen veränderte Zusammensetzung der Troposphäre, der untersten Schicht der Atmosphäre, hat lokal, regional und zum Teil bereits global veränderte Spurenstoffeinträge über den atmosphärischen Pfad in Böden und Gewässer verursacht. Die wichtigsten anthropogenen Treibhausgase weisen starke Quellen in Regionen mit Landnutzungsaktivitäten des Menschen auf und machen ca. 15% des gesamten anthropogenen Treibhauseffekts aus. Die Böden und ihre Ökosysteme sind als Senke für lufttransportierte Schadstoffe gefährdet, stellen aber gleichzeitig auch eine Quelle für Treibhausgase dar. Mehrere europäische Staaten haben bisher Minderungsmaßnahmen für die Emissionen von Stickoxiden (NO_x) und Schwefeldioxid (SO_2) vereinbart und auch mit meßbarem Erfolg umgesetzt. Der Beirat hält aber weitere Maßnahmen zur Emissionsreduktion für dringend notwendig. Fossile Brennstoffe müssen unbedingt durch den verstärkten Einsatz verbesserter Technologien und regenerativer Energieträger eingespart werden. Für die Stickoxide muß die Emissionsverminderung primär im Verkehrssektor erbracht werden.

Hydrosphäre und Böden

Die Zusammenhänge zwischen Pedosphäre und Hydrosphäre sind von zentraler Bedeutung: Böden und Gewässer bilden die zentralen Lebensräume der Organismen. Der Mensch nimmt auf die Wechselwirkungen zwischen Boden und Wasser direkt oder indirekt Einfluß, strukturell durch Zerstörung, Verdichtung und Versiegelung, materiell durch Eintrag von Stoffen in Gewässer und Böden. Der Umgang mit diesen Schutzgütern ist bisher nicht durch ein entsprechendes internationales Boden- und Wasserrecht geregelt. In Deutschland gibt es seit Ende der 80er Jahre Schritte zur Etablierung eines Bodenschutzkonzepts, das den engen Zusammenhang zwischen Böden und Gewässern berücksichtigt. Der Beirat empfiehlt dessen rasche praktische Umsetzung - auch gegen eventuelle interessenbezogene Widerstände. In der AGENDA 21 ist ein eigenes Kapitel über Wasser (Kapitel 18) formuliert; auch die meisten anderen Kapitel dieses Aktionsplanes nehmen Bezug auf Wasserfragen. Die an vielen Stellen der Erde gefährdeten Wasserressourcen summieren sich zu einem globalen Umweltproblem, das der Beirat in einem der kommenden Jahresgutachten als Schwerpunktthema behandeln wird.

Biosphäre und Böden

Aus der Biosphäre wurden für dieses Jahresgutachten die Teilbereiche Biodiversität und Waldökosysteme zur Beschreibung der Wechselwirkungen mit den Böden ausgewählt. Der Kahlschlag zur Holzgewinnung oder zur Schaffung von Viehweiden sowie der Abbau von Rohstoffen haben meist negative Folgen für Qualität und Quantität der Böden und mittelbar für die biologische Vielfalt. Von besonderer Bedeutung für den Erhalt der biologischen Vielfalt war und ist die Landwirtschaft, die gleichzeitig sowohl Umweltveränderungen verursacht als auch von ihnen betroffen ist. Agrarische Ökosysteme werden oft kurzsichtig unter dem Aspekt möglichst hoher Erträge in möglichst kurzen Zeiträumen genutzt, ohne die Bodenproduktivität zu beachten. Das Konzept der „differenzierten Boden- bzw. Landnutzung" betont den Vorrang der landwirtschaftlich intensiven Nutzung nur auf hochwertigen, fruchtbaren Böden. Auch das Konzept des „Integrierten Pflanzenbaus" kann zur Verringerung von Belastungen beitragen. Der Beirat sieht angesichts der gegenwärtigen EU-Politik zur Stillegung landwirtschaftlicher Produktionsflächen die Verknüpfung des Schutzes der Pflanzen- und Tierwelt mit der Sicherung der Leistungsfähigkeit des Naturhaushalts als besonders wichtig an. Die seit Mitte dieses Jahrhunderts stattfindenden Waldzerstörungen und durch sie ausgelöste Bodendegradationen sind nicht mehr länger regional begrenzt, sondern erstrecken sich heute über die tropischen Wälder Südamerikas, Afrikas, Asiens, die Bergwälder südlich des Himalaya und nicht zuletzt die borealen Wälder. Eine Waldkonvention mit verbindlichen Maßnahmen ist auf der UNCED in Rio de Janeiro nicht zustande gekommen. Das ist nicht nur aus ökologischer, sondern auch aus ökonomischer Sicht bedauerlich, da nur durch eine internationale Einigung die für die Gesamtheit der Staaten kostengünstigste Bekämpfung der globalen Waldproblematik zu realisieren wäre. Der Beirat bekräftigt seine Empfehlung aus dem Jahresgutachten 1993, eine „Konvention zum Schutz der tropischen Wälder" anzustreben und einen zweckgebundenen Sonderfonds anzulegen.

Bevölkerungswachstum und Böden

Das Bevölkerungswachstum übt einerseits massiven Druck auf die Bodenfunktionen aus, andererseits ist die dadurch hervorgerufene Bodendegradation Auslöser für zusätzliche Migrationen und Urbanisierungsprozesse, wodurch es zu erneuten Überbelastungen der Böden an anderer Stelle kommen kann. Je höher das globale Bevölkerungswachstum, desto höher werden auch Ansprüche, die an die Bodenfunktionen gestellt werden. Insgesamt zeichnet sich eine zunehmende Disparität zwischen dem wachstumsbezogenen Bedarf und der Verfügbarkeit von Böden ab. Schon heute sind viele Staaten nicht mehr in der Lage, ihre Bevölkerung aus den Erträgen der eigenen landwirtschaftlichen Produktion zu ernähren. In vielen dieser Länder bestehen häufig auch keine oder nur unzureichende Möglichkeiten, über außerlandwirtschaftliche Produktionsbereiche und internationalen Handel die notwendigen Lebensmittelimporte zu garantieren. Die Folgen sind Gefahr von Unterversorgung und Hungersnöten, Beschleunigung der Bodendegradation und internationale Migration mit dem entsprechenden Einwanderungsdruck auf die Industrieländer. Der Beirat erinnert in diesem Zusammenhang an seine Empfehlungen im Jahresgutachten 1993, in dem die Aufstockung der bundesdeutschen Entwicklungshilfe auf 1% des Bruttosozialprodukts vorgeschlagen worden war.

Wirtschaft und Böden

Die Wirtschaft ist als zentraler Bestandteil der Anthroposphäre primärer Nachfrager nach Bodenfunktionen und damit auch primär für die Bodendegradation verantwortlich. Dabei ist von einem überproportional steigenden Problemdruck auszugehen, d.h. angesichts des Bevölkerungswachstums sowie der bereits feststellbaren Bodendegradationen ist eine weiter steigende Verknappung der verfügbaren Bodenressourcen zur Deckung konkurrierender Ansprüche zu erwarten. Böden eignen sich aufgrund ihrer räumlichen Abgrenzung durchaus für die eindeutige Definition von Handlungs- und Verfügungsrechten. So gesehen trifft der Vorwurf des Marktversagens bei der Schädigung und Zerstörung von Böden allgemein nicht zu; viele Formen der Bodendegradation müssen vielmehr eher als Folge eines Politikversagens eingestuft werden. Die Zuweisung klarer Handlungs- und Verfügungsrechte an Grund und Boden sowie die staatliche Gewährleistung dieser Rechte zählen darum immer noch zu den zentralen Empfehlungen einer Politik nachhaltiger Bodennutzung.

Institutionen und Böden

Wenn von institutionellen Rahmenbedingungen in bezug auf Böden die Rede ist, geht es um mehr als um nationale oder internationale Einrichtungen. Gemeint sind vielmehr alle Festlegungen, die das innerstaatliche und/oder das zwischenstaatliche Zusammenwirken von Wirtschaftssubjekten und politischen Entscheidungsträgern bei der Nutzung von Bodenfunktionen regeln oder beeinflussen. Zumeist finden sie in rechtlichen Rahmensetzungen und internationalen Vereinbarungen ihren Niederschlag. Der Beirat empfiehlt der Bundesregierung, sich dafür einzusetzen, daß die auf den Bodenschutz bezogenen Aktivitäten von FAO (*Food and Agriculture Organisation*, UN) und UNEP (*United Nations Environment Programme*) wesentlich verstärkt werden; ein effektiver Bodenschutz ist gleichzeitig ein vorbeugendes Mittel zur Konfliktvermeidung. Wichtig ist eine Verbesserung der Informationsbasis über die Verbreitung, die Eigenschaften und die Belastbarkeit der Böden. Dazu sollte ein weltweites Monitoring- und Informationssystem etabliert werden, das als Grundlage für globale Planungen und Maßnahmen dienen kann.

Psychosoziale Sphäre und Böden

Boden ist Lebensraum für Menschen, Tiere und Pflanzen und kann in vielerlei Hinsicht als Grundlage individuellen wie kollektiven menschlichen Handelns sowie sozialer und gesellschaftlicher Organisation angesehen werden. Da praktisch jede menschliche Tätigkeit Boden beansprucht, ist jeder Mensch in irgendeiner Weise auch „Bodenakteur". Aus der Sicht des Individuums kommen dem Boden grundlegende Funktionen zu. Er ist unverzichtbare Grundlage der Ernährung, Grundlage für die Einrichtung von Wohn-, Arbeits- und Freizeitstätten, Grundlage für Bedürfnisse nach Kontrolle über Raum, Eigentum und Besitz. Daher müssen umfassende Politikansätze von einem breiteren, über den naturwissenschaftlichen hinausreichenden Bodenbegriff („was Boden ist") ausgehen und entsprechend die Definition der Bodenfunktionen („wozu Boden dient") erweitern. In seiner vielschichtigen Bedeutung spielt Boden die Rolle eines „Archivs", aus dem Wertigkeiten und Handlungen von Individuen, Gruppen oder gar ganzen Kulturen rekonstruiert werden können (Kulturfunktion). Die Kulturfunktion wird durch die Sozialfunktion ergänzt, die auf räumliches Verhalten abzielt, das immer bodengebunden ist. Eine entsprechende quantitative Abschätzung der jeweiligen Anteile menschlichen Verhaltens an der Bodendegradation, wie sie etwa für den Treibhauseffekt vorgenommen wurde, scheint zwar kaum möglich zu sein; das bedeutet jedoch nicht, daß man die Bürger aus ihrer (Mit-)Verantwortung für das kollektiv und global bedeutsame Gut Boden entlassen kann.

♦ Das „bodenzentrierte globale Beziehungsgeflecht" und die Hauptsyndrome der Bodendegradation

Der Beirat hat in seinem Jahresgutachten 1993 eine spezielle Methodik eingeführt, um längerfristig die fachübergreifende Zusammenschau der wesentlichen Wechselwirkungen des globalen Wandels zu organisieren: Markante Trends − wie die fortschreitende Urbanisierung − werden diagrammatisch zu einem „globalen Beziehungsgeflecht" verwoben, das die Muster der gegenseitigen Abhängigkeit weltweiter Entwicklungen offenlegen soll. Der Beirat stellt mit dem Jahresgutachten 1994 ein „bodenzentriertes globales Beziehungsgeflecht" als Ergebnis einer vertieften Analyse der die Böden betreffenden weltweiten Entwicklungen vor. Deutlich verfeinert ist hierbei die Beschreibung der bodenbezogenen Trends sowie der Trends in eng angekoppelten Teilsphären (vor allem Hydrosphäre, Wirtschaft und Bevölkerung); die Landnutzung wird dabei als eine Haupttriebkraft globaler Umweltveränderungen herausgestellt.

Tatsächlich muß die Analyse aber noch einen Schritt weitergehen. Die sektororientierte Darstellung des Beziehungsgeflechts faßt beispielsweise mehrere Beiträge zur weltweiten Bodenerosion in einem einzigen Trend zusammen, obwohl dieser Trend in Hinblick auf Ursachen, Charakter und Auswirkungen stark differenziert werden muß. Daher wird das *Syndrom* als ein neues Querschnittsphänomen eingeführt. Der Begriff „Syndrom" eignet sich gerade im Zusammenhang mit dem diesjährigen Schwerpunktthema besonders gut. Der Verlust an und die Beeinträchtigung von Bodenfunktionen äußert sich in bestimmten „Krankheitsbildern", welche sich aus *Symptomen* wie Winderosion, Wassererosion, physikalischer oder chemischer Degradation zusammensetzen. Faßt man die Böden als „Haut" des Planeten Erde auf, dann handelt es sich bei der Syndromanalyse gewissermaßen um eine „geodermatologische Diagnose".

Im Rahmen dieser Diagnose wird unter „Syndrom" das eigentliche Krankheitsbild mitsamt seinen Ursachen und Folgen verstanden. Der Beirat hat die nach seiner Einschätzung zwölf wichtigsten anthropogenen „Bodenkrankheiten" zusammengestellt. Die Benennung dieser Syndrome ist bewußt plakativ und symbolhaft gewählt und orientiert sich an einem ausgewählten geographischen Brennpunkt oder einer markanten Begleiterscheinung. Immer aber steht die Bezeichnung für ein Krankheitsbild, das in verschiedenen Regionen der Erde auftritt oder auftreten kann. Die zwölf Syndrome sind:

1. Wandel in der traditionellen Nutzung fruchtbarer Böden: „Huang-He-Syndrom"
2. Bodendegradation durch industrielle Landwirtschaft: „Dust-Bowl-Syndrom"
3. Überbeanspruchung marginaler Standorte: „Sahel-Syndrom"
4. Konversion bzw. Übernutzung von Wäldern und anderen Ökosystemen: „Sarawak-Syndrom"
5. Fehlplanung landwirtschaftlicher Großprojekte: „Aralsee-Syndrom"
6. Ferntransport von Nähr- und Schadstoffen: „Saurer-Regen-Syndrom"
7. Lokale Kontamination, Abfallakkumulation und Altlasten: „Bitterfeld-Syndrom"
8. Ungeregelte Urbanisierung: „São-Paulo-Syndrom"
9. Zersiedelung und Ausweitung von Infrastruktur: „Los-Angeles-Syndrom"
10. Bergbau und Prospektion: „Katanga-Syndrom"
11. Bodendegradation durch Tourismus: „Alpen-Syndrom"
12. Bodendegradation infolge militärischer Einwirkungen: „Verbrannte-Erde-Syndrom"

Diese ursachenbezogene Aufgliederung des Gesamtphänomens „Bodendegradation" in global oder regional verbreitete Komponenten kann natürlich nicht vollkommen scharf sein: Gewisse Syndrome treten stellenweise gemeinsam auf; den zugehörigen Überlappungen gebührt dann besondere Aufmerksamkeit.

Aufgrund der Syndromanalyse lassen sich jedenfalls wesentlich spezifischere Abhilfemaßnahmen identifizieren und Hinweise zu Umsetzungsstrategien formulieren. Wie die Ausführung dieser Schritte im Gutachten zeigt, kommt der Förderung von „Bodenbewußtsein" eine besondere Bedeutung zu: Derzeit findet die Bodenproblematik bei der Mehrheit der Bevölkerung, aber auch bei Entscheidungsträgern und unmittelbaren Bodenakteuren (z.B. Landwirten) nur geringe, zu geringe, Beachtung. Deshalb ist es dringend erforderlich, Boden (bzw. Böden) in allen gesellschaftlichen Bereichen zum Gegenstand von Umweltinformation und Umwelterziehung zu machen.

♦ Zwei regionale Fallbeispiele der Bodendegradation

Um die vielfältigen Wechselbeziehungen der Böden vor allem mit sozioökonomischen Prozessen aufzuzeigen, werden in diesem Gutachten ausgehend vom Syndromansatz zwei regionale Fallbeispiele behandelt: der *Großraum „Sahel"* und der *Ballungsraum „Leipzig-Halle-Bitterfeld"*.

Großraum „Sahel"

Die Probleme der Bodendegradation und Desertifikation im Großraum „Sahel" lassen sich auf naturräumliche Veränderungen sowie auf sozioökonomische Ursachen zurückführen. Anhand der drei wichtigsten Landnutzungsformen – *Nomadismus, Subsistenzfeldbau* und *Cash-Crop-Anbau* – wird gezeigt, daß die traditionellen, ökologisch angepaßten Formen der Landnutzung heute nicht nur aufgrund des hohen Bevölkerungswachstums in ihrer ursprünglichen Form nicht mehr praktizierbar sind, sondern auch, weil die traditionellen sozialen Regelungsmechanismen ganz oder weitgehend ausfallen und sich ökonomische und politische Rahmenbedingungen verändert haben.

1. Die *nomadischen Gruppen* des Sahel werden zunehmend in ihrer Mobilität und Flexibilität beschränkt, welche ursprünglich ökologische Angepaßtheit sicherte. Wachsende Konkurrenz durch andere Landnutzungsformen,

politische Maßnahmen sowie unklare oder für sie nachteilige Landnutzungsrechte führen zu ihrer Seßhaftwerdung bzw. Verdrängung auf immer marginalere, für die Weidenutzung nur bedingt geeignete Standorte. In der Folge kommt es vor allem durch Überweidung zu einer Degradation der empfindlichen Böden und Ökosysteme.

2. Auch die Gruppe der *Subsistenzbauern* ist, wie die der Nomaden, von der Verdrängung auf marginale und unter Nachhaltigkeitsgesichtspunkten für die landwirtschaftliche Nutzung nicht geeignete Böden betroffen. Der Wegfall der traditionell praktizierten langen Brachezeiten, eine stärkere Mechanisierung ohne begleitende bodenschützende Maßnahmen, wie z.B. Erosionsschutz sowie unangepaßte Formen der Bewässerung wirken sich negativ auf den Boden aus.

3. Schließlich wurde auch der großräumige *Cash-Crop*-Anbau (Baumwolle, Erdnüsse) auf Gunststandorten als bewässerter Monokulturanbau nicht nachhaltig betrieben. Diese Monokulturen sind in der Regel mit einer für die Böden problematischen Mechanisierung und dem Einsatz von Pestiziden verbunden.

Die sozialen Veränderungen im Großraum „Sahel" wurden durch eine Reihe innerer und äußerer Rahmenbedingungen verursacht und verstärkt. Innenpolitisch bedeutsam ist vor allem die generelle Vernachlässigung ländlicher Belange und die übermäßige Orientierung an der agrarischen Exportproduktion durch kapitalintensive landwirtschaftliche Großprojekte. Äußere Faktoren sind sowohl in den weltwirtschaftlichen Gegebenheiten (Agrarsubventionen bzw. Exportpolitik der Industrieländer, internationale Verschuldung) als auch in der Politik der internationalen Entwicklungsorganisationen zu finden, die in der Vergangenheit nicht primär am Prinzip der Nachhaltigkeit ausgerichtet war, aufgrund ihrer produktionstechnischen Orientierung das vorhandene Entwicklungspotential zu wenig berücksichtigte und darüber hinaus keine einheitliche Strategie zur Lösung der Probleme entwickelte. Für eine Lösung der komplexen Probleme im Sahel müssen die sozioökonomischen Ursachen, vor allem aber auch die Handlungsrationalität der dortigen Menschen stärker berücksichtigt und deren Handlungsspielräume durch eine organisatorische und budgetäre Dezentralisierung erweitert werden.

Ballungsraum „Leipzig-Halle-Bitterfeld"

Die Böden des *Ballungsraumes „Leipzig-Halle-Bitterfeld"* sind durch Depositionen von Schadstoffen aus der Luft zum Teil extrem hoch belastet. Wesentliche Ursache dafür war eine Ballung von chemischer Industrie, Bergbau und Energiewirtschaft mit ökologisch nicht angepaßten Produktionsmethoden. Seit der Jahrhundertwende entstanden in diesem Raum fünf Braunkohle-Abbaugebiete und in deren Nachbarschaft die chemischen Großbetriebe in Bitterfeld/Wolfen (Farben), Leuna (Methanol, Stickstoff) und Buna (synthetischer Kautschuk). Für die ökonomisch und gleichzeitig ökologisch verträgliche Entwicklung dieser und vergleichbarer Regionen sind die Sanierung der Böden und die Beseitigung der Altlasten absolut vordringlich, wobei die Sanierung der Region erheblicher staatlicher Unterstützung bedarf.

In den Agrarlandschaften des Ballungsraumes „Leipzig-Halle-Bitterfeld" sollte ein Prozeß der Neustrukturierung eingeleitet werden, der die verschiedenen Funktionen der Böden erhält bzw. wiederherstellt. Das kann am besten durch eine standortgerechte und umweltschonende Landwirtschaft geschehen.

♦ Handlungsempfehlungen

Bodendegradation versteht der Beirat als die alleinige oder gemeinsame Beeinträchtigung von vier Hauptbodenfunktionen: *Lebensraumfunktion, Regelungsfunktion, Nutzungsfunktion und Kulturfunktion.* Hierbei steht das Welternährungsproblem an erster Stelle der Handlungsempfehlungen. Die zentrale Frage lautet: Wie kann die Ernährung weltweit gesichert und zugleich die anthropogene Nutzung der Böden, von Flora und Fauna so gestaltet werden, daß sie standortgerecht, nachhaltig und umweltschonend ist?

Eine Reihe von Maßnahmen sind genannt worden, mit denen man meinte, das Problem schnell lösen zu können. Dazu gehören beispielsweise: Aufgabe marginaler landwirtschaftlich genutzter Böden, Drosselung des Fleischverzehrs in den Industrieländern, Verringerung der Verluste bei der Vorratshaltung und beim Transport zum Verbraucher, Verzicht auf Pflügen, Vermeidung von Pestiziden, Übergang zu Mischkulturen und zur Agroforstwirtschaft. Ferner sollten nach verbreiteter Ansicht Handlungs- und Eigentumsrechte definiert und zugeordnet werden. Alle diese Maßnahmen können für sich genommen das Welternährungsproblem aber *nicht* lösen, denn sie setzen entweder einen erheblichen Wertewandel voraus *oder* sind allein wegen zu hoher Bevölkerungsdichte nicht durchführbar. *Wachsende Erträge pro Flächeneinheit* sind daher unerläßlich, um die Ernährung der Menschheit langfristig zu sichern.

Der Beirat formuliert in diesem Gutachten daher zunächst eine Leitlinie, die einen Weg zwischen den Vorstellungen einer vollständigen Autarkie und eines unbegrenzten Freihandels bei landwirtschaftlichen Produkten sucht: *Landwirtschaftliche Produktion muß der Belastbarkeit der Böden angepaßt sein; sie sollte weltweit vornehmlich dort erfolgen, wo sie nachhaltig mit verhältnismäßig geringen Umweltbelastungen, kostengünstig und ertragreich betrieben werden kann.*

Aus dieser Leitlinie folgt:

1. Die fruchtbaren Böden und ihre Produktivität sind langfristig zu sichern.
2. Auf den wenig fruchtbaren Böden ist die Produktion in nachhaltiger Weise zu erhöhen; wo dies nicht möglich ist, weil erhebliche Degradation auftritt, ist die Nutzung zu reduzieren.

Auch wenn die Welternährung als das wichtigste Thema im Zusammenhang der Bodenproblematik angesehen wird, muß doch zugleich der Schutz der *Lebensraumfunktion für freilebende Tiere und Pflanzen* gesichert werden. Während im Falle der Ernährung grundsätzlich ein Eigeninteresse der Menschen vorliegt und daher Hilfe zur Selbsthilfe ein zentrales Prinzip ist, muß der Schutz der Lebensraumfunktion für Tiere und Pflanzen kollektiv, d.h. durch politische Einsicht und Vereinbarung erreicht werden. Dabei ist jedoch zu beachten, daß nicht jeder Lebensraum gleich schützenswert ist und daß die internationalen Anstrengungen schon wegen finanzieller Restriktionen auf die wichtigen Ausschnitte dieser Lebensräume konzentriert werden müssen. Eine Sicherung der Lebensraumfunktion bestimmter Böden ist letztlich nur durch rechtlich verbindliche Gebote und Verbote, d.h. durch Nutzungsbeschränkung bzw. alternative Nutzung zu erreichen.

Das *Bevölkerungswachstum* stellt einen Haupttrend der globalen Umweltveränderungen dar. Eine hohe Bevölkerungsdichte mit der notwendigen Steigerung der Nutzungsfunktion der Böden bedroht gleichzeitig deren Lebensraum-, Regelungs- und Kulturfunktionen. Auch wenn die Bundesregierung aus Rücksicht auf die politische Empfindlichkeit vieler Länder das Problem des Bevölkerungswachstums international zur Zeit nicht betont, weist der Beirat nachdrücklich auf eine gravierende Entwicklung hin: Die absehbaren Ernährungsprobleme entstehen nicht nur aus der allgemeinen Bodendegradation, sondern vor allem aus der Tatsache, daß das Bevölkerungswachstum gerade in denjenigen Teilen der Welt besonders hoch ist, deren Landwirtschaft in den nächsten Jahrzehnten nicht oder nur begrenzt in der Lage sein wird, die zunehmende Bevölkerung auch zu ernähren.

Weil abzusehen ist, daß die Nahrungsmittelproduktion für die weiterhin rasch wachsende Weltbevölkerung nicht ausreichen wird, sind allerdings auch die Länder mit niedrigem oder stagnierendem Bevölkerungswachstum zu politischem Handeln aufgerufen:

– Die Probleme, die mit der Bodendegradation zusammenhängen, werden zunehmen und die internationale Umweltpolitik herausfordern; auch Deutschland wird daher verstärkt in die Pflicht genommen werden.
– Soweit keine außerlandwirtschaftliche Einkommensbasis entsteht, mit deren Hilfe Nahrungsmittelimporte bezahlt werden können, drohen lokale und regionale Hungerkatastrophen, die entweder vermehrte finanzielle Transfers in diese Länder erfordern oder zu Migration („Umweltflüchtlinge") führen, die dann auch zu einem innenpolitischen Problem der möglichen Zielländer, also auch der Bundesrepublik Deutschland, werden kann.

Die Unterstützung einer aktiven Bevölkerungspolitik kann sich in Zukunft also auch als eine kostengünstige Maßnahme erweisen, sowohl in den Ländern, die von Unterernährung und Bodendegradation bedroht sind, als auch in den Ländern, auf die sich eine mögliche Migration richten wird.

Wegen der Vielfalt der Bodenproblematik empfiehlt der Beirat mit Nachdruck eine intensivere Befassung mit den global dringlichen Fragen durch Wissenschaft und Politik in der Bundesrepublik Deutschland. Weil die Krankheitssyndrome zahlreich und entsprechend die Therapieansätze vielfältig sind, und deshalb der internationale Abstimmungsbedarf bei den Bodenproblemen erheblich ist, wurde eine Bodenschutzpolitik national oft erst nach Behandlung der übrigen Umweltmedien in Angriff genommen. International ist sie über Deklarationen bisher nicht hinausgekommen.

A Kurzfassung

Der Beirat ist der Auffassung, daß mit Blick auf die in diesem Gutachten aufgezeigten gravierenden Bodenprobleme jetzt ein veränderter institutioneller Rahmen geschaffen werden muß. Daher sollte die Bundesregierung grundsätzlich festlegen, ob eine differenzierte „Boden-Erklärung" ausreicht *oder* ob eine globale „Boden-Konvention" angestrebt werden muß. Immerhin wird die in Vorbereitung befindliche „Wüsten-Konvention" einen Teil der lösungsbedürftigen Probleme abdecken, und eine „Wald-Konvention", für die sich der Beirat schon in seinem Jahresgutachten 1993 ausgesprochen hat, würde eines der gravierenden Syndrome ansprechen.

Die erst über längere Frist wirksame Klimaveränderung wird politisch inzwischen vergleichsweise intensiv angegangen. Die Wirkungen der globalen Bodendegradation sind dagegen heute schon sichtbar und werden sich in allernächster Zeit verstärken. *Die Bundesregierung möge daher dem globalen Bodenschutz einen ähnlichen internationalen Stellenwert erkämpfen, wie ihr dies für den Klimaschutz weitgehend gelungen ist.*

B Einleitung

Die Dynamik des ungewollten globalen Wandels ist ungebrochen. Das gilt für die langfristig veränderte Zusammensetzung der Atmosphäre und die Zunahme der Bevölkerung ebenso wie für den Verlust biologischer Vielfalt und die fortschreitende Degradation der Böden. Die Völkergemeinschaft hat die Dramatik dieser Entwicklung trotz oft in den Vordergrund tretender nationaler Probleme zumindest aber teilweise erkannt. Sie versucht, durch Umsetzung völkerrechtlich verbindlicher Konventionen eine Trendwende herbeizuführen oder global Vereinbarungen als Voraussetzung für eine solche Umkehr zu schaffen.

Dabei ist es zum ersten Mal gelungen, den Konzentrationsanstieg einer langlebigen Stoffgruppe in der Atmosphäre durch eine annähernd globale Aktion zu stoppen: Das bei der vierten Vertragsstaatenkonferenz 1992 erneut verschärfte „Montrealer Protokoll", die Ausführungsbestimmungen des Wiener Abkommens zum Schutz der Ozonschicht, schreibt den Ausstieg aus der Produktion der Fluorchlorkohlenwasserstoffe weltweit bis Ende 1997 vor. Bei Einhaltung besteht die Chance, daß sich das „Ozonloch" in einigen Jahrzehnten wieder verkleinert.

Die erste Vertragsstaatenkonferenz der seit dem 21. März 1994 in Kraft getretenen „Klimarahmenkonvention" wird im März/April 1995 in Berlin hoffentlich erste Verpflichtungen der Industrieländer zur Reduktion von Kohlendioxidemissionen festlegen. Damit wäre ein erster Schritt zur Eindämmung des anthropogenen Treibhauseffektes und der daraus folgenden globalen Klimaänderung getan.

Die „Konvention über die biologische Vielfalt", seit 29. Dezember 1993 ebenfalls völkerrechtlich verbindlich, soll durch Maßnahmen zum Erhalt des Lebensraumes für Pflanzen und Tiere den gegenwärtig rapiden Verlust an Arten und die daraus folgende Bedrohung der Stabilität von Ökosystemen verringern. Weil eine „Konvention zum Schutz der Wälder" noch nicht existiert, wird das allerdings erschwert.

Nach der Beschreibung des komplexen Beziehungsgeflechts zwischen Anthroposphäre und Natursphäre im Jahresgutachten 1993 konzentriert sich der Beirat im zweiten Teil (Schwerpunktteil) dieses Gutachtens auf einen weiteren Haupttrend des globalen Wandels, die *Degradation der Böden*. Erstens wird so einem wenig beachteten und rasch anwachsenden Problem die notwendige Beachtung geschenkt. Zweitens wird mit den zugehörigen Handlungsempfehlungen an die Bundesregierung für einen weltweiten Bodenschutz in Form einer „Boden-Erklärung" bzw. einer „Boden-Konvention" die Basis geliefert. Drittens soll darauf hingewiesen werden, daß Böden, als die „dünne Haut" unserer Erde und die Grundlage unserer Ernährung, wieder eine solche Schätzung erfahren sollten, wie das in früheren Kulturepochen der Fall war.

Zunächst werden in einem ersten Teil (Standardteil) neuere Entwicklungen aus der Klimaforschung vorgestellt und zu den in Kraft getretenen sowie geplanten Konventionen dem Beirat wichtig erscheinende Teilaspekte diskutiert. Die bilaterale oder multilaterale Umsetzung von Maßnahmen zur Minderung von CO_2-Emissionen *(Joint Implementation)*, die Fortentwicklung des Finanzierungsinstruments Globale Umweltfazilität (GEF), die Probleme des Artenschutzes am Beispiel des Washingtoner Artenschutzübereinkommens (CITES) und die neue „Konvention zur Desertifikationsbekämpfung" sind die ausgewählten Themen. Empfehlungen zur Struktur der deutschen Forschung zum globalen Wandel beschließen den ersten Teil.

C Standardteil: Ausgewählte Aspekte globaler Umweltveränderungen

1 Aktuelle Entwicklungen

1.1 Kohlenstoffkreislauf

Der Kohlenstoffkreislauf ist für alle Lebewesen wie auch für das Klima der Erde von zentraler Bedeutung. Das Element Kohlenstoff hat wegen der vielen organischen Verbindungen (z.B. Eiweißmoleküle), aber auch wegen anorganischer Verbindungen (z.B. Kohlendioxid) den komplexesten aller Stoffkreisläufe. Da wir Menschen diesen Kreislauf durch Industrie- und Nahrungsproduktion sowie andere Formen der Landnutzung stark beeinflussen, und damit auch das Klima ändern, ist die Kenntnis des Kohlenstoffkreislaufs wesentlich, bevor Gegenmaßnahmen ergriffen werden können. Das deutlichste Beispiel für eine Störung des Kreislaufs ist die Zunahme des mittleren Kohlendioxidgehalts der Atmosphäre von 280 auf jetzt 358 ppmv (Millionstel Volumenanteile) seit Beginn der Industrialisierung. Dieser Anstieg ist der Hauptbeitrag zu den anthropogenen globalen Klimaänderungen.

Seit dem umfassenden Sachstandsbericht des *Intergovernmental Panel on Climate Change* (IPCC, 1990b), das gemeinsam von den UN-Organisationen WMO und UNEP getragen wird, hat sich für den Kohlenstoffkreislauf eine Bestätigung der damaligen Aussagen ergeben, es ist aber auch Neues zu berichten.

Der gegenwärtige Kenntnisstand zu anthropogenen Störungen des Kohlenstoffkreislaufs läßt sich wie folgt zusammenfassen: Von den mittleren jährlichen Emissionen in den 80er Jahren aus der Nutzung fossiler Kohlenstoffvorräte in Höhe von 5,5 ± 0,5 Gt (Gigatonnen) C (Kohlenstoff) sowie der Zerstörung von Vegetation in Höhe von 1,3 ± 1,3 Gt C – zusammen also im Mittel 6,8 Gt – verblieben 3,4 ± 0,2 Gt C in Form von CO_2 in der Atmosphäre, d.h. die andere Hälfte hat die Atmosphäre wieder verlassen. Da nur 2,0 ± 0,6 Gt C vom Ozean aufgenommen wurden, muß eine andere, allerdings terrestrische Senke für anthropogenen Kohlenstoff mit einer Aufnahmekapazität von 1,4 ± 1,6 Gt C existieren. Wo und welcher Art diese Senke ist, kann aus den bisherigen Messungen der Verteilung von Kohlenstoffisotopenverhältnissen in Ozean und Atmosphäre noch nicht abgeleitet werden. Es kann sowohl der Holzzuwachs in (borealen) Wäldern, die Aufforstung als auch erhöhte Humusbildung sein; es ist wahrscheinlich nur zu einem kleinen Teil der CO_2-Düngeeffekt.

Die Modellierung des Kohlenstoffkreislaufs hat für verschiedene Modelle übereinstimmend gezeigt, daß eine Stabilisierung der CO_2-Emissionen auf dem Niveau von 1990 noch im Jahre 2100 einen wachsenden CO_2-Gehalt über die Verdopplung des vorindustriellen Wertes hinaus bedeuten würde. Jede Stabilisierung der CO_2-Konzentration (Ziel der „Klimarahmenkonvention") unter einem Niveau von 750 ppmv, dem etwa 2,5fachen des vorindustriellen Wertes, macht daher im Laufe des nächsten Jahrhunderts eine Reduktion der globalen CO_2-Emissionen unter das heutige Niveau notwendig. Die unbekannte terrestrische Senke verursacht dabei Unsicherheiten in dieser Modellrechnung, die bis zu 30% des maximalen CO_2-Gehaltes betragen können.

Während von 1988 bis 1990 der CO_2-Gehalt in der Atmosphäre im Vergleich zu den Emissionen überdurchschnittlich rasch anstieg, war der Anstieg im Zeitabschnitt 1991 bis 1993 der geringste seit Beginn der direkten Messungen im Jahre 1958. Die wesentlichen Gründe für diese Schwankungen in der Anstiegsrate sind noch nicht ganz klar. Beigetragen hat sicherlich die verminderte Emission in den Transformationsländern des ehemaligen Ostblocks, sie kann aber keinesfalls der einzige Grund gewesen sein. Die Abkühlung durch die stratosphärische Aerosolschicht als Folge des Pinatubo-Ausbruchs kann ein anderer wesentlicher Grund sein.

Auch das zweitwichtigste anthropogene Treibhausgas, das Methan (CH_4), zeigte jüngst insgesamt niedrige Anstiegsraten (1992: 0,1% in der Nordhemisphäre; 0,45% in der Südhemisphäre; 1983 – 1991: 0,7% pro Jahr), wodurch sich die Unterschiede im CH_4-Gehalt der Luft zwischen beiden Erdhälften vermindert haben. Da Methan mit etwa 10 Jahren Verweilzeit in der Atmosphäre nur eine um 10 – 20% verstärkte Senke oder verminderte Quelle aufweisen muß, um stabile Konzentration zu erreichen, ist dieser Befund weniger überraschend als die Reduktion der Anstiegsrate des CO_2. Als Gründe für die reduzierte Anstiegsrate des CH_4 kommen in Frage: weniger Lecks bei der Erdgasgewinnung und -verteilung, höhere Abbaurate bei erhöhter UV-B Strahlung in der Troposphäre als Folge des stratosphärischen Ozonabbaus, geringere Entstehung in Feuchtgebieten wegen globaler Abkühlung als Folge des Ausbruchs des Vulkans Pinatubo, Abnahme der Kohleförderung.

1.2 Stratosphärischer Ozonabbau

Im Jahresbericht 1993 des WBGU war darauf hingewiesen worden, daß das Gesamtozon der Stratosphäre nach starken Vulkaneruptionen durch den stark erhöhten Aerosolgehalt sprunghaft abnimmt. Deutlich erkennbar war dies nach den Eruptionen des El Chichon (1982) und des Pinatubo (1991) (Abb. 1). Als Ursache hierfür wird inzwischen die heterogene Chemie an den Aerosoltröpfchen vermutet (Hofmann et al., 1994). Die bis zum Frühjahr 1994 vorliegenden Daten bestätigen die im Jahr 1993 (zwei Jahre nach Ausbruch des Pinatubo) zunächst noch anhaltende, starke Abnahme des Gesamtozongehalts der Stratosphäre. Allerdings ist eine „Erholung vom Vulkaneffekt" im Winter 1993/94 für Januar/Februar 1994 erkennbar.

Diese Erholung, die seit dem Herbst 1993 zu beobachten ist, hängt mit der Abnahme des Aerosols zwei Jahre nach der Eruption des Pinatubo zusammen. Dabei muß man aber immer noch von einem erhöhten Aerosolgehalt ausgehen, so daß ein vollständiges Abklingen des Vulkaneffekts auf das stratosphärische Ozon noch nicht zu erwarten ist. Überlagert bleibt weiterhin der anthropogene Trend von ca. 3% Ozonabnahme pro Dekade für den globalen Mittelwert (WBGU, 1993). Dieser Wert setzt sich aus einem stärkeren Trend für die Antarktis, einem mittleren Trend für die Arktis im Winter und einem geringen Trend für die Tropen zusammen.

Als Ersatzstoffe für die FCKW sind die HFCKW entwickelt worden. Diese haben in der Regel eine kürzere Lebenszeit und dadurch ein niedrigeres Ozonzerstörungspotential als die FCKW. Damit gelten sie aus der Sicht der Ozonchemie als gute Ersatzstoffe (Ravishankara et al., 1994). Aus der Sicht der Klimaforschung bleiben die HFCKW aber bedenklich, da es sich um sehr starke Treibhausgase handelt.

Die Konzentrationen von Spurengasen, die Ozon in der Stratosphäre zerstören, steigen aufgrund verstärkter anthropogener Quellen. Hierzu zählen Methan und Distickstoffoxid (WBGU, 1993), aber auch Methylbromid, CH_3Br, das beim Verbrennen von Grasland entsteht (Khalil et al., 1993; Manö und Andreae, 1994). Da derartige Brände aufgrund des Bevölkerungswachstums seit 1850 um etwa 100% zugenommen haben, ist zusätzlich ein anthropogener Anstieg des Methylbromids zu verzeichnen.

Bei der UV-B Strahlung ist eine Trendanalyse wegen zu kurzer Zeitreihen nur eingeschränkt möglich. Messungen der UV-B Strahlung an immer mehr Orten bestätigen aber die zu erwartende Zunahme der Strahlung während der Phasen mit geringem Ozongehalt in der Stratosphäre.

C 1.2 Ozonabbau

Abbildung 1: Ozonkonzentrationen im Sommer und Winter der Nordhemisphäre

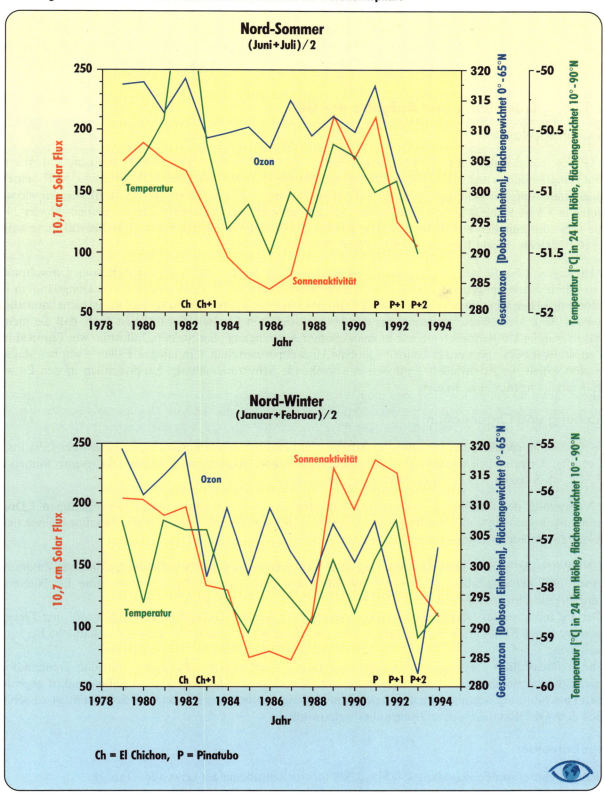

Ch = El Chichon, P = Pinatubo

1.3 Fortentwicklung der Globalen Umweltfazilität

Im März 1994 einigten sich Industrie- und Entwicklungsländer über die Neustrukturierung der Globalen Umweltfazilität (*Global Environmental Facility*, GEF) und die Wiederauffüllung auf rund 2 Mrd. US-$ für die neue Laufzeit. Damit beginnt nach einer Pilotphase (1991 – 1994) die zweite Phase (1994 – 1997), genannt GEF II.

1.3.1 Entstehung und Aufgabe der GEF

Der Grundgedanke

Die GEF ist ein globaler Umweltfonds, der in seiner ursprünglichen Form 1990 von 17 Industrieländern und 7 Entwicklungsländern eingerichtet wurde und in Zusammenarbeit von Weltbank, UNDP und UNEP betrieben wird. Zentrale Aufgabenstellung war zunächst die Bereitstellung von finanziellen Mitteln für ökologisch wirksame Projekte in Entwicklungsländern, deren Nutzen „global relevant" ist. Die anfängliche Mitgliederzahl von 24 erhöhte sich kontinuierlich auf 70 Staaten (Stand Oktober 1993), die immerhin 86% der Weltbevölkerung ausmachen (GEF, 1994a; World Bank et al., 1992a; World Bank et al., 1992b).

Der Hintergrund für die neue Finanzierungskonstruktion ist in den Besonderheiten der globalen Umweltprobleme zu sehen. Nach weitgehend übereinstimmender Einschätzung von Industrie- und Entwicklungsländern liegt die derzeitige Hauptverantwortung für globale Umweltveränderungen (Gefährdung der Ozonschicht, zusätzlicher Treibhauseffekt, Meeresverschmutzung) bei den hochentwickelten Ländern. Unstrittig ist auch, daß die meisten global relevanten Umweltprobleme nur in gemeinsamer Anstrengung aller Staaten, Industrie- wie Entwicklungsländer, sinnvoll bekämpft werden können („globale Umweltpartnerschaft"). In einigen Fällen – wie bei Maßnahmen zum Erhalt der Artenvielfalt – müssen entsprechende Schutzmaßnahmen hauptsächlich in den Entwicklungsländern vorgenommen werden.

Entstehung und Organisation

Die GEF wurde, vor allem auf Initiative der französischen und deutschen Regierung, im November 1991 ins Leben gerufen. Ursprünglich handelte es sich um ein dreijähriges *Pilotprogramm*, für das ein Gesamtvolumen von 1,13 Mrd. US-$ (Stand 30.9.1993) zur Verfügung gestellt wurde.

Die Verwaltung der GEF-Mittel erfolgt durch die drei genannten internationalen Organisationen („Durchführungsorganisationen") mit jeweils genau definierter Aufgabenstellung, wodurch die Schaffung einer neuen Bürokratie vermieden werden konnte:

- UNDP beteiligt sich an der Projektfindung, trägt die Verantwortung für Projekte der technischen Zusammenarbeit und der Institutionenförderung und führt außerdem kleinere Zuschußprogramme für Nichtregierungsorganisationen durch.
- Der auf Initiative des UNEP eingerichtete Wissenschaftliche und Technische Beirat (*Scientific and Technical Advisory Panel*, STAP) erarbeitet die Kriterien für die Mittelvergabe und ist für die wissenschaftliche Begleitung zuständig.
- Die *Weltbank* führt die Maßnahmen der finanziellen Zusammenarbeit durch und hält den Treuhandfonds (siehe unten). Bei ihr ist auch die Verwaltung der GEF eingerichtet, wobei deren Unabhängigkeit gegenüber den Durchführungsorganisationen und den Konventionen zu betonen ist; das GEF-Sekretariat ist ausschließlich dem GEF-Rat (*GEF-Council*) gegenüber verantwortlich.

Aufgabenfelder

In der Pilotphase wurden insgesamt 750 Mio. US-$ für vier Aufgabenfelder verwendet (Tab. 1):

1. Unterstützung von Maßnahmen zur Reduzierung der Treibhausgasemissionen, inklusive solcher zur Verringerung des Energieverbrauchs.
2. Erhalt der biologischen Vielfalt.
3. Schutz internationaler Gewässer.

4. Schutz der Ozonschicht (Empfänger waren hier vor allem jene Länder, die keine Mittel aus dem Fonds des „Montrealer Protokoll" erhalten).

Maßnahmen zur Bekämpfung von Bodendegradation, Desertifikation und Entwaldung werden ebenfalls unterstützt, allerdings nur insoweit, als ein Bezug zu den vier oben genannten Aufgabenfeldern besteht (Wells, 1994; UNDP, 1993; UNDP et al., 1993a; GEF, 1992).

Tabelle 1: Ausgaben der GEF nach Aufgabenbereichen in der Pilotphase

Aufgabenbereich	Ausgabenverteilung	
	geplant	tatsächlich
Klimaschutz	40 – 50%	40%
Schutz der biologischen Vielfalt	30 – 40%	42%
Schutz der Weltmeere	10 – 20%	17%
Schutz der Ozonschicht	Rest	1%

Quelle: GEF, 1994a

1.3.2 Vom Pilotprogramm zum Finanzierungsinstrument der Konventionen

Interims-Finanzierungen durch die GEF

In der AGENDA 21 wurde die GEF speziell als Interims-Finanzierungsmechanismus für die zusätzlichen Kosten *(agreed incremental costs)*, die den ärmeren Ländern bei der Umsetzung der in Rio de Janeiro gezeichneten zwei Konventionen entstehen, ins Auge gefaßt (UNCED, 1992). Es obliegt den Vertragsstaatenkonferenzen beider Konventionen, über eine verbindliche Annahme der GEF als Finanzierungsinstrument zu entscheiden. Besonders aufgrund dieser veränderten Aufgabenstellung durch die UNCED wurde ein Umbau der Organisations- und Entscheidungsstrukturen der GEF (1994b) erforderlich.

Von der grundsätzlichen Aufgabenstellung her bestehen Parallelen der GEF zum Fonds des „Montrealer Protokoll", der ebenfalls als ein Mechanismus zur Abwicklung der finanziellen Verpflichtungen, die den Industrieländern gegenüber den Entwicklungsländern aus Konventionen entstehen, fungiert. Dieser Fonds wurde 1990 durch die zweite Vertragsstaatenkonferenz des Montrealer Protokolls eingerichtet. Die Gesamtausstattung des Fonds beläuft sich mittlerweile auf ca. 695 Mio. US-$. Deutschland ist gegenwärtig, nach den USA und Japan, der drittgrößte Beitragszahler. Konkret dienen diese Mittel dazu, die zusätzlichen Kosten, die den Entwicklungsländern bei Maßnahmen der Umsetzung der FCKW-Substitutionsziele entstehen, zu finanzieren. Die Vertragsstaatenkonferenz des Montrealer Protokolls hat 1996 auf der Basis einer für 1995 vorgesehenen Evaluierung über das Fortbestehen dieses konventionsspezifischen Fonds zu entscheiden.

Mobilisierung neuer finanzieller Mittel

Auf der Sitzung der GEF im März 1994 einigten sich die Vertreter von 87 Ländern auf die Neustrukturierung der GEF und auf die Bereitstellung einer Gesamtsumme von rund 2 Mrd. US-$ für die zweite Phase. Die höchsten Beiträge kommen aus den USA mit 430 Mio. US-$, gefolgt von Japan mit 414 Mio. US-$ und Deutschland mit 240 Mio. US-$ *(Tab. 2)*. Die Beiträge werden in Anlehnung an die Lastenteilungsformel für die 10. Wiederauffüllung der Internationalen Entwicklungsagentur der Weltbank (IDA 10) aufgebracht (GEF, 1994b; BMZ, 1994). Der bisherige GET *(Global Environment Trust Fund)* geht vollständig in dem neugeschaffenen GEF Trust Fund auf.

Reform von Struktur und Entscheidungsmechanismus

Die Verhandlungen über die GEF II waren entscheidend von der Suche nach einer organisatorischen Lösung geprägt, die die Bestrebungen der Nehmerländer nach Mitsprache über die Investitionsprojekte mit den Forderungen der Geberländer nach Einfluß auf Auswahl und Finanzierung der Projekte in Einklang bringt (UNDP et al., 1993b). Der erzielte Kompromiß besteht aus folgenden Komponenten:

1. Schaffung eines Führungsgremiums *(Executive Council)*, gebildet aus Vertretern aus 32 Mitgliedsstaaten, wobei 16 Sitze für Entwicklungsländer (einschl. China), 14 für Industrieländer und zwei für Länder der ehemaligen Sowjetunion und Osteuropas (Transformationsländer) vorgesehen sind.
2. Zwei Co-Präsidenten werden jeweils die Beratungen leiten, die mindestens zweimal pro Jahr stattfinden sollen. Sie fungieren außerdem als Repräsentanten der GEF nach außen, insbesondere gegenüber den Konventionen. Die eine Position wird durch den Leiter des GEF-Sekretariats *(Chief Executive Officer)*, die andere *(Elected Chairperson)* durch Wahl aus dem Kreis der Mitglieder des GEF-Rates besetzt. Die Besetzung der gewählten Vorsitzfunktion erfolgt von Sitzung zu Sitzung abwechselnd durch eine Person aus dem Kreis der Entwicklungs- bzw. Industrieländer, wobei zu letzteren auch die Transformationsländer zählen.
3. Die Beschlüsse des *Executive Council* sollen grundsätzlich im Konsens erfolgen. Kann dies nicht erreicht werden, ist eine sogenannte doppelte, gewichtete Mehrheit – bestehend aus 60% der im Rat vertretenen Mitglieder und 60% der Geberländer – erforderlich. Dies räumt sowohl den Geber- als auch den Nehmerländern faktisch ein Vetorecht ein.
4. Die Generalversammlung der GEF mit Vertretern aller Mitgliedsstaaten *(Assembly)* tritt alle drei Jahre zusammen.

Tabelle 2: Beiträge des GEF Trust Fund in Mio. US-$[a)]

Geberländer	Beitrag	Geberländer	Beitrag
Gruppe I[b)]		Gruppe II[b)]	
Australien	29	Ägypten	6
Dänemark	35	Brasilien	6
Deutschland	240	Indien	8
Finnland	22	Mexiko	6
Frankreich	143	Pakistan	6
Großbritannien	135	Türkei	6
Italien	115	Elfenbeinküste	6
Japan	415	Irland	2
Kanada	87		
Neuseeland	6		
Niederlande	71	Gruppe III[b)]	
Norwegen	31	China	6
Österreich	20		
Portugal	6		
Schweden	58	Andere[c)]	9
Schweiz	45	Nicht zugeordnet[d)]	6
Spanien	17		
USA	430	**Gesamt in US-$**	**2.023**

Quelle: GEF, 1994b

a) Errechnet durch Umrechnen der Sonderziehungsrechte in US-$ auf Basis der täglichen Wechselkurse über die Periode vom 1.2.1993 bis 31.10.1993.
b) Gruppe I besteht aus nicht empfangenden Geberstaaten, die an den Wiederauffüllungs-Treffen teilnahmen. Gruppe II besteht aus empfangenden Geberstaaten, die an den Wiederauffüllungs-Treffen teilnahmen. Gruppe III besteht aus anderen Geberstaaten.
c) Schließt den erhöhten Wert von Beiträgen mittels beschleunigter Einzahlung ein, die in den obigen Zahlen nicht enthalten sind, sowie neue und zusätzliche Beiträge zum GET, von denen zu erwarten ist, daß sie für die GEF-II-Phase zur Verfügung stehen.
d) Es wird damit gerechnet, daß andere Geberstaaten Beiträge leisten, die sich auf etwa 3% der 2 Mrd. US-$ (1 427,52 Mio. Sonderziehungsrechte) an eigentlicher Einzahlung belaufen.

1.3.3 Bewertung von GEF II

Zunächst ist hervorzuheben, daß trotz der durch Stagnation geprägten weltwirtschaftlichen Lage und der damit einhergehenden angespannten Haushaltssituation in vielen Staaten der Weiterbestand der GEF gesichert werden konnte und sogar die Mobilisierung zusätzlicher Mittel möglich war (El-Ashry, 1994). Für die Zukunft ist jedoch angesichts der Anstrengungen, die auf den Gebieten des globalen Wandels erforderlich sind, eine weitere Aufstockung unbedingt notwendig. Dies gilt vor allem dann, wenn Protokolle zu bestehenden Konventionen (Klima,

Biodiversität, Desertifikation) verabschiedet und zu den Themen Wald und Böden zusätzliche Konventionen angestrebt werden.

Des weiteren ist darauf zu achten, daß sich die Mittel nicht auf zu viele kleine Projekte verteilen, etwa weil Kompromisse zwischen den Geberländern und den sehr zahlreichen Empfängerländern gesucht bzw. zu stark auf regionale Ausgewogenheit ausgerichtet werden. Ein offenes Problem ist auch das Ausmaß der Einbeziehung der Transformationsländer. Sie zählen gemäß dem „Montrealer Protokoll" nicht zu den Entwicklungsländern, und hier würden die Zusatzkosten *(incremental costs)* vermutlich besonders hoch sein. Nicht zuletzt ist der Gefahr zu begegnen, daß die Geberländer zur Finanzierung ihres GEF-Anteils auf ohnehin eingeplante Entwicklungshilfemittel zurückgreifen, anstatt eine zusätzliche Finanzierung bereitzustellen.

Nach der Reform des Entscheidungsmechanismus trägt die GEF den Belangen von Geber- und Nehmerländern in besserem Maße als bisher Rechnung. Das Defizit an Ausgewogenheit in der Pilotphase wird damit weitgehend beseitigt. In Zukunft sollten die betroffene Bevölkerung und die Nichtregierungsorganisationen (NRO) sowohl bei der Projektplanung und -umsetzung als auch bei der Entwicklung nationaler Strategien für eine nachhaltige Entwicklung der einzelnen Länder stärker mit einbezogen werden. Als Aufgabe bleibt, das Verständnis dafür aufrechtzuerhalten, daß nationale Maßnahmen aus globalen Gründen erforderlich sind. Dies bedeutet, daß die globalen Nutzen bzw. Kosten nationaler Maßnahmen stärker politikfähig gemacht werden müssen.

1.4 Regelungsinstrumente für die „Klimarahmenkonvention": Beispiel *Joint Implementation*

Die folgenden Ausführungen konzentrieren sich auf einen speziellen Aspekt der „Klimarahmenkonvention" und zugleich auf die erste Vertragsstaatenkonferenz, die vom 28. März bis 7. April 1995 in Berlin stattfinden wird: das Instrument der *Joint Implementation*. Diese Eingrenzung wird vorgenommen, weil es auf der ersten Vertragsstaatenkonferenz möglicherweise zu einer konkreteren Zielfestlegung als in der vorliegenden Fassung der „Klimarahmenkonvention" kommen wird. Zwar liefert die Konvention keine detaillierten instrumentellen Vorgaben, doch ist *Joint Implementation* als Instrument explizit genannt.

1.4.1 *Joint Implementation* in der „Klimarahmenkonvention"

Im Hinblick auf die Wahl und Ausgestaltung möglicher instrumenteller Maßnahmen zur Bewältigung der Klimaänderungen ist vor allem Art. 3, Abs. 3 der „Klimarahmenkonvention" relevant, der die Vertragsstaaten auffordert, diese Maßnahmen *kosteneffektiv* durchzuführen: Die angestrebten Emissionsreduktionen sollen zu minimalen Kosten realisiert werden. Diese Klausel hat in Anbetracht der ökologischen und ökonomischen Rahmenbedingungen der Treibhausgasreduktion besondere Bedeutung. So ist es zwar für die Klimawirkung der Treibhausgase unerheblich, an welchem Ort der Welt Emissionsreduktionen vorgenommen werden, sollen aber die Kosten dieser Reduzierung minimiert werden, muß den global vermutlich stark variierenden Grenzkosten der Emissionsvermeidung Rechnung getragen werden. Der Energieverbrauch je produzierter Einheit des Bruttosozialprodukts ist global sehr unterschiedlich *(Tab. 3)*.

Eine Erhöhung der Energieeffizienz und die damit verbundene Reduzierung der CO_2-Emissionen ist im wesentlichen durch den Einsatz moderner Technologien zu realisieren. Mit wachsender Energieeffizienz steigen aber in der Regel die Kosten. Geht man also von überproportional steigenden Kosten bei zunehmender Emissionsreduktion aus, dann befinden sich die Industrieländer bereits im steilen Bereich der Grenzvermeidungskostenfunktion, während sich die anderen Länder im flacheren Bereich befinden. Das aber heißt, daß es ökonomisch gesehen keinesfalls gleichgültig ist, an welchem Ort der Welt Emissionsreduktionen vorgenommen werden.

Vor diesem Hintergrund hat das Instrument der *Joint Implementation* Eingang in die „Klimarahmenkonvention" gefunden. Es wird in der Konvention zwar nicht detailliert beschrieben, doch finden sich in einer Reihe von Artikeln Hinweise, was darunter zu verstehen ist (Art. 4, Abs. 2a, 2b). Üblicherweise wird dieses Instrument so interpretiert, daß ein Signatarstaat sein Emissionsziel nicht nur durch Emissionsreduktionen im eigenen Land, sondern auch durch die Finanzierung von Vermeidungsaktivitäten in Drittländern erfüllen kann. Inwieweit die in anderen Ländern erzielten Emissionsreduktionen dann auf die nationalen Emissionsziele angerechnet werden sollen, ist bislang noch umstritten.

Die Unterzeichnerstaaten der „Klimarahmenkonvention" konnten sich 1992 noch nicht auf ein konkretes globales Reduktionsziel einigen. Art. 4, Abs. 2b formuliert für die in Anhang I (OECD- und Transformationsländer) der Konvention genannten Staaten lediglich das „... Ziel, einzeln oder gemeinsam die anthropogenen Emissionen von Kohlendioxid und anderen nicht durch das ‚Montrealer Protokoll' geregelten Treibhausgasen auf das Niveau von 1990 zurückzuführen". Die vorliegende Konvention beinhaltet somit weder ein *verbindliches* globales Reduktionsziel noch *länderspezifische* Emissionsziele. Allerdings haben sich einige Länder bzw. Ländergemeinschaften einseitig verpflichtet, Emissionsreduktionen vorzunehmen. So hat z.B. die Bundesrepublik Deutschland eine Reduktion der CO_2-Emissionen um 25 – 30% bis zum Jahr 2005 (Basisjahr 1987) angekündigt und die EU eine Stabilisierung der Emissionen auf dem Niveau von 1990 bis zum Jahr 2000. Neben den EU-Mitgliedstaaten haben sich bis heute auch Australien, Finnland, Island, Japan, Kanada, Neuseeland, Norwegen, Österreich, Schweden, die Schweiz und die USA Planziele oder Selbstverpflichtungen auferlegt (IEA, 1993). Wenn dies zunächst auch reine Absichtserklärungen ohne völkerrechtliche Verbindlichkeit darstellen, ist dennoch damit zu rechnen, daß diese Länder bestrebt sein werden, Maßnahmen zur CO_2-Emissionsreduktion zu ergreifen. Insoweit ist *Joint Implementation* lediglich als ein Instrument zur Flexibilisierung *unilateraler* Ziele anzusehen (Barrett, 1993a).

Tabelle 3: Energieverbrauch je Einheit des Bruttosozialprodukts in ausgewählten Ländern

Land	Megajoule pro US-$ BSP
USA	15
Deutschland	8a)
Großbritannien	11
Japan	5
Polen	79
China	76
Ungarn	46
Mexiko	30
Indien	26
Bangladesch	12
Mauretanien	79
Mali	3

Quelle: WRI, 1992
a) Ohne neue Bundesländer.

Auf der ersten Vertragsstaatenkonferenz 1995 soll gemäß Art. 4, Abs. 2d der Konvention die Ausgestaltung der Instrumente konkretisiert werden. Das *Intergovernmental Negotiating Committee for a Framework Convention on Climate Change* (INC/FCCC) wird dabei Vorschläge zu den Instrumenten erarbeiten. Der Beirat weist an dieser Stelle auf potentielle Anwendungsvoraussetzungen von *Joint Implementation* hin, denen bei der Diskussion besondere Aufmerksamkeit geschenkt werden sollte. Dies sind im einzelnen:

– das Problem vermutlich hoher Such-, Transaktions- und Kontrollkosten,
– die Einbindung der Entwicklungs- und Transformationsländer,
– die Bedeutung des Instruments für internationale und nationale Klimaschutzstrategien und
– der Übergang zu einer mittel- bis langfristig anzustrebenden Zertifikatelösung.

1.4.2 Anwendungsvoraussetzungen der *Joint Implementation*

Die Möglichkeit, außerhalb des eigenen Landes Projekte zur Emissionsreduktion zu finanzieren, erscheint zunächst dann sinnvoll, wenn dies in anderen Ländern kostengünstiger als im Inland erfolgen kann. Mit *Joint Implementation* kann in Anbetracht der genannten Unterschiede in den nationalen Grenzvermeidungskosten grundsätzlich eine deutliche Senkung der Kosten der Emissionsreduktion einhergehen. Außerdem können zu konstanten Kosten zusätzliche Emissionsreduktionen realisiert werden (EU, 1994).

Positive Wirkungen kann *Joint Implementation* außerdem durch den Transfer moderner Technologie in die Entwicklungsländer entfalten. Betrachtet man z.B. die gewaltigen Emissionszunahmen, die mit der fortschreitenden Industrialisierung Indiens oder Chinas zu erwarten sind, dann kommt der raschen Sanierung ineffizienter Energieversorgungsanlagen besondere Bedeutung zu, zumal in diesen Ländern bisher keine Emissionsziele vorgesehen sind. Die folgende Erörterung einiger Schwierigkeiten, vor denen die Anwendung dieses Instruments steht, ist vor dem Hintergrund dieser seiner potentiellen Vorteile zu sehen.

1.4.2.1 Suchkosten, Transaktionskosten und Kontrollkosten

Such- und Transaktionskosten

In der Praxis können die realisierbaren Kostensenkungen geringer ausfallen als die theoretisch denkbaren, weil *Joint Implementation* durch erhebliche Such- und Transaktionskosten behindert werden kann.

Um ein *Joint-Implementation*-Projekt durchführen zu können, muß zunächst nach einer günstigen Emissionsvermeidungsmöglichkeit gesucht werden, d.h. nach einem Projekt mit möglichst geringen zusätzlichen Kosten je vermiedener Emissionseinheit (Barrett, 1993b). Werden *Joint-Implementation*-Projekte bilateral ausgehandelt, ist die Transparenz dieses „Marktes" insgesamt, d.h. über alle Branchen gesehen, vermutlich gering. Wenn die *Suchkosten* die zu erzielenden Kosteneinsparungen übersteigen, dürfte die Suche nach einem Projekt früh abgebrochen werden. Erschwerend wirkt ferner, daß die Vorhaben der beteiligten Länder im Investitionsvolumen zueinander passen müssen. Die Einigung potentieller Vertragspartner auf ein bestimmtes Projekt wird außerdem durch ein spezifisches Merkmal von Investitionen in die Reduzierung von CO_2-Emissionen behindert: Im Gegensatz zu anderen Luftschadstoffen wie SO_x oder NO_x, deren Emissionen durch *end-of-pipe*-Technologien reduziert werden können, ist dies für CO_2 nur durch die Umrüstung alter oder die Errichtung neuer Anlagen zur Energieerzeugung möglich (Maier-Rigaud, 1994). Investitionen zur Reduzierung von CO_2-Emissionen berühren folglich die Energieproduktion, den Energieverbrauch und damit auch die Energiepolitik eines Landes. Divergierende energiepolitische Konzeptionen der beteiligten Staaten, beispielsweise hinsichtlich des Einsatzes bestimmter Technologien oder Energieträger, können sich damit als Hindernis für *Joint-Implementation*-Projekte erweisen.

Wenn sich die Vertragspartner grundsätzlich auf ein Projekt geeinigt haben, entstehen weitere *Transaktionskosten* im Zuge der Aushandlung der konkreten Vertragsbedingungen: Festzulegen sind z.B. die Kostenübernahme, das zu kreditierende Emissionsvolumen und die Laufzeit des Projekts. Insbesondere die Frage der Kostenanlastung kann sich bei *Joint-Implementation*-Projekten als Verhandlungsproblem erweisen. Zur Verdeutlichung sei der Bau eines Kraftwerkes herangezogen. Der Konzeptidee folgend müßte das investierende Land die dem Vertragspartner entstehenden zusätzlichen Kosten *(incremental costs)* tragen. Diese ergeben sich aus der Differenz der Kosten des *Joint-Implementation*-Kraftwerkes und eines durchschnittlichen, bislang in diesem Land für Neuanlagen vorgesehenen Kraftwerktyps. Das investierende Land müßte also sowohl die (vermutlich) höheren Errichtungskosten des modernen Kraftwerkes als auch die möglicherweise höheren Unterhaltungskosten für die Laufzeit des Projekts übernehmen. Diesen Kosten müßten dann die möglichen Nutzen, die dem Vertragspartner zufließen, gegenübergestellt werden. Dabei kann es sich um einen verringerten Energieverbrauch oder auch um die Verbesserung der lokalen Luftqualität handeln. Diese Nutzen-Kosten Betrachtung hat jedoch zunächst eher idealtypischen Charakter. So lassen sich durchschnittliche oder „Musteranlagen" eines Landes nur schwer ermitteln. Gleiches gilt für potentielle positive Umwelteffekte. In der Praxis wird die Kostenanlastung also jeweils Verhandlungsgegenstand der Vertragspartner sein (Jones, 1994).

In diesem Sinne läßt sich auch die „Klimarahmenkonvention" interpretieren. So heißt es in Art. 4, Abs. 3, daß die entwickelten Länder finanzielle Mittel bereitstellen, die die Entwicklungsländer benötigen, „um die *vereinbarten* vollen Mehrkosten *(agreed incremental costs)* zu tragen, die bei der Durchführung der durch Abs. 1 erfaßten Maßnahmen entstehen, die zwischen einer Vertragspartei, die Entwicklungsland ist, und der oder den in Art. 11 genannten internationalen Einrichtungen nach Art. 11 vereinbart werden". Konkretisiert wird der Begriff der Zusatzkosten in dem oben genannten Sinne in Art. 12, Abs. 4 mit dem Hinweis, daß die Entwicklungsländer „auf freiwilliger Grundlage Vorhaben zur Finanzierung vorschlagen können, ..., wenn möglich, unter Vorlage einer Schätzung aller Mehrkosten *(full incremental costs)*, der Verringerung von Emissionen von Treibhausgasen ... sowie einer Schätzung der sich daraus ergebenden Vorteile". Der Mechanismus zur Anlastung der Zusatzkosten ist damit grundsätzlich in der Konvention vorgesehen. Eine gewisse Standardisierung, die bei einer möglichen politischen Aufwertung der *Joint Implementation* im Rahmen von Strategien zur Treibhausgasreduktion sicher wünschenswert wäre, steht noch aus. Bis dahin wird es weiterhin Aufgabe der Vertragsparteien sein, die vollen Mehrkosten einer Maßnahme zu vereinbaren (Art. 4, Abs. 3).

Ein weiterer wichtiger Vertragsbestandteil wird die Festlegung der „Emissionsgutschrift" für das investierende Land sein müssen. Die durch *Joint Implementation* induzierte Emissionsreduktion läßt sich ermitteln, indem die Emissionen des *Joint-Implementation*-Projekts mit denen eines landesüblichen Projekts (Maßstab könnte hier die durchschnittliche Energieeffizienz sein) verglichen werden. Der hohe Anspruch einer solchen Kalkulation wird aber schon deutlich, wenn man sich vergegenwärtigt, daß – analog zur Kostenkalkulation – die Emissionsreduktionen über die gesamte Lebensdauer des Projekts ermittelt werden müssen. Dabei ist zu bedenken, daß bei Übertragung des Betriebs auf den ausländischen Betreiber der Standard der Anlage im Laufe der Zeit möglicherweise nicht aufrechterhalten wird, weil notwendige Reinvestitionen nicht durchgeführt oder Energieträger mit höherem Kohlenstoffgehalt eingesetzt werden. Die anfänglich gegenüber der „Musteranlage" kalkulierte Emissionsreduktion kann dann nicht ohne weiteres für die gesamte Nutzungsdauer des Projekts fortgeschrieben werden (Maier-Rigaud, 1994).

Ähnlich wie bei der Schätzung der Zusatzkosten ergeben sich also auch hier Probleme für die Festlegung der Referenzsituation. Entsprechende Fragen lauten: Wie sieht eine durchschnittliche Anlage in dem betreffenden Land aus? Wäre ein modernes Kraftwerk ohnehin gebaut worden? Wird eine Senke, z.B. ein Tropenwaldareal, tatsächlich geschützt oder wird als Konsequenz des Projekts ein anderes Areal gerodet, das ohne das *Joint-Implementation*-Projekt unversehrt geblieben wäre? Insbesondere hinsichtlich des Senkenschutzes, den die „Klimarahmenkonvention" ausdrücklich als Maßnahme vorsieht, ist die Frage der Emissionskreditierung noch weitgehend ungelöst (Loske und Oberthür, 1994), und es wird deutlich, daß diese nur im jeweiligen Verhandlungsprozeß festgelegt werden kann (Barrett, 1993a).

Durch die vermutlich aufwendige Suche nach Vertragspartnern und die möglicherweise komplexe Aushandlung der Vertragskonditionen scheiden Projekte mit geringem absoluten Vermeidungskostenvorteil als potentielle *Joint-Implementation*-Projekte wohl aus, da diese durch hohe Such- und/oder Transaktionskosten aufgezehrt werden dürften. Für die verbleibenden Projekte ist laufend nach Möglichkeiten zu suchen, wie die Kosten der Durchführung der Projekte reduziert werden können.

Kontrolle der Emissionsreduktion

Besondere Aufmerksamkeit muß der Kontrolle der tatsächlich erzielten Emissionsreduktion, die schon national eine schwierige Aufgabe ist, wegen der potentiellen Interessenharmonie zwischen den an einem Projekt beteiligten Vertragspartnern geschenkt werden. Beide Seiten dürften am Ausweis einer möglichst hohen Emissionsreduktion gegenüber der Staatengemeinschaft interessiert sein. Das investierende Land (bzw. Unternehmen) reduziert seine Vermeidungskosten, weil auf inländische teurere Reduktionen in Höhe der ausgewiesenen ausländischen Emissionsreduktionen verzichtet werden kann. Das investierende Land bzw. Unternehmen könnte den Vertragspartner für diesen Dienst sogar entsprechend entlohnen – und damit wäre eine überhöhte Angabe von Emissionsreduktionen für beide Vertragspartner von Vorteil (Bohm, 1993).

Auch wenn nicht unterstellt wird, daß die Möglichkeiten, unkorrekte Angaben zu machen, in der Realität genutzt werden, muß doch eine Überwachung erfolgen, um dies auszuschließen. Eine Lösung für diese Problematik muß spätestens dann gefunden werden, wenn, nach der Einigung auf länderspezifische Emissionsziele, die durch *Joint-Implementation*-Projekte erzielten Emissionsreduktionen auf diese Ziele angerechnet werden dürfen. Die Staatengemeinschaft wird sich auf diesen Mechanismus der Anrechnung von im Ausland finanzierten Emissionsreduktionen auf nationale Emissionsziele wohl nur dann einigen, wenn sichergestellt ist, daß die geplanten Emissionsreduktionen auch tatsächlich erfolgt sind. (Möglicherweise sind dazu wiederkehrende Messungen jedes einzelnen *Joint-Implementation*-Projekts durch eine Instanz notwendig.)

Der institutionelle Rahmen

Der Erfolg des Instruments *Joint Implementation* wird entscheidend von den zu vereinbarenden institutionellen Arrangements abhängen. Dabei muß dem Such- und Transaktionskostenproblem und dem Kontrollproblem

Rechnung getragen werden. Darüber hinaus ist *Joint Implementation* politisch vermutlich nur dann durchsetzbar, wenn die nationale Souveränität möglichst wenig beeinträchtigt wird. Vor diesem Hintergrund entsteht die Frage, in welchem Umfang Kompetenzen an eine supranationale Institution delegiert werden sollen bzw. müssen (Hanisch et al., 1993). Mehrere Modelle sind denkbar:

1. Ein einfaches bilaterales Verhandlungs- und Informationssystem: Die beteiligten Parteien erstatten den übrigen Vertragsstaaten über die erzielten Emissionsreduktionen Bericht.
2. Der Einbezug einer supranationalen Institution: Sie fördert die Errichtung eines *Joint-Implementation*-Marktes.
3. Die supranationale Institution kontrolliert und verifiziert darüber hinaus die durch *Joint-Implementation*-Projekte erzielten Emissionsreduktionen.
4. Eine Internationale Kreditbank: Sie vermittelt Finanzmittel der investitionswilligen Staaten in *Joint-Implementation*-Projekte und gewährt dafür Emissionskredite.

In einem einfachen *bilateralen* Verhandlungs- und Informationssystem bleibt die Kontrolle der Emissionsreduktionen den Vertragsparteien überlassen. Eine weitgehende Ausschöpfung der Kostenreduktionspotentiale erfordert jedoch einen möglichst großen Teilnehmerkreis; je mehr Projekte durchgeführt werden, desto größer sind die Kosteneinsparungen.

Deshalb sollte nach Auffassung des Beirats die Alternative angestrebt werden, eine (bestehende oder neue) *supranationale Institution* mit der Förderung eines umfassenden *Joint-Implementation*-Marktes zu betrauen. Je nach Ausstattung könnte das Sekretariat der „Klimarahmenkonvention" diese Aufgabe übernehmen. Diese Institution könnte Listen veröffentlichen, in denen Standort, Kosten und Emissionsreduktionen der möglichen *Joint-Implementation*-Projekte beschrieben werden; zugleich könnten einheitliche Kriterien zur Beurteilung solcher Projekte entwickelt werden. Zudem könnte die Zahl potentieller Projekte dadurch erhöht werden, daß diese Institution mehrere Käuferländer zusammenbringt, die gemeinsam ein Großprojekt finanzieren, das ansonsten den Finanzrahmen einzelner Länder sprengt. Umgekehrt könnten verschiedene Projekte in Portfolios gebündelt und dann in Anteilen vermittelt werden.

Eine solche Institution könnte so zu einer deutlichen Erhöhung der Transparenz und Senkung der Transaktionskosten beitragen und den *Joint-Implementation*-Markt beleben. Gleichzeitig bliebe die nationale Souveränität der beteiligten Staaten insofern unangetastet, als jedem Land die Teilnahme an diesem Markt freigestellt bleibt.

Sobald völkerrechtlich verbindliche, länderspezifische Emissionsziele festgelegt worden sind und Emissionsreduktionen in Drittländern auf diese international vereinbarten nationalen Ziele anrechenbar werden, muß neben Detailregelungen hinsichtlich der Zulassung von Projekten, der Kostenaufteilung und der Emissionskredite auch das Kontrollproblem gelöst werden. Die *Prüfung* von *Joint-Implementation*-Projekten (im Hinblick auf einvernehmlich festzulegende Kriterien) und die *Kontrolle der Emissionsreduktionen* könnten ebenfalls von der supranationalen Institution übernommen werden (EU, 1994). Dann allerdings würde das Aufgabengebiet möglicherweise die nationale Souveränität berühren, was durch einvernehmliche Mitspracheregeln aufzufangen wäre.

Kasten 1

Joint Implementation:
Förderung des bilateralen Systems als Interimslösung

Bis zur Etablierung einer supranationalen Institution könnte ein einfaches bilaterales Verhandlungssystem als Vorlaufmodell gefördert werden. Derartige Kompensationsverträge sind auf Regierungsebene bereits abgeschlossen worden. Norwegen unterstützt z.B. die Finanzierung der Umrüstung von Kohle- auf Gasfeuerung und ein Wohnungsbauprojekt mit rationeller Energienutzung in Polen sowie ein besonders effizientes Beleuchtungsprojekt in Mexiko. Die Bundesregierung sollte - den Ergebnissen der 9. INC/FCCC-Sitzung folgend - die Weiterentwicklung des Instruments der *Joint Implementation* über den Abschluß ähnlicher Pilotprojekte vorantreiben. Vorzugsweise könnte dabei die Modernisierung von Kraftwerken gefördert werden, die mit fossilen Brennstoffen betrieben werden. Über die praktische Anwendung der Kompensationslösung können allgemeingültige Projektkriterien und Vertragsbestandteile entwickelt werden, die dann wiederum Vorbildcharakter für zukünftige privatwirtschaftliche Initiativen haben können. Breitere Anwendung kann das Instrument schließlich nur über die Einbindung von Privatunternehmen erlangen.

Der Beirat regt an, daß die deutschen Wirtschaftsverbände zur Verringerung der Suchkosten relevante Projektvorschläge sammeln und an das Bundesumweltministerium weiterleiten, das zu einer entsprechenden nationalen Clearing-Stelle werden könnte. Hierbei könnten auch die Kreditbanken bzw. ihre Verbände einbezogen werden. Eine Übernahme dieses Verfahrens in anderen Ländern würde dann Projektabschlüsse zwischen den interessierten Parteien erleichtern.

Wenn es nach der Anlaufphase gelingt, *Joint Implementation* im privatwirtschaftlichen Bereich stärker zur Anwendung zu bringen, wird diese staatliche bzw. halbstaatliche Förderung als Initialzündung wieder an Bedeutung verlieren, da dann mit der Entstehung privatwirtschaftlicher Clearing-Stellen – eines *Joint-Implementation*-Marktes – zu rechnen ist. So ist in Kalifornien das Unternehmen *Global Warming Alternatives* (GWA) gegründet worden, das Regierungen, Unternehmen und auch Privatpersonen die Möglichkeit bietet, ihre CO_2-Emissionen zu kompensieren. GWA plant, Anteile an verschiedenen Kompensationsprojekten im In- und Ausland anzubieten. Zur Minimierung des Investitionsrisikos sollen die einzelnen Projekte in einem Portfolio gebündelt werden, an dem interessierte Emittenten Anteile erwerben können. Derartige Entwicklungen sind bislang in Deutschland nicht zu beobachten. Den staatlichen Pilotprojekten kommt deshalb vermutlich eine wichtige Anstoßwirkung zu. Dabei ist allerdings zu bedenken, daß zum gegenwärtigen Zeitpunkt weder in den USA noch in Deutschland wirtschaftliche Anreize für Privatunternehmen bestehen, derartige Kompensationsinvestitionen vorzunehmen.

Die Vorteile einer *supranationalen Kreditbank* zur Umsetzung des Konzepts sind vor allem darin zu sehen, daß das Investitionsrisiko für die investierenden Vertragspartner durch die Zusammenfassung von Projekten in Portfolios gesenkt werden könnte. Die politische Durchsetzbarkeit dieses Vorschlags wird allerdings durch den (eingeengten) Entscheidungsraum der investitionswilligen Vertragspartner reduziert, da sie ihre Vertragspartner nicht mehr frei wählen können, sondern in ein eher anonymes Portfolio investieren.

1.4.2.2 Einbeziehung von Entwicklungs- und Transformationsländern

Die potentiellen Vorteile des *Joint-Implementation*-Konzepts können nur realisiert werden, wenn die Entwicklungs- und Transformationsländer bereit sind, an dem System teilzunehmen. Grundsätzlich ist die Teilnahme an *Joint-Implementation*-Projekten allen Vertragspartnern möglich (Art. 4, Abs. 2). Obwohl durch *Joint-Implementation*-Projekte die Souveränität der Entwicklungs- und Transformationsländer in keiner Weise in Frage gestellt wird, stehen diese bislang der Idee eher kritisch gegenüber (Düngen und Schmitt, 1993; Oberthür, 1993; Krägenow, 1994). Ob es sich dabei eher um taktisches Verhalten zur Verbesserung der Verhandlungsposition handelt, oder ob die Ablehnung auf bestimmte Eigenschaften des Konzepts zurückzuführen ist, bleibt eine offene Frage. Trifft letzteres zu, so müßte dies bei der weiteren Konkretisierung des Konzepts berücksichtigt werden. Im folgenden werden einige Aspekte erörtert, die *Joint Implementation* aus der Sicht der Entwicklungs- und Transformationsländer problematisch erscheinen lassen.

Abnahme der Möglichkeit kostengünstiger Emissionsreduktion

In der Diskussion um *Joint Implementation* wird zumeist davon ausgegangen, daß die Gutschrift der Emissionsreduktion dem Land zufallen sollte, das die zusätzlichen Kosten *(incremental costs)* der Investition trägt, also in der Regel dem Industrieland (Jones, 1994). Das könnte bedeuten, daß für die Entwicklungs- und Transformationsländer der Anreiz zur Kooperation verlorengeht, weil deren niedrige Grenzvermeidungskosten sozusagen von anderen Ländern „aufgebraucht" werden. Der Anstieg der Grenzkosten mit zunehmender Vermeidung ist kurzfristig zwar kein Problem, doch wenn zu einem späteren Zeitpunkt die „Klimarahmenkonvention" verschärft werden sollte, werden sowohl den Entwicklungs- als auch den Transformationsländern Emissionsreduktionen auferlegt, die nur zu höheren Grenzvermeidungskosten erreicht werden können. Dieses Problem ließe sich jedoch dadurch lösen, daß diesen Ländern bereits heute zugesagt wird, bei der zukünftigen Formulierung von länderspezifischen Emissionsquoten ein Basisjahr (beispielsweise 1990) zugrundezulegen (Jones, 1994).

Finanzierung von *Joint-Implementation*-Projekten

Als weiteres Hindernis bei der Einbindung der Entwicklungs- und Transformationsländer in das Konzept könnte sich der oben skizzierte Mechanismus der Kostenanlastung gemäß den *incremental costs* erweisen. Konzeptionell ergeben sich die *incremental costs* wie folgt (Barrett, 1993a):

    Kosten des *Joint-Implementation*-Projekts
- Kosten des Musterprojekts
± die auf das Entwicklungs- oder Transformationsland aus dem *Joint-Implementation*-Projekt entfallenden weiteren Nutzen (Kosten)
= Zusatzkosten *(incremental costs)*, die vom Industrie- an das Entwicklungs- oder Transformationsland zu zahlen sind.

Bei einer derart strikten Kalkulation der Zusatzkosten verbleiben dem Entwicklungs-/Transformationsland unter Umständen keinerlei finanzielle Vorteile. Ob der Hinweis auf weitere Vorteile der *Joint-Implementation*-Lösung (wie z.B. Know-how- und Technologietransfer) für die Länder überzeugend wirkt, wird sich erst in Zukunft erweisen. Es ist jedenfalls nicht auszuschließen, daß die Entwicklungs-/Transformationsländer nur zur Mitarbeit bewegt werden können, wenn die Zahlungen der Industrieländer über die Mehrkosten hinausgehen.

1.4.2.3 Übergang zu einem globalen Zertifikatesystem

Trotz der skizzierten Probleme ist *Joint Implementation*, nicht zuletzt wegen seiner Verankerung in der Klimakonvention, eines der wenigen umweltökonomischen Instrumente, das auf internationaler Ebene gute Realisierungschancen hat. Eine Realisierung dieses Instruments würde das Sammeln von Erfahrungen ermöglichen und die Einführung anderer ökonomischer Instrumente, wie insbesondere der Zertifikatelösung *(handelbare Emissionsrechte)*, erleichtern.

In der Diskussion um *Joint Implementation* wird vielfach davon ausgegangen, daß dieses Instrument problemlos in ein globales Zertifikatesystem überführbar sei (Jones, 1994; Hanisch, 1991). Trotz der Ähnlichkeit dieser Instrumente bestehen jedoch einige Unterschiede konzeptioneller Art.

Bei einem globalen Zertifikatesystem kann der Handel von Zertifikaten beginnen, sobald sich die Vertragsstaaten auf länderspezifische Emissionsziele geeinigt haben. Eine Festlegung von durchschnittlichen „Musteranlagen", wie sie beim *Joint-Implementation*-Konzept angestellt werden müssen, ist nicht notwendig. Für die Funktionsweise des Zertifikatesystems ist es außerdem unerheblich, wie in den einzelnen Ländern die Emissionsreduktionen tatsächlich vorgenommen werden. Anders im *Joint-Implementation*-Fall: Jede *Joint Implementation* setzt an einzelnen Projekten an, Musterprojekte sind zu ermitteln und daraufhin Kalkulationen für Kosten- und Emissionsreduktionen vorzunehmen (Bohm, 1993). Während das Verhalten der Emittenten bei der Zertifikatelösung durch den Marktpreis der Emissionszertifikate gesteuert wird, ist *Joint-Implementation* ein einzelanlagenbezogenes Instrument. Soll also das *Joint-Implementation*-Konzept in ein Zertifikatesystem münden, erfordert das auch andere institutionelle Rahmenbedingungen.

1.4.2.4 *Joint Implementation* als Element einer umfassenden Klimaschutzstrategie

Joint Implementation ist somit nur als ein Bestandteil, nicht als Hauptinstrument einer Strategie zur Treibhausgasreduktion anzusehen. Das Instrument wird sowohl auf globaler als auch auf nationaler Ebene lediglich Teil von Maßnahmebündeln bleiben. Dies ergibt sich schon daraus, daß selbst bei idealer institutioneller Ausgestaltung die Anwendbarkeit des Instrumentes auf *globaler Ebene* begrenzt bleibt. Kleinverbraucher und private Haushalte sind kaum in das Konzept einbindbar, und auch im industriellen Bereich wird die Anwendbarkeit wegen der hohen Transaktionskosten auf Großprojekte beschränkt bleiben. Schließlich können sich auch inländische Großprojekte im Vergleich zu *Joint-Implementation*-Projekten als gesamtwirtschaftlich vorteilhafter erweisen, wenn sie etwa neben der Treibhausgasreduktion weitere Nutzen (beispielsweise Verbesserung der lokalen Luftqualität) induzieren.

Vor diesem Hintergrund müssen die Vorbehalte gegen das *Joint-Implementation*-Konzept, die Industrieländer würden sich damit aus ihren Reduktionspflichten „herauskaufen" und die Reduktionen im eigenen Land vernachlässigen, und der Kostendruck hinsichtlich technologischer Neuerungen für CO_2-Minderungstechnologien ginge verloren, relativiert werden. Die quantitative Bedeutung der *Joint Implementation* im globalen Kontext wird bei diesem Argument überschätzt (Schmitt und Düngen, 1992; Torvanger, 1993). Die Industrieländer werden nur einen sehr kleinen Teil ihrer Emissionsreduktionsverpflichtungen über *Joint-Implementation*-Projekte erfüllen können. Der Großteil der Emissionsreduktionen wird innerhalb der Industrieländer selbst vorzunehmen sein.

Auf *nationaler Ebene* soll *Joint Implementation* andere Maßnahmen zum Klimaschutz nicht ersetzen. Nationale Anstrengungen der Industrieländer zur Einhaltung der Konventionsziele dürfen nicht vernachlässigt werden. Vielmehr sind die Industrieländer geradezu gezwungen, verbindliche und wirkungsvolle nationale Maßnahmen zu ergreifen, also ordnungsrechtliche oder ökonomische Instrumente zur Reduktion von Treibhausgasemissionen einzusetzen. *Joint Implementation* ist insofern nur ein komplementäres Instrument zur Realisierung bestimmter Emissionsreduktionen.

Anreize zur privatwirtschaftlichen Emissionsreduktion sind beispielsweise bei einer nationalen CO_2-Abgabe gegeben. Für jede Emissionseinheit müßten die Unternehmen eine bestimmte Abgabesumme entrichten. Die Emissionen würden soweit reduziert, bis die Grenzvermeidungskosten mit dem Abgabensatz einer Emissionseinheit übereinstimmen. Um entsprechende Anreize für *Joint-Implementation*-Projekte auf privatwirtschaftlicher Ebene zu setzen, müßte den inländischen Emittenten allerdings eine Anrechnung der im Ausland erzielten CO_2-Emissionsreduktionen auf die Bemessungsgrundlage der inländischen CO_2-Abgabe zugestanden werden. Die wirtschaftlichen Anreize für inländische Emittenten, *Joint-Implementation*-Projekte durchzuführen, sind desto höher, je niedriger die Grenzvermeidungskosten im Ausland im Vergleich zum Inland sind bzw. je höher der inländische Abgabensatz ist. Der durch niedrigere Grenzvermeidungskosten im Ausland erzielbare Vorteil gewinnt für ein Unternehmen bei steigendem Abgabensatz also nochmals an Bedeutung (Maier-Rigaud, 1994). Dies macht deutlich, daß die internationale Einigung auf das *Joint-Implementation*-Konzept zugleich eine nationale Klimaschutzstrategie erfordert. Wie auf nationaler Ebene die grundsätzlich wünschenswerte Einbeziehung von Privatunternehmen erreicht wird, muß den einzelnen Vertragspartnern selbstverständlich freigestellt bleiben.

1.4.3 Handlungsvorschläge

Der Beirat erinnert in diesem Zusammenhang nochmals an seinen Vorschlag im Jahresgutachten 1993: Ein globales Zertifikatesystem sollte wichtiger Bestandteil der Klimaschutzstrategie werden. Die Einigung auf eine Erstverteilung der Emissionsrechte ist gegenwärtig noch das entscheidende Hindernis eines solchen Systems. *Joint Implementation* ist zunächst praktikabler und kann als Modell bzw. Vorreiter für ein Zertifikatesystem Sinnvolles leisten und ist international am ehesten konsensfähig. Obwohl *Joint Implementation* nicht das Hauptinstrument der globalen Strategie zur Treibhausgasreduktion sein kann, bietet es erhebliche Spielräume für Kostenreduzierungen und kann durch den Transfer moderner Technologie positive Wirkungen entfalten. Im Hinblick auf eine möglichst breite Anwendung des Instruments empfiehlt der Beirat, eine supranationale Institution (beispielsweise das Sekretariat der „Klimarahmenkonvention") mit der Förderung und Verifizierung von *Joint-Implementation*-Projekten zu betrauen. Deutschland sollte die Anwendung des Instruments durch Beteiligung an Pilotprojekten auf den Weg bringen.

In der noch offenen Frage der Anrechnung von Emissionsreduktionen auf eingegangene Minderungsverpflichtungen befürwortet der Beirat folgende Strategie:

- Einerseits sollte die Anrechnung nur teilweise erfolgen. Da die erzielten Emissionsreduktionen in diesem Fall für eine Aufstockung der nationalen Reduktionsziele verwendet werden, führt *Joint Implementation* somit indirekt zu einer Verschärfung der Klimaschutzziele.
- Andererseits sollte man nicht auf jegliche Anrechnung auf bereits eingegangene Verpflichtungen verzichten. Dies würde den Anreiz, das Instrument einzuführen und fortzuentwickeln, beeinträchtigen.

In jedem Fall ist eine Präzisierung der globalen und nationalen Reduktionsziele notwendig. Selbstverständlich dürfen die nationalen Anstrengungen nicht verringert werden, weshalb die Verpflichtungen gerade wegen der Möglichkeit der *Joint Implementation* hoch genug angesetzt werden sollten. Außerdem darf die Beteiligung an

Joint-Implementation-Projekten nicht zur Verringerung der aus der Konvention resultierenden Finanzierungsverpflichtungen (oder gar der Entwicklungshilfeleistungen) führen. Insgesamt sollte die Diskussion um *Joint Implementation* als Chance begriffen werden, alle instrumentellen Möglichkeiten zur Klimastabilisierung ernsthaft auszuloten. Zumindest eine bilaterale (Interims-)Lösung sollte möglichst rasch realisiert werden.

1.5 Ein Beitrag zur „Konvention über die biologische Vielfalt": Beispiel CITES

1.5.1 Kurzbeschreibung der Problematik

Die im Rahmen der UN-Umweltkonferenz 1972 in Stockholm formulierte *Convention on International Trade in Endangered Species of Wild Fauna and Flora* (CITES) ist seit ihrem Inkrafttreten im Jahre 1975 das erste internationale umweltpolitische Regime, das an einer der maßgeblichen Ursachen für die Abnahme der biologischen Vielfalt ansetzt. Es beschränkt sich nicht auf den Schutz und den Erhalt bestimmter Arten, sondern ist prinzipiell auf alle Arten anwendbar, die durch den internationalen Handel in ihrem Bestand gefährdet sind.

CITES ist mit inzwischen 121 Vertragsstaaten neben der 1992 in Rio de Janeiro von 165 Nationen unterzeichneten „Konvention über die biologische Vielfalt" das artenschutzrechtliche Abkommen mit dem größten Wirkungskreis (Bendormir-Kahlo, 1989). Inwieweit sich das Aufgabengebiet von CITES mit dieser Konvention überschneiden wird, bzw. auf welchen Gebieten sich diese beiden grundlegenden artenschutzpolitischen Abkommen komplementieren werden, bedarf der Klärung und wird Gegenstand zukünftiger Verhandlungen sein.

Das große Interesse von Staaten, dem CITES-Abkommen beizutreten, hängt mit verschiedenen Faktoren zusammen. Bei der Konzeption von CITES wurde davon ausgegangen, daß sowohl exportierende als auch importierende Nationen ein Interesse daran haben, daß Tier- und Pflanzenarten auch in Zukunft als Ressource erhalten bleiben (Lyster, 1985). Dementsprechend räumt das Abkommen den Vertragsstaaten selbst einen breiten Spielraum hinsichtlich der Auslegung und des Vollzugs der Bestimmungen ein. Andererseits kann jeder beitrittswillige Staat Mitglied werden, ohne bestimmte Voraussetzungen in bezug auf vorhandene Artenschutz- und Naturschutzstandards erfüllen zu müssen. Der Beitritt zu CITES verpflichtet die Vertragsstaaten auch nicht zur Durchführung flankierender nationaler Maßnahmen. Der Vollzug der CITES-Bestimmungen auf innerstaatlicher Ebene hängt also wesentlich von der Bewertung durch den jeweiligen Vertragsstaat ab, von dem sowohl die Intensität der Kontrollen als auch Art und Umfang der vorgesehenen Sanktionen selbst bestimmt werden (Bendormir-Kahlo, 1989).

Aufgrund der Tatsache, daß die Abnahme der biologischen Vielfalt nicht monokausal – also auch nicht allein durch internationalen Handel – bedingt ist (WBGU, 1993), stellt CITES kein umfassendes Abkommen zum Schutz gefährdeter Arten dar, wie es die im deutschsprachigen Raum verwendete Bezeichnung „Washingtoner Artenschutzübereinkommen" vermuten läßt. Andere wichtige Faktoren, wie z.B. die Verkleinerung, Fragmentierung und Zerstörung der natürlichen Lebensräume von wildlebenden Arten und die zunehmende Umweltverschmutzung als mögliche Gefährdungsfaktoren werden nicht explizit berücksichtigt.

Kasten 2

Die *Convention on International Trade in Endangered Species of Wild Fauna and Flora* (CITES)

Als Antwort auf die Gefährdung wildlebender Tiere und wildwachsender Pflanzen durch internationalen Handel wurden seit Mitte der 60er Jahre Anstrengungen unternommen, ein völkerrechtliches Abkommen zur Überwachung und Regelung dieses Handels abzuschließen. Nachdem auch die Teilnehmerstaaten der ersten UN-Umweltkonferenz 1972 in Stockholm sich nachdrücklich für das Zustandekommen eines solchen Abkommens ausgesprochen hatten, wurde am 3. März 1973 die endgültige Fassung der *Convention on Internatio-*

nal Trade in Endangered Species of Wild Fauna and Flora (CITES) von 21 Staaten unterzeichnet. Die Konvention trat am 1. Juli 1975 formell in Kraft; im April 1994 waren 121 Staaten Mitglied der Konvention.

Zentrales Element des Abkommens ist ein in drei Anhänge gegliederter Katalog, der die diversen Tier- und Pflanzenarten nach dem Grad ihrer Gefährdung auflistet. Anhang I enthält Arten, deren Populationen akut vom Aussterben bedroht sind. Die CITES-Bestimmungen sehen vor, daß der kommerzielle Handel mit ihnen bis zur Regenerierung der wildlebenden Bestände vollständig unterbunden werden soll. Es besteht für diese Arten – bis auf Ausnahmefälle – ein kommerzielles Verkehrs- und Vermarktungsverbot. Gehandelt werden darf nur mit Nachzuchten, die in Gefangenschaft gezüchtet worden sind, und wenn der Zuchtbetrieb vom CITES-Sekretariat modifiziert wurde. In Anhang II sind Arten aufgelistet, deren Bestandsabnahme eine potentielle Bedrohung anzeigt. Für diese Arten ist der internationale Handel durch ein Export- und Importkontrollsystem geregelt; Exemplare dürfen als Wildentnahmen oder Züchtungen mit gültigen CITES-Bescheinigungen gehandelt werden. Anhang III enthält die Arten, die ein Staat für sein Hoheitsgebiet als gefährdet erklärt hat. Der Handel mit diesen Arten ist nur unter Vorlage einer Ausfuhrgenehmigung oder eines Ursprungszeugnisses erlaubt.

CITES besitzt zwei Organe, die in zweijährigem Rhythmus tagende Vertragsstaatenkonferenz und ein ständiges Sekretariat. Das von der *World Conservation Union* (IUCN) und dem *World Wide Fund for Nature* (WWF) im Auftrag des Exekutivdirektors von UNEP verwaltete CITES-Sekretariat ist mit der inhaltlichen und organisatorischen Vorbereitung der Vertragsstaatenkonferenzen betraut und ist Kommunikationsschnittstelle und Ansprechpartner für die Mitgliedsstaaten zwischen diesen Konferenzen. Das Sekretariat reagiert nur bei Verstößen gegen die CITES-Bestimmungen. Ansonsten filtert es die erhaltenen Informationen und Daten, leitet diese gegebenenfalls an die entsprechenden nationalen Institutionen weiter und läßt sie in die jährlichen Berichte über den Vollzug des Abkommens einfließen.

Während der in zweijährigem Rhythmus tagenden „Konferenz der Vertragsstaaten" wird unter anderem darüber entschieden, welche Arten neu in einen der drei Anhänge aufgenommen werden oder für welche Arten eine Neueinstufung als nötig erachtet wird. Entscheidungen werden auf der Grundlage von Zweidrittelmehrheits-Beschlüssen gefällt. Die Überwachung und Regelung des internationalen Handels erfolgt auf der Basis von Export- und Importkontrollen und deren statistischer Auswertung. Die hierbei verwendeten CITES-Dokumente müssen bestimmten inhaltlichen und formalen Anforderungen entsprechen und sind grundsätzlich bei allen Vorgängen im internationalen Handel mit gefährdeten Arten erforderlich.

CITES kann in seiner jetzigen Struktur und Funktionsweise daher nur partiell wirksam werden; es kann nur einer von vielen Schritten zur Erhaltung der biologischen Vielfalt sein, da es keine Maßnahmen einsetzen kann, um aktiv der Gefährdung durch unkontrollierte oder übermäßige Ausbeutung vorzubeugen. Dies hat in vielen Fällen dazu geführt, daß CITES erst im letzten Stadium greifen konnte, erst dann, wenn eine Art fast ausgerottet war. In der Praxis hat es sich zudem als äußerst schwierig erwiesen, die international vereinbarten CITES-Bestimmungen wirksam auf nationaler wie lokaler Ebene umzusetzen. Schwerwiegende Verstöße gegen diese Bestimmungen, ein florierender illegaler Handel mit gefährdeten Arten und offensichtliche Vollzugsdefizite werfen ein Licht auf die Konstruktionsfehler und möglichen Schlupflöcher des Abkommens, die im folgenden in Verbindung mit möglichen Lösungsansätzen näher beleuchtet werden sollen.

1.5.2 Ursachen und Lösungsansätze

1.5.2.1 Konstruktionsfehler und Schwachpunkte

Ein grundlegender Schwachpunkt des CITES-Abkommens ist das Fehlen eindeutiger Definitionen und Einstufungsrichtlinien über die Schutzwürdigkeit von Arten. So gibt es keine konkreten Definitionen darüber, wann und unter welchen Bedingungen eine Art vom Aussterben bedroht ist, wann eine Art in ihrem Bestand gefährdet ist und wann eine Gefährdung in eine Bedrohung umschlägt. Im Vertragstext heißt es dazu unter Art. 2, daß Anhang I solche Arten enthalten soll, „... die durch den Handel beeinträchtigt werden oder beeinträchtigt werden können" (Vertragstext 1973 Art. 2 (1)). Weiter heißt es dort, daß Anhang II alle Arten enthalten soll, „... die, obwohl sie nicht notwendigerweise schon heute von der Ausrottung bedroht sind, davon bedroht werden können" (Art. 2 (2)) und Anhang III soll alle Arten enthalten, „... die in ihrem (der Vertragsstaaten) Hoheitsbereich einer besonderen Regelung unterliegen" (Art. 2 (3)).

Der internationale Handel mit den Arten der Anhänge II und III ist zwar prinzipiell erlaubt, soll aber durch ein System von Export- bzw. Importkontrollen überwacht werden. In den während der ersten Vertragsstaatenkonferenz in Bern formulierten sogenannten „Berner Kriterien", die bis heute den Vertragsstaaten als Orientierungshilfen für die Aufnahme bzw. Zuordnung von gefährdeten Arten in den jeweiligen Anhang dienen, heißt es dazu aber lediglich, daß die Aufnahme einer Art in die Anhänge von einer Bewertung des „biologischen Status" und des „Handelsstatus" durch die Vertragsstaaten abhängt.

Die faktische Einstufung von Arten geschieht auf der Basis von Zweidrittelmehrheits-Beschlüssen der Vertragsstaaten während der in zweijährigem Rhythmus abgehaltenen Konferenzen. Sind entsprechende politische und wirtschaftliche Interessen vorhanden, so kann diese erforderliche Zweidrittelmehrheit eine erhebliche Hürde für die Aufnahme bzw. Zuordnung von Arten darstellen. Da diese Entscheidung zudem nicht von einem unabhängigen Expertengremium getroffen wird, bedeutet dies, daß durch das Abkommen grundsätzlich nur das geschützt wird, was die Vertragsstaaten als schützenswert erachten. Es besteht durch diese Regelung also die Gefahr, daß die betreffenden Entscheidungen primär politisch und ökonomisch motiviert sind und ökologische Artenschutzüberlegungen in den Hintergrund geraten.

Auch die grobe Unterteilung in Arten, die für den internationalen Handel zugelassen sind und in Arten, mit denen jeglicher internationaler Handel verboten ist, wird der Komplexität der Problematik und den unterschiedlichen Gefährdungsgraden kaum gerecht. Da die Aufnahme in Anhang I ein totales Handelsverbot bedeutet und deshalb erst bei einer äußerst bedrohlichen Entwicklung in Erwägung gezogen wird, erfolgt die entsprechende Aufnahme oft zu spät. Andererseits sind viele der vormals in Anhang II geführten Arten seit Gültigkeit des Abkommens in den Anhang I aufgenommen worden. Dies ist u.a. darauf zurückzuführen, daß Anhang II ein Sammelbecken für Arten mit den unterschiedlichsten Gefährdungsgraden darstellt und keine differenzierten Unterkategorien beinhaltet. Die Spannbreite reicht von Arten, deren Populationsbestand einen Handel an sich nicht mehr verträgt (für deren Aufnahme in Anhang I sich jedoch keine Mehrheit unter den Vertragsstaaten findet) bis zu solchen, bei denen der Handel ohne weiteres möglich wäre. Eine Kategorisierung für die Anhänge in Anlehnung an die vorhandene *IUCN Red Data List of Threatened Animals* könnte sinnvoll sein. Die Mehrzahl der Vertragsstaaten steht diesem Ansatz bisher aber ablehnend gegenüber. Im übrigen sind auch diese Gefährdungskriterien eher schon veraltet und werden zur Zeit überarbeitet. Sie beinhalten konkrete Vorgaben für die Einstufung von Arten in eine von fünf Kategorien: ausgestorben oder verschollen, bedroht, stark gefährdet, gefährdet, potentiell gefährdet.

1.5.2.2 „Berner" versus „Kyoto" Kriterien

Während der achten CITES-Vertragsstaatenkonferenz in Kyoto wurde auf Antrag der Staaten des südlichen Afrika – Botswana, Malawi, Namibia, Südafrika, Zambia und Zimbabwe – eine Modifizierung der bisherigen Einstufungskriterien beschlossen. Laut CITES Resolution 8.20 sollen die „Berner Kriterien" auf der kommenden zehnten Vertragsstaatenkonferenz, die im Herbst 1994 in den USA stattfinden wird, durch die „Kyoto Kriterien" ersetzt werden. Ausgehend von der Prämisse, daß „... der kommerzielle Handel für den Erhalt von Arten und Ökosystemen nützlich sein kann" (CITES, 1994), ist vorgesehen, die Herabstufung einer Art von Anhang I in Anhang II zwecks nachhaltiger Nutzung dieser Art zu erleichtern. Als ein Entscheidungskriterium sollen allgemeingültige biologische Grenzwerte für gefährdete Arten dazu dienen (CITES, 1994), daß sich nur noch solche Arten im Anhang I befinden, deren wildlebende Populationen weniger als 250 Exemplare im geschlechtsfähigen Alter enthalten. (Im neuesten Entwurf wird das Grenzwertkonzept nur noch im Sinne eines Richtlinienkriteriums verstanden.)

Obwohl es sinnvoll erscheint, Arten aufgrund von biologischen Eckdaten wie der Populationsgröße einzustufen, bedarf es aber eigentlich für jede Art (und Unterart) einer möglichst genauen Einschätzung darüber, wie groß eine Restpopulation sein muß, um ihr Überleben als Art zu sichern. Ansonsten würde die Herabstufung, wie dies gemäß vorliegendem Entwurf für die „Kyoto Kriterien" der Fall wäre, von bekanntermaßen bedrohten Arten (wie z.B. Schimpansen, Gorillas, Blauwalen und Schneeleoparden) den Ausrottungsprozeß vermutlich beschleunigen (Mills, 1994).

1.5.2.3 *Sustainable use* als artenschutzpolitisches Konzept

Sustainable use wird seit Erscheinen der *World Conservation Strategy* als eine Möglichkeit zum Erhalt gefährdeter Arten diskutiert – und zwar explizit als artenschutzpolitisches Konzept. Es besagt, daß Populationen wildlebender Arten genutzt werden sollen „... at a rate within its capacity for renewal and in a manner compatible with conservation of the diversity and long term viability of the resource and its supporting ecosystems" (IUCN/SSC, 1992).

Der Beirat ist der Auffassung, daß dieses Konzept sorgfältig geprüft werden sollte. In verschiedenen Teilen der Welt wurden mittlerweile unter der Aufsicht der *Species Survival Commission der World Conservation Union* (IUCN/SSC) diverse Pilotprojekte zur nachhaltigen Nutzung von wildlebenden und teilweise gefährdeten Arten begonnen (vgl. *Kasten 3*). Erste Auswertungen dieser Projekte werden ab 1995 vorliegen (persönliche Mitteilung C. Prescott-Allen, Co-Chair, IUCN/SSC).

Kasten 3

Der Schutz der Grünen Leguane in Costa Rica

Mittelamerika ist das natürliche Verbreitungsgebiet des Grünen Leguans *(Iguana iguana)*. Diese Art ist stark bedroht; ihre Zahl ist so drastisch zurückgegangen, daß sie Aufnahme in den Anhang des CITES-Abkommens gefunden hat. Nicht zuletzt ist der Schwund auf die hohen Entwaldungsraten in diesem Raum zurückzuführen; der Wald ist das natürliche Habitat der Leguane. Hinzu kommt, daß die Bevölkerung in der Vergangenheit wenig Interesse am Erhalt dieser nicht besonders populären oder attraktiven Tierart hatte.

Mit dem *Iguana Verde Projekt* in Costa Rica werden neue Wege des Artenschutzes beschritten: Statt auf vollständigen Schutz zu setzen, wird hier angestrebt, das Überleben der Leguane durch seine nachhaltige Nutzung zu ermöglichen. Es wird dabei nicht versucht, die noch vorhandene Zahl an Leguanen bestmöglich zu erhalten (z.B. Wilderei zu unterbinden), sondern sie stattdessen durch künstliche Aufzucht zu vermehren. Seit 1988 werden auf einer Farm nahe der Westküste Costa Ricas Leguane gezüchtet und nach einigen Monaten in die Wildnis entlassen. Dort sollen sie nach ihrem Auswachsen „geerntet" werden dürfen.

Mit der Zucht und der Aussetzung der Leguane werden mehrere Ziele gleichzeitig verfolgt:

- **Artenschutz**
  Leguane sollen wiedereingeführt und ihre Population vergrößert werden. Durch die Aufzucht auf der Farm wird die Überlebensrate der Leguane von etwa 5% in der Natur, wo sie insbesondere im Jugendstadium durch zahlreiche Freßfeinde gefährdet sind, auf etwa 95% erhöht. Das Überleben der Leguane in Costa Rica wäre ohne diese Förderung nicht gesichert.

- **Habitatschutz**
  Das natürliche Habitat der Leguane ist der Wald; die Reptilien sind auf Bäume als Sonnenschutz und Nahrung angewiesen. Das Iguana Verde Projekt trägt dem Rechnung, indem man degradierte Weide- und Ackerflächen vor allem mit einheimischen Baumarten wiederaufforstet, wo dann die Leguane ausgewildert werden. Diese aufgeforsteten Flächen sollen in Zukunft als Biosphärenreservate ausgewiesen werden.

- **Nachhaltige Nutzung**
  Mit dem Projekt wird der lokalen Bevölkerung die nachhaltige Nutzung der Leguane gestattet. Genutzt werden das Fleisch und das Leder, außerdem ist die Jagd als Freizeitvergnügen beliebt. So werden für die Bevölkerung Ernährungs- und Einkommensmöglichkeiten geschaffen, die für ein individuelles Interesse am Schutz der Leguane sorgen sollen. Die nachhaltige Nutzung verursacht weder eine Degradation von Vegetation und Böden, wie sie mit der Rinderzucht verbunden wäre, noch ist ein großer Arbeitsaufwand für Pflege und Haltung der Leguane erforderlich. Als wechselwarme Tiere haben Leguane eine günstige Energiebilanz, da sie wenig Erhaltungsenergie benötigen. Neben der Versorgung der lokalen Bevölkerung ist auch an einen Verkauf in die Städte sowie langfristig an den Export von Leguanfleisch gedacht. Ein wichtiger Aspekt dieses

C 1.5 CITES

> Projekts ist zudem die Partizipation der lokalen Bevölkerung bei Aufzucht, Aussetzen und Nutzung der Tiere. Umwelterziehung zum „Leguan-Management" und damit gleichzeitig zum Boden- und Vegetationsschutz nimmt einen breiten Raum im Iguana Verde Projekt ein.
>
> Im Rahmen eines integrierten Konzepts könnte in der Zukunft in Costa Rica die Leguanjagd gemeinsam mit der Gewinnung von Holz, Brennstoff und Früchten zu einer nachhaltigen Nutzung des tropischen Regenwaldes führen. Entscheidend ist jedoch, bei der Bevölkerung ein wirkliches Interesse an der Erhaltung des Leguans wie auch des Regenwaldes zu wecken und sie in diese Aufgaben einzubeziehen.

1.5.2.4 Quotenregelungen

Für Arten des Anhangs II der Konvention sollen verstärkt Exportquotenregelungen gelten (Conf. Res. 3.15 (1981), Conf. Res. 4.13 (1983) und Conf. Res. 5.21 (1985)). Eine solche Regelung würde bedeuten, daß für Arten in ihren Ursprungsländern jährliche Exportquoten festgelegt werden, was eine gewisse Kontrolle über den Umfang des internationalen Handels ermöglichen würde. Bei einer jährlich oder zweijährlich erfolgenden Neufestsetzung dieser Exportquoten könnten auch neueste Daten über die Populationstrends der jeweiligen Arten mitberücksichtigt werden.

Exportquoten alleine reichen jedoch nicht aus, wie das Beispiel der teilweise gescheiterten Exportquotenregelung für den afrikanischen Elefanten zeigt: Im Jahre 1985 war auf der fünften CITES-Vertragsstaatenkonferenz ein *Management Quota System for the African Elephant* beschlossen worden (Conf. Res. 5.12). Die Regelung versagte jedoch aufgrund des Fehlens adäquater Kontrollmechanismen in den Exportländern (Swanson und Barbier, 1992).

Es bedürfte für den erfolgreichen Einsatz von Exportquotenregelungen einer effektiven nationalen Kontrolle über die Entnahme und den Export sowie einer – falls dieser für die einzelne Art ein Problem darstellt – Eindämmung des illegalen Handels, gegebenenfalls durch verstärkte Kontrollen in den Importländern. (Auf EU-Ebene ist eine Quotenregelung für Arten eingeführt, die von einer wissenschaftlichen Arbeitsgruppe verabschiedet worden ist). Exportquoten sollten generell nicht willkürlich, sondern auf der Basis wissenschaftlicher Erkenntnisse und biologischer Eckdaten über Populationsdynamik und Reproduktionsverhalten der Art sowie über das Ausmaß der Gefährdung durch Habitatzerstörung, äußere Einflüsse und Umweltbelastung festgelegt werden. Es erscheint also sinnvoll, eine durch CITES vereinbarte internationale Exportquotenregelung durch einen Managementplan zur Nutzung und Erhaltung der nationalen Populationen zu ergänzen.

1.5.2.5 Vollzugsprobleme

Bei der Durchführung der CITES-Bestimmungen gibt es erhebliche Defizite sowohl bei der Kontrolle des legalen internationalen Handels mit Arten des Anhang II als auch und besonders bei der Eindämmung und Verfolgung von illegalen Transaktionen mit bedrohten oder gefährdeten Arten. Die Identifikation der in den Anhängen geführten rund 8.000 Tier- und 40.000 Pflanzenarten überfordert Zollbeamte sowohl der Export- als auch der Importländer. Neben den Problemen bei der Identifikation der Arten ist es aber vor allem der illegale Handel, durch den die Bestimmungen des Abkommens unterlaufen werden. Nach groben Schätzungen des *World Wide Fund for Nature* (WWF) beläuft sich der monetäre Wert des illegalen Handels auf jährlich 2 – 3 Mrd. US-$ (WWF, 1993).

1.5.2.6 Positivliste

Eine der grundsätzlichen Möglichkeiten zur Reform von CITES könnte in der Einführung einer sogenannten Positivliste bestehen, statt der derzeit praktizierten Verbotslisten. Auf einer solchen Positivliste würden nur noch die nachgewiesenermaßen unproblematischen Arten stehen, die für den internationalen Handel zugelassen sind. Dies würde zumindest die vielfältigen Probleme bei der Identifikation von Arten erleichtern bzw. lösen und dadurch geschützten Arten die Gelegenheit geben, sich zu regenerieren. Da anzunehmen ist, daß auf einer solchen Positivliste weit weniger Arten aufgeführt wären als in den bisherigen CITES-Anhängen, würden zudem finanzielle Mittel, die bisher für die Kontrolle und Überwachung des internationalen Handels ausgegeben werden müssen, für den Erhalt von Arten in ihren natürlichen Lebensräumen frei.

1.5.2.7 CITES: ein Forum der Nord-Süd-Kooperation?

Die große Mehrzahl der bisherigen 121 CITES-Vertragsstaaten sind Entwicklungsländer; nur 23 von ihnen sind Industrieländer (CITES, 1994). Finanziert wird CITES von den Beiträgen der Vertragsstaaten, die jeweils unterschiedlich hoch ausfallen. Die Höhe der Beiträge ist jedoch nicht ausschlaggebend für den Entscheidungsprozeß: während der Vertragsstaatenkonferenzen gilt das *„one-country-one-vote"*-Prinzip.

Obwohl die Vermutung naheliegt, daß CITES aufgrund seiner Mitgliederstruktur und seines Finanzierungsmodus ein weiteres Forum des Nord-Süd-Konflikts sein könnte, trifft dies nur bedingt zu. Zwar sind in diesem Abkommen Akteure mit höchst unterschiedlichen Interessen vertreten, doch hat dies in der Vergangenheit nur in wenigen Fällen zu einer Blockbildung auf der Nord-Süd-Achse geführt. Vielmehr besteht ein offener Konflikt zwischen Artenschützern im strikten, konservierenden Sinne und solchen, die eine intensivierte Nutzung von Arten im Rahmen des CITES-Regime anstreben.

Dieser inhaltliche Konflikt – und die über grundsätzliche Fragen des artenschutzpolitischen Instrumentariums geführte Diskussion – nahm besonders während der achten Vertragsstaatenkonferenz, als es um die Aufrechterhaltung des Handelsverbotes für Elfenbein ging, deutlich Gestalt an. Obwohl der Antrag zur Aufnahme des afrikanischen Elefanten in den Anhang I des Abkommens von einem Entwicklungsland, nämlich Tanzania, eingebracht wurde, versagten Staaten des südlichen Afrika ihre Unterstützung und gründeten stattdessen ein Kartell zur kommerziellen Nutzung von Elfenbein (Barbier, 1992).

Die erfolgreiche Umsetzung der CITES-Bestimmungen wird aber nicht zuletzt auch dadurch erschwert, daß unter den Mitgliedsstaaten den spezifischen Problemen der Entwicklungsländer als den hauptsächlichen Trägern der biologischen Vielfalt zu wenig Rechnung getragen wird. Wildlebende Arten als Teil des „Erbes der Menschheit" zu betrachten – wie dies im Norden vielfach geschieht – impliziert auch eine globale Verantwortung zum Schutz dieser Arten. Noch immer aber liegt die Hauptlast unter dem CITES-Regime bei den Entwicklungsländern selbst. Damit sind viele von ihnen jedoch überfordert; oftmals stehen weder institutionelle noch technische Kapazitäten zur Verfügung, die CITES-Bestimmungen effektiv umzusetzen. Darüber hinaus stehen ökologische Fragen im allgemeinen und der Artenschutz im besonderen aufgrund drängender sozialer und ökonomischer Probleme – von wenigen Beispielen abgesehen – nicht an oberster Stelle auf der Prioritätenliste der Entwicklungsländer. Internationale Ausgleichszahlungen (Fondslösung) könnten hier monetäre Anreize zum Erhalt der biologischen Vielfalt schaffen, die Industrieländer könnten damit ihren Beitrag zum Erhalt der globalen Biodiversität leisten. Bei deren Implementierung entstehen jedoch schwerwiegende Fragen bezüglich der nationalstaatlichen Souveränität, für die es einvernehmlicher Lösungen bedarf.

1.5.3 Bewertung

Der Ansatz, gefährdete Arten durch die Regulierung des internationalen Handels zu schützen, hat sich in einigen Fällen als erfolgreich erwiesen, in anderen konnte er jedoch nicht greifen. Als im Grundsatz zumindest positives Beispiel ist der Schutz des afrikanischen Elefanten zu nennen. Diese „Prestige-Art" wurde auf der siebten CITES-Vertragsstaatenkonferenz in Lausanne 1989 vom Anhang II in den Anhang I übertragen (Conf. Res. 7.9). Nun war möglicherweise nicht genug Zeit, um den Erfolg des daraus folgenden internationalen Handelsmoratoriums abschließend beurteilen zu können, zumal Elefanten zu den sich eher langsam reproduzierenden Tierarten gehören. Immerhin ist jedoch die Wilderei von Elefanten in den afrikanischen Staaten drastisch zurückgegangen. Dieser Rückgang ist gekoppelt an sinkende Weltmarktpreise für Elfenbein und eine gesunkene Nachfrage in den ehemals großen Verbraucherländern wie China, Hong Kong, Japan und USA. Für weniger populäre und attraktive Arten wie beispielsweise Insekten, Reptilien oder Fledermäuse konnte hingegen auch die Aufnahme in den Anhang I des CITES-Abkommens die Gefährdung bzw. Ausrottung nicht abwenden. Hier hat sich gezeigt, daß die durch CITES vorgesehenen internationalen Maßnahmen nicht ausreichen, sondern durch zusätzliche nationale Maßnahmen flankiert werden müssen. Generell gesehen bedarf es der Entwicklung praktikabler arten- und länderspezifischer Konzepte auf der Basis des in CITES verankerten Vorsorgeprinzips *(precautionary principle)*. Dieses besagt, angewendet auf unser Thema, daß nur dann eine Nutzung bzw. ein Handel stattfinden darf, wenn nach entsprechender Prüfung der Nachweis erbracht ist, daß dies dem Überleben einer Art nicht abträglich ist.

Der Erhalt der biologischen Vielfalt hängt nicht zuletzt davon ab, daß auf internationaler und nationaler Ebene die legislativen und institutionellen Rahmenbedingungen geschaffen werden, damit für jede Art die angemessenen Maßnahmen auch durchgeführt werden können. Handelsverbote können, wie es das Beispiel des afrikanischen Elefanten gezeigt hat, kurz- und mittelfristig ein Mittel zur Regenerierung dezimierter Populationen sein. Langfristig werden sie jedoch das Aussterben einer Art nicht verhindern können, wenn nicht auch die anderen oben genannten Gefährdungsfaktoren mitberücksichtigt werden. Für die dem Handel entzogenen Arten könnte beispielsweise ein kontrollierter, d.h. begrenzter „Ökotourismus" eine sinnvolle Nutzung sein und für die beteiligten Länder eine Deviseneinnahmequelle darstellen. Für andere Arten bieten sich, wie am Beispiel des Papageienhandels besonders deutlich wird, Exportquotenlösungen an, die monetäre Anreize für die Erhaltung dieser Arten schaffen (vgl. Kasten 4). Eine kommerzielle Verwertung gefährdeter Arten sollte jedoch nur unter dem Imperativ einer nachhaltigen Nutzung geschehen, die gekoppelt ist an einen effektiven Schutz der Lebensräume der Arten vor Verschmutzung und Zerstörung – und das heißt vor übermäßigen Eingriffen des Menschen in die betreffenden Ökosysteme.

Kasten 4

Der Internationale Handel mit Papageien: Beispiel Argentinien und Surinam

Papageien nehmen im internationalen Handel mit gefährdeten Arten eine exponierte Stellung ein. Sie sind weltweit die am meisten gehandelten Wirbeltiere, was dazu geführt hat, daß alle Papageienarten in einem der drei CITES-Anhänge aufgeführt sind. Neben der Nachfrage nach diesen Vögeln auf Inlands- und Exportmärkten sind Papageien besonders durch die direkte Belastung und Zerstörung ihrer Lebensräume, wie z.B. durch Urwaldrodung, in ihrem Bestand gefährdet; in vielen Fällen liegt ein Zusammenwirken beider Faktoren vor (Beissinger und Bucher, 1992).

Im folgenden sollen zwei unterschiedliche Regelungsfälle für Papageien gegenübergestellt werden: Auf der einen Seite Argentinien mit einer relativ laxen nationalen Gesetzgebung und einem relativ unkontrollierten Export und auf der anderen Seite Surinam, das seit Anfang der 90er Jahre eine vergleichsweise strikte Exportquotenregelung eingeführt hat.

Argentinien
Argentinien ist eines der wenigen Länder in Südamerika, das wildlebende Papageien legal exportiert; es ist weltweit der größte Exporteur von Papageien, mit einem geschätzten Einzelhandelswert von ca. 800 Mio. US-$ (Thomsen und Bräutigam, 1991). Argentinien fungiert aber auch als Transitland für Papageienexporte aus Paraguay, Bolivien und Brasilien. Obwohl diese Länder die Ausfuhr von Papageien verboten haben, werden Sendungen sehr seltener Exemplare mehr oder weniger regelmäßig über Argentinien geleitet, wo diese mit CITES-Bescheinigungen ausgestattet und beim Re-Export quasi „legalisiert" werden (EP, 1991). IUCN/SSC (1992) legte Zahlen vor, nach denen bis zu 30% der aus Argentinien exportierten Blaustirnamazonen aus Paraguay stammten.

Am Beispiel dieser Papageienart soll die argentinische Praxis kurz dargestellt werden: Blaustirnamazonen haben ein Verbreitungsgebiet von etwa 3.000 km Länge, das vom Nordosten Brasiliens nach Süden bis Paraguay und Nordargentinien reicht. Da sie vor allem in Flachlandregionen zu finden sind, meistens in Schwärmen von bis zu tausend Exemplaren auftreten und bei der Nahrungssuche feste Routen benutzen, sind sie leicht ausmachbare Fangobjekte (Lantermann und Lantermann, 1986). Mittlerweile konzentriert sich der Fang auf den Nordosten Argentiniens, da im Süden nur noch wenige Exemplare zu finden sind.

Im Rahmen einer *Significant Trade Study*, die das *World Conservation Monitoring Centre* (WCMC) im Auftrag des CITES-Sekretariats durchführte und die zum Ziel hatte, die Auswirkungen des Handels auf die in signifikanten Mengen gehandelten Arten zu untersuchen, wurden die Zerstörung der natürlichen Lebensräume, das Vordringen der Siedlungen und der internationale Handel als die drei entscheidenden Faktoren für die Dezimierung der Bestände an Blaustirnamazonen identifiziert.

Problematisch ist jedoch nicht nur die hohe Anzahl direkt exportierter Exemplare, sondern auch, daß durch bestimmte Fangmethoden der Handel indirekt zur Zerstörung der Lebensräume beiträgt. So werden von den

Fängern, meist Kleinbauern und landlose Campesinos, Öffnungen in die roten und weißen Quebrachobäume geschlagen, um an die noch ungefiederten Nestlinge zu gelangen. Werden diese Öffnungen nicht wieder mit Harz versiegelt – was selten geschieht – sind die Nisthöhlen für zukünftige Bruten der Blaustirnamazone, die auf diese Baumart spezialisiert ist, verloren. Wenn die Nisthöhlen nur schwer zu erreichen sind, da sie sich zum Beispiel in großer Höhe befinden, werden oftmals die Bäume gefällt, um auf diese Weise an die Jungen zu gelangen (EIA, 1992). In beiden Fällen werden etwa 95% der Quebrachobäume bei der Entnahme der Jungen entweder beschädigt oder ganz zerstört (Bucher, 1991). Dies ist ökologisch fatal, da der Quebrachobaum etwa 150 Jahre zum Reifen benötigt und erst dann einen geeigneten Nistplatz für Blaustirnamazonen abgibt.

Im Jahre 1990 wurde von der argentinischen CITES-Vollzugsbehörde erstmals eine Exportquote für Blaustirnamazonen festgesetzt. Diese beruhte jedoch nicht auf wissenschaftlich fundierten Untersuchungen, sondern auf den geschätzten durchschnittlichen Exportzahlen der vorangegangenen Jahre; sie betrugen für 1990 und 1991 jeweils 23.000 Exemplare. Aufgrund der Tatsache, daß die Vereinigten Staaten auf der achten CITES-Vertragsstaatenkonferenz in Kyoto einen Vorschlag zur Aufnahme der Blaustirnamazone in den Anhang I vorlegten, wurde für Argentinien für die Jahre 1992 und 1993 eine sogenannte „Nullexportquote" festgeschrieben, bis gesicherte Erkenntnisse über den tatsächlichen Bestand dieser Tierart vorliegen.

Surinam
Im Gegensatz zu Argentinien hat Surinam trotz relativ großer Regenwaldgebiete eine der geringsten Entwaldungsraten der Welt; im Inneren des Landes liegt sie unter 0,1%. Die einheimische Fauna – bisher sind 674 Vogel-, 130 Reptilien- und 200 Säugetierarten bekannt – wird durch die *Nature Protection Division of the Surinam Forest Service* (LBB) überwacht und geschützt. Sie ist zugleich auch zuständige Vollzugsbehörde für CITES. Surinam gilt als das einzige Land der Welt, welches erfolgreich eine Strategie zur nachhaltigen Nutzung seiner Papageienarten entwickelt und implementiert hat; bislang gilt dies für zumindest 21 der einheimischen Papageienarten (Thomsen und Bräutigam, 1991).

Die Regierung von Surinam hat mit der LBB und in Zusammenarbeit mit den Händlern ein Exportquotensystem entwickelt, das einerseits Devisen einbringt und andererseits dazu beiträgt, den illegalen Handel zu unterbinden. Dabei werden auf der Basis von in Feldstudien gewonnenen Erkenntnissen jährlich neue Exportquoten festgesetzt. Alle Papageienexporte müssen von der *Association of Animal Exporters* autorisiert werden und lediglich Händler, die sich dieser Vereinigung angeschlossen haben, dürfen Tiere ausführen. Von der LBB wurde für jede Papageienart ein beim Verkauf zu erzielender Mindestbetrag an Devisen festgelegt. Vor der Ausfuhr müssen die Exporteure den Verkaufspreis in Devisen bei der Zentralbank einzahlen. Daraufhin wird dem Exporteur der Betrag in einheimischer Währung gutgeschrieben. Dadurch wird sichergestellt, daß die erwirtschafteten Devisenbeträge im Land bleiben und nicht ins Ausland transferiert werden (Thomsen und Bräutigam, 1991).

Unter den genannten Gesichtspunkten könnte Surinam ein richtungsweisendes Beispiel für den Handel mit wildlebender Fauna darstellen. Allerdings muß hierbei bedacht werden, daß Surinam als kleiner Staat mit einem relativ geringen Exportvolumen es leichter hat, den Handel zu überwachen und illegalen Handel zu unterbinden als etwa Staaten wie Argentinien oder Brasilien. Das Beispiel Surinam zeigt auch, daß für ein effektives Managementsystem wichtig ist, daß die Exportquoten nicht willkürlich, sondern auf der Basis verläßlicher Daten gesetzt werden und daß adäquate institutionelle und personelle Kapazitäten zur Überwachung der Fänge, der Unterbringung und des Exports der betreffenden Arten vorhanden sein müssen.

1.5.4 Handlungsvorschläge

Der internationale Artenschutz ist in Deutschland bisher weder ein zentrales Handlungsfeld noch ein bedeutsamer Forschungsbereich. Dies muß erstaunen angesichts der Tatsache, daß die ehemalige Bundesrepublik als erster Staat der Europäischen Gemeinschaft CITES beigetreten war und bei der Umsetzung in nationales Recht strikte Artenschutzbestimmungen erließ. Deutschland setzte damit sowohl innerhalb Europas als auch weltweit einen hohen artenschutzrechtlichen Standard. Diese zumindest gesetzlich gegebene „Vorreiterrolle" gilt es aber praktisch umzusetzen und global zu aktivieren. Angesichts der rapiden Abnahme der biologischen Vielfalt von

20 bis 75 Arten pro Tag (WGBU, 1993) erscheint dies dringender denn je. Ein politisches Signal und ein wichtiger Schritt zum Erhalt der biologischen Vielfalt auf der nationalen Ebene wäre die Verabschiedung des derzeit auf Eis liegenden Entwurfs eines neuen Bundesnaturschutzgesetzes.

Berlin wird im März/April 1995 Veranstaltungsort der ersten Vertragsstaatenkonferenz der am 21. März 1994 in Kraft getretenen „Klimarahmenkonvention" sein. Dieses Ereignis wird auf die Notwendigkeit zur praktischen Umsetzung der am 21. Dezember 1993 in Kraft getretenen „Konvention über die biologische Vielfalt" ausstrahlen – und läßt insofern positive Synergieeffekte erwarten. Dabei wird es darum gehen, daß möglichst schnell alle Unterzeichnerstaaten diese Konvention in nationales Recht und geeignete Maßnahmen umsetzen und bald zu einem international tragfähigen Konsens bei den noch strittigen Klauseln und Regelungen im Vertragstext kommen. Auch hier könnte und sollte Deutschland ein deutliches Signal setzen.

Zusammenfassend ist zu betonen, daß es auch weiterhin von großer Bedeutung ist, den Handel mit gefährdeten Arten zu kontrollieren und CITES trotz seiner konzeptionellen Schwächen als wichtigen Eckpfeiler zum Erhalt der biologischen Vielfalt und zur praktischen Umsetzung der betreffenden Konvention aktiv zu nutzen. Es gilt aber, CITES strukturell nachzubessern, was in Form von Resolutionen oder Zusatzprotokollen geschehen kann. Es gilt auch, die zur Verfügung stehenden Finanzmittel aufzustocken, was zum Teil mit Mitteln aus der GEF geschehen könnte. Die Umsetzung der am 29. Dezember 1993 in Kraft getretenen „Konvention über die biologische Vielfalt" muß rasch vorangetrieben werden, weil Artenschutz mit Hilfe von CITES (ungeachtet der möglichen Reform) erst dann beginnt, wenn eine Art bereits als „vom Aussterben bedroht" eingestuft wird. *Ein umfassender Schutz der Arten und der biologischen Vielfalt muß nach Auffassung des Beirats grundsätzlich vorsorgend und mit einem komplexen Instrumentarium angegangen werden.*

1.6 Das Konzept der „Konvention zur Desertifikationsbekämpfung"

1.6.1 Entstehungsgeschichte

Mehr als 25% der Landoberfläche der Erde und über 900 Mio. Menschen sind heute mehr oder weniger stark von Desertifikation betroffen (zur Definition von Desertifikation siehe *Kasten 21*). Desertifikation ist somit ein dringendes globales Umweltproblem (Mensching, 1993). Weltweite Beachtung fand das Phänomen Anfang der 70er Jahre, als eine verheerende Dürrekatastrophe in Westafrika etwa 250.000 Menschen das Leben kostete. Die daraufhin 1977 nach Nairobi einberufene *United Nations Conference on Desertification* (UNCOD) markiert den Beginn der internationalen politischen Diskussion um die Desertifikationsbekämpfung. In einem ambitionierten Aktionsplan wurde damals das Ziel gesetzt, das Problem bis zum Jahr 2000 unter Kontrolle zu bringen (Grainger, 1990; Toulmin, 1992).

Im Zentrum der Programme standen bis Ende der 70er Jahre zunächst großskalige und später zunehmend dörfliche Aufforstung, im Rahmen von sogenannten „Grüngürtelmaßnahmen" um die wachsenden Siedlungen. In den 80er Jahren wurden die Projekte erweitert um die Komponenten der Wasserkonservierung *(water harvesting)*. Trotz beachtlicher Erfolge einzelner Projekte ist heute, sechs Jahre vor Ablauf der „Frist" im Jahr 2000, das Ziel von 1977 bei weitem nicht erreicht. Die Gründe hierfür sind zahlreich und reichen von der stetig weiter zunehmenden Bevölkerungszahl in den betroffenen Gebieten über unkoordiniertes Vorgehen der Geberländer bis hin zu ungünstigen weltwirtschaftlichen Rahmenbedingungen (Ibrahim, 1992). Im Rahmen der UN-Konferenz für Umwelt und Entwicklung in Rio de Janeiro 1992 (UNCED) wurde daher das Thema erneut in das Zentrum der politischen Diskussion gerückt. In Kapitel 12 der AGENDA 21 wird eine Reihe von Programmbereichen beschrieben, die für die Desertifikationsbekämpfung als wichtig erachtet werden (UNCED, 1992). Gleichzeitig wurde die Vorbereitung einer internationalen „Konvention zur Desertifikationsbekämpfung" *(International Convention to Combat Desertification in Countries Experiencing Serious Drought and/or Desertification, Particularly in Africa,* im weiteren „Wüsten-Konvention" genannt, mit konkreten, rechtlich verbindlichen Verpflichtungen beschlossen.

Im Gefolge dieses Beschlusses von Rio de Janeiro wurde im Dezember 1992 ein internationales Verhandlungskomitee gebildet *(International Negotiating Committee for the Elaboration of an International Convention to Combat Desertification,* INCD), ein Sekretariat ist für organisatorische Fragen und für wissenschaftliche Unterstützung des

Verhandlungsprozesses zuständig. Finanziert wird das INCD durch UN-Mittel und durch einen Trustfonds. Ein spezieller Fonds wurde für jene Entwicklungsländer eingerichtet, die finanzielle Unterstützung für die Teilnahme an den Sitzungen des Komitees benötigen.

Zu der Verhandlung der „Wüsten-Konvention" waren neben offiziellen Vertretern der einzelnen Nationen insgesamt 233 Nichtregierungsorganisationen (NRO) als Beobachter zugelassen. Seit seiner Gründung ist das INCD viermal zu Vorbereitungskonferenzen zusammengetreten, vom 21. Mai – 3. Juni 1993 in Nairobi, vom 13. – 24. September 1993 in Genf, vom 17. – 28. Januar 1994 in New York und vom 21. – 31. März 1994 wieder in Genf. Die Verhandlungen der mehr als 100 Staaten wurden am 25. Juni 1994 in Paris erfolgreich abgeschlossen. Die „Konvention zur Desertifikationsbekämpfung" soll auf einer Ministerkonferenz unterzeichnet werden, zu der Frankreich die Staatengemeinschaft für November 1994 nach Paris eingeladen hat.

1.6.2 Konsensbereiche

Ein wesentlicher Grund für das weitgehende Scheitern der ambitionierten UNCOD-Pläne von 1977 ist in der unzureichenden Koordination sowohl der hilfeleistenden als auch der unterstützten Länder zu suchen. Projekte wurden meist bilateral abgewickelt, und es gab kaum Erfahrungsaustausch, beispielsweise über Erfolge oder Mißerfolge bei der Durchführung konkreter Maßnahmen (Toulmin, 1992). Auf den bisherigen INCD-Konferenzen wurde daher als eines der wesentlichen Elemente der neuen „Wüsten-Konvention" die *Kooperation und Koordination* der Maßnahmen und Projekte, möglichst vor Ort, festgeschrieben. Auch eine gemeinsame Kontrolle der finanziellen Ressourcen für die durchzuführenden Projekte sowie eine effektive Verwaltung der bisher existierenden Fonds gehören hierzu. Weiterhin wurde Übereinstimmung darüber erzielt, daß die Maßnahmen der „Wüsten-Konvention" grundsätzlich einem *bottom-up*-Ansatz folgen sollen. Lokale Partizipation soll eine wesentliche Rolle spielen, und hier vor allem auch die Einbeziehung der Frauen. Das strategische Stichwort des Konventionsentwurfs heißt *capacity building* (INCD, 1994).

Um den regionalspezifischen Gegebenheiten Rechnung tragen zu können, wurden für die Konvention *Regionalannexe* beschlossen. Auch auf eine zunächst umstrittene Sonderbehandlung Afrikas konnte man sich einigen. Neben einem afrikanischen Regionalprogramm wird es jedoch auch für andere Regionen der Erde mit besonderen Desertifikationsproblemen solche Regionalannexe geben. Afrika erhält insofern eine Sonderstellung, als daß die Priorität seines Desertifikationsproblems in Art. 7 ausdrücklich genannt und ein entsprechendes Programm (*Regional Implementation Annex*) bereits im Juni 1994, mit dem Abschluß der INCD-Verhandlungen in Kraft tritt. Des weiteren soll zum Thema Desertifikation in Zukunft die Forschung verstärkt und der Zugang zu Daten verbessert sowie der Transfer angepaßter Technologien als wichtige Aufgabe festgeschrieben werden.

1.6.3 Konfliktbereiche

Während in vielen Detailfragen der „Wüsten-Konvention" erhebliche Fortschritte in den Verhandlungen und weitreichende Übereinstimmung erzielt werden konnten, gibt es jedoch noch zahlreiche Differenzen, vor allem in einer Reihe von Grundsatzfragen, in denen die divergierenden Positionen der Industrie- und der Entwicklungsländer deutlich werden. Eine zentrale Streitfrage ist die nach der *globalen Dimension* der Desertifikationsprobleme. Während die Industrieländer mehrheitlich die Position vertreten, Desertifikation sei in erster Linie ein regionales Problem mit regionalen Ursachen, sehen die betroffenen Entwicklungsländer Desertifikation als ein weltweites Phänomen, dessen Ursachen global seien. Die Haltung in dieser Frage ist verhandlungstaktisch insofern wichtig, als je nach Position die Verantwortlichkeiten – und damit auch die finanziellen Verpflichtungen – entweder vorwiegend bei den betroffenen Einzelstaaten oder vorwiegend bei der Staatengemeinschaft liegen.

Weitere kontroverse Positionen stehen hiermit in Zusammenhang. So haben die Industrieländer auf den INCD-Sitzungen mehrfach den *Zusammenhang zwischen weltweiter Klimaveränderung und Desertifikation* verneint. Bei Anerkennung dieses Zusammenhangs würde die Verhandlungsposition der Entwicklungsländer gestärkt, da die Klimaveränderungen im wesentlichen durch die Industrieländer verursacht sind. Außerdem würden diese damit ein Eigeninteresse an der Desertifikationsbekämpfung zugeben müssen, während sie sich bislang noch als reine Geberländer darstellen.

Entsprechend kontrovers ist die Frage nach der *Finanzierung der zu implementierenden Programme*. Nach Schätzungen von UNEP sind in den nächsten 20 Jahren jährlich zwischen 10 und 25 Mrd. US-$ notwendig, um die Desertifikation wirksam zu bekämpfen. Diesem Erfordernis stehen zur Zeit weniger als 1 Mrd. US-$ jährlich an vorhandenen Mitteln gegenüber. Dies hängt damit zusammen, daß die Industrieländer mehrheitlich den Standpunkt vertreten, das Problem sei in erster Linie regional, etwa durch verbesserte Landnutzung und stärkere Kontrolle des Bevölkerungswachstums zu lösen; sie leiten daraus unmittelbar eine finanzielle Verpflichtung der betroffenen Länder ab. Die meisten der von Desertifikation betroffenen Länder gehören jedoch zu der Gruppe der LLDCs *(least less developed countries)*. Schon aus diesem Grund benötigen sie finanzielle und technische Unterstützung bei der Desertifikationsbekämpfung seitens der Industrieländer.

Unklarheiten bestehen auch über die zu schaffenden *Finanzierungsmechanismen*. Die Entwicklungsländer fordern einen neuen Fonds zur Desertifikationsbekämpfung, eine Forderung, der die Industrieländer bisher ablehnend gegenüberstehen, da sie befürchten, die Kontrolle über die Mittelverwendung zu verlieren. Auch ein neues „Fenster" bzw. eine entsprechende Aufstockung der GEF (Desertifikationsbekämpfung als fünfte Aufgabe) wird von den Industrieländern bisher abgelehnt, wohl weil hiermit die globale Dimension des Problems anerkannt würde.

Klärungsbedarf bleibt auch bei der *Institutionenfrage*. Die Industrieländer wünschen eine Eingliederung der Desertifikationsthematik in den Rahmen bereits bestehender (UN-)Organisationen. Die Entwicklungsländer, insbesondere die afrikanischen Staaten, befürchten jedoch, daß die bereits gefestigten Strukturen und Machtverhältnisse der bestehenden Institutionen zu unflexibel für die Bewältigung der neuen und dringenden Aufgaben der Desertifikationsbekämpfung sind.

1.6.4 Handlungsvorschläge

Die geplanten konkreten Maßnahmen der „Wüsten-Konvention" scheinen auf den ersten Blick vielversprechend. Sie sehen sektorübergreifende Ansätze zur Desertifikationsbekämpfung und die Erweiterung der bisherigen erfolgreichen Projekte um die Komponenten Koordination und Kooperation vor (GTZ, 1992b). Man hat erkannt, daß ein kritischer Erfolgsfaktor der Landnutzung die Beteiligung der Bevölkerung und ihrer Selbsthilfeorganisationen bei Planung und Umsetzung ist. Insgesamt wird versucht, aus vergangenen Fehlern zu lernen.

Es gibt jedoch noch eine Reihe von Problemen, welche bei der Implementierung der „Wüsten-Konvention" anstehen. Hierzu gehört zum einen die Finanzfrage. Der Beirat erinnert in diesem Zusammenhang an seine Empfehlungen im Jahresgutachten 1993, in dem die Aufstockung der bundesdeutschen Entwicklungshilfe auf 1% des Bruttosozialprodukts vorgeschlagen wurde.

Darüber hinaus empfiehlt der Beirat eine proaktive, rasche Implementierung der „Wüsten-Konvention", wobei existierende Programme und Projekte der bilateralen und multilateralen Zusammenarbeit unter dem Dach der Konvention integriert werden können, um so durch verbesserte Koordinierung die Erfolge zu optimieren. Dadurch wäre es möglich, die in der Bundesrepublik vorhandene fachliche Expertise bezüglich der wissenschaftlichen, technischen und rechtlich-institutionellen Aspekte der Desertifikationsproblematik zu (re)aktivieren und auch international stärker ins Spiel zu bringen.

Wie im vorhergehenden dargestellt, betrifft das Desertifikationsproblem große Teile der Erde. Unbestritten ist jedoch der afrikanische Kontinent am stärksten davon betroffen. Der Beirat gibt zu bedenken, daß gegenüber Afrika eine besondere Verpflichtung der Europäer existiert, welche sich aus den historischen Beziehungen und der geographischen Nachbarschaft der beiden Kontinente ergibt. Ferner weist der Beirat darauf hin, daß der Migrationsdruck, der durch die Implementierung der „Wüsten-Konvention" abgeschwächt werden kann, in erster Linie Europa betreffen wird. Spätestens hier wird deutlich, daß die Industrieländer ein starkes Eigeninteresse haben müßten, die Konvention aktiv und nachdrücklich zu unterstützen.

2 Zur Struktur der deutschen Forschung zum globalen Wandel

Der WBGU hat in seinem Jahresgutachten 1993 einen Katalog von Forschungsdefiziten im Hinblick auf den globalen Wandel aufgestellt. Der Beirat erwartet, daß die dort benannten Themen, soweit noch nicht geschehen, alsbald in die Forschungsstrategien der zuständigen Ministerien aufgenommen und Gegenstand von neuen Forschungsprojekten werden; sie sollten aber auch in den Programmen bestehender Institute und Forschungsverbünde gebührenden Niederschlag finden. Als Beispiel, wie dies realisiert werden kann, ist die Umwelt-FuE-Strategie „Die Zukunft sichern helfen" des BMFT vom März 1994 zu nennen, in welcher bereits wesentliche Teile der Vorschläge des WBGU integriert wurden. Die darin enthaltenen Ansätze zur Überwindung der nachfolgend aufgeführten Schwächen weisen in die gewünschte Richtung und sollten dazu führen, daß dieser Weg auch von anderen Ministerien begangen wird. Die in Kap. D 4 aufgeführten speziellen Forschungsempfehlungen zur Bodendegradation stehen mit den im Jahresgutachten 1993 aufgeführten, übergeordneten Themen im Einklang.

Außer den inhaltlichen Defiziten hatte der Beirat 1993 aber auch festgestellt, daß die Organisation der deutschen Forschung zu Fragen des globalen Wandels den Herausforderungen nicht gerecht wird. Ihr fehlt es noch immer sowohl an *Interdisziplinarität*, um komplexe Probleme hinreichend behandeln zu können, als auch an *internationaler Verflechtung*, um dem globalen Charakter der Umweltveränderungen und ihrer Auswirkungen in anderen Teilen der Welt angemessen zu entsprechen. Darüber hinaus fehlt es aber auch und vor allem an *Kompetenz* zur Aufzeigung von Wegen *zur Lösung der Probleme* des globalen Wandels. Auf diese strukturellen Defizite der deutschen Forschung zum globalen Wandel wird im folgenden eingegangen.

2.1 Interdisziplinarität

Während die Diagnose von physischen Umweltveränderungen überwiegend eine Aufgabe naturwissenschaftlicher Einzeldisziplinen ist, basiert die Entwicklung von Handlungsanweisungen zur Behebung dieser Veränderungen und zur Behandlung ihrer Ursachen wie ihrer Folgen auf dem Zusammenwirken von Natur-, Ingenieur- und Gesellschaftswissenschaften. Keine der in diesem Gutachten angesprochenen zentralen Fragen hinsichtlich des standortgerechten, nachhaltigen und umweltschonenden Umgangs mit den Böden dieser Erde kann ohne eine solche interdisziplinäre Zusammenarbeit erfolgversprechend behandelt werden.

Der Wissenschaftsrat hat im Mai 1994 in seiner Stellungnahme zur Umweltforschung in Deutschland eine Reihe von Aussagen gemacht. In Ergänzung zu der natur- und ingenieurwissenschaftlichen Befassung mit Umweltproblemen fordert er eine stärkere Hinwendung verschiedener Zweige der Kultur-, Sozial- und Verhaltenswissenschaften sowie auch der Wirtschafts- und Rechtswissenschaften zu den Problemen des globalen Wandels. Dies gilt sowohl für die Ebene des Einzelforschers, der Konzepte und Befunde anderer Disziplinen in seine Untersuchungen einbeziehen muß, als auch für die Kooperation von Wissenschaftlern verschiedener Disziplinen.

Für derartige Forschungsansätze sind in erster Linie, aber nicht ausschließlich, die Universitäten prädestiniert, da sie alle potentiell relevanten Disziplinen unter einem Dach vereinigen. Es ist aber nach Auffassung des Beirats nicht zu übersehen, daß an den Universitäten die Bereitschaft zum *multidisziplinären Dialog* und zur *interdisziplinären Perspektive* gesunken ist. Beides paßt nicht in das gängige Karrieremuster vieler Fachgebiete und Fakultäten und wird dementsprechend nicht honoriert.

In der akademischen Lehre finden die Probleme des globalen Wandels nach Ansicht des Beirats noch zu wenig Aufmerksamkeit. Auch die berechtigte Forderung nach einem zeitlich und inhaltlich straff organisierten Studium läßt dafür tendenziell wenig Raum. Trotzdem sollten diese Themen auch im Grundstudium angesprochen und im Aufbaustudium vertieft behandelt werden. Das Zusammenspiel von Forschung und Lehre im Hinblick auf die Probleme des globalen Wandels können Graduiertenkollegs wesentlich beleben. Um die interdisziplinäre Forschung hierzu voranzutreiben, sollten weitere einschlägige, zeitlich befristete und personell flexible Forschungszentren, Stiftungsprofessuren und Sonderforschungsbereiche an Universitäten eingerichtet werden. Sie würden es erlauben, die Einzelaktivitäten einzelner Lehrstühle zu bündeln und auf bestimmte, gemeinsam gewählte Themen des globalen Wandels zu fokussieren, so daß größere Projekte in Angriff genommen werden und auch entsprechende Problemlösungskompetenz entstehen könnte.

Interdisziplinäre Forschung in den Natur- und Ingenieurwissenschaften findet meist in größeren Instituten oder in Forschungsverbünden mit Universitäten (z.B. den Ökosystemforschungszentren) statt. Hauptträger der deutschen Forschung zum globalen Wandel sind bisher außeruniversitäre Institute, die Großforschungseinrichtungen und Blaue-Liste-Institute, auf einzelnen Sektoren auch Institute der Max-Planck-Gesellschaft und der Fraunhofer-Gesellschaft sowie Institute der Bundes- und Landesressorts. Speziell bezogen auf Probleme des globalen Wandels fehlt es in diesen Instituten aber durchweg an gesellschaftswissenschaftlichem Sachverstand, sie beschränken sich auf natur- und ingenieurwissenschaftliche Problemanalysen und dringen daher nicht zu umfassenden Lösungsansätzen vor.

Für die mit Problemen des globalen Wandels befaßten natur- und ingenieurwissenschaftlichen Institute sollten daher seitens der Zuwendungsgeber geeignete organisatorische Maßnahmen getroffen werden, damit sie unter Umschichtung und Bündelung von Potential in die Lage versetzt werden, in enger Kooperation mit den Universitäten entsprechende Forschungsprojekte durchzuführen und dabei gesellschaftswissenschaftlichen Sachverstand stärker einzubeziehen. Um dies zu erreichen, bedarf es aber nicht nur staatlicher Förderung und Anreize, vor allem durch BMFT und DFG (Deutsche Forschungsgemeinschaft), sondern auch einer Abkehr der Universitäten, Fakultäten und Institute von der primär disziplinär orientierten Organisation ihrer Forschung. Nur flexible, themen- und projektorientierte Strukturen sowie Forschungsverbünde über Institutsgrenzen hinweg können den Anforderungen der Forschung zum globalen Wandel gerecht werden.

2.2 Internationale Verflechtung

Die internationale Dimension der deutschen Forschung zum globalen Wandel wurde im Jahresgutachten 1993 bereits kurz angesprochen. Der Beirat hält darüber hinaus die folgenden Argumente für besonders wichtig: Die deutsche Klimaforschung, verknüpft mit Meeres- und Polarforschung, ist in die globalen und europäischen Forschungsprogramme fest eingebunden und prägt diese mit. Für andere Forschungsfelder ist die Situation weniger günstig und bedarf dringend der Verbesserung, damit die deutsche Forschung einen angemessenen Platz in der Gruppe der führenden Forschungsnationen einnehmen und insbesondere den Verpflichtungen im Rahmen der zu implementierenden globalen Konventionen („Konvention über die biologische Vielfalt", 1993; „Klimarahmenkonvention", 1994; „Konvention zur Desertifikationsbekämpfung", 1994) nachkommen kann.

Um dies zu erreichen, sollte die deutsche Forschung einerseits ermutigt werden, einen stärkeren Einfluß auf die Planung und Gestaltung internationaler Programme, z.B. im Rahmen des *International Geosphere-Biosphere Programme* (IGBP) zu nehmen und die Vernetzung der Forschung auf europäischer und internationaler Ebene voranzutreiben. Andererseits gilt es, die Forschungseinrichtungen und ihre Programme stärker auf die internationalen Programme auszurichten; dies bezieht sich insbesondere auf die schon bestehenden großen Programme wie *Human Dimensions of Global Change Programme* (HDP), *Man and the Biosphere Programme* (MAB) und *World Climate Research Programme* (WCRP). Einflußnahme auf und Ausrichtung an internationalen Programmen können einen Innovationsschub für die deutsche Forschung zum globalen Wandel bewirken und so effektiver als bisher zur Lösung der globalen Umweltprobleme beitragen.

In bezug auf die Analyse der Probleme des globalen Wandels und entsprechende Lösungsansätze ergeben sich zwei Schwerpunkte für die Forschung in den Entwicklungsländern, speziell in den Tropen und Subtropen. Diese Regionen sind wichtige Teile der globalen Systeme, insbesondere hinsichtlich des Bevölkerungswachstums, des Klimas, der Biodiversität und der Böden- und Wasserprobleme. Globale Modelle über Umweltveränderungen und ihre natürlichen und sozioökonomischen Ursachen und Auswirkungen sind zudem ohne ausreichende wissenschaftliche Information aus den Tropen und Subtropen nicht besonders aussagefähig. Trotz erheblicher Anstrengungen und beachtlicher wissenschaftlicher Leistungen sind die Forschungseinrichtungen dieser Länder aber nicht in der Lage, diese Informationen im erforderlichen Umfang und mit der notwendigen Qualität aus eigener Kraft zu liefern und damit einen vollen wissenschaftlichen Beitrag zu den internationalen Forschungsprogrammen zum globalen Wandel zu leisten. Gleichzeitig leiden viele Länder der Tropen und Subtropen in besonderem Maße unter den Folgen globaler Umweltveränderungen. Insbesondere benötigen sie wissenschaftlich fundierte Lösungsansätze bei der Bekämpfung und Vermeidung von Umweltschäden und dem Aufbau von Konzepten zur nachhaltigen Entwicklung *(sustainable development)*. Im Rahmen der AGENDA 21 hat Deutschland hierzu erhebliche Verpflichtungen übernommen. Es beteiligt sich auch an einer Reihe einschlägiger Entwicklungsprojekte, aber nur in sehr geringem Maße an der dafür notwendigen Forschung. Mit dem SHIFT Programm des BMFT ist hierzu ein erfolgversprechender Anfang gemacht, der inhaltlich, räumlich und organisatorisch ausgeweitet werden sollte.

Der Beirat stellt fest: Die deutsche Forschung zu den ökologischen Problemen der Entwicklungsländer und zum Zusammenhang von Umwelt und Entwicklung ist von wenigen Ausnahmen abgesehen noch nicht hinreichend entwickelt, sie sollte daher institutionell und personell gestärkt und regional und thematisch fokussiert werden. Hierzu bedarf es eines entsprechenden Förderungskonzeptes seitens der Bundesregierung, das insbesondere auch eine verstärkte Kooperation zwischen den Bundesressorts vorsieht. Eine unabhängige wissenschaftliche Kommission könnte die strukturbildenden Maßnahmen vorbereiten und die zu entwickelnden Forschungsprogramme begutachten. Die Forschungskomponente in den Entwicklungsprojekten des BMZ sollte verstärkt und insbesondere mit dem BMFT, dem BML und dem BMU enger abgestimmt werden. Zur Aktivierung des Forschungspotentials der Universitäten muß auch die DFG in die Konzipierung solcher Programme einbezogen werden. Der Forschung „vor Ort" kommt eine bedeutende Multiplikatorfunktion zu. Die Zusammenarbeit mit wissenschaftlichen Einrichtungen in Entwicklungsländern zum Thema globaler Wandel sollte daher in Forschung und Weiterbildung auf der Basis der Partnerschaft weiter ausgebaut werden. Hierzu ist eine entsprechende Förderung des wissenschaftlichen Personalaustausches einschließlich ausreichend dotierter Stipendienprogramme erforderlich.

2.3 Problemlösungskompetenz

Hinsichtlich der Problemlösungskompetenz zum Thema globaler Wandel gibt es in Deutschland erst wenige überzeugende institutionelle Ansatzpunkte. Zwar fehlt es nicht an Aktivitäten zur Diagnose des globalen Wandels, wohl aber an ausreichender wissenschaftlicher Expertise bei der Zielformulierung und bei der Entwicklung geeigneter Instrumentarien. Bei den Lösungsansätzen für die Probleme des globalen Wandels handelt es sich um komplexe Zusammenhänge, zu denen naturwissenschaftliche und sozioökonomische Ansätze miteinander handlungsorientiert verknüpft werden müssen. Die hierauf gerichtete Forschung sollte dementsprechend interdisziplinär und interinstitutionell angelegt sein.

Nach Auffassung des Beirats muß in Zukunft die wissenschaftlich fundierte Politikberatung insbesondere die Ziele, Instrumente und institutionellen Rahmenbedingungen für die völkerrechtlich verbindlichen globalen Konventionen, die Rahmenübereinkommen selbst sowie die betreffenden Umsetzungsprotokolle, erarbeiten bzw. evaluieren. Einen ersten Ansatz für den Aufbau von Problemlösungskompetenz auf der Basis ökologisch/ökonomischer Interaktionsmodelle stellt das Gründungskonzept des Potsdam-Institut für Klimafolgenforschung dar. Es soll einen wichtigen Beitrag zur Behebung des geschilderten strukturellen Defizits in der deutschen Forschung zum globalen Wandel leisten. Wenn aber der Aufbau dieses Instituts derzeit stockt, ist dies auch ein Indiz für den unbefriedigenden Zustand der deutschen Forschungsförderung.

Der Beirat empfiehlt, solche und ähnliche, potentiell schlagkräftige Zentren zügig aufzubauen und zugleich zu Ansatzpunkten für flexible, themen- und projektorientierte Forschungsverbünde zwischen natur- und gesellschaftswissenschaftlichen Arbeitsgruppen zu entwickeln. Darüber hinaus sollte sorgfältig geprüft werden, ob in Deutschland eine neue Einrichtung für globale Umweltpolitikforschung zu gründen ist.

D Schwerpunktteil: Die Gefährdung der Böden

1 Übergreifende Fragestellungen

1.1 Einleitung

1.1.1 Mensch und Böden

Das alte Kirchengebet um „Gesundheit der Luft, Fruchtbarkeit der Erde und friedliche Zeiten" kennzeichnet Grundbedürfnisse des Menschen. Im Mittelpunkt des vorliegenden Gutachtens steht der fruchtbare Boden als eine der Grundlagen menschlichen Lebens und gesellschaftlicher Entwicklung.

Böden sind komplexe physikalische, chemische und biologische Systeme, die unter dem Einfluß von Witterung, Bodenorganismen und Vegetation, vor allem aber unter der Hand des wirtschaftenden Menschen ständigen Veränderungen unterworfen sind. Temperatur und Niederschläge als zentrale Klimafaktoren und die Eigenschaften der Böden stehen in Wechselbeziehung zueinander (Regelungsfunktion der Böden) und bestimmen gemeinsam die Vegetation und damit die land- und forstwirtschaftliche Tragfähigkeit der Böden (Nutzungsfunktion) und die Vielfalt der Biosphäre (Lebensraumfunktion).

Der Anteil der kulturfähigen Flächen an der Landfläche der Erde ist relativ klein; praktisch alle fruchtbaren oder wenigstens durch extensive Weidewirtschaft nutzbaren Areale der Erde werden bereits vom Menschen bewirtschaftet. Der alte Traum von der Wüste, die zum „blühenden Garten" wird, läßt sich nur punktuell, unter hohem und zum Teil ökologisch bedenklichem Aufwand erfüllen. Auch der Ertragssteigerung durch Düngung und Pestizide sind ökologische Grenzen gesetzt, wohl aber läßt sich durch neue Züchtungen und durch ökologisch verträgliche Bodenbewirtschaftung auch nachhaltig ein höherer Nutzen aus vielen Böden ziehen.

Die Entstehung menschlicher Kulturen ist vom Verhältnis des Menschen zum Boden geprägt. Seit aus Sammlern und Jägern Viehzüchter und Ackerbauern wurden, haben menschliche Gesellschaften sich „die Erde untertan gemacht", indem sie sich den Boden aneigneten. Die meisten Böden sind Kulturprodukte; der Mensch hat zu allen Zeiten Böden kultiviert, sie aber auch geschädigt, durch Überweidung, intensiven Ackerbau und Entwaldung, durch den Abbau von Bodenschätzen, durch Siedlung, durch Deponierung von Stoffen, durch Verkehr und auch durch Kriege. Diese negativen Entwicklungen erreichten im Laufe der letzten 150 Jahre im Rahmen der Erschließung weiter Teile Nordamerikas, Nord- und Zentralasiens sowie der Rodung von Wald- und Savannenregionen des Tropen- und Subtropengürtels globale Ausmaße.

Mit der Expansion von Ackerbau und Viehwirtschaft ging vielfach eine Lockerung der sozialen Bindung des Menschen an den Boden einher. Sobald der bislang genutzte Boden verbraucht war bzw. die Ertragsfähigkeit nicht mehr für eine Versorgung mit Nahrungsmitteln ausreichte, „nahm" man sich den nächsten. So wurden in wenigen Jahrzehnten große Landstriche grundlegend verändert. Die Konsequenzen waren gravierend für die Landwirtschaft und mittelbar auch für Weltwirtschaft und Bevölkerungsmigration. Bodenzerstörung und der damit verbundene Vegetationsverlust wirken darüber hinaus auf Wasserhaushalt und Klima im regionalen und globalen Maßstab.

In der modernen Industriegesellschaft hat der Bezug zum Boden weiter abgenommen – wir sind nicht mehr so „bodenständig" wie unsere bäuerlichen Vorfahren, auch wenn das Eigenheim mit Garten allgemein einen hohen Stellenwert hat. Wir verbergen den Boden unter Beton und Rasen und bewerten ihn vor allem als Baugrund und als Industriefläche. Das „Bitterfeld-Syndrom" (Kapitel D 1.3.3.7) ist eines von vielen Beispielen für das gestörte Verhältnis einer Industriegesellschaft, die die Wechselbeziehungen des Bodens mit den Lebenselementen Luft und Wasser nicht beachtet, zum Boden. Schutz der Böden in Agrar- und Erholungslandschaften, auch als Voraussetzung für eine verläßliche Wasserversorgung, wird zunehmend zu einem zentralen Element des Umweltschutzes und der Umweltforschung. Die hier gewonnenen Erfahrungen und Erkenntnisse müssen Eingang finden in internationale Programme, insbesondere mit Blick auf Osteuropa und die Entwicklungsländer des Südens.

Die Bodendegradation als wichtiger Teil des globalen Wandels wurde in der AGENDA 21 und während der UNCED-Konferenz in Rio de Janeiro 1992 nicht ausreichend behandelt, weil weder die Industrieländer noch die Entwicklungsländer, die dieses Thema aufgrund der engen Verknüpfung mit dem Bevölkerungswachstum gern ausklammern, der Bodendegradation bisher die notwendige Priorität einräumten. Die mit der Bodendegradation verbundenen Probleme treten am stärksten in den ärmsten Regionen der Welt auf, und sie werden hier auch ihre schwerwiegendsten Folgen haben, wenn es nicht bald zu durchgreifenden Lösungen kommt. In diesen Regionen wird der weitere Anstieg der Bevölkerungszahl den Druck auf die begrenzten Bodenressourcen dramatisch steigern. Hinzu kommt, daß jede Ausweitung der Landwirtschaft zu Lasten anderer Ökosysteme geht, deren Erhalt dringend geboten und bereits in einer Konvention völkerrechtlich verbindlich festgeschrieben ist: in der am 29. Dezember 1993 in Kraft getretenen „Konvention über die biologische Vielfalt".

Die Folgen der Bodendegradation werden in den nächsten zwei bis drei Dekaden den Folgen des Klimawandels *deutlich vorauseilen*. Die Bodenprobleme werden noch ausgeprägter in Erscheinung treten, wenn sich aufgrund des Klimawandels die Schwankungen der Witterung verstärken und sich Ökozonen großräumig verschieben.

Bodendegradation tritt nicht nur am Rande von Wüsten und auf gerodeten Urwaldflächen auf, sondern in allen Teilen der Welt. So entstehen auch in den Industrieländern mit häufig günstigeren natürlichen Standortbedingungen mittel- bis langfristig ernsthafte Gefährdungen der Bodenressourcen. Hohe Stoff- und Energieumsätze, verbunden mit entsprechenden Emissionen und Immissionen, kennzeichnen die Situation in diesen Ländern. Die Folgen intensiver industrieller Tätigkeit und technisierter Land- und Forstwirtschaft sowie ein stetiges Anwachsen des Verkehrs bedrohen die Böden in Form von Übernutzung, Verdichtung, Versiegelung, Versauerung und Kontamination.

Die mit der zunehmenden Bodendegradation einhergehenden Probleme wurden in der Vergangenheit in verschiedenen nationalen und internationalen Gremien behandelt. Zu wenig wurde aber berücksichtigt, daß es sich um eng miteinander vernetzte Probleme handelt, die durch multi- und interdisziplinäre Analysen geklärt werden müssen und nur länderübergreifend gelöst bzw. reduziert werden können. Jedoch haben gleiche Ursachen in verschiedenen Ökozonen der Welt (z.B. boreale und temperierte Zonen, tropische und subtropische Trockengebiete, immerfeuchte Tropen) unterschiedliche Folgen, und gleiche Phänomene (z.B. Erosion) gehen auf unterschiedliche Ursachen zurück, so daß die Lösungsansätze entsprechend regionalspezifisch konzipiert sein müssen.

Die Folgen der Bodendegradation und ihre typischen Ausprägungen werden nicht nur durch die physikalischen, chemischen und biotischen Ausgangs- und Randbedingungen geprägt, sondern in besonderem Maße auch durch sozioökonomische und kulturelle Besonderheiten der jeweiligen Region sowie durch die spezifischen Wertvorstellungen der dort lebenden Menschen. So stellt auch die zunehmende Urbanisierung mit der damit verbundenen Entkopplung der Stoffkreisläufe eine Gefährdung der Böden dar. Am Ende dieses Jahrtausends werden mehr als 6 Mrd. Menschen die Erde bevölkern, davon wird etwa die Hälfte in Städten wohnen. Durch diese Entwicklung entsteht die Gefahr, daß der Mensch buchstäblich den „Boden unter den Füßen" verliert, d.h. den Kontakt zur Natur und ihren Gesetzmäßigkeiten. Aufklärung über die bestehenden Probleme und Erhöhung der Bereitschaft zu unter Umständen kostspieligen Maßnahmen sind daher unerläßlich.

Zu wenig wurde bisher berücksichtigt, daß die Entwicklungen in weit entfernten Regionen nicht mehr unabhängig voneinander verlaufen. Durch zunehmende wirtschaftliche Verflechtung und Entwicklungszusammenarbeit, aber auch durch lokale Klimaänderungen mit globalen Folgen beeinflussen sich die verschiedenen Regionen wechselseitig, wenn auch in unterschiedlichem Maße.

Der Beirat hat in seinem Gutachten 1993 die Grundlagen für eine integrierte Betrachtung globaler Probleme gelegt, indem er die Vernetzungen der Einzelkompartimente von Natur- und Anthroposphäre aufgezeigt hat. Im Schwerpunktteil dieses Gutachtens werden am Beispiel der Böden die Ursachen von Schädigungen analysiert und Lösungswege zur Sicherung und Verbesserung der Landnutzung aufgezeigt. Es ist das ausdrückliche Ziel dieses Schwerpunktteils, dabei nicht nur die naturwissenschaftliche Seite dieses Problemkomplexes zu betrachten, sondern die „Steuergrößen" aus der Anthroposphäre, d.h. die gesellschaftswissenschaftliche Seite, stärker als bisher mit in die Betrachtung einzubeziehen.

Damit die Vernetzungen dieser Einflußgrößen deutlich sichtbar werden, sollen beispielhaft zwei Regionen mit unterschiedlichen Ausgangszuständen und Entwicklungspotentialen betrachtet werden: der Großraum „Sahel" und der Ballungsraum „Leipzig-Halle-Bitterfeld". In beiden Regionen zeigen sich in jeweils typischer Ausprägung die wesentlichen Funktionen der Böden als Träger landwirtschaftlicher und industrieller Produktion, als Lebensraum für vielfältige Lebensgemeinschaften, als Regulator im Wasserkreislauf und als Quelle und Senke im Mineral-, Spurenstoff- und Schadstoffhaushalt sowie als Grundlage der menschlichen Kultur. Dabei kommt der Behandlung des Großraumes „Sahel" für die Umsetzung der „Wüsten-Konvention" aktuelle Bedeutung zu; der Ballungsraum „Leipzig-Halle-Bitterfeld" steht beispielhaft für die Regelungsfunktion der Böden im Hinblick auf den regionalen Stoffhaushalt.

1.1.2 Böden und Bodendegradation

Böden sind Struktur- und Funktionselemente von terrestrischen Ökosystemen, die sich in einem historischen Entwicklungsvorgang im Spannungsfeld der am jeweiligen Standort wirkenden geologischen, klimatischen und biotischen Faktoren gebildet haben. Zu den geologischen Faktoren zählen die Art des Ausgangsgesteins und dessen Mineralzusammensetzung, das Relief, die Exposition und das Grundwasserregime. Zu den klimatischen Faktoren gehören die Sonnenstrahlung, der Niederschlag, die Luftfeuchtigkeit, die Lufttemperatur und die Windgeschwindigkeit und die daraus resultierenden Größen des Hydroregimes (Wasserkreislauf). Zu den biotischen Faktoren zählen schließlich die am Ort vorhandenen Pflanzen-, Tier- und Mikroorganismenarten. Zu den letzteren Faktoren muß auch der Mensch mit seinen Eingriffen in die abiotischen und biotischen Komponenten der Ökosysteme gerechnet werden, deren natürliche Dynamik und Entwicklung er ändert.

Aus dieser knappen Darstellung wird bereits deutlich, daß die Kombinationsmöglichkeiten der Faktoren groß sind und daß dies auch für die daraus entstandenen Böden gilt. Hinzu kommt, daß Böden sich in einer langen Zeit gebildet haben und sich auch stetig weiterentwickeln und dabei verändern. Böden weisen demgemäß keine einheitlichen Eigenschaften auf, sondern bilden vielmehr ein Mosaik von verschiedenen Formen, in denen sich die Kombinationsmöglichkeiten der sie konstituierenden Faktoren und Prozesse widerspiegeln. Je nach den Standortbedingungen können diese „Mosaiksteine" Ausdehnungen von wenigen Quadratmetern bis zu Quadratkilometern aufweisen. Die Bodenvielfalt trägt maßgeblich zur Diversität terrestrischer Ökosysteme und ihrer Lebensgemeinschaften sowie zur Prägung von Landschaften bei. Diese Vielfalt der Böden macht die Behandlung ihrer Degradation als globales Umweltproblem zugleich schwierig.

Kasten 5

Weltbodenkarte

Um die Vielfalt der Böden zu gliedern, wurden in den vergangenen 100 Jahren in verschiedenen Ländern Klassifizierungssysteme entwickelt. Dabei wurden zum Teil sehr unterschiedliche Kriterien zur Gliederung herangezogen. Allen ist gemeinsam, daß sie den *Bodentyp* als kleinste räumliche Einheit verwenden, die innerhalb vorgegebener Grenzen eine einheitliche Gestalt (Struktur) aufweist, was sich in einer vertikalen Anordnung der Bodeneigenschaften (Horizonte) ausdrückt. Je nach Bedarf oder vorliegender Information werden diese Bodentypen zu unterschiedlich aggregierten Einheiten zusammengefaßt. Je höher die Aggregation, um so geringer wird zwangsläufig die Information im Detail.

In einer Landschaft treten neben ähnlichen auch sehr verschiedene Bodentypen nebeneinander auf, die in ihrer Gesamtheit als „Bodenlandschaft" bezeichnet werden. Wichtig zu wissen ist dabei, daß die verschiedenen Böden einer Landschaft oft miteinander durch Stoffumlagerungsprozesse gekoppelt sind. In Bodenkarten findet man meist nur den Leittyp oder dominierenden Typ einer Landschaft und den Anteil der wichtigsten Begleitböden angegeben und nichts oder wenig über Eigenschaften und Verteilungsmuster vergesellschafteter Böden.

> Die Basis für alle globalen Bodenbetrachtungen stellt bisher die Weltbodenkarte der FAO-UNESCO in 19 Kartenblättern (Maßstab 1 : 5.000.000) dar. Auf Empfehlung der Internationalen Bodenkundlichen Gesellschaft (IBG) wurde diese Karte in den Jahren 1961 bis 1978 erstellt. Damit wurde zum ersten Mal ein Kartenwerk mit einer weltweit einheitlichen Legende vorgelegt, das später für eine Reihe globaler Betrachtungen herangezogen wurde (Desertifikation, Bodendegradation, Tragfähigkeit von Böden, Spurengasfreisetzung usw.).
>
> Das Klassifikationsschema der Weltbodenkarte weist zwei Kategorien auf: *Bodeneinheiten* und *Bodengruppen*. Insgesamt werden 106 Bodeneinheiten ausgewiesen, die in 26 Bodengruppen zusammengefaßt sind. Die Flächen (Mio. ha) der Bodengruppen, ihr Anteil an der Landfläche sowie ihre potentielle Nutzbarkeit als Ackerland sind in *Tab. 4* zusammengestellt (Buringh, 1979). In *Abb. 2* ist die räumliche Verteilung der Bodengruppen dargestellt (Bouwman et al., 1993). Dabei wurden die Xerosole und Yermosols zu Wüstenböden, die Solonchaks und Solonetz als Salzböden und die flachgründigen Böden (Lithosols, Rankers und Rendzinas) zu den Leptosols zusammengefaßt. Alle Bodeneinheiten, bei denen Permafrost auftritt, finden sich unter dieser Gruppe (eine ausführliche Beschreibung der Einheiten findet sich bei Driessen und Dudal, 1991).
>
> Bei einer Darstellung mit 1° Auflösung, wie dies in *Abb. 2* der Fall ist, kann nicht die tatsächliche hohe räumliche Variabilität wiedergegeben werden. Den Legenden der 19 Blätter der Originalkarte sind allerdings auch die wichtigsten, vergesellschafteten Bodeneinheiten zu entnehmen und außerdem die für die Nutzung wichtigen Bodeneigenschaften (z.B. Körnung, Steinigkeit, Relief, Versalzung). Auch sind die Datengrundlagen der einzelnen Kontinente für die Karte sehr unterschiedlich, so daß die Verläßlichkeit der enthaltenen Information zwischen den Kartenblättern sehr schwankt. Durch ständige Weiterentwicklung der Kartierung und durch neue Informationen wurde es notwendig, die Legende zu überarbeiten (FAO, 1990b und zuletzt FAO et al., 1994). Die Verbesserungen können allerdings die unzureichenden Informationen auf diesem Gebiet nicht ganz ausräumen. Nur mit einer massiven internationalen Anstrengung wäre es möglich, die für die Erhaltung und nachhaltige Nutzung von Böden benötigten Informationen flächendeckend für die gesamte Landoberfläche der Erde zu erhalten.

Sollen Böden in ihren Strukturen und Funktionen über längere Zeiträume erhalten bleiben oder nachhaltig genutzt werden, so sind die räumlichen und zeitlichen Variabilitäten der auf sie einwirkenden Faktoren, d.h. die jeweiligen Standortfaktoren und ihre Dynamik, und die Bodeneigenschaften selbst zu berücksichtigen. Die Basis, auf welcher die notwendigen Entscheidungen getroffen werden, müßte ein weltweites Kataster sein, in dem die physikalischen, chemischen und biotischen Eigenschaften der Böden aufgeführt sind.

An dieser Stelle muß bereits festgestellt werden, daß gegenwärtig die benötigten globalen Informationen nur unvollständig sind oder nur mit sehr grober räumlicher und zeitlicher Auflösung vorliegen; auf globaler Ebene existiert lediglich eine Bodenaufnahme im Maßstab 1 : 5.000.000. Auf diesen Mißstand hat der Beirat bereits in seinem Jahresgutachten 1993 hingewiesen und die Verbesserung und Ausweitung der *Erdbeobachtung* und der dazu benötigten *Informationssysteme* gefordert.

1.1.2.1 Bodenfunktionen

In den Böden treffen die beiden übergeordneten biotischen Prozesse terrestrischer Ökosysteme zusammen: die *Produktion,* d.h. die Erzeugung von Biomasse durch grüne Pflanzen (Primärproduktion) aus CO_2, Wasser und Salzen mit Hilfe der Sonnenenergie sowie die *Dekomposition,* d.h. die anschließende Zersetzung dieser Biomassen unter Aufnahme von O_2 durch Konsumenten und Zersetzer und die erneute Bereitstellung von Nähr- und Spurenstoffen sowie von CO_2.

Für Pflanzen, Tiere, Mikroorganismen und den Menschen sowie für den Energie-, Wasser- und Stoffhaushalt lassen sich vier übergeordnete Funktionen von Böden ableiten (*Kasten 6*).

Lebensraumfunktion

Böden sind Lebensraum und Lebensgrundlage für eine Vielzahl von Pflanzen, Pilzen, Tieren und Mikroorganismen, die in und auf Böden leben und auf deren Stoffumsatz die Regelungsfunktion und die Produktionsfunktion

D 1.1.2 Bodendegradation

Abbildung 2: Weltbodenkarte mit Bodentypen

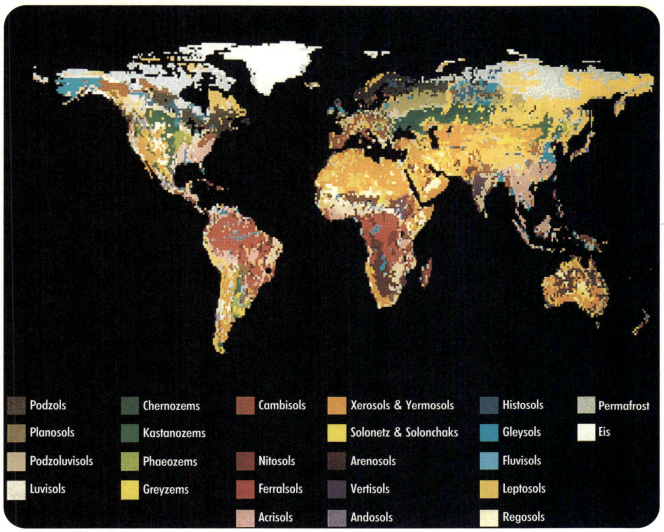

Quelle: FAO, 1990a

Kasten 6
Gliederung der Bodenfunktionen

LEBENSRAUMFUNKTION
REGELUNGSFUNKTION
NUTZUNGSFUNKTION
    • Produktionsfunktion
    • Trägerfunktion
    • Informationsfunktion
KULTURFUNKTION

Tabelle 4: Haupt-Bodeneinheiten der Welt

Bodeneinheiten	Gesamt		Potentielles Ackerland	
	Fläche	Flächenanteil	Fläche	Flächenanteil
	Mio. ha	%	Mio. ha	%
Acrisols, Nitosols (Rote tropische Böden mit Tonanreicherung zum Teil sauer)	1.050	8,0	300	9
Andosols (Böden aus vulkanischen Aschen)	101	0,8	80	2
Cambisols (Verbraunte, wenig entwickelte Böden)	925	7,0	500	15
Chernozems, Greyzems, Phaeozems (Schwarze und gebleichte Steppenböden, graue Waldböden)	408	3,1	200	6
Ferralsols (Stark verwitterte Böden der humiden Tropen)	1.068	8,1	450	14
Fluvisols (Junge Auen- und Küstenböden)	316	2,4	250	8
Gleysols (Böden mit hydromorphen Merkmalen)	623	4,7	250	8
Histosols (Organische Böden, Moorböden)	240	1,8	10	0
Lithosols, Rendzinas, Rankers (Flachgründige, steinhaltige Böden aus verschiedenen Gesteinen)	2.264	17,2	0	0
Luvisols (Basenreiche Böden mit Tonanreicherung)	922	7,0	650	20
Planosols (Gebleichte Böden mit hydromorphen Stauwasser-Merkmalen)	120	0,9	20	1
Podzols (Nährstoffarme Böden mit gebleichten Oberböden und Anreicherung von Eisen und organischen Substanzen im Unterboden)	478	3,6	130	4
Podzoluvisols (Luvisole mit fortgeschrittener Entwicklung)	264	2,0	100	3
Regosols, Arenosols (Schwach entwickelte Böden aus Kiesen und Sanden)	1.330	10,1	30	1
Solonchaks, Solonetz (Salz- und Alkaliböden)	268	2,0	50	2
Vertisols (Schwarze, rißbildende Tonböden)	311	2,4	150	5
Xerosols, Kastanozems (Halbwüstenböden, schwach entwickelte Steppenböden)	896	6,8	100	3
Yermosols (Sehr humusarme Wüstenböden)	1.176	8,9	0	0
Verschiedene Einheiten	435	3,2	0	0
Gesamte Fläche	**13.195**		**3.270**	

Quelle: Buring, 1979

von Böden zum großen Teil beruhen. Bodenorganismen sind für den Aufbau, Umbau und Abbau von organischen Stoffen in Böden verantwortlich. Bodenorganismen beeinflussen die Stabilität von Ökosystemen, indem sie toxische Stoffe abbauen, Wuchsstoffe produzieren und ein Fließgleichgewicht zwischen Aufbau- und Abbauprozessen aufrechterhalten. Bodenorganismen haben weiter einen wesentlichen Anteil an der biologischen Vielfalt. Böden dienen den Pflanzen als Wurzelraum und als Lieferant von Wasser, Sauerstoff und Nährstoffen. Böden sind damit die Grundlage für die Primärproduktion terrestrischer Systeme und zugleich für *alle* nachfolgenden heterotrophen Organismen des Nahrungsnetzes wie Konsumenten und Destruenten und letztendlich damit auch für den Menschen. Boden ist aber auch Lebensraum des Menschen, für den der Boden das „Territorium" darstellt, das er bewohnt und in Anspruch nimmt.

Regelungsfunktion

Zur Regelungsfunktion gehören die Akkumulation von Energie und Stoffen sowie deren Transformation und Transport. Böden vermitteln über vielfältige Prozesse den Stoffaustausch zwischen Hydrosphäre und Atmosphäre sowie benachbarten Ökosystemen. Die Regelungsfunktion umfaßt alle abiotischen und biotischen bodeninternen Prozesse, die durch äußere Einflüsse ausgelöst werden. Hierzu gehören als Teilfunktionen das Ausgleichsvermögen für Temperaturschwankungen, das Puffervermögen für Säuren, die Ausfilterung von Stoffen aus dem Niederschlags-, Sicker- und Grundwasser, das Speichervermögen für Wasser, Nähr- und Schadstoffe, das Recycling von Nährstoffen, die Detoxifikation von Schadstoffen, die Abtötung von Krankheitserregern etc.

Nutzungsfunktion

Unter dem Begriff Nutzungsfunktion werden diejenigen Funktionen von Böden zusammengefaßt, die der Mensch direkt zur Befriedigung seiner Bedürfnisse „nutzbringend" einsetzt. Dabei werden unterschiedliche Eigenschaften für spezifische Zwecke nutzbar gemacht. Als Unterfunktionen lassen sich daher die Produktionsfunktion, die Trägerfunktion und die Informationsfunktion von Böden unterscheiden.

Produktionsfunktion
Mit sehr wenigen Ausnahmen, wie z.B. dem Fischfang, sind Menschen als Konsumenten pflanzlicher und tierischer Nahrung „Kostgänger" von Böden. Seit Beginn des Ackerbaus hat die gezielte Nutzung von Böden zur land- und forstwirtschaftlichen Produktion (Nahrungs- und Futtermittel und nachwachsende Rohstoffe) zunehmende Bedeutung für den Menschen erlangt. Dabei ist der Mensch allerdings zunehmend zum „Ausbeuter" der Böden geworden. Neben der Landwirtschaft ist als weitere Produktionsfunktion die Ausbeutung von Lagerstätten zu nennen. Die dort gewonnenen Rohstoffe wie Kohle, Öl, Gas, Torf, Kiese, Sande, Gesteine und Minerale stellen den „Motor" für viele Aktivitäten vor allem des sekundären Sektors der Wirtschaft dar und gewinnen zunehmend auch an Bedeutung in der mechanisierten und chemisierten Land- und Forstwirtschaft (Rohstoff-Funktion). Die Gewinnung dieser Rohstoffe ist aber in der Regel mit einer Zerstörung der Böden verbunden.

Trägerfunktion
Unter der Trägerfunktion lassen sich verschiedene Teilfunktionen zusammenfassen. Es sind dies die Nutzungen für Siedlungen, Verkehr, Ver- und Entsorgung, für die industrielle und gewerbliche Produktion sowie für die Entsorgung von Abfällen, was auch als Deponiefunktion bezeichnet wird.

Informationsfunktion
Hierunter werden die Nutzungen zusammengefaßt, bei denen der Mensch die Eigenschaften von Böden als Indikator für deren Fruchtbarkeit, mechanische Belastbarkeit, Befahrbarkeit usw. verwendet. Einen Übergang zur Produktionsfunktion stellt der Boden als „Genpool" dar, weil die in den Böden vorhandene Information nicht nur Auskunft über den Zustand der Böden gibt (z.B. Fruchtbarkeit), sondern auch über deren biotechnologische Nutzung. Darüber hinaus stellen Böden durch ihre konservierenden Eigenschaften ein „Archiv" für die Natur- und Kulturgeschichte dar (vgl. auch Kulturfunktion).

Kulturfunktion

Boden als jeweils spezifischer Teil des Lebensraumes ist die Grundlage menschlicher Geschichte und Kultur. Diese heute meist verkannte Funktion der Böden wird wegen ihrer Wichtigkeit in *Kasten 7* beschrieben, verwiesen sei auch auf Kapitel D 1.3.1.7.

> **Kasten 7**
>
> **Kulturfunktion von Böden**
>
> Der Boden ist die Grundlage menschlicher Geschichte und Kultur, was heute oft verkannt wird. Dies macht schon der Stamm des Wortes Kultur – colere – deutlich: das Land (den Boden) bestellen und pflegen. Die Standortbedingungen entscheiden darüber, welche Pflanzen und Tiere in einer bestimmten Region auftreten bzw. wie sie sich an den Standort angepaßt haben. In diesen Anpassungsprozeß ist der Mensch eingeschlossen.
>
> Die Qualität der Böden, d.h. ihre Eignung für die Kultivierung und nachhaltige Nutzung, hat maßgeblichen Einfluß auf die Wirtschafts- und die Siedlungsformen sowie die sozialen Strukturen und die rechtliche Basis menschlicher Gesellschaften. Darüber hinaus sind Böden aber nicht nur Flächen, auf denen der Mensch lebt; der jährliche Rhythmus von Säen und Ernten prägt das religiöse und kulturelle Verhalten des Menschen.
>
> Die Qualität der Böden entscheidet darüber, ob in einer Region Ackerbau oder Viehwirtschaft betrieben werden kann, und sie bestimmt über die Ertragsfähigkeit die Nutzungsart und Siedlungsdichte. Beide haben Einfluß auf die sich entwickelnden Siedlungsformen. Die Produktivität von Landschaften entscheidet bei eingeschränkten Transportmöglichkeiten für Nahrungsmittel über die Existenz und die Größe der Städte, mit ihren sozialen und kulturellen Rückwirkungen auf das Land.
>
> Die Qualität der Böden bestimmt in weiten Teilen der Welt über Wohlstand oder Armut der ländlichen Bevölkerung und über die Verteilung des Bodens das soziale Gefüge. Eigentumsansprüche und Nutzungsrechte an Böden beeinflussen die Rechtsprechung. Territoriale Ansprüche (Lebensraum) waren und sind Anlaß von Kriegen. Religiöse Bindungen an Boden als „Hort der Fruchtbarkeit" oder als „Wohnung der Ahnen" beeinflussen in bestimmten Teilen der Welt den Umgang mit den Böden, aber auch die Verbundenheit der Bevölkerung mit der Heimat.
>
> Diese Darstellung soll verdeutlichen, daß Boden als Kulturgut für die Menschen eine bedeutende Rolle spielt. Nur unter Berücksichtigung dieser Tatsache lassen sich die notwendigen Veränderungen in der Bodennutzung erreichen. Hierin kann auch die notwendige emotionale Basis gesehen werden, den Boden weltweit besser zu schätzen (siehe auch 1.3.1.7.1). Der Schutz der Böden sollte zu einer vorrangigen Kulturaufgabe des Menschen werden.

Globale Aspekte der Bodenfunktionen

Die Funktionen von Böden und ihre Rolle für die *globalen Mensch-Umwelt-Beziehungen* wurden im Jahresgutachten 1993 des Beirats vorgestellt (WBGU, 1993). Aus globaler Sicht wurden dabei folgende Aspekte als besonders wichtig angesehen:

Lebensraumfunktion
– Böden tragen zur biologischen Vielfalt bei.
– Böden stellen einen Genpool dar.

Regelungsfunktion
– Böden beeinflussen den Austausch von Strahlung und fühlbarer Wärme.
– Böden regeln den Wasserkreislauf der Kontinente.
– Böden sind Speicher und Transformatoren für Nährstoffe.
– Böden stellen Quellen und Senken für Kohlendioxid (CO_2) und Methan (CH_4) dar.
– Böden sind Quellen für Lachgas (N_2O).
– Böden sind Puffer, Filter, Transformatoren und Speicher für Schadstoffe.
– Böden sind Quellen für die Stoffbelastung von benachbarten Umweltkompartimenten.

Nutzungsfunktion
– Böden bilden die Grundlage der Nahrungsmittelproduktion.

Die Auswertung dieser globalen Aspekte der Bodenfunktionen macht deutlich, daß die anthropogene *Bodendegradation*, d.h. die dauerhafte oder irreversible Störung der Bodenstruktur und -funktionen eines der größten Umweltprobleme unserer Zeit darstellt. Dies führte zu dem Entschluß des Beirats, dieses Problem zum Schwerpunkt des diesjährigen Gutachtens zu machen, wobei das Schwergewicht auf den Produktions-, Lebensraum- und Regelungsfunktionen von Böden liegt, da hier der globale Charakter am deutlichsten wird. Wenn Maßnahmen zur Reduktion von Bodendegradationen ergriffen werden sollen, muß meist auf regionaler oder lokaler Ebene unter Einbeziehung anderer Funktionen entschieden werden. Der Beirat berücksichtigt diesen Zusammenhang in den folgenden Analysen und Empfehlungen.

1.1.2.2 Böden als verletzbare Systeme

Da Böden Struktur- und Funktionselemente von terrestrischen Ökosystemen sind, tauschen sie wie diese über ihre Grenzen hinweg mit der Umwelt Stoffe und Energie (thermodynamisch offene Systeme) und darüber hinaus auch genetische Informationen aus. Sie sind somit für alle Formen *externer Eingriffe bzw. Belastungen* offen. Das sind z.B. Verschiebungen im Strahlungshaushalt (UV-B), Veränderungen des Niederschlags- oder Temperaturregimes (Klimawandel), Änderungen der Atmosphärenzusammensetzung (z.B. von Ozon, CO_2, SO_2, NO_x), Änderungen der Landnutzung (z.B. Waldrodung, Graslandumbruch, Be- und Entwässerung, Melioration, Nutzungsintensivierung, Überbauung), Anreicherungen von Schad- oder Nährstoffen, aber auch gewollte (nutzungsbedingte) und ungewollte Einführung exotischer, d.h. standortfremder Organismen.

Böden sind in einem historischen Entwicklungsprozeß entstanden. Die dafür notwendigen Zeiträume liegen in der Größenordnung von Jahrtausenden und entsprechen damit nicht dem Zeitraum menschlicher Kulturgeschichte oder gar dem Erfahrungshorizont einer Generation. Die langsame Anpassung der Lebensgemeinschaften an die jeweils herrschenden Umweltbedingungen über lange Zeiträume hat zur Optimierung der Systeme geführt, die sich in einer Annäherung an Fließgleichgewichte ausdrückt. Fließgleichgewichte sind in offenen Systemen dadurch gekennzeichnet, daß der Energie- und Stoffeintrag gleich dem Austrag ist. Daraus resultiert, daß keine Vorratsänderung stattfindet. Schwankungen der Randbedingungen können zu kurzzeitigen internen Veränderungen der Strukturen oder Funktionen führen, ohne das System dauerhaft zu gefährden, d.h. sie liegen innerhalb der systeminternen Kompensations- und Regenerationsmöglichkeiten. An langsame Änderungen abiotischer Faktoren (Klimaänderung, Nährstoffverlust, Versauerung) oder biotischer Faktoren (Mutation, Einwanderung fremder Arten) können sich die Lebensgemeinschaften anpassen, wobei es in geologischen Zeiträumen (Jahrtausende) durchaus zu deutlichen Veränderungen (Entwicklungen) der Böden kommen kann.

Langfristig können die Böden durch intensive Erosion völlig zerstört werden, und dabei kann frisches verwitterungsfähiges Gesteinsmaterial für eine erneute Bodenbildung freigelegt werden. Problematisch sind dagegen rasche oder starke Belastungen, die die endogenen Kompensations- oder Regenerationsmöglichkeiten des Systems überschreiten (kritische und überkritische Belastungen). Zu diesen Belastungen müssen die vom Menschen verursachten Nutzungs- und regionalen Klimaänderungen gezählt werden, als deren Folge mittelfristig (Jahrzehnte bis Jahrhunderte) dauerhafte oder irreversible Bodenveränderungen auftreten, die als Bodendegradation bezeichnet werden.

Greift der Mensch so stark ein, daß es zu Bodendegradation kommt, wandelt sich sein Verhalten von dem eines *Kostgängers* zu dem eines *Ausbeuters*, der damit über kurze oder längere Zeiten seine eigene Lebensgrundlage zerstört. Dabei ist aber nicht nur der Boden selbst berührt, sondern durch Verlust seiner Funktionen werden auch die Nachbarsysteme in Mitleidenschaft gezogen, deren Schutz z.B. zur Erhaltung der Biodiversität, des Wasserhaushalts oder aus klimatischen Gründen sichergestellt sein muß.

1.1.2.3 Bodendegradation

Definition

> *Anthropogene Bodendegradationen sind dauerhafte oder irreversible Veränderungen der Strukturen und Funktionen von Böden oder deren Verlust, die durch physikalische und chemische oder biotische Belastungen durch den Menschen entstehen und die Belastbarkeit der jeweiligen Systeme überschreiten.*

Dauerhaft sind Veränderungen, die in menschlichen Zeiträumen (Jahrzehnte bis Jahrhunderte) durch natürliche Regenerationsmechanismen nicht bodenintern ausgeglichen werden können, aber vom Menschen durch den

Einsatz von Energie und Rohstoffen umweltverträglich und ökonomisch beseitigt werden können. Als Beispiele seien oberflächennahe Verdichtungen und ihre Beseitigung durch Bodenbearbeitung, Nährstoffmangel und dessen Behebung durch Düngung, pH-Wert-Veränderung und dessen Anhebung durch Kalkung, die Senkung der Alkalinität durch Gips- oder Schwefelzufuhr oder die Auswaschung von Salzen durch Bewässerung zu nennen.

Tabelle 5: Globale Aufteilung des Degradationsgrades bei den Haupttypen der Bodendegradation in Mio. ha

Typen der Degradation	leicht	mittel	stark + extrem	gesamt
Wassererosion	343	527	224	1.094
Winderosion	269	254	26	549
Chemische Degradation	93	103	43	239
– Nährstoffverlust	(52)	(63)	(20)	(135)
– Versalzung	(35)	(20)	(21)	(76)
– Kontamination	(4)	(17)	(1)	(22)
– Versauerung	(2)	(3)	(1)	(6)
Physikalische Degradation	44	27	12	83
Gesamt	749	911	305	1.965

Quelle: Oldeman, 1992

Irreversibel sind Veränderungen, die in menschlichen Zeiträumen (Jahrzehnte bis Jahrhunderte) durch natürliche Regenerationsmechanismen nicht bodenintern, sondern nur mit unangemessenem, d.h. ökologisch oder ökonomisch nicht vertretbarem, externen Einsatz von Energie und Rohstoffen oder überhaupt nicht mehr ausgeglichen werden können. Als Beispiele seien die Erosion durch Wind und Wasser, die großflächige Kontamination mit Schadstoffen, die Bodenzerstörung im Zuge von bergbaulichen Maßnahmen, tiefreichende Verdichtungen sowie die großflächige Versiegelung durch Straßenbau und Besiedelung zu nennen.

Bodendegradationen stellen somit Einschränkungen in den Funktionen von Böden dar. Bei dieser Bewertung liegt immer ein vom Menschen definierter, häufig an der Nutzung orientierter Maßstab zugrunde. Aus ökologischer Sicht gibt es kein „gut" oder „böse", sondern lediglich eine Reaktion der Systeme auf sich ändernde Außenbedingungen. Die Reaktionen lassen sich zum Teil quantifizieren und beurteilen und können dann als Grundlage für eine Bewertung dienen.

Die Beurteilung, wann Veränderungen in Böden nicht mehr im Kompensationsbereich der internen Regelmechanismen liegen, ist jedoch nicht in allen Fällen eindeutig möglich. Im Sinne der Vorsorge vor möglichen Schäden sollte daher ein mehrstufiges Bewertungssystem verwendet werden, bei dem bereits vor Erreichung kritischer Zustände in Böden auf die drohende Gefahr hingewiesen wird. (Dieser Ansatz wird auch im Referentenentwurf zum Bodenschutzgesetz der Bundesregierung verfolgt.)

Globales Ausmaß der Bodendegradation

Als „Kostgänger" und „Ausbeuter" natürlicher Ressourcen haben Menschen in der Vergangenheit und Gegenwart in terrestrische Ökosysteme und deren Böden eingegriffen. Dabei wurden die Prinzipien der Nachhaltigkeit und der Umweltschonung häufig außer acht gelassen. Zu nennen sind die Rodung und Übernutzung von Wäldern, die Überweidung von Grasländern durch unangemessenen Viehbesatz, die unsachgemäße Ackernutzung, die Ausbeutung der Vegetation für den häuslichen Bedarf und das Anwachsen der Industrie oder von urbanen Ballungsgebieten. Als „unerwartete" Folgen dieser Eingriffe zeigen sich weltweit mehr oder weniger starke Bodendegradationen. Obwohl dies schon vor Jahrzehnten als ernstes und weit verbreitetes Problem erkannt wurde, waren geographische Verbreitung sowie Intensität und Ursachen nur unvollständig bekannt.

Erst im Jahre 1990 wurde in enger Zusammenarbeit mit Bodenkundlern und Umweltexperten aus der ganzen Welt von UNEP und ISRIC eine Weltkarte der vom Menschen verursachten Bodendegradation erstellt (Olde-

D 1.1.2 Bodendegradation

man et al., 1991). Mit Hilfe dieser Karte im Maßstab 1 : 10 Mio. ist es möglich, eine regionale und globale Abschätzung der Ausdehnung und Intensität der Bodendegradation vorzunehmen. Da die Bodendegradation nur mit großem Aufwand direkt zu messen ist und in großen Teilen der Welt die Datenbasis außerordentlich schlecht ist, handelt es sich bei den hier angegebenen Daten um Schätzungen einer großen Expertengruppe.

Tabelle 6: Typologie der Ursachen anthropogener Bodendegradation in Mio. ha

Kontinente/Regionen	Entwaldung	Übernutzung	Überweidung	Landwirt. Aktivitäten	Industrielle Aktivitäten
Afrika	67	63	243	121	+
Asien	298	46	197	204	1
Südamerika	100	12	68	64	–
Zentralamerika	14	11	9	28	+
Nordamerika	4	–	29	63	+
Europa	84	1	50	64	21
Ozeanien	12	–	83	8	+
Welt	579	133	679	552	22

Quelle: Oldeman, 1992　　　　　　　　　　　　　　　　　　　　　　+ = geringe Bedeutung　　– = keine Bedeutung

Entsprechend sind diese Daten vorsichtig zu bewerten, da sie Ungenauigkeiten in beide Richtungen aufweisen und auch noch nicht alle Degradationen enthalten. Das Ergebnis der Erhebung wird nachfolgend kurz zusammengefaßt.

Vier Arten der durch Menschen verursachten Bodendegradation werden unterschieden. Bei der Wasser- und Winderosion wird der Boden abgetragen, die Degradation besteht in einem Verlust von Bodenmaterial. Physikalische und chemische Degradationen treten auf, wenn bei Erhalt der Bodenmasse bodenintern negative Veränderungen physikalischer oder chemischer Natur induziert werden. Als weitere Art müßte auch die biotische Degradation von Böden in Betracht gezogen werden. Das Wissen hierüber ist bisher jedoch noch sehr lückenhaft und demgemäß liegen keine flächendeckenden Informationen auf globaler Ebene vor.

Daß es sich bei der Bodendegradation nicht um eine marginale Größe der Umweltveränderung durch den Menschen handelt, haben – bei aller möglichen Kritik – die Ergebnisse der weltweiten Aufnahme eindeutig gezeigt (Oldeman et al., 1991). Von den Böden der ca. 130 Mio. km² umfassenden eisfreien Landoberfläche der Erde weisen heute bereits fast 20 Mio. km², das sind rund 15%, *deutliche Degradationserscheinungen* auf, die durch den Menschen verursacht wurden. Dies ist das Ergebnis einer umfassenden Untersuchung, die im Auftrage von UNEP vom Internationalen Bodenreferenz- und Informationszentrum (ISRIC) durchgeführt wurde. Mit 56% hat daran die Erosion durch Wasser den größten Anteil, gefolgt von der *Winderosion* mit 28%, der

Tabelle 7: Typen und Ursachen der Bodendegradation in Mio. ha

Typen der Degradation	Ursachen			
	natürliche Vegetation Entwaldung/Übernutzung	Überweidung	Landwirt. Aktivitäten	Industrielle Aktivitäten
Wassererosion	471　　　38	320	266	–
Winderosion	44　　　85	332	87	–
Chemische Degradation	62　　　10	14	133	22
Physikalische Degradation	1　　　+	14	66	–
Welt	578　　　133	680	552	22

Quelle: Oldeman, 1992　　　　　　　　　　　　　　　　　　　　　　+ = geringe Bedeutung　　– = keine Bedeutung

chemischen Degradation mit 12% und der *physikalischen Degradation* mit 4%. In diesen Zahlen sind Degradationen von Waldböden und latente Belastungen, die sich über längere Zeiträume akkumulieren, sowie Veränderungen der Lebensgemeinschaften von Bodenorganismen noch nicht enthalten.

Tabelle 8: Globale und kontinentale Verbreitung der Acker-, Weide- und Waldflächen, der degradierten Böden sowie deren prozentuale Anteile an den jeweiligen Gesamtflächen in Mio. ha

	Ackerland			Dauergrünland			Wälder und Savannen		
	Gesamt	Degradiert	%	Gesamt	Degradiert	%	Gesamt	Degradiert	%
Afrika	187	121	65	793	243	31	683	130	19
Asien	536	206	38	978	197	20	1.273	344	27
Südamerika	142	64	45	478	68	14	896	112	13
Zentralamerika	38	28	74	94	10	11	66	25	38
Nordamerika	236	63	26	274	29	11	621	4	1
Europa	287	72	25	156	54	35	353	92	26
Ozeanien	49	8	16	439	84	19	156	12	8
Welt	1.475	562	38	3.212	685	21	4.048	719	18

Quelle: FAO, 1990

Wassererosion

Die Bodenerosion, die durch auftreffende Regentropfen und Oberflächenabfluß von Wasser verursacht wird, kann unterschiedliche Folgen haben. Ein Zerschlagen der Bodenstruktur fördert die Verschlammung und Verkrustung und beeinträchtigt den Pflanzenwuchs. Eine Entfernung des fruchtbaren Oberbodens führt zu Nährstoffexporten und damit verbunden zu Produktionseinbußen. In extremen Fällen wird der Wurzelraum derart reduziert, daß der Anbau von Kulturpflanzen nicht mehr möglich ist. In geneigten, strukturlabilen Böden kann es zur Ausbildung von Erosionsrinnen und -gräben kommen. Dabei wird wertvolles Bodenmaterial entfernt und das Land für eine Bewirtschaftung unbrauchbar. Generell werden vier Typen von Wassererosion unterschieden:

- Verschlämmung von Oberboden.
- Verlust von Oberbodenmaterial und Nährstoffen.
- Zerstörung des Geländes durch Rinnen oder Gräben.
- Überdeckung von Böden an Unterhängen und in Tälern.

Flächenmäßig dominiert der zweite Typ, schwieriger zu sanieren ist allerdings der dritte Typ. Die gesamte Fläche, die durch menschlich verursachte Wassererosion beeinträchtigt wird, beläuft sich auf etwa 1,1 Mrd. ha, von denen 56% in den humiden Gebieten der Erde und 44% in den tropischen und subtropischen Regionen liegen.

In der *Abb. 3* sind die Zusammenhänge, die die Wassererosion beeinflussen, schematisch dargestellt. Neben Witterungs- und topographischen Einflüssen greift der Mensch in vielfältiger Weise in das Geschehen ein. Dadurch ist er imstande, die Erosion stark zu beschleunigen, aber er kann auch bei Anwendung geeigneter Maßnahmen die Erosion mindern. Die Abbildung verdeutlicht auch, daß die Erosion von den jeweiligen Standortbedingungen abhängt. Entsprechend können erst nach sorgfältiger Analyse geeignete Gegenmaßnahmen getroffen werden.

Winderosion

Verlagerung von Bodenmaterial durch Wind ist ein weitverbreitetes Phänomen in ariden und semiariden Regionen mit dünner oder lückenhafter Vegetationsdecke. Sie tritt gewöhnlich auf gröber texturierten Böden auf. Durch Reduktion der Vegetationsdecke, durch Überweidung oder durch Bodenbearbeitung wird die Winderosion erhöht. Ungefähr 0,5 Mrd. ha Fläche sind durch Winderosion beeinflußt, 94% dieser Gebiete liegen in Trockenregionen.

Abbildung 3: Die Wassererosion wird standortbedingt von zwei Größen bestimmt: Erosivität der Niederschläge und Erodierbarkeit der Böden. Während der Mensch die Erosivität bisher noch wenig verändert hat, greift er in die Erodierbarkeit massiv ein, bisher mit überwiegend negativen Folgen für die Böden. Bei guter Kenntnis der Standortbedingungen lassen sich aber Nutzungsstrategien entwickeln, die diese Form der Erosion weitgehend vermeiden.

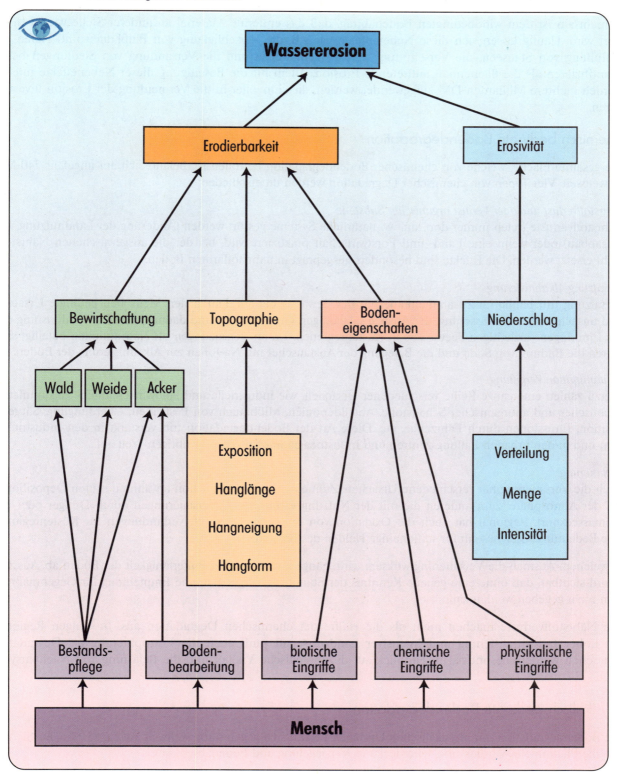

Generell werden drei Typen der Winderosion unterschieden:

- Abtrag von Oberbodenmaterial als gleichmäßiger Prozeß.
- Geländedeformation durch Ausblasungskavernen und Dünen.
- Überdeckung mit erodiertem Material.

Gemeinsam ist dem windbedingten Bodenabtrag, daß das entfernte Material an anderer Stelle wieder deponiert wird. Häufig lassen sich diese Nebeneffekte wie z.B. die Verschlickung von Flußläufen und Häfen, die Auffüllung von Stauseen, die Verschüttung von Verkehrswegen und die Versandung von Siedlungen besser quantifizieren als die flächenhaft auftretende Erosion. Allein für die Beseitigung dieser Nebeneffekte müssen jährlich mehrere Milliarden DM aufgewendet werden, die sinnvoller in die Vermeidung der Erosion investiert wären.

Chemisch bedingte Bodendegradation

Die gesamte Fläche, welche von chemischer Bodendegradation betroffen ist, beläuft sich auf ungefähr 240 Mio. ha weltweit. Vier Typen von chemischer Degradation werden unterschieden:

Nährstoffverlust und/oder Verlust organischer Substanz
Nährstoffverluste treten immer dort auf, wo natürliche Systeme gestört werden (Änderung der Landnutzung, Humusabbau) oder wenn eine Land- und Forstwirtschaft praktiziert wird, bei der die ausgewaschenen Nährstoffe nicht ersetzt werden. Die Effekte sind besonders ausgeprägt in nährstoffarmen Böden.

Versalzung/Alkalinisierung
Versalzung tritt häufig im Zusammenhang mit der Bewässerung auf. Durch den Menschen bedingte Ursachen sind unsachgemäße Bewässerung, der Anstieg salzhaltigen Grundwassers und dadurch erhöhte Verdunstung und das Eindringen salzhaltigen Seewassers in Küstenregionen. Da an Versalzungen oft Natriumionen beteiligt sind, führen die Bildung von Soda und die Belegung der Austauscher mit Na-Ionen zur Alkalinisierung der Böden.

Kontamination/Vergiftung
Hierzu zählen eine ganze Reihe verschiedener Ursachen, wie industrielle und landwirtschaftliche Akkumulation organischer und anorganischer Schadstoffe, Abfalldeponien, Mißbrauch von Pestiziden, Überdüngung, Säuredeposition, Emissionen durch Fahrzeuge, etc. Diese Art der Bodendegradation tritt verstärkt in den Industrieländern und in den urbanen Ballungszentren und Industrieagglomerationen der übrigen Welt auf.

Versauerung
Auch die Versauerung hat verschiedene Ursachen. Zum einen sind es die schon erwähnten sauren Depositionen aus der Atmosphäre, zum anderen die mit der Nutzung verbundenen Versauerungen durch Dünger oder den Biomasseexport. Regional hat auch die Oxidation von reduzierten Schwefelverbindungen für Küstenregionen eine Bedeutung. Gleiches gilt für sulfidhaltige Halden des Bergbaus.

In welchem Ausmaß die Versauerung wirksam wird, hängt jeweils von der Pufferfähigkeit der Böden ab. Aus *Abb. 5* wird sichtbar, daß ohne eine genaue Kenntnis der Standortbedingungen eine Empfehlung für Gegenmaßnahmen nicht gegeben werden kann.

Die Nährstoffverluste machen mehr als die Hälfte der chemischen Degradation aus. In einigen Regionen mit hoher Industrialisierung und intensiver Landwirtschaft muß auch die Eutrophierung als Degradation angesehen werden, besonders im Hinblick auf die biologische Vielfalt und die Belastung von Nachbarsystemen.

Physikalisch bedingte Bodendegradation

Die Bodendegradation mit physikalischen Ursachen beläuft sich gegenwärtig weltweit auf ca. 83 Mio. ha. Sie umfaßt die Phänomene Verdichtung, Überdeckung, Versiegelung und Bodenabsenkung.

Verdichtungen und Deformationen des Bodengefüges durch land- und forstwirtschaftliche Maschinen treten immer dann auf, wenn das Befahren mit zu schwerem Gerät bei zu hohen Lasten erfolgt und/oder eine durch

D 1.1.2 Bodendegradation

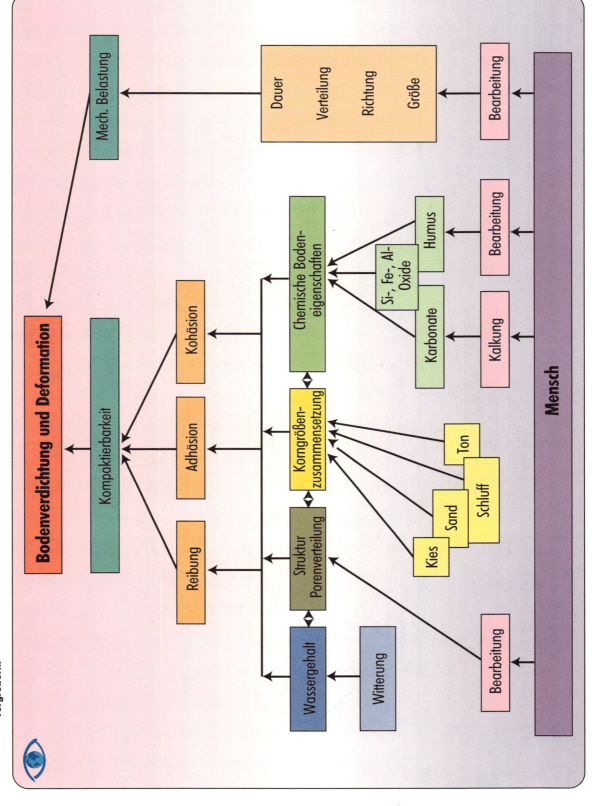

Abbildung 4: Die Bodenverdichtung hängt von der Kompaktierbarkeit der Böden und der jeweils wirksam werdenden Belastung ab. Beide lassen sich in vielfältiger Weise beeinflussen. Fehler, die zur Bodendegradation führen, treten auf, wenn schwere Maschinen falsch bereift sind oder zur Unzeit für die Bearbeitung eingesetzt werden. Diese „Unzeit" wird wesentlich durch hohe Wassergehalte geprägt, die die Kompaktierbarkeit stark vergrößern.

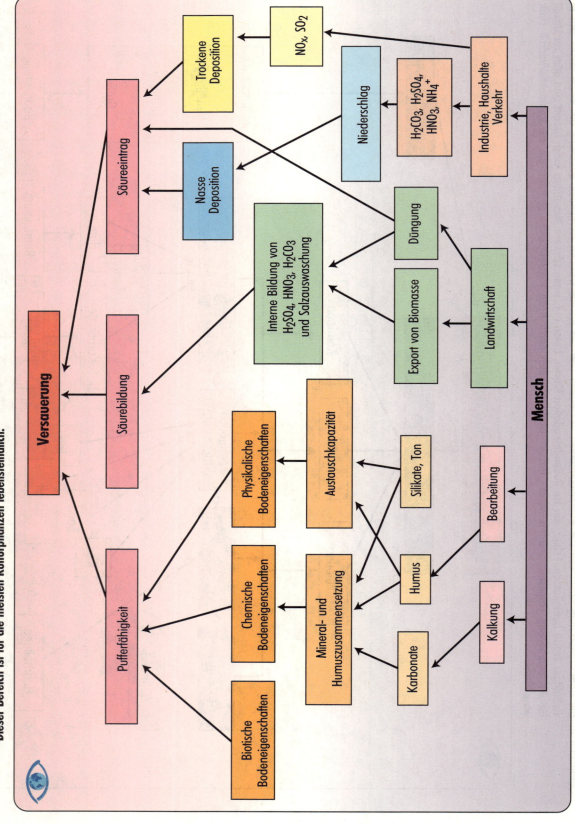

Abbildung 5: Die Versauerung von Böden hängt von drei Größen ab: dem Säureeintrag, der bodeninternen Säurebildung und der Pufferfähigkeit. Immer wenn die Raten von Säurebildung und -eintrag größer sind als die Pufferfähigkeit, kommt es zu einer Absenkung des pH-Wertes, manchmal bis unter 4,5. Dabei kommt es unter Freisetzung von Aluminium-Ionen und später auch Eisen-Ionen zur raschen Auflösung der Tonminerale und anderer Bodensilikate. Dieser Bereich ist für die meisten Kulturpflanzen lebensfeindlich.

viel Wasser und hohe Tongehalte bedingte geringe Gefügestabilität des Bodens gegeben ist. Da die mechanischen Belastungen stets dreidimensional bis in größere Bodentiefe wirken, werden Böden langfristig vielfach irreversibel geschädigt. Oberflächenverkrustungen entstehen, wenn es durch die Entfernung der Vegetation oder schützender Humusauflagen zu einer Mikroerosion durch Regentropfen kommt. Hohe Humusgehalte und gute Karbonatversorgung mindern derartige Effekte *(Abb. 4)*. Physikalische Degenerationen treten des weiteren durch Überflutungen im Überschwemmungsbereich von Flüssen und Seen oder durch den Abbau von organischen Böden auf.

Ein Effekt mit zunehmender Bedeutung ist die Versiegelung von Böden durch Verkehrs- und Siedlungsflächen. Hiervon sind häufig äußerst ertragreiche Böden betroffen, wodurch sich der negative Effekt verstärkt. Die Anteile der genutzten Flächen in Deutschland sind in *Abb. 6* dargestellt. Verkehrs- und Gebäudeflächen machen 11% der Gesamtfläche aus, Straßen bedecken „nur" 2% der Flächen, Eisenbahnanlagen, Flugplätze und Kanäle 3%.

Aus der Sicht der reinen Abdeckung mögen diese Werte (und vergleichbare Werte in anderen Ländern) gering erscheinen, die Folgen gehen aber weit über diesen Versiegelungseffekt hinaus. Beispielhaft seien reduzierte Grundwasserbildungsraten bei erhöhtem Oberflächenabfluß, verstärkte Kontaminationen durch Schadstoffe und intensivere Erwärmung der bodennahen Luftschicht genannt.

Diese Darstellung verdeutlicht, daß auf den verschiedenen Kontinenten die Verteilung der Degradationstypen, der Degradationsgrade und Degradationsursachen unterschiedliche Muster aufweist. Dies bedeutet, daß das globale Problem der Bodendegradation einer regionalen oder auch lokalen Analyse bedarf, um darauf aufbauend die notwendigen Gegenmaßnahmen einzuleiten. Es ist auch erkennbar, daß die Degradation von Böden besonders stark in Regionen auftritt, die schon heute zu den ärmsten der Welt zählen. Wirksame Gegenmaßnahmen können daher dort nur ergriffen werden, wenn die Bodendegradation als internationales Problem anerkannt und ihre Reduktion als Gemeinschaftsaufgabe verstanden wird.

Kasten 8

Verteilung der Intensität und Ursachen der globalen Bodendegradation

Die bislang umfassendste Erhebung zur globalen Bodendegradation wurde im Rahmen der UNEP-ISRIC Studie von 1991 durchgeführt. In dieser Studie wurden vier unterschiedliche Stufen in der Intensität der Degradation (Degradationsgrad) ausgewiesen:

1. leicht *(slight):* der Boden ist für die Landwirtschaft nicht mehr vollständig nutzbar. Eine Restauration auf volle Produktivität ist möglich bei Modifizierung des Managements.

2. mittel *(moderate):* auf diesen Böden ist die landwirtschaftliche Produktivität stark reduziert, sie sind aber noch für örtliche Landwirtschaft geeignet. Große Anstrengungen sind notwendig, um die Böden wieder vollständig und produktiv nutzen zu können.

3. stark *(strong):* die Böden haben ihre Produktionskapazität verloren und sind nicht mehr für die Landwirtschaft nutzbar. Größte Investitionen und ein hoher Energieaufwand wären zur Sanierung erforderlich.

4. extrem *(extreme):* die Böden sind nicht kultivierbar und nicht mehr zu restaurieren. Sie sind durch die Menschen zum Ödland geworden.

Weltweit weisen etwa 1.995 Mio. ha Bodenfläche Degradationserscheinungen auf. Dies sind rund 15% der eisfreien Landoberfläche von 130 Mio. km^2. Davon sind mehr als 295 Mio. ha Landfläche *stark degradiert*. Die Restaurierung dieser Böden zur vollen Produktivität kann noch erfolgen; es wären jedoch sehr große Investitionen und ein hoher Arbeitsaufwand notwendig. Von dieser Fläche sind ungefähr 113 Mio. ha durch Abholzung von Urwäldern und 75 Mio. ha durch Überweidung stark degradiert. Falsches Management der Ackerflächen haben etwa 83 Mio. ha zerstört, so daß dort ein rentabler Ackerbau heute nicht mehr möglich ist. Ungefähr 40% dieser stark degradierten Flächen liegen in Afrika, 36% in Asien, d.h. die

Kontinente mit großem Bevölkerungswachstum haben auch am stärksten unter der Degradation zu leiden. Etwa 10 Mio. ha sind extrem stark geschädigt oder erodiert, so daß keine Möglichkeit der Sanierung mehr besteht.

Etwa 910 Mio. ha Landfläche weisen einen *mittleren Degradationsgrad* auf. Diese Böden werden zwar noch lokal als Ackerland verwendet, aber die Produktivität läßt rapide nach. Wenn auf diesen Flächen nicht bald eine Restaurierung stattfindet, werden die Schäden schon in naher Zukunft irreparabel sein. Gut ein Drittel dieser Flächen befinden sich in Asien, etwa 20% in Afrika und ca. 12% in Südamerika. Ursachen sind vor allem Entwaldung, falsche Bewirtschaftung und Überweidung.

Auf rund 750 Mio. ha sind *leichte Degradationserscheinungen* feststellbar, die aber bereits zu Ertragseinbußen führen. Durch geeignete Bewirtschaftung ließen sich diese Flächen wieder regenerieren. Auch diese Flächen finden sich überwiegend in Asien, Afrika und Südamerika.

Abb. 7 zeigt, daß weltweit bereits rund 15% der Landfläche erkennbare anthropogene Degradationserscheinungen aufweisen. Aber nicht nur die Ursachen sind global, sondern auch die Folgen. Die Bodendegradation wirkt sich negativ auf die Produktion von Nahrungsmitteln aus. Sie beeinflußt in weiten Teilen die Biodiversität; besonders in den Regionen, wo Wälder gerodet werden, wird die Lebensraumfunktion gestört. Durch Veränderung des Energieumsatzes und der biogeochemischen Kreisläufe von Kohlenstoff und Stickstoff wirkt die Degradation auch auf das Klima, d.h. die Regelungsfunktion der Böden wird gestört.

Will man der Bodendegradation weltweit effektiv begegnen, muß nicht nur eine regionale Bestandsaufnahme der Bodendegradation vorgenommen, sondern die Ursachenkomplexe müssen identifiziert werden, die zu bestimmten Degradationstypen oder besser zu *Degradationssyndromen* (siehe Kapitel D 1.3.3) führen. Dieses Vorgehen hat den Vorteil, daß die Probleme nicht monokausal betrachtet werden, sondern in ihren natürlichen und anthropogenen Interaktionen. Erst aus dieser Zusammenschau lassen sich brauchbare Lösungsansätze entwickeln.

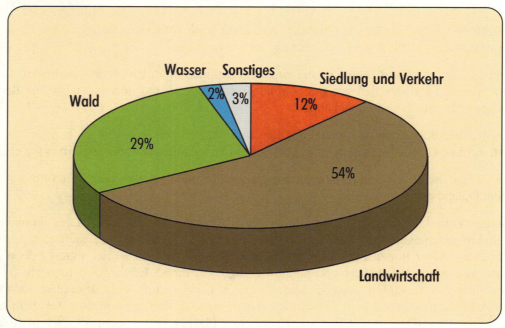

Abbildung 6: Bodennutzung in der Bundesrepublik Deutschland

Quelle: Bundesministerium für Raumordnung, Bauwesen und Städtebau, 1994

Abbildung 7: Welt-Bodendegradation. Fast 2.000 Mio. ha Boden sind durch menschliche Aktivitäten degradiert, das sind 15% der Landoberflächen der Erde.

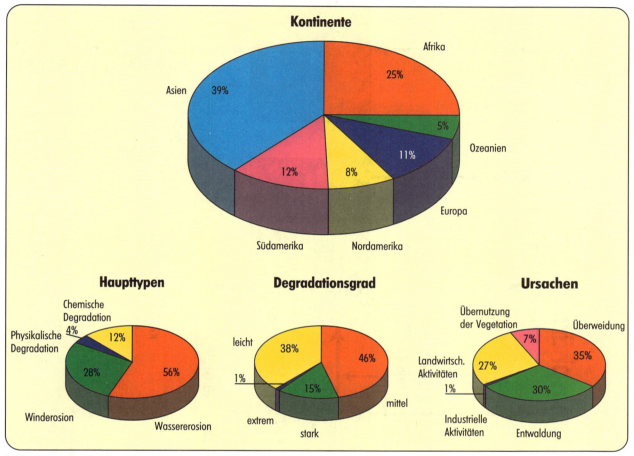

Quelle: Oldeman, 1992

1.2 Globale Analyse der Belastbarkeit und Tragfähigkeit von Böden

1.2.1 Ökologische Grenzen der Belastbarkeit

Für die Verminderung oder Beseitigung der Bodendegradationen ist es unumgänglich, die Belastungen an den *jeweiligen Standorten* zu erfassen, ihre Wirkungen in den Ökosystemen zu ermitteln und diese in Relation zu der Belastbarkeit des jeweiligen Bodens zu bewerten. Zur Vermeidung von Degradation reicht es jedoch nicht aus, allein deren Ursachen naturwissenschaftlich zu klären und die Symptome zu beseitigen, es müssen vielmehr die ökonomischen Triebkräfte in die lokalen, regionalen und globalen Vermeidungs- und Sanierungsstrategien einbezogen werden. Dieser Ansatz wurde bereits im Jahresgutachten 1993 dargestellt.

Nach der oben gegebenen Definition sind Bodendegradationen Resultat von *Überlastungen* der jeweiligen Ökosysteme. Ein *Bewertungsrahmen,* der es erlaubt, vom Menschen verursachte Veränderungen in Böden zu quantifizieren und sie im Hinblick auf den Erhalt der natürlichen Bodenstrukturen und -funktionen und auf eine nachhaltige Bodennutzbarkeit zu bewerten, muß daher auf der Quantifizierung der Belastungen aufbauen.

Das in diesem Gutachten zugrundeliegende Konzept basiert auf „kritischen Einträgen", „kritischen Eingriffen" und „kritischen Austrägen", das sind Energie-, Materie- oder Informationsflüsse über die jeweiligen System-

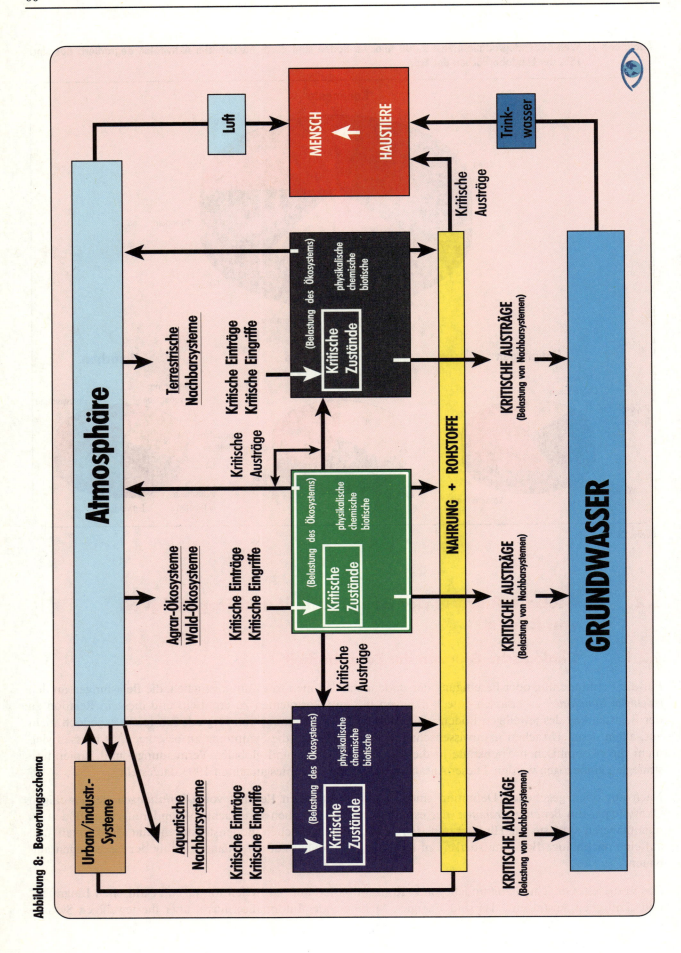

Abbildung 8: Bewertungsschema

grenzen hinweg, welche in den Böden kritische Zustände hervorrufen. Als kritisch werden dabei Zustände der Bodenstruktur oder Bodenfunktionen bezeichnet, bei denen eine Überlastung des Systems auftritt und deren Folge Bodendegradationen sind. Das hier vorgestellte Konzept stellt eine Erweiterung des *critical-loads*-Konzepts dar, wie es im Zusammenhang mit den Luftverunreinigungen und deren Deposition in Wäldern entwickelt worden ist und im Zusammenhang mit der Umwelt- und Vorsorgeforschung der AGF steht (Beese, 1992). Bisher war das Konzept auf den stofflichen Bereich beschränkt und hat Anwendung für die Versauerung und die Stickstoff-Eutrophierung gefunden.

Das in der *Abb. 8* schematisch dargestellte Konzept hat den Vorteil, daß in die Bewertung auch Austräge mit einbezogen werden, welche für das *Gebersystem* unkritisch sein können, für *Nachbarsysteme* aber bereits als kritisch angesehen werden müssen. Als ein Beispiel seien die N_2O-Freisetzungen aus Ackerböden genannt, die aufgrund ihrer geringen Raten die N-Bilanz eines Bodens nicht nennenswert beeinflussen, die aber für die Atmosphäre durchaus über deren Belastbarkeitsgrenze liegen können.

Kasten 9

Kritische Belastungswerte für Ökosysteme (*critical-loads*-Konzept)

Seit einigen Jahren wird in Europa die Kartierung von Ökosystemen mit dem Ziel durchgeführt, ökotoxikologische Wirkungsschwellen in Form kritischer Belastungswerte (*critical-loads*-Konzept) (Nilsson und Grennfelt, 1988) angeben zu können. Bei Unterschreitung des kritischen Belastungswertes verursachen Frachten von einem oder mehreren Schadstoffen – auf der Grundlage gegenwärtigen Wissensstandes – noch keine Schädigung des Ökosystems, die Belastbarkeit der Systeme wird nicht überschritten. Analog zu Frachten wird die Bestimmung von Konzentrationen angestrebt *(critical levels)*. In Hinblick auf politische Entscheidungen werden Belastungsvorgaben unter- und oberhalb der Wirkungsschwellen diskutiert, womit Sicherheitsmargen bzw. Schädigungen verbunden wären *(target loads concept)*.

Diese Ansätze verfolgen das Ziel, in den Strategien zur Schadstoffeindämmung den pro Zeit- und Flächeneinheit deponierten Massen Vorrang gegenüber dem Immissionsansatz zu geben. Damit ist die Perspektive der Identifizierung besonders gefährdeter Gebiete oder Ökosysteme verbunden. Ihre Anwendung setzt eine räumlich entsprechend gut aufgelöste Ursachen-Wirkungs-Verknüpfung voraus. Die räumliche Auflösung der verfügbaren Eintrags- oder Expositionsdaten entspricht jedoch oft nicht der räumlichen Variabilität der Ökosysteme. Die Auflösung geeigneter Transport- und Depositionsmodelle beträgt zur Zeit 150 km · 150 km (Lövblad et al., 1992; EMEP, 1993). So können vorerst nur Schwellenwertangaben für Gebiete gemacht werden, die unterschiedliche Ökosysteme umfassen.

Zur Definition der Schwellenwerte werden die die Widerstandsfähigkeit charakterisierenden Eigenschaften der Umweltmedien Boden, Vegetation und Oberflächenwasser berücksichtigt (Minns et al., 1988, CCE, 1991 und 1993; UBA, 1993). Diese beschreiben für den Boden und seine Exposition gegenüber Säureeintrag z.B. die Struktur, die Zusammensetzung sowie den Wasser-, Stickstoff- und Kohlenstoffhaushalt. Jedoch wird bislang meist ein Fließgleichgewichtszustand angenommen, d.h. der Dynamik langsamer, relaxierender Prozesse im Boden wird nur selten Rechnung getragen. Im Hinblick auf die Schadstoffe Säure und Stickstoff wurden bislang für einige Länder und für Gesamteuropa Kartierungen durchgeführt und Wirkungsschwellen abgeschätzt (Nilsson, 1986; CCE, 1991 und 1993; Heij und Schneider, 1991). Schwellenwertvorgaben für den Säureeintrag wurden mit Emissionsminderungsszenarien in ihren ökologischen und ökonomischen Auswirkungen verglichen (Alcamo et al., 1987). Für den Säureeintrag in Böden wurden Schwellenwerte zwischen 0 und 0,075 g H m^{-2} $Jahr^{-1}$ in Skandinavien (Nilsson und Grennfelt, 1988) und 0,05 – 0,28 in den USA (Johnson et al., 1985) angegeben. Beim Stickstoffeintrag sind 0,3-2 g N m^{-2} $Jahr^{-1}$ für natürliche Ökosysteme unterschiedlicher Produktivität kritisch.

Das *critical-loads*-Konzept hat sich als ein elastisches und praktikables Instrument erwiesen. Der Rat von Sachverständigen für Umweltfragen (SRU) hat in seinem Gutachten 1994 ausdrücklich die weitere Anwendung und den Ausbau dieses Konzepts empfohlen.

Weiter wird in dem Konzept berücksichtigt, daß über die Energie- und Stoffströme auch Verknüpfungen zu anderen Systemen vorhanden sind, die oft außerhalb des engeren Betrachtungsraumes liegen, die aber zum Teil berücksichtigt werden müssen. Als Beispiele seien urbane Ballungsgebiete als Senken oder entfernt liegende Regionen als Rohstoffquellen genannt. Erst die Einbeziehung dieser Quellen und Senken macht eine Bilanzierung möglich.

Folgende Kategorien sind für die Anwendung des Konzepts für Böden näher zu bestimmen:

Kritische Einträge *(critical loads)*

Als Beispiele können Einträge von Säuren, Schwermetallen, Organika, Salzen oder von Nährstoffen (N) gelten. So orientiert sich der kritische Eintrag von Säuren an der Pufferrate von Böden im ökotoxikologisch unschädlichen Bereich. Unter pH 4,2 ist die Pufferrate aufgrund der starken Auflösung von Tonmineralen in der Regel sehr hoch; es werden dabei aber Kationensäuren (Al^{3+}, Fe^{3+}) freigesetzt, die toxisch auf Pflanzen und Bodenorganismen wirken.

In bezug auf Pestizide ist deren Abbauintensität eine entscheidende zu prognostizierende Größe. Sie hängt von den Eigenstrukturen der Pestizide selbst und von den Boden- und Klimaverhältnissen des Standortes ab. Für 106 Wirkstoffe wurde ein standortspezifisches Bewertungssystem zur Einschätzung des Risikos einer Grundwasser- sowie Kulturpflanzenbelastung entwickelt (Blume, 1992; Blume und Ahlsdorf, 1993). In ähnlicher Weise ließ sich das standortspezifische Risiko einer Belastung durch 47 organische Substanzen (vor allem Dioxine und Furane: Litz und Blume, 1989) sowie durch Schwermetalle (Blume und Brümmer, 1991; Lohm et al., 1994) bewerten.

Kritische Einträge von Salzen, wie sie im Zusammenhang mit der Bewässerung auftreten, sind von der Salzverträglichkeit der Kulturpflanzen abhängig. Zu- und Abfuhr müssen so gesteuert werden, daß es auch bei hoher Verdunstung nicht zur Überschreitung von Grenzwerten oder Grenzbereichen der Salzmenge oder -konzentration kommt.

Während im ersten Fall ein bodeninterner Prozeß (Funktion), die Pufferung, zur Festlegung des kritischen Eintrags herangezogen wird, ist es im zweiten Fall eine Menge oder eine Konzentration, d.h. eine Zustandsgröße. Es ist daher jedesmal zu prüfen, welcher Indikator sich am besten für die Bewertung eignet.

Beim Stickstoff oder bei Pestiziden kann der kritische Eintrag nicht nur an bodeninternen Zuständen, sondern auch am Austrag bemessen werden. Aufgrund von Grenzwerten für die Trinkwasserqualität können bei Stickstoff-Übersättigung von Ökosystemen Nitratkonzentrationen im Sickerwasser auftreten, die über den festgelegten Richtwerten liegen. Gleiches gilt auch für Pestizide. In beiden Fällen muß die Zufuhr entsprechend gedrosselt oder vermieden werden, bis die Austräge nicht mehr kritisch sind. In diesen Fällen wird der Boden zwar nicht degradiert, aber seine Regelungsfunktion wird überlastet, was negative Folgen für die Nachbarsysteme hat. Weitere Beispiele ließen sich auch für andere Stoffe anführen.

Kritische Eingriffe *(critical operations)*

Hierbei handelt es sich um physikalische Eingriffe, wie Zerschneidungen von Bodeneinheiten, Verdichtungen und Versiegelungen, Bodenbearbeitungen, und um biotische Eingriffe wie pflanzenbauliche und tierhalterische Maßnahmen, die zu kritischen Veränderungen der Struktur und der Funktionen von Böden führen.

Als Beispiel für einen physikalischen Eingriff seien Verdichtung und Deformation genannt. Hierfür gilt es, die oben erwähnten bodeninternen kritischen Zustände festzulegen, die nicht über- bzw. unterschritten werden dürfen. Auch die Wasserleitfähigkeit kann so stark verändert werden, daß es bei Starkregen-Ereignissen zu Oberflächenabfluß und damit zu Erosion kommt. Für diesen Fall kann die Überschreitung kritischer Austräge (Bodenverlust) als indirektes, grobes Maß zur Bewertung herangezogen werden.

Als Beispiel für biotische Eingriffe sind die Beweidung und die Überweidung zu nennen. Zu hohe Viehbesatzdichten können die Vegetation zerstören und durch Gefügedeformation kritische Zustände in den Böden induzieren, wie z.B. Verdichtungen von Oberböden mit verstärktem Oberflächenabfluß und in der Folge Wasser- oder Winderosion und verstärkte Hangrutschung. Auch hier muß der Eingriff (Beweidung) so gestaltet werden, daß es

D 1.2 Belastbarkeit und Tragfähigkeit

nicht zu Überlastungen der Böden kommt, d.h. der Viehbesatz darf die Tragfähigkeit der Böden für Nutztiere nicht überschreiten. Letztere ist an der Produktivität des Bodens und am Futterbedarf der Tiere zu bemessen.

Für die Bereiche mechanische Belastung, wie Bodenverdichtung und Bodendeformation, lassen sich die kritischen Eingriffe aus dem Vergleich der tatsächlichen mechanischen Belastbarkeit der Böden mit den maximal auftretenden mechanischen Lasten z.B. von Traktoren, Mähdreschern, Raupen ableiten. Hierzu ist die Ermittlung des mittleren Kontaktflächendruckes der Maschinen sowie der Berechnung des „Vorbelastungswertes" (= Eigenstabilität des Bodens) notwendig. Solange der Druck durch die Maschinen deutlich kleiner als diese Vorbelastung ist, reagiert ein Boden mechanisch betrachtet elastisch, d.h. er puffert die Belastung ab, wohingegen Überschreitungen zu einer plastischen und daher irreversiblen Änderung der Bodenstrukturfunktionen führen. Als Beispiele für Gefügezerstörung sind das reduzierte Eindringvermögen für Wurzeln oder deren nicht mehr gesicherte Sauerstoffversorgung zu nennen.

Kritische Zustände (critical states)

Kritische Zustände in Böden treten auf, wenn sich aufgrund von stofflichen, mechanischen oder biotischen Belastungen (Einträge, Eingriffe und Austräge) die physikalischen und chemischen Zustände von Böden dauerhaft verändern, oder wenn sich Pflanzen-, Tier- und Mikroorganismengesellschaften (biotische Zustände) so verändern, daß die Produktivität, Stabilität und biologische Vielfalt der Böden negativ beeinträchtigt werden.

Kritische Zustände in Böden können strukturell oder funktionell definiert werden. Als strukturelle Kennwerte seien die Scherwiderstände, die Lagerungsdichte, die Porenverteilung und -form, der Humusvorrat, die Zusammensetzung und Masse der Organismengesellschaft oder die Vorräte und Konzentrationen von Nähr- und Schadstoffen genannt, als funktionelle Zustände die Pufferraten, die Verwitterungsraten, die N-Mineralisation, die Dekomposition, der Wasser- und Gastransport, die Druckkompensation oder das Wachstum von Pflanzen und Bodenorganismen.

Generell muß festgestellt werden, daß die *Ableitung von kritischen bodeninternen Zuständen noch nicht weit entwickelt ist*. Zwar liegen in verschiedenen „Listen" Schadstoffkonzentrationen als Richtwerte vor, die sich im wesentlichen aber auf die mögliche Belastung der Menschen über die Nahrungskette beziehen. Für die Bewertung der Bodenfunktionen jedoch liegen bisher noch keine verbindlichen Werte vor. Noch schlechter sieht die Situation im biotischen Bereich aus, wo sogenannte Zeigerpflanzen und Zeigerpflanzengesellschaften für bestimmte Bodenparameter erst an wenigen Orten definiert wurden. Für Tier- und Mikroorganismengesellschaften bestehen bisher keine sicher anwendbaren Kriterien. Entsprechend sind auch die kritischen Eingriffe, Einträge und Austräge noch nicht gut definiert.

Es ist dringend erforderlich, daß ein umfassendes, nicht nur auf den stofflichen Bereich reduziertes Indikatorsystem entwickelt wird, um Bodenzustände bewerten zu können. Dieses System sollte in das hier vorgestellte, erweiterte *critical-loads*-Konzept integriert werden. Damit dieses Indikatorsystem wirksam eingesetzt werden kann und darüber hinaus auch noch standortspezifisch ist, muß der bisherige Weg der Messung mit Hilfe der Gesamtkonzentrationen verlassen werden. Indikatoren müssen für unterschiedliche Biosysteme entwickelt werden (Zelle bis Ökotop) und können aus Einzelgrößen, aggregierten Größen oder Systemgrößen bestehen. Je nach der Fragestellung – bei Böden vor allem die nachhaltige und umweltschonende Nutzung, der Erhalt bestimmter Bodenfunktionen oder die Belastung von Nachbarsystemen – muß der entsprechende Indikator oder die Indikatorkombination zur Bewertung herangezogen werden. Daß es sich bei diesem Vorhaben nicht um eine rasch zu realisierende Aufgabe handelt, ist offensichtlich. Entsprechend der vorgegebenen Strategie erscheint das Problem mittelfristig jedoch lösbar.

Auch muß deutlich gemacht werden, daß es eine scharfe Grenze der Belastbarkeit, bei der die jeweilige Belastung kritisch wird, theoretisch stets nur für die exakt definierten Nutzungsansprüche geben kann, da aufgrund der Vielzahl miteinander interagierender Größen eine allgemeine Ableitung unmöglich ist. Ein gestuftes Vorgehen ist daher unumgänglich, bei dem über Vorsorge-, Prüf- und Gefahrenwerte eine Annäherung an den kritischen Wert erfolgt. Ein solcher Ansatz ist folgerichtig im Entwurf für ein deutsches Bodenschutzgesetz bereits enthalten. Aufgrund der prinzipiellen Unsicherheit bei der Definition kritischer Zustände sollte immer mit Sicherheitsfaktoren gearbeitet werden, die am Vorsorgeprinzip zu orientieren sind. Für die Stoffbelastung als eine

Form der Bodenbelastung kann z.B. die als „Gefahrenwert" definierte Konzentration eines Stoffes als Indikator für einen kritischen Bodenzustand dienen, wobei festgehalten werden muß, für welche Funktion dieser Wert gültig ist. Der im Referentenentwurf des deutschen Bodenschutzgesetzes verfolgte Ansatz sollte daher nach Auffassung des Beirats in ein umfassendes Konzept, wie hier vorgestellt, integriert werden.

Kritische Austräge *(critical losses)*

Kritische Austräge sind Austräge von Stoffen oder Organismen, die kritisch für die Böden werden können oder die kritische Einträge für Nachbarsysteme darstellen. Die daraus resultierenden Belastungen müssen für jeden „Empfänger" (Mensch, Tiere, Grundwasser, Atmosphäre, terrestrische und aquatische Nachbarsysteme) gesondert bewertet werden. Sie können limitierend für gewisse Nutzungen sein, ohne daß die Böden selbst degradiert werden, z.B. Nitrat- oder Pestizidbelastungen von Grundwässern (Trinkwasser). Kritische Austräge, die den Boden selbst belasten, sind z.B. die Erosion und der Nährstoffverlust.

Während die kritischen Belastungen durch Einträge und Eingriffe für Böden bisher noch wenig festgelegt sind, gibt es bei den Austrägen bereits einige praktische Beispiele. Da der Mensch direkt über Trinkwasser oder Nahrungsmittel betroffen ist, liegen Richtwerte vor, die auch international festgeschrieben sind (WHO). Dies führt zu der Situation, daß z.B. die Einträge und Eingriffe in die Böden überwiegend deshalb kritisch sind, weil über die Austräge die Menschen betroffen werden. Es gibt aber auch andere Fälle. So läßt sich z.B. der kritische Bodenverlust durch Abtrag (Austrag) an der Neubildungsrate von Böden (Verwitterungsrate) bemessen, die Freisetzung klimarelevanter Spurengase dagegen an der Art, Intensität und Verteilung der applizierten N-Dünger.

Das hier vorgestellte *critical-loads*-Konzept ist für terrestrische Ökosysteme vielseitig einsetzbar. *Nach Meinung des Beirats sollte es mittelfristig weiter entwickelt werden und in die nationale und internationale Bodenschutzgesetzgebung eingehen.* Das Konzept hat den großen Vorteil, daß es dynamisch ist, d.h. die Zeit als wichtige Größe bei der Definition kritischer Größen mit einbezieht, und daß es den Standort als Indikator für die Vielfalt der Wechselwirkungen enthält. Damit verfügt das Konzept auch über das Potential, die biologische Vielfalt und das Prinzip der Nachhaltigkeit zu berücksichtigen.

Die Stoffbelastung von Böden

Saure Depositionen, die Anwendung von organischen und anorganischen Düngern sowie die Deposition oder der Eintrag toxischer Substanzen sind chemische Bodenbelastungen. Eine weitere chemische Bodenbelastung stellt die Versalzung dar, die häufig im Zusammenhang mit Bewässerung auftritt. Die mit diesen Prozessen verbundenen, geläufigen Begriffe lauten: *Nährstoff-Humus-Verlust, Versauerung, Kontamination/Vergiftung, Versalzung/Alkalinisierung* und *Eutrophierung*.

Die Belastung mit Chemikalien ist durch starke lokale Unterschiede gekennzeichnet und häufig an Emittenten und bestimmte Landnutzungspraktiken gebunden. Daneben treten aber auch Stoffe auf, die eine weite, übergreifende Verbreitung haben. Bei den sauren Depositionen spielen nicht nur die Verbreitung der Emittenten, sondern auch Standortunterschiede eine große Rolle. Topographische Besonderheiten, aber auch die Struktur der Vegetation haben einen maßgeblichen Einfluß auf die Art und die Raten der deponierten Stoffe.

Das Übersehen von Schadstoffen in Pflanzenbeständen (Filtereffekt) hat z.B. zu einer Unterschätzung der Belastungen in Wäldern geführt und muß als eine der Ursachen dafür angesehen werden, daß die Bedeutung der Deposition für die Stabilität von Waldökosystemen lange Zeit nicht richtig erkannt wurde (Ulrich et al., 1979). Zwar haben sich die Kenntnisse über die Stoffbelastungen in den vergangenen 15 Jahren erheblich verbessert, aber immer noch stellen die trockenen Depositionen unsichere Größen dar, wenn es darum geht, Aussagen über die Stoffbelastung bestimmter Standorte und Regionen zu machen.

Die Belastbarkeit eines Standorts hängt neben den Raten, mit denen ein Stoff eingetragen wird sowie dessen physikalischen und chemischen Eigenschaften auch davon ab, wie der jeweilige Stoff in Böden transportiert und transformiert wird. Die dabei wirksam werdenden Prozesse sind in *Abb. 9* dargestellt. Zusammen mit den diese Prozesse beeinflussenden Bodeneigenschaften bestimmen sie die Bioverfügbarkeit des eingetragenen Stoffes. Die Bioverfügbarkeit wiederum entscheidet darüber, ob der Stoff von den Organismen aufgenommen wird und in

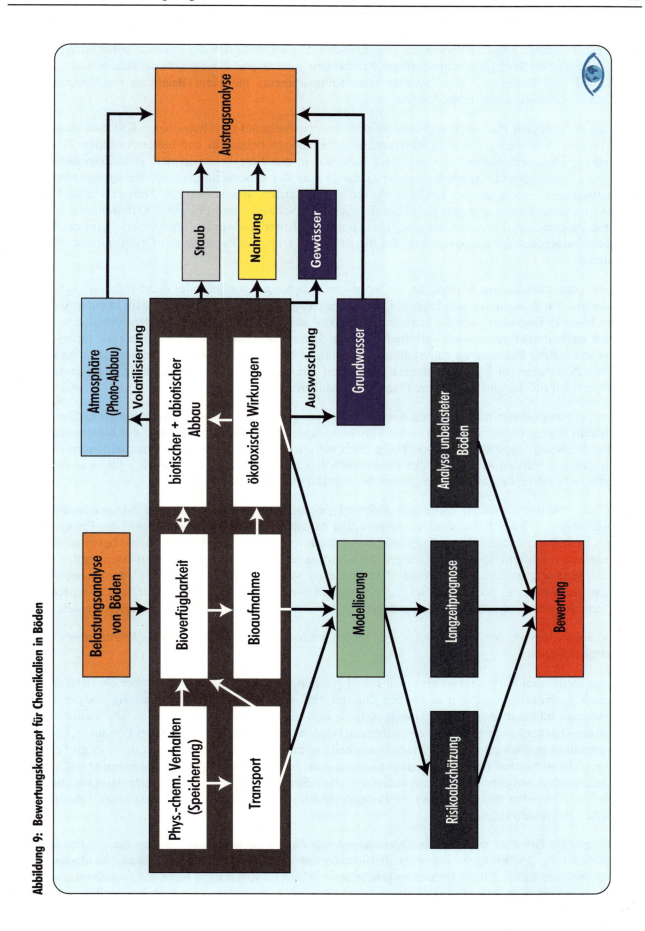

Abbildung 9: Bewertungskonzept für Chemikalien in Böden

diesen gegebenenfalls toxische Wirkungen entfalten kann. Die Interaktionen der Prozesse beeinflussen auch die Raten, mit welchen Stoffe in Nachbarsysteme transportiert werden und diese gegebenenfalls belasten. Dies bedeutet, daß eine Entlastung eines Systems oder Kompartiments mit einer Belastung eines eventuell verletzlicheren Nachbarsystems verbunden sein kann.

Will man auf größeren Flächen (beispielsweise auf Landschaftsebene) zu verwendbaren Kriterien für Belastungen gelangen, so müssen aggregierte Strukturen und Funktionen betrachtet und bewertet werden: Pflanzengesellschaften, Tiergesellschaften oder geeignete Indikatoren, die diese kennzeichnen, etwa Zeigerorganismen, Biomassen, Diversitätsindizes, physiologische Zustände oder der Bedeckungsgrad. Zu den aggregierten Prozessen in Böden sind vor allem der Umsatz organischer Substanzen (Bestandsabfälle, Dünger, Humus) und die damit verbundene Freisetzung von Kohlenstoff-, Stickstoff-, Schwefel- und Phosphor-Verbindungen zu zählen. Da diese Prozesse als „Leistung" der jeweiligen Biozönose betrachtet werden können, erscheint die Bilanzierung der Umsatzraten als geeignetes Maß für die Ableitung kritischer Zustände der Organismengesellschaften in Böden.

Auch die Gesamtbilanz von Stoffen, die in Ökosysteme eingetragen werden oder diese verlassen, kann bereits Hinweise auf den Belastungszustand geben. Dabei ist rasch zu erkennen, ob sich ein System in einer Aufbauphase oder in einer Degradationsphase befindet. Weiter läßt sich berechnen, wann durch Akkumulation kritische Zustände erreicht oder wann durch Verluste Mängel im System auftreten werden. Der Ansatz der Input-/Output-Analyse, der auf der Bilanzierung von Stoffflüssen beruht, ist ein wichtiges Werkzeug bei der Erfassung und Prognose von Belastungen und der Belastbarkeit von Böden (Brunner et al., 1994). Gegenwärtig ist dieser Ansatz der am besten überprüfbare und auf größere Flächen anwendbare.

Das Problem aggregierter Informationen wie auch das von qualitativen und semi-quantitativen Größen liegt in der mit dem Aggregationsgrad zunehmenden Unschärfe, fehlender Falsifizierbarkeit und der zunehmenden Subjektivität der Bewertung. Zwar ist es notwendig, auch auf unzulänglicher Datenbasis Entscheidungen zu treffen, da selten bis zur völligen Aufklärung aller Zusammenhänge gewartet werden kann, doch sollte man sich immer der damit verbundenen erhöhten Irrtumswahrscheinlichkeit bewußt sein.

Eine Gefahr besteht demnach darin, daß aufgrund ungesicherter Erkenntnisse oder unzureichender Daten Entscheidungen zu einer Ermessensfrage werden, bei der nicht sachbezogene Argumente das Entscheidungsergebnis beeinflussen. Diese Feststellung soll aber nicht davon ablenken, daß bereits heute bei einer Reihe anstehender umweltpolitischer Entscheidungen die Sachlage auch ohne eine weitere Verbesserung der Datenlage hinreichend klar ist, um durch geeignete Maßnahmen wenigstens grobe Mißstände auszuräumen und die Situation maßgeblich zu verbessern. Bei vielen toxischen Stoffen, die in die Umwelt entlassen werden, ist die Bewertung aus den genannten Gründen weniger weit entwickelt und muß dringend verbessert werden.

Eine wesentliche Aufgabe der Zukunft wird es sein, für verschiedene Arten von Belastungen die Belastbarkeit von Böden genauer zu definieren.

An dieser Stelle muß festgestellt werden, daß global gesehen weder die Informationen über die Belastung noch über die Belastbarkeit von Böden ausreichen (Sigliani und Anderberg, 1994). Die Erfassung und Verarbeitung der benötigten Informationen ist eine globale Aufgabe und kann nur global gelöst werden. Dazu muß die Kapazität für die Datenerfassung „vor Ort" erst aufgebaut werden (Ausbildung von geeigneten Personen). Die Geräte zur Informationsgewinnung und Informationsverarbeitung müssen geliefert werden, da diese in großen Teilen der Welt nicht vorhanden sind, und die notwendige, auf die jeweiligen Bedingungen abgestimmte Software muß entwickelt werden. Auf dieser Grundlage lassen sich dann Strategien entwickeln, die unter Berücksichtigung der lokalen und regionalen Besonderheiten die Bodendegradation eindämmen und die langfristige Erhaltung oder Nutzbarkeit der Böden sicherstellen.

Eine auf globale Probleme ausgerichtete Entwicklungspolitik könnte einen wichtigen Beitrag bei der Erfassung und Verfügbarmachung der benötigten Daten für die Belastbarkeit von Böden und der Erforschung standortspezifischer Nutzungsstrategien leisten. Für die Umsetzung genügt dieses Wissen allerdings nicht, wenn nicht parallel dazu die ökonomischen und soziokulturellen Voraussetzungen geschaffen werden. Auch hier sollten Forschungspolitik und Entwicklungspolitik gemeinsam nach neuen Wegen suchen.

1.2.2 Ökonomische Bewertung der Bodenbelastung

Böden sind durch ihre Leistungen und Nutzungen Ressourcen, die dazu beitragen, das Überleben der Menschheit zu sichern; insoweit sind Böden im ökonomischen Sinne Güter von globaler Bedeutung.

Die mit den Bodenfunktionen verbundenen Leistungen und Nutzungen von Böden sind Werte, deren langfristige Erhaltung, Verbesserung und, soweit notwendig, Wiederherstellung auch unter ökonomischen Gesichtspunkten weltweit angestrebt werden muß. Beeinträchtigungen der Funktionen mindern die Nutzungsfähigkeit und die Leistungsfähigkeit von Böden. Neben den dadurch verursachten wirtschaftlichen Verlusten sind auch die Kosten für Ausgleichs- und Sanierungsmaßnahmen zu berücksichtigen, soweit solche Maßnahmen überhaupt durchführbar sind.

Hierbei ergeben sich enge ökonomische Verknüpfungen zwischen den einzelnen Funktionen, z.B. zwischen Lebensraum- und Produktionsfunktion. Aber auch die Regelungsfunktion hat ökonomische Bedeutung, wenn Vorgänge im Boden, z.B. die Grundwasserbildung, die Bildung von Treibhausgasen oder die Verschlickung von Gewässern für den Menschen oder die Gesellschaft wichtig sind.

Weiterhin ist zu unterscheiden zwischen den Kosten, die unmittelbar durch eine Beeinträchtigung der Bodenfunktion entstehen, und denen, die durch Auswirkungen von Bodenveränderungen bzw. geschädigten Bodenfunktionen auf den Menschen oder auf andere Umweltmedien hervorgerufen werden. Aus diesen Wechselbeziehungen folgt auch ihre Abhängigkeit von globalen Veränderungen, z.B. durch den Treibhauseffekt.

In der Regel hat die Bodendegradation lokale Ursachen, die erst bei vermehrtem Auftreten zu globalen Konsequenzen führen. Es gibt aber auch Beispiele dafür, wie durch globale Handelsbeziehungen die Ursachen von Bodendegradation in weit entfernten Regionen zu finden sind (siehe Kap. D 2.1.2.2.5). Bei der ökonomischen Bewertung von Bodendegradation ist insbesondere der Tatsache Rechnung zu tragen, daß Böden praktisch nicht vermehrbar und nur begrenzt verfügbar sind. Auch ist zu berücksichtigen, daß die Nutzungsmöglichkeiten der Böden durch ihre Eigenschaften eingeschränkt werden. Dies ist von besonderer Bedeutung hinsichtlich des Stellenwertes des Schutzgutes Boden im Verhältnis zu anderen Schutzgütern und eines Kostenvergleichs zwischen reversiblen und irreversiblen Beeinträchtigungen.

Das Umweltmedium „Boden" in einer umweltökonomischen Gesamtrechnung

Für die Stellung der Böden in einer umweltökonomischen Gesamtrechnung stehen keine fertigen Konzepte zur Verfügung. Auch fehlt eine Definition des bodenökonomischen Gesamtwertes. Inwieweit als konzeptioneller Vorschlag der
- *aktuelle Nutzungswert* eines Bodens (als Ausdruck des privatwirtschaftlichen bzw. volkswirtschaftlichen Nutzens),
- *Optionswert* (als Ausdruck einer Präferenz, d.h. Zahlungsbereitschaft, für den Schutz des Bodens, z.B. als Lebensraum für Bodenorganismen),
- *Existenzwert* (im Sinne einer Präferenz für den Erhalt des Bodens und der Landschaft, z.B. als Archiv der Natur- und Kulturgeschichte)

zu einem *ökonomischen Gesamtwert* führt oder geführt werden kann, sollte im Rahmen eines Forschungsvorhabens unter Einbeziehung von Entwicklungs- und Schwellenländern geprüft werden.

Das Statistische Bundesamt entwickelt zur Zeit eine umweltökonomische Gesamtrechnung, die vom Beirat „Umweltökonomische Gesamtrechnung" beim Bundesminister für Umwelt, Naturschutz und Reaktorsicherheit wissenschaftlich begleitet wird. Unter Verwendung von „Bausteinen" dieser Rechnung läßt sich für das Umweltmedium Böden eine Verknüpfung darstellen *(Abb. 10)*.

Solche Rechnungen sind ein wichtiges Instrument, um das Bewußtsein für die zunehmenden Bodendegradationen und die damit einhergehenden Nutzeneinbußen und Wohlfahrtsverluste zu stärken und entsprechende Vermeidungsstrategien anzuregen. Diese Konzepte bedürfen aber noch einer Verfeinerung. Sie benötigen insbesondere zur monetären Bewertung der einzelnen Ressourcen Daten, die in ausreichender Menge und Qualität bisher nicht vorliegen.

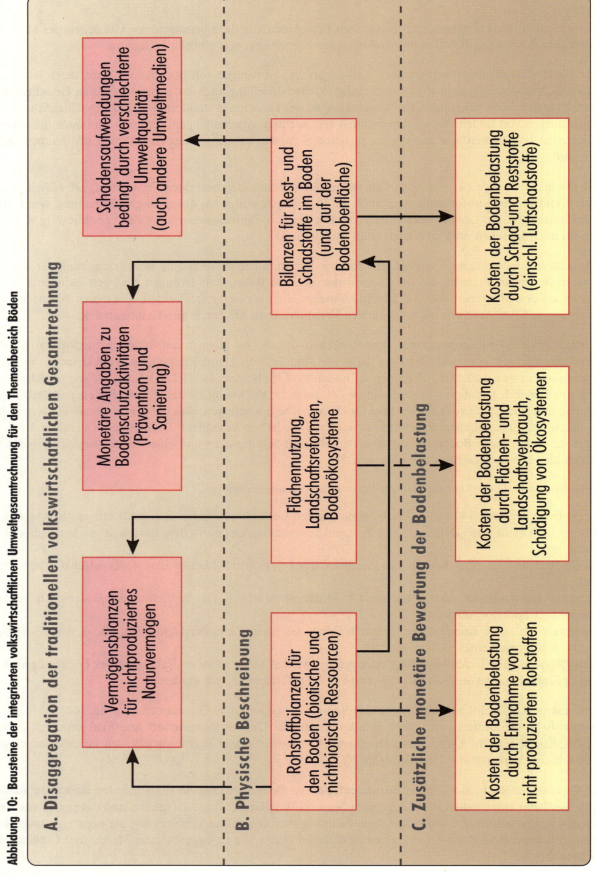

Abbildung 10: Bausteine der integrierten volkswirtschaftlichen Umweltgesamtrechnung für den Themenbereich Böden

Quelle: modifiziert nach Statistischem Bundesamt, 1991

Im Sinne einer Strom- und Bestandsrechnung sind die in *Tab. 9* aufgeführten Leistungen dem Bestandspotential des Bodens zuzuordnen, dessen Nutzungen zu Veränderungen durch natürliche Prozesse und menschliche Aktivitäten führen. Hübler (1991) hat den Zusammenhang zwischen der Beeinträchtigung von Bodenfunktionen und den daraus resultierenden Kosten der Bodenbelastung in der Bundesrepublik Deutschland für verschiedene Bereiche untersucht. Unter Berücksichtigung der dort verwendeten methodischen Ansätze der Kostenstruktur von Bodenbelastungen lassen sich für die einzelnen Bodenfunktionen die Kostenfaktoren, getrennt nach direkten und indirekten Beeinträchtigungen des Bodens zuordnen *(Tab. 9)*. Hierbei könnten auch die durch globale Umweltveränderungen hervorgerufenen Beeinträchtigungen der Lebensraum-, Produktions- und Regelungsfunktionen einbezogen werden. Auch sollten Kostenfaktoren berücksichtigt werden, die für die Maßnahmen zur Bekämpfung nachteiliger Effekte globaler Umweltveränderungen notwendig werden, z.B. Reduzierung der CH_4- und N_2O-Emissionen. Zu den Vermeidungskosten gehören auch die erforderlichen Aufwendungen für den Bodenschutz. Für den weltweiten Erosionsschutz wurden Aufwendungen in Höhe von 28 Mrd. DM für das Jahr 1992 und von 48 Mrd. DM für das Jahr 2000 geschätzt (WWI, 1992).

Zur Ausfüllung derartiger Strukturen besteht im nationalen und internationalen Raum ein erheblicher Abstimmungsbedarf. Schwerpunkt könnte hierbei die Kostenerfassung der Maßnahmen gegen den Verlust von Böden (besonders von Kulturböden) durch Degradation und Maßnahmen gegen die fortschreitende Ertragsminderung der genutzten Böden in den Schwellen- und Entwicklungsländern sein. Für diese Länder wäre eine Unterstützung bei der Kostenerfassung sinnvoll.

Kasten 10

Zur ökonomischen Bewertung der Bodendegradation

Ausmaß und Folgen von Bodendegradationen werden bislang überwiegend aus naturwissenschaftlicher Sicht analysiert. Für politische Entscheidungen sind die dabei gewonnenen Ergebnisse häufig nur von eingeschränktem Nutzen. Aussagefähiger und für die Umsetzung leichter zu handhaben werden sie, wenn eine – zumindest näherungsweise – Transformation in monetäre Größen gelingt. Dies gilt grundsätzlich für alle Formen der Bodendegradation, wobei sich für die ökonomische Bewertung jeweils spezifische Ansatzpunkte ergeben.

Degradation von Böden durch Erosion

Die Bewertung der sogenannten *on-site*-Schäden beschränkte sich bislang in erster Linie auf die Beeinträchtigung der *Produktionsfunktion* des Bodens durch den Abtrag von Bodenmaterial oder den Austrag von Nährstoffen. Hier kann man sich bei der Bewertung an den Produktivitätsverlusten (Schadenskostenansatz), also dem abnehmenden Ertrag des Bodens orientieren oder die Schäden über den Vermeidungskostenansatz erfassen. Zwar kann an den vorliegenden Bewertungsstudien im Detail Kritik geübt werden, grundsätzlich liefert die ökonomische Analyse im Hinblick auf die Produktionsfunktion aber solide Ergebnisse. Beispielhaft sei hier auf die Berechnungen des World Resources Institute für Costa Rica hingewiesen (WRI, 1991).

Große Probleme bereitet dagegen die Bewertung der *ökologischen Regelungsfunktion* des Bodens, deren Schädigung teilweise weit über die genutzte Fläche hinausreicht:

– Zu nennen ist beispielsweise der Verlust der Wasserspeicherfähigkeit des Bodens, aber auch die Freisetzung von CH_4 und N_2O, die bekanntlich global wirken. Wenngleich eine ökonomische Bewertung dieser Schäden bislang äußerst problematisch ist, dürfen sie nicht ignoriert werden, da dies zu einer Unterschätzung des Wertes der Böden führt. Hier besteht erheblicher Forschungsbedarf.
– Analog ist mit Blick auf die durch Auswaschung von Nährstoffen und Sedimentablagerungen verursachten Schäden zu argumentieren. Diese reichen von der Eutrophierung anderer Ökosysteme über die Verlandung von Gewässern (was zu einer Beeinträchtigung der Schiffahrt und der Energieproduktion durch Wasserkraftwerke führen kann) bis hin zur Schädigung küstennaher Ökosysteme (Beeinträchtigung der Fischerei und des Tourismus möglich). Hier kann eine Bewertung über die Schadens- oder Reparaturkosten erfolgen. Auch diese *off-site*-Schäden müssen berücksichtigt werden, wenn der ökonomische Gesamtwert des Bodens oder der Bodennutzung erfaßt werden soll.

- Für viele dieser Schäden liegen praktikable Bewertungsverfahren vor, die im Einzelfall auf die situationsspezifischen Bedingungen und ihre praktische Anwendung zugeschnitten werden müssen. Generell gilt jedoch, daß eine weitere Verfeinerung der Methoden dringend notwendig erscheint.

Völlig offen ist hingegen, wie die der Erosion vorgelagerten Vorgänge ökonomisch zu bewerten sind, z.B. der Vorgang, daß der Primärwald gerodet wird, um eine forst- oder agrarwirtschaftliche Nutzung zu ermöglichen. Die dann gegebenenfalls eintretende Umlagerung kann – zumindest im Hinblick auf die Produktionsfunktion – recht gut bewertet werden. Offen ist hingegen, wie der Übergang vom Primärwald zur Nutzfläche zu bewerten ist. Hier treffen die Bewertung etwa der Reduzierung der biologischen Vielfalt (WBGU, 1993) mit der Bewertung der nachfolgenden Produktion und gegebenenfalls Degradation zusammen und sollten zu einer Gesamtbewertung führen.

Die umweltpolitische Bedeutung der ökonomischen Bewertung von Erosionsschäden erschließt sich, wenn man die potentiellen Anwendungsfelder betrachtet:

(1) Auf Mikro- oder Projektebene wird der Erfolg von Bodenschutzmaßnahmen oft anhand der Anzahl gepflanzter Bäume, der Kilometer angelegter Terrassen in Hanglagen etc. ausgedrückt. Entscheidend für die Beurteilung von Bodenschutzmaßnahmen sind jedoch nicht die Erhaltungsmaßnahmen selbst, sondern ihr Output: die Zunahme oder der Erhalt der Produktion von Getreide sowie Brennholz oder auch der Erhalt bestimmter ökologischer Regelungsfunktionen. Sind diese bekannt, so kann der Versuch einer ökonomischen Evaluierung vorgenommen werden, wobei die so ermittelten Nutzen einer Schutzmaßnahme deren Kosten gegenüberzustellen sind.
(2) Auf makroökonomischer bzw. nationaler Ebene sind staatliche Interventionen in das Preissystem als eine der Ursachen der Bodendegradation identifiziert worden; vielfach werden Landnutzungsformen subventioniert, die die Bodendegradation begünstigen. Die Ermittlung des ökonomischen Gesamtwertes verschiedener Landnutzungsformen (nachhaltige Nutzung der Tropenwälder versus extensive Weidewirtschaft) könnte den politischen Entscheidungsträgern zeigen, in welche Richtung ökonomische Anreize zielen sollten. Die Bewertung verschiedener Landnutzungsformen ist jedoch ein äußerst schwieriges Unterfangen.

Chemische Degradation von Böden
Während die Erosion von Böden ein weltweites Problem darstellt, konzentriert sich die chemische Degradation der Böden zumeist auf industrialisierte bzw. agrarisch intensiv genutzte Regionen. Gleichwohl werden in diesen Regionen erhebliche Ressourcen zum Schutz des Bodens aufgewendet (vielfach indirekt über die Luft- und Wasserreinhaltepolitik). Die Festlegung von Grenzwerten der Bodenbelastung orientiert sich größtenteils an naturwissenschaftlichen Erkenntnissen und technischen Standards; sie sind bisher nicht den jeweiligen Standortbedingungen angepaßt. Folglich werden den mit dem Bodenschutz verbundenen volkswirtschaftlichen Kosten selten explizit die entsprechenden Nutzen (vermiedenen Schäden) gegenübergestellt.

Die ökonomische Zielwertermittlung im Sinne einer gesamtwirtschaftlichen Kosten-Nutzen-Analyse kann für die Politik eine wichtige Hilfestellung leisten. Eine immissionsorientierte, auf Bodennutzungen (z.B. Land- und Forstwirtschaft, Industrieflächen) und Bodentypen abgestellte ökonomische Definition von Belastbarkeitsgrenzen von Böden steht allerdings noch weitgehend aus. Auch hier ist auf erhebliche Forschungsdefizite hinzuweisen. Zunehmende mechanische Belastung von Böden während der ackerbaulichen Pflege- und Pflugbelastung ebenso wie bei der Melioration von dichtgelagerten Neulandböden im Bereich der Braunkohle- und Spülflächenrekultivierung verlangt einen kostenintensiven und zeitaufwendigen Maschinenpark. Neben diesen als fixierbare Kosten errechenbaren Größen gilt es aber auch noch, die durch die vorherige Fraktionseinschränkung (z.B. als Filter und Puffer, durchwurzelbarer Lebensraum) und die durch die Meliorationsmaßnahmen selbst induzierten langfristigen Folgeschäden ökonomisch zu bewerten. Dabei reagieren die verschiedenen Bodentypen in Abhängigkeit von der Bodenzusammensetzung und Art der Belastung (statisch oder dynamisch) sehr verschieden, was je nach Kartenmaßstab auch zu deutlich variierenden Bewertungen führt. Hier fehlt es sowohl an Grundlagenwissen als auch an Erfahrungen mit entsprechenden Bewertungskriterien. Folglich besteht gerade in diesem Bereich ein Forschungsbedarf.

Insgesamt sollte die fortschreitende Bodendegradation sowohl auf nationaler als auch auf globaler Ebene stärker ökonomisch analysiert und bewertet werden, um diesem Problem den angemessenen Platz bei der Allokation der knappen Mittel der Umweltpolitik einräumen zu können.

D 1.2 Belastbarkeit und Tragfähigkeit

Tabelle 9: Kostenfaktoren der Bodenbelastung durch globale Umweltveränderungen

Primärbeeinträchtigungen	Kostenfaktoren	Funktion		
		L	N	R
Beeinträchtigung der Lebensraumfunktion	Störung des Gleichgewichts zwischen Produktion und Zersetzung organischer Substanz			x
	Maßnahmen zur Minimierung der Störeinflüsse durch Klima- und Nutzungsänderungen (auf Stoffakkumulation und -freisetzung)			x
Beeinträchtigung der Nutzungsfunktion	Produktionsverluste durch klimatische Einflüsse (CO_2, UV-B-Strahlung, Temperatur, Niederschlag)			x
	Düngung, Schädlingsbekämpfung zur Ertragssteigerung, Erhaltung der Produktion			
	Schutz empfindlicher, wenig belastbarer Böden	x		x
	Schutz anderer Ökosysteme	x		x
	Bereitstellung zusätzlicher Produktionsflächen			
	Forschung und Verwertung/Weitergabe der Ergebnisse			
	Rückstände im Wasser, in anderen Ökosystemen und Nahrungsmitteln			x
	Beschaffung zusätzlicher Nahrungsmittel			
	Verlust natürlicher Bodenflächen	x		x
Beeinträchtigung der Regelungsfunktion	künstliche Bewässerung, Wasserbeschaffung (bei Versiegelung, Verdichtung, Humusmangel)		x	
	Erhalt des Bodens als Filter, Puffer und Transformator für sauberes Grundwasser	x	x	
	schlechte Bodenbedeckung durch Vegetation (verhindert CO_2-Abbau)	x	x	
	Erhaltung des Bodens als Kohlenstoffspeicher	x	x	
	Kompensation für N_2O-Freisetzung aus fruchtbaren und stark gedüngten landwirtschaftlichen Flächen (Wasser-/Wärmehaushalt)			
	Reduzierung der CH_4-Emission aus natürlichen und künstlichen Feuchtgebieten (besonders Reisanbau)			
	Schadstoffaustritt aus Böden bei nachlassender Speicherfähigkeit			

Quelle: WBGU, 1993

L = Lebensraumfunktion   **N** = Nutzungsfunktion   **R** = Regelungsfunktion

1.2.3 Bodennutzung, Tragfähigkeit, Nahrungsversorgung

In den vorangehenden Abschnitten wurden umfassende Bewertungsschemata vorgestellt, mit deren Hilfe es möglich wird, anthropogene Belastungen im Hinblick auf die Lebensraum-, Regelungs- als auch Nutzungsfunktion der Böden zu beurteilen. Dies soll mit dem Ziel erfolgen, weltweit die Degradation von Böden zu reduzieren und eine standortgerechte, nachhaltige und umweltschonende Bodennutzung zu gewährleisten.

Wesentlich hierbei ist es festzustellen, wie groß das Vermögen von Standorten ist, vom Menschen verwertbare Produkte zu erzeugen, um darauf aufbauend deren *Tragfähigkeit für die Bevölkerung* zu ermitteln. Der Begriff der Tragfähigkeit stammt aus der Ökologie und bezeichnet die Anzahl von Individuen einer Art, die pro Flächeneinheit ihres Lebensraumes langfristig überleben kann. Bei Überschreitung dieses Wertes wird die Lebensgrundlage betroffen und letztlich zerstört, die Population wird abwandern oder zusammenbrechen. So gesehen stellt die Tragfähigkeit gemäß der vorher gegebenen Definition eine kritische Größe dar.

Das Vermögen, unter den jeweils herrschenden Standortbedingungen Nahrungsmittel zu produzieren, ist begrenzt. Die Begrenzungen liegen in der Qualität der Böden, den klimatischen Bedingungen und den angewandten oder verfügbaren Strategien der Landbewirtschaftung.

Wie oben gezeigt wurde, kann es durch Einträge, Eingriffe oder Austräge zu Bodendegradation kommen, deren Folge auch eine reduzierte Produktivität der Böden sein kann und damit verbunden eine verminderte Tragfähigkeit. Pro Flächeneinheit können dann weniger Menschen ernährt werden als vorher. Umgekehrt können durch Bodenverbesserungen (Düngung, Be- oder Entwässerung, Melioration) aber auch bodeninterne Mängel kompensiert werden, wodurch der Ertrag und damit auch die Tragfähigkeit erhöht werden kann; auch durch pflanzenbauliche Maßnahmen (Bewirtschaftung, Züchtung) lassen sich die Erträge erhöhen. Alle Maßnahmen zur Steigerung der Erträge sind aber nur im Rahmen des Produktionspotentials der Standorte möglich und werden darüber hinaus stark durch sozioökonomische Größen gesteuert, die den Einsatz fördernder Maßnahmen ermöglichen oder verhindern (Puetz et al., 1992).

Die Tragfähigkeit für die Bevölkerung wird somit durch die Zahl der Menschen bestimmt, die langfristig pro Flächeneinheit Boden bei herrschendem Klima und den jeweiligen Nutzungsbedingungen ausreichend mit Nahrungsmitteln und nachwachsenden Rohstoffen versorgt werden kann, ohne daß es zur Degradation der Böden und zur übermäßigen Belastung von Nachbarsystemen kommt. Zur Sicherung der Langfristigkeit der Bodenbewirtschaftung sollte die Produktion mit einem Minimum an externer Energie und an Rohstoffen erfolgen.

Auf der Basis des Tragfähigkeitskonzepts können die kritischen Populationsdichten für jede Region abgeschätzt werden, deren Überschreitung auf längere Sicht zur Degradation der Böden, zur Produktionsminderung, zu Hunger und damit verbunden zu Migration oder zum Bevölkerungsrückgang führt (siehe Kap. D 1.3.1.4).

Tragfähigkeitsermittlungen sollten jedoch möglichst von einem erweiterten Ansatz ausgehen, der nicht nur die Befriedigung der Grundbedürfnisse wie Nahrung, Kleidung, Brennmaterial und Wohnraum berücksichtigt, sondern auch die sozialen und kulturellen Voraussetzungen menschlichen Lebens einbezieht. Auch unter den bescheidensten Lebensbedingungen besteht ein Bedarf nach Gütern, die nicht zur Sicherung des Existenzminimums dienen und deren Erstellung und Nutzung ebenfalls mit einer Inanspruchnahme von Bodenfunktionen verbunden ist. Die Tragfähigkeit von Böden wird maßgeblich davon beeinflußt, wie mit den natürlichen Ressourcen umgegangen wird. In den Industrieländern ist die Tragfähigkeit nur dadurch so hoch, daß in großem Umfang externe Energie und Rohstoffe eingesetzt werden – ein Modell, das weltweit nicht übertragbar ist. Zunehmend spielen Abfälle, die Art ihrer Entsorgung sowie Spurengase eine Rolle für die Begrenzung der Tragfähigkeit von Böden. Dabei liegt die Begrenzung nicht allein in der Belastung von Böden, sondern auch in der von Nachbarsystemen.

Die Erkenntnis, daß weder die Umwelt noch Nutzer und Verbraucher durch die Landnutzung zusätzlich belastet werden dürfen, ist relativ neu bzw. nicht allgemein akzeptiert. Bei bisherigen Betrachtungen wurde diese Limitierung der Bodennutzung zu wenig mit einbezogen, sie sollte aber auch und gerade in den Entwicklungsländern frühzeitig berücksichtigt werden, damit die Fehler der Industrieländer nicht wiederholt werden.

Auch die Entwicklung verbesserter Technologien und die wachsende Fähigkeit, auftretende Probleme zu lösen, haben natürlich Einfluß auf die Tragfähigkeit der Böden. Hinzu kommt das soziale, kulturelle und ökonomische Verhalten der Menschen. Ohne die Einbeziehung gerade der letztgenannten Faktoren wird die Ermittlung der zukünftigen Tragfähigkeit von Böden unvollkommen bleiben.

Trotz der genannten Vorbehalte ist das Tragfähigkeitskonzept auf der Basis der unbedingt erforderlichen Nahrungsmittelversorgung für die Regionen der Erde, in denen gegenwärtig ein starkes Wachstum der Bevölkerung stattfindet, ein Ansatz, um auf bestehende und zu erwartende Mißverhältnisse zwischen der Tragfähigkeit und der Bevölkerungsdichte aufmerksam zu machen. Darauf aufbauend können vorsorgende *Entlastungsstrategien* entwickelt werden, die Mangelernährung und Hunger vermeiden und die daraus resultierenden Migrationen oder militärischen Konflikte verhindern helfen.

Die Tragfähigkeit natürlicher terrestrischer Ökosysteme ist für Menschen äußerst gering, da von der produzierten Biomasse nur sehr geringe Anteile direkt von den Menschen als Nahrung genutzt werden können. Auch das Erlegen von Tieren, die von der produzierten Biomasse leben, erhöht diese Tragfähigkeit nur unwesentlich, da die Überführung von pflanzlicher in tierische Biomasse mit erheblichen Energieverlusten verbunden ist.

D 1.2 Belastbarkeit und Tragfähigkeit

Der weitaus größte Teil der Erdbevölkerung ist also auf die gezielte Nutzung terrestrischer Ökosysteme angewiesen. Dies geschieht auf etwa 11% der Landfläche der Erde in Form des Ackerbaus mit unterschiedlicher Intensität und durch Beweidung eines großen Teils der Grünländer, die ca. 25% der eisfreien Landoberfläche ausmachen. Zunehmend werden auch die Wälder, die zur Zeit noch etwa 30% der Landoberfläche bedecken, in den Nutzungsprozeß einbezogen, wobei aber ein immer größerer Anteil durch Rodung verloren geht. Es muß nicht speziell darauf hingewiesen werden, daß jede Form der Landnutzung durch den Menschen zu Lasten natürlicher Systeme geht, die dabei in Struktur und Funktion verändert werden. Letzteres bedeutet jedoch nicht, daß sich der bodenchemische Zustand oder die biologische Vielfalt in jedem Fall negativ verändern muß. Die vorindustrielle Landwirtschaft in Mitteleuropa ist ein Beispiel für die Zunahme der biologischen Vielfalt, gleichzeitig aber auch ein Beispiel für eine fortschreitende Bodendegradation.

Im Vergleich zu der *Nettoprimärproduktion* (NPP) natürlicher Ökosysteme, die über sehr lange Zeiträume ihre Biomasseproduktion optimiert haben und deren Pflanzengesellschaften an die jeweiligen Standortbedingungen gut angepaßt sind, weisen landwirtschaftliche Kulturen meist eine wesentlich geringere NPP auf. Besonders in den Entwicklungsländern beträgt die NPP der Kulturpflanzen oft nur 10 bis 20% der natürlichen Produktivität der Standorte. Dies deutet darauf hin, daß die Effizienz der durch den Menschen betriebenen Pflanzenproduktion im Vergleich zur NPP natürlicher Ökosysteme noch nicht weit fortgeschritten ist (FAO, 1993a).

Die NPP der natürlichen Ökosysteme ist nicht gleichmäßig über die Landoberfläche verteilt, sondern weist zwei Zonen mit hoher Produktivität auf, zum einen im tropischen Bereich und zum anderen in den gemäßigten Zonen. In *Abb. 11* ist die globale Verteilung der NPP dargestellt (Esser, 1993). Neben der Temperatur, der Niederschlagsmenge und -verteilung hängt die NPP stark von der Fruchtbarkeit der Böden ab. Der Kohlenstoff ist eng mit der organischen Substanz des Bodens (Humus) verknüpft und kann als Indikator für den organischen Träger der Bodenfruchtbarkeit angesehen werden. Es zeigt sich, daß die Fruchtbarkeit der Böden der Tropen im wesentlichen auf der organischen Substanz beruht, während im temperaten Klimabereich der mineralischen und der organischen Komponente große Bedeutung zukommt. Dies hat Konsequenzen für die Produktivität landwirtschaftlicher Kulturen, da die organische Substanz in Böden schneller und intensiver auf den Eingriff des Menschen reagiert als deren mineralische Substanz. Der starke Rückgang der NPP nach Inkulturnahme der Böden (Beweidung, Ackerbau) durch den Menschen beruht u.a. auf folgenden Ursachen:

- Der Anbau von Monokulturen oder von stark vereinfachten Fruchtfolgen führt zu Entkopplungsprozessen im Stoffhaushalt und damit zur Nährstoffverarmung und Versauerung.
- Dieser Prozeß wird noch verstärkt durch den Export von Biomasse und deren nur teilweiser Rückführung.
- Die Bodenbearbeitung führt zum Humusabbau und damit zum Abbau von Nährstoffspeichern und Gefügestabilisatoren.
- Der Parasitenbefall wird bei einheitlichen Beständen stärker.
- Intensive Beweidung reduziert die Diversität und die Dichte der Pflanzenbestände.
- Die Anpassung der Kulturpflanzen an die jeweiligen Standortbedingungen ist in der Regel nicht so gut wie diejenige nativer Pflanzen.
- Angepaßte Kulturpflanzen werden zunehmend durch ertragreichere, aber weniger gut angepaßte Züchtungen ersetzt.
- Das zeitweise Fehlen einer geschlossenen Pflanzendecke oder die Auflichtung von Pflanzenbeständen erhöht die Bodendegradation und vermindert damit die Produktivität der Böden.
- Das Abbrennen von Bestandsabfällen führt zu Nährstoffverlusten und zur Minderung der biologischen Aktivität in den Böden.

Abb. 12 zeigt eine Karte, in der der relative Anteil der NPP der Kulturpflanzen im Verhältnis zu der potentiellen natürlichen NPP dargestellt wird (Esser, 1993). Die Karte verdeutlicht, daß die NPP landwirtschaftlicher Kulturen in großen Teilen der Welt weit hinter der Produktivität natürlicher Vegetation liegt. Sie zeigt auch, daß bisher beim Ackerbau nur dort, wo mit hohem Aufwand an Düngemitteln und Pestiziden gearbeitet wird, eine Biomasseproduktion in Höhe der potentiellen natürlichen NPP erreicht oder überschritten wird. Beispiele dafür finden sich besonders in Westeuropa. Allerdings sind dort die hohen Erträge nur unter den herrschenden ökonomischen Bedingungen rentabel und häufig mit erheblichen Umweltbelastungen durch die Landwirtschaft sowie mit hohem Einsatz von Energie verbunden, so daß diese Nutzung weltweit nicht als Modell gesehen werden kann.

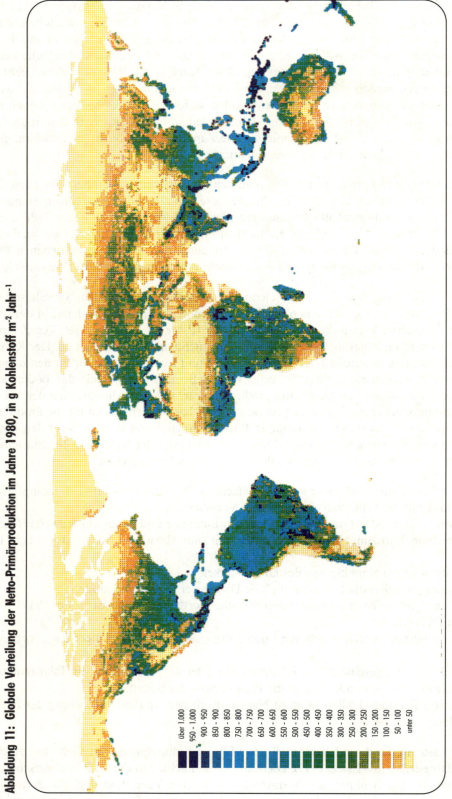

Abbildung 11: Globale Verteilung der Netto-Primärproduktion im Jahre 1980, in g Kohlenstoff m^{-2} Jahr^{-1}

Quelle: Esser, 1993

Kasten 11

Maßstab der Tragfähigkeit:
Standortgerechte, nachhaltige und umweltschonende Bodennutzung

Das Ziel einer standortgerechten, nachhaltigen und umweltschonenden Bodennutzung ist es, die Erhaltung oder Regenerierung der abiotischen und biotischen Lebensgrundlagen von Kulturlandschaften mit ökonomischer Bodennutzung zu vereinen. Nur auf diese Weise können stabile rurale Gesellschaften unter Wahrung ihres kulturellen Erbes bestehen bleiben oder neu entstehen.

Für die Erreichung dieses Zieles müssen verschiedene ökologische Prinzipien eingehalten werden:

- Prinzip der Abfallverwertung.
- Prinzip der Symbiose.
- Prinzip der biologischen Vielfalt.
- Prinzip der Elastizität und Resilienz.
- Prinzip des Fließgleichgewichts.

Darauf aufbauend lassen sich vier Thesen formulieren, die diese Form der Bodennutzung kennzeichnen:

These 1:
Standortgerechte, nachhaltige und umweltschonende Bodennutzung führt zu einer Verminderung der Stoffbelastung von Nachbarsystemen durch die

- Reduktion von Entkopplungsprozessen in genutzten Ökosystemen oder im Betrieb.
- Synchronisation der Aufbau-, Umbau- und Abbauprozesse von lebender und toter Biomasse.
- Minimierung der Bodendegradation.

Leitsatz: Erhaltung oder Wiederherstellung der Regelungsfunktion von Böden.

These 2:
Standortgerechte, nachhaltige und umweltschonende Bodennutzung führt zu einer Sicherung der Artenvielfalt (pflanzliche, tierische und mikrobielle Organismen) und damit verbunden zu einer verbesserten Elastizität und Resilienz durch die

- Vielfalt der Kulturen sowie ihrer räumlichen und zeitlichen Anordnung.
- Integration von Acker-, Vieh- und Holzwirtschaft.
- Einbeziehung von Ausgleichsflächen (Biotopdiversität).
- Einrichtung von Schutzzonen.
- schonende Art der Bodenbearbeitung.
- Reduktion der Anwendung von Agrochemikalien.
- Erhaltung der Bodenstruktur (Habitat).

Leitsatz: Erhaltung oder Wiederherstellung der Lebensraumfunktion von Böden.

These 3:
Standortgerechte, nachhaltige und umweltschonende Bodennutzung führt zu einer Steigerung der Effizienz des Einsatzes der zur Produktion notwendigen Ressourcen durch die

- Reduzierung von Stoff- und Energieverlusten (Kreislaufwirtschaft).
- Reaktivierung bzw. Förderung der Selbstregulationsprozesse.
- Eliminierung bzw. den Ausgleich von Stoffdefiziten (Melioration, Düngung).
- Maßnahmen zum Bodenschutz.

Leitsatz: Langfristige Erhaltung (Nachhaltigkeitsprinzip) oder Wiederherstellung der Produktionsfunktion von Böden unter Berücksichtigung ökonomischer, ökologischer, sozialer und kultureller Gegebenheiten.

> **These 4:**
> Standortgerechte, nachhaltige und umweltschonende Bodennutzung führt zu effizienter Landnutzung und stabilen ruralen Gesellschaften durch die
> – nachhaltige Produktion qualitativ hochwertiger Nahrungsmittel.
> – Sicherung eines angemessenen Einkommens der ländlichen Bevölkerung.
> – Erhaltung ländlicher Kulturlandschaften.
> – Bewahrung des kulturellen Erbes.
>
> *Leitsatz: Erhaltung oder Wiederherstellung der Kulturfunktion von Böden.*

Abb. 12 verdeutlicht aber auch, daß in vielen Regionen ein erhebliches Potential für Ertragssteigerungen vorhanden ist, wenn es gelingt, *besser angepaßte Formen der Bodennutzung* zur Anwendung zu bringen. Eine Erhöhung der relativen landwirtschaftlichen Produktivität auf im Mittel nur 0,5, d.h. 50% der NPP würde bereits zu einer erheblichen Verbesserung der globalen Ernährungssituation führen (vgl. auch FAO, 1989).

Diese Darstellungen zeigen, daß weltweit ein erhebliches Potential für Ertragssteigerungen vorhanden ist, ohne daß es zu einer größeren Ausdehnung der Ackerflächen zu Lasten anderer Ökosysteme kommen müßte. Aus ökologischen Gründen muß die Forderung gestellt werden, daß der steigende Bedarf an Nahrungsmitteln und nachwachsenden Rohstoffen durch *standortangepaßte Intensivierung bereits bewirtschafteter Flächen* gedeckt wird. Nur so kann verhindert werden, daß zunehmend natürliche Ökosysteme vernichtet werden, mit den bekannten negativen Folgen für die Biodiversität sowie den Kohlenstoff- und Stickstoff-Haushalt der Erde. Maßstab für die Intensivierung könnten die in *Kasten 11* aufgeführten Richtlinien sein (vgl. von Urff, 1992).

Die Verteilung der NPP verdeutlicht auch, daß besonders in den Entwicklungsländern aufgrund der sehr alten Böden die Fruchtbarkeit und damit die Tragfähigkeit häufig sehr gering ist und überwiegend auf der organischen Bodensubstanz, d.h. auf einem labilen Pool beruht. Dies bedeutet, daß Eingriffe in die leicht verletzbaren Systeme häufig äußerst problematisch sind. Ein direkter Vergleich mit den Eingriffen im temperaten Klimabereich ist daher nicht zulässig. Insbesondere darf die Rodung der temperaten Wälder in der Vergangenheit nicht mit der Rodung der Regenwälder gleichgesetzt oder gar als Argument für die Abholzung der letzteren verwendet werden.

Andererseits muß aber auch gegen den Mythos angegangen werden, daß sich die Böden der Tropen generell nicht zur intensiven und nachhaltigen Landnutzung eignen (FAO, 1993a). Bei genauer Standortanalyse und bei Berücksichtigung der standortspezifischen Faktoren ist es durchaus möglich, auch dort auf großen Flächen eine nachhaltige und umweltschonende Landbewirtschaftung zu praktizieren. Etwa 57% der Böden in den Tropen gehören nicht zu den typischen „tropischen Böden" wie Oxisols und Ultisols; der Anteil der als fruchtbar eingestuften Böden beträgt in den Tropen etwa 24%. Im Vergleich dazu beträgt deren Anteil im temperaten Bereich rund 27%.

Die weltweite Erfassung der potentiell kulturfähigen Böden muß daher vorrangig verfolgt und verbessert werden. Nur auf einer solchen Basis kann eine standortgerechte, nachhaltige und umweltschonende Bodennutzung mit höherem Ertragspotential entwickelt werden.

Betrachtet man die Entwicklung der Agrarproduktion der vergangenen Jahre und setzt sie in Relation zur Erdbevölkerung *(Abb. 13)*, so kann festgestellt werden, daß in den letzten 30 Jahren eine Verdopplung der Produktion stattgefunden hat, daß aber die Versorgung pro Kopf der Bevölkerung nur um ca. 20% gestiegen ist. Nach rascher Zunahme in den ersten 25 Jahren stagniert die Pro-Kopf-Produktion und wird in den nächsten Jahren weiter sinken. Regional bestehen daher große Unterschiede in der Versorgung. *Abb. 14* zeigt, daß die Entwicklung in verschiedenen Regionen sehr unterschiedlich verlaufen ist. Regionen mit stagnierender und sinkender Pro-Kopf-Produktion stehen solchen mit deutlichem Anstieg, z.B. in Ostasien, gegenüber.

Soll die Bekämpfung der Armut effektiv gestaltet werden, so müssen neben der Drosselung des Bevölkerungswachstums dringend Maßnahmen für die Erhaltung der Böden und für die Steigerung der Produktivität ergriffen werden (Commander, 1989). Dabei zeigt sich, daß Modelle, die in den Industrieländern entwickelt wurden, nur bedingt übertragbar sind und aufgrund des hohen Einsatzes von Energie und Rohstoffen sowie der zunehmenden Umweltbelastungen weltweit nicht anzustreben sind. Vielmehr müssen standortgerechte Strategien der Bo-

D 1.2 Belastbarkeit und Tragfähigkeit

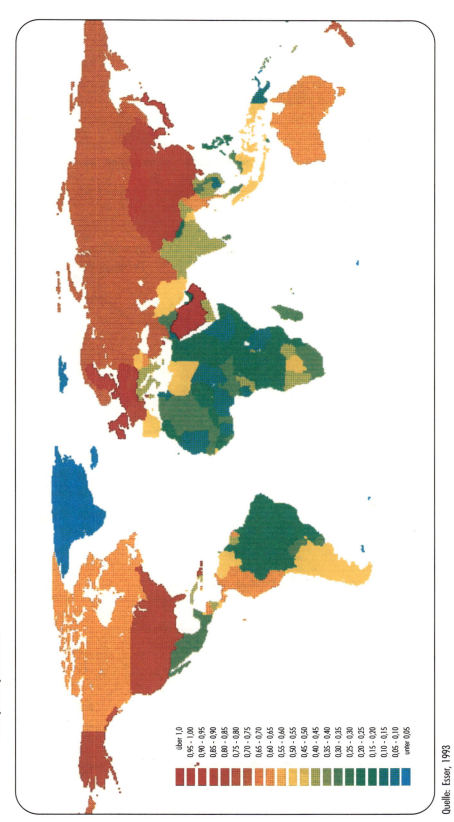

Abbildung 12: Relative Agrarproduktivität, dargestellt als relativer Anteil der Nettoprimärproduktion der Kulturpflanzen im Verhältnis zur potentiellen natürlichen Nettoprimärproduktion

Quelle: Esser, 1993

dennutzung entwickelt werden, die nachhaltig und umweltschonend sind. Im *Kasten 11* sind die Maßstäbe, die an derartige Nutzungssysteme anzulegen sind, zusammengefaßt.

Der Beirat wählt bewußt die etwas lange Bezeichnung *„standortgerechte, nachhaltige und umweltschonende Bodennutzung"*, weil in ihr alle von ihm für wichtig erachteten Elemente der Nutzung enthalten sind. Zukünftige Formen der Bodennutzung müssen die Vielfalt der abiotischen und biotischen Faktoren am Standort beachten, auf Nachhaltigkeit ausgerichtet sein, und von der Nutzung selbst dürfen Nachbarsysteme nicht übermäßig belastet

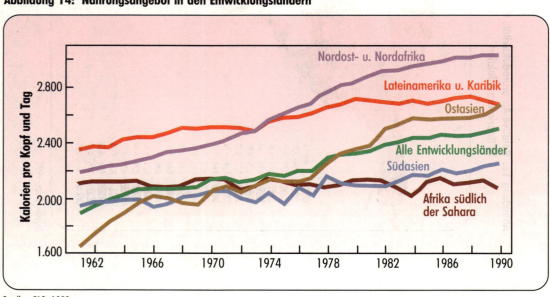

Abbildung 13: Weltweite Entwicklung von landwirtschaftlicher Produktion, Bevölkerung und Produktion pro Kopf

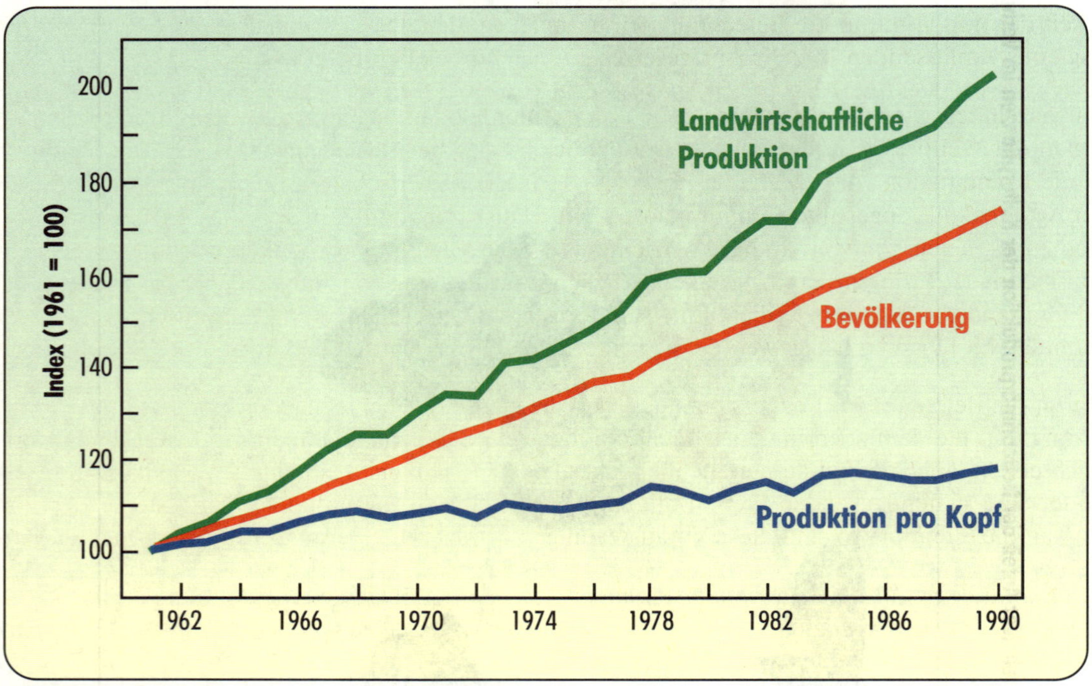

Quelle: FAO, 1993a

Abbildung 14: Nahrungsangebot in den Entwicklungsländern

Quelle: FAO, 1993a

D 1.2 Belastbarkeit und Tragfähigkeit

werden, d.h. sie müssen umweltschonend sein. Andere Begriffe wie z.B. „ökologische Bodennutzung" oder „ökologischer Landbau" werden nicht verwendet, weil sie entweder nicht mit dem hier vorgeschlagenen Ansatz identisch sind oder weil sie international anders definiert werden.

Die weltweite Einführung derartiger Strategien der Bodennutzung verspricht um so erfolgreicher zu sein, je eher diese Praktiken auch in den Industrieländern realisiert werden und je eher ihr ökologischer und ökonomischer Nutzen dort nachweisbar wird. Der Beirat empfiehlt daher, die Bundesregierung möge sich dafür einsetzen, daß die Prinzipien der „standortgerechten, nachhaltigen und umweltschonenden" Bodennutzung flächendeckend in die land- und forstwirtschaftliche Praxis überführt werden. Weiter möge sie sich dafür einsetzen, daß die betriebs- und volkswirtschaftliche Gesamtrechnung in der Weise verändert wird, daß in den Bilanzen bisher nicht auftauchende Guthaben wie die biologische Vielfalt, die Qualität des Grund- und Oberflächenwassers und die Fruchtbarkeit der Böden mit in die Berechnung einbezogen werden. Darüber hinaus sollte die Einführung und Umsetzung eines umfassenden Bodenschutzgesetzes mit Nachdruck betrieben werden.

Die zu entwickelnden Strategien zeichnen sich durch einen hohen, standortgerechten Arbeitseinsatz aus. In großen Teilen der Welt ist die notwendige Steigerung der Erträge bei gleichzeitigem Boden- und Umweltschutz nur durch die Kombination von integrierter Acker-, Vieh- und Holzwirtschaft mit dem notwendigen Einsatz von angepaßter Agrartechnik, angepaßten Kulturpflanzen und Haustieren, und dem angemessenen Einsatz von Agrochemikalien zu erreichen. Ein vollständiger Verzicht auf die letztgenannten Produktionsfaktoren hieße, eine Produktion auf niedrigem Ertragsniveau bzw. eine zusätzliche Ausdehnung von Anbauflächen zu Lasten natürlicher Wald- und Graslandschaften zu betreiben. Eine standortgerechte, nachhaltige und umweltschonende Bodennutzung sollte nicht mit Dogmen belegt werden, sie sollte vielmehr pragmatisch und ergebnisorientiert erfolgen.

Wesentlich für die Betrachtung ist dabei aber auch, daß die standortgerechte, nachhaltige und umweltschonende Bodennutzung und die damit verbundenen Meliorationen und Schutzmaßnahmen mit Investitionen verbunden sind, die sich erst in längeren Zeiträumen rechnen. Dies bedeutet, daß erst bei niedrigen Kapitalzinsen, angemessenen Löhnen und kostendeckenden Preisen mit einer großflächigen Anwendung dieser Systeme zu rechnen ist. Betrachtet man die Situation, so sind diese Voraussetzungen in vielen Ländern der Erde noch nicht gegeben.

Ein dringendes Erfordernis für die weltweite Einführung einer standortgerechten, nachhaltigen und umweltschonenden Bodennutzung sind kostendeckende Preise, die die Kosten für den Bodenschutz und den Umweltschutz enthalten müssen. Von der Umsetzung dieser Forderung sind wir gegenwärtig noch weit entfernt.

In einer Analyse von FAO, UNFPA und IIASA wurde die Tragfähigkeit von Böden in den Entwicklungsländern untersucht (1983). Als Bewertungsmaßstab wurde die maximale Kalorien-Protein-Produktion bei drei verschiedenen Input-Niveaus herangezogen und diese wurde in Relation zum Nahrungsbedarf und zur Bevölkerungsentwicklung gesetzt. Dies ist sicherlich ein vereinfachter Ansatz, der aber bereits weltweit auf einige „neuralgische" Zonen hinweist, wo es zu massiven Konflikten kommen kann. Aus globaler Sicht bedarf es rascher und wirkungsvoller Gegen- und Hilfsmaßnahmen, wenn sich das Gemisch aus Armut und Migration nicht zu einer Katastrophe entwickeln soll (Näheres zu diesem Thema in Kap. D 1.3.1.4).

Als wichtigste Ergebnisse der entsprechenden Szenarien lassen sich festhalten (Higgins et al., 1983):

- Die Böden der Entwicklungsländer (ohne Ostasien) können grundsätzlich genügend Nahrungsmittel produzieren, um die 1 1/2fache Bevölkerung des Jahres 2000 zu ernähren. Dies ist sogar auf geringem Intensitätsniveau möglich. Bei Erreichung eines mittleren Intensitätsniveaus könnte sogar die 4fache Zahl ernährt werden. Voraussetzung ist dann aber ein offenes Welthandelssystem und die Freizügigkeit der Migration, eine extreme Annahme.
- Nimmt man als anderes Extrem an, daß kein Austausch der Überschußproduktion und Arbeit stattfindet (Autarkie), so wäre bei niedrigem Input schon 1975 auf 38% der Landoberfläche die Tragfähigkeit überschritten worden. In diesen Regionen lebten damals (1975) bereits 1,17 Mrd. Menschen, bei einer Tragfähigkeit von nur 0,6 Mrd. Menschen.
- Unter der eher realistischen Annahme eines gewissen begrenzten Austauschs von Überschußproduktion und Arbeitskräften könnte in 54 von 117 untersuchten Ländern die Nahrungsmittelproduktion auf niedrigem Niveau nicht sichergestellt werden. Bis zum Jahre 2000 würde sich diese Zahl auf 64 erhöhen.

- Von diesen „kritischen" Ländern müßten 28 ihre Landnutzung wenigstens bis an die Grenze des potentiell Verfügbaren auf ein mittleres Intensitätsniveau anheben. Weiter müßten sie auch alle kultivierbaren Böden in Kultur nehmen, wenn sie die Nahrungsmittel im Lande produzieren wollten. 17 dieser Länder müßten sogar eine hohe Intensivierung der Nutzung erreichen und bei 19 weiteren Ländern wäre auch bei Erreichen dieser Stufe die Produktion nicht ausreichend für die Versorgung der einheimischen Bevölkerung.
- Die kritischste Region ist gemäß dieser Studie Südwestasien; aber auch in Afrika werden im Jahr 2000 mehr als die Hälfte der Länder ihre Bevölkerung nicht mehr mit einer Landnutzung auf niedrigem Intensitätsniveau versorgen können.
- Bei Vernachlässigung der für den Erhalt der Böden notwendigen Maßnahmen würde die erwartete Entwicklung noch dramatischer verlaufen.

Die oben zusammengestellten Ergebnisse verschiedener Studien können nur eine erste Abschätzung des Problemzusammenhangs von Bodendegradation und Welternährung sein, da die verwendeten Inputgrößen noch immer grob sind und die räumliche Auflösung nicht hinreichend gut ist. Das Problem ist aber klar umrissen und läßt sich auch deutlich lokalisieren. Dies gilt besonders für das physikalische Potential der verschiedenen Regionen. Es fehlen aber noch die verläßliche Einschätzung der sozialen, ökonomischen und institutionellen Einflußgrößen, die die Entwicklung steuern, sowie deren nationale und internationale Verknüpfung. Erst bei Einbeziehung dieser Größen ließe sich ein klareres Bild der tatsächlichen Situation zeichnen. Es ist daher erforderlich, ein erweitertes Tragfähigkeitskonzept zu erarbeiten, das die aufgrund der Beeinträchtigung der Nutzungs-, Lebensraum-, Regelungs- und Kulturfunktion der Böden vorhandenen Limitierungen umfaßt. Ansätze dazu werden in diesem Gutachten vorgestellt.

Internationale Überwindung der Bodendegradation

Die Problematik der Bodendegradation macht zugleich das Dilemma des globalen Bodenschutzes sichtbar. Die meisten Schäden treten auf lokaler Ebene auf und haben dort auch häufig ihre Ursache. Regionale und globale Ursachen sind dagegen wenig erforscht und ihre Wirkungen lassen sich erst ansatzweise beschreiben. Da der Summeneffekt lokaler Wirkungen aber auch globale Folgen hat, wie dies oben dargelegt wurde, müssen auch diese Wirkungen einer internationalen Regelung unterworfen werden. Besonders in den Entwicklungsländern sind viele Menschen durch fortschreitende Bodendegradation in ihrer Existenz bedroht. Die Probleme können dort aber aufgrund wirtschaftlicher, sozialer und kultureller Gegebenheiten nicht lokal gelöst werden (Commander, 1989). Globaler Bodenschutz muß daher auch als vorbeugendes Mittel zur Konfliktvermeidung angesehen werden.

Diese Erkenntnis war die Grundlage zur Schaffung der „Welt-Boden-Charta", die auf der 21. Sitzung der FAO-Konferenz 1981 angenommen wurde (FAO, 1982a). Die in 13 Thesen dargelegten Prinzipien dieser Charta (vgl. WBGU, 1993) sind nach wie vor aktuell. In ihnen werden Regierungen, internationale Organisationen und Landnutzer aufgefordert, die Böden nachhaltig zu nutzen und sie für kommende Generationen als Ressource zu erhalten. Bisher wurde allerdings wenig getan, um diese Prinzipien auch international durchzusetzen, obwohl in Programmen der UNESCO, der UNEP und des UNDP die Notwendigkeit des Bodenschutzes gelegentlich schon herausgestellt worden ist (vgl. WBGU, 1993). Darüber hinaus gibt es eine Reihe weiterer internationaler und überregionaler Institutionen, dazu zählt auch der Europarat, die sich den Problemen des Bodenschutzes zugewandt haben. Auch auf nationaler Ebene existieren in verschiedenen Ländern bereits Regelungen und Gesetze zum Schutz des Bodens. All diese Beschlüsse und Absichtserklärungen haben jedoch noch nicht dazu geführt, daß das Problem der weltweiten Bodendegradation energisch angegangen wurde.

Der Beirat empfiehlt der Bundesregierung zu prüfen, ob ein Rahmenabkommen der Vereinten Nationen über Bodennutzung und Bodenschutz (*„Boden-Konvention"*) einen Weg darstellt, diesen gravierenden Mangel zu überwinden. Entwürfe für die Zieldefinition einer solchen Konvention sind in *Kasten 12* formuliert.

Kasten 12

Rahmenübereinkommen der Vereinten Nationen über Bodennutzung und Bodenschutz („Boden-Konvention")

Entwürfe für die Zieldefinition

Entwurf 1:

Ziele

Die Ziele dieses Übereinkommens ... sind:

- die Reduzierung der Bodendegradation, insbesondere der chemisch und der physikalisch bedingten Bodendegradation und die Erhaltung der Bodenfruchtbarkeit,
- die Erhaltung der Bodenfunktionen, insbesondere der Lebensraumfunktion, der Regelungsfunktion, der Nutzungsfunktion und der Kulturfunktion,
- die ausgewogene und gerechte Verteilung der sich aus der wirtschaftlichen Nutzung der Böden ergebenden Vorteile, insbesondere durch
  - geregelten Zugang zu Böden,
  - angemessene Weitergabe der einschlägigen Technologien zur standortgerechten, nachhaltigen und umweltschonenden Nutzung von Böden
  - sowie durch angemessene Finanzierung des Bodenschutzes.

(Text in Anlehnung an Artikel 1 der „Konvention über die biologische Vielfalt")

Entwurf 2:

Ziel

Das Ziel dieses Übereinkommens und aller damit zusammenhängenden Rechtsinstrumente ..., ist es, ..., die Bodendegradation auf ein Niveau zu reduzieren, auf dem eine gefährliche anthropogene Störung der Bodenfunktionen (Lebensraum-, Regelungs-, Nutzungs- und Kulturfunktion) verhindert wird.

Ein solches Niveau sollte innerhalb eines Zeitraumes erreicht werden, der ausreicht, damit
- die *Ökosysteme* sich auf natürliche Weise an Bodenveränderungen anpassen können,
- die *Nahrungsmittelerzeugung* nicht bedroht wird und
- die *wirtschaftliche Entwicklung* auf nachhaltige Weise fortgeführt werden kann.

(Text in Anlehnung an Artikel 2 der „Klimarahmenkonvention")

1.3 Ursachen und Folgen der Bodendegradation

1.3.1 Natur- und Anthroposphäre in ihren Wechselbeziehungen mit den Böden

1.3.1.1 Atmosphäre und Böden

Die vom Menschen beeinflußte Zusammensetzung der Troposphäre hat lokal, regional und zum Teil bereits global zu veränderten Spurenstoffeinträgen in Böden und Gewässer geführt. Diese Spurenstoffe können Ökosysteme beeinträchtigen, wenn sie z.B. den Nährstoffvorrat erhöhen oder direkt toxisch auf die Organismen wirken. Vor allem Ammonium (NH_4^+), Nitrat (NO_3^-) und Sulfat (SO_4^{2-}) werden über den atmosphärischen Pfad transportiert und den Ökosystemen als Dünger zugeführt, während Phosphat (PO_4^{3-}) vor allem in der Hydrosphäre transportiert wird. Diese Stoffe werden überwiegend bei der Verbrennung fossiler Brennstoffe und in der Landwirtschaft freigesetzt.

Einige Schwermetalle, deren Mobilisierung überwiegend anthropogen erfolgt, und viele synthetische, organische Chemikalien wirken ökotoxisch und dabei häufig synergistisch. Chlororganische Substanzen gelangen vor allem durch Verwendung als Agrarchemikalien oder in Zusammenhang mit anderen, nicht geschlossenen Kreisläufen in die Umwelt (wie z.B. Hexachlorcyclohexan, polychlorierte Biphenyle). Anorganische wie organische Stoffe können sich in Ökosystemen anreichern und bergen die Gefahr, bei veränderten physikalisch-chemischen Bedingungen plötzlich mobilisiert zu werden und geballt ihre Wirkung in Böden und Gewässern zu entfalten („Chemische Zeitbombe") (IIASA, 1991; RIVM, 1992). Metalle und schlecht abbaubare organische Substanzen können sich als Folge regionaler und teilweise globaler Verfrachtung auch in den Nahrungsketten emissionsferner Gebiete anreichern.

Die Quellen der wichtigsten anthropogenen Treibhausgase finden sich überwiegend in Regionen mit Landnutzungsaktivitäten des Menschen. Sie summieren sich auf einen Anteil von ca. 15% am gesamten anthropogenen Treibhauseffekt. Folglich könnte eine generell am Nährstoffbedarf von Pflanzen und Tieren orientierte landwirtschaftliche Produktion (optimierter Düngemitteleinsatz) insbesondere die Emissionen von Methan (CH_4) und Distickstoffoxid (N_2O) merklich vermindern. Der Anstieg von Distickstoffoxid ist besonders bedrohlich, da wichtige Quellen noch nicht identifiziert sind. Eine Erwärmung der Böden bedeutet eine positive Rückkopplung auf den Treibhauseffekt: Aus erwärmten Böden werden verstärkt Methan und Kohlendioxid emittiert. Eine besonders starke Methanquelle wird beim Auftauen von Permafrostböden angeregt.

1.3.1.1.1 *Einwirkungen einer anthropogen veränderten Atmosphäre auf die Böden*

Eintrag von eutrophierenden und versauernden Stoffen

Infolge zunehmender Verbrennung fossiler Brennstoffe und Ausweitung insbesondere der Intensivlandwirtschaft haben die Emissionen von Ammoniak (NH_3), Stickoxiden (NO_x) und Schwefeldioxid (SO_2) zugenommen. Diese Spurengase werden in der Atmosphäre in Ammonium (NH_4^+), Nitrat (NO_3^-) bzw. Sulfat (SO_4^{2-}) umgewandelt, die versauernd auf die Böden wirken, selbst wenn sie neutralisiert verfrachtet werden. In *Tab. 10* sind globale Emissionswerte und solche für Europa zusammengestellt.

Entsprechend der Quellverteilung und der kurzen atmosphärischen Verweildauer (wenige Tage) sind diese gasförmigen Schadstoffe und ihre luftchemischen Umwandlungsprodukte räumlich sehr heterogen verteilt. Findet man beispielsweise in landwirtschaftlich geprägten Gegenden der USA typischerweise 0,2 – 0,3 g NH_3 m^{-3}, so betragen die Werte in entsprechenden Gebieten der Niederlande 5 – 10 g NH_3 m^{-3} (Lovett et al., 1992; Vermetten et al., 1992). Der Eintrag unterliegt sowohl räumlich wie zeitlich starker Variabilität. Überregionale Bestandsaufnahmen des gesamten Spurenstoffeintrags durch nasse und trockene Deposition gibt es nicht. Für einzelne Regionen existieren jedoch Abschätzungen, die sich auf Quellverteilung und Ausbreitungsmuster stützen.

Im Zusammenhang mit der Konvention zur Verringerung des weiträumigen, grenzüberschreitenden Schadstofftransports der ECE *(Economic Commission for Europe)* (Kasten 13) werden seit einigen Jahren die Einträge von Stickstoff- und Schwefelverbindungen in Europa modelliert und mit Daten aus einem Meßnetz verglichen. Die

D 1.3.1.1 Atmosphäre und Böden

Übereinstimmung liegt für die meisten Meßgrößen innerhalb eines Faktors zwei (Iversen, 1993; EMEP, 1993). *Abb. 15* zeigt die Einträge des Spurenstoffs Ammonium. Aufgrund der Mittelwertbildung geben diese Karten die kleinräumige Variabilität der Einträge nicht wieder. Lokal ist sie u.a. stark von der Oberflächenrauhigkeit abhängig (z.B. Nadelwald im Vergleich zu Laubwald oder Freiland). Messungen des Gesamteintrags an ausgewählten Standorten oder auf Messungen basierende Abschätzungen sind für einige europäische Länder in *Tab. 11* aufgeführt.

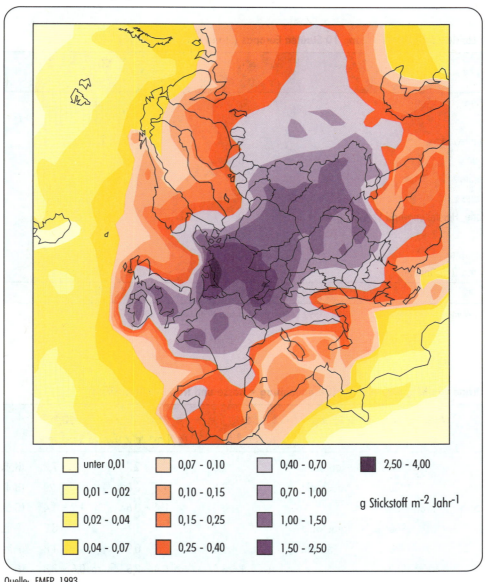

Abbildung 15: Einträge von Ammonium in Europa für das Jahr 1991: Modellergebnisse, Einträge gemittelt über 150 km · 150 km

Quelle: EMEP, 1993

Eintrag von Ammonium und Nitrat und Eutrophierung der Böden

Im globalen Maßstab und besonders ausgeprägt in den industrialisierten Regionen hat sich die Mobilisierung von Stickoxiden und besonders von Ammoniak durch anthropogene Aktivitäten aufgrund der atmosphärischen Verfrachtung beträchtlich verstärkt. In der Landwirtschaft, die das meiste Ammoniak emittiert, sind vor allem

Tabelle 10: Emissionen von NH$_3$, NO$_x$ und SO$_2$: a) global, b) in ausgewählten europäischen Ländern

a) Globale Emissionen

	NH$_3$ (10^3 t N Jahr^{-1})	NO$_x$ (10^3 t N Jahr^{-1})	SO$_2$ (10^3 t S Jahr^{-1})
Natürliche Quellen	3.800	17.000	43.000[1]
Fossile Brennstoffe	2.400	19.600	97.000 – 105.000
Landwirtschaft inkl. Biomasseverbrennung	42.000 – 48.000	12.200	1.500 – 7.500
Summe	~54.000	~49.000	~150.000

1) einschließlich Vorläufersubstanzen von SO$_2$

b) Europäische Länder. Erfaßt sind bislang 10 Staaten Europas (Stand vom März 1994)

	NH$_3$ (%)	NO$_x$ (%)	SO$_2$ (%)
Natürliche Quellen	1	0	0
Landwirtschaft	97	0	0
Kraft- und Fernheizwerke	0	21	54
Heizung, Industrie	0	13	27
Heizung, Haushalte	0	4	9
Produktionsprozesse	1	3	4
Fossile Brennstoffe, Herstellung und Verteilung	0	1	0
Straßenverkehr	0	46	4
andere Verkehrsträger	0	10	2
Abfall, Behandlung und Deponie	1	2	0
Summe	100	100	100

Quellen: Logan, 1983; Warneck, 1988; Datenbank „CORINAIR", 1990; Crutzen und Andreae, 1990; Isermann, 1994

Tabelle 11: Einträge von NH$_4$, NO$_3$ und SO$_4$ (Gesamteintrag = nasse und trockene Deposition)

Ort	Meßzeitraum	Biotop	NH$_4^+$ (g N m^{-2} Jahr^{-1})	NO$_3^-$ (g N m^{-2} Jahr^{-1})	SO$_4^{2-}$ (g S m^{-2} Jahr^{-1})	Quelle
Solling	1980	Laubwald	2,8	2,3	7,3	(Höfken et al., 1983)
Solling	1980	Nadelwald	3,6	6,8	20	(Höfken et al., 1983)
Taunus, Vogelsberg	1983 – 85			0,4 – 0,6	1,2 – 1,4	(Grosch, 1986)
Eggegebirge	1986	Nadelwald	1,2	1,1	3,3	(Prinz et al., 1989)
Eggegebirge	1986	Freiland	1,0	0,9	1,8	(Prinz et al., 1989)
Niederlande	1989		ca. 1,4 – 8,4	ca. 0,4 – 2,5	ca. 0,6 – 3,8	(Erisman, 1993)
Frankreich	1989 – 93	Freiland	0,4 – 0,7	0,3 – 1,0	1,5 – 2,1	(ONF, 1993)
Frankreich	1987 – 91	Wald	0,2 – 2,0	0,2 – 2,3	1,0 – 5,8	(ONF, 1993)
Großbritannien	1986 – 88		< 1 – 7	0,4 – 1,6	1 – 6	(RGAR, 1990)
Finnland	1991		0,15 – 0,4	0,04 – 0,09	0,1 – 0,3	(Leinonen und Juntto, 1992)

Ausgewählte Untersuchungen basierend auf Daten von Meßstationen während des vergangenen Jahrzehnts; aufgrund unzureichender Datenlage sind die Beobachtungszeiträume nicht einheitlich.

D 1.3.1.1 Atmosphäre und Böden   85

Kasten 13

**Internationale Vereinbarungen zur Luftreinhaltung
und Immissionsbegrenzung in Europa**

- *Luftreinhalteabkommen der UN-ECE-Staaten zur Verringerung des weiträumigen, grenzüberschreitenden Schadstofftransports, Genf 1979 (UN Economic Commission for Europe Convention on Long-range Transboundary Air Pollution):* Protokolle zur Begrenzung und zur Stabilisierung von SO_2-Emissionen (Helsinki, 1985), NO_x (Sofia, 1988) und von flüchtigen, organischen Verbindungen, VOCs (Genf, 1991, noch nicht in Kraft). In den Protokollen der ersten Generation wurde vereinbart, Anlagen nach dem Stand der Technik der Emissionsminderung auszurüsten. Ferner wurde eine Vereinbarung zwischen den meisten ECE-Ländern getroffen, die grenzüberschreitenden SO_2-Emissionen bis 1993 gegenüber 1980 um 30% zu mindern und die NO_x-Emissionen auf dem Stand von 1987 einzufrieren. Das VOC-Protokoll sieht für die meisten ECE-Länder eine Verminderung dieser Stoffklasse ebenfalls um 30% für das Jahr 2000 gegenüber 1987/88 vor, das NO_x-Protokoll ein Einfrieren der Emissionen. 12 ECE-Länder, darunter Deutschland, Frankreich und Italien, haben sich ferner verpflichtet, ihre NO_x-Emissionen bis 1998 um 30% zu reduzieren (Basisjahre zwischen 1980 und 1986).

  Gegenwärtig werden die Protokolle der 2. Generation verhandelt, die das Konzept „kritischer Belastung" enthalten. Im Stickstoff-Protokoll (UN ECE, 1988) haben sich die Signatarstaaten verpflichtet, dieses Konzept umzusetzen. Beim Schwefel-Protokoll wurde eine solche Einigung bislang nicht erzielt. Die Bundesrepublik Deutschland führt in diesem Prozeß den Vorsitz der ECE-Sonderarbeitsgruppe zur Kartierung kritischer Depositionsraten und Konzentrationen. Vereinbarungen zur Emission von persistenten, organischen Verbindungen (POPs) und Schwermetallen befinden sich in Vorbereitung. Die Gruppe der persistenten, organischen Verbindungen umfaßt Chlorverbindungen (z.B. einige Pestizide), polyaromatische Kohlenwasserstoffe und polychlorierte Dibenzodioxine und -furane (PCDD, PCDF). Aufgrund ihrer geringen Abbaubarkeit werden sie überregional verteilt und reichern sich in der Umwelt an.

- *Verpflichtungen der EU-Staaten:* Die *EC Large Combustion Plant Directive* sieht für die meisten EU-Staaten eine stufenweise Reduktion der NO_x-Emissionen für 1993 und 1998 vor. Für einige Mitgliedsstaaten, darunter Deutschland und Frankreich, liegt das Reduktionsziel bei 40% (1998 gegenüber Basisjahr 1980).

- *Konvention zum Schutz der Ozonschicht (Wien, 1985) und zugehöriges „Montrealer Protokoll" (1987) mit den Verschärfungen von London (1990) und Kopenhagen (1992) (siehe WBGU-Jahresgutachten 1993):* Die Umsetzung dieser Konvention hat schon sehr schnell deutlich abgeschwächte Konzentrationsanstiege der Fluorchlorkohlenwasserstoffe F11 und F12 und von Halonen in der Atmosphäre bewirkt (Butler et al., 1992).

- *Internationale Meeresschutzkonventionen zum Schutz der Nordsee (Paris Convention for the Prevention of Marine Pollution from Land-based Sources, PARCOM), der Ostsee (Baltic Marine Environment Protection Commission – Helsinki Commission, HELCOM) und des Mittelmeeres (UNEP Regional Seas Programme, 1976):* Neben direkten Einleitungen werden auch atmosphärische Einträge von Schwermetallen abgedeckt und Grenzwertempfehlungen zur Minderung des Eintrags gegeben. Es wurde die Minderung der Quellen einzelner Schwermetalle und persistenter organischer Verbindungen um 50% bis 1995 vereinbart.

- *Auslegung von Emittenten innerhalb der EU:* In Richtlinien für die technische Auslegung bestimmter Emittenten wird der Stand der Technik dokumentiert *(best available techniques – technical notes)*. Dies betrifft bislang Großfeuerungsanlagen und Verbrennungsanlagen für Siedlungsmüll; Vorschriften für Sonderabfallverbrennungen und weitere relevante Anlagen sind in Vorbereitung. Emissionsbegrenzende Auflagen sind damit nicht verbunden. Es existiert jedoch eine Berichtspflicht für Emittenten der Gase SO_2, NH_3 und NO_x mit Erfassung im EU-Emissionsinventar (Datenbank „CORINAIR", 1990).

Praktiken der Intensivlandwirtschaft zu nennen, wie Massenviehhaltung und Mineraldüngereinsatz. Den Ökosystemen werden dabei über den Bedarf hinausgehende Nährstoffmengen zugeführt. Für ganz Europa mit Ausnahme von wenigen Randregionen (Süditalien, Teile Griechenlands) gelten heute die kritischen Frachten an Stickstoff als überschritten, für Mitteleuropa sogar um das Mehrfache (Nilsson und Grennfelt, 1988; CCE, 1991) *(Kasten 9)*. Die Nährstoffbilanz dieser Regionen ist damit stark gestört, und sie sind von Eutrophierung betroffen.

Eintrag von Sulfat und Bodenversauerung

Im globalen Maßstab ist die Mobilisierung von Schwefel durch anthropogene Aktivitäten in etwa verdreifacht worden *(Tab. 10)* Sulfat ist so für die meisten Regionen der Erde der wichtigste Säurebildner geworden. Die Säurekonzentration in Niederschlägen nimmt in industrialisierten Regionen im allgemeinen zu (Likens et al., 1979; Kallend et al., 1983; Rodhe, 1988; Bhatti et al., 1992). Gleichzeitig hat aber im vergangenen Jahrzehnt in weiten Bereichen Europas und Nordamerikas der Sulfateintrag aufgrund von Emissionsminderungsmaßnahmen abgenommen. Eine parallele Abnahme der neutralisierenden Kationen hat jedoch bewirkt, daß sich dies nur abgeschwächt auf den Säuregehalt des Regens auswirken konnte (Hedin et al., 1994). Für große Regionen der Erde sind die Säureeinträge bereits heute kritisch, d.h. die Bodenbelastbarkeit wird überschritten *(Abb. 16)*. In Mitteleuropa bedrohen die säurehaltigen Niederschläge besonders Waldökosysteme mit mittlerer oder armer Basenversorgung.

Institutionen

Für die UN-ECE-Staaten wurden Minderungsmaßnahmen für Stickoxide und Schwefeldioxid vereinbart *(Kasten 13)* und auch mit meßbarem Erfolg umgesetzt. So sind die SO_2-Emissionen in Europa seit den 70er Jahren rückläufig. Bei den NO_x-Emissionen kann als Folge von Minderungsmaßnahmen in der Kraftwerks- und Automobiltechnik in Deutschland und Europa vorsichtig von einer Trendwende im Jahr 1989 gesprochen werden. Die absolute Abnahme ist jedoch gering (UBA, 1992; Bundesregierung, 1992; EMEP, 1993). Hierfür ist vor allem eine Überkompensation durch zusätzliche Emissionen des Verkehrssektors verantwortlich. Global ist gemäß von Energiebedarfsprognosen mit weiteren Emissionssteigerungen zu rechnen (WRI, 1992).

Weitere Maßnahmen zur Emissionsreduktion sind dringend notwendig. Nach einer Szenarienstudie ist nur bei drastischen Maßnahmen (Reduktion des Einsatzes fossiler Brennstoffe um 30% und Einsatz von Minderungstechniken nach dem Stand der Technik in ganz Europa) bis zum Jahr 2010 mit einer Halbierung der betroffenen Fläche zu rechnen (RIVM, 1992). Fossile Brennstoffe sollten soweit wie möglich durch den verstärkten Einsatz regenerativer Energieträger eingespart werden. Für die Stickoxide müssen Einsparungen primär im Verkehrssektor umgesetzt werden (Verkehrsaufkommen, Veränderungen im Verkehrsträgermix, Verminderung des Flottenverbrauchs, Katalysatortechnik). Hierzu wird auf den betreffenden Bericht der Enquete-Kommission des Deutschen Bundestages verwiesen (Enquete-Kommission, in Vorbereitung).

Für den Bereich der Landwirtschaft bestehen Einsparpotentiale insbesondere durch bedarfsgerechten Düngemitteleinsatz und in der Viehwirtschaft (Isermann, 1994; Baccini und Brunner, 1991). Eine stärker an der Belastbarkeit der Böden (erweitertes *critical-loads*-Konzept, Kap. D 1.2.1) ausgerichtete Viehhaltung und ein besseres Recycling des organisch gebundenen Stickstoffs durch Integration von Pflanzen- und Tierproduktion mit kommunaler Abfall- und Abwasserbeseitigung könnte den Einsatz von technisch fixiertem Stickstoff minimieren und die Freisetzung von NH_3 verringern. Dazu ist eine standortbezogene, verbindliche Vorgabe ausbringbarer Nährstoffhöchstmengen notwendig, da der Kenntnisstand zur Definition nachhaltiger Mengen ausreichend ist (Nilsson und Grennfelt, 1988; Dietz, 1992; CCE, 1993). In den entwickelten Ländern würde der Übergang von der Überschuß- zur bedarfsorientierten Produktion insbesondere bei der Fleischproduktion die Belastungen weiter reduzieren und somit eine Verringerung der Stickstoffprobleme, die durch Netto-Importe von eiweißreichen Futtermitteln hervorgerufenen werden, bewirken.

Eintrag von Schwermetallen

Eine Reihe von Schwermetallen wirken auf das Bodenökosystem toxisch. Sie beeinträchtigen die Mikrobiologie und die Artenvielfalt der Bodenflora. Aufgrund dieser Wirkung und ihrer Bioverfügbarkeit werden die Metalle Antimon, Arsen, Blei, Cadmium, Chrom, Kupfer, Nickel, Quecksilber, Silber, Thallium, Wismut und Zink als besonders relevant eingeschätzt (Wood, 1974). Diese Stoffe werden dispers in der Natursphäre verteilt und reichern

D 1.3.1.1 Atmosphäre und Böden

Abbildung 16: Überschreitung der kritischen Belastungswerte von Ökosystemen am Beispiel von Säurefrachten in Waldböden und Oberflächengewässern für das Jahr 1991, 95 % Perzentile. Der Karte liegen für Waldböden eine Fließgleichgewichtsannahme und 5 Empfindlichkeitsklassen zugrunde (0,02 g freie Säure m^{-2} $Jahr^{-1}$ als kritischer Belastungswert für die empfindlichste Klasse)

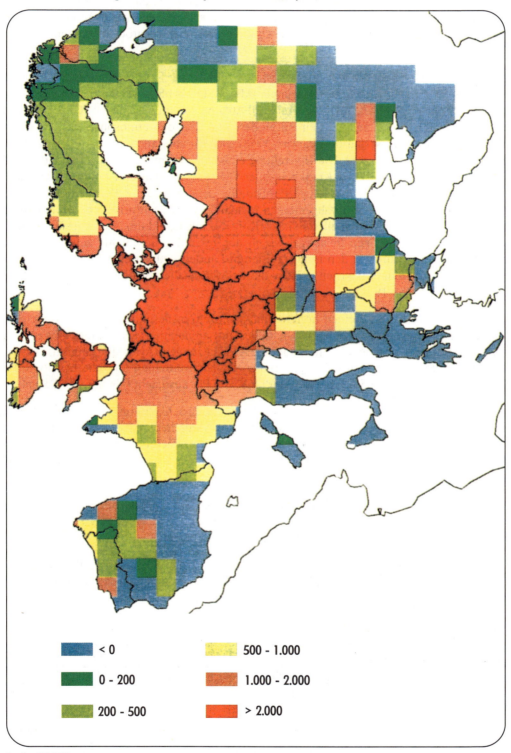

Quelle: CCE, 1991

sich in organischer Substanz an. Neben Organismen betrifft dies insbesondere auch die Humushorizonte der Böden. Bei einer Veränderung der physikochemischen Bedingungen (Versauerung) ist mit einer plötzlichen Mobilisierung von Schwermetallen zu rechnen. Möglicherweise sind die Aufnahmekapazitäten der Böden Europas und Japans bald erreicht (Nriagu und Pacyna, 1988). Aufgrund des ungenügenden Kenntnisstands der ökotoxischen Wirkungen sowie der Grenzbelastbarkeiten unterschiedlicher Standorte ist das Gefährdungspotential für die Böden (und die terrestrischen Ökosysteme insgesamt) nicht genau bekannt; wegen der Anreicherung und der nicht reversiblen dispersiven Prozesse muß aber von einer schweren Hypothek gesprochen werden (Ayres und Simonis, 1994).

Schwermetalle werden insbesondere in folgenden Sektoren mobilisiert: Erzverarbeitung und Verbrennung fossiler Brennstoffe, wo Schwermetalle als Verunreinigungen z.B. in Steinkohle auftreten (Arsen, Cadmium, Quecksilber), Kraftwerke und Industrie (Arsen, Blei, Quecksilber), Abfallverbrennungsanlagen (Quecksilber) und im Kfz-Verkehr (Blei) (UBA, 1992). Sie gelangen zu einem großen Teil über den atmosphärischen Pfad (trockene und nasse Deposition) in die Böden (Nriagu und Pacyna, 1988), werden aber auch aus natürlichen Quellen emittiert (insbesondere Mangan, Eisen, Zink, u.a.). Die Herstellung einiger schwermetallhaltiger Pestizide wurde insbesondere im Zusammenhang mit spezifischen Krankheitsfällen (Minamata-, Itai-Itai-Krankheit) verboten. Es sind jedoch noch kupfer-, arsen- und quecksilberhaltige Pestizide in Gebrauch. Der Anteil natürlicher Quellen an den biogeochemischen Kreisläufen ist aber im allgemeinen rückläufig, da die anthropogene Mobilisierung weiter zunimmt. Von einigen wichtigen Schwermetallen (Nickel, Kupfer, Zink, Cadmium, Blei) wurden in den letzten zwei bis drei Jahrzehnten so große Mengen freigesetzt wie in der gesamten Geschichte zuvor. Aufgrund von Emissionsminderungsmaßnahmen wurde in den industrialisierten Ländern jedoch eine Trendwende erreicht (zumindest für Blei, Cadmium und Zink); dagegen steigen die Schwermetallemissionen in den weniger entwickelten Ländern weiter stark an (Nriagu, 1992).

In Ballungsgebieten werden im allgemeinen höhere und vereinzelt, insbesondere nahe entsprechender Emissionen, extrem hohe Immissionen erreicht. Überregionale Bestandsaufnahmen des Eintrags gibt es nicht; für einige Schwermetalle existieren jedoch nationale und regionale Abschätzungen (Ayres und Simonis, 1994). Es wird geschätzt, daß der Metalleintrag in Böden bei angenommener Gleichverteilung über die bewohnte Erdoberfläche zwischen 0,1 mg m^{-2} Jahr^{-1} (Cd) und 5 – 6 mg m^{-2} Jahr^{-1} (Cr, Cu, Pb) ausmacht (Nriagu und Pacyna, 1988).

Tab. 12 und *Abb. 17* geben die Einträge der Schwermetalle Arsen, Blei, Cadmium und Quecksilber in Böden Europas anhand ausgewählter Untersuchungen bzw. anhand von Modellrechnungen wieder. Die Modellrechnungen basieren auf Emissionsdaten und meteorologischen Ausbreitungsrechnungen. Durch Abgleich mit Immissionsmessungen hat sich gezeigt, daß insbesondere die Emissionsquellen von Cadmium und Zink in Europa nur unvollständig bekannt sind (Petersen und Krüger, 1993).

Der anthropogen verursachte Eintrag von Schwermetallen addiert sich in den Böden zu den natürlichen Vorkommen, die aufgrund des unterschiedlichen geologischen Untergrunds kleinräumig stark variieren. In *Tab. 13* werden als Beispiel Werte für Böden Hessens und Nordindiens wiedergegeben.

Die in *Tab. 13* nachgewiesenen Belastungen treten besonders in urbanen Gebieten (Ballungsräumen) auf. Untersuchungen in Reinluftgebieten zeigen aber, daß durch die großräumige Verfrachtung von z.B. Cadmium und Blei

Tabelle 12: Gesamteinträge von Cd, Pb und Hg in verschiedenen Ländern

Ort	Meßzeitraum	Pb	Cd	Hg	Quelle
		(mg m^{-2} Jahr^{-1})	(mg m^{-2} Jahr^{-1})	(mg m^{-2} Jahr^{-1})	
Deutschland	1980 – 85	5 – 45	0,3 – 1,2		(Höfken et al., 1983; Grosch, 1986)
Ungarn	1986	10	0,7		(Meszaros et al., 1987)
Finnland, Schweden, Norwegen	1991	0,35 – 1,7	0,01 – 0,08	0,003 – 0,035	(Iverfeldt, 1991; Jensen, 1991; Leinonen und Juntto, 1992)

D 1.3.1.1 Atmosphäre und Böden

die ganze Erde betroffen ist und die Schwermetallfrachten in Luft, Wasser und Böden zunehmen (Stigliani und Anderberg, 1994). Die Konzentrationen im Regenwasser urbaner Gebiete überschreiten die für Trinkwasser empfohlenen Werte. In Ballungsräumen wenig entwickelter Länder wird Regenwasser aber auch als Trinkwasser verwendet (zur Wirkung von Schwermetallen in Böden siehe „Chemische Prozesse der Bodendegradation").

Blei

Die weltweiten Bleiemissionen haben gegenüber dem vergangenen Jahrhundert (ca. 20.000 t pro Jahr im Zeitraum 1850 – 1900) um etwa den Faktor 20 zugenommen (ca. 430.000 t pro Jahr in den 70er Jahren, ca. 340.000 t pro Jahr in den 80er Jahren dieses Jahrhunderts). Der Verkehrssektor trägt hierzu derzeit ca. 72% bei, natürliche Quellen nur etwa 3,5% (Nriagu, 1992). Entsprechend finden sich Anstiege der Einträge in quellnahen Gebieten, aufgrund der geringen Auswaschung von bleihaltigen Partikeln aber auch in Reinluftgebieten. Der Eintrag von Blei ist aufgrund von Minderungsmaßnahmen im Pkw-Verkehr abnehmend. Dieser Trend ist für Osteuropa allerdings noch nicht erkennbar, wo die Ballungsräume ein Mehrfaches der Bleiimmissionen Westeuropas aufweisen (RIVM, 1992). Die Konzentration dieses Schwermetalls hat im Grönlandeis um den Faktor 200 zugenommen.

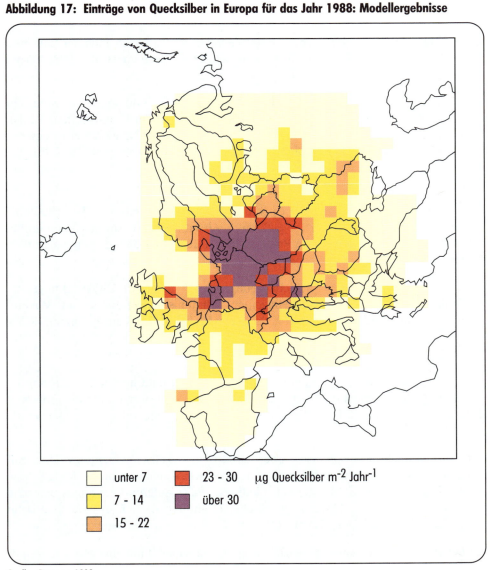

Abbildung 17: Einträge von Quecksilber in Europa für das Jahr 1988: Modellergebnisse

Quelle: Petersen, 1992

Tabelle 13: Typische Gehalte verschiedener Schwermetalle in Böden, in Niederschlägen und in der Luft

Element	Böden		Niederschläge[3)]		Luft[2), 4)]
	Hessen[1)]	Nord-Indien[2)]	ländlich	urban	
	(mg kg^{-1})	(mg kg^{-1})	(µg l^{-1})	(µg l^{-1})	(ng m^{-3})
Vanadium			0,70	2,0	< 5
Chrom	27		0,38	1,2	
Nickel	33		0,50	1,5	1 – 3
Kupfer	11		0,45	2,8	1 – 500
Zink	54		0,80	3,5	6 – 350
Arsen	ca. 10	1,8 – 2,3	0,24	0,90	1 – 3
Cadmium	0,2	0,02 – 0,2	0,05	0,35	0,06 – 0,1
Quecksilber	0,1	0,03	0,07	3 – 10	
Blei	22	0,2 – 1,7	1,40	6,0	5 – 3.200

Quellen: 1) UBA, 1984; 2) Krishna Murti, 1987; 3) Nriagu, 1992; 4) Wong, 1987; Lindberg, 1987

In den Depositionsflüssen ist wegen der Verwendung bleifreier Kraftstoffe in jüngerer Zeit eine Abnahme zu beobachten, in den USA und auch in Grönland bereits seit 1970 (Rosman et al., 1993; Verry und Vermette, 1992).

Mittlere Konzentrationen in den Böden (oberste Schicht) betragen ca. 10 – 40 µg g^{-1}. Aufgrund seiner besonderen Affinität zu organischen Substanzen (Bildung von Komplexverbindungen mit Huminstoffen), ist die Akkumulation von Blei in Böden besonders hoch (Schnitzer, 1978). Untersuchungen in Nadelwäldern deuten eine sehr hohe Akkumulation von ca. 50% des eingetragenen Bleis in Waldböden an (Meszaros et al., 1987; Friedland, 1992).

Cadmium

Die weltweiten Cadmiumemissionen haben von ca. 400 t pro Jahr im Zeitraum 1850 – 1900 um ebenfalls etwa den Faktor 20 auf ca. 7.400 t pro Jahr in den 70er Jahren dieses Jahrhunderts zugenommen und betrugen in den 80er Jahren ca. 5.900 t pro Jahr. Metallurgische Prozesse tragen derzeit ca. 55% dazu bei, natürliche Quellen nur noch ca. 24% (Nriagu, 1992).

Mittlere Konzentrationen in Böden (oberste Schicht) betragen 0,01 – 0,5 µg g^{-1}. Untersuchungen in Nadelwäldern deuten eine Akkumulation von ca. 20% des eingetragenen Cadmiums im Waldboden an (Meszaros et al., 1987). Beträchtliche Akkumulationen werden heute in 40% der Kulturböden Europas angenommen (RIVM, 1992).

Quecksilber

Die Mobilisierung von Quecksilber erfolgt zu etwa gleichen Anteilen natürlich und anthropogen (entsprechend jeweils 2.000 – 3.000 t pro Jahr), wobei die Energiegewinnung und Müllverbrennung die größten anthropogenen Emissionsbereiche darstellen; auf natürlicher Seite sind es biologische und vulkanische Quellen (Lindberg, 1987; Nriagu, 1992).

Quecksilber wird vornehmlich atmosphärisch über gasförmige Stoffe (elementares Quecksilber, Quecksilberhalogenide und organische Verbindungen) transportiert. Pflanzen nehmen dieses Metall deswegen teilweise auch direkt über die Spaltöffnungen der Blätter auf (Lindberg, 1987). Aufgrund der atmosphärischen Verweildauer von typischerweise 0,5 – 2 Jahren können Quecksilberverbindungen auch in atmosphärischen Proben aus Reinluftgebieten und dort lebenden Organismen (z.B. Seevögel, Meeressäuger) nachgewiesen werden.

In unkontaminierten Böden findet man 0,02 – 0,07 µg g^{-1} Quecksilber (Lindberg, 1987). Zumindest in europäischen, auch emissionsfern gelegenen Böden wird heute aber ein Vielfaches davon vorgefunden (UBA, 1984; Johansson et al., 1991). Für die Böden Schwedens wurde abgeschätzt, daß der gegenwärtige Quecksilbereintrag die kritischen Belastungswerte um ein Mehrfaches übersteigt (Bergbäck et al., 1989). Auf Bodenmikroorganismen wirkt Quecksilber stark toxisch. Elementares Quecksilber wird durch Pilze und Bakterien häufig in Methylquecksilber umgewandelt, das über die Beeinträchtigung von Photosynthese und Enzymaktivitäten ebenfalls biozid wirkt.

Kontamination mit Radionukliden

In Folge des Reaktorunfalls in Tschernobyl am 26.4.1986 wurden große Mengen radioaktiven Materials in Form von Spaltprodukten und Edelgasen freigesetzt, jeweils ca. $2 \cdot 10^{18}$ Bq. Durch Ferntransport, Deposition und schließlich Anreicherung in der Nahrungskette wurde die Exposition von Millionen Menschen vor allem durch die radioaktiven Isotope des Jod (^{131}I) und Cäsiums (^{134}Cs, ^{137}Cs) verursacht. Die Halbwertszeiten der Isotope ^{131}I, ^{134}Cs und ^{137}Cs betragen etwa 8 Tage, 2 bzw. 30 Jahre. Es wurden ca. $5 \cdot 10^{15}$ Bq des langlebigen Isotops ^{137}Cs freigesetzt. 135.000 Menschen wurden aus 3.500 km² kontaminierten Gebietes in der ehemaligen Sowjetunion evakuiert, da ein Dosisäquivalent von mehr als 0,35 Sv zu erwarten war.

Die radiologische Gesamtbelastung setzt sich zusammen aus der direkten, externen Strahlung der radioaktiven Wolke und des am Boden abgelagerten Materials sowie der internen Exposition nach Inhalation der kontaminierten Luft und durch den Verzehr belasteter Lebensmittel. Insgesamt wurden mehr als 20.000 km² Ackerland und etwa 50.000 km² Wald kontaminiert. Land- und Forstwirtschaft unterlagen abgestuften Einschränkungen, rund 3.000 km² Fläche sind nicht mehr nutzbar (Kröger und Chakraborty, 1989).

Etwa 97% der in Tschernobyl emittierten Gesamtdosis von 930.000 Gy entfallen auf Bewohner der westlichen Teile der Sowjetunion und Europas, 3% auf andere Gebiete der Nordhemisphäre (Simon und Wilson, 1987; Anspaugh et al., 1988). Die Flächenbelegung der Böden mit Radioaktivität war durch den Verlauf der Emissionen und der Wetterereignisse entlang des Transportweges sehr inhomogen. Eine Kontamination von mehr als 550 kBq m^{-2} wurde 1989 auf etwa 10.000 km² in der Ukraine und vor allem in den benachbarten Gebieten Weißrußlands gemessen (IAEA, 1991). In Deutschland wurden meist 1 – 10 kBq ^{137}Cs m^{-2}, im Mittel 6 kBq ^{137}Cs m^{-2} registriert. Für die 10-km-Zone um den Unglücksort ist Wiederbesiedelung oder landwirtschaftliche Nutzung nicht vorgesehen; für die 10- bis 30-km-Zone soll dies der Erfolg von Dekontaminationsprogrammen entscheiden.

1.3.1.1.2 Auswirkungen einer Ausweitung und Intensivierung der Landwirtschaft auf die Atmosphäre

Neben den vielen mittelbaren und unmittelbaren Auswirkungen, die das Kleinklima, aber auch die Atmosphäre betreffen, sind auch die stofflichen Emissionen der intensiven mechanisierten und chemisierten Landwirtschaft von ökologischer Bedeutung.

Kohlendioxid

Landnutzungsänderungen setzen Kohlendioxid mit steigender Tendenz frei. Zu neueren Erkenntnissen zur CO_2-Bilanz siehe Abschnitt B.1.1.

Methan

Der Anstieg der troposphärischen Methankonzentration verläuft seit längerer Zeit in etwa parallel mit dem Weltbevölkerungswachstum (zur Entwicklung seit 1992 siehe Abschnitt B.1.1.). Anthropogene Quellen überwiegen gegenüber den natürlichen *(Tab. 14)*.

Methan wird in großen Mengen bei anaeroben Prozessen in der Landwirtschaft freigesetzt. Der Reisanbau liefert den größten Beitrag (etwa 22% der globalen CH_4-Emissionen), wobei insbesondere nach einer Stickstoffdüngung hohe Emissionen auftreten. Weiter trägt die Tierhaltung nicht nur in Abhängigkeit vom Viehbestand, sondern auch von der Futterzusammensetzung in erheblichem Umfang zur Freisetzung bei (etwa 13%). Die Senken des troposphärischen Methans in der Landnutzung kompensieren nicht die Emissionen an anderer Stelle. Vielmehr führt z.B. die Anwendung von stickstoffhaltigen Düngern zu einer verringerten CH_4-Aufnahmefähigkeit der Böden (IPCC, 1992).

Tabelle 14: Methanquellen. Angaben in Tg C Jahr^{-1}

	Mittelwert	Schwankungsbreite
Quellen insgesamt	460	210 – 750
Anthropogene Quellen	270	160 – 400
davon:		
Tierhaltung	60	50 – 80
Reisanbau	100	55 – 130
Verbrennung von Biomasse	30	15 – 60

Quellen: Enquete-Kommission, 1990; Cicerone und Oremland, 1988

Distickstoffoxid

Viele Quellen von N_2O konnten bisher noch nicht lokalisiert werden, so daß die Angaben noch mit großen Unsicherheiten behaftet sind. Die Landwirtschaft ist mit einem Anteil von ca. 35% ein Hauptemittent des Treibhausgases N_2O, das derzeit ca. 6% zum zusätzlichen (anthropogenen) Treibhauseffekt beiträgt. Vermutlich spiegelt sich im atmosphärischen Konzentrationsanstieg dieses Spurengases (0,2 – 0,3% Jahr^{-1}) die zunehmende Verwendung stickstoffhaltiger Düngemittel wider (verantwortlich für ca. 13% der N_2O-Emissionen). Etwa 3% des Düngemittelstickstoffs gelangt nach von Mikroorganismen verursachter chemischen Umwandlung als N_2O in die Atmosphäre. An den Bedarf der Pflanzen nicht angepaßte Düngung ist dafür eine der Hauptursachen (Isermann, 1994) (siehe auch „Dust-Bowl-Syndrom", Abschnitt D.1.4.2). Pro Jahr und Hektar werden in der Landwirtschaft Deutschlands im Durchschnitt mehr als 220 kg Stickstoff eingesetzt. Hinzu kommen Stickstofffrachten durch nicht ordnungsgemäße Verwendung von Gülle. Dies trägt stark zur Versauerung der Böden und zur Überdüngung der Wälder bei.

Der Einfluß von Landnutzungsänderungen in den Tropen und Subtropen auf die N_2O-Bilanz, insbesondere die Waldrodung, ist noch unklar. Jedoch tragen Brandrodung und andere Formen der Biomasseverbrennung, die durch landwirtschaftliche Aktivitäten bestimmt sind, in diesen Regionen ca. 7% zur Gesamtemission bei. Wegen der schlecht verstandenen N_2O-Quellen ist noch erheblicher Forschungsbedarf vorhanden, damit intelligentere Maßnahmen zur Reduktion der Emissionen möglich werden, sofortige Maßnahmen nicht ausgeschlossen.

1.3.1.2 Hydrosphäre und Böden

Die Beziehungen zwischen Pedosphäre und Hydrosphäre sind für die gesamte Biosphäre von zentraler Bedeutung: Böden und Gewässer fungieren als Lebensräume und Lebensgrundlagen, ihre Wechselwirkungen bestimmen den Wasserkreislauf und die Stoffaustauschprozesse der Biosphäre.

Böden sind – wie eingangs beschrieben wurde – die an der Erdoberfläche entstandenen, mit Luft, Wasser und Lebewesen durchsetzten, aus mineralischen und organischen Substanzen bestehenden Lebensräume, die sich unter Zusammenwirken zahlreicher Umweltfaktoren gebildet haben. Böden verfügen über eine verschieden starke Speicherfähigkeit gegenüber Wasser und beeinflussen damit den Wasserhaushalt einer Landschaft. Die Funktion der Böden in der Anthroposphäre, insbesondere als Standort für Produktionsanlagen und Infrastrukturen, hat große Bedeutung für die Gewässer und ihre Belastung. Diese wird jedoch im allgemeinen nicht als unmittelbarer Effekt, sondern als eine durch (Schad-)Stoffströme vermittelte Belastung angesehen.

Die Frage des Einflusses verschiedener Rechtssysteme auf die Belastung von Böden ist in Kap. D 1.2.2 näher beschrieben (vgl. hierzu auch Berkes, 1989; Ostrom, 1990; Conford, 1992). Im folgenden wird überwiegend auf die stofflich vermittelten Belastungen eingegangen, zur Frage der kulturellen Einflüsse siehe Kap. D 1.3.1.7 .

Da sich in den Böden Hydrosphäre und Pedosphäre durchdringen, müssen die Einflüsse des Wassers auf Böden von denen der Böden auf das Wasser unterschieden werden. Bei beiden Einflußrichtungen geht es um Stoffaustauschprozesse zwischen der flüssigen, der gasförmigen und der festen Phase im Bodenraum, aber auch um den Austausch von Energie. Damit sind Veränderungen des Wasserkreislaufs sowohl Ursache als auch Folge von Bodendegradationen. Die Prozesse der Hydrosphäre haben vielfältige Auswirkungen auf die Pedosphäre, insbesondere durch Wassererosion sowie durch die Anreicherung, Verteilung und Auswaschung von Stoffen und durch Niederschlag und Verdunstung. Auf der Ebene der Biozönosen ist die durch das Wasser als Transportmedium vermittelte Pflanzen- und Tierernährung wichtig, die ihrerseits wiederum die Stoff- und Energieströme beeinflußt.

1.3.1.2.1 *Anthropogene und natürliche Prozesse*

Der Mensch nimmt auf die genannten Wechselwirkungen direkt oder indirekt Einfluß, was sich strukturell in Verdichtung und Versiegelung, materiell im Eintrag von Stoffen in Gewässer und Böden niederschlägt (Bick et al., 1984; Büttner und Simonis, 1993; Suchantke, 1993). Die wesentliche anthropogene Einwirkung auf Gewässer und dadurch indirekt auf Böden besteht in der Entnahme, Nutzung und Rückführung von Wasser aus bzw. in die Gewässer (einschließlich Grundwasser). Regional und national bestehen jedoch große, kulturell und wirtschaftlich bedingte Unterschiede in Art und Umfang der genutzten Wassermengen, wie *Abb. 18* zeigt.

Verdichtung

Verdichtung ist die Verringerung des Gesamtvolumens des Bodens durch Verpressung oder Setzung. Die Lagerungsdichte, das Porenvolumen sowie die Porengrößenverteilung ändern sich. Dadurch sinkt die potentielle Versickerungsrate des Wassers, während Oberflächenabfluß und Erosionsgefahr steigen.

Verdichtung von Böden entsteht mit zunehmender Mechanisierung in der Land- und Forstwirtschaft, u.a. durch den Einsatz von schweren Maschinen. Durch Verdichtung geht unter anderem die Durchwurzelbarkeit und die Zahl der bodenlockernden Lebewesen und damit die Fähigkeit der Böden zur Regeneration zurück. Für die Hydrosphäre bedeutet die Verdichtung der Böden zum einen eine verringerte Versickerung und damit eine geringere Grundwasserneubildungsrate, zum anderen einen rascheren Abfluß in die Gewässer und damit verbunden eine erhöhte Hochwassergefahr.

Der Verdichtung der Böden in Land- und Forstwirtschaft kann durch technische und organisatorische Maßnahmen wie Verwendung von Spezialreifen, Wahl des optimalen Zeitpunkts der Befahrung, durch Verfahren wie *reduced-till farming* (minimales Pflügen), leichtere Geräte, Einsatz von Zugtieren sowie durch pflanzenbauliche Maßnahmen (Fruchtfolge) entgegengewirkt werden.

Versiegelung

Die Formen der Versiegelung sind vielfältiger Art. In Deutschland werden zur Zeit täglich etwa 90 ha Böden für Straßen, Parkplätze und Fabrikhallen versiegelt; insgesamt sind rund 12,5% der Flächen versiegelt, in Ballungsgebieten sogar bis zu 70%. Noch relativ durchlässig sind wassergebundene Deckschichten; bituminös gebundene Deckschichten, Pflaster- und Plattenbeläge und Betonierung führen dagegen zu einem höheren Versiegelungsgrad (Tesdorpf, 1984).

Die Versiegelung der Böden (siehe auch Kap. D 1.1.2.3) hat eine Reihe von Auswirkungen auf die Hydrosphäre:

– Der oberflächliche Abfluß steigt und die Pufferfunktion der Böden für Niederschläge verringert sich; Hochwasser und Überschwemmungen können die Folge sein.
– Die Evapotranspiration nimmt ab; u.a. entsteht dadurch die „Wärmeinsel Stadt".
– Auf den versiegelten Flächen (Straßen, Parkplätzen, usw.) abgelagerte Stoffe werden nicht mehr durch Böden gefiltert und gegebenenfalls abgebaut, sondern über die öffentliche Kanalisation abgeleitet; sie gelangen dadurch entweder direkt in die Vorfluter oder belasten auf dem Weg über die Kläranlage als Deponiegut die Pedosphäre.
– Es ergibt sich eine verringerte Grundwasserneubildungsrate unter versiegelten Flächen, unter Städten bildet sich im Extremfall ein Grundwassertrichter.
– Sickerwasserzufuhr und Gasaustausch und somit auch der biologische Abbau von Schadstoffen werden durch Versiegelung erheblich verringert.
– Durch ablaufendes kontaminiertes Wasser kann der Boden in der unmittelbaren Umgebung überlastet werden.

Als technische Maßnahme gegen die Versiegelung der Böden werden bisweilen Gitterplatten eingesetzt, die einen Kompromiß zwischen Versiegelung und Tragfähigkeit bilden; sie steigern zwar die Quantität des Sickerwas-

Abbildung 18: Jährlicher Wasserverbrauch in m³ je Einwohner, ausgewählte Länder

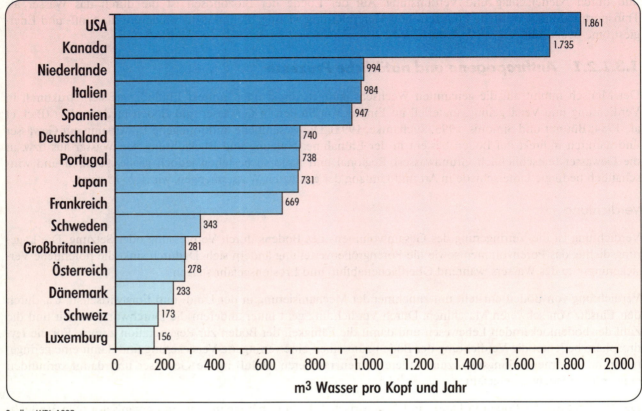

Quelle: WRI, 1992

sers und senken die abzuleitenden oberflächlichen Abflußmengen, die Qualitätsprobleme bleiben jedoch in der Regel bestehen bzw. verschärfen sich durch ungereinigte Versickerung. Die Folgen davon können durch andere technische Maßnahmen gemildert, aber in der Regel nicht völlig beseitigt werden. Zu solchen Maßnahmen gehören der Bau von Rückhaltebecken als Ersatz für die Speicher- und Pufferfunktion der Böden, die aber wiederum zu zusätzlicher Versiegelung führen; künstliche Grundwasseranreicherung, die zusätzlichen Energieeinsatz bedingt; Damm- und Deichbauten an Flußläufen als Schutz gegen Hochwasser.

Um zusätzliche Versiegelung der Böden zu vermeiden bzw. vorhandene Versiegelung wieder rückgängig zu machen, ist die Dynamik des Wasserkreislaufs in der Stadt- und Regionalplanung stärker zu berücksichtigen (hierzu hat der BMFT im Rahmen der Stadtökologieforschung ein interdisziplinäres Verbundvorhaben gestartet). Entsiegelungsmaßnahmen im großen Stil könnten durchgeführt werden. Eine Renaturierung von Flußläufen und die Schaffung oder Wiederherstellung natürlicher Überschwemmungsflächen ist dringend geboten, wie die jüngsten Ereignisse der Überflutungen an Rhein, Mosel und Rhône erneut gezeigt haben. Grundsätzlich sollten verändernde Eingriffe in die Grundwasserneubildung minimiert werden. In Pilotprojekten wird dezentrale Regenwasserversickerung eingesetzt (auch hier fördert der BMFT zur Zeit ein Verbundvorhaben).

Nährstoffverarmung und Versauerung

Versauerung stellt für die Mehrzahl der Böden humider Klimate einen natürlichen Vorgang dar; Abbau von Biomasse, Wurzelatmung, Nitrifizierung und Humifizierung tragen dazu bei. Erhebliche Einträge von industriellen Emissionen (SO_2, NO_x) und Emissionen aus der Massentierhaltung (NH_4^+) beschleunigen jedoch die Versauerung über das natürliche Maß hinaus erheblich. In den vergangenen Jahrzehnten haben sich die chemischen Eigenschaften europäischer Waldböden stark verändert; der Säuregehalt hat um den Faktor 3 – 10 zugenommen (Nilsson und Grennfelt, 1988). Versauerung wird dort zu einem Problem, wo erhöhte Einträge auf wenig puffernde Böden treffen. Hiervon sind heute weite Bereiche Nordamerikas, Europas sowie Teile Nord- und Südchinas betroffen (Schwartz, 1989; CCE, 1991; Zhao und Seip, 1991).

Fortschreitende Bodenversauerung führt zu Nährstoffverlusten, zur Mobilisierung eventuell toxisch wirkender Metallionen und phenolischer Verbindungen sowie zu erhöhter Verwitterung mineralischer Anteile (Silikate).

Mit sinkendem pH-Wert nimmt die Schwermetallmobilität zu, die Filterfunktion der Böden geht zurück. Unter einem pH-Wert von ca. 4 verstärkt sich die Schwermetallauswaschung (Zn, Mn, Ni, Co) erheblich. pH-Werte und Schwermetallkonzentrationen im Sicker- und Grundwasser erreichen unter pufferschwachen Gesteinen in Mitteleuropa bereits Werte, die nicht mehr der EU-Trinkwasserrichtlinie entsprechen.

Als technische Maßnahme gegen Versauerung der Böden (insbesondere der Waldböden) werden in jüngster Zeit vielfach Kalkungen durchgeführt. Dies ist eine Maßnahme, um zum einen die Depositionen, zum anderen die bereits akkumulierten Säuremengen zu neutralisieren, d.h. den Boden zu regenerieren. Folge der Kalkung kann aber ein verstärkter Humusabbau und damit die Auswaschung von Stickstoff sein. Entsprechend müssen die Kalkungsmaßnahmen auf die jeweiligen Standortbedingungen abgestimmt sein. Wirkungsvolle, dauerhafte Maßnahmen müssen aber besonders bei den Ursachen, d.h. beim Emissionsverhalten von Landwirtschaft, Industrie, Verkehr und privaten Haushalten ansetzen.

Alkalisierung und Versalzung

Böden arider und semiarider Gebiete, bei denen geringe oder keine Auswaschung erfolgt, weisen häufig Alkalisierung auf. Dies beruht im wesentlichen darauf, daß durch Niederschläge zugeführte Natriumverbindungen als alkalisch reagierendes Natriumkarbonat (Na_2CO_3) im Boden verbleiben. Die Aufkonzentrierung des Natriumkarbonats erfolgt deshalb, weil die potentielle Evapotranspiration größer ist als der Niederschlag.

Die Versalzung von Böden tritt in verschiedenen Regionen in unterschiedlich starkem Maße auf. Sie kann nach Art und Weise der Anreicherung von wasserlöslichen Salzen wie folgt unterschieden werden: Bei der *Niederschlagsversalzung*, welche in ariden Klimaten häufig vorkommt, werden durch Niederschläge oder Stäube den Böden Salze zugeführt; *Grundwasserversalzung* erfolgt in ariden Klimaten über die Verdunstung kapillar aufsteigenden Wassers in grundwasserbeeinflußten Böden, was besonders häufig im Bereich der Meeresküsten (Mangroven, Marschen) vorkommt. Im ariden Klima erfolgt eine *künstliche Versalzung* von Böden durch die Bewässerung.

Bei zunehmender Sättigung der Böden mit Natriumionen nehmen das Porenvolumen und die Plastizität ab. Bei Trockenheit entstehen steinharte Schollen, die Wasseraufnahme wird stark verringert, das Porenwasser reagiert alkalisch, eine landwirtschaftliche Nutzung wird nahezu unmöglich. Erhöhte Salzgehalte beeinträchtigen oder vermindern den Pflanzenwuchs, da sie das osmotische Potential des Bodenwassers erhöhen und so die Wasseraufnahme erschweren. Weite Gebiete in Indien, Pakistan, im Irak, in Ägypten und in den USA sind durch Versalzung infolge falscher Bewässerung völlig unproduktiv geworden (siehe auch „Aralsee-Syndrom", Kap. D 1.3.3.5). In humiden Klimaten erfolgt eine temporäre Versalzung von Böden bei Bewässerung mit natriumreichen Abwässern und durch den Einsatz von Streusalzen (Straßenränder).

Technische Maßnahmen zur Regenerierung versalzter Böden sind Absenkung des Grundwasserspiegels, Drainage in Verbindung mit Unterbodenlockerung oder Tiefumbruch bei schwer durchlässigen Böden sowie eine Zufuhr erhöhter Wassermengen zur Auswaschung der Böden (Gefahr für das Grundwasser). Alle diese Maßnahmen gefährden jedoch gleichzeitig die Ökosysteme. Versalzung erfolgt kaum bei Unterflurbewässerung und in Verbindung mit einer Folienabdeckung, welche die Wasserverdunstung unterbindet oder reduziert. Zur Verringerung einer Alkalisierung dienen auch kontrollierte Bewässerungsmaßnahmen wie die Tropfbewässerung.

Erosion und Sedimentfrachten der Gewässer

Erosion ist der Abtrag von Böden durch Wind und Wasser; es ist ein physikalischer Vorgang, der in enger Wechselwirkung mit den lokalen Biozönosen steht *(Kasten 8)*. Dieser natürliche Prozeß der Erosion wird vielfach durch menschliche Aktivitäten beschleunigt. Durch Rodung der ursprünglichen Vegetation und anschließende agrarische Nutzung kann es bereits ab geringen Hangneigungen zu Wassererosion kommen. Winderosion kann vor allem in trockenen Klimaten erhebliche Ausmaße annehmen und ist teilweise anthropogen bedingt, besonders durch unangepaßte Landwirtschaft mit fehlender Windschutzvegetation (Hecken) und Bodenbedeckung („Huang-He-Syndrom" und „Dust-Bowl-Syndrom", Kap. D 1.3.3.1 und 1.3.3.2).

Auch der Ausbau von Gewässern für die Schiffahrt führt zu Veränderungen an Böden. Hierzu gehören die Eintiefung von Flußbetten durch vermehrte Erosion infolge von Begradigungen, das Absenken des Grundwasserspiegels in Küstenniederungen und Auen (kann auch Vorteile für die Bodenbildung haben), die Auswaschung von Bodenbestandteilen durch höheren Abfluß.

Erosion von Böden und dadurch erhöhter Sedimenteintrag kann zu Wasserverschmutzung und Eutrophierung der Gewässer führen, durch den Verlust der Speicherfähigkeit der Böden kann es zu erhöhtem Oberflächenabfluß kommen. Folgen der Sedimentation des erodierten Materials sind Verlandung von Seen und Flußunterläufen und auch Überschwemmungen, die wiederum vielfältige Probleme in der Anthroposphäre auslösen können.

Über diese Vorgänge wird die Verbindung zwischen den Böden und den Ozeanen, dem anderen Teil der Hydrosphäre, hergestellt, die nur in den vergleichsweise schmalen Küstenbereichen miteinander in Kontakt kommen. Partikuläres sowie gelöstes Bodenmaterial wird vom Regenwasser oder vom Wind aufgenommen und gelangt durch Oberflächenabfluß „kanalisiert" über die Flüsse bzw. diffus durch die Luft ins Meer. Die Auswirkungen im Meer treten vor allem in küstennahen Bereichen hervor, wo beträchtliche Schäden an Ökosystemen entstehen können, die für den Menschen zum Teil lebenswichtig sind (Nahrungsressourcen, Erholungswert). Drei wichtige Wechselwirkungen lassen sich ausmachen:

- Hoher Sedimenteintrag kann zur Zerstörung von Watten, Korallenriffen und Mangrovenwäldern führen (Zeithorizont von Jahrzehnten).
- Nährstoffeinträge (vor allem aus Intensivlandwirtschaft) führen zur Eutrophierung und zu Veränderungen der Artenzusammensetzung im Meer und langfristig zur Einschränkung des Lebensraumes aufgrund von Sauerstoffmangel (Beispiele: Ostsee, Schwarzes Meer).
- Organische und anorganische Schadstoffe können in der Nahrungskette akkumulieren, dadurch Biozönosen nachhaltig schädigen und auch beim Menschen als Endkonsumenten zu Vergiftungen führen (mehr hierzu weiter unten).

Alle drei Punkte stellen potentiell langfristige Beeinträchtigungen für die Ernährung und die Gesundheit der Bevölkerung wie für deren wirtschaftliche Tätigkeiten dar. An die jeweiligen Klimate und Böden angepaßte Bewirtschaftungsformen, d.h. standortgerechte, nachhaltige und umweltschonende Bodennutzung, können Schutz vor Bodenerosion und den damit verbundenen schädlichen Auswirkungen auf den Wasserhaushalt, auf Pflanzen, Tiere und die Landschaft bieten (siehe Kap. D 1.1.2.2). In Europa werden, wenn auch nur in bescheidenem Umfang, verschiedene Methoden ökologischer Land- und Forstwirtschaft erfolgreich betrieben (Vogtmann, 1985; Greenpeace, 1992). Auch Methoden naturnahen Wasserbaus vermindern die Gefahr von Erosion; Erhalt und Wiederherstellung von Mäandern, Begrenzung der Schiffbarmachung und der Schiffstonnage sind Maßnahmen, deren Bedeutung zunehmend ins öffentliche Bewußtsein und in die politische Diskussion geraten (Cosgrove und Petts, 1990).

Verunreinigung der Gewässer durch Düngemittel

Bei Intensivlandwirtschaft werden erhebliche Mengen an Nährelementen durch die Ernte fortgeführt und müssen durch mineralische Dünger ersetzt werden. Von den Hauptnährstoffen Stickstoff, Phosphor und Kalium (N, P, K) und zahlreichen anderen Spurenstoffen ist der Stickstoff in seinen verschiedenen Verbindungen (Ammonium NH_4^+, Nitrat NO_3^-, Nitrit NO_2^-), die alle wasserlöslich sind, der zur Zeit problematischste Nährstoff. In sauerstoffarmen Bodenzonen findet biologische Denitrifikation statt. Der natürliche Stickstoffkreislauf wird jedoch durch erhebliche Stoffeinträge der Landwirtschaft in Form von Mineraldünger und Gülle gestört. In Abhängigkeit von Faktoren wie Sickerwassermenge, Nitratkonzentration im Boden, Bodenart und Bodennutzung kommt es zur Auswaschung von Stickstoff in das Grundwasser und somit über das Trinkwasser (durch verschiedene Umwandlungsprodukte) zu einer potentiellen Gefährdung des Menschen (Seymour und Giradet, 1985).

Verluste der Nährstoffe NH_4^+ und NO_x werden in den natürlichen Nährstoffkreisläufen durch biologische Stickstoffixierung aus der Luft und Stickstoffeinträge mit den Niederschlägen gedeckt. Das Angebot, insbesondere aus

Stickstoffeinträgen, übersteigt heute vielerorts jedoch diesen natürlichen Bedarf. Dies zieht Veränderungen auf der Ebene der Pflanze wie des Ökosystems nach sich (pflanzenphysiologische Veränderungen, Artenzusammensetzung). Aufgrund der Akkumulation von Stickstoffverbindungen im Boden und ihrer möglichen Austräge über das Bodenwasser kann es jedoch sehr lange dauern, bis diese Veränderungen manifest werden. So ist auch das Schadensausmaß bislang akkumulierter Stickstoffeinträge heute noch nicht vollständig sichtbar. Negative Effekte werden für die meisten europäischen Ökosysteme bei Einträgen über $1 - 2$ g N m^{-2} Jahr^{-1} erwartet (Ulrich, 1989; Nilsson und Grennfelt, 1988).

Die Eutrophierung der Böden bewirkt zudem eine Rückkopplung mit dem Treibhauseffekt (Steudler et al., 1989): Es werden vermehrt CO_2, CH_4 und N_2O emittiert und die CH_4-Senke in den Böden wird durch NH_4^+-Eintrag vermindert (siehe Kap. D 1.3.1.1).

Durch die Anlage von Gewässerschutzstreifen, durch zeitliche und mengenmäßige Restriktionen (Gülleverordnung), durch Flächenstillegungen und Begrünungspflichten kann das Problem der Düngemitteleinträge in die Gewässer gemildert werden. Es müssen jedoch auch die Ursachen, wie zu hoher Düngemitteleinsatz, der Einfluß der chemischen Industrie in der Agrarberatung (verkaufsorientierte Agrarberatung) und der überhöhte Viehbestand pro Flächeneinheit angegangen werden, wenn man den Weg zu einer standortgerechten, nachhaltigen und umweltschonenden Bodennutzung eröffnen will. Die Einführung einer Stickstoff-Abgabe ist sowohl seitens des Sachverständigenrates für Umweltfragen (SRU, 1987) als auch des Umweltbundesamtes (UBA, 1994) eingefordert worden.

Verunreinigung der Gewässer durch Pflanzenbehandlungsmittel

Pflanzenbehandlungsmittel, die zur Schädlingsbekämpfung, Wachstumsregulierung oder Keimhemmung eingesetzt werden, sind industriell gefertigte organische Verbindungen, die nicht in der Natur vorkommen. Mehr oder weniger große Mengen der applizierten Wirkstoffe gelangen direkt oder indirekt in die Böden, wo sie akkumuliert, abgebaut, verändert oder transportiert werden. Insbesondere Pestizide können über verschiedene Pfade (Verwehung, Oberflächenabspülung, Auswaschung) in die Hydrosphäre gelangen. Durch Auswaschungen sind humusarme und sandige Böden besonders gefährdet. Pestizide und ihre Abbauprodukte gefährden nicht nur die aquatischen und terrestrischen Ökosysteme, sondern über den Grundwasser-Trinkwasserpfad zunehmend auch die Menschen.

Verfahren zur nachträglichen Entfernung dieser Stoffe aus dem Trinkwasser sind erst zum Teil entwickelt, oft fehlen standardisierte Nachweisverfahren. In jedem Fall ist diese Art der Nachsorge extrem teuer und aus ökologischer Sicht nicht sinnvoll. Demgegenüber können angepaßte Methoden der standortgerechten, nachhaltigen und umweltschonenden Landbewirtschaftung (integrierter Pflanzenschutz, ökologischer Landbau, biologische Schädlingsregulierung: *Kasten 11*) die Belastung der Böden und Gewässer mit Pestiziden und anderen Stoffen deutlich vermindern oder gänzlich vermeiden (Vogtmann, 1985; Sattler und Wistinghausen, 1989).

Kontamination der Gewässer durch industrielle Nutzung

Viele der derzeitigen und ehemaligen Flächen von Produktionsstätten und Gewerbebetrieben sind mit einem breiten Spektrum an anorganischen und organischen Substanzen und deren Abbauprodukten belastet *(Altlasten)*. Die Kontamination von Böden und Gewässern entsteht dabei durch direkten Eintrag oder auch indirekt durch Deponierung von (Klär-)Schlämmen und Müll und durch Deposition von Schadstoffen über den Luftpfad. Durch Auswaschung von Stoffen aus den betroffenen Böden kann es zur zusätzlichen Kontamination von Oberflächen-, Sicker- und Grundwasser kommen (SRU, 1991; WM, 1992; WWI, 1994).

Zur Abwehr der unmittelbaren Gefährdung des Grundwassers sind verschiedene technische Verfahren zur Sicherung (z.B. Einkapseln der Altlast vor Ort, Abwehrbrunnen) oder zur Dekontamination (z.B. mikrobiologische Reinigung, Bodenwäsche, Wasser- und Bodenluftreinigung) entwickelt worden. Priorität muß in Zukunft aber die Vermeidung von wassergefährdenden Kontaminationen haben. Neben technischen Maßnahmen zur sicheren Fernhaltung ökotoxischer Stoffe aus den Böden ist insbesondere die Substitution dieser Stoffe und der entsprechenden Verfahren erforderlich, um die Stoffströme der Industriegesellschaft (den industriellen Metabolismus) bodenverträglich zu gestalten (zum „industriellen Metabolismus" siehe Ayres und Simonis, 1994).

1.3.1.2.2 Systemare Wechselwirkungen

Die genannten anthropogenen Prozesse treten in der Regel nicht isoliert auf; sowohl räumlich als auch zeitlich stehen sie in systemaren Zusammenhängen (Blume, 1992; Ripl, 1993). Exemplarisch sollen drei Beispiele kurz betrachtet werden:

Verstädterung und Infrastrukturausbau

Durch die zunehmende Verstädterung und den Ausbau der materiellen Infrastrukturen in den letzten Jahrzehnten kam es zu einer Eskalation der Verdichtung der Böden durch intensive Bautätigkeit, der Bodenversiegelung durch Überbauung, der Bodenversauerung durch Emissionen aus Industrie, Verkehr und Haushalten und der Kontamination der Böden durch industrielle und gewerbliche Nutzung (Tesdorpf, 1984; WWI, 1994). Hiervon gehen erhebliche Wirkungen auf die Hydrosphäre aus. Die längste Tradition haben diese Prozesse zwar in der nördlichen Hemisphäre, die zur Zeit rascheste Veränderung findet jedoch in den Metropolen der Südhemisphäre statt (siehe auch „São-Paulo-Syndrom").

Falls es nicht gelingt, die im Norden schon erkennbaren Lösungsstrategien wie z.B. „ökologischer Stadtumbau", „angepaßte Technologien", „Schließung von Wasserkreisläufen" rasch umzusetzen und auch für die entsprechende Anwendung im Süden praktikabel und akzeptabel zu machen, werden sich die entsprechenden Probleme ohne Zweifel sehr rasch global ausweiten (Oodit und Simonis, 1992).

Intensivierung der Bodenbewirtschaftung

Die flächenmäßig größten anthropogenen Bodenveränderungen und damit verbundenen Wasserbelastungen gehen von der Land- und Forstwirtschaft aus. Über diese negativen Auswirkungen liegen ausführliche Studien, auch mit globalem Bezug vor (u.a. SRU, 1991; Agrarbündnis, 1993; WWI, 1994; WM, 1992; FAO, 1993b; Nisbet, 1994).

Die Waldbewirtschaftung hat Anteil an mehreren boden- und wasserbeeinflussenden Prozessen, insbesondere: Lebensraumverlust, Erosion, Versauerung, Nitratauswaschung, Rückgang der Regelungsfunktion von naturnahen Wäldern für den Wasserhaushalt.

Die in vielen Wäldern der Tropen, aber auch in borealen Wäldern (Beispiel Kanada) praktizierte Holzernte per Kahlschlag hat erhöhte Folgen für den Stoff- und Wasserhaushalt. Diese Methode sollte weltweit gebannt und durch anerkannte ökologische Bewirtschaftungsmethoden ersetzt werden.

Die landwirtschaftliche Nutzung der in semiariden Gebieten zur Verfügung stehenden Flächen ist oft nur durch Bewässerung möglich. Damit verbunden ist eine schleichende Versalzung dieser Flächen mit einhergehenden Produktivitätseinbußen. Die zur Bewässerung benötigten Wassermengen werden zum Teil aus Tiefbrunnen gefördert; dieses zumeist fossile Wasser mit teilweise erheblichen Salzgehalten führt zu zunehmender Bodenversalzung und Übernutzung der Grundwasservorräte (Lowi, 1993; WM, 1992). Fortschrittliche, sparsame Bewässerungsmethoden und „Wasserernte" sollten breitere Anwendung finden und weiter entwickelt werden.

Überweidung

Intensive Tiermast, wie sie insbesondere in Mittel- und Westeuropa betrieben wird, durchbricht den Stickstoff-Kreislauf durch Futtermittelimporte und führt zu erheblichen Einträgen von Schadstoffen in die Böden und Gewässer. In semiariden Gebieten, in denen hauptsächlich Viehzucht betrieben wird, führt die Nutzung von Grundwässern durch Tiefbrunnen zu einer erhöhten, die Tragfähigkeit der Böden häufig übersteigenden Viehdichte. Dies bringt eine Abnahme der die Böden schützenden Vegetation mit sich, was wiederum zu einer Reduzierung der Grundwasserneubildungsrate und zu einer Erhöhung des Oberflächenabflusses mit Erosion führt. Letzteres kann auch durch Tierhaltung auf marginalen Böden und in Randertragslagen (siehe Kap. D 2.1) in ariden Regionen erfolgen und zur Desertifikation führen (Herkendell und Koch, 1991; vgl. *Kasten 21*).

1.3.1.2.3 Internationale Regelungen

Bisher gibt es kein eigentliches internationales Wasser- und Bodenrecht. Im Jahre 1966 legte die *International Law Association* (ILA) die „Helsinki-Regeln über die Verwendung des Wassers internationaler Flüsse" fest, die jedoch nicht völkerrechtlich verbindlich geworden sind. Die *International Law Commission* (ILC) legte 1991 den Entwurf einer Vereinbarung über die nicht-schiffahrtliche Nutzung internationaler Wasserläufe vor, die aber nicht in Kraft trat. Das gleiche gilt für die Konvention der „Seerechtskonferenz" von 1982, die noch nicht die erforderlichen Ratifizierungen erfahren hat. Die „Baseler Konvention" hat nicht direkt mit dem Thema zu tun, obwohl die Konsequenz aus ihrer Nichteinhaltung das Beziehungsgeflecht Gewässer-Böden sehr wohl berühren kann.

Darüber hinaus bestehen jedoch eine Vielzahl bi- und multilateraler Abkommen über Wassernutzungen und den Schutz bzw. die Reinhaltung internationaler Gewässer (vgl. *Tab. 15*). Mehrere internationale Organisationen (z.B. ECE, FAO, WHO) befassen sich mit den betreffenden Fragen; global auftretende Wasserprobleme werden dabei zumindest indirekt behandelt.

Im Jahre 1972 empfahl die erste UN-Konferenz über Umwelt und Entwicklung unter Punkt 51 des *Stockholm Action Plan* drei Prinzipien der wasserbezogenen internationalen Kooperation:

1. frühzeitige gegenseitige Information über geplante Maßnahmen mit grenzüberschreitenden Wirkungen;
2. bestmögliche Nutzung von Wasser und Vermeidung seiner Verschmutzung;
3. gerechte Verteilung der Nettonutzen hydrologischer Maßnahmen auf alle betroffenen Länder.

Auf der zweiten UN-Konferenz Umwelt und Entwicklung 1992 in Rio de Janeiro wurde in der AGENDA 21 ein eigenes Kapitel über Wasser (Kapitel 18) formuliert; auch die meisten anderen Kapitel dieses Aktionsplans nehmen Bezug auf Wasserfragen (WBGU, 1993).

Das Thema Böden wurde *nicht* in einem eigenen Kapitel, sondern mit konkreten Bezügen in *mehreren* Kapiteln behandelt. Besonderes Gewicht hatten dabei Themen, die den Zusammenhang von Böden und Gewässern betreffen: Die integrierte Planung und Bewirtschaftung von Landressourcen (Kapitel 10), die Bekämpfung von Entwaldung und Desertifikation (Kapitel 11 und 12), die nachhaltige Entwicklung von Berggebieten (Kapitel 13), die Förderung der nachhaltigen Landwirtschaft und der ländlichen Entwicklung allgemein (Kapitel 14). Direkte Bezüge zum Wasser und indirekt zum Boden finden sich auch in den Kapiteln 19 bis 21, die den Umgang mit giftigen Chemikalien, gefährlichen Abfällen und Klärschlamm betreffen.

Tabelle 15: Beispiele internationaler Regelungen zum Thema Böden und Gewässer

Regelung	Jahr
Nil-Abkommen (Ägypten/Sudan)	1959
Indus-Abkommen (Indien/Pakistan)	1960
Internationale Rheinschutzkommission (alle Anrainerstaaten)	1963
Europäische Wasser-Charta	1969
Stockholmer Aktions-Plan	1972
Londoner Dumping-Konvention	1972
Gemeinsame Senegal-Verwaltung (Mali/Mauretanien/Senegal)	1972
Pariser Übereinkommen über Meeresverschmutzung von Land	1974
Helsinki-Übereinkommen zum Schutz der Ostsee	1974
Ganges-Abkommen (Indien/Bangladesch)	1977 – 1988
Mar del Plata Aktionsplan	1977
UN-Konvention zum Schutz und zur Nutzung grenzüberschreitender Wasserläufe	1991

Quelle: WBGU

Globale Institutionen

Neben den etablierten internationalen Institutionen mit Aufgaben auch im Bereich Böden und Gewässer wie UNEP, FAO, WHO, WMO gibt es eine Reihe *nichtstaatlicher* Institutionen und Einrichtungen mit Ausrichtung auf globale Boden- und Wasserprobleme. Diese bestehen insbesondere im Forschungsbereich, wie etwa das *World Resources Institute* und das *Worldwatch Institute*, aber auch im Bereich der Wirtschaft. Ein Beispiel ist das *Stockholm Water Symposium* der Stockholmer Wasserwerke, das 1989 gegründet wurde, um Probleme der Ostsee, aber auch andere Wasserprobleme auf internationaler Ebene und multidisziplinärer Grundlage zu behandeln; seit 1990 finden jährlich Symposien statt, das letzte im August 1993 zum Thema schädlicher Stoffströme von Böden in Gewässer (Hanneberg, 1993).

Europäische Institutionen

Im europäischen Raum gibt es verschiedene wasserbezogene institutionelle Arrangements (Lauber, 1989; McCann und Appleton, 1993). Eine Anzahl von Rahmensetzungen mit programmatischem Charakter hat globalen Bezug, wie besonders die *European Water Charter* von 1969 und das daran anknüpfende *Freshwater Europe Action Programme*, dessen Schlußbericht an die Parlamentarische Versammlung des Europarates noch 1994 erwartet wird. Es setzt auf eine Stärkung der Regionalplanung, auf nachhaltige Entwicklung (*sustainable development*) und die Ablösung des kurativen Ansatzes durch die vorsorgende Vermeidung von Wasser- und Bodenbelastungen. Das erklärte Ziel ist, die Gewässer in Europa wieder so weit zu säubern, daß sie ohne vorherige Behandlung als Trinkwasser genutzt werden können. Daneben ist in der Europäischen Union eine Reihe von Richtlinien mit Bezügen zu Böden und Gewässern in Kraft, wie *Tab. 16* zeigt.

Tabelle 16: Regelungen der Europäischen Union zum Thema Böden und Gewässer

Regelung	Richtlinien-Nummer
Grundwasserrichtlinie (Punktquellenorientierung, keine Mengenbewirtschaftung, Aktionsprogramm und Novellierungsvorschlag der EG-Kommission auf Grundlage eines Symposiums („Ministerseminar") im November 1991 in Den Haag (22-Punkte-Programm zur umweltgerechten und dauerhaften Grundwassernutzung))	80/68/EWG
Trinkwasserrichtlinie (gegenwärtig in Revision, Anhörung September 1993 in Brüssel, Kontroverse um Anhebung der Pestizid-Grenzwerte und damit Verlagerung der Reinigungsanstrengungen (und -kosten) von der Seite der Pestizidhersteller und -anwender auf die Seite der Trinkwasseraufbereiter)	80/778/EWG
Richtlinie zum Schutz der Gewässer vor Verunreinigungen durch Nitrat aus landwirtschaftlichen Quellen	91/676/EWG
Richtlinie über die Behandlung kommunaler Abwässer	91/271/EWG
Richtlinie über das Inverkehrbringen von Pflanzenschutzmitteln	91/414/EWG
Richtlinie über die Gefahr schwerer Unfälle bei bestimmten Industrietätigkeiten	82/501/EWG auf der Basis 88/610/EWG
EG-Verordnung „Ökologischer Landbau"	91/2029/EWG

Quelle: WBGU

In Deutschland gibt es seit Ende der 80er Jahre konkrete Schritte zur Formulierung eines Bodenschutzkonzepts, das den engen Zusammenhang zwischen Böden und Gewässern berücksichtigt. Von dessen praktischer Umsetzung in einem Bodenschutzgesetz können signifikante Schutzwirkungen auf die Böden und auch auf die Gewässer und das Grundwasser ausgehen (BMI, 1985; Hübler, 1985; BMU, 1986; SenStadtUm, 1986; Zieschank und Schott, 1989); diese Umsetzung sollte – auch gegen eventuelle interessenbezogene Widerstände – alsbald erfolgen.

Forschungsthemen zum Zusammenhang von Böden und Gewässern

- Entwicklung von Konzepten aktiven Boden- und Gewässerschutzes auf internationaler Basis.
- Entwicklung von Kriterien der „kritischen Größen" von Wasser- und Winderosion und der Belastung der Böden mit Schwermetallen in Abhängigkeit von Bodennutzungen.
- Ermittlung des Einflusses der Pflanzendecken auf die Qualität und Quantität des Grundwassers, die Stoffbelastung der Böden und auf den Wasseraustausch mit der Atmosphäre.

- Entwicklung optimierter, dezentraler wassersparender Bewässerungssysteme für Entwicklungsländer.
- Ermittlung des Einflusses ökologischer Landbaumethoden auf Qualität und Quantität der Gewässer.
- Entwicklung pestizidfreier, ökologischer Anbaumethoden für nachwachsende Rohstoffe (wie Kokos, Sisal, Kapok, Hanf etc.) nach dem Vorbild des kontrolliert biologischen Anbaus.
- Entwicklung von standortgerechten Methoden und Verarbeitungsrichtlinien für ökologischen Landbau in Kooperation mit Institutionen in den Tropen und besonders in den von Desertifikation bedrohten Ländern.

1.3.1.3 Biosphäre und Böden

Aus der Biosphäre wurden beispielhaft die Teilbereiche biologische Vielfalt und Waldökosysteme zur Beschreibung der Wechselwirkungen mit den Böden ausgewählt. Unter biologischer Vielfalt (Biodiversität) werden die Anzahl und die Variabilität lebender Organismen sowohl innerhalb einer Art als auch zwischen den Arten und den Ökosystemen verstanden. Intakte Ökosysteme sind unentbehrlich für den Nährstoffkreislauf, die Regeneration der Böden und die Klimaregulation auf lokaler und regionaler Ebene (Solbrig, 1991; Perrings et al., 1992); auf die weitere Bedeutung der biologischen Vielfalt wurde im Gutachten des WBGU (1993) bereits hingewiesen.

Innerhalb der Biosphäre spielen die Waldökosysteme (Tropenwälder, boreale Wälder und Wälder der gemäßigten Breiten) auch aufgrund ihrer biologischen Vielfalt eine wesentliche Rolle. Unangemessene Waldnutzung und Änderungen der Landnutzungsform sind Ursachen für Bodendegradationen. Bei den Wäldern der mittleren Breiten besteht eine Wirkungskette in umgekehrter Richtung: anthropogene Einflußnahme auf das Bodenökosystem hat Beeinträchtigungen der Wälder zur Folge, bei den borealen Wäldern sind beide Einflußrichtungen zu beobachten. Das Problem der Tropenwaldvernichtung sowie die Waldschäden in den mittleren Breiten sind in beispielhafter Weise von einer Enquete-Kommission des Deutschen Bundestages dargelegt worden (Enquete-Kommission, 1990 und 1991) (siehe auch Kap. D 1.3.1.3.3).

Obwohl Böden eine wichtige Komponente aller terrestrischen Ökosysteme sind, werden sie oft als ein eigenes Ökosystem verstanden (Kuntze et al., 1981), in welchem zwischen abiotischem Bereich (Gestein, Boden, Klima) und biotischem Bereich (autotrophe Mikroorganismen und assimilierende Pflanzen als Produzenten, Mikroorganismen als Destruenten, Tiere und Menschen als Konsumenten) Beziehungen im Sinne eines dynamischen Gleichgewichtes bestehen. Zwischen den Böden und der biologischen Vielfalt bestehen enge Wechselwirkungen. Böden fungieren als Standort für Nutz- und Wildpflanzen, die aus dem Boden Nährstoffe und Wasser beziehen. Pflanzenwurzeln sind imstande, in kleinste Gesteinsritzen einzudringen und durch CO_2- und Säureeintrag die Verwitterung zu beschleunigen, die die erste Stufe der Bodenneubildung darstellt. Die die Böden bedeckende Vegetation stellt ihrerseits einen Schutz der Pedosphäre vor Erosion dar.

Die Böden sind aber auch Lebensraum für eine Vielzahl an Bodentieren und Mikroorganismen. Diese entnehmen den Böden lebensnotwendige Stoffe, sie tragen ihrerseits aber auch zur Aufrechterhaltung der Bodenfruchtbarkeit bei. Dafür ist vor allem die organische Substanz in den Böden verantwortlich (Potter und Meyer, 1990), die durch Bodenorganismen mineralisiert wird; gleichzeitig sorgen Bodenorganismen durch ihre Aktivität für die Bodendurchlüftung (Ehrlich und Ehrlich, 1992).

Die jeweilige Artenvielfalt hängt von einer Reihe von Faktoren ab. Neben geographischen (Breitengrad) und biologischen Faktoren (Umfang der Prädation, Grad der Konkurrenz) spielen die klimatische Variabilität, die physische und chemische Heterogenität und die Größe eines Habitats eine Rolle (Begon et al., 1991). Allgemein wird angenommen, daß günstige, das Wachstum fördernde Umweltbedingungen eine größere Artenvielfalt induzieren. Die Nettoprimärproduktion (NPP) eines Ökosystems kann von derjenigen Ressource oder dem Faktor (Licht, Temperatur, Wasser, Länge der Wachstumsperiode) abhängen, welche das Wachstum am stärksten begrenzt. Ein Anstieg der NPP ist meist bei besserer Versorgung mit wichtigen Nährstoffen wie Stickstoff, Phosphor und Kalium festzustellen.

Biologische Vielfalt kann aber sehr wohl auch mit Mangelbedingungen verbunden sein. So befinden sich Pflanzengesellschaften wie die Fynbos in Südafrika und die Buschheiden Australiens, die als artenreich gelten, auf sehr nährstoffarmen Böden. Die in der Nähe befindlichen Lebensgemeinschaften auf nährstoffreicheren Böden sind dagegen artenärmer. Vermutlich ist die Artenvielfalt bei einem mittleren Grad an Nährstoffversorgung am höchsten. So konnte die größte Diversität von Bäumen in den Wäldern Malaysias bei mittleren Phosphor- und

Kaliumkonzentrationen nachgewiesen werden. Ein Verlust an biologischer Vielfalt ist in erster Linie auf die durch die Ausweitung menschlicher Aktivitäten hervorgerufene Zerstörung bzw. Fragmentierung von Lebensräumen, auf die Übernutzung der natürlichen Ressourcen, auf zunehmende Schadstoffbelastung und auf unangemessene Einbringung nichtheimischer Pflanzen- und Tierarten zurückzuführen (UNCED, 1992; Ehrlich, 1992).

1.3.1.3.1 Landnutzungsänderungen und biologische Vielfalt

Landnutzungsänderungen, wie Versiegelung und Zersiedelung, der Kahlschlag von Waldbeständen oder die Schaffung von Viehweiden sowie der Abbau von Rohstoffen haben meist negative Folgen für die Böden − und mittelbar für die biologische Vielfalt.

Versiegelung liegt vor, wenn z.B. durch Überbauung oder Aufbringung von Beton, Asphalt und Pflaster der Austausch zwischen den Böden und der Hydro-, der Atmo- und der Biosphäre verhindert wird. Zersiedelung bedeutet, daß eine Landschaft fragmentiert wird. Im Hinblick auf die Bodenversiegelung ist grundsätzlich von gravierenden Auswirkungen auf die Pflanzenwelt auszugehen (Schulte, 1988). Zudem verändern Trockenstreß und Aufheizung die Biomasseproduktion von Pflanzen sowie das Artengefüge in Richtung licht- und wärmeliebender Arten. Die Lebensräume werden verkleinert und zerschnitten, „Minimal-Lebensräume" nehmen zu.

Durch den zunehmenden Einsatz von Pflanzenbehandlungs- und Düngemitteln erhöhen sich die physikalischen und chemischen Belastungen für Pflanzen und Pflanzengemeinschaften. Das hat das Aussterben spezialisierter Arten und die Begünstigung von nicht spezialisierten Arten zur Folge. Zahlreiche Schadstoffe haben eine resistenz- und sippenbildende Wirkung auf Pflanzen.

Auch auf die Fauna wirkt sich die fortschreitende Versiegelung der Böden negativ aus (Söntgen, 1988). Mit zunehmendem urbanen Belastungsdruck wird ein Rückgang der lebensraumtypischen Arten auffällig. Dagegen treten Arten, die als ökologisch anspruchslos und damit unempfindlich einzustufen sind (Pionierarten, Ubiquisten), immer mehr in den Vordergrund. Schließlich wird das ursprüngliche Spektrum durch angepaßte Arten überlagert. Bei vielen Tierarten zeigen sich deutliche Abweichungen in der Populationsdynamik. Mit zunehmender urbaner Beeinträchtigung treten die Ubiquisten in hohen Individuendichten auf. Sie erreichen Dominanzwerte bis zu 80%, wie sie charakteristisch für stark belastete Ökosysteme sind. Fragmentierung behindert die Ausbreitung und innerhalb isolierter Populationen wird schließlich eine genetische Drift verursacht.

Es gibt aber auch im urbanen Bereich noch Flächen (z.B. Friedhöfe), die die Ansprüche von Pflanzen und Tieren an ihre Lebensräume erfüllen (Sukopp und Wittig, 1993). Die Schädigung von Bodenlebewesen und ihrer Interaktionen finden nicht nur in Ballungsräumen sondern auch in ländlichen Bereichen statt. Bestimmte landwirtschaftliche und gärtnerische Nutzungen haben häufig eine sehr hohe biologische Ausschlußwirkung (Wirth, 1988).

1.3.1.3.2 Landwirtschaft, Bodennutzung und biologische Vielfalt

Von besonderer Bedeutung für die biologische Vielfalt war und ist die Landwirtschaft. Landwirtschaftlich genutzte Flächen wiesen in der Vergangenheit Biotope mit sehr heterogen zusammengesetzten Biozönosen auf. Diese bestanden aus Wildpflanzen, einer Vielfalt an Insekten und anderen Tierarten sowie der standortfremden Kulturart, die ebenfalls mit ihrer Begleitflora und -fauna auftrat. In den vergangenen Jahrhunderten ist so eine Vielzahl von Kulturarten in den jeweiligen Anbaugebieten heimisch geworden.

In der jüngsten Vergangenheit wurden agrarische Ökosysteme dagegen zu einseitig unter wirtschaftlichen Aspekten, d.h. der Ertragsmaximierung in möglichst kurzen Zeiträumen, betrachtet (Lugo et al., 1993). Dies war mit der Auflösung kleinräumiger Strukturen zugunsten größerer Feldschläge, mit einer fortschreitenden Artenverarmung durch einseitige Fruchtfolgen und mit hohen Gaben an Dünger bzw. Pflanzenbekämpfungsmitteln verbunden. Infolge intensiver agrarischer Nutzung wurde die Bodenfruchtbarkeit beeinträchtigt. So nimmt die Landwirtschaft unter den Wirtschaftszweigen eine Sonderstellung ein, da sie gleichzeitig sowohl Umweltveränderungen verursacht, als auch von ihnen betroffen wird.

Die Regelungsfunktion von Ackerböden wird bis in die heutige Zeit durch übermäßige Stoffzufuhr überfordert. Durch den erhöhten Stoffdurchsatz entwickeln sich diese Böden zur Quelle für Umweltbelastungen. Daraus ist

1.3.1.3 Biosphäre und Böden

ein gravierender Konflikt entstanden: Einerseits ist die intensive Landwirtschaft notwendig, um den weltweit erforderlichen Bedarf an Nahrungs- und Futtermitteln sowie Rohstoffen zu decken (Kühbauch, 1993), andererseits hat sich die Landwirtschaft zu einem Hauptverursacher von Artenschwund und Biotopzerstörung entwickelt (Konold et al., 1991). So muß in den von Mangelernährung und Hunger betroffenen Gebieten (Afrika, Indien) eine intensivere Landnutzung mit angepaßten Methoden erfolgen, während in den mittleren Breiten von einer übermäßigen Intensivierung der Landwirtschaft abzugehen ist, zugunsten einer standortgerechten, nachhaltigen und umweltschonenden Landbewirtschaftung, die weitgehend auf umweltbelastende Chemikalien verzichtet und zum Erhalt bzw. zur Wiederherstellung der Artenvielfalt beiträgt.

Biologische Vielfalt ist auch zur Aufrechterhaltung der Stabilität von agrarischen Ökosystemen erforderlich. Über die Messung der biologische Vielfalt besteht jedoch Unklarheit. Die überall auf der Welt angelegten Monokulturen (Tropen: Kaffee-, Bananenplantagen; Amerika und Europa: Getreide, Mais) sowie einseitige Fruchtfolgen führen zu einer einseitigen Veränderung der Organismengesellschaften des Bodens, zu einer Zunahme an sortentypischen Krankheitserregern, zur Beeinträchtigung des Wasserhaushaltes sowie zur Anreicherung von biogenen toxischen Stoffen, die häufig das Wachstum der kultivierten Art selbst hemmen (Geisler, 1988). Zum Ausgleich werden höhere Gaben an Mineraldünger und Pflanzenbehandlungsmitteln verabreicht, die die Böden zusätzlich belasten und die natürliche Symbiose zwischen Pflanzenwurzeln und Mikroorganismen stören können (Klötzli, 1989).

Mangel an Nährstoffen führt ebenso wie ein Überangebot zu einer Änderung der biologischen Vielfalt. So werden durch Überangebot von Stickstoff vor allem die Dominanzverhältnisse der Arten im Ökosystem verändert (Mahn et al., 1988). Die Deckungsgrade der Kulturarten steigen im allgemeinen mit der Zunahme der Intensität der Düngung und des Pflanzenschutzes. Die Artenzahlen und Deckungsgrade der Wildpflanzenbestände hingegen sinken mit Zunahme der Düngungs-, Pflanzenschutz- und Fruchtfolgeintensität (Braun, 1991). Je intensiver die Bewirtschaftung eines Ackers ist, d.h. je besser die Bedingungen für die Kulturpflanzen gestaltet werden, und je mehr Raum diese einnehmen, um so artenärmer wird der Bestand (Hanf, 1986). Das ist ein typisches Merkmal der intensiven Landwirtschaft. Tierpopulationen (z.B. Heuschrecken, Raubarthropoden) reagieren auf Überdüngung mit einer Abnahme der Individuendichte (van Wingerden et al., 1992; Basedow et al., 1991). Bauchhenß (1991) stellte einen Rückgang der Arten- und Individuendichte auch bei Bodentieren fest.

Das Konzept der „differenzierten Boden- bzw. Landnutzung" (Haber, 1992) bekräftigt den Vorrang landwirtschaftlich intensiver Nutzung in Gebieten mit hochwertigen, fruchtbaren Böden. Grundlage dieses landschaftsökologischen Landnutzungskonzeptes ist die räumliche und auch zeitliche Differenzierung der Nutzungen und der Nutzflächen, die eine gewisse Vielfalt von Nutz-Ökosystemen herbeiführt und damit auch zur Struktur- und Artenvielfalt beiträgt. Eine wichtige Bedeutung kommt hierbei dem landwirtschaftlichen Wegenetz und den Schlaggrößen zu. Durchschnittlich 10% der landwirtschaftlichen Nutzfläche sollten als naturnahe Biotopflächen belassen werden, die miteinander verbunden sein müssen (biologische Korridore), um den Erhalt der darin lebenden Pflanzen- und Tierarten zu sichern.

Das System „Integrierter Pflanzenbau" kann zur Verringerung von Belastungen beitragen, insbesondere im Bereich der Bekämpfung von tierischen Schädlingen (Knauer, 1991). Dazu ist eine möglichst gezielte Förderung der natürlichen Gegenspieler dieser Schädlinge notwendig, was nur gelingt, wenn die Lebensbedingungen für die Nützlinge optimiert werden. Notwendig ist ein ausreichendes Netz an Teillebensräumen mit geeigneten Bedingungen, wie es artenreiche Hecken und Feldraine darstellen.

In heutiger Zeit wird allmählich abgegangen von der Vernichtung sämtlicher „Unkräuter" bzw. Schädlinge. Es wird zunehmend mit dem sogenannten „Schadschwellenkonzept" gearbeitet, nach dem die Bekämpfung unerwünschter Konkurrenten zu den Kulturarten erst nach Überschreiten einer bestimmten, artspezifischen Schwelle einsetzt. In jüngerer Zeit ist auch in der Bevölkerung ein gewisser Sinneswandel zu beobachten. So wird z.B. statt von „Unkräutern" von „Wildkräutern" gesprochen (Holzner, 1991), die durchaus ihre Berechtigung auch in der Agrarlandschaft haben. Es werden Ackerrandstreifen und Ackerraine mit einer Vielzahl einheimischer Pflanzenarten angelegt, die vielen Tieren Schutz bieten und für Nistplätze usw. sorgen. Ackerrandstreifenprogramme sollen die Bauern zur Anlage derartiger Biotope bewegen (Vieting, 1988; Klingauf, 1988; Raskin et al., 1992).

Eine extensive Bewirtschaftung wirkt sich positiv auf die Artenvielfalt aus. Die Zunahme des Humusgehalts, artenreichere Fruchtfolgen, geringere Stoffeinträge und die Reduzierung der Bodenbearbeitung führen zur Artenanreicherung der Ackerunkraut- und Grünlandgesellschaften (Müller et al., 1987; Elsäßer und Briemle, 1992). Durch Wiederherstellung einer artenreicheren Flora wird auch eine artenreichere Fauna begünstigt. Die dadurch begünstigten Freßfeinde der Schadinsekten können ebenfalls zur Vermeidung von Schädlingsbefall beitragen. Der alternative Landbau trägt aufgrund seiner weitgehend geschlossenen und an die natürlichen Kreisläufe angenäherten Betriebskreisläufe zum Bodenschutz und zur Erhaltung der Arten und Lebensgemeinschaften bei (Necker, 1989). Angesichts des gegenwärtigen Zwangs zur Stillegung landwirtschaftlicher Produktionsflächen wird die Verknüpfung mit dem Schutz der Pflanzen- und Tierwelt und der Sicherung der Funktionen des Naturhaushalts als besonders lohnend angesehen (Haber und Duhme, 1990). Es besteht die Möglichkeit, Landschaften dort ökologisch aufzuwerten, wo dies wegen der gegebenen Überlastung notwendig ist, und schließlich ein Verbund- und Vernetzungskonzept „Naturschutz" aufzubauen.

1.3.1.3.3 Waldnutzung und Bodendegradation

Der weltweite erosionsbedingte Verlust von Acker- und Weideland und die Degradation von Böden werden – zusammengefaßt – auf Überweidung (35%), Rodung (30%), Ackerbau (28%), Übernutzung (7%) und industrielles Einwirken (1%) zurückgeführt (Oldeman et al., 1991). Waldnutzung allein in Form der Rodung ist mit einem Anteil von 30% folglich eine der Hauptursachen von Erosionsschäden.

Die seit Mitte dieses Jahrhunderts stattfindenden Waldzerstörungen und durch sie ausgelöste Bodenverluste und Bodenschäden sind nicht mehr regional begrenzt, sondern erstrecken sich erstmals in der Geschichte der Menschheit zeitgleich über die tropischen Wälder Südamerikas, Afrikas, Asiens, die Bergwälder südlich des Himalaya und nicht zuletzt die borealen Wälder (Herkendell und Koch, 1991). Es wird erwartet, daß der Rodungsdruck auf die Wälder auch in Zukunft noch ansteigt (Cleaver und Schreiber, 1992) und damit auch die Probleme der Bodenzerstörung an Tragweite zunehmen.

Verlust und Degradation von Böden sind auf verschiedene Formen der Waldnutzung zurückzuführen (WRI, 1992; WBGU, 1993), die den folgenden Bereichen zugeordnet werden können:

- *Eingriffe* in das Waldökosystem: wirtschaftliche Nutzung, Übernutzung (Raubbau, Verhinderung der natürlichen Regeneration), Mechanisierung und Chemisierung der Forstwirtschaft, Anbau von Monokulturen, Zerschneidung von Waldflächen durch Siedlungen und Straßen.
- *Vernichtung* des Waldökosystems: Rodung (Brandrodung, Abholzung).
- *Umwandlung* des Waldökosystems: Landnutzungsänderungen (Einführung von Agrar- und Weidewirtschaft, Versiegelung).

In der Regel wird dem Bodenerhalt als einer Funktion der Waldnutzung kein eigenständiger Wert beigemessen (Routledge, 1987). Einige der genannten Waldnutzungsformen (z.B. die wirtschaftliche Nutzung) sind nicht per se als wald- bzw. bodenzerstörend einzustufen, sondern häufig nur unangemessen angesichts der spezifischen Bedingungen einzelner Vegetationszonen („nicht angepaßte" Formen der Waldnutzung) (Millikan, 1992; Jones und O'Neill, 1991; Cook und Grut, 1989). Andere, wie der Raubbau, sind von Nachteil für jedes Waldökosystem der Erde.

Das Hauptproblem besteht in der fortdauernden *Rodung von Waldgebieten in den tropischen und subtropischen Klimazonen*. Durch die Waldzerstörung und die sich häufig anschließende unangepaßte Nutzung geht die Schutzfunktion des Waldes für den Boden verloren. Relativ schnell sind Nährstoffverluste festzustellen, es folgen Erosion und die Beeinträchtigung bzw. Zerstörung der Regelungsfunktion des Bodens im Naturhaushalt, insbesondere des Wasserhaushalts. Auch in den Ländern der gemäßigten Breiten sind unangemessene Formen des Umgangs mit bewaldeten Flächen eine Ursache für den Verlust produktiven Bodens, man denke etwa an die Auswirkungen von Bränden in vielen Mittelmeerländern. In vielen OECD-Ländern werden breit angelegte Wiederaufforstungsprogramme zur Bekämpfung von Erosion durchgeführt.

Moderne Formen der nicht-forstlichen, landwirtschaftlich orientierten Landnutzung (Landnutzungsänderungen) sind auf vielen tropischen Waldböden chancenlos *(Abb. 19)* (Anderson, 1990). Die tropischen Regenwälder sind zwar weltweit einzigartig hinsichtlich ihres Artenreichtums und ihrer Komplexität, gleichzeitig handelt es sich aber in weiten Bereichen um die nährstoffärmsten aller Waldböden. In diesen tropischen Wäldern dient das sehr dichte und oberflächennahe Wurzelwerk in erster Linie der Fixierung der Bäume im Boden, weniger der Nährstoffaufnahme; die oberflächliche Vegetation lebt in einem nahezu geschlossenen Nährstoffkreislauf: „Der Urwald lebt de facto nur auf, nicht aus dem Boden" (Herkendell und Koch, 1991). Selten ist die Umweltzerstörung gleichzeitig so gravierend, der Wirkungszusammenhang so offensichtlich und der Schadenseintritt so kurzfristig wie im Fall der Rodung der tropischen Regenwälder.

Eine besondere Problematik birgt die *Zerstörung von Bergwäldern*, die oft als Wassereinzugsgebiete fungieren, da durch Erosion und Ablagerung von Boden- und Geröllmaterial auch die tiefergelegenen Ebenen betroffen sind. Eine der am stärksten betroffenen Regionen sind die südlich des Himalaya gelagerten Bergregionen und Tiefländer (Blaikie, 1985). „In den Tieflandebenen Pakistans, Indiens und Bangladeschs sind 400 Mio. Menschen völlig

---

Kasten 14

Entwaldung und Bodendegradation in Costa Rica

Entwaldung global
Offene und geschlossene Wälder bedecken heute noch fast 30% der Landfläche der Erde (Sharma, 1992). Während die tropische Entwaldungsrate sich im Laufe der 80er Jahre von 11,3 Mio. ha auf 17 Mio. ha pro Jahr erhöht hat, ist in den temperaten und borealen Regionen insgesamt keine Abnahme des Waldbestands mehr zu verzeichnen; die Rodungsphase liegt bereits länger zurück. Lateinamerika hat den größten Anteil an der Vernichtung tropischer Wälder (WRI, 1992).

Ursachen der Entwaldung in den Tropen:
Verantwortlich für die Entwaldung ist die unangepaßte Landnutzung, vor allem die Gewinnung landwirtschaftlicher Flächen, die Überweidung von offenen Wäldern, die Brennholzgewinnung und die kommerzielle Holzwirtschaft. In den Tropen sind 2,5 Mrd. Menschen von den Wäldern als natürlicher Ressource für Güter und Dienstleistungen abhängig (Sharma, 1992). Die wichtigsten Verursachungsfaktoren der waldvernichtenden Landnutzung sind sowohl ein Markt- als auch Politikversagen, wie z.B. die fehlende Berücksichtigung der Umweltkosten, die Förderung waldzerstörender Aktivitäten aber auch der steigende Flächenbedarf für die Versorgung der zunehmenden Bevölkerung.

Folgen der Entwaldung in den Tropen
In Folge der Entwaldung kommt es zu verschiedenen Formen der Bodendegradation, zum Verlust an biologischer Vielfalt, zu Veränderungen des lokalen und unter Umständen auch des globalen Klimas, zu Störungen des hydrologischen Kreislaufs, besonders in Wassereinzugsgebieten sowie zum Verlust des Lebensraumes der betroffenen Bevölkerungsgruppen. Mittelamerika hat mit ca. 24% den weltweit höchsten Flächenanteil, der infolge der Entwaldung von mittlerer bis extremer Bodendegradation betroffen ist (WRI, 1992).

Entwaldung in Costa Rica
Ursprünglich war Costa Rica zu fast 100% waldbedeckt mit einer natürlichen Vegetation, die aus tropischen Regen-, Trocken-, Nebel- und Bergwäldern besteht. 1940 waren noch 67% des Landes, zu Beginn der 90er Jahre nur noch 17% waldbedeckt (Hall und Hall, 1993).

Ursachen der Entwaldung in Costa Rica
Ganz eindeutig ist in Costa Rica der Landbedarf, vor allem für kommerzielle Aktivitäten, Hauptursache der rapiden Entwaldung, nicht der Holzbedarf (vgl. auch Lutz und Daly, 1990). Der Holzbedarf kann größtenteils aus den bei Rodungen anfallenden „Abfällen" gedeckt werden. Diese Rodungen erfolgen vor allem zur (staatlich subventionierten) Gewinnung landwirtschaftlicher Nutzfläche. Anders als für Holz besteht für landwirtschaftliche Produkte ein aufnahmefähiger Markt, auch im Export.

Landwirtschaft:
Weideflächen machen inzwischen 70% der landwirtschaftlichen Nutzfläche von Costa Rica (O'Brian und Zaglitsch, 1993) oder 44% der Landfläche (1984) aus (Lutz und Daly, 1990). Rindfleischproduktion zum Export,

d.h. zur Erwirtschaftung von Devisen, ist dabei die Haupttriebkraft. Fördernd wirken der geringe Arbeitskräfte- und Kapitalbedarf im Vergleich zu anderen Landkultivierungen und der besondere Status der Viehzüchter in der Gesellschaft. Zudem spielt die Umwidmung von Wald in Ackerflächen eine Rolle. Ausweitungen der Ackerflächen erfolgen wegen des steigenden Nahrungsmittelbedarfs der schnell zunehmenden Bevölkerung sowie wegen der gleichzeitigen Produktivitätsverluste auf bestehenden Ackerflächen. Darüber hinaus besteht ein großer Flächenbedarf für den Anbau von Cash Crops (Devisenerwirtschaftung), wie vor allem Bananen, Kaffee und in geringerem Maße Zuckerrohr.

Holz- und Waldwirtschaft:
Die Nutzung von Holz erfolgt vor allem als Brennholz und für industrielle Zwecke. Durch ineffiziente Weiterverarbeitung gehen bei letzterer nach Schätzungen 60% des geschlagenen Holzvolumens verloren. Die Holzwirtschaft von Costa Rica hatte bis etwa 1968 ausbeuterischen Charakter. Erst seither gibt es eine gesetzliche Regulierung des Einschlages. Diese Kontrolle ist jedoch unzureichend, der illegale Holzeinschlag ist etwa genauso groß wie der legale. Es fehlt an Personal zur Durchsetzung der Regelungen sowie an Interesse in der Bevölkerung zum Walderhalt – „unordentlicher Naturwald" gilt als minderwertig gegenüber dem „aufgeräumten Kulturland". Darüber hinaus sind Wirtschaftswälder ausschließlich in Privatbesitz, so daß ihre Nutzung weitgehend Privatsache ist. Dabei fehlen vielfach wirtschaftliche Anreize für nachhaltige Waldbewirtschaftung. Die Holzpreise im Inland und auf den Exportmärkten sind sehr niedrig. Die Produktion des Forstsektors in Costa Rica ist entsprechend in den letzten 30 Jahren von 5,9% auf 3,5% des BSP gefallen (Sharma, 1992). Ein weiterer wichtiger Aspekt ist der Zusammenhang zwischen Verkehrserschließung und Entwaldung: in Costa Rica sind diese eng korreliert, grundsätzlich ist sehr wenig Wald in der Nähe von Transportkorridoren verblieben (Brown, 1993). Die letzten größeren zusammenhängenden Naturwaldreste sind in verkehrsmäßig unerschlossenen Regionen, wie in Talamanca und auf der Osa Halbinsel, zu finden.

Folgen der Entwaldung in Costa Rica
In Costa Rica finden sich alle bekannten Degradationsphänomene: Erosion, physikalische und chemische Bodendegradation. Bodenerosion ist wegen des starken Reliefs und hoher, intensiver tropischer Niederschläge ein häufiges Problem nach Vegetationsverlusten (Entwaldung). Dies gilt vor allem auf der Pazifikseite des Hochlandes. Mehr als 60% des Landes sind nur mit Waldbedeckung dauerhaft stabil (Repetto, 1991).

Die *Erosion* wird nach der Umwandlung in landwirtschaftliche Flächen durch unangepaßte Landnutzung, wie Überweidung, Anlage von Monokulturen mit unzureichender Bodenbedeckung, fehlende Erosionsschutzmaßnahmen und Abbrennen der Vegetationsreste am Ende der Trockenzeit verstärkt. Schätzungen gehen von 680.000 t aus, die jährlich von landwirtschaftlichen Flächen abgespült werden (Coseforma, 1993). Folgen der Bodenerosion sind Produktivitätsverluste in der Landwirtschaft, Schäden an Ökosystemen, Verlust an Biodiversität und touristischem Wert, Ablagerungen des abgespülten Oberbodens in Stauseen, wo sie Volumenverluste (Einschränkungen des Hydroelektrizitäts-Potentials) bewirken, sowie in Korallenriffen und Mangroven, wo sie Verluste an biologischer Vielfalt und Störungen der Fischereiwirtschaft verursachen.

Physikalische Degradation: Verdichtung der Böden und Strukturzerstörung erfolgen in Costa Rica besonders aufgrund von Viehtritt auf den Weiden und unangepaßten Bearbeitungsmethoden auf den Anbauflächen (z.B. Maschineneinsatz), insbesondere bei Niederschlägen oberhalb 3000 mm und bei entsprechend nassen Böden.

Chemische Degradation: In Costa Rica kommt es zu Nährstoffverlusten durch Auswaschung und Ernteentnahmen sowie zu Kontamination durch unkontrollierten und übermäßig hohen Pestizideinsatz, vor allem auf Monokulturflächen. Als Folge der chemischen Bodendegradation sind Austräge von toxischen Substanzen in benachbarte Systeme, z.B. Grundwasser, Flüsse und Meere zu beobachten.

Maßnahmen zum Bodenschutz in Costa Rica
Geeignet erscheinen insbesondere die folgenden Maßnahmen:
- Einrichtung von Schutzgebieten, vor allem für noch bestehende Wälder.
- Nachhaltige Landwirtschaft, auch Agroforstwirtschaft, d.h. schonende Intensivierung auf bereits bewirtschafteten Flächen.

1.3.1.3 Biosphäre und Böden

> - Nachhaltige Wald- und Holzwirtschaft, auch neue schonende Nutzungsformen wie Ökotourismus, Medizinalpflanzen etc.
> - Wiederaufforstungen von Weideflächen (Sekundärwälder), Plantagen und Windschutzstreifen.
>
> Für alle diese Maßnahmen sind jedoch geeignete sozioökonomische und politische Rahmenbedingungen erforderlich. Dazu gehören:
> - Landnutzungsplanung und Umweltgesetzgebung.
> - Umweltinformation und -erziehung.
> - Partizipation der betroffenen Bevölkerungsgruppen an der Landesplanung.
> - Verbesserung der ökonomischen Attraktivität der Holzwirtschaft, bzw. allgemein ökonomische Anreize zur nachhaltigen Landnutzung.
> - Abnahme des Druckes zur Produktion von *Cash Crops* auf ungeeigneten Flächen.

davon abhängig, wie 64 Mio. ihr Land nutzen" (Enquete-Kommission, 1991). So sind die Bergwälder Nepals zwischen 1960 und 1980 etwa um die Hälfte reduziert worden. Verstärkt durch ungünstige natürliche Bedingungen verliert Nepal jährlich durch Erosion etwa 240 Mio. m³ Boden, der in Richtung Indien abgeschwemmt wird. Erhöhte Wassermengen und die Sedimentfracht führen wiederum in Indien zu stärkeren und unkalkulierbaren Überschwemmungen mit erheblichen Verlusten an Menschenleben, mit Zerstörung von Siedlungen, Ernten und Viehbeständen. Die durch Überschwemmungen gefährdete Fläche hat sich seit den 60er Jahren mehr als verdoppelt. Ähnliche Probleme bestehen auf den Philippinen, in China und Mittelamerika sowie in den Gebirgsausläufern der Anden von Argentinien über Kolumbien bis Venezuela.

In den *borealen Wäldern* Rußlands und Kanadas sind großflächige Kahlschlagvorhaben mit zunehmenden Rodungsraten das Hauptproblem (Diem, 1987; Rosencranz und Scott, 1992); von den absoluten Flächen her als auch hinsichtlich des Rodungstempos sind die Dimensionen dabei ähnlich besorgniserregend wie bei der Zerstörung tropischer Wälder. In Nordamerika werden heute bereits mehr Waldflächen durch Kahlschlag vernichtet als im brasilianischen Regenwald. Verluste an Artenreichtum, Veränderungen des Mikroklimas und des Wasserhaushaltes sowie Auswirkungen für das Bodenökosystem sind die Folgen. Im einzelnen führt der weiträumige Wegfall der Vegetationsdecke durch die stärkere Sonneneinstrahlung zu einer zunehmenden Erwärmung des Bodens, die Schneedecke taut schneller ab und die sommerliche Auftauzone in Permafrostgebieten dehnt sich aus. Weiterhin sind ein verstärkter Abbau der Humusauflage und eine schnellere Freisetzung der gespeicherten Nährstoffe die Folge. Die verringerte Infiltrationsrate führt zu einem stärkeren Oberflächenabfluß. Die gesunkene Wasserspeicherkapazität verursacht Erosionsschäden und Versumpfung weiter Teile des Bodens. Die Tundra dehnt sich tendenziell zu Lasten bewaldeter Fläche aus. Schließlich kommt es durch den Einsatz von Ernte- und Transportfahrzeugen zu Verdichtungen und Zerstörungen der Bodenstruktur.

Ein besonderes Problem sind Flächenrodungen an den Berghängen etwa in den Wäldern Nordamerikas. So sind im nördlichen Kalifornien, in Oregon, in den Regenwäldern des Bundesstaates Washington oder im benachbarten British Columbia ganze Berge gerodet worden, wodurch starke Erosionsschäden, teilweise in Form von Erdrutschen, auftreten. Trotz vieler regional besorgniserregender Auswirkungen auf die Pedosphäre scheint es sich jedoch nicht um Bodendegradation und -verluste in einem mit den tropischen Zonen vergleichbaren Ausmaß zu handeln.

Dauervegetationen, wie der Wald, verhindern weitgehend die Belastung des Grundwassers mit Nitrat. Nach Waldrodungen verbleibt oftmals ein großer Teil organischer Substanz im Boden, die im Laufe der Zeit zersetzt wird, der Nitrateintrag ins Grundwasser steigt. In vielen Fällen führt die Zerstörung von Waldbeständen mit ihren Konsequenzen für die Temperatur- und Niederschlagsverhältnisse und die Energieversorgung zur Verschlechterung der ökologischen und sozioökonomischen Situation in der Region. So hatte etwa die Holzknappheit in der Sahelzone zur Konsequenz, daß zunehmend Dung als Brennstoff verwendet wurde, der dann als Pflanzendünger fehlte, was neben anderen Faktoren zur Verödung weiter Flächen beiträgt (siehe auch Kap. D 2.1). Auf diese Weise gehen jährlich große Flächen fruchtbaren Bodens verloren, oder die Nutzung wird unwirtschaftlich. Dies geschieht oftmals genau in jenen Regionen, in denen wegen der exponentiellen Bevölkerungszunahme, allein um das gegenwärtige Versorgungsniveau zu halten, ein enormer zusätzlicher Bedarf an landwirtschaftlicher Produktionsfläche besteht.

Abbildung 19: Ertragsabfall auf tropischen Waldböden

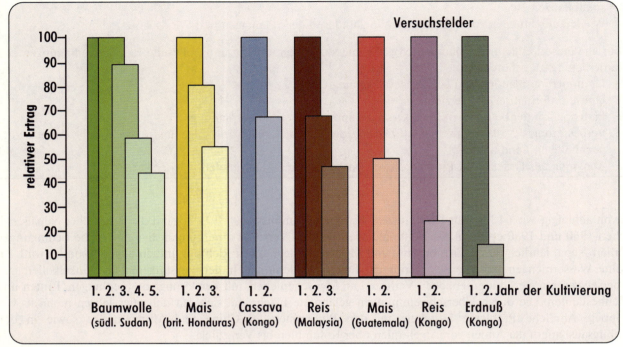

Quelle: Mückenhausen, 1973

1.3.1.4 Bevölkerung und Böden

Globale Umweltveränderungen sind nach Art und Ausprägung oftmals das Ergebnis der Wechselbeziehung zwischen demographischer und pedosphärischer Entwicklung: Hohes Bevölkerungswachstum übt einerseits massiven Druck auf die Bodenfunktionen aus, andererseits löst die dadurch hervorgerufene Bodendegradation zusätzliche Migrationen und Urbanisierungsprozesse aus, wodurch es zu zusätzlichen Überbelastungen der Böden an anderer Stelle kommen kann.

Je höher das globale Bevölkerungswachstum, desto größer sind die Ansprüche, die an die Bodenfunktionen gestellt werden. Für eine Abschätzung der globalen Bodendegradation als Folge des Zusammenwirkens von Bevölkerungswachstum, Migration und Urbanisierung sind die aktuellen demographischen Entwicklungstrends von großer Bedeutung.

1.3.1.4.1 Zur demographischen Entwicklung

Für das Jahr 1994 läßt sich feststellen, daß sich die im Jahresgutachten 1993 beschriebenen Trends des globalen Bevölkerungswachstums nicht verändert haben. So hatten die von der Konferenz der Vereinten Nationen über Umwelt und Entwicklung in Rio de Janeiro (UNCED) 1992 ausgehenden politischen Beschlüsse und Aktionsprogramme innerhalb der kurzen Zeitspanne noch keine spürbaren Auswirkungen auf das Bevölkerungswachstum und dessen räumliche Verteilung. Die neueren Fachberichte belegen vielmehr, daß sich die mittelfristigen Prognosen der Weltbank bzw. des UNPD bezüglich der Bevölkerungsentwicklung als zutreffend herausstellen (DGVN, 1993). Wie im Jahresgutachten 1993 dargelegt, bedeutet dies ein Anwachsen der Weltbevölkerung auf voraussichtlich 10 Mrd. Menschen im Jahr 2050, mit einer Zunahme um etwa 97 Mio. Menschen jährlich bis zur Jahrtausendwende (WBGU, 1993).

Bei den regionalen Differenzen im Wachstumsprozeß werden einige Trendänderungen erkennbar. So ist davon auszugehen, daß die Regionen Afrika, Asien und Lateinamerika die wesentlichen Zentren der zusätzlichen Weltbevölkerung bilden werden. Die prognostizierte Wachstumsrate für Afrika liegt bei 2,9%, für Asien bei 1,8% und für Lateinamerika bei 1,7%, für Europa dagegen bei nur 0,3% (WRI, 1994).

Die starke Bevölkerungsentwicklung insbesondere der afrikanischen Staaten spricht dabei für eine Schwerpunktbetrachtung Afrikas im globalen Rahmen, wie sie in Kap. D 2.1 partiell erfolgt. Man muß allerdings darauf achten, daß hieraus keine weitere politische Polarisierung des Themas Bevölkerungswachstum entsteht.

1.3.1.4.2 Intra- und internationale Wanderungen, Urbanisierung

Eine aus der Beziehung der Pedosphäre zur demographischen Entwicklung entstehende und bereits erkennbare Folgewirkung stellen die zunehmenden intra- und internationalen Wanderungen dar (siehe Beziehungsgeflecht, *Abb. 26*). Diese Erkenntnis allein reicht allerdings nicht aus, um die bereits im Jahresgutachten 1993 dargestellten Probleme hinsichtlich der Erfassung heutiger Migrationsbewegungen und der Prognose zukünftiger Wanderungen zu lösen. Hinsichtlich der intranationalen Migrationen, die im überwiegenden Maße als Land-Stadt-Wanderungen erfolgen und somit vor allem in den Entwicklungsländern entscheidenden Einfluß auf die Urbanisierung haben, bleiben die bisherigen Trends bestehen: So wächst die Bevölkerung in städtischen Agglomerationen mit einer Rate von weltweit über 2,5%, wodurch urbanisierungsbedingte Bodenbelastungen erheblich forciert werden. Besonders gravierend ist das überproportionale Städtewachstum in den Ländern Afrikas mit einer Rate von durchschnittlich 4,6% (DGVN, 1993).

1.3.1.4.3 Bevölkerungswachstum und die Tragfähigkeit der Böden

Zur Befriedigung ihrer Grundbedürfnisse sind die Menschen auf Böden als Grundlage für Nahrungsmittelproduktion, als Rohstofflieferant, Erholungsraum, Wasserfilter, Standort für Wohnen und Infrastruktur angewiesen. Angesichts der nur begrenzt zur Verfügung stehenden Böden bestehen bei steigenden Bevölkerungszahlen grundsätzlich die Möglichkeiten:

- die Leistungsfähigkeit der Böden z.B. durch Einsatz von innovativen Techniken oder Düngemitteln zu erhöhen,
- naturbelassene Flächen in anthropogen genutzte Böden umzuwandeln oder
- das Produktionspotential der Böden dadurch zu erhöhen, daß anthropogene Bodennutzung sich in stärkerem Maße an der Nahrungsmittelproduktion orientiert, z.B. durch Verhinderung oder Rückbau von Versiegelung qualitativ hochwertiger Böden.

All diesen Möglichkeiten sind jedoch Grenzen gesetzt, woraus eine zunehmende Disparität zwischen wachstumsbezogenem *Bedarf* an und *Verfügbarkeit* von Boden erwächst. Schon jetzt sind viele Staaten nicht mehr in der Lage, ihre Bevölkerung aus den Erträgen der eigenen landwirtschaftlichen Produktion zu ernähren. Damit ist keineswegs der Anspruch verbunden, eine Nation müsse über eine autarke Ernährungsbasis verfügen, sondern hier spiegelt sich die Erkenntnis wider, daß trotz Ausweitung der weltweiten landwirtschaftlichen Produktionsfläche die Nutzfläche pro Kopf bereits zurückgeht *(Abb. 20)*. Einerseits kann die Flächenausweitung nicht mit dem Bevölkerungswachstum Schritt halten, andererseits geht ein großes Potential an wertvollen Böden dauerhaft verloren (DGVN, 1992).

Wenn auch nicht alle Menschen, die von dem Verlust und der Zerstörung von Acker- und Weideland betroffen sind, tatsächlich zu Umweltflüchtlingen werden, gilt als sicher, daß diese Form der Umweltschädigung im Vergleich zu anderen Varianten die meisten Umweltflüchtlinge erzeugt (Wöhlcke, 1992). Umweltflüchtlinge suchen entweder die Möglichkeit, sich an anderer Stelle potentielle Nutzflächen zu erschließen, oder sie wandern in urbane Regionen ab, wo sie die dortigen Umweltprobleme zusätzlich verstärken.

Wie bereits im Jahresgutachten 1993 erläutert, wird durch das Anwachsen der Bevölkerungszahlen eine Senkung des *globalen* Konsums von Gütern und Dienstleistungen praktisch unmöglich, und zwar auch dann, wenn man einen teilweisen Konsumverzicht in den hochentwickelten Ländern in Betracht zieht. Die weltweit gesehen notwendige Produktionsausweitung wird aller Voraussicht nach zu weiteren Umweltbelastungen, u.a. in Form eines steigenden quantitativen wie qualitativen Drucks auf die Bodenfunktionen, führen. Zur Steigerung des Pro-Kopf-Verbrauchs in den Entwicklungsländern ist beispielsweise eine weitergehende *Ausschöpfung der Rohstoffe* notwen-

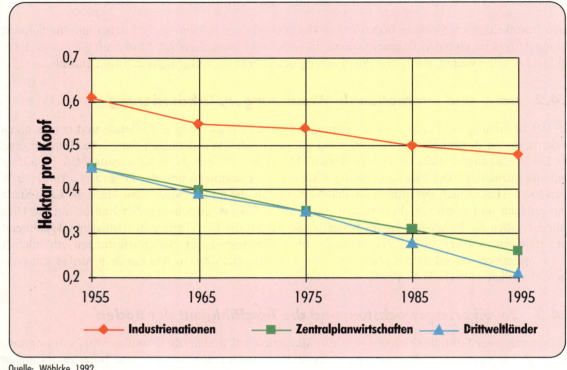

Abbildung 20: Geschätzte Entwicklung der landwirtschaftlichen Nutzfläche pro Kopf

Quelle: Wöhlcke, 1992

dig, selbst wenn man die Möglichkeit berücksichtigt, die Güterstruktur mittels Substitutionsprozessen zu verändern. Die Erfüllung der Grundbedürfnisse der wachsenden Bevölkerung stellt aber auch weitergehende Anforderungen an die *Infrastruktur*. Mehr Menschen benötigen mehr *Wohnraum*, der teilweise auf bisher ungenutzten Böden errichtet wird. Durch das Bevölkerungswachstum steigen nicht zuletzt die Anforderungen an die Ernährungskapazitäten und damit an den „Pflanzenstandort" Boden.

1.3.1.4.4 Der subjektive Bedarf an Nutzfläche

Flächenansprüche resultieren aber nicht nur aus einem tatsächlichen Bedarf, sondern häufig auch aus einem subjektiven Bedürfnis heraus, etwa bei der Wohnflächenversorgung. In den Industrieländern ist ein Trend zum Ein-Personen-Haushalt zu beobachten, der zu einem erhöhten Wohnflächen- und damit Siedlungsflächenbedarf führt. In der Bundesrepublik Deutschland stieg z.B. die Wohnfläche pro Kopf der Bevölkerung im Zeitraum von 1950 bis 1981 von 15 qm auf 34 qm an. Dabei wird der „Bedarf" in der Regel nicht auf bestehender Siedlungsfläche, etwa durch Erhöhung der Geschoßflächenzahl, gedeckt. Tendenziell kann man beobachten, daß die Menschen, insbesondere bei gesicherter beruflicher Basis und bei steigenden Einkommen in die Grüngürtel der Städte ziehen, wo eine naturnahe Regeneration und eine umwelt- und gesundheitsbewußte Kindererziehung eher gewährleistet ist. Diese Suburbanisierung zieht eine Auslagerung von *Versorgungsfunktionen* nach sich; neben den Wohnflächenansprüchen entsteht so ein erhöhter Flächenbedarf für Versorgungs-, Bildungs- und Verkehrseinrichtungen.

1.3.1.4.5 Nachhaltige Auswege?

Auf den steigenden Druck auf die Produktionsfunktion der Böden kann, wie bereits angeführt, sowohl durch eine Steigerung ihrer Leistungsfähigkeit als auch durch eine Ausweitung der Nutzflächen (zu Lasten der Lebensraumfunktion) reagiert werden. Das Instrumentarium für die genannten Alternativen besteht, je nach lokaler Engpaßsituation oder örtlichen Gegebenheiten, aus einem Katalog, welcher den Einsatz von Düngemitteln und

Pestiziden ebenso umfaßt wie mechanische Eingriffe in Form von Trockenlegung oder Brandrodung. Der Einsatz derartiger Instrumente zeigt kurz- und mittelfristig zwar Erfolge, d.h. die Versorgungsfunktionen können bis zu einem gewissen Grad aufrechterhalten bzw. sogar ausgeweitet werden; in der Regel sind diese Maßnahmen jedoch mit gravierenden bodenschädigenden Begleiterscheinungen verbunden. Bekannte Erscheinungsbilder sind Überweidung, Überdüngung, falsche Fruchtfolge, zu kurze Brachezeiten und übermäßiger Einsatz von agrotoxischen Substanzen. In einem weiteren Schritt setzen Erosions-, Verdichtungs-, Versauerungs- und Versalzungsprozesse ein, die langfristig zu einem endgültigen Verlust der Bodenfunktionen führen können und die positive Wirkung eingeleiteter Maßnahmen ins Gegenteil verkehren. Statt einer Erweiterung der Nutzfläche kann es so zu einer erheblichen Reduzierung des verfügbaren Nutzlandpotentials kommen, was oftmals gleichbedeutend ist mit einem Verlust der Existenzgrundlage der Bevölkerung, und die in letzter Konsequenz Auslöser für erhebliche intra- und internationale Migration sein kann.

Die Wechselwirkungen von demographischer Entwicklung und Bodendegradation gewinnen insbesondere in jenen Regionen an Bedeutung, die zugleich durch Bevölkerungswachstum und ertragsarme Böden gekennzeichnet sind. Die UNPD geht davon aus, daß der durchschnittliche Flächenbedarf pro Person für Landwirtschaft, Straßen- und Siedlungsbau langfristig 0,1 ha beträgt. Unter Zugrundelegung der mittleren Bevölkerungsprognose der UNPD ergibt sich bis zum Jahr 2050 ein zusätzlicher Flächenbedarf von etwa 4,5 Mio. km^2; das entspricht in etwa zwei Dritteln aller geschützten Gebiete der Erde im Jahr 1989 (DGVN, 1992).

1.3.1.4.6 Erfassungsprobleme des Flächenverbrauchs

Dabei handelt es sich allerdings nur um einen groben Richtwert, der ein Indiz für die Schwierigkeiten der Quantifizierung von Flächenbedarf und Flächenverbrauch ist. In der Bundesrepublik Deutschland ist mit der fortschreitenden Modernisierung der Liegenschaftskataster beispielsweise eine erhebliche Verbesserung der Flächenerhebung zu erwarten – die Flächenstatistik ist nunmehr unterteilt in die Bereiche *tatsächliche* und *geplante* Bodennutzung. Dagegen ergab eine Studie des *Council for the Protection of Rural England* (1993), daß mit jährlich 130 km^2 die Umwidmung natürlicher Böden in Nutzfläche für Großbritannien nahezu das Dreifache der bisherigen offiziellen Schätzungen beträgt. Wenn selbst in Ländern mit modernen Erhebungsmitteln derartige Mängel zu verzeichnen sind, läßt die Datengrundlage der Entwicklungsländer noch eine weitaus höhere Fehlerquote erwarten.

1.3.1.4.7 Regionalisierung und Spezifizierung des Flächenbedarfs

Basierend auf Zahlen des prognostizierten Bevölkerungswachstums bis zum Jahr 2000 bzw. 2025 läßt sich unter Verwendung des oben genannten globalen Durchschnittswertes von rund 4,5 Mio. km^2 der zusätzliche Flächenbedarf ansatzweise regionalisieren.

Für eine genauere Analyse der Auswirkungen der Bevölkerungsentwicklung auf den Flächenbedarf reicht eine derart grobe Abschätzung allerdings nicht aus, eine genauere regionale Betrachtung ist hier unerläßlich. Intra- und internationaler Wanderungsdruck entsteht und verstärkt sich in den Regionen, in denen sich die Basis für die menschliche Existenz verringert (auch infolge von Bodendegradation) oder wo diese im Hinblick auf die wachsende Bevölkerung nicht mehr ausreicht.

Als ein wichtiger Indikator für Wanderungsdruck kann die Differenz zwischen durchschnittlich verfügbarer und durchschnittlich benötigter Fläche pro Kopf der Bevölkerung in den jeweiligen Regionen angesehen werden. Ist dieser Saldo negativ, ergibt sich neben dem allgemeinen Wanderungsdruck eine kritische Situation für die Bodenfunktionen (vgl. Kritikalitätsindex, Kap. D 1.3.2), eine Tendenz zur Übernutzung und zu Nutzungsänderungen, sowie die Gefahr von Versorgungsengpässen.

Zur Ermittlung derartiger „kritischer Regionen" benötigt man nationale Flächenbilanzen, für feinere regionale Unterteilungen existiert bisher keine statistische Basis. Die potentiell für menschliche Nutzung (d.h. die Produktions-, Träger- und Informationsfunktion) zur Verfügung stehende Fläche ist im konkreten Fall – unter zusätzlicher Berücksichtigung der notwendigen Flächen für die Lebensraum-, Regelungs- und Kulturfunktion der Böden – zu ermitteln. Dieser potentiellen Nutzfläche muß der Flächenbedarf gegenübergestellt werden, der für die Ernährung und für sonstige Zwecke (Siedlung, Verkehr, Erholung usw.) der Versorgung der heimischen Bevölkerung erforderlich ist.

Ein negativer Saldo (Nutzflächenpotential minus Flächenbedarf) in Gegenwart oder Zukunft kann somit als wichtiger Indikator interpretiert werden, der z.B. die Gefahr von Unterversorgung, eine Beschleunigung von Bodendegradation, die Gefahr erzwungener internationaler Migration und die Notwendigkeit einer Existenzsicherung in außerlandwirtschaftlichen Produktionsbereichen (um über internationalen Handel die notwendigen Lebensmittelimporte zu garantieren) anzeigt.

1.3.1.4.8 Der Mindestbedarf an Nutzfläche

Zur Abschätzung der erforderlichen Mindestfläche pro Kopf müssen regionsspezifische Eigenheiten, z.B. Produktionsbedingungen und Ernährungs- und Konsumverhalten, Berücksichtigung finden. Während sich das *Ernährungsverhalten* der Menschen der westlichen Welt (Europa, Nordamerika, ehemalige Sowjetunion) in wesentlichen Aspekten nicht unterscheidet, wird der durchschnittliche Nahrungsbedarf in Asien selbst im Jahr 2010 nicht so hoch sein wie in Mitteleuropa. Dieser durchschnittliche Bedarf wurde vom „Landbouw Economisch Instituut" in Den Haag ermittelt und in Form von sogenannten „Ernährungsmustern" zusammengestellt. Diese orientieren sich an den regionsspezifisch vorhandenen Grundnahrungsmitteln und entsprechen in ihrer Zusammensetzung dem täglichen Mindestbedarf eines Menschen, und zwar als „Nettokonsum". Der Begriff „Nettokonsum" steht für die Tatsache, daß mehr Nahrungsmittel (Kalorien) produziert als konsumiert werden; bei der Nahrungsmittelzubereitung fallen Abfälle an, andere Nahrungsmittel werden an das Vieh verfüttert oder werden vernichtet. In den Niederlanden werden z.B. durchschnittlich 3.400 Kcal pro Kopf und Tag erzeugt, während nur 2.380 Kcal tatsächlich verzehrt werden (ISOE, 1993). In Nordamerika, Europa und Japan wird insgesamt etwa 1,5 mal soviel an Nahrungsmittel produziert wie für die Nahrungsaufnahme der Menschen verbraucht wird. In den Entwicklungsländern gehen schätzungsweise etwa 10% der Produktion für den Menschen verloren, ein Potential, das in Anbetracht des raschen Bevölkerungswachstums und nicht zuletzt der zunehmenden Bodendegradation durchaus von Bedeutung ist.

Die Brundtland-Kommission ging 1987 davon aus, daß weltweit auf einer Anbaufläche von 1,5 Mrd. ha Nahrungsmittel produziert werden können. Diese Größenordnung war auch Grundlage für eine Potentialberechnung, die die Kommission vorgenommen hat: Bei Ernteerträgen von 5 t Getreideäquivalent pro ha und Jahr ergibt sich ein Gesamtpotential von 8 Mrd. t Getreideäquivalent (7,5 Mrd. t aus Ackerland und zusätzlich 0,5 Mrd. t aus der Produktion auf Weideland und aus Fischerei). Bei einem weltweiten Durchschnittsverbrauch von derzeit 6.000 Kcal pro Tag an Pflanzenenergie für Nahrungsmittel, Saatgut und Viehfutter könnten mit der als möglich ermittelten Produktion rund 11 Mrd. Menschen ernährt werden. Stiege der durchschnittliche Verbrauch dagegen auf 9.000 Kcal an (was angesichts wachsender Ansprüche durchaus möglich scheint), so könnten lediglich noch 7,5 Mrd. Menschen ernährt werden (Hauff, 1987).

Die Aussagekraft dieses Berechnungsansatzes wird dadurch eingeschränkt, daß keine explizite regionale Differenzierung vorgenommen wurde. Tragfähigkeitsberechnungen dieser und ähnlicher Art bedürfen also einer regionalisierten Betrachtung, um den Verteilungsproblemen Rechnung tragen zu können. Nicht die Gesamtheit der Kapazitäten darf Grundlage für die Berechnungen sein, vielmehr muß der Grundbedarf der Menschen in ihrer jeweiligen Umgebung ermittelt werden.

Die *landwirtschaftliche Anbaufläche* lag laut Weltbevölkerungsbericht 1992 im Jahr 1988 weltweit bei 0,29 ha pro Person. Während die Industrieländer im Durchschnitt 0,51 ha pro Kopf nutzten, waren es in den Entwicklungsländern nur 0,21 ha. Für das Jahr 2050 schätzt die FAO einen weltweiten Durchschnittswert von 0,17 ha. Dann werden die Entwicklungsländer nur noch 0,11 ha Anbaufläche pro Kopf bewirtschaften können (DGVN, 1992).

Der *Kalorienbedarf* in Afrika beträgt zur Zeit durchschnittlich 2.154 Kcal pro Kopf und Tag, in Asien 2.253 Kcal, in Lateinamerika 2.254 Kcal, in Nordamerika 2.353 Kcal (ISOE, 1993). Diese Werte müssen im Hinblick auf eine Berechnung des Flächenbedarfs einzelner Staaten insofern modifiziert werden, als z.B. die Zahl der Haushaltsangehörigen in Afrika auch im Jahr 2010 größer sein wird als in Nordamerika. Andere Unterscheidungskriterien sind das Konsumverhalten, die Produktions- und Arbeitsbedingungen, die Produktivität der Böden, aber auch die Verwendung von biologischen oder synthetischen Düngemitteln. Auf dieser Basis könnten bessere Aussagen über den tatsächlichen Flächenbedarf getroffen werden.

Ein weiterer wesentlicher Faktor für die Bestimmung des Flächenbedarfs ist die fortschreitende *Bodendegradation* bzw. die unter Beachtung des Prinzips einer nachhaltigen Bodennutzung mögliche Nettoprimärproduktion

D 1.3.1.4 Bevölkerung und Böden

(siehe Kap. D 1.2.3). In Anbetracht des raschen Bevölkerungswachstums wird vielfach davon ausgegangen, daß eine Ausdehnung der landwirtschaftlichen Nutzfläche unabdingbare Voraussetzung für eine stabile Ernährungsbasis der Menschheit sei. Dies um so mehr, als sich menschliche Siedlungen in der Regel auf Kosten von landwirtschaftlichen Flächen und nicht von Wüsten ausdehnen (DGVN, 1992). Die UNPD prognostiziert bis zum Jahr 2050 beispielsweise eine landwirtschaftliche Flächenausdehnung um 1,76 Mio. km^2, von denen 1,6 Mio. km^2 allein auf die Entwicklungsländer entfallen. Andere Veröffentlichungen (Hauser, 1991) weisen allerdings darauf hin, daß eine größere Ausdehnung der Anbaufläche nur noch in wenigen Regionen Lateinamerikas und Afrikas möglich ist, wobei die Aussichten natürlich von Land zu Land und von Produkt zu Produkt variieren. Für Länder wie Bangladesch, Indien oder Ägypten bestehen praktisch überhaupt keine Möglichkeiten mehr zur Ausdehnung der landwirtschaftlichen Nutzfläche.

ISOE (1993) geht davon aus, daß zur Erreichung des Ziels „Nachhaltige Entwicklung" eine durchschnittliche landwirtschaftliche Nutzfläche von 0,183 ha pro Kopf für das Jahr 2010 weltweit benötigt wird: Mit dieser Fläche ließe sich der Mindestbedarf eines Menschen an Pflanzenenergie decken. In Europa würden 0,119 ha pro Kopf benötigt, in Lateinamerika infolge der vorherrschenden Umweltbedingungen 0,304 ha pro Kopf (zum Vergleich mit anderen Regionen siehe *Tab. 17*). Geht man davon aus, daß in der Studie *Sustainable Netherlands* der Einsatz innovativer, umweltschonender Technologien keine explizite Berücksichtigung findet, so ist mit einer weiteren Reduzierung des Flächenbedarfs zu rechnen, die im Sinne einer Mindestabschätzung durch den Beirat auf 10% veranschlagt wird.

Für den Flächenbedarf für andere Zwecke wie Wohnungsbau, Verkehrs-, Gewerbe- und Büroflächen wurde im Rahmen einer Bevölkerungs-Tragfähigkeitsuntersuchung der FAO ein Wert von 0,056 ha pro Kopf angenommen. Dieser Wert bedarf der Differenzierung, unter anderem weil die hohe Mobilität der Industrieländer ganz andere Voraussetzungen an eine Verkehrsinfrastruktur stellt, als dies in wenig motorisierten Entwicklungsländern der Fall ist. Diese Modifikation gelang mit verfügbarem Datenmaterial hinsichtlich der Verkehrs-, Gewerbe- und Wohnflächen. Aus den Daten sind zunächst auf nationaler Basis drei Infrastrukturindizes ermittelt worden, die in Abhängigkeit ihrer quantitativen Ausprägung gewichtet und zu einem Gesamtindex zusammengefaßt wurden.

Tabelle 17: Ermittlung der verfügbaren und erforderlichen landwirtschaftlichen Nutzflächen (LwN) in ha, pro Kopf

Regionen	verfügbare LwN-Fläche nach ISOE	verfügbare LwN-Fläche nach WRI	erforderliche LwN-Fläche nach ISOE	erforderliche LwN-Fläche nach WBGU	erforderliche Siedlungsfläche ohne LwN nach FAO und WBGU-Index	Summe Nutzflächenbedarf nach ISOE	Summe Nutzflächenbedarf nach FAO und WBGU
Afrika	0,25	0,26	0,19	0,17	0,026	0,216	0,196
Asien o. China	0,16	0,14	0,20	0,18	0,026	0,226	0,206
China	0,08	0,08	0,16	0,15	0,018	0,178	0,168
Lateinamerika	0,45	0,39	0,30	0,27	0,043	0,343	0,313
Nordamerika	0,55	0,97	0,12	0,11	0,082	0,202	0,192
Europa	0,26	0,25	0,12	0,11	0,057	0,177	0,167
ehem. UdSSR	0,79	0,78	0,15	0,13	0,052	0,202	0,182
Ozeanien	1,81	1,87	0,23	0,21	0,099	0,329	0,309
Welt	0,25	0,26	0,18	0,16	0,056	0,236	0,216

Quellen: FAO (1982b), ISOE (1993), WBGU (1993) und WRI (1994)

1.3.1.4.9 Regionalisierung der Mindestanforderungen

Unter Zugrundelegung dieser Datenbasis lassen sich nunmehr die Flächenansprüche ermitteln, die sich an (absoluten) Mindestanforderungen der jeweiligen Region orientieren. Insgesamt ergeben sich folgende Flächenansprüche für die einzelnen Kontinente bzw. Regionen *(Tab. 18)*.

Setzt man die ermittelten Werte in Beziehung zur demographischen Entwicklung der Kontinente bzw. Regionen, so ergeben sich Flächenansprüche, die um einiges höher ausfallen als die UNPD-Prognose (0,1 ha: DGVN, 1992).

Tab. 18 stellt die WBGU-Berechnungen für die Jahre 2000 und 2025 den UNPD-Berechnungen gegenüber. Auch wenn die WBGU-Werte deutlich höher liegen als die der UNPD, sei noch einmal daran erinnert, daß die WBGU-Berechnungen sich an den personenbezogenen, regional differenzierten *Mindest*anforderungen an Nutzfläche orientieren.

In den *Abb. 27* und *28* (Kap. D 1.3.2) werden die Untersuchungsergebnisse des WBGU für die Jahre 2000 und 2025 auf der Ebene von Nationalstaaten kartographisch dargestellt.

Tabelle 18: Kontinentaler bzw. regionaler Nutzflächenbedarf in ha für die Jahre 2000 und 2025

Region	WBGU: Bedarf bis 2000	UNPD: Bedarf bis 2000	WBGU: Bedarf bis 2025	UNPD: Bedarf bis 2025
China	26.900	16.012	85.838	51.094
ehem. UdSSR	3.598	1.977	11.539	6.340
Afrika	43.996	22.447	187.158	95.489
Europa	1.943	1.164	2.777	1.663
Ozeanien	1.131	366	3.560	1.152
Lateinamerika	26.761	8.550	107.237	34.261
Asien ohne China	90.595	43.978	265.402	128.836
Nordamerika	4.552	2.371	10.752	5.600

Quelle: DGVN (1992) und eigene Berechnungen

1.3.1.5 Wirtschaft und Böden

1.3.1.5.1 Dezentrale Koordination globaler Bodenfunktionen?

Es gibt verschiedene Möglichkeiten, sich aus der wirtschaftlichen Perspektive mit den Problemen der Bodendegradation zu beschäftigen. Man könnte, wie dies z.B. in der Studie *Sustainable Netherlands* geschieht (ISOE, 1993), die gegenwärtigen und künftigen wirtschaftlichen Entwicklungstrends aufzeigen und die mit ihnen verbundenen Degradationseffekte analysieren. Dabei käme zum Vorschein, daß die Degradation – läßt man einmal die Bevölkerungsentwicklung außer acht – unter globalem Blickwinkel in Verbindung mit der Abholzung von Wäldern vor allem durch das Vordringen bestimmter Formen der landwirtschaftlichen Bodennutzung verursacht wird. Insbesondere in den Entwicklungsländern macht sich der Mangel an fruchtbaren Böden immer mehr bemerkbar. Dieser Mangel ist nicht nur die Folge des hohen Bevölkerungswachstums, sondern eindeutig auch das Ergebnis einer Über- und Fehlnutzung von Böden. So verarmen dort durch Nährstoffentzug Böden, durch großflächige und/oder nicht angepaßte Nutzungen wird die Erosion gefördert und im Zusammenspiel mit der Wasserverknappung die Desertifikation beschleunigt. In den Industrieländern stellt sich hingegen Bodendegradation als Folge landwirtschaftlicher Bodennutzung vor allem als Kontamination der Böden dar. Hinzu treten, insbesondere als lokale und regionale Probleme, die Ausweitung der Siedlungsfläche, die Urbanisierung, die Förderung von Bodenschätzen, die Industrialisierung usw. (siehe Kap. D 1.3.3).

Die tieferliegenden Ursachen dieser verschiedenen Formen der Bodendegradation werden über einen Einstieg in die ökonomische Erklärung der Bodennutzung (Allokationstheorie) sichtbarer. Vor allem stellt sich die Frage, inwieweit der Markt überhaupt in der Lage ist, eine globale Problemlösung im Sinne einer Verhinderung der immer rascher voranschreitenden Bodendegradation zu gewährleisten.

Böden sind Funktionsträger, d.h. sie bieten in Abhängigkeit von ihren natürlichen und teilweise vom Menschen beeinflußbaren Eigenschaften unterschiedliche Nutzungsmöglichkeiten (siehe Kap. D 1.1.2.1). Jeder Raumausschnitt stellt somit aus ökonomischem Blickwinkel eine Art Nutzungsfunktion dar, bei der die Bodeneigenschaften die Produktionsfaktoren und die Funktionen den Output repräsentieren. Die Funktionen als Outputkategorien stehen untereinander sowie zu den Bodeneigenschaften in einem komplexen Beziehungsgefüge. In einigen Fällen bestehen Konfliktbeziehungen, d.h. die Nutzung des Bodens für eine Funktion schließt andere

D 1.3.1.5 Wirtschaft und Böden

Nutzungsmöglichkeiten aus oder mindert sie zumindest, in anderen Fällen liegen Komplementaritätsbeziehungen vor. Hinzu tritt das Problem, daß kurzfristige Nutzung im Widerspruch zu längerfristigen Nutzungszielen stehen kann.

Die Wirtschaft als zentraler Bestandteil der anthropogenen Einflußsphäre ist primärer Nachfrager nach Bodenfunktionen und damit als Bodennutzer neben der Bevölkerungsentwicklung und -verteilung primär für die Bodendegradation verantwortlich. Aus ökonomischer Sicht wird Bodendegradation durch eine unbefriedigende Lösung des sogenannten *Allokationsproblems in der Zeitachse*, d.h. durch eine nichtoptimale Zuweisung knapper Ressourcen zur längerfristigen Steigerung der gesellschaftlichen Nettowohlfahrt verursacht. Die Lösung dieses Allokationsproblems, d.h. die Koordination von Bodenangebot sowie der Nachfrage nach den verschiedenen Bodenfunktionen, erfolgt in den meisten Ländern dieser Erde in einem Zusammenspiel von Marktbeziehungen und staatlichen Regulierungen (etwa planungsrechtlichen Vorgaben, die den Nutzungsspielraum einzelner Flächen eingrenzen). Läßt man einmal natürliche Einflüsse außer acht, ist eine Bodendegradation daher Folge eines Markt- und/oder Politikversagens, wobei dieses „Versagen" sich häufig nur auf bestimmte Bodenfunktionen bezieht. Nachfolgend sollen zunächst vor allem Aspekte des Marktversagens behandelt werden.

Ein die Bodendegradation begünstigendes Marktversagen im Sinne einer (längerfristig) unzureichenden Koordination der vielfältigen anthropogenen Nutzungsansprüche mit den begrenzten (bzw. sogar rückläufigen) Bodennutzungspotentialen ist dann zu erwarten, wenn

- keine eindeutige Definition und Durchsetzung von exklusiven Handlungs- und Verfügungsrechten *(property rights)* an den Böden als Funktionsträgern vorliegt (was wiederum häufig auf Politikversagen zurückzuführen ist),
- die Möglichkeit, andere von der Nutzung der Bodenfunktionen ausschließen zu können, aus nichtrechtlichen Gründen (etwa aufgrund natürlicher Bodeneigenschaften) ausfällt, d.h. Böden bezüglich bestimmter Funktionen Kollektivguteigenschaften aufweisen,
- die individuellen Informationen über die langfristigen Nutzen und Kosten der Inanspruchnahme der Bodenfunktionen bzw. über die Beziehungen zwischen den einzelnen Bodenfunktionen unzureichend sind oder kurz- und langfristige Nutzungsinteressen auseinanderklaffen mit dem Ergebnis, daß kurzfristige Entscheidungen dominieren, die nicht (oder nicht immer) mit den längerfristig relevanten Anforderungen übereinstimmen,
- zu hohe Transaktionskosten (transaktionales Marktversagen) bestehen und
- gravierende externe Effekte auftreten (was zumeist Folge von Politikversagen ist) und die Lenkungsfunktion der Marktpreise mindern.

Diese Versagenstatbestände treffen in weiten Bereichen zu und sind darum für die weltweit zu beobachtende Bodendegradation von entscheidender Bedeutung. Dies soll nachfolgend näher erläutert werden.

Überprüft man diese Tatbestände der Reihe nach, so können Koordinationsdefizite und damit Bodendegradation zunächst einmal die Folge *nicht eindeutig definierter Boden- und Landnutzungsrechte* sein. Dies ist etwa der Fall, wenn die rechtliche Rahmenordnung das Recht des Eigentümers, andere von der Nutzung des Bodens auszuschließen, einschränkt oder außer Kraft setzt. Dann wird das Haftungsprinzip eingeschränkt, die Durchsetzung des Verursacherprinzips erschwert und es besteht die Gefahr, daß andere – ohne in die Nachhaltigkeit der Bodennutzung investieren zu müssen – diese Nichtausschlußsituation zu ihrem (kurzfristigen) Vorteil nutzen. Jede Möglichkeit, die ein solches „Freifahrerverhalten" begünstigt – etwa auch Duldung einer rechtlich nicht zulässigen Fremdnutzung von Grund und Boden –, kann somit zu Übernutzungs- oder Ausbeutungstendenzen bzw. zur Fehlnutzung von Böden führen (Hardin, 1968b). Grundsätzlich bestehen mehrere Formen der Regelung von Landnutzungsrechten.

Besonders problematisch unter dem Aspekt der Verhinderung der Bodendegradation ist der *freie Ressourcenzugang (open access)*, da dort Nutzer, die sich um die langfristige Erhaltung von Bodennutzungspotentialen bemühen, stets befürchten müssen, daß andere die Früchte ihrer Anstrengungen ernten (Hartje, 1993). Die Folge ist vor allem bei zunehmender Bevölkerungsdichte und industrieller Bodennutzung die Gefahr der Übernutzung. Allmende-Systeme werden als Bodennutzungsform zur langfristigen Erhaltung des Bodennutzungspotentials eher skeptisch eingeschätzt, können unter bestimmten Rahmenbedingungen – geringe Opportunitätskosten, eng begrenzte Nutzerzahl, hohe Interessenhomogenität, klare Regelung der Kollektivhaftung usw. – aber funktionieren (Ostrom, 1990; Hartje, 1993). Hierzu gibt es, insbesondere in den USA, große Forschungsanstrengungen, die unter dem Leitbegriff *common property resources* firmieren *(International Association for Common Property Resources).*

Faßt man zusammen, so eignet sich der Boden aufgrund seiner räumlichen Abgrenzbarkeit durchaus zur eindeutigen Definition von Handlungs- und Verfügungsrechten. So gesehen trifft der Vorwurf des Marktversagens allgemein nicht zu; viele Erscheinungsformen der Bodendegradation müssen vielmehr eher als Folge eines Politikversagens eingestuft werden. So fehlt in vielen Ländern dieser Erde immer noch eine klare Zuweisung von Handlungs- und Verfügungsrechten bzw. die Durchsetzung erworbener Rechte (Weltbank, 1992). In solchen Fällen muß es zwangsläufig zur Über- oder Fehlnutzung, d.h. zur Bodendegradation kommen. Die Zuweisung klarer Handlungs- und Verfügungsrechte an Grund und Boden sowie die staatliche Gewährleistung dieser Rechte zählt darum immer noch zu den zentralen Empfehlungen einer Politik nachhaltiger Bodennutzung.

Eine solche Politik der Zuweisung von Handlungs- und Verfügungsrechten reicht jedoch allein noch nicht aus, um Bodendegradation zu verhindern. Vielmehr können selbst dort, wo aufgrund der bestehenden Rechtsordnung eine eindeutige Definition und Durchsetzung von *property rights* grundsätzlich gewährleistet ist, weitere, die Bodendegradation begünstigende Koordinationsdefizite auftreten, die zusätzliche Maßnahmen erforderlich machen.

Solche Koordinationsdefizite resultieren daraus, daß die Handlungs- und Verfügungsrechte primär nur für die Träger- und Ertragsfunktion definiert werden können, dies bei anderen Bodenfunktionen aufgrund der Wirkungsmechanismen bzw. der natürlichen Bodeneigenschaften jedoch scheitern muß (Micheel, 1994). Betrachtet man z.B. die Lebensraumfunktion, so wirkt sich eine Einschränkung dieser Funktion durch Nutzung des Bodens für Weidelandzwecke (Abholzen von Tropenwäldern) nicht nur unmittelbar auf die lokale oder regionale biologische Vielfalt aus, sondern führt aufgrund der ökosystemaren Verflechtung mittelbar auch zu globalen Implikationen. Folglich kann man in bezug auf Böden
- die Lebensraumfunktion als *globales Kollektivgut,*
- die Regelungsfunktion als *Kollektivgut,* dessen räumlicher Bezug von den ökosystemaren Zusammenhängen determiniert wird, und
- lediglich die Produktions- und die Trägerfunktion als *Individualgüter*

bezeichnen.

Dies bedeutet, daß lediglich für die Träger- und Produktionsfunktion die Formulierung exklusiver Handlungs- und Verfügungsrechte und damit die marktliche Koordination erfolgreich erscheint, dies für die Funktionen mit Kollektivguteigenschaften nicht ohne weiteres möglich ist und demzufolge auch unentgeltliche Nutzungsmöglichkeiten bestehen. Hier kann es jedoch kurzfristig individuell rational sein, die vorhandenen Nutzungspotentiale möglichst umfassend auszuschöpfen (zum „Freifahrerverhalten": Hardin, 1968b; Buchanan, 1968; Weimann, 1991; Gschwendtner 1993). Dann ist aber eine Überbeanspruchung der globalen Umweltfunktionen des Bodens zu erwarten, d.h. es ergibt sich ein Konflikt zwischen individuell kurzfristig rationalem Verhalten und dem global angestrebten Ziel einer langfristigen Erhaltung der Umweltfunktionen (Althammer und Buchholz, 1993). Diese individuell kurzfristige Perspektive kann zwar grundsätzlich durch eine Schadenserfahrung in Hinblick auf die langfristige Erhaltung einer Ressource verändert werden (Axelrod, 1986; Weimann, 1991), jedoch nur in eingeschränktem Maße, da in der Regel eine unzureichende Wahrnehmung der globalen Wirkungszusammenhänge, insbesondere des individuellen Beitrags zur Schadensverursachung, vorliegt. Eine negative Beeinflussung der langfristigen Umwelterhaltungsfunktionen in dieser Form ist vor allem dann zu erwarten, wenn es bei immer knapper werdender landwirtschaftlicher Nutzfläche und hohem Bevölkerungswachstum um das Überleben und damit um die einseitige Betonung der Nutzungsfunktion der Böden geht.

Es wird deutlich, daß die Bewertung der verschiedenen Bodenfunktionen in starkem Maße vom Entwicklungsstand eines Landes, der Einwohnerdichte, der verfügbaren Fläche, den Importmöglichkeiten von Nahrungsgütern und dem Gewicht anderer Bodennutzungsbedarfe (etwa für Siedlungszwecke) abhängig ist. Gleichzeitig wird sichtbar, daß angesichts des Bevölkerungswachstums und dem tendenziell globalen Rückgang der landwirtschaftlich nutzbaren Flächen allen Maßnahmen, die zu einer nachhaltigen Steigerung der Ertragskraft (bezogen auf die Nahrungsmittelproduktion) der Böden führen, besondere Aufmerksamkeit zu schenken ist. Der Beirat rückt darum Empfehlungen, die diesem Anliegen dienen, in besonderer Weise in den Vordergrund.

D 1.3.1.5 Wirtschaft und Böden

Um die globalen Koordinierungsdefizite zu lösen, reicht die Zuweisung klarer Handlungs- und Verfügungsrechte an Grund und Boden allein auch deshalb nicht aus, weil die individuellen Informationen über die langfristigen Nutzen und Kosten der Inanspruchnahme von Bodenfunktionen bzw. über die Beziehungen zwischen den einzelnen Bodenfunktionen unzureichend sind oder kurzfristige gegenüber langfristigen Nutzungsinteressen dominieren. Ein gutes Beispiel für diese *Informationsprobleme*, die eine Marktkoordination erschweren, sind jene „Bodenbelastungen", die sich aus der Nutzung in der Vergangenheit ergeben (Altlastenproblem). Häufig verfügen nämlich nur die bisherigen Eigentümer über ausreichende Informationen bezüglich möglicher Einschränkungen von Bodenfunktionen. Die potentiellen Nachfrager nach Produktions- und Trägerfunktionen stehen dann infolge der gegebenen Unsicherheit bei der qualitativen Beurteilung eines Angebots vor dem Problem,
- entweder das Risiko zu tragen, eventuelle Nutzungsbeschränkungen hinsichtlich des erworbenen Bodens hinnehmen zu müssen,
- umfangreiche Investitionen in eine Informationsakquisition über externe Gutachten mit einem verbleibenden Restrisiko nicht festgestellter qualitativer Mängel zu tätigen
- oder aber erhöhte Kosten der Verhandlungs- und Vertragsausgestaltung hinzunehmen, um eine Haftung des Voreigentümers für etwaige Nutzungsbeschränkungen durchzusetzen.

Diese Alternativen können mit so hohen Risiken und Kosten verbunden sein, daß eine Transaktion unterbleibt. Andererseits kann auch der Anbieter von Böden aufgrund des möglichen Risikos, daß eine bestehende qualitative Beeinträchtigung der Bodenfunktionen bei einer Transaktion erkannt und die Kosten dieser Beeinträchtigung ihm angelastet werden, zu einem Verzicht auf eine Transaktion veranlaßt werden.

Die beschriebenen Informationsprobleme führen also dazu, daß auch die individuell zuzuordnenden Bodenfunktionen teilweise einer Marktallokation entzogen werden (Hecht und Werbeck, im Druck). Als Folge der *unzureichenden Marktallokation von Träger- und Produktionsfunktionen* ist zunächst eine ineffiziente Nutzung dieser Funktionen innerhalb der räumlichen Abgrenzung des relevanten Bodenmarktes zu konstatieren. Daraus können sich dann globale Konsequenzen ergeben, wenn die lokal ineffiziente Nutzung der Träger- und Produktionsfunktion unmittelbare Auswirkungen auf ökologisch relevante globale Bodenfunktionen (etwa die Lebensraumfunktion) auslöst. Zum anderen können sich aus lokalen Engpässen der Bodenfunktionen im Zuge der internationalen Arbeitsteilung langfristig transnationale und globale Engpässe ergeben, wenn sich infolge der lokalen Verdrängung von Nutzungsansprüchen die Nachfrage nach diesen Funktionen auf bislang nicht genutzte Flächen in andere Räume (Nutzung von Grenzböden), Regionen oder Staaten verlagert und dort zu weiteren qualitativen Beeinflussungen der Bodenfunktionen führt. Diese Entwicklung könnte z.B. auch den Transfer bodensensibler wirtschaftlicher Aktivitäten aus den OECD-Staaten in die Länder mit geringerem Industrialisierungsgrad verstärken (Sorsa, 1993).

Bodendegradationsprobleme ergeben sich vielfach auch aus einer *Verbindung von Informationsproblemen und einem Auseinanderklaffen von kurz- und langfristigen Bodennutzungsinteressen*. So ist es vielfach möglich gewesen, über Maßnahmen der sogenannten „grünen Revolution" (großflächige Mechanisierung, Düngung, Aufbringung von Pflanzenschutz- und -behandlungsmitteln usw.) die Nahrungsmittelproduktion je Hektar gewaltig zu steigern. Teilweise wurde dies aber mit Bodenerosion, Übersäuerung der Böden oder einer Belastung der Grund- und Oberflächengewässer mit Schadstoffen, d.h. - wie sich erst zeitverzögert herausstellte - mit einer Verletzung wichtiger Nachhaltigkeitsbedingungen „erkauft". Eine unreflektierte Übertragung solcher Bodennutzungsformen in Länder mit anderen Böden kann dieses Problem des längerfristigen Funktionsverlustes noch verschärfen.

Damit wird aber auch deutlich, daß im Bereich der Bodenmärkte den *Transaktionskosten* hohe Bedeutung zukommt, und sie zu Ursachen für beachtliche Koordinationsdefizite werden können. Sie betreffen hierbei zumeist weniger die Kosten der Marktimplementation *(Kasten 15)*, sondern vor allem die Kosten der Ermittlung konkreter Ursache-Wirkungs-Zusammenhänge und die Verhandlungskosten.

Verstärkt wird diese Problematik durch *externe Effekte*. Eine effiziente Allokation der Bodenfunktionen wird nämlich auch dann eingeschränkt, wenn als Folge einer wirtschaftlichen Aktivität andere, ohne daß sie hierfür entschädigt werden (oder zahlen müssen), beeinträchtigt (oder begünstigt) werden. Bei negativen externen Effekten wird demjenigen, der die wirtschaftliche Tätigkeit ausübt, nicht die Knappheit der genutzten Bodenfunktion in Form einer ausreichenden Preisinformation vermittelt. Ein markantes Beispiel ist die Beeinträchtigung der Bodenfunktionen infolge von Schadstoffeinträgen aus der Luft. Wird etwa die Produktionsfunktion eines Waldbo-

> **Kasten 15**
>
> **Transaktionskosten sind Kosten**
>
> - der Definition und Zuordnung der Handlungs- und Verfügungsrechte (Kosten der Marktimplementation),
> - der Ermittlung konkreter Ursache-Wirkungs-Zusammenhänge und damit der relevanten Adressaten,
> - der Koordination divergierender Interessen innerhalb der Verhandlungsprozesse, um konkrete Regelungen zu vereinbaren,
> - der Sicherstellung der Verhandlungsresultate durch Kontroll- und Sanktionsinstrumente.
>
> Die Transaktionskosten können somit die Vorteile der globalen Allokation von Bodenfunktionen über den Markt übersteigen, was – falls eine Senkung der Transaktionskosten mißlingt – die marktliche Koordination auf globaler Ebene erschwert oder sogar verhindert.

dens aufgrund von NO_x-Einträgen anderer eingeschränkt, müßte der Inhaber der Handlungs- und Verfügungsrechte an dieser Funktion, in der Regel der Waldbesitzer, eigentlich in Verhandlungen mit den Emittenten der Luftschadstoffe treten, um von diesem ein Entgelt für die Nutzung des Waldbodens zu erlangen. Der eindeutige Nachweis des Umfangs der Funktionsminderung durch einen bestimmten Schadstoffemittenten ist jedoch infolge der hohen Zahl potentieller Schädiger, der vielfältigen Synergieeffekte und des großräumigen Bezugs, der oft über Ländergrenzen hinausgeht, zumeist nicht möglich. Dieses Problem verschärft sich noch bei unterschiedlichen nationalen Durchsetzungsmöglichkeiten von Entschädigungsansprüchen. Daher ist in diesen Fällen nicht mit einer effizienten Allokation der Bodenfunktionen bei dezentralen Verhandlungslösungen zu rechnen.

1.3.1.5.2 Folgerungen bezüglich eines globalen Handlungsbedarfs

Die bisherigen Ausführungen haben gezeigt, daß die Koordination des globalen Bodenangebots und der Nachfrage nach den verschiedenen Bodenfunktionen defizitär ist und in beachtlicher Weise Bodendegradation begründet. Dies gilt insbesondere für die Regelungs- und die Lebensraumfunktion. Die eindeutige Definition und Durchsetzung von exklusiven Handlungs- und Verfügungsrechten bedarf somit marktergänzender und/oder alternativer Formen einer Koordination der individuellen Ansprüche an die globalen Bodenfunktionen. Grundsätzlich geht es dabei um

- eine stärkere Ausrichtung der einzelnen Bodennutzungsformen an längerfristigen Nachhaltigkeitsbedingungen,
- die Berücksichtigung von Bodenfunktionen mit Kollektivguteigenschaften in jenen Allokationsentscheidungen, die bislang stark auf die Produktions- und Trägerfunktion ausgerichtet sind, und
- die Durchsetzung einer Allokationsstruktur, die den räumlich divergierenden Bodennutzungspotentialen besser Rechnung trägt.

Es herrscht weitgehend Einigkeit darüber, daß – losgelöst von den Durchsetzungsproblemen – die Formulierung eines Effizienzziels für die verschiedenen Funktionen auf globaler Ebene angesichts der Heterogenität der natürlichen und anthropogenen Rahmenbedingungen in aggregierter Form wenig sinnvoll erscheint und schon an Operationalisierungsproblemen scheitern dürfte. Dies gilt auch für die Operationalisierung distributiver Ziele vor dem Hintergrund unterschiedlicher sozioökonomischer Wertvorstellungen in den einzelnen Kulturen und den heterogenen wirtschaftlichen Ausgangsbedingungen. Stets liefe man Gefahr, den individuellen Nachfragern in den einzelnen Staaten Abweichungen von ihren individuellen Zielen aufzuerlegen, die in keinem Verhältnis zu einem etwaigen Nutzen einer effizienten Allokation globaler Bodenfunktionen stünden. Daher kann das Anliegen einer besseren weltweiten Koordination der individuellen Ansprüche an die Bodenfunktionen nicht in einer zentral formulierten, konkreten Vorgabe exakter lokaler Nutzungsformen globaler Bodenfunktionen liegen. Vielmehr gilt es, den Ursachen der bisherigen Defizite einer dezentralen Allokation entgegenzuwirken und Anreize für die Individuen zu setzen, unter Beachtung möglicher Engpässe bei globalen Bodenfunktionen möglichst effiziente Nutzungsformen zu entwickeln. Hierzu soll zunächst eine Analyse erfolgen.

Exemplarisch geschieht dies über *Tab. 19* in der zeilenweise die einzelnen Bodenfunktionen eingetragen sind, während die Spalte 2 den unmittelbaren Funktionsanspruch verdeutlicht. Dieser Anspruch kann sich, ebenso

D 1.3.1.5 Wirtschaft und Böden

Tabelle 19: Ansprüche an Bodenfunktionen und globale Veränderungen aus ökonomischer Sicht

Bodenfunktionen	Typische Beanspruchung durch die Wirtschaft	Mittelbare Wirkungsverflechtung	Unmittelbarer räumlicher Bezug	Globale/Transnationale Verflechtung
Produktionsfunktion	Transformation und Verwertung von Biomasse, bspw. durch Land- und Forstwirtschaft, quantitativ und qualitativ	Qualitative Bodenbeanspruchung, Auswirkungen auf Regelungs-, Lebensraum- und Trägerfunktion	lokal	vorrangig über den Welthandel, ökosystemar über mittelbare Wirkungen
Trägerfunktion	Quantitativ durch Überbauung, Qualitativ durch Aktivitäten mit direkter oder indirekter Schadstoffbelastung des Bodens	Verringerung der Regelungs-, Produktions- und Lebensraumfunktionskapazität	lokal	vorrangig über internationale sozioökonomische Verflechtungen, mittelbar ökosystemar
Regelungsfunktion	Insbesondere qualitative Beanspruchung durch Aktivitäten, die auf funktionsfähige Ökosysteme angewiesen sind, z.B. die Wasserversorgung	Beeinträchtigung der Anspruchsbefriedigung von Nachfragern nach den Produktions- und Trägerfunktionen	in Abhängigkeit des räumlichen Bezugs des tangierten Ökosystems	in Abhängigkeit von den ökosystemaren Beziehungen, bspw. Erosion, andere Umweltmedien
Lebensraumfunktion	Qualitative Beanspruchung durch Tätigkeiten, die mit der Biodiversität zusammenhängen, z.B. Rohstoffverarbeitung im weiteren Sinne, Tourismus	Beeinträchtigung der Anspruchsbefriedigung von Nachfragern nach den Träger- und Produktionsfunktionen	global angesichts der Irreversibilität eines Artenverlustes	unmittelbar ökosystemar infolge der Bedeutung für die Biodiversität

Quelle: WBGU

wie die damit verbundenen Auswirkungen, quantitativ oder qualitativ auf die Bodenfunktionen beziehen. Bei der Nachfrage nach Bodenfunktionen schälen sich hierbei spezifische Besonderheiten einzelner wirtschaftlicher Aktivitäten heraus. So ist es z.B. für die Land- und Forstwirtschaft charakteristisch, zur Biomassetransformation und -verwertung auf die Produktionsfunktion zurückzugreifen. Damit verbunden ist ein qualitativer Anspruch, da die Produktivität der Tätigkeit u.a. von der Nährstoffzusammensetzung der genutzten Böden abhängt. Demgegenüber ist der Ferntourismus primär auf die Inanspruchnahme der Regelungs- und Lebensraumfunktion gerichtet, da ein intaktes lokales Ökosystem die Standortattraktivität erhöht. Aber hier zeigt sich auch ein qualitativer Anspruch, der den Boden als Existenz- und Funktionsgrundlage von Lebewesen betont.

Die unmittelbare Nachfrage nach einer bestimmten Bodenfunktion verringert zum einen direkt die Kapazität der nachgefragten Funktion, zum anderen tangiert sie andere Funktionen. Dies kann entweder als Nebenwirkung der wirtschaftlichen Aktivität ausgelöst werden oder Folge der zwischen den Bodenfunktionen bestehenden Verflechtungen sein. Als Beispiel aus dem landwirtschaftlichen Bereich ist die künstliche Nährstoffzufuhr zwecks Unterstützung der natürlichen Produktionsfunktion zu nennen. Wird über den engeren Bedarf und die Aufnahmefähigkeit von Pflanzenbeständen hinaus gedüngt, so kann es zu einer Anreicherung vor allem von Stickstoff und folglich zu einer Beeinträchtigung der Regelungsfunktion kommen mit daraus resultierenden negativen Folgewirkungen für andere Umweltmedien. Eine weitere Folge der anthropogenen Beeinflussung des Nährstoffhaushaltes liegt in der Veränderung der natürlichen Rahmenbedingungen für Tiere, Pflanzen und Mikroorganismen und berührt damit die Lebensraumfunktion des Bodens.

Böden stellen aus ökonomischer Perspektive räumlich immobile Güter dar. Eine anthropogene Beeinflussung der Böden wirkt sich darum zunächst lokal oder regional aus (*Tab. 19* Spalte 4); hinzu treten noch die transnationalen oder globalen Aspekte (*Tab. 19* Spalte 5). Aus dem vorrangig mittelbaren Charakter der Folgeprozesse, die über die regionalen Wirkungen hinausgehen, ergeben sich einerseits Fragen zum Zeitrahmen, in welchem internationale Probleme entstehen, andererseits treten Probleme der Zuordnung von Ursachen und Folgen auf. Mit der Betrachtung des Zeitrahmens verbunden ist die notwendige Berücksichtigung irreversibler Prozesse. Bei einer Überbauung wird beispielsweise die Aufnahme von CO_2 durch die Böden unterbunden, langfristig können dann irreversible Einbußen der Bodenproduktivität entstehen. Daraus ergibt sich die Notwendigkeit einer Bewertung der zwischenzeitlichen Nutzen dieser Bodenproduktivität, um diese mit den heutigen Nutzen der Überbauung vergleichen zu können. Hierzu wäre jedoch die möglichst präzise Ableitung der Wirkung, die von dieser Überbauung mittelbar auf die Bodenproduktivität in der Welt ausgeht, erforderlich.

Die Wirtschaft stellt ein komplexes System dar, das unterschiedliche Beziehungsgeflechte berühren kann. Diese lassen sich auf einem globalen Aggregationsniveau nicht hinreichend abbilden, sondern müssen regionalisiert werden. Zu diesem Zweck wird in *Tab. 20* eine Untergliederung in sieben große Ländergruppen vorgenommen. Diese Ländergruppen werden nach ihrer Wirtschaftsstruktur und den daraus abzuleitenden typischen Ansprüchen an Bodenfunktionen unterschieden. Zudem soll durch Gegenüberstellung des Anspruchsprofils und des jeweils verfügbaren Bodenfunktionspotentials auf mögliche regionale Engpässe der Inanspruchnahme von Bodenfunktionen aufmerksam gemacht werden. So ist für die Länder der Gruppe (1) - (3) eine starke qualitative Beanspruchung der Trägerfunktion infolge von wirtschaftlichen Aktivitäten charakteristisch, die mittelbar oder unmittelbar zu Immissionen in den Boden führen. Im Zuge eines Strukturwandels in den Staaten der Gruppen (1), (2) und (4), der eine Tendenz zu Dienstleistungen und höherwertigen Industriegütern beinhaltet, verändern sich auch die Ansprüche an die Bodenfunktionen in diesen Ländern.

Diese sich wandelnden Ansprüche implizieren einerseits eine tendenzielle Verringerung der qualitativen Beeinträchtigung der Bodenfunktionen infolge von Emissionstransporten, andererseits lassen sie aber eine zunehmende Beanspruchung der Böden durch schadstoffintensive Abfallablagerungen erkennen. Mit dem Strukturwandel ist in der Regel eine Ausweitung der unmittelbar quantitativen Beanspruchung der Trägerfunktion zum Ausbau einer funktionsfähigen materiellen Infrastruktur verbunden. Gleichzeitig ist zu beobachten, daß mit steigendem Wohlstand und zunehmender Tertiärisierung vor allem die Nachfrage nach unbelasteten Böden ansteigt (wachsende Bedeutung der Umweltqualität von Böden als Standortfaktor). Angesichts der bereits bislang erfolgten intensiven Inanspruchnahme der Bodenfunktionen führt dies zumeist zu einer weiteren Auslastung der knappen Bodenfunktionskapazität.

D 1.3.1.5 Wirtschaft und Böden

Tabelle 20: Regional disaggregierte Analyse der Inanspruchnahme von Bodenfunktionen aus ökonomischer Sicht

Regionen/Charakteristika	Geographische Dimension	Sektoraler Diversifizierungsgrad	Vorrangig unmittelbar beanspruchte Bodenfunktion	Quantitative Bodenfunktionspotentiale	Qualitative Bodenfunktionspotentiale
(1) OECD-Staaten mit bemerkenswerten quantitativen Bodennutzungspotentialen	USA, Kanada, Australien	sehr groß, mit Potentialen in allen Sektoren	Produktions- und Trägerfunktion, starke qualitative Beanspruchung	hoch	hohe Degradation, starke natürliche und anthropogene Einwirkung
(2) OECD-Staaten mit stark beschränkten quantitativen Bodennutzungspotentialen	Europäischer Wirtschaftsraum, Japan	sehr groß, mit hochwertigem sekundärem Sektor	Trägerfunktion, starke qualitative Beanspruchung	infolge der Bevölkerungsdichte fast völlig ausgeschöpft	sehr hohe Degradation, primär anthropogene Beeinflussung
(3) Europäische Staaten des ehemaligen RGW in politischer und ökonomischer Transformation	Mittel- und Osteuropa	gering, vorrangig primärer und einfacher sekundärer Sektor	Trägerfunktion, sehr starke qualitative Beanspruchung	gering	hohe Degradation, extreme anthropogene Einwirkung
(4) Schwellenländer Asiens	APEC-Staaten, China und Anliegerstaaten	zunehmend, mit Tendenz zu hochwertigem sekundärem und tertiärem Sektor	Trägerfunktion, vorrangig quantitative Beanspruchung	fast völlig ausgeschöpft	hohe Degradation, vorrangig anthropogene Einwirkung
(5) Schwellenländer Mittel- und Südamerikas	Mercosur-Staaten, Mexiko	gering, vorrangig primärer und einfacher sekundärer Sektor	Produktionsfunktion, sowohl hohe qualitative als auch quantitative Beanspruchung	hoch	hohe Degradation, starke anthropogene Einwirkung
(6) Länder mit geringem Pro-Kopf-Einkommen und quantitativen Bodennutzungspotentialen	Sub-Sahara, Mittelamerika, Asiatische Länder der ehemaligen UdSSR	sehr gering, fast ausschließlich primärer Sektor	Produktionsfunktion, sowohl hohe qualitative als auch quantitative Beanspruchung	hoch, aber Bevölkerungswachstum	mittelstarke Degradation, lokal anthropogene Einflüsse
(7) Länder mit geringem Pro-Kopf-Einkommen und minimalen quantitativen Bodennutzungspotentialen	Nordafrika, Arabien, Indischer Subkontinent	sehr gering, vorrangig primärer Sektor, Aufbau des einfachen sekundären Sektors	Produktionsfunktion, zunehmend Trägerfunktion, hohe qualitative Beanspruchung	angesichts Bevölkerungswachstum unzureichend	hohe Degradation, lokal sehr hoher Anteil natürlicher Restriktionen

Quelle: WBGU

Demgegenüber sind die Volkswirtschaften der Staaten der Gruppe (5) – (7) noch stark auf die Anspruchsformen des primären Sektors ausgerichtet, die sich auf eine quantitative, aber auch zunehmend qualitative Beanspruchung der Produktions- und Regelungsfunktionen richten. In den Ländern der Gruppen (5) und (7) induziert eine Ausweitung von einfachen Aktivitäten des sekundären Sektors Anspruchs- und Wirkungsformen, die unmittelbar eine intensive qualitative Nutzung der Trägerfunktion, aber auch Rückwirkungen besonders auf die Regelungs- und Lebensraumfunktion beinhalten. Dies bedeutet, daß die bereits infolge natürlicher Voraussetzungen beschränkten Funktionspotentiale in diesen Staaten zusätzlich reduziert werden. Grundsätzlich zeigt *Tab. 20,* daß die vielfältigen Ansprüche, die von der Wirtschaft auf die Bodenfunktionen gerichtet sind, nicht immer dem Bodenfunktionspotential der jeweiligen Regionen angepaßt sind. Das hat verschiedene Auswirkungen.

So kann eine abnehmende Ertragsfunktion des Bodens zu einem dauerhaften Engpaßfaktor für die Landwirtschaft werden. Dies gilt vor allem dann, wenn irreversible Funktionsbeschränkungen eintreten. Engpaßsituationen zeigen sich hierbei zumeist zunächst regional. Solche Situationen werden für die Produktionsfunktion bereits heute (vgl. *Tab. 20* in quantitativer und qualitativer Hinsicht in einigen Regionen der Gruppen (6) und (7), für die Regelungsfunktion an zahlreichen Orten, die auf alle betrachteten Regionen verteilt sind, und für die Trägerfunktion in den Regionen (2) und (4) beobachtet. Bei einer Kumulation regionaler Engpässe können bestimmte wirtschaftliche Aktivitäten und die Nutzung der mit der Ausübung dieser Tätigkeiten verbundenen Güter und Dienstleistungen weltweit beeinträchtigt werden.

Zur Beseitigung von Engpässen stehen grundsätzlich drei Strategien zur Verfügung:

- Räumliche Umverteilung des Engpaßfaktors aus Überschußgebieten.
- Entwicklung effizienterer Verfahrensweisen zur Nutzung der verfügbaren Ressourcen durch technischen Fortschritt.
- Verwendung oder Entwicklung von substitutiven Faktoren, die eine gewisse Unabhängigkeit vom Engpaßfaktor ermöglichen.

In der Realität wird in der Regel erst eine Kombination dieser Strategien zur Überwindung einer Mangelsituation führen. Der jeweilige Mix hängt von der spezifischen Ausprägung des Engpasses ab. So verbindet sich z.B. mit der ersten Strategie die Forderung nach einer *besseren internationalen Arbeitsteilung*. Da Böden grundsätzlich immobil sind, steht vor allem ihre Nutzung in Abhängigkeit von den divergierenden Nutzungspotentialen sowie die anschließende großräumige Verteilung der Bodenprodukte (Handel) zur Disposition. Vieles spricht dafür, daß sich gegenwärtig und in naher Zukunft die regionalen Engpässe im globalen Zusammenhang noch ausgleichen lassen und damit auch noch eine ausreichende Nahrungsmittelversorgung der Weltbevölkerung realisierbar erscheint (Crosson und Anderson, 1992). Unter diesen Überlegungen bietet es sich an, vor allem jene Faktoren zu beeinflussen, die „verzerrend" auf den internationalen Handel bzw. die internationale Arbeitsteilung einwirken. Hierauf wird im Kap. D 1.3.1.6 noch näher eingegangen.

Die zweite Strategie, die Förderung des *technischen Fortschritts*, ist eng mit der ersten Strategie verbunden. So bestehen immer noch beachtliche technologiebedingte Unterschiede bei der Ausschöpfung regionaler Potentiale der Produktionsfunktion des Bodens. Hier hilft der technische Fortschritt, indem er die Effizienz der Bodennutzung steigert bzw. die Intensität der Bodenschädigung bei gleichbleibender Inanspruchnahme der Bodenfunktionen senkt oder zur Senkung der Kosten einer Inanspruchnahme der Bodenfunktionen durch effizientere Zugriffsmöglichkeiten beiträgt.

Da gerade die Regionen, die besonderen Restriktionen bei der Verfügbarkeit der Bodenfunktionen ausgesetzt sind, zumeist geringere technologische Potentiale aufweisen, wird zur Realisierung eines interregionalen Technologietransfers zum einen eine verstärkte Einbindung in die internationale Arbeitsteilung vorgeschlagen, da sich über den internationalen Wettbewerb der Zwang zur Anpassung an das internationale Know-how ergibt. Diese kann alternativ über eigene Forschung, Lizenznahme oder den Import von Vorleistungen auf neuestem technischen Stand erfolgen, wobei die beiden letzten Möglichkeiten die Nachahmungskosten deutlich senken. Darüber hinaus können die Regierungen in den Staaten der besonders betroffenen Gruppen (6) und (7) technologischen Fortschritt induzieren, indem sie geeignete Rahmenbedingungen schaffen (Weltbank, 1991).

D 1.3.1.5 Wirtschaft und Böden

Wichtig bei der Überwindung von regionalen Engpässen sind die Entwicklung alternativer Verfahrensweisen mit höherer Produktivität bzw. geringerer Bewirtschaftungsintensität, die Veränderung des Produktprogramms hin zu produktiveren, aber den Bodengegebenheiten angepaßten Nahrungsmitteln sowie der Bereich Biotechnologie (etwa die Entwicklung resistenzsteigernder Stoffe oder auch die genetische Weiterentwicklung) (WRI, 1987; Crosson und Anderson, 1992). Vielfach bedeutet dies die Reaktivierung traditioneller Produktionsmethoden. Dabei ist jedoch zu berücksichtigen, daß bislang in den Regionen (6) und (7), in denen der Bedarf zur Engpaßbeseitigung am größten ist, die Forschungsinvestitionen vergleichsweise gering sind, so daß weitgehend eine Abhängigkeit von *Technologietransfers* aus anderen Regionen zu konstatieren ist. Hierbei besteht das Problem der Vereinbarkeit mit den Erfordernissen der Empfängerländer.

Eine alternative Strategie zur Engpaßüberwindung bildet die *Substitution der Inanspruchnahme der Bodenfunktion*. Dies kann einerseits in einer Substitution der jeweiligen Funktionsnutzung durch eine alternative Nutzungsform derselben Funktion bestehen – etwa eine Inanspruchnahme der Produktionsfunktion durch Anbau einer Frucht, die den jeweiligen Bodenstrukturen entspricht, anstelle eines monokultürlichen Anbaus von Produkten, der zur Befriedigung der Nahrungsansprüche anderer Regionen gewählt wurde. Zum anderen kann damit auch die völlige Änderung der Funktionsbeanspruchung einhergehen, etwa anstelle der Inanspruchnahme der Produktionsfunktion des Bodens zur Nahrungsmittelversorgung eine Veränderung der Ernährungsgewohnheiten hin zu Produkten, die nicht dieser Funktion unmittelbar bedürfen (z.B. Ernährung aus dem Meer mit einer mittelbaren Abhängigkeit von der Regelungsfunktion).

Die Effizienz einer Substitutionsstrategie hängt wiederum von mehreren Parametern ab, wie
- Kosten der Veränderung einer wirtschaftlichen Tätigkeit.
- Wirkungen, die von dieser Tätigkeit auf andere Umweltmedien (etwa Wasser) ausgehen.
- Nutzeneinbußen für Nachfrager, die sich auf die durch den Substitutionsprozeß veränderten Angebote einstellen müssen.
- Einsparungen durch die veränderte bzw. verringerte Inanspruchnahme der Bodenfunktionen.

Die Beurteilung eines Engpasses infolge einer abnehmenden Bodenfunktionskapazität kann vor diesem Hintergrund erst nach einer Analyse der jeweiligen strategischen Potentiale zur Überwindung solcher Mangelerscheinungen erfolgen. Die Entwicklung dieser Potentiale ist wegen der schwierigen Einschätzung möglicher Hindernisse für die Zukunft nicht absehbar.

Noch schwieriger als die Lösung des Problems einer effizienteren globalen Ausnutzung der Nutzungsfunktion der Böden im Rahmen einer globalen Arbeitsteilung (einschließlich Ausgleich über den internationalen Handel) ist die Bewältigung des Allokationsanliegens bezüglich der ökologischen Bodenfunktionen. Um die global bedeutsamen Bodenfunktionen besser bestimmen zu können, ist zunächst eine ausreichende Informationsgrundlage zu schaffen. Hierzu bedarf es auf nationaler und internationaler Ebene der Festlegung von eindeutigen Bewertungskriterien sowie der systematischen Erfassung und Bewertung vorhandener Flächen. Diese Kriterien sollten als Orientierungsgrößen in internationalen Konventionen festgelegt oder zur laufenden Fortschreibung einem internationalen Expertengremium übertragen werden. Letztlich ist ein globales Funktionskataster – aber nur für die global relevanten Funktionen – anzustreben. Nur so lassen sich global bedeutsame Naturschutzgebiete gut begründet festlegen. Über großräumige Schutzflächen von globaler Bedeutung (*global common goods*) sind dann Vereinbarungen (globale Naturschutzpolitik) zu treffen, die Schutzpflichten festlegen.

Bei der Verwirklichung solcher Schutzanliegen ist besonders wichtig, Anreize für eine Veränderung des individuellen Verhaltens in eine ökologisch vorteilhafte Richtung zu setzen: Ökologisch verträgliche Bodennutzung muß im Interesse der Menschen liegen. Nur dann gehen die individuellen Informationen über Präferenzen und Kostenstrukturen bezüglich der Bodenfunktionen als gestaltende Faktoren in den Umstrukturierungsprozeß ein. Die Instrumentierung muß dabei berücksichtigen, daß für den Boden bereits Eigentumsrechte existieren. Eine Veränderung der Nutzungsrechte stellt somit einen Eingriff in bestehende Eigentumsverhältnisse dar. Dabei stehen den jeweiligen Trägerebenen unterschiedliche Möglichkeiten zur Verfügung, wobei die institutionellen Alternativen in den Einzelstaaten recht zahlreich sind. Die Maßnahmen können sich dabei zum einen auf die quantitative Nutzung der verschiedenen Bodenfunktionen beziehen, zum anderen jedoch auch auf die Beeinflussung der Bodenstrukturen und damit auf die qualitative Komponente ausgerichtet sein.

Der institutionelle Handlungsbedarf ist im Bereich der Produktions- und Trägerfunktion, wie bereits betont wurde, auf die *Definition exklusiver Handlungs- und Verfügungsrechte* gerichtet, um eine dezentrale Allokation über Marktbeziehungen zu ermöglichen. Bezüglich der Transaktionskosten bei Unsicherheit über den qualitativen Zustand des Bodens nach einer wirtschaftlichen Nutzung können zukünftig *Haftungsregeln*, insbesondere die Gefährdungshaftung, die eine Verantwortlichkeit des Bodennutzers infolge der potentiellen Bodengefährdung seiner Tätigkeit annimmt, Anreize setzen, derartige Schäden zu vermeiden. Sie würden auch den Nachfragern die Unsicherheit über eine etwaige Schadensrestitution nehmen (Endres, 1989; Siebert, 1988; Karl, 1992). Allerdings besteht dann bei bereits belasteten Flächen die Gefahr, daß sie zur Haftungsvermeidung nicht marktlich angeboten werden. Hier hilft nur eine systematische Erfassung der Altlasten *(Altlastenkataster)* und in vielen Fällen eine Sanierungsstrategie bzw. eine belastungsorientierte Nutzungseinschränkung *(Raumplanung)*.

Betrachtet man beispielhaft die Möglichkeiten zur institutionellen Beeinflussung der Allokation von Bodenfunktionen in der Bundesrepublik, so ist grundsätzlich eine Steuerung der quantitativen Verfügbarkeit mit Hilfe des *Planungsrechts* möglich. Dabei ist aber zu beachten, daß dieses Planungsrecht vor allem dort greift, wo es den Charakter einer Negativplanung (Unterbindung von problematischen Bodennutzungsformen) besitzt. Es hilft also insbesondere beim Schutz der Regelungs- und (national abgrenzbaren) Lebensraumfunktionen. Die planungsrechtliche Freistellung von Flächen von bestimmten funktionsbeeinträchtigenden anthropogenen Aktivitäten wird in der Mehrzahl der Fälle (Ausnahme: global relevante Naturschutzgebiete) am effizientesten auf regionaler oder lokaler Ebene durchgeführt, da auf dieser Kompetenzebene auch das größte Wissen um die potentiellen Nutzungskonkurrenzen und deren Kostenstrukturen vorliegt. Innerhalb des lokalen Planungsverfahrens können zudem Verhandlungen zwischen den individuellen Bodenfunktionsnachfragern zur Transparenz der jeweiligen Präferenzstrukturen führen. Zugunsten der Regelungs- und kleinräumigen Lebensraumfunktion können dabei Naturschutzverbände, aber auch Vertreter wirtschaftlicher Aktivitäten, die von intakten Ökosystemen profitieren, etwa das Fremdenverkehrsgewerbe oder auch Bereiche der landwirtschaftlichen Produktion, in den Verhandlungen auftreten. Bei großflächigen Biotopstrukturen kann auch eine Kooperation dieser lokalen Einheiten zur Nutzung von Netzeffekten in Biotopverbunden erfolgen. Hierbei wird es sinnvoll, auf eine übergeordnete Kompetenzebene zurückzugreifen, die auf internationaler Ebene bilaterale Abstimmungen bzw. globale Festlegungen impliziert.

Die Beeinflussung der qualitativen Komponente setzt unmittelbar an den Bodenbelastungen an. Hierfür sind spezifische Wirkungsanalysen der einzelnen Stoffe erforderlich, auf deren Grundlage ein abgestuftes System der Eingriffe in die einzelwirtschaftliche Handlungssphäre installiert werden kann. Auf privatwirtschaftlicher Ebene ist zunächst an Haftungsregeln zu denken. Weitere Möglichkeiten der Eingriffe in die Stoffverwendung bestehen z.B. in der Erhebung von Abgaben oder auch der Einführung von *Rücknahmeverpflichtungen*. Für Stoffe, die oberhalb eines Schwellenwertes zu irreversiblen Funktionsbeeinträchtigungen führen, ist mit *Grenzwerten* zu operieren, bei einer Irreversibilität ohne Schwellenwert ist unter bestimmten Umständen ein *Verbot* erforderlich.

Bei internationalen Vereinbarungen dominiert neben der Propagierung allgemeiner Zielsetzungen die Festlegung einheitlicher staatlicher Grenzwerte, zum Teil auch mit einer Abstufung gemäß des jeweiligen wirtschaftlichen Entwicklungsstandes. In Abgrenzung hierzu ist bei Instrumenten, die stärker an den spezifischen Handlungspotentialen der Einzelstaaten ansetzen, eine erhöhte Effizienz der Bodenfunktionsnutzung zu erwarten. So können beispielsweise zwischenstaatliche Haftungsregeln mit einem vertraglich fixierten Verifikations- und Sanktionsmechanismus eingeführt werden. Dabei garantieren die Vertragsstaaten die Einhaltung bestimmter Emissionshöchstwerte, z.B. bezüglich einiger Luftschadstoffe, und vereinbaren eine Restitution bei Vertragsverletzung. Wie dieses Risiko einer Vertragsstrafe wiederum in den Vertragsstaaten den Emittenten verdeutlicht wird, bleibt der einzelstaatlichen Gesetzgebung überlassen (Erichsen, 1993).

Dieses Instrument ist insbesondere bei nachbarstaatlichen Wirkungsbeziehungen und Vereinbarungen zwischen Ländern eines hohen wirtschaftlichen und administrativen Niveaus effizient einzusetzen (vgl. zu Ansätzen der Formulierung einzelstaatlicher Regelungen über die zivilrechtliche Haftung bei grenzüberschreitenden Umweltbelastungen Gehring und Jachtenfuchs, 1990). Bei Ländern mit geringem Pro-Kopf-Einkommen können wiederum die Anreize der Vertragserfüllung angepaßt werden, z.B. durch Gewährung von dezentralen Hilfen bei Einhaltung der Emissionshöchstgrenzen bzw. Streichung dieser Hilfen bei Vertragsverletzung.

1.3.1.6 Institutionen und Böden

1.3.1.6.1 *Institutionelle Ursachen einer defizitären Allokation globaler Bodenfunktionen – Innerstaatliche Regelungen*

Wenn nachfolgend von institutionellen Rahmenbedingungen die Rede ist, geht es um mehr als um nationale oder internationale Einrichtungen. Gemeint sind vielmehr alle Festlegungen, die das innerstaatliche und/oder das zwischenstaatliche Zusammenwirken von Wirtschaftssubjekten und politischen Entscheidungsträgern bezüglich der Nutzung von Bodenfunktionen regeln oder die Nutzungsstruktur und -intensität beeinflussen. Zumeist finden sie in rechtlichen Rahmensetzungen und internationalen Vereinbarungen ihren Niederschlag. Regelungen innerhalb der Europäischen Union (EU) werden nachfolgend im Sinne einer innerstaatlichen Festlegung behandelt, da hier Souveränitätsrechte an die EU-Ebene abgegeben wurden.

Für unser Thema wichtig sind *konstituierende* Festlegungen, die die Realisierung eines bestimmten Wirtschaftssystems oder einer spezifischen internationalen Wirtschaftsordnung betreffen, sowie *regulierende* Festlegungen, die der gezielten Beeinflussung einzelner Wirtschaftsbereiche bzw. im internationalen Rahmen von Nationen, etwa über Entwicklungshilfe oder die Einbeziehung in Wirtschaftsräume dienen.

Im Bereich bodenrelevanter Regulierungsaktivitäten finden sich in vielen Industrieländern politische Interventionen, insbesondere in Form von *protektionistischen Maßnahmen und Unterstützungsleistungen zugunsten des primären Sektors*, die zumeist mit einem einzelstaatlichen Sicherungsanliegen, z.B. der Erhaltung einer autarken Versorgung, begründet werden (Haase, 1983; Schmitt und Hagedorn, 1985; Eickhof, 1989).

Ausprägungen solcher die Bodennutzung und den Bodenschutz beeinflussenden Regulierungsaktivitäten finden sich z.B. in Form von:

- Preisstützungsmaßnahmen für landwirtschaftliche Betriebe,
- Maßnahmen der protektionistischen Absicherung bestimmter Sektoren gegenüber anderen Staatengruppen,
- Gewährleistung einzelwirtschaftlicher Vorteile für den Bereich der Rohstoffgewinnung bei der Zuweisung der Nutzung von Bodenfunktionen,
- Preisregulierungen, Abnahmegarantien und Importbeschränkungen für die Produkte aus der Rohstoffgewinnung.

Das Problem, das sich dabei stellt, ist die Tatsache, daß diese Begünstigungen einzelner wirtschaftlicher Nachfrager nach Bodenfunktionen eine Bodennutzung induzieren, die nicht der Knappheit der Bodenfunktionen angemessen ist.

Aber auch allgemeinere Festlegungen können eine Rolle spielen. So ist in fast allen Industrieländern die Flächennutzung einem staatlichen *Planungsrecht* unterworfen, welches zumeist den Nutzungsspielraum für einzelne Flächen einschränkt (Negativplanung) oder/und die Nutzung an bestimmte Auflagen, z.B. durch Vorgabe maximaler Überbauungsquoten, bindet. Dieses Planungsrecht beeinflußt die Allokationsstruktur der Bodennutzung. Vielfach wird gesagt, daß es nicht alle Bodennutzungsinteressen gleichermaßen berücksichtige (Bowers, 1993; Holznagel, 1990) und aufgrund der Planungsverfahren, mit deren Einflußpotentialen für partikulare Interessengruppen, sowie den langen Verfahrenszeiträumen hemmend auf den gesellschaftlichen Wandlungsprozeß einwirke (Olson, 1985a; Werbeck, 1993). Dies sind jedoch keine grundlegenden Einwendungen gegen das Planungsrecht, sondern eher spezielle Ausgestaltungsprobleme. Grundlegender ist der Einwand, daß die Raumplanung in der Regel relativ lange Vorlaufzeiten bzw. zu ihrer Umsetzung eine gut ausgebaute Verwaltungsinfrastruktur auf der untersten Ebene (Kommunalebene) benötigt. Insgesamt gilt, daß die Raumplanung durchaus in der Lage ist, Bodenschutzanliegen durchzusetzen.

Im Gegensatz dazu bestehen in vielen gering industrialisierten Staaten institutionelle Defizite, die insbesondere die *ungenügende Definition und Zuordnung eindeutiger Handlungs- und Verfügungsrechte* bei den Bodenfunktionen betreffen (vgl. Kap. D 1.3.1.5). Dies ist sowohl auf fehlende institutionelle Voraussetzungen (Verwaltungsinfrastruktur) als auch auf die zielgerichtete Förderung einzelner – zumeist landwirtschaftlicher – Produzentengruppen zurückzuführen. Zur Definition ist z.B. eine administrative Struktur zur eindeutigen Abgrenzung einzelner

Rechte sowie ihrer Durchsetzung und Kontrolle erforderlich. Dieser Funktion werden die bestehenden Strukturen in vielen Entwicklungsländern infolge personeller, finanzieller und technischer Engpässe bzw. der Berücksichtigung der Interessen des gesamtwirtschaftlich dominierenden Agrarsektors nicht gerecht (Weltbank, 1992). Als Konsequenz ergibt sich häufig eine Konzentration der Eigentumsrechte in staatlichen Kollektiven (Abdul-Jalil, 1988) oder in der Hand einzelner Großgrundbesitzer (von Urff, 1992). Vor dem Hintergrund dieser politischen Rahmenbedingungen ist eine knappheitsorientierte Zuweisung der Bodenfunktionen oft nicht gewährleistet, wobei die Ursache dieser Defizite nicht im Markt selbst begründet liegt, sondern auf politische Faktoren („Politikversagen") zurückzuführen ist.

Die Folge dieser problematischen politischen Interventionen in die Allokation landwirtschaftlich genutzter Böden ist einerseits in einer Verdrängung zahlreicher Kleinbetriebe auf marginale Böden mit unzureichender Kapazität an Produktions- und Regelungsfunktionen zu sehen (Blaikie, 1985; Harborth, 1992). Andererseits herrscht in den landwirtschaftlichen Großbetrieben in staatlichem oder privatem Besitz oft ein Pachtsystem vor, das infolge der Vertragsfristen und der Pachtzahlungen Anreize für lediglich kurzfristige Erlösmaximierung der Pächter gibt (Herkendell und Koch, 1991; Lachenmann, 1989). Das Resultat ist eine Übernutzung der Bodenfunktionen.

Eine Verzerrung der Allokation entsteht in den Entwicklungsländern insbesondere auch aufgrund des Bestrebens, den Industrialisierungsgrad zu erhöhen. Zu diesem Zweck wird zumeist eine Politik betrieben, die einseitig Subventionen für den Import an Investitionsgütern und technischem Know-how, aber auch an Kapital gewährt (Amelung, 1987). Damit verbunden ist eine Subventionierung der Bodenpreise für industrielle und infrastrukturelle Nutzungsansprüche an die Trägerfunktion der Böden sowie eine unzureichende institutionelle Absicherung der Regelungs- und Lebensraumfunktion. Demgegenüber wird der landwirtschaftliche Sektor oft mit Exportzöllen und staatlich regulierten geringen Preisen in seiner Entwicklung gehindert (vgl. zur Begründung der geringen Organisierbarkeit der Interessen in diesen Staaten im Gegensatz zu den OECD-Staaten Olson, 1985b).

1.3.1.6.2 Institutionelle Ursachen einer defizitären Allokation globaler Bodenfunktionen – Internationale Regelungen

Mit den partikularen Interessen in der einzelstaatlichen Entscheidungsfindung verbinden sich auch Implikationen für die Interessenartikulation im globalen Zusammenhang. Die einzelstaatlichen Verzerrungen der Allokation der Bodenfunktionen werden oft angesichts der vielfältigen internationalen Verflechtungen durch internationale institutionelle Rahmenbedingungen verstärkt. Auf internationaler Ebene geht es hierbei um die Realisierung wirtschaftlicher Vorteile der Volkswirtschaften der intervenierenden Einzelstaaten zu Lasten anderer Nationen. Dieses einzelstaatliche *Rent-Seeking* hängt wesentlich von der wirtschaftlichen Handlungsmacht des einzelnen Staates bzw. einer Staatengemeinschaft ab, die sich zu einer internationalen Handelsmaßnahme zusammenschließt.

Das entsprechende Wirkungsgeflecht soll an einem Beispiel illustriert werden:

– Ausgangspunkt ist die Importkontingentierung eines handelspolitischen Weltgravitationszentrums, etwa die Festlegung einer Importhöchstmenge (z.B. Bananenkontingente für Lieferungen einzelner mittelamerikanischer Länder in die EU).
– Auf dem geschützten Markt ergeben sich ein Rückgang des Angebots und ein Preisanstieg, der bei einer für Grundnahrungsmittel typischen niedrigen Preiselastizität leicht durchzusetzen ist.
– Die Konkurrenten der von der Kontingentierung Betroffenen, in diesem Beispiel die Bananenanbieter innerhalb der EU und den AKP-Staaten, erhalten folglich einen höheren Preis, die Verbraucher hingegen müssen Wohlfahrtseinbußen hinnehmen.
– Die Importeure können ihrerseits mit einer Kompensation der verringerten Menge durch den höheren Preis rechnen.
– Die Erzeugerländer hingegen stehen vor dem Problem, die Güter auf anderen Märkten absetzen zu müssen oder aber, wenn ansonsten – wie für Bananen typisch – diese Nachfrage nicht auf dem Weltmarkt existiert, ihr Produktionsprogramm zu verändern.
– Es ergibt sich eine erhöhte preisliche Belastung der Bananenverbraucher, ein wirtschaftlicher Vorteil der geschützten Produzenten im intervenierenden Land, eine weitgehend neutrale Wirkung für die Zwischenhändler und eine unmittelbare Verringerung der Erwerbsmöglichkeiten der Produzenten in den Erzeugerländern.

Die Folge ist eine internationale Beeinflussung der Nutzung von Bodenfunktionen, da sich infolge der Handelsbeschränkung die begünstigten Gruppen zu einer Ausweitung, die Benachteiligten hingegen zu einer Änderung ihrer Bodennutzung veranlaßt sehen. Diesen internationalen Folgen für die Bodenfunktionen entsprechend müßten institutionelle Grundlagen existieren, die eine solche Durchsetzung einzelstaatlicher Interessenpolitik verhindern.

Für den Bereich globaler Bodenveränderungen ist die Unterscheidung dreier institutioneller Gestaltungsmöglichkeiten des Völkerrechts nützlich (Ipsen, 1990; Birnie und Boyle, 1992):

- Gewohnheitsrecht.
- Rechtsprechung.
- Vertragsrecht (einschließlich der aus dem Vertragsrecht abgeleiteten Behörden).

Im nicht *kodifizierten Völkergewohnheitsrecht* wird das Prinzip der territorialen Integrität, das eine „erhebliche" grenzüberschreitende Verletzung von Umweltgütern als rechtswidrig bezeichnet, allgemein akzeptiert (Erichsen, 1991). Dies impliziert grundsätzlich die Anerkennung einer einzelstaatlichen Schadensausgleichspflicht für die Inanspruchnahme von Bodenfunktionen (Erichsen, 1993). Es existiert jedoch ein weiter Interpretationsspielraum des Begriffs der „Erheblichkeit" und das Fehlen einer Sanktionierung eines Verstoßes gegen die jeweiligen Normen (Rest, 1991).

Auch die *Implementierung durch den Internationalen Gerichtshof* basiert auf der Freiwilligkeit der Urteilsanerkennung durch die Betroffenen. In der rechtlichen Praxis besteht bislang eine Dominanz des Prinzips der staatlich souveränen Handlungsausübung (Bryde, 1993). Die staatliche Souveränität kann jedoch vertraglich eingeschränkt und/oder auf andere Organisationen übertragen werden.

Nachfolgend werden ausgewählte *internationale Verträge*, die aus der Sicht des Beirats für den Bereich globaler Bodenveränderungen relevant sind, betrachtet. Diese Betrachtung setzt dabei zunächst an der unmittelbaren Zielsetzung des Vertrags an, ordnet diese Zielsetzung in die Vereinbarkeit mit einem globalen Allokationsziel für Bodenfunktionen ein und untersucht die vereinbarten Koordinationsmechanismen, um die divergierenden Interessenstrukturen in einen Konsens unter den Vertragsparteien zu führen. Die Verträge werden dabei nach fünf Kategorien unterschieden, die eine zunehmende Einengung des Bezugs der behandelten Vertragsthemen innerhalb des Wirkungsgeflechts von Wirtschaft und Bodenfunktionen beinhalten:

1. allgemein-politische Vereinbarungen
2. allgemein-umweltbezogene Abkommen
3. allgemein-ökonomisch orientierte Regelungen
4. umweltmedial ausgerichtete Vereinbarungen
5. wirtschaftssektorspezifische Institutionen

Allgemein-politische Vereinbarungen

Mit Hilfe allgemein-politischer Vereinbarungen können lediglich Rahmenbedingungen für die Ausgestaltung spezifischer Regelungen geschaffen werden. Daher ist in solchen Verträgen auch kein unmittelbarer Bezug zu globalen Bodenfunktionen festzustellen. Die allgemein-politische globale Rahmenorganisation sind die Vereinten Nationen, deren Einrichtung auf der UN-Charta 1945 basiert. Diese Organisation hat umweltspezifische Fragestellungen an Spezialorganisationen delegiert, die im folgenden genauer dargestellt werden. Grundlegend für die Vereinbarung internationaler Verträge ist allgemein die „Wiener Konvention zum Schutz das Vertragsrecht" aus dem Jahr 1969 (Inkrafttreten 1980). Wesentliche Vertragsinhalte sind dabei (Birnie und Boyle, 1992, Ipsen, 1990):

- die Festlegung der Einzelstaaten als völkerrechtliche Vertragssubjekte,
- die Möglichkeit zu Vorbehaltsklauseln in Verträgen,
- Anleitungen zu Vertragsinterpretationen,
- Regelungen der vertraglichen Ungültigkeit,
- die Anerkennung von allgemeinen – gewohnheitsrechtlichen – Normen, ohne deren Inhalt festzulegen.

Dieser Vertragstyp setzt somit den allgemeinen Rahmen, vor dessen Hintergrund eine Konkretisierung hinsichtlich der Allokation globaler Bodenfunktionen zu erfolgen hat.

Allgemein-umweltbezogene Abkommen

In diese Kategorie fallen insbesondere die Sonderorganisationen der Vereinten Nationen mit unmittelbarem Umweltbezug (Kilian, 1987). Neben dem UNDP fungiert das als Ergebnis der *United Nations Conference on the Human Environment* 1972 institutionalisierte UNEP als globale Einrichtung zur Koordination globaler Umweltschutzaktivitäten. Dabei konzentrieren sich die Aktivitäten dieser Organisationen auf die Verbesserung der Informationsbasis über globale Veränderungen der Ökosysteme sowie die Initiierung und Koordinierung internationaler Zusammenarbeit (Birnie und Boyle, 1992, Kilian, 1987). Kennzeichen der Entscheidungsfindung in den UN-Sonderorganisationen ist das Prinzip der Gleichgewichtigkeit einzelstaatlicher Stimmen („ein Land – eine Stimme"). So haben Vertreter aus Ländern mit geringem Industrialisierungsgrad – übertragen auf das Regionalisierungsmodell *(Tab. 20)* insbesondere die Gruppen (6) und (7) – im UNEP-Verwaltungsrat 39 der 58 Sitze inne. Finanziert wird das UNEP aus Mitteln des allgemeinen UN-Haushalts sowie aus freiwilligen Beiträgen. Angesichts ihres vergleichsweise geringen Einflußpotentials bei der Entscheidungsfindung ist die Bereitschaft der Länder mit größeren Kapitalmitteln – im Regionalmodell die Länder der Gruppen (1) und (2) – zu einer Aufstockung der finanziellen Ausstattung des UNEP nur gering. Des weiteren sind diese Länder in der Regel kaum bereit, die Kompetenzen dieser Organisation in Richtung einer unmittelbaren Eingriffsmöglichkeit in die nationale Souveränität zu erweitern.

Als Ergebnis der Konferenz von Rio de Janeiro 1992 wurde die *United Nations Commission on Sustainable Development* (UNCSD) eingerichtet. Diese Kommission, die abteilungsübergreifend in Zuarbeit zum Wirtschafts- und Sozialausschuß (ECOSOC) direkt der Generalversammlung Bericht erstattet, ist insbesondere mit der Überwachung und Umsetzung der Agenda 21 beauftragt worden. In der Agenda 21 wird an zahlreichen Stellen ein Bezug zur Beeinflussung der Allokation globaler Bodenfunktionen hergestellt (WBGU, 1993). Die Umsetzung und Finanzierung dieser Maßnahmen beruht allerdings auf dem Prinzip der Freiwilligkeit. Auch bei dieser Kommission ist möglicherweise eine Beschränkung auf Informations-, Koordinations- und Anstoßfunktionen zu erwarten, da die Entscheidungsfindungs- und Finanzierungsregeln denen der anderen UN-Organisationen bisher noch gleichen.

Zusammenfassend ist zu den allgemein-umweltbezogenen Abkommen zu sagen, daß sich eine Unterscheidung der Interessenstrukturen in diesen Organisationen in zwei Großgruppen feststellen läßt:

- Auf der einen Seite stehen die Länder, die aufgrund ihrer Finanzmittel die Funktionsfähigkeit globaler Regelungen determinieren und sich daher ein Einflußpotential über die Höhe und Vergabe dieser Mittel sichern wollen. Dies geschieht durch das Prinzip der Freiwilligkeit der Beitragsleistungen in Verbindung mit einer Begrenzung der Zuweisungen aus dem UN-Haushalt und eine Beschränkung der Kompetenzen auf Aktivitäten, die keinen unmittelbaren Eingriff in die nationale Souveränität darstellen.
- Auf der anderen Seite sehen die Länder mit geringeren finanziellen Mitteln in diesen Institutionen ein Instrument, die Verringerung ihrer finanziellen, technologischen und ökologischen Defizite nach ihren Vorstellungen zu steuern. Dazu dient ihnen wiederum das Prinzip der Gleichgewichtigkeit der einzelstaatlichen Stimmen im Entscheidungsprozeß.

Angesichts der oben genannten interessengebundenen Kompetenzrestriktionen werden die Potentiale dieser Institutionen unterschiedlich beurteilt. Während einige Analysen eine langfristig positive Entwicklung im Gefolge eines kontinuierlichen globalen Bewußtseinswandels zu einer größeren Verantwortlichkeit und einer sich daraus ergebenden Abschwächung des Interessenkonflikts betonen (Levy et al., 1993), weisen andere auf die hohen Transaktionskosten und langen Zeiträume im Verhandlungsprozeß hin (Rometsch, 1993; Klemmer et al., 1993). Im Vergleich zu der Dringlichkeit des Handlungsbedarfs läßt sich sagen, daß globale allgemein-umweltbezogene Abkommen nur bedingt geeignet erscheinen, kurzfristig etwas an den Allokationsdefiziten in bezug auf globale Bodenfunktionen zu ändern.

Allgemein-ökonomisch orientierte Regelungen

Die zunehmende ökonomische Interdependenz zwischen nationalen Volkswirtschaften, die in Form einer Intensivierung der internationalen Arbeitsteilung immer stärker spürbar wird, beeinflußt auch die einzelstaatlichen Möglichkeiten, sektorspezifische Allokationsinteressen, die die Nutzung der Bodenfunktionen betreffen, gegenüber den Interessen anderer Staaten durchzusetzen. Diese Erkenntnis induziert eine zunehmende Bedeutung allgemein-ökonomisch orientierter Regelungen, die eine Steuerung dieser Interdependenzen hinsichtlich ganz bestimmter Zielsetzungen zur Aufgabe haben.

Für die Allokation globaler Bodenfunktionen ist dabei zum einen das GATT *(General Agreement on Tariffs and Trade)* als globales Handelsabkommen von Bedeutung, da dieses Abkommen der Liberalisierung und Intensivierung des Welthandels dienen soll, was angesichts der vielfältigen Interdependenzen unmittelbare und mittelbare Auswirkungen auf die Bodenfunktionen hat. Zum anderen ist die Weltbankgruppe zu nennen, da diese Organisation die zentrale Einrichtung zur globalen Kooperation im Bereich der Entwicklungspolitik darstellt und somit große Einflußpotentiale bezüglich der Veränderung der Nachfrage nach Bodenfunktionen besitzt.

Obwohl das GATT formal-juristisch gesehen bislang lediglich ein multilaterales Abkommen war, hat es in den fast 50 Jahren seines Bestehens den Charakter einer internationalen Organisation angenommen, die mit über 100 Voll- und ca. 30 assoziierten Mitgliedsstaaten ein breites Spektrum aufweist. Die Zielsetzung ist dabei auf eine weltweite Wohlfahrtssteigerung gerichtet, die über eine Verbesserung der internationalen Arbeitsteilung erreicht werden soll. Angestrebt wird eine volle Erschließung aller Weltressourcen samt Steigerung des Warenaustausches. Hierdurch ergibt sich ein Bezug zu den globalen Bodenfunktionen, da die Beseitigung der Allokationsverzerrungen im internationalen Handel zunächst eine Voraussetzung für die Anrechnung der tatsächlichen Nutzen und Kosten der Bodenfunktionsnutzung darstellt. Zentrale Ordnungsprinzipien des GATT sind die Meistbegünstigungsklausel, die eine Gleichbehandlung aller Vertragspartner durch ein Land in bezug auf den Außenhandel vorsieht (Grundsatz der Nicht-Diskriminierung), das Reziprozitätsprinzip, das von der Gegenseitigkeit als Grundlage von Zollverhandlungen ausgeht sowie das Prinzip des „gerechten Handels".

Neben einer in unregelmäßigen Abständen stattfindenden Generalversammlung der Mitgliedstaaten, deren Entscheidungen bei formeller Gleichberechtigung im Regelfall mit einfacher Mehrheit gefällt werden, fungieren sogenannte „Zollrunden", in denen bi- oder multilateral über etwaige vertragliche Modifikationen verhandelt wird. Dabei beschränkten sich die Erfolge bislang weitgehend auf den Abbau tarifärer Handelshemmnisse, was ungeachtet erster Ansätze einer Reglementierung nicht-tarifärer quantitativer Handelsbeschränkungen den Mitgliedstaaten noch protektionistische Handlungsspielräume läßt (Schultz, 1984). Daran hat auch das jüngste GATT-Abkommen von Marrakesch (Schlußakte der Uruguay-Runde) vom April 1994 samt dem Vertrag über die Welthandelsorganisation (WTO), die künftig Handelskonflikte schlichten soll, nicht viel geändert, da auch diese Einrichtung letztlich nur über schwache Sanktionsmechanismen verfügt und zunehmend regionale Abkommen (EU, NAFTA *(North American Free Trade Agreement)*) als Hebel zur Durchsetzung von Schutzinteressen entstehen. Neuen Protektionismusströmungen wird das GATT-Abkommen nur dann standhalten, wenn die Vertragspartner durch fühlbare Sanktionen im Falle nachweisbarer Vertragsverletzungen bestraft und von einseitigen bilateralen Maßnahmen abgehalten werden können.

Künftig wird die Frage nach der Einbeziehung des Umweltschutzes in das GATT-Abkommen eine verstärkte Rolle spielen. Unverkennbar rücken nämlich bei den Regionalabkommen Schutzklauseln und Anti-Dumping-Vorschriften (Vorgabe von Mindeststandards im Umwelt- und Sozialbereich) in den Vordergrund. Bezüglich deren Vereinbarkeit mit den GATT-Bestimmungen bzw. -Prinzipien gibt es noch Klärungsbedarf. Dies betrifft vor allem die Definition des sogenannten Umwelt-Dumpings. Geht man vom Bodenschutzanliegen aus, sollten nach Ansicht des Beirates immissionsorientierte Kriterien möglichst im Vordergrund stehen. Die Relevanz des GATT für die Allokation globaler Bodenfunktionen wird des weiteren immer noch durch die Tatsache eingeschränkt, daß z.B. der Agrarbereich, der zu den intensivsten Nachfragern der Produktionsfunktion der Böden zählt, von zentralen GATT-Prinzipien ausgenommen ist.

Im Gegensatz zu der formellen Gleichgewichtigkeit ist faktisch durch die Praxis der Sanktionierung, die eine Ausführung von Gegenmaßnahmen bei vertragswidrigem Verhalten von dem jeweils betroffenen Land selbst vorsieht, grundsätzlich ein hohes Durchsetzungspotential für die Weltgravitationszentren des Handels gegeben (Länder der Gruppen (1) und (2) in *Tab. 20*), da eine Gegenmaßnahme seitens dieser Staaten von erheblicher Tragweite für die Betroffenen ist. Zudem ist durch die steigende Zahl regionaler Integrationsräume unter Führung einzelner Weltgravitationszentren (wie z.B. EU und NAFTA), in denen angesichts der größeren Zielharmonisierung eine Bündelung der einzelstaatlichen Interessen stattfinden kann, die Bedeutung eines globalen Forums für die Weltgravitationszentren in den Hintergrund getreten. Eine Ausweitung der GATT-Kompetenzen und Verantwortlichkeiten auf eine unmittelbare Einbeziehung der Auswirkungen des Handels auf die Umwelt, wie an zahlreichen Stellen gefordert (Kulessa, 1992; Cameron, 1993), ist angesichts dieser Interessenkonstellation bislang nur bedingt zu erwarten. Andererseits besteht kein Zweifel daran, daß sich die WTO und/oder die nächste GATT-Runde diesen Fragen stellen muß.

Die *Weltbankgruppe* ist für die Allokation globaler Bodenfunktionen insoweit von Bedeutung, als von den von ihr initiierten wirtschaftlichen Aktivitäten in den Ländern mit geringem Pro-Kopf-Einkommen (in *Tab. 20* insbesondere die Regionen (6) und (7)), auch Ansprüche an und Wirkungen auf die Bodenfunktionen ausgehen. Die Zielstruktur dieser Institution ist dabei zum einen auf eine Legitimierung ihrer Kompetenzen gerichtet, zum anderen ergibt sich bei ihrer Mitgliederstruktur eine Orientierung am Ausbau des wirtschaftlichen Einflusses der Kapitalgeber und ein Streben nach unmittelbaren Vorteilen der Regierungen aus den Empfängerländern (Frankenfeld, 1991). Die Entscheidungskompetenzen sind dabei entsprechend der Beitragsstruktur verteilt, so daß die Maßnahmengestaltung von den Weltgravitationszentren als größten Beitragszahlern wesentlich beeinflußt wird.

Bislang erfolgten die meisten Aktivitäten der Weltbankgruppe nicht unmittelbar unter Berücksichtigung der Umweltfunktionen. Infolge einer sinkenden Akzeptanz ihrer Projekte in den Empfängerländern wurden aber in den letzten Jahren explizit Umweltschutzziele in die Satzung aufgenommen (Range, 1991; Goodland, 1992) und eine stärkere Einbindung lokaler Entscheidungsträger vorgenommen. Es existiert inzwischen eine unabhängige Prüfungskommission, die auf Antrag Projekte auf ihre Umweltverträglichkeit hin überprüft. Im Vergleich zu den allgemein-umweltbezogenen Abkommen verfügt die Weltbankgruppe über größere finanzielle und technologische Potentiale, die auch zur Beeinflussung der Bodenfunktionen in den Ländern mit geringem Pro-Kopf-Einkommen genutzt werden können (zu den für die Produktionsfunktion relevanten Agrarforschungseinrichtungen des *International Agricultural Research Centers*, IARC und der *Consultative Group on International Agricultural Research*, CGIAR vgl. Osten-Sacken, 1992; Spangenberg 1992). Dagegen stehen die Finanzmittel der *Global Environmental Facility* (GEF) nicht für die Erhaltung und Förderung der Bodenfunktionen zur Verfügung (BMZ, 1993).

Zusammenfassend ist zu diesen Institutionen festzuhalten, daß sie einerseits infolge des starken Einflusses der Weltgravitationszentren über ein hohes Potential zur Determinierung der wirtschaftlichen Aktivitäten und somit zur Beanspruchung globaler Bodenfunktionen verfügen; andererseits ist ihre Zielsetzung bislang nicht unmittelbar auf eine effiziente Allokation globaler Bodenfunktionen gerichtet, sondern berücksichtigt vornehmlich Fragestellungen, die die einzelstaatlichen Interessen der wirtschaftlich dominierenden Staaten tangieren.

Umweltmedial ausgerichtete Vereinbarungen

Für die Böden und die mit ihnen verbundenen Funktionen ist im globalen Rahmen die „Welt-Boden-Charta", die 1981 von der FAO angenommen wurde, von Bedeutung. In ihr wurden festgelegt:

- Prinzipien der Bodennutzung,
- daraus abgeleitete Handlungsanleitungen für einzelstaatliche Maßnahmen,
- internationale Kooperations- und Informationsziele.

Diese Charta hat den Charakter eines allgemeinen Rahmens für den Umgang mit Bodenfunktionen. Infolge der geringen Konkretisierung der Ziele für einzelne Bodennutzungsformen sowie des Fehlens von Regelungen zur Finanzierung der erforderlichen Maßnahmen und Sanktionsmechanismen bei Nichtbeachtung der Vertragsbestandteile stellt diese Charta jedoch keinen Eingriff in die nationalen Souveränitätsrechte dar. Diesem Vertrag kommt daher lediglich Appell-Charakter zu, der Reaktionen nur dann auslösen kann, wenn die Einzelstaaten von der Dringlichkeit des Handlungsbedarfs überzeugt sind.

Im globalen Zusammenhang wurden von der UN-Generalversammlung als Reaktion auf die 1977 stattgefundene *United Nations Conference on Desertification* zahlreiche Studien zur technischen und institutionellen Umsetzung der dort beschlossenen Ziele einer Desertifikationsbekämpfung in Auftrag gegeben (Ahmad und Kassas, 1987). Betrachtet man jedoch die geringe Bereitschaft der Länder innerhalb der UN-Mitgliederstruktur, die zu einer finanziellen und technischen Unterstützung in der Lage wären, völkerrechtlich bindende Regelungen zu akzeptieren (in dem Regionenraster von *Tab. 20* weitgehend die Staaten der Gruppen (1) und (2)), so bleibt abzuwarten, ob die „Wüsten-Konvention" (vgl. Kap C 1.6) unmittelbare Folgen für die Allokation der Bodenfunktion nach sich ziehen wird. Auch in diesem Fall ist eher damit zu rechnen, daß angesichts des Prinzips der Gleichgewichtigkeit einzelstaatlicher Stimmen die Industrieländer nicht zu einem Verzicht auf einzelstaatliche Souveränitätsrechte bereit sein werden.

Für die anderen Umweltmedien, die über die Verbreitung von Stoffen auf Böden einwirken können, existiert eine Vielzahl internationaler Verträge. Für das Umweltmedium Luft beispielsweise, ist auf globaler Ebene neben der „Klimarahmenkonvention", in der noch keine verbindlichen Reduktionsziele festgeschrieben wurden, die „Wiener Konvention zum Schutz der Ozonschicht" mit ihren Folgeprotokollen von besonderer Bedeutung. In diesen Protokollen wurden Reduktionsmengen und Zeiträume fixiert, die bei Akzeptanz die einzelstaatliche Handlungsfreiheit einengen. Die Bereitschaft zur Kooperation der weniger entwickelten Länder wurde dabei durch die Errichtung eines Fonds zur Unterstützung der Reduktion ozonschichtgefährdender Stoffe erhöht (vgl. „Montrealer Protokoll"-Fonds, Kap. C 1.4.1). Die Industrieländer waren zu dieser Übereinkunft bereit, weil sie einerseits von diesem Umweltproblem betroffen und andererseits auch in der Lage waren, Substitutionsstoffe zu entwickeln und zu nutzen. Somit war in diesem Fall eine weitreichende Interessenhomogenität gegeben.

Die anderen internationalen Verträge über die Reduzierung der Luftemissionen wurden zumeist von benachbarten Staaten geschlossen (wie *Convention on Long-Range Transboundary Pollution* im Rahmen der ECE, 1979), deren unmittelbare Betroffenheit die Vertragsbereitschaft induzierte. Gegenstand dieser exemplarisch herangezogenen Vereinbarung und ihrer Folgeprotokolle sind Reduktionswerte für einzelne Stoffe, wobei die Erreichung dieser Zielsetzungen den Einzelstaaten überlassen bleibt (Levy, 1993). Vor dem Hintergrund einer staatenübergreifenden Allokation von Umweltfunktionen ist dabei jedoch auf die unterschiedlichen Reduktionspotentiale in den einzelnen Vertragsstaaten hinzuweisen, die zu unterschiedlichen Kosten der Emissionsvermeidung führen. Eine einheitliche Grenzwertformulierung für die Vertragsstaaten induziert daher internationale allokative Ineffizienz auch in bezug auf die Bodenfunktionen. Für das Umweltmedium Luft ist aber generell − und im Gegensatz zu den Bodenfunktionen − die Bereitschaft zur Übertragung einzelstaatlicher Souveränitätsrechte auf die internationale Ebene ausgeprägter, da bei diesem Umweltmedium eine grenzüberschreitende Betroffenheit besser wahrnehmbar ist. Es bleibt zu hoffen, daß sich diese Unterschiede in Zukunft verringern lassen.

Wirtschaftssektorspezifische Institutionen

Sektorspezifische Regelungen werden im folgenden insbesondere dahingehend untersucht, welche Eingriffe zur Beeinflussung der sektoralen Nachfrage nach Bodenfunktionen vereinbart wurden. Als Institution im Bereich der Landwirtschaft soll zunächst die FAO betrachtet werden.

- Ziele der 1945 gegründeten Ernährungs- und Landwirtschaftsorganisation der UN sind primär die Hebung des Ernährung- und Lebensstandards weltweit, die Verbesserung der Produktion und Verteilung von landwirtschaftlichen Erzeugnissen sowie der Lebensbedingungen der ländlichen Bevölkerung.
- Bei ca. 170 Mitgliedsstaaten ist von einer Heterogenität der Interessen auszugehen, wobei die Finanzierung dieser Organisation zu 75% von zwölf OECD-Staaten sichergestellt wird (Gygi, 1990).
- Im Gegensatz zu dieser Disparität bei der Herkunft des Beitragsvolumens dominiert bei der Entscheidungsfindung das Prinzip der Gleichgewichtigkeit der einzelstaatlichen Stimmen.
- Zur Realisierung ihrer Ziele bedient sich die FAO eines „Welternährungsrates" als Exekutivorgan, dessen Vorschläge bezüglich der operativen Ziele sowie der Budgetstruktur die Beschlüsse der alle zwei Jahre zusammentretenden Generalversammlung, bestehend aus den zuständigen Agrarministern aller Mitgliedsländer, prägend beeinflussen. Die konkrete Ausführung ihres institutionellen Auftrages beschränkt sich aber zumeist auf technische Unterstützungsmaßnahmen in Form von Katastrophenhilfe, betreuende Kooperation im Rahmen von Entwicklungsprojekten mit anderen internationalen Institutionen sowie der Akquisition und Auswertung relevanter Daten.
- Des weiteren wurden allgemeine Verhaltenskodizes verabschiedet, die jedoch keinen verbindlichen Charakter für die Mitgliedstaaten haben (z.B. *Code of Conduct on Pesticides*).

Dieser Einrichtung ist somit, analog zu den anderen UN-Sonderorganisationen, von den Mitgliedstaaten nur eine geringe Kompetenz zugestanden worden, da die Einflußnahme der finanzierenden Staaten nur eingeschränkt im Entscheidungsprozeß berücksichtigt ist. Daher kann der Einfluß der FAO auf Art und Umfang der

Inanspruchnahme von Bodenfunktionen bisher nur indirekt über Informations- und Technologieangebote erfolgen, deren Quantität und Qualität wiederum unter Berücksichtigung finanzieller Restriktionen zu sehen ist.

Der Beirat empfiehlt, die Bundesregierung möge sich dafür einsetzen, daß die auf den Boden bezogenen Aktivitäten von FAO und UNEP wesentlich verstärkt werden, zumal der Bodenschutz gleichzeitig ein vorbeugendes Mittel zur Konfliktvermeidung ist. Insbesondere sind zu nennen:

- Eine entscheidende Verbesserung der Informationsbasis über die Verbreitung, die Eigenschaften und die Belastbarkeit der Böden; letzteres gilt für alle Bodenfunktionen.
- Die Etablierung eines weltweiten Monitoringsystems, das insbesondere auch die Böden mit einbezieht,
- damit verbunden die Schaffung eines Informationssystems, das als Grundlage für globale Planungen und Maßnahmen dient.

Von Einfluß auf die Nutzungsmöglichkeit der Produktionsfunktion durch die Landwirtschaft ist auch die *Convention on International Trade in Endangered Species of Wild Flora and Fauna* (CITES) von 1973 mit ihren Folgekonferenzen, die den Handel mit bestimmten Tier- und Pflanzenarten untersagt und somit die für diesen Handel erforderlichen wirtschaftlichen Aktivitäten einschränkt (Cameron, 1993; Birnie und Boyle, 1992). Dieses Abkommen sieht einzelstaatliche Ex- und Importkontrollen vor, wobei die Klassifikation der in den Anhängen aufgeführten nicht zu handelnden Arten fortlaufend von der Vertragsstaaten-Konferenz aktualisiert wird (vgl. ausführlich Kap. C 1.5). Die Einhaltung dieser Bestimmungen ist jedoch von den Einzelstaaten abhängig, die auch eine Sanktionierung vertragswidriger Verhaltensweisen vornehmen müssen.

Die Möglichkeit, das auf der Basis der genetischen Information einzelner Arten gewonnene Wissen zu einer effizienteren Nutzung der Produktionsfunktion einzelnen Staaten, die besonderen Engpässen bezüglich dieser Bodenfunktion ausgesetzt sind (in *Tab. 20* besonders Region (7)) zur Verfügung zu stellen, ist Gegenstand der *Konvention über die biologische Vielfalt*, die in Art. 16 einen erleichterten Zugang für diese Staaten zu den relevanten Informationen, die vornehmlich in Staaten der Regionen (1) und (2) entwickelt wurden, vorsieht. Allerdings ist dieser Zugang an die völkerrechtlichen und einzelstaatlichen Rahmenbedingungen geknüpft, so daß sich faktisch noch keine Verbesserung des Informationstransfers einstellt.

Eine bodenbezogene Regelung, die insbesondere die Auswirkungen der Aktivitäten anderer Sektoren betrifft, ist das *Baseler Abkommen über die Kontrolle der grenzüberschreitenden Verbringung gefährlicher Abfälle und ihrer Entsorgung* aus dem Jahr 1989, das 1992 in Kraft getreten ist. Dieses Abkommen sieht eine weitgehende Vermeidung der Entstehung gefährlicher Abfälle vor, wobei die Abfälle grundsätzlich möglichst im eigenen Land entsorgt werden sollen. Der Abfallbegriff betrifft dabei gefährliche Abfälle, die abgelagert werden sollen. Eine Verbringung in Staaten außerhalb der Mitgliedstaaten soll unterlassen werden. In Ergänzung zu dieser regional begrenzten Vereinbarung sind in anderen Regionen Regelungen verabschiedet worden, die ihrerseits insbesondere eine Annahme des Abfalls aus den OECD-Staaten verbieten. In Afrika besteht innerhalb der Organisation afrikanischer Staaten z.B. die *Konvention über die grenzüberschreitende Bewegung von Abfällen* („Bamako-Konvention").

Die Vermeidung des Exports von Abfällen in Länder, deren Entsorgungskapazität und -sorgfalt nicht zutreffend eingeschätzt werden kann, ist unter der Berücksichtigung des Ziels einer effizienten Bodenfunktionsnutzung zu begrüßen, da die qualitative Belastung der Regelungsfunktion sowie die Vermeidung irreversibler Bodenfunktionseinbußen vorrangig sind.

Faßt man die vorangegangenen Ausführungen zusammen, gelangt man hinsichtlich des Einflusses globaler und internationaler Institutionen auf die Allokation globaler Bodenfunktionen zu folgenden Schlußfolgerungen:

Zumindest seit der Konferenz von Rio de Janeiro 1992 besteht in der überwiegenden Mehrheit der Staaten Einigkeit darüber, daß globale Umweltprobleme nur in gemeinsamer Anstrengung der Staatengemeinschaft lösbar sind. Jede in diesem „Geist von Rio" angestrebte Politik muß andererseits realistischerweise das Handeln von Staaten zum eigenen Wohle berücksichtigen. Dabei ist in vielen Fällen ein Interessenkonflikt zwischen den Ländern mit einer hoch entwickelten Volkswirtschaft und den Ländern mit geringem Pro-Kopf-Einkommen zu konstatieren. Es kommt in Zukunft daher in besonderem Maße darauf an, die oftmals nicht offensichtlichen Interdependenzen ins allgemeine politische Bewußtsein zu rücken. Dann wird deutlich, daß scheinbare nationale Verzichte (etwa in Form von Beiträgen an internationale Organisationen oder im Wege der Durchführung von

Umweltschutzpolitik wie der CO_2-Reduktionen) bei Berücksichtigung des gesamten Zusammenhangs (worin etwa auch bisher noch externalisierte Effekte oder eine langfristige Zeitperspektive enthalten sind) in vielen Fällen durchaus im Interesse auch des einzelnen Staates liegen werden.

Die Analyse zeigte aber auch, daß internationale Konventionen nur dann Sinn machen, wenn die globale Relevanz des Problemfeldes − und damit die Eingebundenheit der nationalen Interessen möglichst aller Länder − in ausreichendem Maße gegeben ist. Andernfalls wird spätestens ihre Umsetzung in einem Teil der Länder mangels Betroffenheit scheitern.

Folglich ist nachdrücklich der Bedarf an Institutionen hervorzuheben, die helfen, internationale Interessenkonflikte, die notwendigen umweltpolitischen Maßnahmen im Wege stehen, zu mindern. Beispielhaft sei aus dem politisch-organisatorischen Bereich das Instrument der „doppelt-gewichteten-Mehrheit" genannt, welches den Interessenausgleich zwischen Geber- und Nehmerländern im Rahmen der GEF gewährleistet (siehe Kap. C 1.3). Potential zur Überwindung von Länderinteressen im Bereich der Umsetzung global vereinbarter Reduktionsziele steckt etwa auch in dem Prinzip der *Joint Implementation* der Klimarahmenkonvention (siehe Kap. C 1.4).

Der Beirat wird sich dem Thema der Verbesserung der institutionellen Gegebenheiten auf der internationalen Ebene in Zukunft weiter widmen und die Funktionsweise marktwirtschaftskonformer Instrumente prüfen. Insbesondere wird er die Möglichkeiten der Einrichtung eines internationalen Marktes für Bodenfunktionsrechte in seinem nächsten Jahresgutachten untersuchen.

Diese und ähnliche Verfahren, deren Anwendung letztlich zum Vorteil aller Beteiligten dient, sind daher − neben der Wissensvermittlung und der Bewußtseinsbildung − von entscheidender Bedeutung. Der weitere Ausbau bestehender bzw. die Suche nach weiteren Institutionen des internationalen Interessenausgleichs ist eine wichtige Voraussetzung für das Zustandekommen und den Erfolg globalen Handelns und insoweit eine der dringlichen Aufgaben der Zukunft.

1.3.1.7 Psychosoziale Sphäre und Böden

1.3.1.7.1 Bedeutung von Boden für menschliches Erleben und Verhalten

Boden ist Lebensraum für Menschen, Tiere und Pflanzen. Er kann in vielerlei Hinsicht als Grundlage individuellen wie kollektiven menschlichen Handelns sowie sozialer und gesellschaftlicher Organisation angesehen werden. Da praktisch jede menschliche Tätigkeit Boden beansprucht, ist jeder Mensch in irgendeiner Weise „Bodenakteur". Dieser Zwang zur Bodennutzung kann mit negativen Folgen für den Boden, mit Degradation und im Extremfall mit seiner Zerstörung verbunden sein.

Aus der Sicht des Menschen kommen dem Boden grundlegende Funktionen zu (s. auch D 1.1.2.1). So ist Boden u.a. unverzichtbare Grundlage unserer Ernährung, Grundlage für die Einrichtung von Wohn-, Arbeits- und Freizeitstätten und für die Anlage der entsprechenden Infrastruktur (z.B. Straßen und Wege), Grundlage für unsere Bedürfnisse und Wünsche nach Kontrolle über Raum (Territorialität) und nach Eigentum und Besitz. Daneben tritt Boden als prägendes Element von Natur und Landschaft in Erscheinung und wird u.a. dadurch zur Grundlage für die Entwicklung räumlicher Identität als Teil von Selbstidentität.

Die soziale, ökonomische, kulturelle und politische Differenzierung einer Gesellschaft schlägt sich in räumlichen − und damit bodenbezogenen − Strukturen nieder (Bassand, 1990). Insbesondere die für Industriegesellschaften typische funktionale Spezialisierung im Rahmen der Landnutzung, und hier vor allem die Trennung der Funktionsbereiche „Arbeiten" und „Leben", gibt bestimmte Nutzungsarten von Boden und Raum vor (Industriegebiete, Durchgangsverkehr, „Schlafstädte"). Die Aufteilung des Raumes in Segmente (z.B. Stadtviertel) mit oft monofunktionaler Nutzung bedingt verschiedene Lebens- und Wirtschaftsweisen (bestimmte Produktionsweisen, lange Wege zur Arbeit, Befriedigung materieller, sozialer, kultureller Bedürfnisse) und damit auch verschiedene Arten der Einflußnahme auf den Boden. Die Sozialstruktur, vor allem die Machtstruktur, und die räumliche Struktur bedingen sich wechselseitig und verändern sich auch in Abhängigkeit voneinander.

Der menschlichen Lebens- und Wirtschaftsweise zufolge ist Boden in den Bereichen Land- und Forstwirtschaft, Energie- und Rohstoffwirtschaft, Industrie und Gewerbe, Siedlungstätigkeit, Verkehr, Erholung und Freizeit sowie Entsorgung von besonderer Bedeutung. In diesen Bereichen finden Menschen in unterschiedlichen Positionen, Rollen und sozialen Gruppierungen (als Arbeitende, Wohnende, Freizeit-Gestaltende) unterschiedliche Zugangsmöglichkeiten zu und Gestaltungsmöglichkeiten von Boden vor.

Bereits die Beschreibung dieser weitgefaßten Erscheinungsweisen und Funktionen von Boden für den Menschen macht deutlich, daß Mensch-Boden-Beziehungen aus sozial- und verhaltenswissenschaftlicher Perspektive nicht auf den Aspekt des physischen Substrats Boden reduziert werden dürfen. Vielmehr müssen überzeugende Ansätze zur Bodendegradation von einem breiteren Bodenbegriff (was Boden ist) ausgehen, der über den naturwissenschaftlichen und wirtschaftlichen hinausreicht und entsprechend die Definition der Bodenfunktionen (wozu Boden dient) erweitert. Schon eine Analyse des Sprachgebrauchs des Begriffs „Boden" legt eine solche begriffliche Ausweitung nahe *(Kasten 16)*.

Wie für die Umwelt als Ganzes, so gilt auch für das Umweltmedium Boden, daß es nicht nur als physisches, sondern als „soziales Konstrukt" verstanden und behandelt werden muß, mithin als Korrelat menschlicher Wahrnehmung und menschlichen Verhaltens (WBGU, 1993). Insofern wird Boden von den Individuen, Gruppen oder Gesellschaften und in unterschiedlichen Epochen in durchaus verschiedenen Bedeutungen (Valenzen) erlebt, die über den bloßen Substratcharakter weit hinausgehen: Was für den einen nicht weiter zu beachtender „Dreck" und für den anderen Grundlage seiner Ernährung und damit seines Überlebens ist, kann für einen dritten „heiliger Boden" sein – bei unter Umständen identischer physischer Zusammensetzung des zugrundeliegenden Substrats. In ihren vielschichtigen Bedeutungen spielen Böden so die Rolle eines „Archivs", aus dem Wertigkeiten und Handlungen von Individuen, Gruppen oder Gesellschaften rekonstruiert werden können. Das Umweltmedium Boden erfüllt somit eine bedeutende Kulturfunktion, indem es gewissermaßen die geronnenen Spuren von Handlungen beinhaltet und gleichzeitig der Entwicklungsraum jeder Kultur ist.

Kasten 16

Bedeutungen von Boden

Die deutsche Sprache – und nicht nur sie – gebraucht den Begriff „Boden" (mittelhochdeutsch: bodem, indogermanisch: bhudhmen) in einer Reihe unterschiedlicher Bedeutungen. Dies zeigt sich u.a. an der Verschiedenartigkeit der vielen Sprichwörter, in die „Boden" im Laufe der Zeit Eingang gefunden hat.

Dem naturwissenschaftlichen Gebrauch des Begriffes entspricht der Ausdruck „physisches Substrat" Boden im Sinne von Erde, Erdreich oder Acker; sie bezeichnet die äußerste Schicht der Erdrinde, die Pedosphäre, und kommt dem Verständnis von Boden als Produktionsfaktor, als manipulierbarer Größe nahe.

Auf die natürlichen Qualitäten dieses Substrats („festes Land", etwa im Vergleich zu Wasser) baut ein anderes, abstrakteres Bedeutungsfeld auf, das sich mit den Begriffen *Bedingung* und *Voraussetzung* umschreiben läßt (etwas fällt „auf fruchtbaren/guten Boden", wird „aus dem Boden gestampft", oder ihm wird „der Boden bereitet"). Eng damit verwandt ist die Bezeichnung Boden für eine *Grundfläche* (z.B. den Fußboden), und übertragen dann auch für die *Grundlage* (den Boden „der Tatsachen", „der Verfassung"), auf der man sich bewegt (und damit mehr oder weniger „festen Boden unter den Füßen" hat).

Charakteristisch für dieses Bedeutungsfeld ist die vom Boden verkörperte Sicherheit, was auch beim sprichwörtlich „goldenen Boden des Handwerks" zum Ausdruck kommt, oder in der Redewendung, daß „eine Hütte auf der Erde besser (sei) als ein Thron in den Wolken". Dieser Sicherheitsaspekt läßt sich aber auch ins Negative wenden, etwa wenn einer Sache „der Boden entzogen", einer Person „der Boden unter den Füßen weggezogen" wird. Auch die „bodenlose Gemeinheit" gehört – als Steigerungsform – in diesen Zusammenhang.

Noch weiter vom physischen Substrat entfernt sich der Begriff Boden im Bedeutungszusammenhang von Territorium, Terrain oder Raum, wo er häufig – ähnlich wie bei „Grund und Boden" – mit Macht, Einfluß, ökonomischem oder auch militärischem Gewinn assoziiert ist: So kann man z.B. „an Boden gewinnen" oder „verlieren", „Boden gut-" oder „wettmachen".

> In einem weiteren Sinnzusammenhang bezeichnet Boden die *unterste Fläche* eines Gegenstandes (eines Koffers, einer Torte), die – zur größeren Sicherheit („mit Netz und doppeltem Boden") wie auch zu Täuschungszwecken („doppelbödig") – verdoppelt sein kann. Auch wenn jemand „am Boden" oder gar „am Boden zerstört" ist, kommt diese Bedeutung zum Tragen, dann allerdings in einer negativen Konnotation („ganz unten").
>
> In historischer Perspektive wird die Bedeutsamkeit von Boden vor allem in der pars-pro-toto-Identifikation der Natur (als drittem Produktionsfaktor neben Arbeit und Kapital) mit dem Boden sichtbar, wie sie durch die frühen Ökonomen vorgenommen wurde (vgl. Moscovici, 1982).
>
> Quellen: Beyer und Beyer, 1985; Drosdowski, 1963, 1976, 1992; Grimm und Grimm, 1860; Küpper, 1983.

Die Bedeutung dieser Kulturfunktion wird daran erkennbar, daß Boden (bzw. das, was der Boden hergibt) zu den ältesten und auch bis heute noch wichtigsten Objekten menschlicher Aneignung zählt. Die aktive Auseinandersetzung des Menschen mit seiner natürlichen Umwelt führt zu historischen (phylogenetischen) und biographischen (ontogenetischen) Assimilationsprozessen, im Rahmen derer der Mensch in vielfältiger Weise der Umwelt „seinen Stempel aufdrückt", sie sich durch sein Handeln zu eigen macht (Graumann, 1990). Diese Aneignung kann durch konkrete Besitznahme erfolgen (Eigentum an Grund und Boden als Symbol für Macht und Reichtum; auch: Eroberung), allgemein durch Nutzung und Veränderung (Ausbeutung, Bebauung; vom Menschen geschaffene Strukturen), oder auch nur durch Benennung oder Markierung (symbolische Definition von Räumen, z.B. als besetzt, heilig oder tabu), durch Bewegung im Raum (Entstehung von Wegen durch Wandern, Fahren), aber auch durch wissenschaftliche oder künstlerische Darstellung (Bilder, Modelle, Grafiken) und durch Kommunikation.

Mit der Kulturfunktion des Bodens korrespondiert seine Sozialfunktion, die auf „räumliches Verhalten" abzielt, das immer auch bodengebunden ist (z.B. Segregationsprozesse, Territorialverhalten, Bedürfnisse nach Nähe bzw. Distanz: persönlicher Raum). So kann einerseits die unterschiedliche Wahrnehmung und Wertschätzung von Boden, die vor dem Hintergrund der jeweiligen gesellschaftlichen Verhältnisse zu sehen ist, zu ganz verschiedenen sozialen Verhaltensweisen führen („heiliger Boden" etwa darf nicht bebaut werden). Andererseits sind es gerade gesellschaftliche Strukturen und menschliches Handeln innerhalb dieser Verhältnisse (wie Produktionsweisen, Zuweisung von Eigentumsrechten, Raumplanung, Kontrolle über Raum), die sich in unterschiedlichen Bedeutungen von Boden manifestieren.

Aus dem oben Gesagten ergibt sich, daß die Kultur- wie die Sozialfunktion bei jeder Auseinandersetzung mit dem Thema Boden, auch bei einer Analyse der Tragfähigkeit *(carrying capacity)* der Böden, in stärkerem Maße als bisher üblich berücksichtigt und in ihrer Bedeutung für die Beeinträchtigung bzw. Erhaltung der anderen Bodenfunktionen erforscht werden müssen.

1.3.1.7.2 *Menschliche Wahrnehmung von Boden*

Mehr noch als die Umweltmedien Wasser und Luft hat das Umweltmedien Boden für den Menschen – zumindest in den Industrieländern – den Charakter des Selbstverständlichen: Der Boden, auf dem wir stehen und gehen, den wir mit uns ernährenden Ackerpflanzen, mit Fabriken, Wohnhäusern und Straßen bebauen, den wir besitzen wollen, über den wir Kontrolle auszuüben bestrebt sind – diese buchstäbliche Grundlage unserer Existenz wird von uns kaum wahrgenommen; sie wird von uns als immer schon vorhanden und als entsprechend sicher erfahren. Allerdings gibt es hier – wie bereits angedeutet – durchaus kulturspezifische Besonderheiten, was aber in Ermangelung geeigneter komparativer Untersuchungen empirisch bisher kaum zu belegen ist.

Daß wir dem Boden keine besondere Aufmerksamkeit schenken, hängt vermutlich mit seiner – im Normalfall – geringen Wahrnehmbarkeit zusammen. In einem hochindustrialisierten Land wie der Bundesrepublik sind Böden mit einem hohen Grad an Versiegelung (durch Bebauung jeglicher Art, Asphaltierung auch kleinster Wege) für viele Menschen in ihrer ursprünglichen Form kaum mehr sichtbar. Taucht Boden im menschlichen Alltag dennoch auf, als Wiese oder Feld, als Gärten oder Parks, dann meist nur visuell und aus der Distanz, sowie – in den meisten Fällen – bereits in einem Zustand „anthropogener Überformung". Regelmäßig und unmittelbar mit Böden zu tun haben bei uns nur wenige Gruppen der Bevölkerung – Bergleute, Bauarbeiter oder Landwirte –, wobei auch letztere im Zeitalter der industrialisierten Intensivlandwirtschaft Boden häufig nur noch aus der „Treckerperspektive" kennen und als betrieblichen Produktionsfaktor ansehen. Für alle übrigen Bevölkerungsgruppen tritt Boden vor allem als be- bzw. gebaute Umwelt zutage, vornehmlich in Gestalt von Häusern oder Straßen. Die daraus resultierende, rein funktionale Wahrnehmung von Boden dürfte erheblichen Einfluß auf die Mensch-Boden-Beziehung und damit auch auf das Verhalten der Menschen ausüben.

So konnte Knierim (1993) bei Interviews mit Ackerbauern und Viehzüchtern aus der ethnischen Gruppe der Peul im Sahel von Burkina Faso beobachten, daß deren Wahrnehmung von Boden und seiner Veränderungen vor allem in Abhängigkeit von der jeweiligen Nutzung sowie – eng damit verknüpft – der ethnischen Zugehörigkeit differiert. Offenkundig spiegelt sich aber in der Problemwahrnehmung der Befragten auch der Grad des Angewiesenseins auf die Ressource Boden wider. So bestand für die dortigen Ackerbauern das zentrale Umweltproblem im Rückgang der Bodenfruchtbarkeit, der für sie im Rückgang ihrer Ernteerträge sichtbar wurde. Sie machten dafür allerdings die ungenügenden Regenfälle bzw. den Anstieg der Bevölkerung verantwortlich (was sie beides nicht als von sich aus beeinflußbar ansahen), während die eigene Beteiligung an den Bodenveränderungen (durch Abholzung, Vernachlässigung von vor Winderosion schützenden Hecken) in den Interviews nicht angesprochen wurde. Für die Viehzüchter unter den Peul hingegen bestand das wichtigste Umweltproblem im quantitativen wie qualitativen Rückgang bestimmter Baum- und Grasarten, die für ihr wirtschaftliches Überleben zentral sind. Die Ursache für die abnehmende Vegetation sahen auch sie in verminderten Regenfällen, für die sie „Allah" verantwortlich machten. Hoher Weidedruck bzw. Überweidung wurde dagegen kaum als Ursache angesehen, vielmehr wurde auf die Ausdehnung des Ackerbaus in traditionelle Weidegebiete hinein verwiesen.

In den Industriegesellschaften scheinen Böden den meisten Menschen nicht unmittelbar überlebensnotwendig zu sein. Während wir auf saubere Luft und sauberes Wasser tagtäglich elementar angewiesen sind (und negative Veränderungen in diesen Bereichen in der Regel auch sofort bemerken und als bedrohlich einstufen), wohnen die meisten von uns in ihren eigenen oder gemieteten „vier Wänden" und denken beim Anblick von Fleisch, Brot, Obst und Gemüse an das Regal im Supermarkt – von Boden zeigt sich dabei unmittelbar keine Spur.

Beachtung erfahren Böden in einer Gesellschaft wie der unseren (aber auch bei den Peul von Burkina Faso, s.o.) häufig erst dann, wenn sie *nicht* mehr wie gewohnt ganz selbstverständlich funktionieren, d.h. wenn es zu einer subjektiv bedrohlichen, massiven Veränderung einzelner Aspekte der Böden gegenüber dem Normalzustand kommt (z.B. durch Erdbeben, Bergrutsche, Altlasten, Bergschäden, Überschwemmungen, Deponie-Planfeststellungsverfahren). Erst die „Entdeckung" (häufig: der Medien), daß etwa ein Wohngebiet auf Altlasten steht, daß ein degradierter Bergwald Erdrutsche nicht mehr verhindern kann, oder daß eine Mülldeponie in der näheren Umgebung geplant wird, führt dazu, daß sich die Öffentlichkeit mit der Bodenthematik befaßt. Doch auch diese Thematisierung von Boden geschieht meist nur punktuell – und allzuhäufig auch nur im Sinne des Sankt-Florians-Prinzips, das in der sozialwissenschaftlichen Forschung als NIMBY-Phänomen *(not in my backyard)* seine wissenschaftliche Entsprechung gefunden hat. Die in den letzten Jahren deutlich gestiegene Sensibilität der Bevölkerung für Umweltprobleme, verbunden mit dem Aufgreifen entsprechender Themen in den Medien, führt gleichwohl dazu, daß Veränderungen in der Umwelt früher wahrgenommen bzw. antizipiert und eher als bedrohlich erfahren werden.

Böden sind in vielen Fällen nur lokal und umgrenzt gefährdet (Bergschäden, Altlasten usw.; die globale Relevanz der Bodenproblematik ergibt sich vornehmlich aus der Kumulation solcher lokalen Degradationssymptome). Die Böden verfügen zudem – in bezug auf Schadstoffeinträge – über erhebliche Puffer- und Selbstreinigungskapazitäten, nach deren Ausschöpfung es häufig zu irreversiblen Schädigungen kommt. Darüber hinaus wird der quantitative Ge- und Verbrauch von Boden kaum je bewußt, da Bodendegradation häufig indirekt und versteckt erfolgt und es nicht selten zu einer räumlichen und zeitlichen Trennung von Ursachen und Wirkungen kommt. Daß Luftverschmutzung, die Abholzung von Wäldern oder die Urbanisierung etwas mit Boden zu tun haben, gerät dabei häufig genauso wenig in den Blick wie die „Fernwirkungen", etwa die räumliche Trennung von Stoffkreisläufen, wie sie z.B. durch den Welthandel mit Futtermitteln forciert wird.

Die „Bodenvergessenheit", wie sie für unseren Kulturkreis postuliert wurde, zeigt sich nicht nur im privaten Bereich und der Abwesenheit des Themas in den Medien und im öffentlichen Diskurs *(Kasten 17)*. Auch Wissenschaft und Politik haben sich erst relativ spät (und dann meist halbherzig) des Themas Bodendegradation angenommen (Hübler, 1985). So wurde etwa das Waldsterben zunächst ausschließlich über die Verschmutzung der Luft thematisiert und untersucht.

D 1.3.1.7 Psychosoziale Sphäre und Böden

Kasten 17

Die Bodenproblematik in der sozialwissenschaftlichen Umfrageforschung

In der sozialwissenschaftlichen Umfrageforschung, die vor allem das „Umweltbewußtsein" der Bevölkerung und damit – je nach Operationalisierung – auch deren Wahrnehmung von Umweltveränderungen im Blick hat, kommt die Problematik der Bodendegradation bisher allenfalls am Rande vor.

Im Rahmen der Allgemeinen Bevölkerungsumfrage in den Sozialwissenschaften (ALLBUS) wurden beispielsweise 1984 und 1988 Problembewußtsein und Betroffenheit der Bevölkerung in der Bundesrepublik hinsichtlich sechs Formen der Umweltbelastung erhoben, die alle den Umweltmedien Wasser und Luft zugeordnet werden können („Industrieabfälle in Gewässern", „Industrieabgase", „Verkehrslärm und Autoabgase", „Bleigehalt im Benzin", „Fluglärm" und „Kernkraftwerke"). Umweltprobleme mit unmittelbarem Bodenbezug (z.B. Altlastenproblematik, Intensivlandwirtschaft) fehlen völlig (Wasmer, 1990). Auch in den Fragestellungen US-amerikanischer Umfragen zur Wahrnehmung von Umweltveränderungen ist Boden als potentielles Problemfeld nur höchst selten explizit vertreten, wie aus einer Zusammenstellung von Studien aus den Jahren 1950 bis 1990 hervorgeht (Milavsky, 1991).

Demgegenüber stellte die Eurobarometer-Studie (CEC, 1992) „Landwirtschaft" als – primär den Boden betreffenden – ökonomischen Sektor in eine Reihe mit „Industrie", „Energie", „Verkehr" und „Tourismus" und fragte nach befürchteten Umweltauswirkungen, die aus der weiteren Entwicklung dieser Sektoren entstehen könnten. Dabei zeigten sich immerhin 54% der Befragten in den 12 Mitgliedsländern der Gemeinschaft besorgt über die Entwicklung im Bereich der Landwirtschaft, die unter den genannten Sektoren allerdings nur den vierten Platz einnahm (vor „Tourismus"). Dieser Befund war in bezug auf Unterschiede in Geschlecht, Alter und Einkommen der Befragten stabil, wies aber zum Teil erhebliche nationale Besonderheiten auf. So setzten die Befragten aus den Niederlanden den Sektor „Landwirtschaft" hinsichtlich der dadurch befürchteten negativen Umweltauswirkungen an die dritte Stelle (vor „Verkehr"), während in Spanien „Tourismus" noch vor „Landwirtschaft" rangierte.

Danach gefragt, was denn mit „ernsthafter Gefährdung der Umwelt" ihrer Ansicht nach gemeint sei, zählten 33% aller Befragten den „exzessiven Gebrauch von Herbiziden, Insektiziden und Düngemitteln in der Landwirtschaft" zu den vier bedeutendsten Faktoren. Unter insgesamt 13 Punkten kam die Landwirtschaft damit auf Rang 6, noch vor den Punkten „verkehrsbedingte Luftverschmutzung" oder „Saurer Regen".

Auch auf die Frage nach der wahrgenommenen Bedrohung der Umwelt im eigenen Land wurde die Landwirtschaft als Verursacher vergleichbar hoch eingeschätzt (für 82% aller Befragten; Rang 7 unter 13 Punkten). Hinsichtlich wahrgenommener Einschränkungen in der lokalen Umweltqualität (7 Punkte) rangierte der Punkt „Landschaftszerstörung" hinter „Verkehr" (54% aller Befragten klagten darüber) und „Luftverschmutzung" (42%) auf Rang 3 (41%), den „Mangel an Grünflächen" beklagten 31% der Befragten (Rang 6) (CEC, 1992).

Fragte das Eurobarometer 1992 in bezug auf die Bodenproblematik vornehmlich nach den wahrgenommenen Verursachern, so richtete sich die Studie des IPOS-Instituts (Institut für Praxisorientierte Sozialforschung, 1992) auf die wahrgenommenen bzw. befürchteten Probleme selbst. Danach stand „Bodenverseuchung" in der Rangfolge der von den Bundesbürgern (unterteilt nach Ost- und Westdeutschen) am meisten befürchteten Umweltveränderungen auf Platz 9 (Ost) bzw. 11 (West) von 17 Punkten, weit hinter Themen wie „Ozonloch", „Müllprobleme", „Klimaveränderung" und „Waldsterben", aber noch vor „Kernkraft", „Überbevölkerung" und „Lärm" (Mehrfachnennungen waren möglich). Bezüglich der jeweiligen Wichtigkeit von acht verschiedenen Umweltschutzmaßnahmen wurde dem Punkt „Boden schützen" von den Befragten in Ost und West Rang 6 zugewiesen. Der Schutz der Ozonschicht, die Minderung von Luft- und Gewässerverschmutzung sowie die schonende Entsorgung von Abfall wurden als wichtiger erachtet, das Einsparen von Energie(!) sowie die Verminderung von Lärm dagegen als weniger wichtig.

Bei der vergleichenden Betrachtung der vorliegenden Studien fällt auf, daß Phänomene der Bodendegradation (z.B. Bodenversauerung, -versiegelung und -verdichtung, Erosion, Altlastenproblematik) als solche in den jeweiligen Fragekatalogen kaum auftauchen. Eher ist allgemein von „Bodenverseuchung" (vermutlich durch Altlasten) oder von „Bodenschutz" die Rede; meist bleibt man auf der Verursachungsebene („Landwirtschaft"), oder es

> werden Problemfelder angesprochen, die „nur" indirekt mit Bodendegradation zu tun haben (z.B. Verkehr, Industrie, Müllproblematik).
>
> Bei den Fragestellungen der einzelnen Umfragen handelt es sich um Vorgaben der Forscher an die zu befragende Bevölkerung. Sie sagen daher noch wenig über die tatsächliche (höchstens über die erwartete) kognitive Repräsentation aus. Ob sich in der Auswahl der Fragestellungen dabei lediglich die Vorlieben bzw. Aufträge der Forscher und damit auch jeweils vorherrschende gesellschaftliche „Modeströmungen" widerspiegeln, oder ob die demoskopische Vernachlässigung der Bodenproblematik mit deren Komplexität (multiple Bedingtheit, indirekte Kausalketten) zusammenhängt, muß an dieser Stelle offen bleiben.

Im Rahmen der – medial orientierten – Etablierung der Umweltschutzgesetzgebung in der alten Bundesrepublik Deutschland in den 70er Jahren wurde das Medium Boden als eigenes zu schützendes Gut schlechterdings vergessen. Erst 1985 wurde die Bodenschutzkonzeption der Bundesregierung veröffentlicht, 1987 beschloß das Bundeskabinett „Maßnahmen zum Bodenschutz". Inzwischen liegt der Entwurf eines Bodenschutzgesetzes vor. Einzelne Zielsetzungen dieses Entwurfs werden allerdings durch die zwischenzeitlich verabschiedeten Beschleunigungsgesetze teilweise konterkariert (SRU, 1994).

1.3.1.7.3 Menschliche Wertschätzung von Boden

Die Wertschätzung von Boden weist kultur- und gesellschaftsspezifische Unterschiede auf und unterliegt einem ständigen Wandel *(Kasten 18)*. Neue geistige Bewegungen und wissenschaftliche Strömungen, Begriffsmuster und Verhaltensweisen, die oft selbst durch Umweltveränderungen angeregt oder beeinflußt werden, wirken sich ihrerseits auf die Umwelt und damit (gelegentlich) auch auf den Boden aus.

„Boden" hat in den modernen Industriegesellschaften auch heute noch oft eine negative Konnotation, wenn man ihn beispielsweise mit „Dreck" und „Schmutz" assoziiert. „Sich schmutzig zu machen" wird in einer dem Ideal der Reinlichkeit verpflichteten Gesellschaft wie der unseren bereits den Kindern unter großem Einsatz aberzogen und die „Dreckarbeit" – im ursprünglichen wie im übertragenen Sinne – überläßt man ohnehin gerne anderen.

> **Kasten 18**
>
> **Beispiele für die Wertschätzung von Boden in der Vergangenheit**
>
> Noch bis zur Renaissance glaubte man, der Boden sei wie Steine, Pflanzen oder Tiere auch, von Leben durchdrungen und selbst lebensspendend. In den Tiefen von „Mutter Erde" zu schürfen galt als gefährlich. Zahlreiche ethische Normen wirkten dabei handlungshemmend (Merchant, 1987).
>
> Für die Physiokraten (18. Jahrhundert) galt allein die Erde als produktiv, die Fruchtbarkeit des Bodens als Geschenk der Natur und als Quelle für gesellschaftlichen Reichtum (Immler, 1985). Zur gleichen Zeit beschäftigte der Glaube an die Erdausdünstungen die wissenschaftliche Auseinandersetzung in Frankreich (Corbin, 1988). Die Erde als Speicher von Produkten der Gärung und Fäulnis galt als bedrohlich und unberechenbar; jederzeit bestand die Gefahr, daß sie ihre todbringenden Dämpfe wieder ausspeien könnte. Zunehmend fühlten sich die Menschen, vor allem unter den beengten Lebensverhältnissen in den Städten, als Opfer von Unrat und Schmutz. So wurden bereits im 19. Jahrhundert in Paris zahlreiche Bodenproben zur Analyse entnommen. Nach Meinung der Wissenschaftler dieser Zeit hing die Gesundheit von Städten von der vergangenen Verseuchung des Bodens ab: Boden galt als Speicher der faulen Elemente der Vergangenheit. Die von Corbin konstatierte „Verfeinerung des Geruchssinns" kann auch als Hinweis auf eine erhöhte Sensibilität für die Bodenproblematik gedeutet werden.
>
> Während Boden in vorindustrieller Zeit als hauptsächliche Verschmutzungsursache und damit als unmittelbare Bedrohung für die Gesundheit angesehen wurden, übernahmen mit dem Aufkommen der Industrialisierung die Trägermedien Luft und Wasser diesen Part (Schramm, 1987).

D 1.3.1.7 Psychosoziale Sphäre und Böden

Eine weitere Ursache für die geringe Wertschätzung des Bodens ist – zumindest in den hochindustrialisierten, hoch verdichteten westlichen Gesellschaften – in dessen zunehmender Nicht-Wahrnehmbarkeit zu sehen.

Bezieht sich der Bedeutungsgehalt von „Boden" allerdings nicht mehr auf das physische Substrat, sondern auf den Besitz bzw. das Eigentum von Land, so wird „Grund und Boden" (gerade auch im Zusammenhang mit Spekulationsgeschäften) im Sinne einer wertbeständigen, sicheren Kapitalanlage auch zum Synonym für „Reichtum", „Status" und „Macht".

Die hohe Wertschätzung von Bodenbesitz geht zurück bis auf die Zeit der Seßhaftwerdung und den Beginn des Ackerbaus: Bodenbesitz bedeutete damals, sich von den darauf angebauten Früchten ausreichend ernähren zu können und gewährte somit Sicherheit. Darüber hinaus bot er aber auch die Möglichkeit, reich und mächtig zu werden – womit gleichzeitig auch schon der Grund für Konflikte um den Besitz von Boden, für Raub und Krieg gelegt war (Sanwald und Thorbrietz, 1988).

Die beschriebenen Beispiele machen deutlich, wie eng Wahrnehmung und Wertschätzung des Bodens mit dem jeweiligen gesellschaftlichen, politischen und kulturellen Kontext verknüpft sind. Bewohner eines nicht industrialisierten Sahel-Landes etwa, die tagtäglich auf dem kargen, von Erosion bedrohten Böden ihr Überleben sichern müssen, und die dieses für sie wertvolle Stück Boden zum Teil mit Waffengewalt verteidigen, haben sicher einen anderen Bezug zu diesem Boden als Bewohner westeuropäischer Länder, woraus sich auch eine ganz andere Verhaltensrelevanz der Bodenproblematik ergibt.

Die Wertschätzung von Boden entwickelt sich auch in Abhängigkeit von seiner Bedeutung als Produktionsfaktor und von seiner Knappheit. So ist die Bodenproblematik beispielsweise in der Schweiz, wo Boden rein geographisch knapp ist (etwa als Bau- oder Agrarfläche), ein wichtiges Thema in Politik und öffentlicher Diskussion (Häberli et al., 1991). In modernen Industriegesellschaften nimmt die Wertschätzung des Faktors Zeit deutlich zu (z.B. *just-in-time*-Produktion, mit der Folge einer Verschiebung von Lagerkapazitäten auf die Straße). Inwieweit sich dies in Zukunft auf die Wertschätzung von Boden auswirkt, ist zu überprüfen.

Der Geringschätzung von Boden im alltäglichen, wie sie sich in unseren westlichen Industriegesellschaften beobachten läßt, steht eine durchgängige Hochschätzung im religiös-mythologischen Sinne gegenüber. So wird in vielen Religionen und Kulturen (beispielsweise in der indianischen Kultur) der „Mutter Erde", vor allem als Göttin der Fruchtbarkeit, gehuldigt. In der christlich-jüdischen Schöpfungsmythologie wird der Mensch von Gott aus Lehm geschaffen, und zum Boden kehrt er auch – den Begräbnisritualen folgend („Asche zu Asche, Staub zu Staub") – wieder zurück.

Aber auch außerhalb religiöser Glaubensvorstellungen wird dem Boden aus einer allgemein-ethischen Perspektive oft eine äußerst positive Bedeutung zugemessen: Als physisches Substrat, das voll ist von (Kleinst-)Lebewesen und in seinen Funktionen von den entsprechenden biologischen Prozessen abhängig ist, stellt der Boden selbst einen Lebensraum dar und ist existentielle Voraussetzung für viele weitere Arten von Leben (Tiere, Pflanzen, Mikroorganismen). Auf der Grundlage dieser ethischen Bewertung („Boden ist Leben") liegt es nahe, dem Boden auch *Eigenrechte* zuzubilligen (Ruh, 1988; Stone, 1987). Inzwischen genießt auch der Boden mit seinen Funktionen in mehreren Ländern die Stellung eines Schutzgutes.

Kasten 19

Bodenbewußtsein: Ansätze zur Umwelterziehung in Costa Rica

Boden gehört aufgrund seiner Funktion als Grundlage der Nahrungsmittelproduktion zu den kostbarsten, aber auch am stärksten gefährdeten Ressourcen. Im Vergleich zu anderen Umweltproblemen, z.B. solchen, die mit Wasser oder Luft verbunden sind, findet Boden (noch) zu wenig Beachtung. Dies belegen Umfrageergebnisse oder Untersuchungen zum Umweltbewußtsein ebenso wie die geringe Bedeutung, die dem Boden in Umwelterziehungsprogrammen zukommt.

Ein anderes Bild zeigt sich in Costa Rica, einem Land, das heute nur noch 17% seiner ursprünglichen Waldbedeckung aufweist. Die einstmals riesigen Waldflächen wurden in Weideflächen für eine exportorientierte Rindfleischproduktion oder in Ackerflächen für die Produktion von Nahrungsmitteln für eine rasch anwachsende Bevölkerung sowie für devisenbringende Erzeugnisse wie Kaffee, Kakao oder Bananen verwandelt *(Cash Crops)*. Die Folgen der Entwaldung und der unangepaßten Landnutzungsformen für die Böden sind offensichtlich (vgl. *Kasten 8*).

Die Notwendigkeit von Maßnahmen zum Schutz des Waldes und der Böden wird in Costa Rica erkannt. Es gibt verschiedene Strategien und konkrete Ansätze, um der Probleme Herr zu werden (vgl. *Kasten 14*). Erkannt wurde auch die Notwendigkeit einer umfassenden Umwelterziehung. 1988 wurde ein erstes Grundsatzprogramm zur Umwelterziehung vom Ministerium für Ressourcen, Energie und Bergbau (MIRENEM) und vom Erziehungsministerium (MEP) vorgelegt. Im Gegensatz zu kurzfristig wirkenden ökonomischen und politischen Maßnahmen sind Erziehungsprogramme eher auf eine langfristige Wirkung angelegt, vor allem, wenn man, wie in Costa Rica, damit schon die Kinder in den ersten Schuljahren zu erreichen versucht. Im Rahmen des PRODAF-Projekts *(Proyecto Desarollo Agricola Forestal)*, einem vom MAG (Landwirtschaftsministerium), MIRENEM und der GTZ in Deutschland getragenen Projekt zur Entwicklung angepaßter, nachhaltiger Produktionssysteme im agroforstlichen Bereich, wurde unter aktiver Beteiligung der Gemeindemitglieder eine Reihe von Lehrmaterialien entwickelt *(Abb. 21)*. Für den Unterricht in Schulen gibt es z.B. für verschiedene Schulstufen insgesamt zehn Malbücher, in denen die Schüler zunächst den „Baum", den „Wald", den „Boden" mit ihren Bestandteilen, Wachstumsprozessen und Funktionen kennenlernen, aber auch den Aufbau der „Biosphäre" oder das Funktionieren von „Ökosystemen". Bereits im sechsten Heft lernen die Kinder, was beim Pflanzen eines Baumes zu beachten ist, und dieses Wissen wird schließlich auch bei Baumpflanzaktionen in die Praxis umgesetzt. Ein wichtiges Thema ist die Bodenerosion: Ursachen, Folgen und vor allem Abhilfemaßnahmen lernen die Schüler anhand eines großen Puzzle kennen. Durch eine Vorher- und Nachher-Version erfahren sie, wie die verschiedenen Formen von Bodendegradation durch einzelne Sanierungsschritte wieder kuriert werden können. Bis 1993 haben – allein im Rahmen dieses Projekts – 4.500 Kinder in 75 Schulen an solchen Umwelterziehungsprogrammen teilgenommen.

Umwelterziehung ist aber nicht auf Programme in den Schulen beschränkt. Vielmehr bemüht man sich, alle Bevölkerungsgruppen zu erreichen, insbesondere solche, die, wie die Bauern, unmittelbar mit der Bodenbearbeitung und Waldbewirtschaftung zu tun haben. Das Prinzip der Wissensvermittlung beruht auf Kommunikation und Partizipation. Den als selbstbewußt und besserwisserisch geltenden Farmern wird nichts aufgezwungen, es gibt keine Belehrung; vielmehr wird auf dem vorhandenen Wissen und den kulturellen Überzeugungen der Farmer aufgebaut, um mit ihnen zusammen und durch sie motiviert, Techniken der nachhaltigen Landbewirtschaftung zu lernen.

Daß in einem solchen Kommunikationsprozeß viele Barrieren zu überwinden sind, wird deutlich, wenn man einige der in Costa Rica weitverbreiteten kulturellen Überzeugungen und sozialen Normen kennt:

- Wald gilt als „feindlich", erst bezwungener, kontrollierter Wald ist „guter" Wald.
- Boden muß „sauber" sein, d. h. von Bäumen, Wurzeln, Unkraut befreit. Je sauberer der Boden, desto höher der Preis, den man beim Verkauf erzielen kann. Anstelle eines Vorgartens sieht man auf dem Land in Costa Rica häufig blanke Erde, die sorgfältig mit weiß bemalten Steinen eingefaßt und vom letzten Hälmchen befreit wurde.
- Höchstes Sozialprestige genießt der Viehzüchter. Daher wird selbst auf ungeeigneten Böden noch Vieh gehalten, anstatt besser angepaßte Bewirtschaftungsformen zu übernehmen.

Derartige Vorstellungen und Präferenzen muß man kennen, wenn man Erwachsene, aber auch Kinder und Jugendliche, für Umweltprobleme sensibilisieren und zum nachhaltigen Umgang mit natürlichen Ressourcen bewegen will.

D 1.3.1.7 Psychosoziale Sphäre und Böden

Abbildung 21: Lehrtafeln für Schulkinder in Santa Marta, Costa Rica, über Bodendegradation
Quelle: PRODAF

1.3.1.7.4 Bodendegradation und menschliches Verhalten

Im Gegensatz zu anderen Umweltproblemen, denen oft ohne weiteres abgrenzbare Verhaltensmuster als auslösende bzw. aufrechterhaltende Faktoren zugeordnet werden können (z.B. Treibhauseffekt: CO_2-Anstieg durch Nutzung fossiler Energieträger beim Heizen, Autofahren usw.), ist die Bodendegradation auf den ersten Blick relativ weit von konkreten Einzelhandlungen entfernt. Lange, indirekte Kausalketten zwischen einzelnen Verhaltensweisen und der daraus resultierenden Bodenschädigung, etwa zwischen dem Konsum von Schweinefleisch in Deutschland und der Bodendegradation durch Überdüngung von Agrarflächen in einem Entwicklungsland, auf denen Importfutter für deutsche Schweine angebaut wird (Buntzel, 1986), führen dazu, daß Ursache-Wirkungs-Beziehungen kognitiv nicht repräsentiert sind und dementsprechend auch nicht handlungsleitend werden können (vgl. 1.3.1.7.2).

Dies hängt zum einen mit der Vielzahl der qualitativ unterscheidbaren Degradationsformen (z.B. Bodenverdichtung, -versauerung, -versiegelung) zusammen, die durch eine ganze Reihe unterschiedlicher menschlicher Handlungen bedingt sind (z.B. Autofahren, Heizen, Bauen), welche allerdings häufig additiv bzw. synergistisch wirken können. Zum anderen ist der einzelne in seinem alltäglichen Verhalten kaum einmal unmittelbar als Bodenschädiger auszumachen. Vielmehr scheinen es in erster Linie überindividuelle Akteure wie die Landwirtschaft (Überdüngung, Bodenverdichtung), die Industrie (Emissionen, Altlasten) oder die Bau- und Planungsbehörden (Nutzungsänderungen, Bodenversiegelung) zu sein, die für die – meist langfristige – Schädigung von Böden verantwortlich sind. Lösungsansätze zur Bodenproblematik müssen folglich auf mehreren Ebenen ansetzen und zudem beachten, daß sich hinter den genannten anonymen Akteuren stets Menschen mit ihren Wahrnehmungen, Einstellungen, Werthaltungen, ihrem Wissen verbergen, die aber auch als Rollenträger unter bestimmten Einflüssen und Zwängen handeln. Wichtig für den Umgang mit Boden sind dabei insbesondere die Eigentums- und Besitzverhältnisse sowie – damit zusammenhängend – die Dauer der Nutzung (vgl. *Tab. 21*).

Auf der Suche nach den treibenden Kräften anthropogener Bodendegradation kommt den in den vorangegangenen Abschnitten vorgestellten Faktoren (mangelnde Wahrnehmbarkeit, mangelnde Wertschätzung, Indirektheit der Bodendegradation) vermutlich nur eine verhältnismäßig geringe Bedeutung zu. Zumindest für die alten Industrieländer und für die neuen Industrieländer (*newly industrializing countries*, NICs), liegt die Annahme nahe, daß eine wesentliche Ursache der Bodendegradation in der vorherrschenden Art des Wirtschaftens und den entsprechenden Strukturen (extreme räumliche Arbeitsteilung, spezialisierte Produktion und monofunktionale Nutzung des Raumes) zu suchen ist. So lassen Wachstumsdenken und Sachzwanglogik bei wirtschaftlichen Entscheidungen ökologische Schäden oft nur als Nebenwirkungen oder als unumgängliches Übel erscheinen, etwa, um als Industrie- oder Landwirtschaftsbetrieb konkurrenzfähig bleiben oder „überleben" zu können.

Auf kurzfristige, individuelle Gewinnmaximierung angelegtes Verhalten in vielen Bereichen der Anthroposphäre (z.B. unsachgemäße Entsorgung schadstoffhaltiger Produkte, Überdüngung von Agrarflächen) führt häufig zu langfristiger Bodendegradation, unter der letztlich die Allgemeinheit zu leiden hat.

Allerdings ist die entscheidende „Ursache" für menschliche Eingriffe in den Boden bereits weit vor der Industrialisierung anzusiedeln. Bereits mit dem Seßhaftwerden des Menschen vor etwa 10.000 Jahren wurden massive Eingriffe in den Naturhaushalt unumgänglich: Rodungen und Bodenbearbeitung boten erst die Voraussetzungen für den Anbau von Kulturgräsern zur Sicherung der Ernährungsgrundlage. Zugleich war mit der Seßhaftwerdung aber auch der entscheidende Impuls für das Wachsen der Bevölkerung und damit auch für die Erfordernis weiterer Ausbeutung der Ressource Boden gegeben: Ein Prozeß mit positivem Rückkopplungseffekt kam in Gang (Achilles, 1989).

Tabelle 21: Taxonomie bodenbezogenen Verhaltens

Verhaltensart	Status		
	Eigentum	Besitz	Temporäre Nutzung
Agrarisch-produktiv	Landwirt	Pächter	
Baulich-konsumtiv	Bauherr, Architekt		Architekt, Baugewerbe
Gewerblich-konsumtiv	Unternehmer	Unternehmer	
Infrastrukturell-konsumtiv	Betreiber		Nutzer
Rekreativ-konsumtiv	Eigentümer (Eigenbedarf)	Mieter	Nutzer
Ökologisch-konservierend			Naturschützer
Monetär orientiert	Anleger, Vermieter, Verpächter	Beauftragter Investor	
Normen setzend			Gesetzgeber, Planer

Quelle: Farago und Peters, 1990

Jeder und jede einzelne trägt tagtäglich erheblich zur weiteren Belastung der Pedosphäre bei, wenn auch nur indirekt und in den meisten Fällen, ohne es zu merken: Die Liste der im weiteren Sinne boden-relevanten Verhaltensweisen reicht von der Wahl des Wohnorts und dem (häufig damit zusammenhängenden) Mobilitätsverhalten über den Konsum von Waren und Dienstleistungen (z.B. Art der Ernährung, Abfallproduktion) bis hin zum Freizeitverhalten (Tourismus).

Eine entsprechende quantitative Abschätzung der jeweiligen Anteile menschlichen Verhaltens am Gesamtphänomen Bodendegradation, wie sie etwa für den Treibhauseffekt vorgenommen wurde (WBGU, 1993), scheint zwar kaum möglich zu sein. Das bedeutet jedoch nicht, daß man die einzelnen Bürgerinnen und Bürger aus ihrer alltäglichen (Mit-)Verantwortung für das kollektiv bedeutsame Gut Boden entlassen könnte.

Kasten 20

Beispiel Landwirtschaft

In der europäischen Landwirtschaft ist in den letzten Jahren (im Zuge der fortschreitenden Agrartechnologie und -chemie, nicht zuletzt aber auch unter dem Einfluß der EU-Agrarpolitik) eine zunehmende Intensivierung und „Industrialisierung" der Produktion zu beobachten, die längst zu negativen Auswirkungen auf das Umweltmedium Boden geführt hat.

Zum Teil parallel zu dieser Entwicklung kam es – gerade in ländlichen Gebieten mit über Generationen gewachsener bäuerlicher Tradition – zu einer raschen Veränderung der gesellschaftlichen Wertschätzung der Landwirte (Buntzel, 1986): Waren sie noch bis vor kurzem „Bauern" und galten allgemein als hart arbeitende, traditionsbewußt-konservative Menschen mit einer unmittelbaren emotionalen Bindung an „die Scholle", so wird dieses Bild heute zum romantisch-verklärten Klischee, der Begriff „Bauer" aber mehr und mehr zum Schimpfwort. Aus dem „Bauern" wurde – dem amerikanischen *farmer* entsprechend – der „Landwirt".

Als solcher ist er ein selbständiger, marktorientierter Unternehmer, darum bemüht, seine Wertschöpfung unter Nutzung des Produktionsfaktors Boden zu maximieren, um als (kleiner) Anbieter und Nachfrager auf dem Markt seine Existenz sichern zu können. Daß die Ausschöpfung der Produktionsmöglichkeiten mit zum Teil gravierenden ökologischen Schäden verbunden ist, trat erst im Laufe der Zeit zutage, was das Image traditioneller Naturverbundenheit der Landwirtschaft in der öffentlichen Meinung zusätzlich in Frage stellte.

Obwohl häufig die Notwendigkeit des Umweltschutzes gesehen wird, ist der Zwang zur Produktionssteigerung nach wie vor dominierend. Oft bleibt nur die Wahl, „zu wachsen oder zu weichen", die das ökologische Verantwortungsbewußtsein hinter die ökonomischen Sachzwänge zurücktreten läßt (Buntzel, 1986). Hinzu kommt die zunehmende Mechanisierung der landwirtschaftlichen Betriebsabläufe, die das ihre dazu beiträgt, die Distanz zwischen dem Landwirt und seinen Produktionsfaktoren zu vergrößern. Die Arbeit mit Maschinen schränkt die sinnliche Erfahrung des Arbeitsgeschehens und die damit verbundene Kontrollmöglichkeit des Arbeitsprozesses ein („Da ist eben der große Schlepper schlecht, weil da oben sitzt du und da unten passiert es; das siehst du ja gar nimmer" oder: „Auf dem Schlepper da oben muß man ja immer auf die Maschine aufpassen, so zurückschauen, da hat man gar nimmer so Zeit, so daß man direkt auf die Natur aufpaßt. Das früher – wenn man draußen ist mit der Handarbeit oder was, da kann man das viel besser verfolgen" – Zitate aus Pongratz, 1992).

Aus dem aktuellen Forschungsstand läßt sich allerdings nur schwer ableiten, ob und inwieweit sich die Landwirte in ihrem Umweltbewußtsein von der übrigen Bevölkerung unterscheiden (Fietkau et al., 1982; Pongratz, 1992). Die Bodenproblematik scheint auch von den Landwirten nicht als dringendes Umweltproblem gesehen zu werden. Als Verursacher für die Umweltprobleme werden Industrie und Fabriken, Autoverkehr und Kraftwerke, nicht die eigene Wirtschaftsweise gesehen.

1.3.2 Bodenzentriertes globales Beziehungsgeflecht

Der Beirat hat in seinem Jahresgutachten 1993 eine spezielle Methodik eingeführt, um längerfristig die fachübergreifende Zusammenschau der wesentlichen Mechanismen des globalen Wandels zu organisieren: Markante Trends – wie die fortschreitende Konzentrierung der Menschen in Megastädten der Entwicklungsländer – werden diagrammatisch zu einem „globalen Beziehungsgeflecht" verwoben, das die Muster der gegenseitigen Abhängigkeit weltweiter Entwicklungen offenlegen soll.

Dieses besondere „Expertensystem" wird nach und nach Gestalt annehmen, indem jedes Jahresgutachten schwerpunktmäßig ein neues Problemfeld des globalen Wandels ausleuchtet und die zugehörigen Trends sowie deren Wechselwirkungen identifiziert. Dabei müssen jeweils nur die Abhängigkeiten *1. Ordnung* (direkte Ein- und Auswirkungen) bestimmt werden; die Gesamtvernetzung ergibt sich dann folgerichtig über die Betrachtung aller Teilsphären im System Erde.

Hinsichtlich der Grundregeln zur Konstruktion des „globalen Beziehungsgeflechts" wird auf das Jahresgutachten 1993 verwiesen. Als ergänzende Elemente werden jetzt *Auswirkungsgarben* bzw. *Einwirkungsgarben* eingeführt. Im ersten Fall handelt es sich im wesentlichen um eine grafische Vereinfachung: Die Verbindungslinien, welche die Auswirkungen eines Quelltrends A auf eine Gruppe {A', B', C', D', ...} von anderen Trends symbolisieren, werden zu einer baumartigen Struktur zusammengefaßt *(Abb. 22)*. Die Garbe deutet darüber hinaus an, daß den dadurch erfaßten Auswirkungen ein gemeinsamer Hauptmechanismus zugrundeliegt.

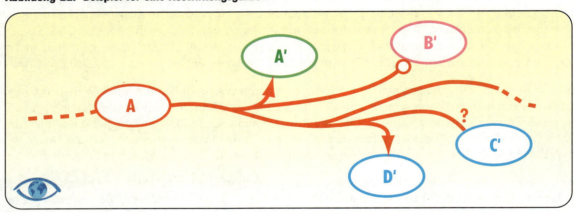

Abbildung 22: Beispiel für eine Auswirkungsgarbe

Im zweiten Fall ist zu unterscheiden zwischen summarischen und synergistischen Einwirkungsgarben. Eine *summarische Einwirkungsgarbe* ist eine Umkehrung einer Auswirkungsgarbe, d.h. die sich überlagernden, in erster Ordnung voneinander unabhängigen Einflüsse einer Gruppe {Z', Y', X', W', V', ...} von Trends auf einen Zieltrend Z werden graphisch gebündelt *(Abb. 23)*.

Die Zusammenfassung weist wiederum darauf hin, daß die beteiligten Einwirkungen auf einen gemeinsamen Aspekt im Rezeptortrend zielen.

Eine *synergistische Einwirkungsgarbe* symbolisiert dagegen das nicht-additive (nicht-lineare) Zusammenwirken von Trends *(Abb. 24)*. Diese neuen Grundelemente lassen sich nach Bedarf zu Mischformen kombinieren.

Nicht nur in Hinblick auf solch technische Verbesserungen und Ergänzungen darf das „globale Beziehungsgeflecht" kein starres Instrument sein; auch die bereits erfaßten Trends und deren Wechselwirkungen müssen aufgrund fortschreitender Einsichten in die Dynamik des globalen Wandels in jedem Jahresschritt überprüft und gegebenenfalls revidiert werden.

Dieses Prinzip schlägt sich bereits in der diesjährigen Fortschreibung der 1993 begonnenen allgemeinen Trendanalyse nieder. Das *„bodenzentrierte globale Beziehungsgeflecht"* ist das Ergebnis einer vertieften Analyse der die

Abbildung 23: Beispiel für eine summarische Einwirkungsgarbe

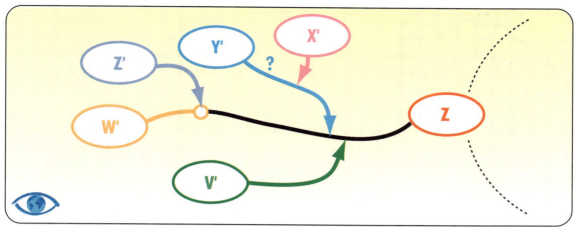

Abbildung 24: Beispiel für eine synergistische Einwirkungsgarbe

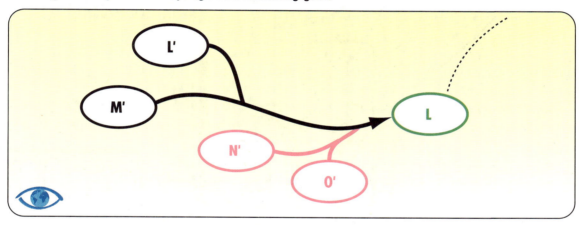

Pedosphäre und Lithosphäre betreffenden weltweiten Entwicklungen im Rahmen der Gesamtdynamik. Diese Analyse zeigt u.a., daß die ursprüngliche Beschreibung der bodenbezogenen Trends und derjenigen in eng gekoppelten Teilsphären (vor allem Hydrosphäre, Wirtschaft, Bevölkerung) verfeinert bzw. verändert werden muß. Dadurch wird insbesondere die *Landnutzung* als eine Haupttriebkraft der Umgestaltung des Planeten Erde herausgestellt.

Das „bodenzentrierte globale Beziehungsgeflecht" kann als Keimgewebe des schrittweise entstehenden „globalen Beziehungsgeflechts" angesehen werden. Aus Gründen der Übersichtlichkeit wird dieses Teilnetzwerk in zwei Schritten dargestellt, nämlich getrennt nach Einwirkungen und Auswirkungen.

Das *Einwirkungsdiagramm (Abb. 25)* identifiziert die unmittelbaren Einflüsse auf die Haupttrends der Bodendegradation sowie die Wirkungsvernetzung dieser Trends untereinander. Zudem wird hier der Versuch gemacht, über die reine „Verdrahtung" hinaus eine Gewichtung (semi-quantitative Bewertung) der Dynamik vorzunehmen. Die Stärke der Bodendegradationstrends wird dabei nach Maßgabe der weltweit betroffenen Flächen in drei Klassen, symbolisiert durch drei verschiedene Ellipsengrößen, eingeteilt. Ebenfalls flächenbezogen wird die Bedeutung der Einwirkung bodenfremder Trends in eine dreistufige Rangordnung gebracht, die sich in durchzogenen, gestrichelten und gepunkteten Verbindungslinien widerspiegelt.

Das *Auswirkungsdiagramm (Abb. 26)* konzentriert sich dagegen auf die Einflüsse, welche die Trends der Pedosphäre/Lithosphäre ihrerseits auf die übrigen globalen Entwicklungen ausüben. Der Vollständigkeit halber sind dabei die Binnenwechselwirkungen nochmals aufgeführt; überdies sind die Auswirkungspfeile farbig markiert,

146 D 1.3.2 „Bodenzentriertes globales Beziehungsgeflecht"

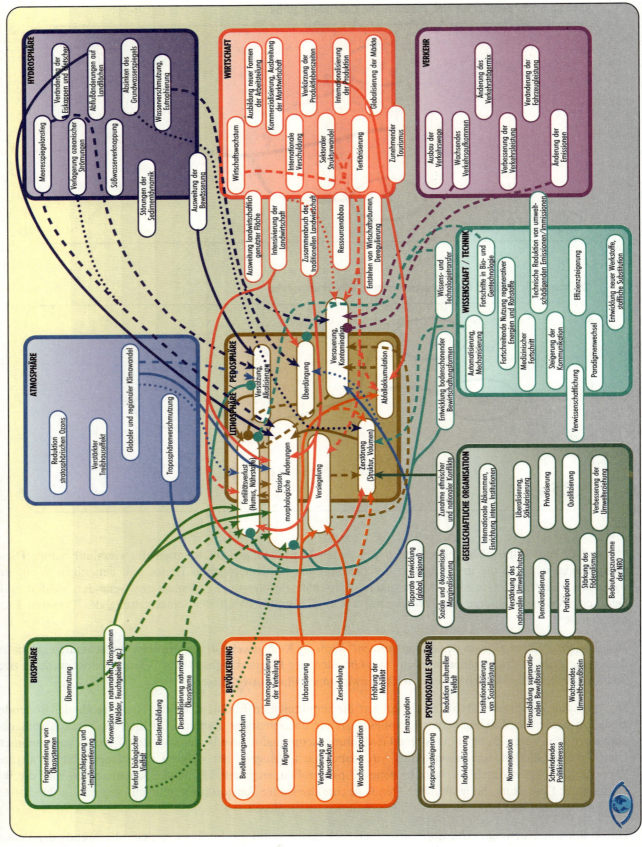

Abbildung 25: Bodenzentriertes globales Beziehungsgeflecht: Einwirkungen

D 1.3.2 „Bodenzentriertes globales Beziehungsgeflecht"

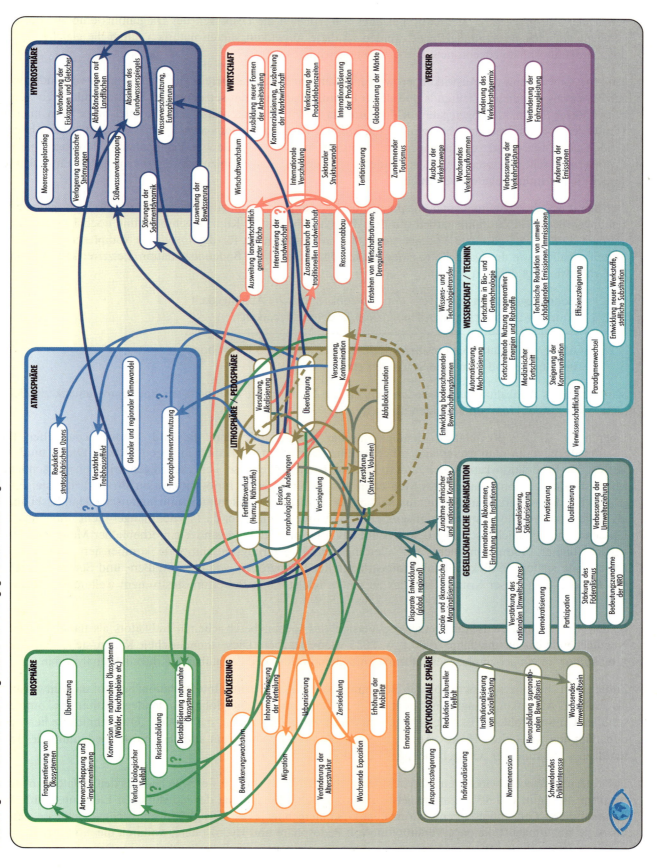

Abbildung 26: Bodenzentriertes globales Beziehungsgeflecht: Auswirkungen

gemäß der Teilsphäre ihrer Zieltrends. Letzteres soll lediglich die Lesbarkeit des Diagramms erhöhen. (Im endgültigen „globalen Beziehungsgeflecht" werden all diese Auswirkungslinien natürlich durch die gleiche, der Pedosphäre/Lithosphäre zugeordnete Farbe zu kennzeichnen sein.)

Auf eine Gewichtung der Auswirkungen wird hier verzichtet, da dies bereits die Verfügbarkeit von Indikatoren zur Bewertung sämtlicher Zieltrends und deren Beeinflußbarkeit voraussetzen würde. Solche Indikatoren werden in der Regel Informationsaggregate auf der Grundlage globaler Datensätze sein. Beispielsweise kann man die Trends der Bodendegradation am vernichteten *Nahrungsmittelerzeugungspotential* bemessen, anstatt nach geschädigter Fläche. Ein derart zusammengesetzter Indikator, in den u.a. Bodentyp, Regionalklima, Hydrographie und sozioökonomische Faktoren eingehen, würde möglicherweise den Problemschwerpunkt von den Entwicklungsländern in die Industrieländer verschieben.

Der Beirat will die Schaffung einer entsprechenden, geographisch expliziten Basis für das bewertete „globale Beziehungsgeflecht" in Zusammenarbeit mit dem Potsdam-Institut für Klimafolgenforschung noch 1994 in Angriff nehmen. Dieses GIS-gestützte Vorhaben soll die Voraussetzungen für die Erstellung komplexer thematischer Karten schaffen, wie der Darstellung eines *Kritikalitätsindexes K* der Bodendegradation. Letzterer kann als „lokale" Größe wie folgt definiert werden:

$$K = \frac{\text{Bodendegradation bei unveränderten Landnutzungsformen} \times \text{Sozioökonomische Abhängigkeit von Bodenverfügbarkeit}}{\text{Abhilfepotential (Bodenresilienz, verfügbares Kapital und Know-how, industrielle und politische Strukturen etc.)}}$$

Mit Hilfe eines Kritikalitätsindexes ließen sich z.B. die Brennpunkte *(hot spots)* der Bodenproblematik als Zielgebiete vorsorgender Umweltpolitik identifizieren.

Über eine direkte Korrelation demographischer Trends mit dem Bestand landwirtschaftlicher Produktionsfläche kann man exemplarisch bereits einen einfachen Kritikalitätsindex entwickeln. Dieser muß den Verlust an Produktionskapazitäten durch Bodendegradation ebenso berücksichtigen wie den tatsächlichen Mindestbedarf zur Ernährung eines Menschen und technologische Innovationen zur Produktivitätssteigerung in der Landwirtschaft. Darüber hinaus sollten das verfügbare Einkommen und agrarische Handelsbilanzen als sozioökonomische Kompensationsgrößen in den Index einfließen, da Flächenmangel nicht unbedingt mit Unterversorgung gleichzusetzen ist. So besteht z.B. für einige Industrieländer ein erheblicher Mangel an landwirtschaftlicher Produktionsfläche, der allerdings durch Nahrungsmittelimporte kompensiert werden kann. Durch eine spätere Berücksichtigung infrastruktureller Kenngrößen, wie etwa Straßen- und Schienenstrecken pro Person, kann dieser Kritikalitätsindex zu einem realistischen Bewertungsinstrument weiterentwickelt werden.

In den *Abb. 27* und *28* ist die elementare Version des soeben beschriebenen Indikators als nationenscharfes Nutzflächendefizit für die Jahre 2000 bzw. 2025 wiedergegeben. Diese thematischen Karten stellen eine erste Annäherung an ein geographisches Informationssystem im Rahmen der globalen Kritikalitätsanalyse dar.

Zurück zum „bodenzentrierten globalen Beziehungsgeflecht" und seiner Interpretation: Sowohl das Einwirkungs- als auch das Auswirkungsdiagramm bestätigen die Vermutung, daß die globale Bodendegradation das komplexeste aller Umweltprobleme ist. Dies hängt zum einen damit zusammen, daß Böden „Querschnittsmedien" sind (Überlappung von Litho-, Hydro-, Atmo-, Bio- und Anthroposphäre), zum anderen mit der Bedeutung des lokalen Bezugs aufgrund der „Ortsgebundenheit" der Böden.

Die einzelnen Wechselwirkungen zwischen den globalen Trends sind im wesentlichen aus den „bilateralen" Analysen im Abschnitt D 1.3.3 zusammengestellt; eine vertiefte Behandlung der individuellen Elemente würde den Rahmen dieses Gutachtens sprengen. Aus dem Gesamtergebnis lassen sich gleichwohl wichtige Schlüsse ziehen: Ins Auge fällt zunächst die enge Verknüpfung von Pedosphäre und Hydrosphäre, wodurch die Notwendigkeit eines integrierten Boden-Wasser-Managements für weite Regionen der Erde deutlich wird. Des weiteren erkennt man anhand der bodenzentrierten Zusammenschau ein übergeordnetes Charakteristikum des gesamten globalen Wandels, d.h. die wachsende Distanz zwischen

D 1.3.2 „Bodenzentriertes globales Beziehungsgeflecht" 149

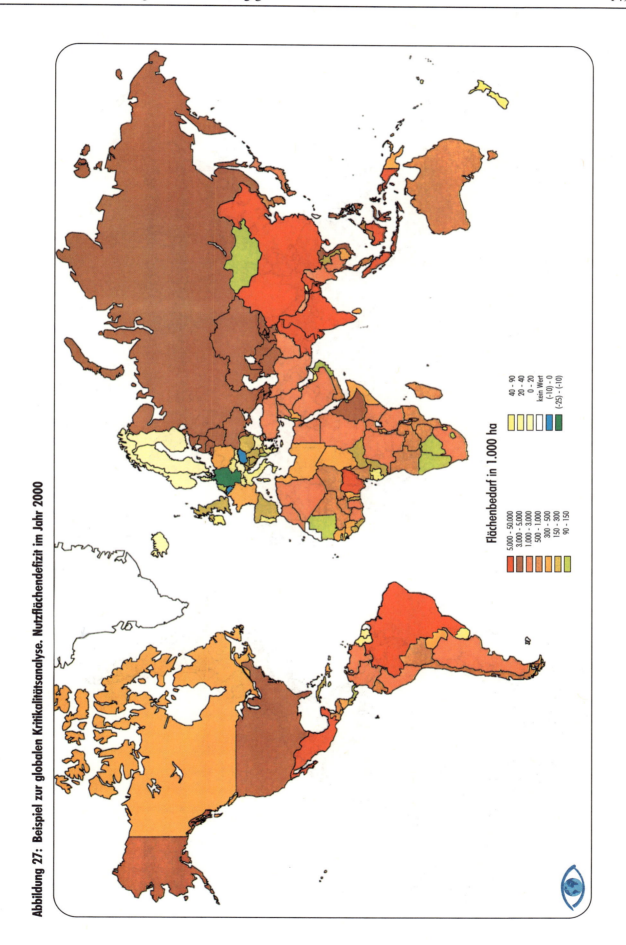

Abbildung 27: Beispiel zur globalen Kritikalitätsanalyse. Nutzflächendefizit im Jahr 2000

150 D 1.3.2 „Bodenzentriertes globales Beziehungsgeflecht"

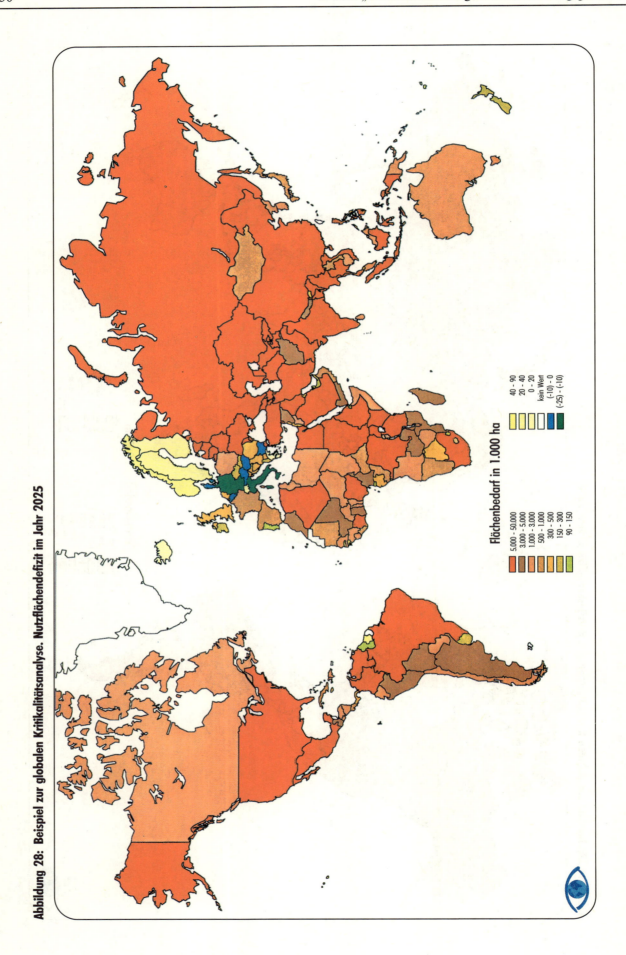

Abbildung 28: Beispiel zur globalen Kritikalitätsanalyse. Nutzflächendefizit im Jahr 2025

D 1.3.2 „Bodenzentriertes globales Beziehungsgeflecht"

- *Ursache und Wirkung*
  Beispiel: Die Abholzung von Bergwäldern führt über Erosion und Sedimenttransport zu Überschwemmungen in weit entfernten Flußniederungen.

- *Absicht und Nutzen*
  Beispiel: Die mit Entwicklungshilfemitteln vorangetriebene, devisenorientierte Intensivierung der Landwirtschaft kann in tropischen Ländern eine akute Nahrungsmittelunterversorgung der örtlichen Produzenten bewirken.

- *Subjekt und Objekt*
  Beispiele: Die schwindende Bindung von Bauern an „die Scholle", die Versiegelung der Böden oder die zunehmende Bedeutung von Grund und Boden als Spekulationsobjekt.

- *Verursachern und Leidtragenden*
  Beispiel: Durch den Ferntransport von Sondermüll oder die Anreicherung des Grundwassers mit Herbiziden und Pestiziden aus der industriellen Landwirtschaft betroffene Bevölkerung.

- *Produzenten und Konsumenten*
  Beispiele: Die weltweit organisierten Ströme von Dünge-, Futter- und Nahrungsmitteln.

Diese weitgehende Auflösung natürlicher bzw. tradierter (und unmittelbar zweckmäßiger) Kopplungen spiegelt sich im „bodenzentrierten globalen Beziehungsgeflecht" blockweise wider, d.h. in den resultierenden Wirkungsströmen zwischen den Teilsphären:

- Ein Hauptverursacher der weltweiten Bodendegradation ist die global agierende Agrarindustrie, welche Leistungen für alle Sektoren der Volkswirtschaft erbringt. Die Auswirkungspfeile der zugehörigen Degradationstrends zeigen jedoch nicht in erster Linie zurück auf die Ökonomie, sondern auf die Sphäre „Bevölkerung". Betroffen sind insbesondere die heutigen Generationen in den Schwellen- und Entwicklungsländern sowie die künftigen Generationen auf der ganzen Erde.
- Die verschiedenen Formen der Bodenversiegelung resultieren weniger aus elementarer Not als vielmehr aus den Wohlstandsansprüchen einer Teilpopulation der Spezies *Homo sapiens*. Die Auswirkungen zielen dagegen vor allem auf die Existenzbedingungen der anderen Arten; d.h. der entsprechende Hauptwirkungspfad verläuft vom Komplex Wirtschaft/Verkehr/Bevölkerung über die Pedosphäre zur Biosphäre.
- Eine weitere grundlegende Wirkungskette verknüpft den Komplex Psychosoziale Sphäre/Bevölkerung über die Wirtschaft mit der Pedosphäre: Im Mittelpunkt steht dabei der Zusammenbruch der traditionellen Landwirtschaft aufgrund von Marginalisierung, Migration usw. mitsamt den Folgen für den Bodenschutz.

Die letztgenannte Wirkungskette läßt sich allerdings nicht mehr vollständig aus dem Beziehungsgeflecht in der vorliegenden Form ableiten: Dafür müßten bereits *Wechselwirkungen höherer Ordnung* berücksichtigt werden. Dies ist ein weiterer, für die Mechanismen des globalen Wandels symptomatischer Befund. Das traditionell dichte Geflecht direkter lokaler Rückkopplungen (wie im Falle einer nachhaltigen Subsistenzlandwirtschaft) weicht einem Netz von indirekten Wechselwirkungen mit großer Reichweite. Dadurch wird die aufgezeigte Distanzierung im globalen Maßstab wieder mehr als aufgehoben. Der entstehende Komplex ist jedoch für den einzelnen kaum noch durchschaubar und entzieht sich weitgehend den Möglichkeiten des individuellen bzw. örtlichen Managements.

Nur ein synoptisches Instrument wie das vollständige gewichtete „globale Beziehungsgeflecht" kann helfen, diese Dilemma zu überwinden. Die symbolische Repräsentation macht mittelbare Zusammenhänge sichtbar, die sich in einer deskriptiven Darstellung verlieren würden. Dieses wird hier auf der Basis des „bodenzentrierten globalen Beziehungsgeflechts" demonstriert, ergänzt durch einige wichtige Wechselwirkungen höherer Ordnung.

Relativ einfach lassen sich positive Rückkopplungsschleifen („Teufelskreise") identifizieren und in die allgemeine Dynamik einordnen. *Abb. 29* stellt drei Hauptmechanismen der Bodendegradation als Subkomplexe des Gesamtgeflechts dar, die *Expansionsschleife,* die *Intensivierungsschleife* und die *Landfluchtschleife.* Man beachte, daß dabei die Bodentrends „Erosion" und „Fertilitätsverlust" als gemeinsame Knotenpunkte fungieren.

Die letzte Beobachtung weist auf einen Nachteil der fächerorientierten Darstellung des „globalen Beziehungsgeflechts" hin: Beispielsweise werden Beiträge zur weltweiten Bodenerosion in einem einzigen Trend zusammenge-

Abbildung 29: Ausgewählte Teilvernetzungen mit positivem Feedback (Teufelskreise): Expansionsschleife, Landfluchtschleife, Intensivierungsschleife

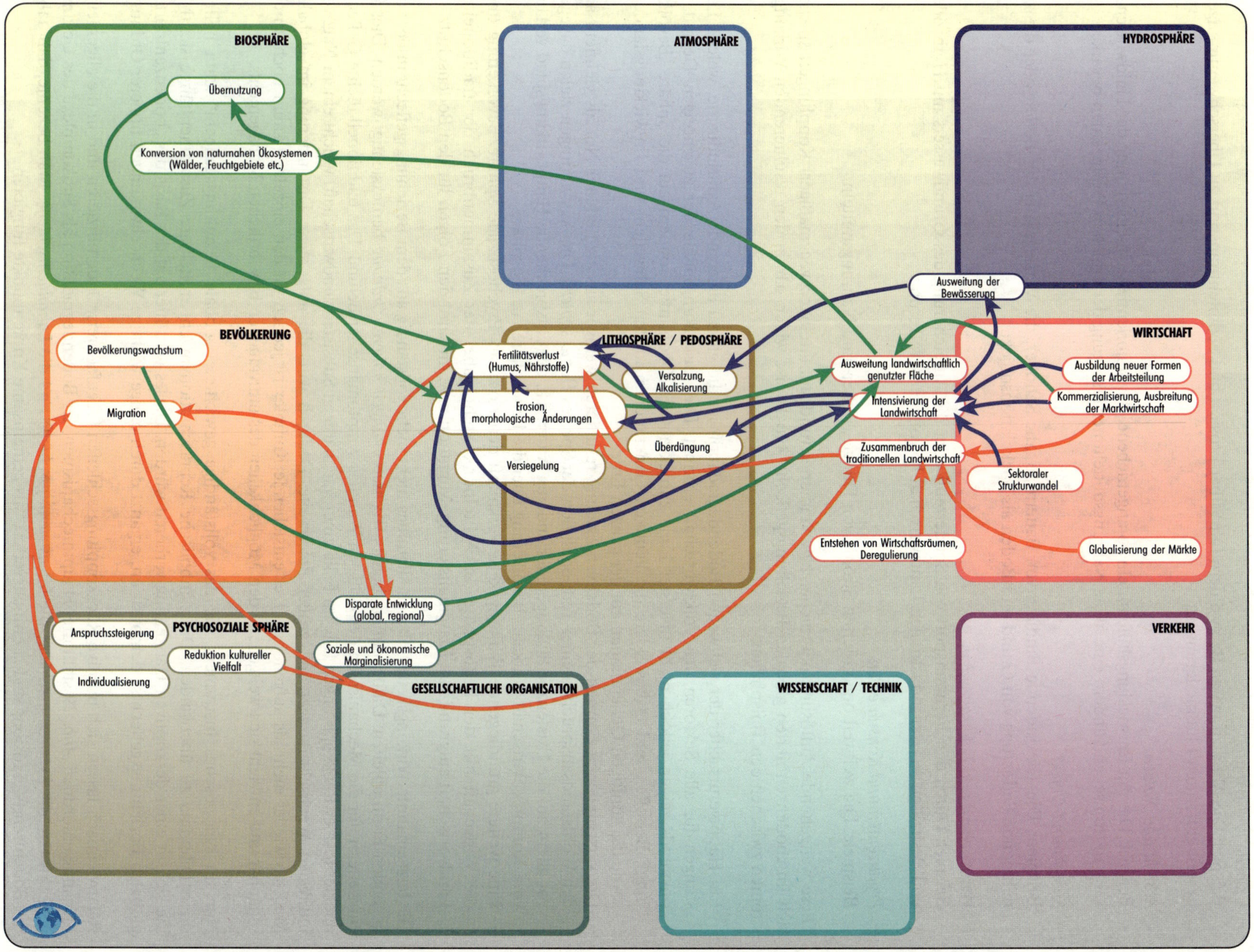

faßt, obwohl sie sich nach Ursache, Charakter und Auswirkungen unterscheiden – infolge der Zugehörigkeit zu relativ eigenständigen Beziehungsteilgeflechten. Diese Teilgeflechte kombinieren disziplinäre *Symptome* zu wirkungsbestimmten *Syndromen* (vergleiche auch Clark und Munn, 1986). Syndrome wie etwa der „Saure Regen" mit all seinen Ursachen und Implikationen stellen Querschnittsphänomene von gelegentlich globaler, meist aber inhomogener wirtschaftsgeographisch-soziokultureller Verbreitung dar.

Aus diesen Überlegungen lassen sich zwei Schlußfolgerungen ziehen:

1. Das disziplinär-symptomorientierte „globale Beziehungsgeflecht" bedarf eines *syndromorientierten Fundaments* von regionaler Auflösung, das von vornherein fachübergreifend angelegt sein muß. Auch wenn die dadurch definierte Verknüpfungsstruktur im summarischen Diagramm nicht mehr in Erscheinung tritt, muß die zugehörige Information für die Erklärung von Wirkungsmechanismen jederzeit abrufbar sein.
2. Die Querschnittsanalyse stellt nicht nur eine geeignete Grundlage für die Validierung des „globalen Beziehungsgeflechts" in seiner ursprünglichen Form dar, sondern auch eine Alternative zur Zusammenschau sektoraler Trends: Syndrome können selbst als integrale Elemente eines Netzwerkes aufgefaßt werden, welches ganze *Muster* des globalen Wandels miteinander verknüpft. Je besser die Muster gewählt sind, desto stärker entkoppelt ihre Dynamik („Diagonalisierung").

Zur Illustration des skizzierten Ansatzes wird ein formales Beispiel gegeben: das Teilgeflecht von Trendbeziehungen *(Abb. 30)* setzt sich wie folgt aus den Wirkungsmustern A, B, und C zusammen *(Abb. 31)*.

Abbildung 30: Teilgeflecht von Trendbeziehungen

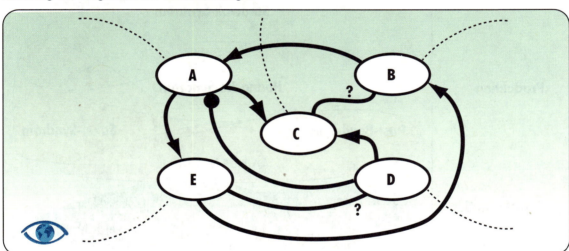

Abbildung 31: Wirkungsmuster

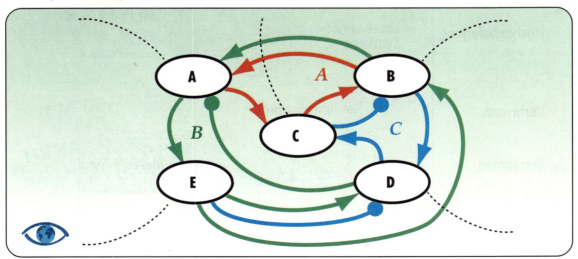

1.3.3 Hauptsyndrome der Bodendegradation

Im folgenden wird versucht, ein regionenbezogenes Syndromkonzept zu entwickeln und auf das Problem der vom Menschen verursachten, weltweiten Bodendegradation anzuwenden. Im Vordergrund steht dabei der am Ende des voranstehenden Abschnitts genannte Punkt 1, also die Konstruktion eines mosaikartigen Fundaments für das „globale bodenzentrierte Beziehungsgeflecht".

Der Begriff „*Syndrom*" eignet sich in diesem Zusammenhang besonders gut: Der Verlust an Bodenfunktionen äußert sich in „Krankheitsbildern", welche sich aus Symptomen wie Winderosion, Wassererosion, physikalischer

Abbildung 32: Hauptsyndrome der anthropogenen Bodendegradation

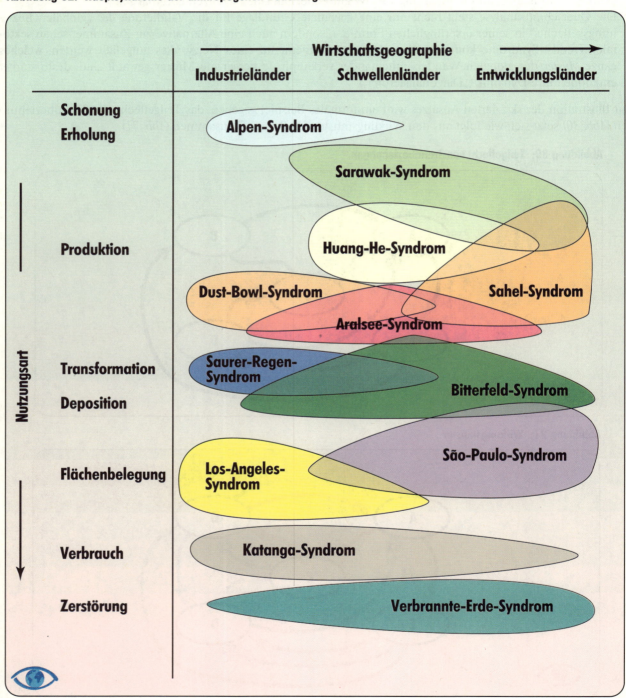

D 1.3.3 Hauptsyndrome der Bodendegradation

oder chemischer Degradation zusammensetzen. Faßt man die Böden als „Haut" des Planeten Erde auf, dann handelt es sich bei der Syndromanalyse gewissermaßen um eine *„geodermatologische Diagnose"*. Im Rahmen dieser Diagnose wird unter „Syndrom" das eigentliche Krankheitsbild mitsamt seinen Ursachen und Folgen verstanden.

Die zwölf wichtigsten anthropogenen „Bodenkrankheiten" sind in *Abb. 32* zusammengestellt. Die Benennung der Syndrome ist bewußt plakativ und symbolhaft gewählt und orientiert sich in ihren Namen an einem ausgewählten geographischen Brennpunkt *oder* einer markanten Begleiterscheinung. Immer aber steht die Bezeichnung für ein Krankheitsbild, das an verschiedenen Stellen der Erde auftritt oder auftreten kann. Dieser vordergründigen Zuordnung liegt eine tiefere Logik zugrunde, welche die Schadenskomplexe nach *Haupttriebkräften* klassifiziert. Daraus ergibt sich die Einordnung der Syndrome in den durch die Achsen „Wirtschaftsgeographie" und „Nutzungsart" aufgespannten zweidimensionalen Raum, d.h. eine Strukturierung der zunächst eher unübersichtlichen Gemengelage.

Diese ursachenbezogene Aufgliederung des Gesamtphänomens „Bodendegradation" in global oder regional verbreitete Komponenten kann naturgemäß nicht vollkommen scharf sein: Gewisse Syndrome treten stellenweise gemeinsam auf; den zugehörigen Überlappungen gebührt dann besondere Aufmerksamkeit.

Es folgt eine kurze Beschreibung und Analyse der einzelnen Syndrome. Die Reihenfolge ist dabei nicht willkürlich; sie stellt vielmehr einen Versuch dar, die relative Bedeutung der individuellen Schadenskomplexe für die Zukunft der globalen Bodenressourcen abzuschätzen. Grundlage der Reihung ist die Fläche der vor allem für die Nahrungsmittelerzeugung wichtigen Böden, die von dem Syndrom betroffen sind.

Jeder Schadenskomplex wird auf einem syndromspezifischen Beziehungsgeflecht abgebildet. Die Basisstruktur dafür bildet das „bodenzentrierte globale Beziehungsgeflecht", wobei für jedes Syndrom die Trends ausgeblendet werden, die nicht von den Verknüpfungen ersten Grades betroffen sind. Symptome, die für das jeweilige Syndrom als bedeutsam angesehen werden, aber im globalen Kontext keine Rolle spielen, sind durch ein rautenförmiges Symbol gekennzeichnet. Die Gesamtheit der zwölf Diagramme bildet als „Beziehungsatlas" eine Grundlage für das „bodenzentrierte globale Beziehungsgeflecht" und für die Weiterentwicklung des vollständigen „globalen Beziehungsgeflechts".

1.3.3.1 Wandel in der traditionellen Nutzung fruchtbarer Böden: Das „Huang-He-Syndrom"

Der Huang He (Gelber Fluß, Länge 5.500 km) fließt durch das Lößplateau der Provinz Shaanxi in China. Die fruchtbaren Böden dieser Provinz gehören zu den am stärksten erodierenden Flächen der Erde. Seit geschichtlicher Zeit ist dort Erosion zu beobachten (Jiang und Wu, 1980), aber seit sich die traditionellen Landnutzungsmethoden wandeln, hat der Bodenverlust katastrophale Ausmaße angenommen.

Unangepaßter Ackerbau auf steilen Hangflächen hat dazu geführt, daß jedes Jahr etwa 1,6 Mrd. t des hochproduktiven Lößbodens verlorengehen. Der Fluß transportiert den feinkörnigen Boden als gelbbraunen Schlamm (daher der Name), was nach Sedimentation zu Rückstau und zu großflächigen Überschwemmungen führt. Jährlich werden über 600 Mio. t Boden ins Meer geschwemmt. Auch Winderosion ist ein Problem: im Mauna Loa Observatorium (Hawaii) kann anhand der Luftproben nachvollzogen werden, wann die Bauern in China mit dem Pflügen beginnen (Brown, 1988).

Das „Huang-He-Syndrom" beschreibt damit Bodendegradationen, die durch die Aufgabe ehemals nachhaltiger Landnutzung auf Gunstböden verursacht werden. Die nachhaltigen traditionellen Methoden der Landwirtschaft basieren auf einem hohen Personalaufwand. Arbeitsintensive, kleinräumige Pflegemaßnahmen, wie z.B. die Erhaltung terrassierter Hänge oder Maßnahmen gegen Winderosion (Hecken, möglichst dauerhaft geschlossene Vegetationsdecke durch geeignete Fruchtfolgen etc.) werden bei veränderten wirtschaftlichen Rahmenbedingungen zunehmend unrentabel. Sobald die Schutz- und Erhaltungsmaßnahmen vernachlässigt werden, verstärkt sich die Bodenerosion. Ein Ersatz der menschlichen Arbeitskraft durch Mechanisierung der Landwirtschaft erfordert hohen Kapitaleinsatz und stößt häufig aufgrund topographischer Gegebenheiten an Grenzen.

Abbildung 33: Syndromspezifisches Beziehungsgeflecht: Huang-He-Syndrom

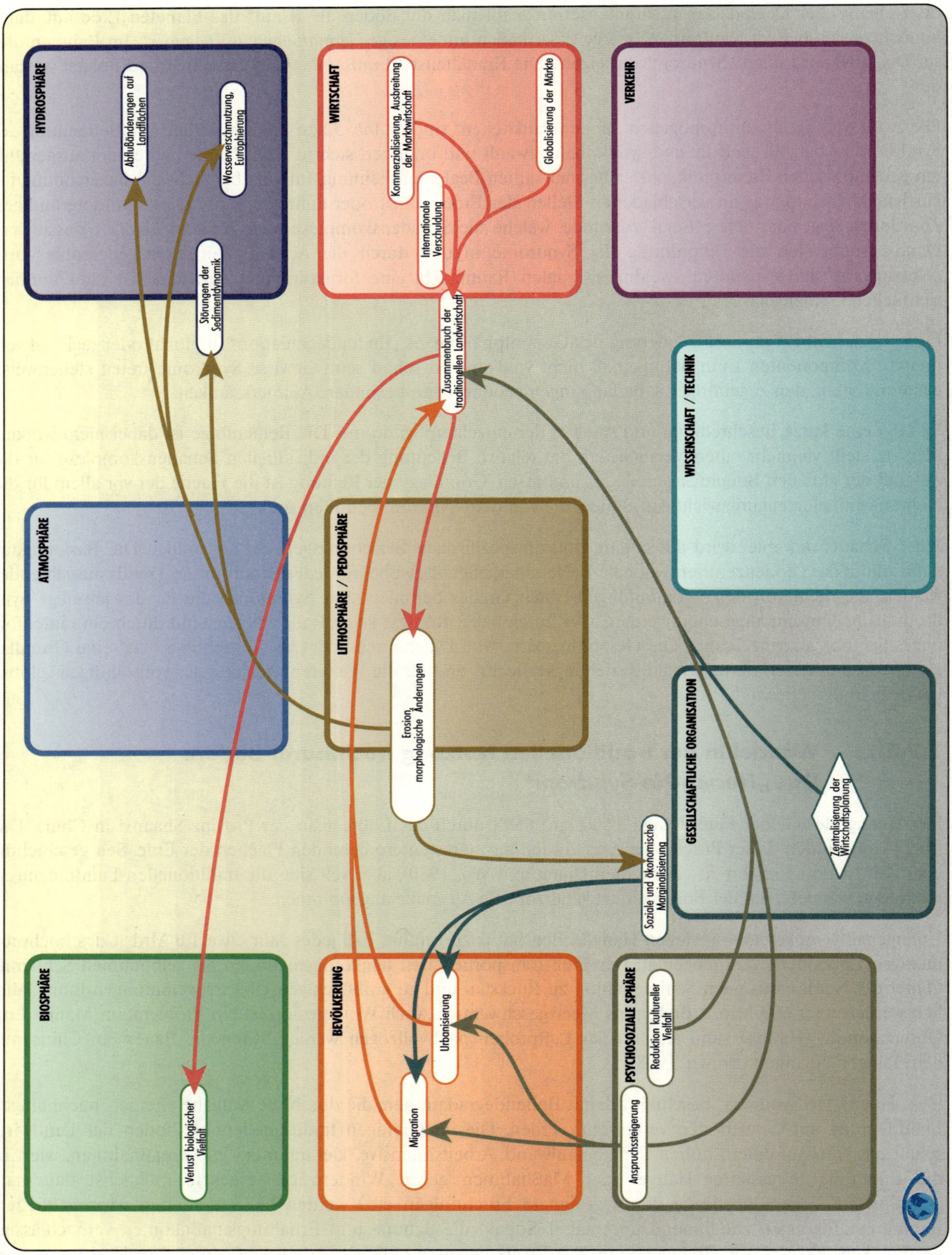

D 1.3.3 Hauptsyndrome der Bodendegradation

Neben der Huang-He-Region in China finden sich weitere durch dieses Syndrom betroffene Gebiete unter anderem auf den Philippinen (Banaue), in Indonesien und auf fruchtbaren Vulkanböden im Bereich des ostafrikanischen Grabens.

Der Wandel der Landnutzung wird durch verschiedene, teilweise auch gleichzeitig wirkende Faktoren vorangetrieben. Die *finanzielle Belastung der Landnutzer* durch Mehrwertabschöpfung (Kapitalabfluß aus den betroffenen Regionen durch Steuern und Pacht an ortsfremde Eigentümer) ist eine Ursache. Mit der Öffnung der Subsistenzwirtschaft zum Weltmarkt lassen sich oft typische Abläufe beobachten: Zum einen passen sich die lokalen Erzeugerpreise an die niedrigen Weltmarktpreise an, wodurch dann die Rentabilität des arbeitsaufwendigen Landmanagements nicht mehr gegeben ist. Zum anderen wird durch den Übergang zu ertragsunabhängigen Steuern und Pachtzahlungen das Produktions- und Marktrisiko auf die Landnutzer abgewälzt. Durch Akkumulation von Schulden aus ertragsschwachen Jahren kann der Landnutzer in einen „Teufelskreis" von Verschuldung und Eigentumsverlust geraten und letztlich die Kontrolle über seine Produktion verlieren. Die Folge ist die Zentralisierung und Kommerzialisierung des Landeigentums. Diese Entwicklungen können schließlich dazu führen, daß multinationale Agrokonzerne zunehmend Einfluß auf das Saatgut- und Düngemittelangebot, die Maschinenausstattung sowie die Verarbeitung und das Marketing gewinnen. Damit werden die traditionellen Landnutzungsformen endgültig abgelöst. Hier ist zugleich der Übergang zum „Dust Bowl-Syndrom" möglich: auf Gunstböden werden infolge dieser Entwicklung mit hohem Kapitaleinsatz *Cash Crops* für den Export produziert. Die Landbevölkerung wird auf marginale Böden abgedrängt, oft mit massiven Bodendegradationsfolgen („Sahel-Syndrom").

Durch die Notwendigkeit, eine größere Anzahl von Menschen zu ernähren, steigt der *Landnutzungsdruck*. Dies kann dazu führen, daß die traditionelle Risikominimierungsstrategie durch eine Ertragsmaximierungsstrategie abgelöst wird. Gleichzeitig gehen traditionelle gesellschaftliche Strukturen verloren. Damit wächst der Zwang, riskante und bodenschädigende, aber kurzfristig produktivere Methoden einzuführen.

Die negativen Einflüsse *zentral gesteuerter Landwirtschaftspolitik* lassen sich eindrucksvoll am Beispiel Chinas nachzeichnen. Eine wesentliche Ursache der Bodendegradation ist die diskontinuierliche Planung der Politik. Dies führte zunächst durch die Vernachlässigung der Landwirtschaft zu Hungersnöten dramatischen Ausmaßes mit mehr als 30 Mio. Opfern zwischen 1959 – 1961. Die daraufhin einsetzende Förderung von Getreidemonokulturen verursachte dann massive Erosion, die wiederum die dauerhafte Nahrungsbasis des Landes gefährdet. Erst in jüngerer Zeit werden adäquate Bodenschutzmaßnahmen propagiert (z.B. „Große Grüne Mauer", chinesisches Aufforstungs- und Bodenschutzprogramm).

Die genannten Ursachen der Bodendegradation können letztendlich in einen „Teufelskreis" führen: Die Vernachlässigung des Ressourcenschutzes führt zur Landdegradation (vor allem Erosion), was über Ertragseinbußen die Marginalisierung und Verarmung (vor allem Mangel an Kapital und Ressourcen) der Landbevölkerung verstärkt. Durch die Marginalisierung kommt es zu unangepaßter Nutzung, wenn die Landnutzer gezwungen sind, die traditionelle, nachhaltige Nutzung aufzugeben. Hinzu kommt, daß die Aufrechterhaltung des arbeitsintensiven Landmanagements (wie z.B. Terrassierung und aufwendige Bewässerungen) zunehmend behindert wird durch mangelhafte Organisation (Zusammenbruch der lokalen Strukturen) und Kapitalmangel, aber auch durch Arbeitskräftemangel, da sich – bedingt durch Marginalisierung und Sogwirkung der urbanen Zentren – die Landflucht verstärkt.

Wesentliche Auswirkungen des Syndroms betreffen die Hydrosphäre, da durch Erosion abgeschwemmter Boden in Flußläufen, Staubecken und auch im Meer erhebliche Schäden verursachen kann (Verschlammung, Überschwemmung, Eutrophierung der anliegenden Küstengewässer). Der Druck richtet sich auch auf die Biosphäre, denn großflächige Veränderungen in der Landnutzung stören das ökologische Gleichgewicht und führen zur Reduzierung der biologischen Vielfalt. Beispiele für atmosphärische Auswirkungen sind die vermehrte Emission von Treibhausgasen aus intensivierter Produktion (z.B. Methan aus Reisanbau) und der mögliche regionale Klimawandel.

Potentielle Abhilfemaßnahmen und Hinweise

Zum Schutz der Gunstböden vor Wind- und Wassererosion steht eine Vielzahl von Optionen zur Verfügung, insbesondere die

- Wiedereinführung der angepaßten Ressourcenschutzmaßnahmen (z.B. Terassierungen, Anpflanzung von Hecken, standortgerechte Bodenbearbeitung),
- möglichst ganzjährige Bodenbepflanzung bzw. -bedeckung, zumindest aber nach der Ernte und während der Jahresabschnitte mit hohem Erosionspotential durch Niederschläge und Stürme.

Solche degradationsmildernden Maßnahmen müssen allerdings durch eine entsprechende Agrarpolitik gefördert werden. Überdies können durch die Zuweisung von Handlungs- und Verfügungsrechten spezifische Anreize zum verantwortlichen Landbau geschaffen werden.

Ergänzende Literatur:*

Blaikie, P. and Brookfield, H. (1987): Land Degradation and Society. London, New York: Methuen.
Dixon, C. (1990): Rural Development in the Third World. London, New York: Routledge.
FAO – Food and Agriculture Organization of the United Nations (1992): Protect and Produce. Rom: FAO.
Johnston, B.F. und Kilby, P. (1975): Agriculture and Structural Transformation. Economic Strategies in Late-Developing Countries. New York, London, Toronto: Oxford University Press.
Stone, B. (1993): Basic Agricultural Technology Under Reform. In: Kueh, Y.Y. und Ash, R.F. (Hrsg.): The Impact of Post-Mao Reforms. New York, Oxford: Oxford University Press, 311-359.
Wang, Y.Y. and Zhang, Z.H. (Hrsg.) (1980): Loess in China. Xi'an: Shaanxi Peoples Art Publishing House.
Zhao, D. and Seip, H.M. (1991): Assessing Effects of Acid Deposition in Southwestern China Using the MAGIC Model. Water Air and Soil Pollution 60, 897.

1.3.3.2 Bodendegradation durch industrielle Landwirtschaft: Das „Dust-Bowl-Syndrom"

Das Zusammenwirken umweltzerstörerischer Landwirtschaftspraktiken mit der historischen Dürre der 30er Jahre verwandelte den Weizengürtel im Westen und Südwesten der USA in die sogenannte „Dust Bowl" – eine von Staubstürmen durchzogene, trockene Landschaft. „Schwarze Blizzards" fegten die nährstoffreiche Bodenkrume der Region fort – z.B. der Sturm vom 9. Mai 1934, der von Montana und Wyoming über Dakota ca. 350 Mio. t Staub in Richtung Ostküste transportierte (Kellogg, 1935). Unter dem Eindruck ebensolcher „Dust-Bowl"-Ereignisse wurde die erste weltweite Bewegung zur Erhaltung der Bodenressourcen der Erde geboren: Ausgangspunkt war dabei der 1933 von Präsident Roosevelt gegründete *US Soil Conservation Service*.

Unter dem Namen „Dust-Bowl-Syndrom" werden hier die durch die industrielle Landwirtschaft hervorgerufenen Degradationserscheinungen zusammengefaßt. Diese moderne Form der Landwirtschaft zeichnet sich vor allem dadurch aus, daß sie auf den verfügbaren Flächen den größtmöglichen kurzfristigen Gewinn zu erzielen sucht. Als Symptome dieses Syndroms lassen sich Erosion und Bodenverdichtung sowie die Kontamination von Luft und Wasser ausmachen. Kennzeichnend ist zum einen die Minimierung des menschlichen Arbeitsaufwandes durch Einsatz einer Palette von Maschinen in großräumig „bereinigten" Fluren und in „Tierfabriken". Ertrag und Leistung werden zu maximieren versucht durch

- Monokultivierung leistungsfähiger Pflanzensorten,
- Massentierhaltung,
- hohe Gaben von Pestiziden und Medikamenten,
- intensiven Dünge- und Futtermitteleinsatz,
- intensive Bewässerung.

---

* In den Syndromkapiteln wird jeweils am Ende ergänzende, nicht im Text zitierte Literatur genannt. Weitere Literatur zu den Syndromen, die im Text auch an anderer Stelle zitiert wird, ist im Gesamtliteraturverzeichnis aufgeführt.

D 1.3.3 Hauptsyndrome der Bodendegradation

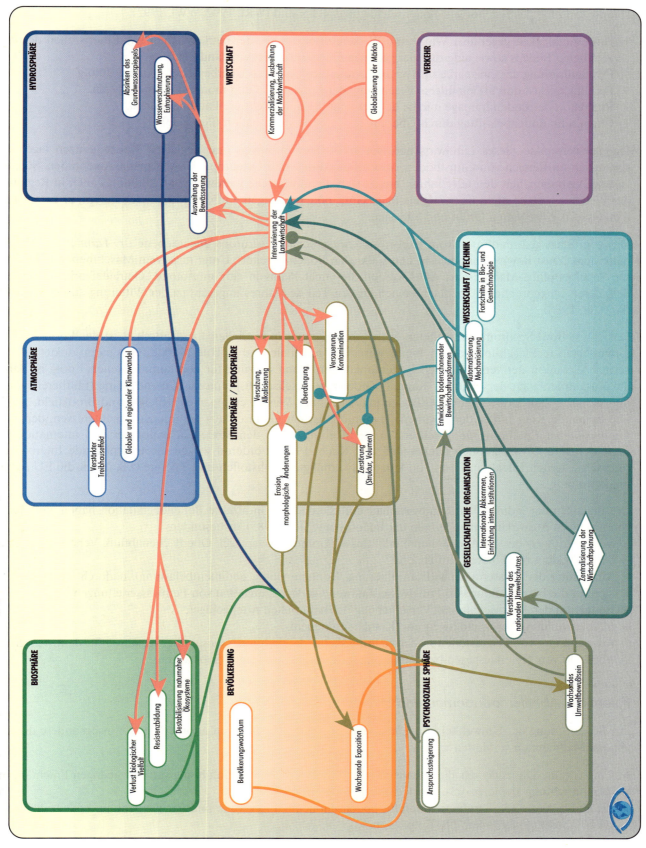

Abbildung 34: Syndromspezifisches Beziehungsgeflecht: Dust-Bowl-Syndrom

Hauptsymptome des zugehörigen Bodenschädigungsbildes sind (WRI, 1992; WWI, 1992):

- Hohe Anfälligkeit gegenüber Wind- und Wassererosion infolge der beträchtlichen Expositionszeiten des umgepflügten Bodens sowie aufgrund der geringen Gliederung der Agrarlandschaft.
- Destabilisierung der Grasnarbe und nachfolgende Erosion durch Überbesatz und Überweidung.
- Fertilitätsverlust durch Tiefpflügen, Beseitigung der Ernteabfälle und monotone Fruchtfolgen.
- Reduktion der Bodendrainage infolge der Verdichtung durch schwere Landmaschinen.
- Chemische Bodenbelastung durch Überdüngung und Kontamination (Pestizide).

Die Schwerpunkte dieses Landwirtschaftstyps mit seinen positiven und negativen Konsequenzen lagen ursprünglich im Bereich von Gunstböden, also z.B. in Mittel- und Osteuropa, USA, Kanada, Argentinien, Südafrika und Australien. Seit den 60er Jahren breitet sich die industrielle Landwirtschaft allerdings auch in Regionen der Welt aus, welche nicht über vergleichbare Gunstböden verfügen – in den Mittelmeerländern, in Lateinamerika, Ostafrika, im Nahen Osten und Südasien.

Das vom Staat geförderte und vom Export ins kriegsgeschädigte Europa angetriebene *Dry Farming Programme* hatte dem „Dust-Bowl"-Phänomen in den USA „den Boden bereitet": Unter massivem Maschineneinsatz (Traktor, Scheibenpflug, Mähdrescher usw.) wurden die Great Plains in eine monotone „Getreidefabrik" umgewandelt, deren umgebrochene Oberfläche einen großen Teil des Jahres ungeschützt der Witterung ausgesetzt blieb (Worster, 1988).

Das „Dust Bowl-Syndrom" im weiteren Sinne als Folge der industriellen Landwirtschaft ist das Resultat eines fortgesetzten technisch-innovativen Wettbewerbs um regionale und globale Märkte für Agrarprodukte bei verzerrter Allokation der verschiedenen Bodenfunktionen. Voraussetzung für den kommerziellen Erfolg ist dabei das Zusammenfallen der Faktoren Kapital, Know-how, gesellschaftspolitische Unterstützung (Flurbereinigung) und günstige Standortbedingungen (Bodenqualität, Klima, Wasserverfügbarkeit) (Blaikie und Brookfield, 1987). Die treibende Kraft hinter der „Grünen Revolution" ist ein Gemisch aus kommerziellen Interessen, der Notwendigkeit der Ernährung der wachsenden Bevölkerung sowie den Strategien nationaler und internationaler Behörden und Organisationen (Herkendell und Koch, 1991). Fördernd wirken die ungenügende Internalisierung der externen Effekte in Form von künstlich verbilligten Rohstoffen und Energie (z.B. durch die EU-Agrarmarktordnung).

Die Praktiken der industriellen Landwirtschaft und die dadurch induzierte Bodendegradation haben eine Reihe von negativen Auswirkungen außerhalb der Pedosphäre (SRU, 1985), insbesondere
- Veränderungen der hydrologischen Verhältnisse (Grundwasserspiegel, Oberflächenabfluß, Versickerung etc.).
- Verschlickung von Flüssen und Häfen.
- Minderung der Wasserqualität (Eutrophierung, Kontamination, Sedimentbelastung), dadurch steigende Kosten für die Bereitstellung von Trinkwasser (aufwendige Reinigung, Bau von Fernwasserleitungen).
- Reduktion der Artenvielfalt bzw. Verschiebung des natürlichen Artengefüges.
- Resistenzbildung bei Schädlingen und Krankheitserregern.
- Anreicherung von Schadstoffen in der Nahrungskette, dadurch auch Gesundheitsgefahren für den Menschen.
- Emission von Treibhausgasen bzw. atmosphärenchemisch wirksamen Substanzen.

Potentielle Abhilfemaßnahmen und Hinweise

Zur Beherrschung der Umweltbelastungen sind längerfristige Perspektiven erforderlich, die insbesondere die folgenden Maßnahmen verbinden sollten:

- Eine erhöhte Diversität, d.h. die Abkehr von Monokulturen und die Einführung von vielgliedrigen Fruchtfolgen,
- die Einrichtung kleinerer Ackerschläge,
- die Entwicklung von Landmaschinen für bodenschonenden Ackerbau und der Verzicht auf bodenschädigende Bearbeitungsmethoden, z.B. Tiefpflügen,
- die Reduzierung des hohen Stickstoffeinsatzes,
- die Einführung biologischer Methoden für Düngung und Pflanzenschutz,
- die Durchsetzung eines Raumplanungsrechts sowie von Flächennutzungsplänen.

Zu erwägen – und bereits mehrfach vorgeschlagen – ist die Einführung einer Stickstoffabgabe. Durch Erziehung und Aufklärung, die in der Schule beginnen muß, ist vernetztes Denken und Planen zu fördern, das die vielfältigen Wechselwirkungen zwischen Bodenbearbeitung und Auswirkung auf andere Elemente des Systems rechtzeitig erkennen läßt. Dadurch sind Langzeitfolgen zu vermeiden bzw. zu vermindern.

Ergänzende Literatur:

Crosson, P. (1990): Agricultural Development – Looking to the Future. In: Turner II, B.L. et al. (Hrsg.): The Earth as Transformed by Human Action. Cambridge, New York: Cambridge University Press.
OECD (1991): Umwelt – global: 3. Bericht zur Umweltsituation. Bonn: Economica.
Mellor, J.M. (1986): Agriculture on the Road to Industrialization. In: Eicher, C.K. und Staatz, J.M. (Hrsg.) (1990): Agricultural Development in the Third World. Baltimore, London: Johns Hopkins, 70-88.
Priebe, H. (1985): Die subventionierte Unvernunft. Berlin: Siedler.

1.3.3.3 Überbeanspruchung marginaler Standorte: Das „Sahel-Syndrom"

Eine andere in weiten Bereichen identifizierbare Art der Bodendegradation, das „Sahel-Syndrom", zeigt sich typischerweise bei der landwirtschaftlichen Inanspruchnahme marginaler Standorte. Das Syndrom umfaßt die Überweidung und Übernutzung arider und semiarider Grasländer und die Erschließung steiler, strukturschwacher, erosionsanfälliger Böden.

Im Sahel gehen seit der großen Dürre in den 70er Jahren jedes Jahr etwa 1,5 Mio. ha landwirtschaftlich nutzbarer Fläche durch Bodenerosion und Degradation verloren (Hahn, 1991). Inzwischen sind bereits ca. 90% des Weidelandes und 80% des unbewässerten Ackerlandes von zumindest schwacher Desertifikation betroffen. Die Brennpunkte der Übernutzung marginaler Standorte liegen neben der Sahelzone im Maghreb, in Ostafrika, Westarabien, Teilen Ost- und Zentralasiens, Indien, Mexiko, Mittelamerika und Teilen Ostbrasiliens. In all diesen Regionen führen analoge Ursachenkomplexe zu strukturell ähnlich gelagerten Bodenkrankheitsbildern vom Typ „Sahel-Syndrom".

Das „Sahel-Syndrom" beschreibt die Zerstörung der natürlichen Ressourcen durch unangepaßten Feldbau, Überweidung und Feuer (ausführlich hierzu Kap. D 2.1). Daraus resultiert eine verminderte Produktivität und besondere Anfälligkeit des Naturraumes. Zusammen mit den oftmals stark fluktuierenden jährlichen Niederschlägen in ariden Gebieten führt dies zu einer (raum-zeitlich variablen) Degradation von Steppen oder Savannen hin zu wüstenähnlichen Landschaften. Die Symptome dieser Desertifikation sind:

- Degradation der Pflanzendecke, Rückgang der Biomasseproduktion in der Primärvegetation als auch in der landwirtschaftlichen Vegetation.
- Veränderungen im Wasserhaushalt (Bodenwasser, Grundwasser, Verdunstung, Oberflächenabfluß).
- Veränderte morphologische Prozesse wie verstärkte Wind- und Wassererosion und Reaktivierung von Dünenwanderungen und Dünenneubildung.
- Degradation der Böden (Aridifizierung, verminderte Bodenfruchtbarkeit, Bodenverkrustung, -versalzung und -alkalinisierung, Bodenstrukturzerstörung).

Als eine Hauptursache ist die *Landnutzungsänderung,* von Subsistenzlandwirtschaft hin zu kapitalintensivem Monokulturanbau von Cash Crops anzusehen (siehe auch „Dust-Bowl-Syndrom" und „Aralsee-Syndrom"). Dadurch ist die ländliche Bevölkerung verstärkt gezwungen, auf marginale Standorte auszuweichen. In Verbindung mit dem Bevölkerungswachstum führt das zu einer Ausdehnung der landwirtschaftlich genutzten Flächen und zur Intensivierung der Nutzung. Hinzu kommt die Brennholznutzung bei immer knapper werdenden Holzvorräten.

Der Einfluß westlicher Kulturen durch die Kolonialisierung und später durch die modernen Medien hat eine Reihe *sozialer bzw. kultureller Veränderungen* in den betroffenen Regionen angestoßen: die Konsumbedürfnisse veränderten sich, die Monetarisierung der vormals auf Tausch und gegenseitige Hilfeleistung ausgerichteten wirtschaftlichen Beziehungen führt zu einer Entfremdung von den natürlichen Lebensgrundlagen. Traditionelle Formen des Zusammenlebens in Stämmen, Clans und Dörfern haben einer zunehmenden Individualisierung Platz gemacht. Eine der Folgen ist der Verlust traditionellen Wissens um angepaßte landwirtschaftliche Praktiken mit der entsprechenden Veränderung der traditionellen Landwirtschaft.

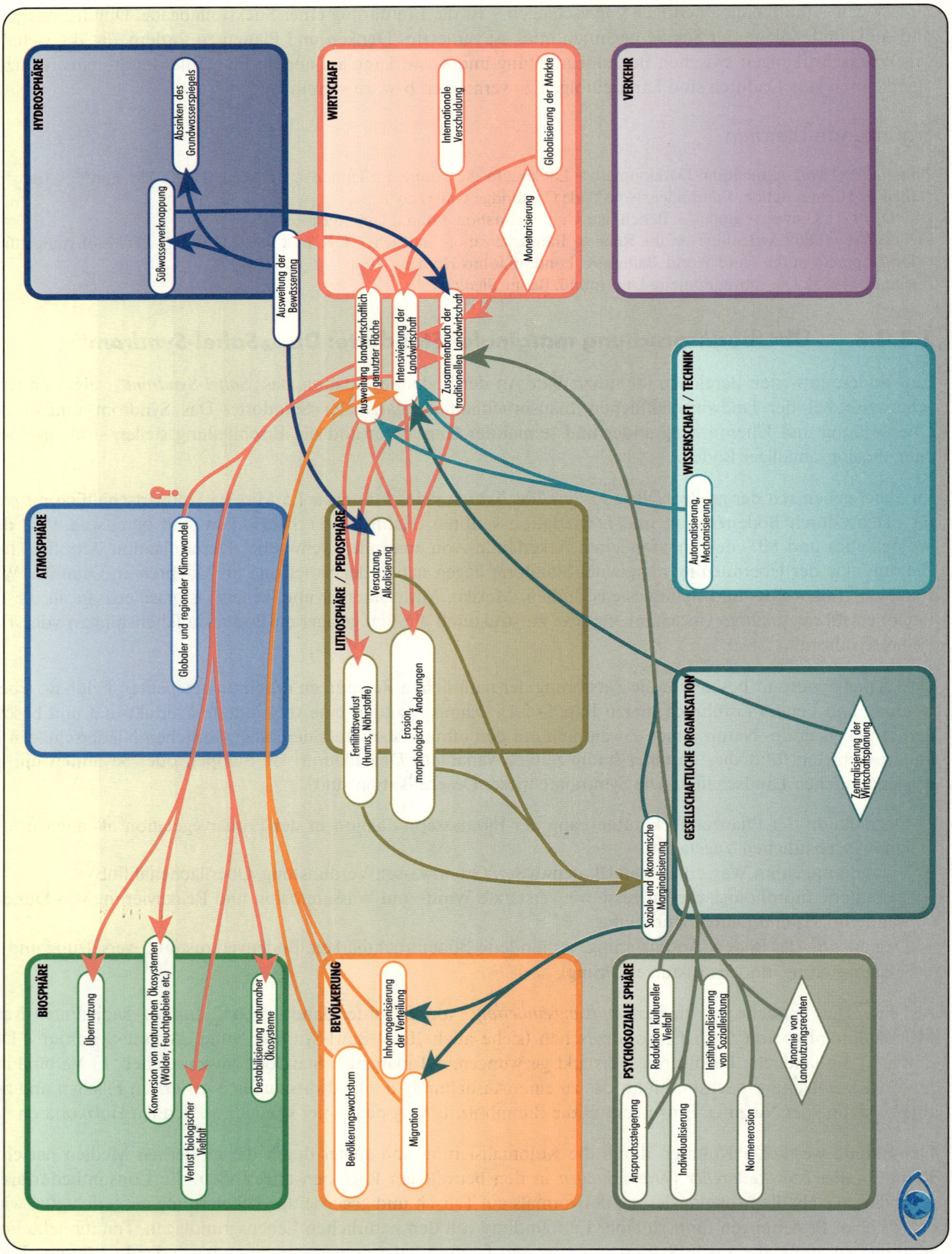

Abbildung 35: Syndromspezifisches Beziehungsgeflecht: Sahel-Syndrom

Innenpolitisch werden diese Effekte vor allem durch die Förderung moderner Intensivlandwirtschaft, durch zentralistische Strukturen ohne ausreichende Partizipationsmöglichkeit der ländlichen Bevölkerung und durch Bürokratismus verstärkt. Hinzu kommt die tendenzielle Geringschätzung der traditionellen Lebensweise, die oft in Repression mündet (z.B. Seßhaftmachung von Nomaden).

Außenwirtschaftliche Zwänge ergeben sich durch verschlechterte *terms of trade* auf dem Weltmarkt. Die traditionellen Exportprodukte dieser Länder sind zumeist Rohstoffe, deren Preise immer weiter gesunken sind. In Verbindung mit ihrer hohen internationalen Verschuldung sind die betroffenen Länder zunehmend gezwungen, zusätzliche Devisen durch den Anbau von *Cash Crops* zu erwirtschaften.

Fehlkonzipierte Entwicklungshilfe, die der überhasteten Modernisierung der (land)wirtschaftlichen Strukturen oft den Vorrang vor lokalen, angepaßten, kleinskaligen Projekten gab und die Bedürfnisse und Traditionen der lokalen Bevölkerung nur ungenügend berücksichtigte, hat zumindest in der Vergangenheit ebenfalls zum Problem beigetragen.

Auswirkungen hat das „Sahel-Syndrom" auf die Hydrosphäre, wo es zu Süßwasserverknappung und zum Absinken der Grundwasserspiegel kommt. Die Biosphäre ist durch die Konversion naturnaher Flächen (siehe auch „Sarawak-Syndrom") und durch die Intensivierung der Nutzung betroffen, beides führt zum Verlust biologischer Vielfalt. Im Gefolge von großflächiger Änderung der Vegetation können lokale oder regionale Klimaveränderungen auftreten. Auch in der Anthroposphäre hat die Bodendegradation erhebliche Auswirkungen. Der Verlust an Kulturfläche führt unter anderem zu Verarmung, Mangelernährung und Hunger, zu Migration und weiterer Intensivierung und Ausweitung der Landwirtschaft.

Potentielle Abhilfemaßnahmen und Hinweise

Die Übernutzung marginaler Standorte kann nur durch ein Bündel lokaler Maßnahmen, nationaler politischer Entscheidungen und internationaler Vereinbarungen gemindert werden:

- Angepaßte Intensivierung der Landwirtschaft zur Verbesserung der Nahrungsmittelversorgung, unter Nutzung nachhaltiger Anbaumethoden (geeignete Fruchtfolgen, Bodenschutzmaßnahmen)
- Entwicklung von alternativen Einkommensquellen für die ländliche Bevölkerung
- Schutz regionaler Märkte vor subventionierten Agrarimporten, z.B. aus der EU
- Aufstellung von Landesentwicklungsplänen
- gezielte (partielle) Entschuldung der betroffenen Länder

Den Ländern, in denen auf marginalen Standorten auch nach Einführung bodenschonender und ertragssteigernder landwirtschaftlicher Praktiken die Ernährungsbasis nicht gesichert ist, muß Hilfe von außen gewährt werden. Dabei ist der Mitteleinsatz besser zu koordinieren und zu überwachen. Die Hilfe ist in Abstimmung mit der Regierung und der lokalen Bevölkerung besonders in die Erziehung, die Entwicklung angepaßter Technik, in Familienplanung und in den Aufbau von lokalen Märkten zu lenken.

Ergänzende Literatur:

Achtnich, W. (1984): Angepaßte Formen der Landnutzung im Sahel. Entwicklung und Ländlicher Raum, 18(6), 10 – 14.
Ibrahim, F. (1983): Sahel: Der Kampf gegen die Ausbreitung der Wüste. Entwicklung und Zusammenarbeit, 10/83, 26 – 29.
Lachenmann, G. (1992): „Grüner Wall gegen die Wüste" oder ökologischer Diskurs im Sahel. In: Glaeser, B. und Teherani-Krönner, P. (Hrsg.): Humanökologie und Kulturökologie. Grundlagen, Ansätze, Praxis. Opladen: Westdeutscher Verlag, 329 – 356.
Mensching, H. (1990): Desertifikation: Ein weltweites Problem der ökologischen Verwüstung in den Trockengebieten der Erde. Darmstadt: Wissenschaftliche Buchgesellschaft.
Osman, M. (1992): Ausbreitung der Wüsten in Afrika. In: Barbro, I. und Kappel, R. (Hrsg.): Ökologische Zerstörung in Afrika und alternative Strategien. Bremen: Lit Münster, 80 – 95.
Schiffers, H. (1971): Die Sahara und ihre Randgebiete. Band 3. Physiogeographie. München: Weltforum.

1.3.3.4 Konversion bzw. Übernutzung von Wäldern und anderer naturnaher Ökosysteme: Das „Sarawak-Syndrom"

Das „Sarawak-Syndrom" steht für die Zerstörung oder Degradation ganzer Ökosysteme (Biome) wie Wälder, Savannen oder Feuchtgebiete. So sind in Sarawak, einer 124.500 km^2 großen Provinz Malaysias auf der Insel Kalimantan (Borneo), weite Teile des einst reichlich vorhandenen Primärwaldes vernichtet, die Bedeutung der nichtnachhaltigen Holzwirtschaft als eine Haupteinnahmequelle nimmt auch heute noch weiter zu.

Zu unterscheiden ist zwischen einer *Vernichtung* des Ökosystems mit einer darauf folgenden alternativen Nutzungsform (Konversion) und einer *Übernutzung* naturnaher Ökosysteme, wenn einzelne Leistungen/Funktionen in einem Maße nachgefragt werden, welche die natürliche Regenerationsfähigkeit des Systems übersteigt.

In Form der Zerstörung von Waldökosystemen findet sich das „Sarawak-Syndrom" im tropischen Bereich z.B. auch in Amazonien und Indien; in der borealen Zone sind Kanada, die USA und Rußland betroffen. Ein besonderes Problem ist die Zerstörung von Bergwäldern in China (Tibet) und Nepal. Das „Sarawak-Syndrom" umfaßt darüber hinaus die Zerstörung und Degradation von Savannen (z.B. in Zaire und im Sudan) und Feuchtgebieten (z.B. das Donaudelta, die Guadalquivir-Mündung in Spanien, das Menderes-Tal in der Türkei).

Die Abholzung der *tropischen Wälder* führt über Nährstoffauswaschung und Bodenverdichtung zu großflächigen und meist irreversiblen Zerstörungen des Bodens (WBGU, 1993). Ein gravierendes Problem sind die Eingriffe in *Bergwälder*. So hat z.B. Tibet seit 1965 etwa 45% seiner Waldfläche verloren (dies entspricht der gesamten Waldfläche der alten Bundesländer der Bundesrepublik). Durch das steile Relief kommt es zu schnellen Abflüssen und starken Überschwemmungen im Tiefland (Beispiel Bangladesch 1991). Sieben der größten Flüsse Asiens, die etwa 47% der Weltbevölkerung mit Wasser versorgen, entspringen in Tibet. Die Eingriffe in Tibets Wasserhaushalt und die Verseuchung von Flüssen und Grundwasser haben somit zum Teil katastrophale Folgen für fast die Hälfte der Menschheit (ECO-Tibet, 1994).

Dieses Problem wird auch bei der wirtschaftlichen Nutzung der *borealen Nadelwälder* deutlich. Die russischen Wälder sind mit rund 5 Mio. km^2 etwa doppelt so groß wie das Regenwaldgebiet am Amazonas und entsprechen damit etwa der Hälfte der Landfläche Europas. Seit dem Umbruch in Rußland dürfen ausländische Firmen den borealen Nadelwald industriell nutzen. Mit Maschinen wird die Abholzung großflächig durchgeführt, wobei ein „Erntegerät" durchschnittlich 300 Bäume pro Stunde fällen kann. Diese schweren Maschinen verdichten den Boden und zerstören so den nicht nutzbaren Jungwuchs. Nur die Hälfte der Baumernte wird zur Weiterverarbeitung abtransportiert, die Restbiomasse verbleibt am Standort. Vertraglich festgelegte Aufforstungsprogramme werden in der Regel unter Inkaufnahme einer für die Firmen geringen Strafe unterlassen. Durch die fehlende Baumdecke kann der Permafrostboden auftauen, wodurch es zu Trockenheit, Grundwasserabsenkung und gesteigerten Methanemissionen kommt. Mit Abnahme der Vegetation wird auch eine der Senken für das Treibhausgas Kohlendioxid verkleinert. Das in Sibirien geerntete Holz wird beispielsweise nach Südkorea verschifft; die dort erzeugte Zellulose geht nach Japan und in andere Teile der Welt. Die Bundesrepublik Deutschland ist der weltweit zweitgrößte Verbraucher von sibirischem Holz.

Allgemeine Folge des „Sarawak-Syndroms" ist die Beeinträchtigung des Gleichgewichts zwischen Biosphäre und Pedosphäre durch Bodendegradation und die Umwandlung von Ökosystemen. Als wichtigste Auswirkungen sind die Reduzierung der biologischen Vielfalt, Erosion und großflächige Verluste der oberflächlichen, nährstoffreichen Bodenschichten sowie Änderungen des hydrologischen Kreislaufs zu nennen.

Potentielle Abhilfemaßnahmen und Hinweise

Der Beirat hat im Jahresgutachten 1993 ausführlich die Handlungsoptionen zum Schutz der natürlichen Vegetation, insbesondere der tropischen Wälder, beschrieben. In diesem Zusammenhang seien die wichtigsten nochmals hervorgehoben:

- Verabschiedung einer völkerrechtlich verbindlichen Waldkonvention,
- Verstärkung und Ausweitung der internationalen Schutzprogramme für Wälder,
- Einbeziehung nachhaltiger Forstwirtschaft in internationale Handelsabkommen,
- Durchführung von Kompensationslösungen.

D 1.3.3 Hauptsyndrome der Bodendegradation

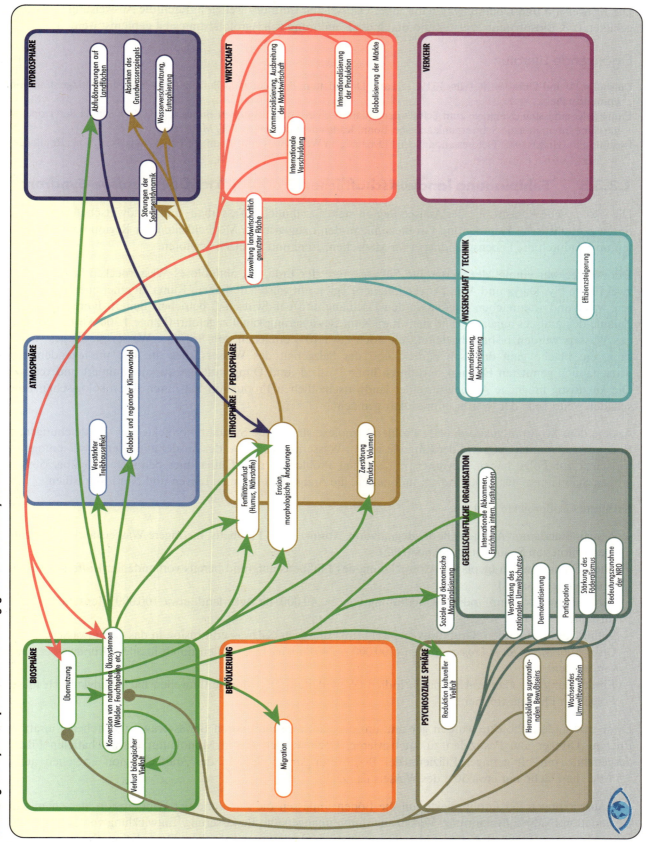

Abbildung 36: Syndromspezifisches Beziehungsgeflecht: Sarawak-Syndrom

Die Konversion und Übernutzung naturnaher Ökosysteme kann des weiteren durch die Ausweisung von Schutzgebieten (z.B. Biosphärenreservate) und durch die Einführung von Agroforststrategien gebremst werden.

Ergänzende Literatur:

Chisholm, A. and Dumslay, R. (Hrsg.) (1987): Land Degradation: Problems and Policies. New York, Cambridge: Cambridge University Press.
Enquete-Kommission „Vorsorge zum Schutz der Erdatmosphäre" des Deutschen Bundestags (1990): Schutz der Tropenwälder. Eine internationale Schwerpunktaufgabe. Bonn, Karlsruhe: Economica, C.F. Müller.
Ives und Pitt (Hrsg.): 1988. Deforestation: Social Dynamics in Watersheds and Mountain Ecosystems. New York: Routledge.

1.3.3.5 Fehlplanung landwirtschaftlicher Großprojekte: Das „Aralsee-Syndrom"

Die ökologische Katastrophe der Aralsee-Region steht für ähnliche Wasserbau- und Landwirtschaftsprojekte, die durch zentralistische Planung und Großtechnik an den ökologischen Möglichkeiten der Region vorbeiwirtschaften und dadurch die Lebensgrundlagen für Menschen, Tiere und Pflanzen zerstören.

Der Aralsee war einmal der viertgrößte Süßwassersee der Erde, ein abflußloses Wasserbecken, gespeist durch zwei Flüsse (Syr Darya und Amu Darya), in einer Region mit wüstenähnlichem Klima. In einer ehemals fruchtbaren, wald- und artenreichen Region wurden Fischfang und Landwirtschaft betrieben. Seit 30 Jahren werden die Zuläufe des Aralsees angezapft und dem Kara Kum Bewässerungskanal zugeführt (Länge 1.300 km). Zwei Drittel des Wassers wurden bisher abgeleitet, nur noch etwa 10% erreichen den See. Der Wasserspiegel des Aralsees sank, die Fläche ging drastisch zurück, und der Salzgehalt des Wassers stieg an. Die umliegenden, landwirtschaftlich genutzten Flächen sind durch hohe Pestizid- und Düngemittelgaben kontaminiert und versalzen. Die kurzfristig mögliche Ausdehnung der landwirtschaftlichen Produktion hat durch ihre ökologischen Folgeschäden weite Teile der Region unproduktiv gemacht.

Andere dem Syndrom zuzuordnende Problemkomplexe sind große Staudammprojekte bzw. Eindeichungen, die Bodendegradationen aufgrund der Eingriffe in den Wasserhaushalt bzw. der Ausdehnung der Bewässerungslandwirtschaft zur Folge haben. Regionen mit solchen Problemen sind China (hier befinden sich über 50% der großen Staudämme der Welt), Indien, Indonesien, die Arabischen Emirate, Libyen und Nordostbrasilien.

Bekannte Großprojekte sind der:

- Assuan Staudamm/Ägypten (Bodendegradation, Absinken des Flußbetts, niedrigere Wasserstände, Versalzung, Deposition von Sediment im Staubereich).
- Theri Damm/Indien (geplant) (Austrocknung des Flußbetts aufgrund bereits vorhandenen Kofferdamms zum Ableiten des Flusses).
- Sardar Sarovar Damm/Indien (Überflutung von ca. 40.000 ha Ackerland, etwa 100.000 Menschen verlieren ihr Land).
- Tamil Nadu/Südindien (Grundwasserspiegel sinkt drastisch, Salzwasserintrusion in das Grundwasser).
- *Great Man-Made River Project*/Libyen (200.000 – 240.000 ha Land sollen durch fossiles Grundwasser bewässert werden).
- Eindeichung des Ganges-Unterlaufs/Indien (Weiterleitung der Monsunflutwellen nach Bangladesch mit der Folge von Flutkatastrophen).

Diese und andere Projekte wurden geplant, um die Landwirtschaft durch Bewässerung und hohen Einsatz von Energie, Dünger und Pestiziden zu intensivieren. Dazu wurden die in Monokultur bewirtschafteten Flächen ausgedehnt, mit oft geringer Effizienz der Bewässerungsmethoden. In der Aralsee-Region erreichen auf ca. 7,5 Mio. ha Fläche nur etwa 50% des Wassers das Ziel.

Die Auswirkungen der Großprojekte auf die Böden umfassen die Zunahme der Winderosion, der chemischen Degradation (Nährstoffverarmung, Versalzung durch unangepaßte Bewässerung, Entwicklung von Salzböden auf ausgetrockneten Flußbetten und ehemaligem Seeboden), der physikalischen Degradation (Verdichtung und Strukturänderung, Versumpfung) und der Kontamination (Pestizide und Mineraldünger in Böden und Grundwasser, Verfrachtung belasteter Stäube auf umliegende und entferntere Flächen). Die Auswirkungen auf die At-

D 1.3.3 Hauptsyndrome der Bodendegradation

Abbildung 37: Syndromspezifisches Beziehungsgeflecht: Aralsee-Syndrom

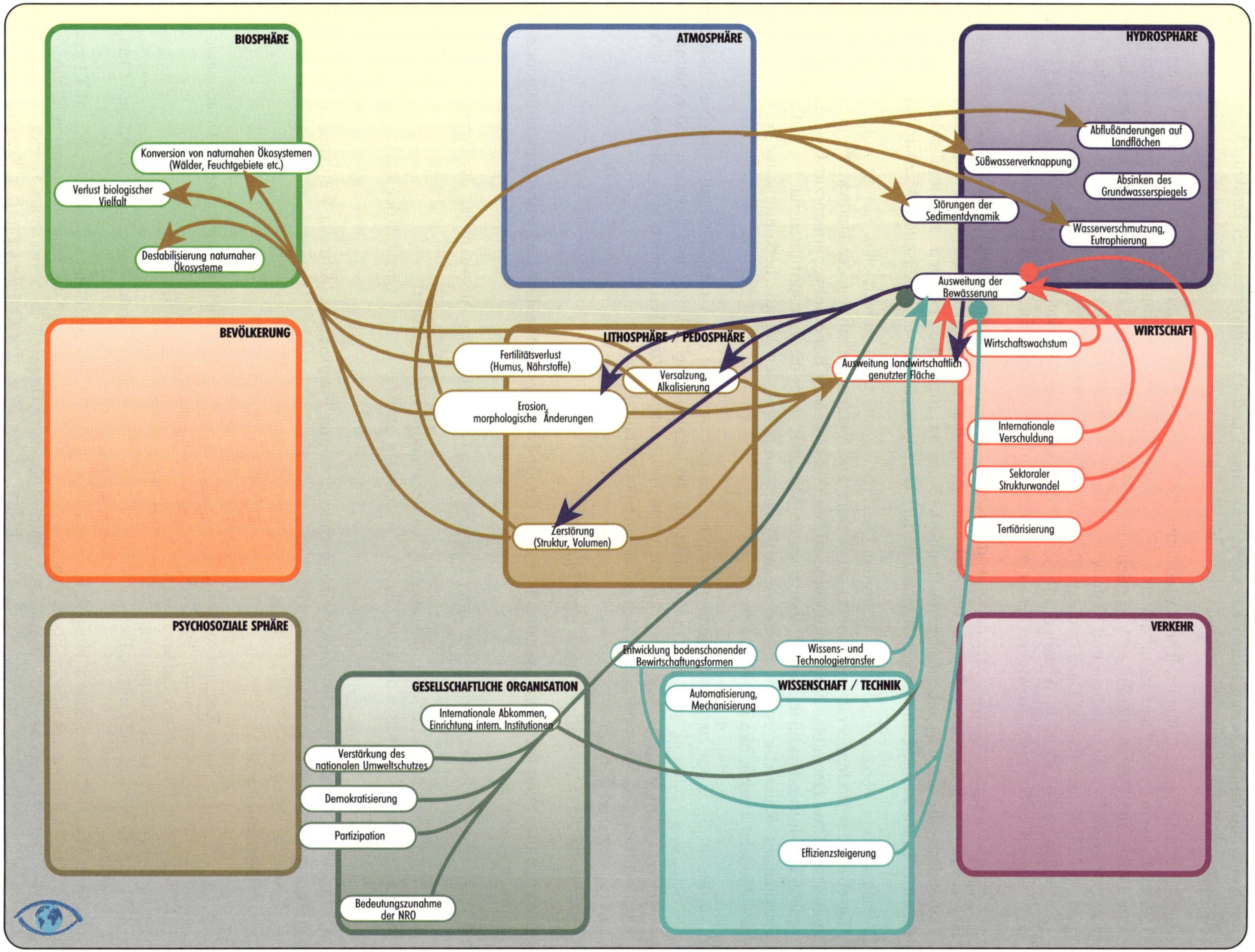

mosphäre äußern sich in regionalen Klimaverschiebungen und Veränderungen der Luftfeuchte, der Anzahl der Regentage und der Sturmhäufigkeit.

Auf den Wasserhaushalt üben solche Projekte unmittelbar großen Einfluß aus. Im Aralsee fiel der Wasserstand um 16,5 m und seine Oberfläche nahm um etwa 45% ab. Die großen Staudammprojekte mit ihren Bewässerungssystemen führen zu einer großräumigen Verschiebung des Abflußregimes sowie zu starken Veränderungen des Grundwasserspiegels. Die Oberflächen- und Grundwässer werden kontaminiert. Direkte Auswirkungen haben die Projekte auch auf Flora und Fauna. Dazu gehören die Umwandlung natürlicher Vegetation in Kulturflächen (und unter Umständen anschließend in Wüste), die Rodung bzw. Überflutung von Wäldern und das Artensterben (173 Arten der Aralsee-Region gelten inzwischen als ausgestorben, darunter alle einheimischen Fischarten).

Die Bevölkerung ist durch Kontamination von Nahrung und Trinkwasser und damit durch ein erhöhtes Gesundheitsrisiko betroffen (Aralsee-Region: die Krebsrate soll fünffach höher sein als in der übrigen Sowjetunion, die Hepatitisrate ist um das siebenfache, die Typhusrate um das fünffache gestiegen, die Sterblichkeit aufgrund infektiöser Erkrankungen ist ebenfalls fünffach höher). Daraus ergibt sich ein wachsender Migrationsdruck.

Wirtschaft und Verkehr sind direkt betroffen. Die Produktivität der Landwirtschaft nimmt zunächst zu, um bei Einsetzen der Bodendegradation wieder zu sinken. Die Weiterverarbeitung der landwirtschaftlichen Produkte nimmt ab. Produktqualität und Exportquote sinken. Meist werden hohe Subventionen zur Gegensteuerung eingesetzt und lokale Produkte durch Importe ersetzt. Mittelbar steigt die Transportintensität bei sinkender Gewinnmöglichkeit. Kulturelle und politische Auswirkungen umfassen den Verlust herkömmlicher Wirtschaftsformen sowie lokaler Traditionen und Kulturen.

Die diesem Syndrom zugrundeliegenden Trends sind insbesondere die Vernachlässigung von Nachhaltigkeitskriterien, eine zentrale Planung ohne Rücksicht auf die lokalen Möglichkeiten und Grenzen und Kommunikationsmängel zwischen den beteiligten Regionen und Institutionen. Zum Teil spielen auch die gezielte kulturelle Überformung und eine zentralistische Bevölkerungspolitik eine Rolle.

Potentielle Abhilfemaßnahmen und Hinweise

Um zukünftig Fehlplanungen landwirtschaftlicher Großprojekte zu vermeiden, sind insbesondere folgende Maßnahmen zu erwägen:

- Umweltverträglichkeitsprüfungen unter Einbeziehung der langfristigen Auswirkungen der Projekte auf Bodendegradation und biologische Vielfalt,
- Einbeziehung der betroffenen Bevölkerung bei der Planung (Partizipation),
- Wassersparende Bewässerungstechniken in Anpassung an Menge und Qualität der nachhaltig verfügbaren Wassermengen.

Die generelle Abkehr von Großprojekten, einschließlich ihrer Finanzierung (Adressat Weltbank), sollte ernsthaft diskutiert werden.

Ergänzende Literatur:

Bush, K. (1974): The Soviet Response to Environmental Disruption. In: Volgyes, I. (Hrsg.): Environmental Deterioration in the Soviet Union and Eastern Europe. New York: Präger.
Ellis, W.S. (1990): The Aral: A Soviet Sea Lies Dying. National Geographic (2), 73 – 92.
Frederick, K. D. (1991): The Disappearing Aral Sea. Resources (102), 11 – 14.
Gleick, P. (1992): Water and Conflict. Toronto: International Security Studies Program. Project on Environmental Change and Acute Conflict.
Goldman, M.I. (1972): The Spoils of Progress: Environmental Pollution in the Soviet Union. Cambridge, Ma.: MIT Press.
Gore, A. (1991): Earth in the Balance. Ecology and the Human Spirit. Boston, New York, London: Houghton Mifflin.
Micklin, P.P. (1988): Desiccation of the Aral Sea. A Water Management Disaster in the Soviet Union. Science 241, 1170 – 1176.
Micklin, P.P. (1991): The Water Management Crisis in Soviet Central Asia. The Carl Beck Papers in Russian and East European Studies (905), 122.
Pearce, F. (1994): Neighbours Sign Deal to Save Aral Sea. New Scientist 141 (1909), 10.
Postel, S. (1993): Die letzte Oase. Der Kampf um das Wasser. Frankfurt a.M.: S. Fischer.

1.3.3.6 Ferntransport von Nähr- und Schadstoffen: Das „Saurer-Regen-Syndrom"

Die durch ferntransportierte Schad- und Nährstoffe hervorgerufene Bodendegradation wird als *„Saurer-Regen-Syndrom"* bezeichnet. Der Ferntransport erfolgt vor allem über den atmosphärischen Pfad sowie über Fließgewässer.

In Abhängigkeit von stoffspezifischer Abbaubarkeit bzw. Nichtabbaubarkeit (Persistenz) werden Emissionen in die Luft und in das Wasser lokal, regional und global verteilt und in der Umwelt angereichert (zu lokalen Wirkungen vergleiche „Bitterfeld-Syndrom"). Regionen im Einwirkungsbereich urbaner Zentren sind am stärksten betroffen; in geringerem Umfang wird der ganze Globus erreicht, auch die entlegensten „Reinluftgebiete". Ein Beispiel dafür sind Unfälle in kerntechnischen Anlagen, wo es, wie die Katastrophe von Tschernobyl zeigte, auch in entfernten Gebieten zum Eintrag radioaktiver Stoffe *(fallout)* mit radiologisch relevanten Dosen kommt.

Das Syndrom wird am Symptom der Bodenversauerung deutlich. Säuren und Säurebildner bewirken im Boden Nährstoffverluste durch verstärkte Auswaschprozesse und die Freisetzung von ökotoxisch wirkenden Stoffen. Die Zufuhr der säurebildenden Nährstoffe Ammonium und Nitrat trägt zudem zur Eutrophierung durch ein Stickstoffüberangebot bei. Eine Reihe von Schwermetallen und organischen Industriechemikalien wirkt ebenfalls ökotoxisch, allerdings ist ihre spezifische Wirkungsweise häufig nicht bekannt (Howells, 1990).

Die Bodenversauerung betrifft heute vor allem weite Bereiche Europas, Nordamerikas und Nord- und Südchinas (Schwartz, 1989; Zhao und Seip, 1991). Besonders neuralgische Böden sind jene mit geringer Pufferkapazität. Regionen mit robusten Böden oder hohem Mineralstaubanteil sind weniger gefährdet (letztere liegen vor allem im Windschatten von Trockengebieten und Wüsten). Böden mit geringen Belastbarkeiten sind in Nord-Rußland, Kanada und Alaska, dem nördlichen Südamerika (ohne Andenregion), den west- und südwestafrikanischen Küstenregionen und dem Kongobecken, in Südwestindien und in großen Teilen Indochinas und des indonesischen Archipels zu finden (Rodhe, 1988). Für viele dieser Regionen wird ein starkes wirtschaftliches Wachstum in naher Zukunft, mit den entsprechenden Implikationen für die Intensivierung der Stoffströme, prognostiziert.

Der Eintrag von Säure und Säurebildnern ist eine Folge der Troposphärenverschmutzung und der Verschmutzung von Fließgewässern durch Schwefel- und Stickstoffverbindungen und andere Stoffe. Die für die anthropogenen Emissionen wichtigsten Sektoren sind die Energiewirtschaft (Kraft- und Fernheizwerke), der Verkehr und die Landwirtschaft. In der Intensivlandwirtschaft tragen die ausgebrachten Stoffe gewollt (Ammonium, Nitrat und Phosphat, Pestizide) oder ungewollt (Ammoniak-Emissionen, Verunreinigungen in den Düngemitteln) zum Gesamteintrag in die Böden bei. Ein Teil der Stickstoffdüngemittel wird in N_2O umgewandelt, emittiert und verstärkt so den anthropogenen Treibhauseffekt (siehe Kap. D 1.3.1.1.2). Auch die „Neuartigen Waldschäden" in Mitteleuropa wurden im Zusammenhang mit Versauerung und Stickstoffeinträgen in Waldböden diskutiert (SRU, 1983).

Die Mobilisierung von Schwefel und Stickstoff wird als Abfallprodukt der Verbrennung (Erdölprodukte, Kohle) bzw. in Verbindung mit bestimmten Fertigungsprozessen sowie nicht bedarfsgerechtem Stoffeinsatz in der Pflanzen- und Tierproduktion in Kauf genommen. Diese Vorgehensweise wird stark durch die gesellschaftlichen Rahmenbedingungen geprägt.

Aufgrund der Pufferkapazität der Böden (und Gewässer) ist der Umfang der Schäden noch nicht in vollem Umfang zu erkennen. Die ökotoxische Wirkung der meisten Industriechemikalien und auch einiger Schwermetalle (einschließlich der Synergismen mehrerer Substanzen) ist nicht bekannt. Deswegen und im Hinblick auf die zu erwartende plötzliche Freisetzung der Frachten bei Erreichen von Schwellenwerten (*„chemische Zeitbomben"*) muß von einer schweren Hypothek gesprochen werden.

Ökosysteme werden beeinträchtigt (Verminderung der biologischen Vielfalt, Änderung ökologischer Struktur und Leistung, Reduktion von Wäldern und Feuchtgebieten: *Kasten 8*), insbesondere ist auch die Hydrosphäre betroffen. Über die Trinkwassergewinnung finden die Stoffe vermehrt Eingang in die Nahrungskette (Wasserverschmutzung). Nitrat, Nitrit und chlororganische Verbindungen stellen heute vielerorts bereits große, teilweise unlösbare Probleme bei der Trinkwassergewinnung dar.

D 1.3.3 Hauptsyndrome der Bodendegradation

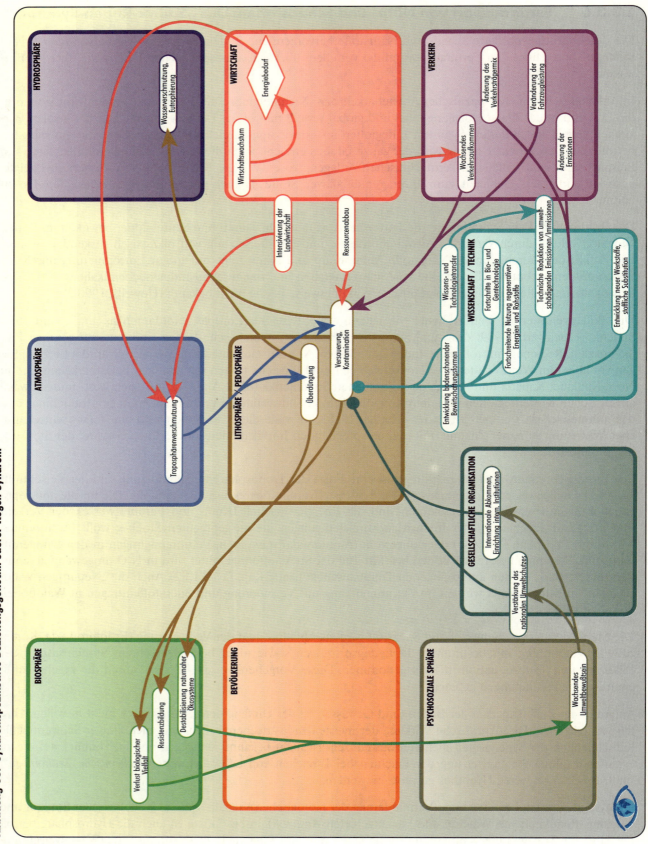

Abbildung 38: Syndromspezifisches Beziehungsgeflecht: Saurer-Regen-Syndrom

Potentielle Abhilfemaßnahmen und Hinweise

Die durch den Ferntransport von Nähr- und Schadstoffen hervorgerufenen Bodendegradationen können vor allem durch die folgenden Maßnahmen an der Quelle eingedämmt werden:

- Ausnutzung der Einsparpotentiale im Energiesektor,
- Emissionsminderungen bei Kraftwerken mit fossilen Brennstoffen und bei Kraftfahrzeugen,
- Entwicklung von Produktionstechniken mit stark reduziertem Einsatz toxischer Substanzen und verstärktem Produkt-Recycling,
- Anpassung der Düngemittelgaben an Bodenqualität und Pflanzenbedarf zur Vermeidung von Emissionen (N_2O, NH_3).

Die bisherigen nationalen und internationalen Vereinbarungen *(Kasten 13)* zur Reduzierung der Emissionen müssen konsequent umgesetzt werden. Dabei sollten die Anstrengungen kontinentweit besser koordiniert werden. Regelungen für Spurenmetalle und bestimmte organische Verbindungen müssen getroffen werden. Eine wichtige länderübergreifende Maßnahme wäre die Einführung eines internationalen Haftungsrechts.

Ergänzende Literatur:

Busch, M. und Fahning, I. (1991): Mindestanforderungen an gute landwirtschaftliche Praxis aus der Sicht des Bodenschutzes. In: Umweltbundesamt (Hrsg.): Texte 1. Berlin: Umweltbundesamt, 791.

CCE – Coordination Center for Effects (1988): Technical Report. Band 1. Bilthoven: RIVM.

Isermann, K. (1994): Agriculture's Share in the Emission of Trace Gases Affecting the Climate and Some Cause-oriented Proposals for Sufficiently Reducing This Share. Environmental Pollution 83, 95 – 111.

Johnson, D.W., Cresser, M.S., Nilsson, S.I., Turner, J., Ulrich, B., Binkley, D. and Cole, D.W. (1991): Soil Changes in Forest Ecosystems: Evidence for and Probable Causes. Proceedings of the Royal Society Edinburgh, Section B 97, 81 – 16.

Seinfeld, J. H. (1986): Atmospheric Chemistry and Physics of Air Pollution. Chichester, New York: Wiley & Sons.

Wright, R.F. and Hauhs, M. (1991): Reversibility of Acidification: Soils and Surface Waters. Proceedings of the Royal Society Edinburgh, Section B 97, 169 – 192.

1.3.3.7 Lokale Kontamination, Abfallakkumulation und Altlasten: Das „Bitterfeld-Syndrom"

Das „Bitterfeld-Syndrom" kennzeichnet Gebiete mit umfangreicher chemischer Industrie, Bergbau und Energiewirtschaft mit zumeist veralteten, nicht umweltgerecht betriebenen Anlagen. Durch diese kam und kommt es zu starken Kontaminationen der Böden. Die Siedlungs- und Industrieabfälle werden in diesen Regionen an Ablagerungsstellen entsorgt, die dem Schadstoffpotential nicht (ausreichend) entsprechen. Die Einbringung der Abfälle erfolgt zumeist unsortiert, unkontrolliert oder ungeordnet. Bodenkontaminationen mit Gefährdungen für die Gesundheit und Umwelt führen zu Altlasten.

Ein Beispiel für dieses Syndrom stellt das Ballungsgebiet „Leipzig-Halle-Bitterfeld" dar. Die Kopplung von Braunkohlebergbau mit den Folgeindustrien wie chemischer Großindustrie und Energieerzeugern führte zu einer tiefgreifenden Umgestaltung der Landschaft und zu einer Schädigung und Verseuchung von Böden und Gewässern.

Weitere Brennpunkte dieses Syndroms sind z.B. Cubatao (Brasilien), Donezk-Becken (Ukraine), Chattowice (Polen), Wallonien (Belgien), Manchester-Liverpool-Birmingham (Großbritannien), Seveso (Italien), Bhopal (Indien), Hanford und Pittsburgh (USA).

Sowohl die Unkenntnis der Belastungsgrenzen der Umwelt als auch vorgegebene Ideologien, z.B. in der Planwirtschaft, führten dazu, daß das Gefährdungspotential von Schadstoffen in Böden unterschätzt oder ignoriert wurde. Der Umgang mit und die Lagerung von toxischen Stoffen erfolgte in einer Weise, die aufgrund von Leckagen, Handhabungsverlusten, Havarien etc. zu einer Belastung der Böden führte. Die Beseitigung von Abfällen und insbesondere von Produktionsrückständen erfolgte auf die kostengünstigste Weise, eine Schadstofffreisetzung wurde dabei in Kauf genommen. Zumeist fehlten Regelungen für eine geordnete Abfallbeseitigung. Bei der Planung von Deponien waren die technischen Möglichkeiten zur Sicherung der Schutzgüter, z.B. des Grundwassers und der Böden, zunächst nicht vorhanden; später wurden sie nicht in vollem Umfang genutzt oder gar nicht für notwendig erachtet.

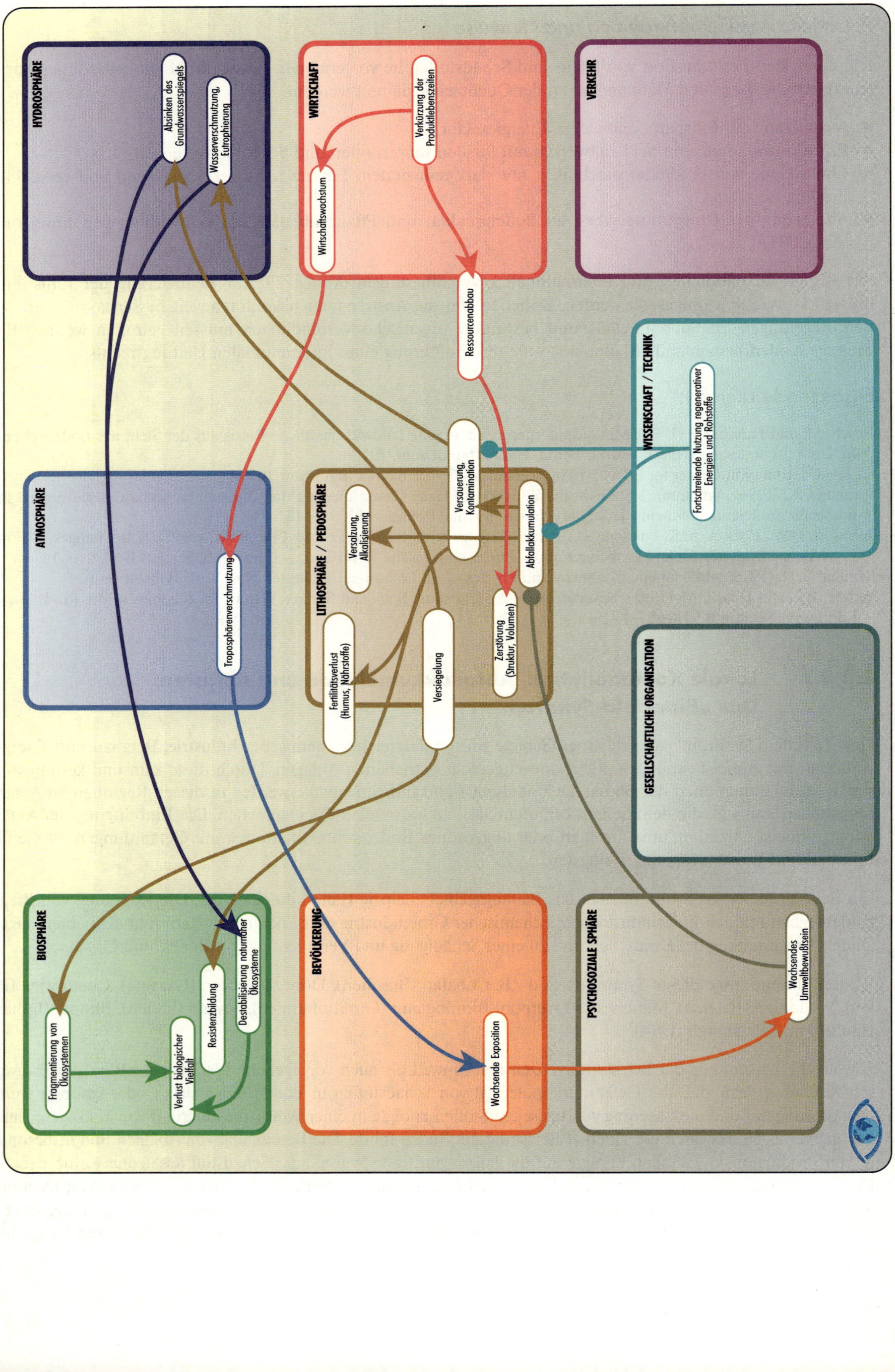

D 1.3.3 Hauptsyndrome der Bodendegradation

Abbildung 39: Syndromspezifisches Beziehungsgeflecht: Bitterfeld-Syndrom

HYDROSPHÄRE
- Absinken des Grundwasserspiegels
- Wasserverschmutzung, Eutrophierung

WIRTSCHAFT
- Verkürzung der Produktlebenszeiten
- Wirtschaftswachstum
- Ressourcenabbau

VERKEHR

ATMOSPHÄRE
- Troposphärenverschmutzung

LITHOSPHÄRE / PEDOSPHÄRE
- Versauerung, Kontamination
- Versalzung, Alkalisierung
- Abfallakkumulation
- Fertilitätsverlust (Humus, Nährstoffe)
- Versiegelung
- Zerstörung (Struktur, Volumen)

WISSENSCHAFT / TECHNIK
- Fortschreitende Nutzung regenerativer Energien und Rohstoffe

GESELLSCHAFTLICHE ORGANISATION

BIOSPHÄRE
- Fragmentierung von Ökosystemen
- Verlust biologischer Vielfalt
- Resistenzbildung
- Destabilisierung naturnaher Ökosysteme

BEVÖLKERUNG
- Wachsende Exposition

PSYCHOSOZIALE SPHÄRE
- Wachsendes Umweltbewußtsein

D 1.3.3 Hauptsyndrome der Bodendegradation

Die Fähigkeit von Böden, Verunreinigungen aufzunehmen und zu speichern ist sehr unterschiedlich. So gibt es Gebiete, in denen die oberflächennahen Schichten ein hohes Rückhaltevermögen für anorganische und organische Schadstoffe haben, und andere Gebiete, in denen mit einer schnellen Passage von organischen und anorganischen Schadstoffen aus der grundwasserfreien Bodenzone in das Grundwasser zu rechnen ist. Ein hohes Schadstoffrückhaltevermögen eines Bodens schränkt bei Vorhandensein von toxischen Substanzen die Nutzungsmöglichkeit ein, ist aber gleichzeitig ein Schutz gegenüber der schnellen Wanderung der Schadstoffe in das Grundwasser. Umgekehrt haben stark sandige und humusarme Böden eine geringe Fähigkeit, Schadstoffe zu speichern, so daß in solchen Gebieten bei Schadensfällen die große Gefahr eines schnellen Transports in das Grundwasser besteht.

Kontaminierte Böden führen kurz-, mittel- oder langfristig zu einer Schädigung des Grundwassers. Die Erhaltung dieses existentiellen Schutzgutes für die Trinkwasserversorgung der Bevölkerung ist wegen des nach wie vor hohen Wasserbedarfs von großer Bedeutung. Steigende Belastungen der für die Trinkwasserversorgung verwendeten Wässer führen zu erheblichen Kostensteigerungen für Trinkwasser. Des weiteren wirken kontaminierte Böden negativ auf die Biosphäre, und es kann über die Nahrungskette letztendlich zu Gefährdungen der Menschen kommen.

Die Bevölkerung ist in diesen Regionen nicht nur durch die direkte Aufnahme toxischer Stoffe gefährdet. Altlasten können auch als psychosozialer Stressor wirken (Beispiele: Bochum-Günnigfeld oder Bielefeld-Brake). Kontamination ist für den Produktionsfaktor Boden mit einem deutlichen monetären Verlust verknüpft, da Nutzungsänderungen oder Baumaßnahmen nur eingeschränkt möglich sind oder gar nicht durchgeführt werden können und bei einer Wiederinwertsetzung dieser Areale erhebliche Kosten für Sanierungsmaßnahmen anfallen.

Potentielle Abhilfemaßnahmen und Hinweise

- Zur Abwehr akuter Gefahren sind Schutzmaßnahmen und Nutzungsbeschränkungen vorzusehen.
- Sicherungsmaßnahmen (wie z.B. Einkapselung, Grundwasserabsenkung, Gaserfassung und Immobilisierung) können zur Unterbrechung der Kontaminationspfade ergriffen werden.
- Die Eliminierung von Schadstoffen im kontaminierten Erdreich und Grundwasser ist durch Dekontaminationsmaßnahmen, wie z.B. aktive hydraulische und pneumatische Verfahren, chemisch-physikalische Behandlung oder biologische Methoden, möglich.

Die Ausräumung („Auskofferung") und Umlagerung der kontaminierten Böden auf Abfalldeponien sollte nur in Ausnahmefällen erfolgen. Vor jeder Sanierung sind im Rahmen einer Sanierungsplanung schutzgut- und nutzenorientierte Sanierungsziele festzulegen und Kosten-Wirksamkeits-Analysen durchzuführen. Um Kontaminationen der Böden und des Untergrundes (Grundwasserleiter) in Zukunft zu vermeiden, muß neben technischen Maßnahmen im Rahmen des integrierten Umweltschutzes der Ersatz ökotoxischer Stoffe zügig vorangetrieben werden. Zur Prophylaxe gehört auch die Festlegung der Rahmenbedingungen als Aufgabe staatlicher Ordnungspolitik (Bodenschutzgesetz) sowie die Einführung einer strikten Produkthaftung. Im Rahmen eines partnerschaftlichen Technologietransfers sollten die Erfahrungen mit Sanierungsverfahren an diejenigen Länder weitergegeben werden (z.B. Osteuropa, Brasilien), die sich jetzt oder in Zukunft mit dem Problem kontaminierter Böden auseinandersetzen müssen.

Ergänzende Literatur:

Belitz, H., Blazejczak, J., Gornig. M., Kohlhaas, M., Schulz, E., Seidel, T. und Vesper, D. (1992): Ökologische Sanierung und wirtschaftlicher Strukturwandel in den neuen Bundesländern. Ökologisches Sanierungskonzept Leipzig/Halle/Merseburg. Deutsches Institut für Wirtschaftsforschung. Beiträge zur Strukturforschung, 132. Berlin: Duncker und Humblot.

Borner, A. (1990): Umweltreport DDR. Frankfurt: S. Fischer.

Ebing, W. (1991): Leitfaden zur Beurteilung von Bodenkontaminationen, UWSF – Zeitschrift für Umweltchemie und Ökotoxikologie (3), 210 – 214.

Fischer, H. (1993): Plädoyer für eine sanfte Chemie. Braunschweig, Karlsruhe: Alembik und C.F. Müller.

Held, M. (Hrsg.) (1991): Leitbilder für Chemiepolitik, Stoffökologische Perspektiven der Industriegesellschaft, Frankfurt a.M.: Campus.

Henseling, K.O. (1992): Ein Planet wird vergiftet – Der Siegeszug der Chemie: Geschichte einer Fehlentwicklung. Reinbek: Rowohlt.
Hille, J., Ruske, R., Scholz, R.W. und Walkow, F. (1992): Bitterfeld. Modellhafte ökologische Bestandsaufnahme einer kontaminierten Industrieregion – Beiträge der 1. Bitterfelder Umweltkonferenz. Berlin, Bielefeld, München: Erich Schmidt.
Ottow, J.C.G. (1990): Bedeutung des Abbaus chemisch-organischer Stoffe in Böden. Nachrichten aus Chemie, Technik und Laboratorium 38, 93 – 98.
SRU – Rat von Sachverständigen für Umweltfragen (1989): Altlasten. Sondergutachten. Stuttgart: Metzler-Poeschel.
Weir, D. (1988): The Bhopal Syndrome. Pesticides, Environment und Health. San Francisco: Sierra Club Books.

1.3.3.8 Ungeregelte Urbanisierung: Das „São-Paulo-Syndrom"

Während es im Jahr 1950 weltweit lediglich drei „Megastädte" gab (New York, London und Tokio), wobei hier Megastädte als Agglomerationen mit über 10 Mio. Einwohnern verstanden werden, dürften es im Jahr 2000 bereits 25 Megastädte sein, von denen allein 19 in Entwicklungsländern liegen und somit den Schwerpunkt des Syndroms bilden. Der Name des Syndroms verweist auf die in São Paulo deutlich sichtbaren, typischen Problemstrukturen anwachsender Megastädte in Entwicklungsländern.

In São Paulo leben mit rund 13 Mio. Einwohnern etwa 10% der brasilianischen Bevölkerung auf einer Fläche von 7.967 km^2. Diese Megastadt ist durch eine rapide Entwicklung der wirtschaftlichen Aktivitäten (im Industriesektor 40% der nationalen Gesamtproduktion) gekennzeichnet. Rund 57% der Einwohner sind Immigranten aus ländlichen Gebieten. Die Bevölkerung wird sich vermutlich in weniger als 15 Jahren verdoppeln. Über 500.000 Menschen leben bereits heute in Slums, die unkontrolliert entstehen. Die Besiedelung von Land an der städtischen Peripherie durch die Mittelschicht nimmt zu. Rund 300 km^2 Land wurden illegal besetzt und besiedelt, das entspricht der Gesamtfläche der Stadt Dortmund. Wohnung und Arbeitsplatz der meisten Einwohner liegen weit auseinander, was zu großen Transportproblemen und teils chaotischen Verkehrsverhältnissen führt. Von den Hausabfällen werden schätzungsweise 78% nicht angemessen entsorgt und in offenen Deponien gelagert, die sich häufig in der Nähe von Trinkwasserquellen befinden. Durch schlechte Abwasser- und Kanalsysteme kommt es immer wieder zu Überflutungen der Favelas, die den Boden mit Exkrementen und Giftstoffen anreichern.

Die Städte mit den höchsten Bevölkerungszahlen im Jahr 2000 und einem „Krankheitsbild" entsprechend dem „São-Paulo-Syndrom" dürften Bombay, Buenos Aires, Jakarta, Kairo, Kalkutta, Manila, Mexico-City, Schanghai und Teheran sein.

Von wesentlicher Bedeutung in diesem Zusammenhang ist, daß das Umland dieser Städte und die gesamte Nation häufig durch eine monozentrische Siedlungsstruktur geprägt sind; ein polyzentrisches Gefüge mit Städten dezentraler Ordnung und entsprechenden „Pufferfunktionen" entwickelt sich nicht. Das rasche Anwachsen der großen Agglomerationen führt zu erheblichen Belastungen und auch zu Überlastungen städtischer Ver- und Entsorgungsstrukturen, die letzten Endes neue internationale Migrationsschübe auslösen und so das Phänomen zu einem Syndrom globaler Tragweite machen.

Das „Krankheitsbild" der fundamentalen Störung der ökologischen Funktionsfähigkeit ist durch das Zusammenwirken verschiedener Faktoren gekennzeichnet. Es treten durch die intensive Flächennutzung hohe Belastungen der Böden auf. Verursacht werden diese durch den direkten Schadstoffeintrag aus der Atmosphäre, Abfallakkumulation und Flächenversiegelung. Indirekt werden die Böden durch die Schädigung der Vegetation belastet, welche wiederum Folge menschlicher Eingriffe ist. Hierzu zählen auch Änderungen des lokalen Klimas, die durch den hohen Versiegelungsgrad und Energieverbrauch verursacht werden. Die Beeinträchtigung des Wasserhaushalts aufgrund ungeregelter Entsorgung und hohen Wasserverbrauchs belastet die Böden direkt aber auch indirekt über die Schädigung der Vegetationsdecke. Die skizzierten Prozesse sind eng miteinander verwoben und bewirken so eine Instabilität der Ökosysteme in den betroffenen Gebieten.

Als wesentliche Ursachen des „São-Paulo-Syndroms" sind die *Landflucht* als Folge der unzureichenden Entwicklung und oft mangelhaften Versorgung des ländlichen Raumes, das *Bevölkerungswachstum* sowie der *erhöhte Flächenanspruch* der Bevölkerung in den Städten zu nennen. Wichtig sind auch die Zentralisierung von Wirtschaft, Infrastruktur und Politik in den Städten, die zunehmende Mechanisierung der Landwirtschaft, die immer mehr Arbeitskräfte freisetzt, sowie die Konzentration von Landbesitz bei gleichzeitiger Landnutzungsplanung, die

D 1.3.3 Hauptsyndrome der Bodendegradation

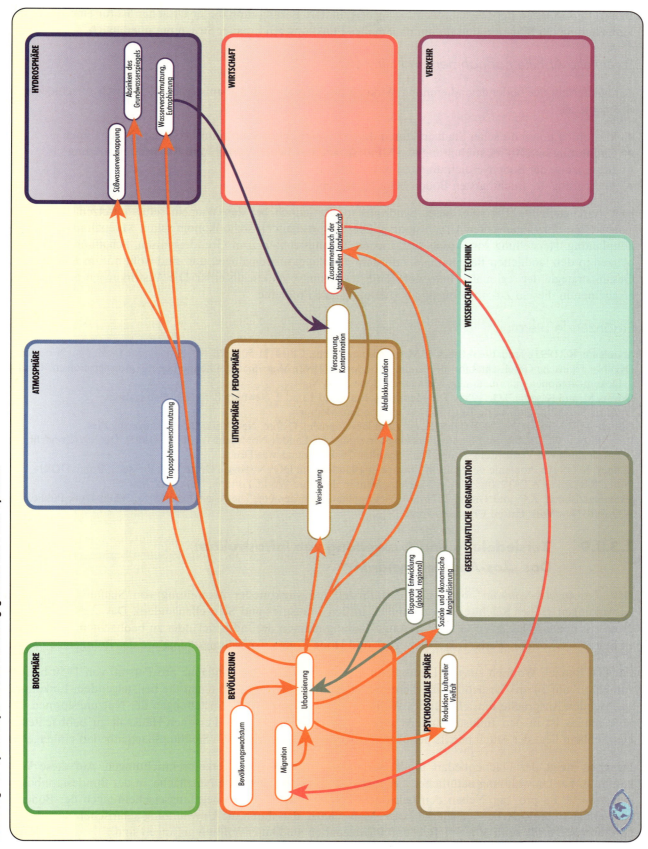

Abbildung 40: Syndromspezifisches Beziehungsgeflecht: São-Paulo-Syndrom

an den Bedürfnissen der Landbevölkerung vorbeigeht. Die Bekämpfung dieser Ursachen ist für eine nachhaltige Verbesserung der Situation und für ein dauerhaftes Funktionieren urbaner Strukturen unerläßlich.

Potentielle Abhilfemaßnahmen und Hinweise

Zur Milderung der bodendegradierenden Wirkung der ungeregelten Urbanisierung bieten sich verschiedene Instrumente an:

- Förderung polyzentrischer Stadtstrukturen durch planerische und ordnungsrechtliche Maßnahmen
- Einführung und Aufrechterhaltung von Mindeststandards bei der Abfall- und Abwasserentsorgung
- Begrenzung der Bodenverdichtung und -versiegelung
- Aussparung der fruchtbarsten Böden beim Agglomerationsprozeß.

Eine durchgreifende Therapie dieses Syndroms müßte jedoch bei den Wurzeln selbst ansetzen, d.h. bei den Triebkräften der ungeregelten Urbanisierung. Die entsprechenden sozioökonomischen Maßnahmen wie Familienplanung, Herstellung von sozial verträglichen Zugangsrechten zum Grundeigentum, Schaffung von Arbeitsplätzen in den ländlichen Räumen usw. erfordern gewaltige Anstrengungen und sind wohl nur im Rahmen einer Gesamtstrategie der regionalen bzw. globalen Entwicklungspolitik realisierbar. Die Auswirkungen auf die Böden erscheinen in diesem Zusammenhang als eher marginale Probleme.

Ergänzende Literatur:

Abdulgani, K. (1993): Jeddah – A Study of Metropolitan Change. Cities (2), 50 – 59.
DGVN – Deutsche Gesellschaft für die Vereinten Nationen (1992): Mega-Städte – Zeitbombe mit globalen Folgen? Band 44. Dokumentationen, Informationen, Meinungen. Bonn: DGVN.
Dogan, M. and Kasarda, J.O. (1988): The Metropolis Era. Band 1 und 2. Newbury Park: Sage Publications.
Drakakis-Smith, D. (1987): The Third World City. London: Methuen.
Gilbert, A. and Gugler, J. (1992): Cities, Poverty and Development. Oxford, New York: Oxford University Press.
ILS – Institut für Landes- und Stadtentwicklungsforschung des Landes Nordrhein-Westfalen (1993): Ökologisch nachhaltige Entwicklung von Verdichtungsräumen. ILS-Schriften 76. Dortmund: waz-Druck.
Mathey, K. (1991): Probleme der Stadt in Entwicklungsländern. In: DGVN (Hrsg.): Dritte Welt Presse, 1, Bonn: DGVN, 6 – 7.
Potter, R.B., Salau, A.T. (1990): Cities and Development in the Third World. London, New York: Mansell.
Sivaramakrishnan, K.C. and Green, L. (1986): Metropolitan Management. The Asian Experience. World Bank Publications. Oxford, New York: Oxford University Press.

1.3.3.9 Zersiedelung und Ausweitung von Infrastruktur: Das „Los-Angeles-Syndrom"

Das „*Los-Angeles-Syndrom*" beschreibt den Prozeß infrastruktureller Ausweitung von Städten mit Umweltauswirkungen großer Reichweite, vornehmlich in den Industrie- und Schwellenländern. Das „Los-Angeles-Syndrom" ist heute in fast allen Großstädten und Ballungsräumen der Industrieländer zu beobachten. Genannt seien Städte wie London, Paris, Tokio, New York und Hong Kong oder Ballungsräume wie das Ruhrgebiet.

Für den Bereich Wohnen stieg in Deutschland der Flächenbedarf (Wohnfläche pro Person) von 1950 bis 1981 von 15 m² auf 34 m². Ursächlich für diese immense Erhöhung sind zum einen die bei steigendem Einkommen wachsenden Ansprüche hinsichtlich des Wohnkomforts sowie massive Umstellungen der Nutzungsformen. Darüber hinaus ist in den Industrieländern allgemein ein Trend zum Ein-Personen-Haushalt zu beobachten (in Deutschland liegt der Anteil bereits bei über 30%), der mit einem erhöhten Siedlungsflächenbedarf einhergeht.

Daneben steigt der Flächenbedarf für Versorgungs-, Bildungs- und Verkehrseinrichtungen. Auf diese Weise kommt es zur Umwidmung natürlichen Lebensraumes in infrastrukturelle Nutzfläche, in der Bundesrepublik zur Zeit etwa 90 ha pro Tag. Neben den bekannten Verdichtungs- und Versiegelungserscheinungen der Böden ist ein Verlust an biologischer Vielfalt die Folge. Man schätzt, daß durch die Umwidmung agrarischer Nutzfläche in Großbritannien z.B. rund 30% der Tier- und Pflanzenarten auf Dauer verloren gegangen sind.

Für den Bereich Verkehr ist festzustelllen, daß im deutschen Bundesverkehrswegeplan erstmals eine stärkere Förderung des Schienenverkehrs gegenüber dem Straßenverkehr vorgesehen ist. Die veranschlagten Investitions-

D 1.3.3 Hauptsyndrome der Bodendegradation

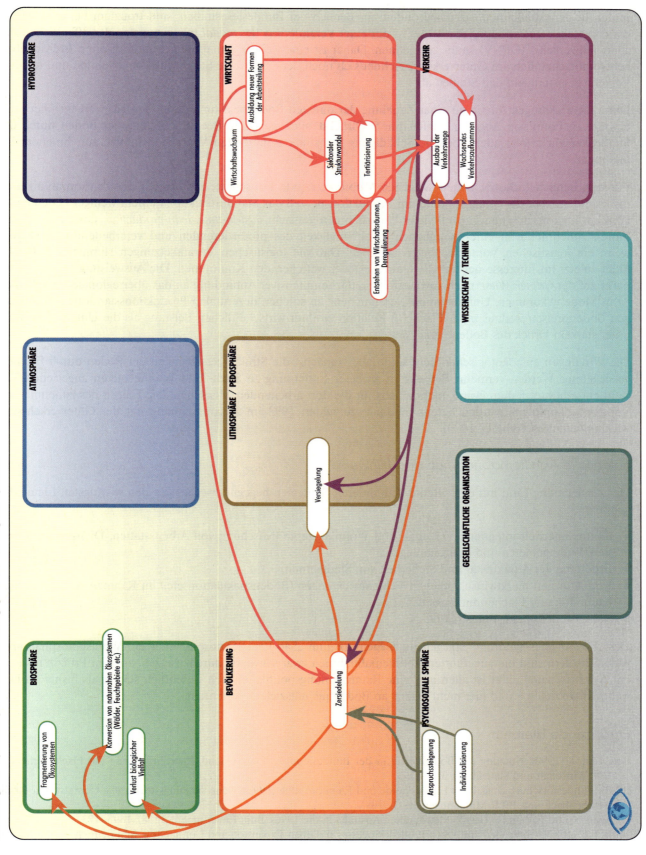

Abbildung 41: Syndromspezifisches Beziehungsgeflecht: Los-Angeles-Syndrom

mittel für den Straßenneubau, insbesondere im Bereich der Bundesfernstraßen, sind trotzdem beträchtlich. Bei der vorgesehenen Verteilung der Mittel ist mit einer Veränderung des *modal split* zugunsten des öffentlichen Personennahverkehrs (ÖPNV) kaum zu rechnen. Daher ist eine weitere Zunahme des motorisierten Individualverkehrs wahrscheinlich. Im Güterverkehr zeichnet sich noch deutlicher eine Steigerung der absoluten und relativen Verkehrsbelastung auf den Straßen ab.

Diese Entwicklungen führen zu einer Zunahme der direkten Bodenbelastung durch den Kfz-Verkehr über Stoffeinträge in Form von Abgasen, Reifenabrieb, Ölrückständen etc. Eine Beeinträchtigung der Böden durch den Straßenverkehr erfolgt auch über die Schädigung der straßensäumenden Vegetation infolge zunehmender Immissionen.

Für den Bereich Industrie haben steigende Mobilität, rapide Fortschritte im Bereich der Telekommunikation, insbesondere aber der Strukturwandel im Produktionsprozeß das Standortkalkül zu einem weniger bedeutenden Element im Entscheidungsprozeß vieler Unternehmen gemacht. *Just-in-time, lean-production,* das *rollende Lager* führen zunehmend zu einer räumlichen Unabhängigkeit des produzierenden und verarbeitenden Gewerbes, wenn die logistischen Voraussetzungen stimmen. Daß die logistischen Voraussetzungen stimmen, liegt dabei nicht zuletzt im Interesse der um die Gewerbesteuer wetteifernden Kommunen. Die Ausweisung von Gewerbeparks auf der *Grünen Wiese* nach zuvor erfolgter, flächenintensiver Anbindung an das überregionale Verkehrsnetz ist in Mode gekommen. Unternehmen „verbrauchen" an solchen dezentralen Produktionsstandorten mit niedrigen Bodenpreisen weitaus mehr Fläche in Relation zu ihrer wirtschaftlichen Leistung als die Unternehmen, die unter starkem Druck des Bodenmarkts stehen.

Die Wirkungen aus ökologischer Sicht sind dabei zunächst die Strukturzerstörungen der Böden durch Flächenversiegelung. Werden vermehrt Betriebe in größerer Entfernung zu Stadt- und Wohngebieten angesiedelt, entsteht ein erhöhter Fahraufwand, nicht zuletzt für die dort arbeitenden Menschen. Die Folgen des zunehmenden Verkehrsaufkommens wurden bereits im Jahresgutachten 1993 im Zusammenhang mit der Güterverkehrsentwicklung erläutert (WBGU, 1993).

Potentielle Abhilfemaßnahmen und Hinweise

Der Zersiedelung kann mit einer Reihe kombinierter Strategien begegnet werden. Zu den wichtigsten Elementen gehören:

- Raumplanerisch integrierte Verkehrs- und Wohnkonzepte (Mischung von Arbeitsstätten, Dienstleistungszentren, Wohngebieten und Freizeitanlagen),
- Erhöhung der Attraktivität und Sicherheit von Stadtkernen,
- Korrektur von marktwirtschaftlichen Fehlentwicklungen (Bodenspekulation etc.) im Rahmen von Wohnungsbaupolitik und Flächennutzungsplanung,
- Rückbau peripherer Infrastruktur.

Das „Los-Angeles-Syndrom" spiegelt im Gegensatz zum „São-Paulo-Syndrom" eher ein Wohlstandsphänomen wider. Insofern sind die angeführten Abhilfemaßnahmen zwar schwierig durchzusetzen, aber im Prinzip realisierbar. Voraussetzung dafür ist allerdings eine Raumordnungspolitik, die sich wesentlich stärker als bisher an Umweltqualitätszielen – und hier nicht zuletzt an Bodenqualitätszielen – orientiert.

Ergänzende Literatur:

Beuerlein, I. (1990): Nutzung der Bodenfläche in der Bundesrepublik Deutschland. Erste Ergebnisse der Flächenerhebung 1989. Wirtschaft und Statistik (6), 389 – 393.
BfLR– Bundesforschungsanstalt für Landeskunde und Raumordnung (1991): Neue siedlungsstrukturelle Gebietstypen für die Raumbeobachtung. BfLR-Mitteilungen 1 – 3.
Hamnett, S. und Parham, S. (1992): Metropolitan Australia in the 1990s. Built Environment 3 (18), 169 – 173.
Jutila, S.T. (1987): Controlled and Uncontrolled Processes of Urban Expansion and Contraction. In: Friedrich, P. and Masser, I. (Hrsg.): International Perspectives of Regional Decentralisation. Baden-Baden: Nomos, 214 – 234.
von Petz, U. und Schmals, K.M. (1992): Metropole, Weltstadt, Global City: Neue Formen der Urbanisierung. In: Dortmunder Beiträge zur Raumplanung 60. Dortmund: Informationskreis für Raumplanung e.V.

1.3.3.10 Bergbau und Prospektion: Das „Katanga-Syndrom"

Die Provinz Katanga (heutiger Name: Shaba) im Südosten von Zaire ist bekannt als eines der reichsten Bergbaugebiete der Erde mit Vorkommen von Kupfer, Kobalt, Zinn, Uran, Mangan und Steinkohle. Der Abbau dieser Bodenschätze erfolgt überwiegend im Tagebau, was die Erdoberfläche größtenteils unwiederbringlich zerstört. Unter dem Namen „*Katanga-Syndrom*" werden die Schädigungen des Bodens durch Bergbau zusammengefaßt, dem intensiven, ohne Rücksicht auf Bewahrung der natürlichen Umgebung durchgeführten Abbau nichterneuerbarer Ressourcen über- und untertage.

Die Beispiele dieser Art des Bergbaus sind weit verbreitet; Schädigungen bezüglich der Böden sind besonders dort zu erwarten, wo Kohle und Erze im Tagebau abgebaut werden. Beispiele für den Kohleabbau sind die Kölner Bucht, die Niederlausitz, die östlichen USA (Appalachen); wichtige Brennpunkte des Erzabbaus sind u.a. Carajás im brasilianischen Bundesstaat Pará (Eisenerz, Aluminium), Bougainville in Papua-Neuguinea (Kupfer) und Bingham Canyon in Utah, USA (Kupfer).

Der Abbau nicht-erneuerbarer Ressourcen über- und untertage gehört seit der Eisenzeit zu den typischen wirtschaftlichen Aktivitäten des Menschen. Es werden damit, vergleichbar zur Landwirtschaft, „industrielle und gesellschaftliche Grundbedürfnisse" erfüllt. Voraussetzung für den kommerziellen Erfolg ist in der Regel das Zusammenfallen der Faktoren Kapital, Know-how und günstige Standortbedingungen (Bodenschätze). Zwar erfolgt der Bergbau meist nur temporär (Jahrzehnte), doch hinterläßt er fast überall dauerhafte, zum Teil irreversible Schäden an der Umwelt.

Das „Katanga-Syndrom" ist gekennzeichnet durch die Vernichtung von kulturfähigen Böden, die beim Tagebau in Entwicklungs- und Schwellenländern besonders groß ist, während in fast allen Industrieländern die Zwischenlagerung dieser Böden gesetzlich vorgeschrieben ist. Des weiteren treten Veränderungen der Morphologie durch das Tagebau-Restloch, Außenkippen beim Lockergesteinstagebau, Halden aus dem Tiefbau und Setzungserscheinungen der Landoberfläche auf. Dies wiederum hat erhebliche Auswirkungen auf hydrologische Prozesse wie den Oberflächenabfluß und die Lage des Grundwasserspiegels, aber auch auf die Erosion, jeweils mit Rückwirkungen auf die Böden. Die bodenphysikalischen Vorgänge werden durch Verdichtung und Versiegelung verändert. Der Eintrag von Schwermetallen, die aus dem Abraumgestein gelöst werden können, führt zur Kontamination von Böden und Gewässern. Dabei muß im Zusammenhang mit der Goldgewinnung besonders auf die erhebliche Umweltgefährdung durch den Einsatz quecksilberhaltiger Lösungsmittel hingewiesen werden. Generell ist festzustellen, daß das „Katanga-Syndrom" überall dort auftritt, wo veraltete Bergbautechnologien mit geringer Energieeffizienz und Rohstoffauswertung eingesetzt werden.

Die Praktiken des intensiven Bergbaus bzw. die dadurch induzierte Bodendegradation haben eine Reihe von negativen Auswirkungen außerhalb der Pedosphäre. Es kommt zu Minderungen der Wasserqualität durch Kontamination und erhöhte Sedimentbelastung, aber auch zur Emission von Treibhausgasen bzw. atmosphärisch wirksamen Substanzen, insbesondere bei der Erzverarbeitung. Die negativen Folgen für die Bevölkerung im näheren Umfeld der Bergbauorte reichen von der Schädigung der Gesundheit bis hin zur Vertreibung, z.B. von Indianervölkern im „Goldrausch-Gebiet" des Amazonas.

Potentielle Abhilfemaßnahmen und Hinweise

Die Auswirkungen des Bergbaus, vor allem des Tagebaus, und der vorangehenden Prospektion sind zunächst zwangsläufig mit Bodendegradation verbunden. Beim Abbau selbst und vor allem nach Beendigung des Abbaus sind folgende Maßnahmen wichtig:

- Trennung und Zwischenlagerung des kulturfähigen Bodens für spätere Rekultivierung bis hin zur land- und forstwirtschaftlichen Nutzung, Naherholung oder Anlage von Schutzgebieten,
- Sicherung der Abraumhalden zur Vermeidung von Kontamination der Böden durch Schwermetalle,
- Rückverfüllung des Gesteins,
- Wiederherstellung (Anheben/Absenken) des Grundwasserspiegels.

Eine Abschwächung des Syndroms würde durch die Einführung moderner Technologien zu erreichen sein, durch die die Effizienz der Rohstoffauswertung und der Energiegewinnung gesteigert werden; dabei würde auch

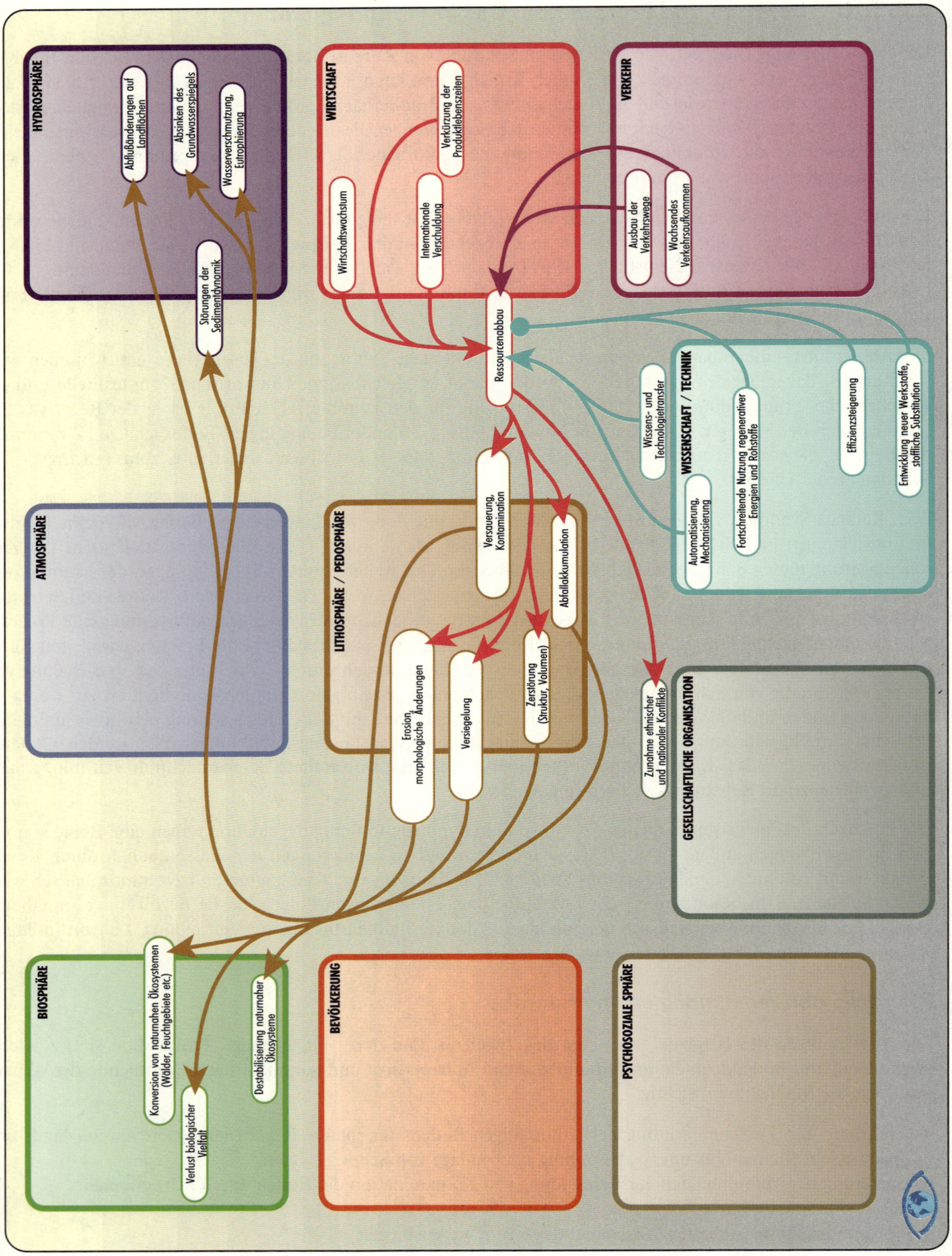

D 1.3.3 Hauptsyndrome der Bodendegradation

Abbildung 42: Syndromspezifisches Beziehungsgeflecht: Katanga-Syndrom

HYDROSPHÄRE
- Abflußänderungen auf Landflächen
- Absinken des Grundwasserspiegels
- Wasserverschmutzung, Eutrophierung
- Störungen der Sedimentdynamik

WIRTSCHAFT
- Wirtschaftswachstum
- Internationale Verschuldung
- Verkürzung der Produktlebenszeiten

VERKEHR
- Ausbau der Verkehrswege
- Wachsendes Verkehrsaufkommen

ATMOSPHÄRE

WISSENSCHAFT / TECHNIK
- Wissens- und Technologietransfer
- Automatisierung, Mechanisierung
- Fortschreitende Nutzung regenerativer Energien und Rohstoffe
- Effizienzsteigerung
- Entwicklung neuer Werkstoffe, stoffliche Substitution

LITHOSPHÄRE / PEDOSPHÄRE
- Ressourcenabbau
- Versauerung, Kontamination
- Abfallakkumulation
- Erosion, morphologische Änderungen
- Versiegelung
- Zerstörung (Struktur, Volumen)

GESELLSCHAFTLICHE ORGANISATION
- Zunahme ethnischer und nationaler Konflikte

BIOSPHÄRE
- Konversion von naturnahen Ökosystemen (Wälder, Feuchtgebiete etc.)
- Destabilisierung naturnaher Ökosysteme
- Verlust biologischer Vielfalt

BEVÖLKERUNG

PSYCHOSOZIALE SPHÄRE

weniger Kohlendioxid emittiert, was wiederum dem Klimaschutz zugute käme. Ebenso könnten Bemühungen um eine Reduzierung des Verbrauchs und um verstärktes Recycling von Metallen und anderen Rohstoffen zu einer Streckung der begrenzten Vorräte an nicht-erneuerbaren Rohstoffen führen.

Ergänzende Literatur:

BMZ - Bundesministerium für wirtschaftliche Zusammenarbeit (1993): Umwelt-Handbuch. Arbeitsmaterialien zur Erfassung und Bewertung von Umweltwirkungen. Band 2. Wiesbaden: Vieweg.

Meyer, D. E. und Wiggering, H. (1991): Bergehalden des Steinkohlenbergbaus. Beanspruchung und Veränderung eines industriellen Ballungsraumes. Wiesbaden: Vieweg.

Möhlenbruch, N. und Schölmerich, H. (1993): Tagebau-Rekultivierung - Landschaften nach der Auskohlung. Spektrum der Wissenschaft (4), 105 – 119.

Pearce, F. (1993): The Scandal of Siberia. New Scientist (11), 28 – 33.

Rybar, J. (1993): Ingenieurgeologische Aufgaben bei der Beherrschung der Umweltbeeinträchtigung durch den Rohstoffabbau. Zeitschrift der deutschen Geologischen Gesellschaft 144, 270 – 278.

Young, J. E. (1992): Mining the Earth. In: Brown, L.R. (Hrsg.): State of the World 1992. New York, London: W.W. Norton, 100 – 118.

1.3.3.11 Bodendegradation durch Tourismus: Das „Alpen-Syndrom"

Die stetige Zunahme touristischer Aktivitäten in aller Welt hat in den letzten Jahrzehnten in erheblichem Maße auch zur Degradation von Böden geführt. Brennpunkte sind dabei neben Küstengebieten vor allem alpine Regionen. So erschließen etwa in den *Alpen* Skilifte und Wanderwege bislang unberührte Gegenden, was die Ausdehnung der flächenintensiven Formen sportlicher Aktivitäten ermöglichte. Folgen sind die Zerstörung oder Beeinträchtigung der Pflanzendecke und der Baumvegetation, was in Verbindung mit starker mechanischer Belastung und anderen Eingriffen in den Naturhaushalt (Planierung, Geländekorrekturen, Schneekanonen) vor allem zu Bodenerosion durch Wasser und Wind führt. Inzwischen sind manche Regionen derart geschädigt, daß die Wohnansiedlungen dort ganzjährig der Gefahr von Erdrutschen bzw. Lawinen ausgesetzt sind.

Ein zweiter großer Tourismusstrom zieht in *strandnahe Gebiete*. Der Massentourismus an Stränden bzw. auf Inseln bedeutet für den Boden zumeist zusätzlichen Flächenverbrauch durch Versiegelung von strandnahen Gebieten durch Bau touristischer Infrastruktur wie Hotels, Zweitwohnungen, Ferienhäuser, Verkehrswege (vgl. „Los-Angeles-Syndrom"). Im Mittelmeergebiet sind zur Zeit etwa 4.400 km² durch touristische Wohninfrastruktur verbaut, wobei noch eine Verdopplung bis zum Jahr 2000 prognostiziert wird. Zudem induziert diese Form des Tourismus eine starke Zunahme des örtlichen Verkehrs; die Folge sind zunehmende Luftbelastung und ein weiterer Ausbau von Straßen.

Die starke, oft saisonal unterschiedliche Belastung der Tourismusgebiete bringt besondere Probleme bei der Abwasserbehandlung mit sich, Kontamination und Eutrophierung küstennaher Regionen können die Folge sein. Zudem wird das steigende Abfallaufkommen zunehmend zum Problem. Im Mittelmeerraum verursacht der Tourismus derzeit rund 2,8 Mio. t Abfall, prognostiziert sind ca. 10 Mio. t im Jahr 2000. Steigender Flächenbedarf für Entsorgungsanlagen mit entsprechenden Problemen der Grundwasserkontamination sind die Folge. Des weiteren kommt es durch die touristische Erschließung in den betroffenen Gebieten oft zu einem Mangel an Süßwasser (*swimming pools*, hoher Wasserbedarf der Touristen), das in den Tourismusgebieten oftmals ohnehin knapp ist. Die Folge ist Konkurrenz mit der einheimischen Bevölkerung um Wasser für deren privaten Gebrauch und für die Landwirtschaft. Langzeitfolgen können Grundwasserabsenkung, Bodenaustrocknung und Erosion sein.

Von den Auswirkungen der touristischen Aktivitäten, die im „Alpen-Syndrom" zusammengefaßt werden, sind an Küstengebieten und Inseln zur Zeit besonders betroffen: das Mittelmeer, die europanahen subtropischen Inseln (Madeira, Kanaren), die tropischen Inseln in der Karibik, im Indischen Ozean (Malediven, Seychellen) und in der Südsee. Besonders betroffene Bergregionen sind die Alpen, die Bergregionen Nordamerikas, der Himalaya und zunehmend auch die Anden.

Induziert wird das wachsende Tourismusaufkommen unmittelbar durch steigende Einkommen in den Industrieländern bei gleichzeitig sinkenden Arbeitszeiten, d.h. durch mehr Freizeit. Die sinkenden relativen Preise in diesem

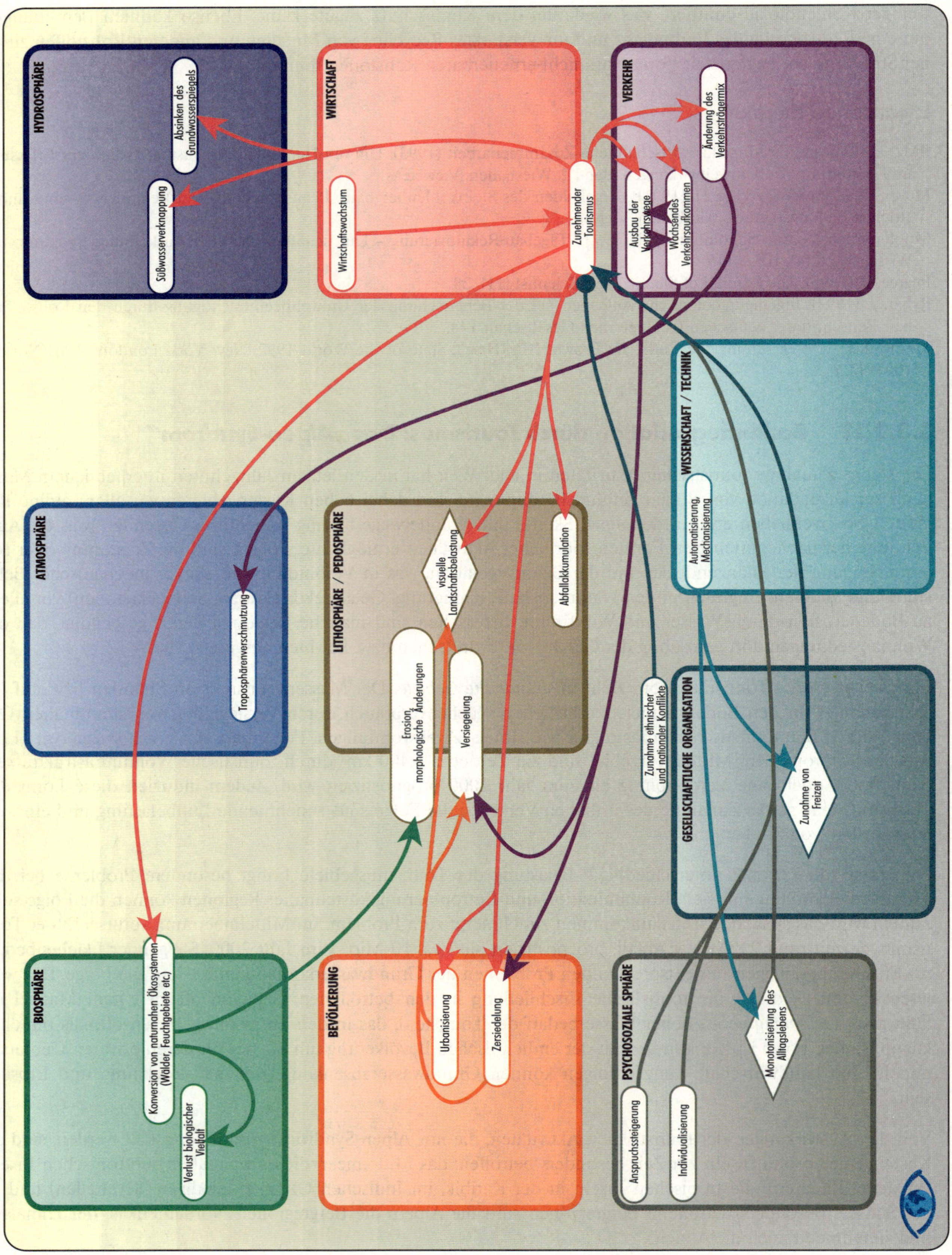

D 1.3.3 Hauptsyndrome der Bodendegradation

Abbildung 43: Syndromspezifisches Beziehungsgeflecht: Alpen-Syndrom

Sektor sind Folge und Ursache des Problems zugleich. Ein weiterer wichtiger Faktor ist die leichte Erreichbarkeit von fast allen Reisezielen, nicht nur im Sinne einer technischen Erreichbarkeit durch den Ausbau der Infrastruktur, sondern auch im Sinne einer subjektiv als problemlos empfundenen Überwindung selbst größter Distanzen.

Für viele Regionen ist der Tourismus inzwischen ein Haupterwerbszweig, was Konkurrenz und oft einen zerstörerischen Wettlauf im Angebot (z.B. Technisierung der Skipisten und Lifte) zur Folge hat. Ein weiteres Problem auf psychologischer Ebene besteht darin, daß trotz steigenden Umweltbewußtseins der Zusammenhang zwischen Urlaubsaktivitäten und Umweltbelastung nicht erkannt oder aber negiert wird.

Ansonsten sind die Ursachen des steigenden Tourismusaufkommens aus den Industrieländern äußerst vielschichtig. Die zunehmende Gesichtslosigkeit und Anonymität vieler Wohnsiedlungen und das steigende Verkehrsaufkommen in den Städten bewirken ein Bedürfnis nach Erholung, die innerhalb dieses Rahmens nicht mehr möglich erscheint. Hinzu kommt eine, zumindest subjektiv empfundene, Monotonie des Alltagslebens, die den Drang, Neues, Ungewohntes zu erleben, wesentlich bedingt. Des weiteren besteht ein Zusammenhang zwischen Sozialstatus und Urlaubsaktivität. Hier spielen vor allem Fernreisen zu exotischen Zielen eine wichtige Rolle. Auch ein gestiegenes Bildungsniveau hat zu einem vermehrten Interesse an fremden Kulturen und damit zu vermehrter Reiseaktivität geführt.

Auswirkungen auf die Biosphäre sind die Schädigung bzw. der Verlust von empfindlichen Berg- und Küstenökosystemen (z.B. Dünenlandschaften, Salzwiesen). Eine Konsequenz daraus ist der Verlust an biologischer Vielfalt. Die Hydrosphäre wird besonders in mediterranen und tropischen Strandgebieten durch mangelhaft geklärte Abwässer belastet, was Eutrophierung zur Folge hat und ebenfalls die biologische Vielfalt beeinträchtigt. Der Anstieg von Fernreisen mit dem Flugzeug (1994 wurden weltweit etwa 1,4 Mrd. Flugtickets verkauft) in den letzten Jahren trägt zur steigenden Belastung der Atmosphäre durch Luftschadstoffeinträge bei. Abgelegene, noch unberührte Gebiete werden in jüngster Zeit gerne unter dem Schlagwort des „sanften Tourismus" erschlossen. In vielen Fällen führt allerdings selbst dies zu einer Destabilisierung fragiler Ökosysteme, Folge ist hier u.a. ein Verlust an biologischer Vielfalt.

Potentielle Abhilfemaßnahmen und Hinweise

Negative Auswirkungen des Tourismus auf die Böden können durch bestimmte Regelungen zumindest vermindert werden wie:

- Konzentration touristischer Infrastruktur (Hotelbauten, Erschließung von Zugängen, Straßen, Flugpisten) auf ökologisch stabile Regionen,
- Entwicklung bodensparender/bodenangepaßter touristischer Infrastruktur (Sportstätten, Parkplätze).

Als *kurative* Strategie kommt aber auch eine räumliche und/oder zeitliche Einschränkung bodenschädigender touristischer Aktivitäten in Betracht. *Präventiv* ist eine Umwelt- bzw. Bodenverträglichkeitsprüfung bei der Einrichtung von touristischer Infrastruktur (Skipisten, Liftanlagen, Parkplätzen) vorzusehen. Zu prüfen sind die Möglichkeiten des Einsatzes ökonomischer Instrumente (Abgaben) zur Steuerung ökologisch sensibler Flächennutzungen.

Ergänzende Literatur:

Dundler, F. und Keipinger, F. (1992): Urlaubsreisen 1954 – 1991. Starnberg: Studienkreis für Tourismus.
Hahn, H. und Kagelmann, H. J. (1993): Tourismuspsychologie und Tourismussoziologie. München: Quintessenz.
Hamele, H. (1987): Tourismus und Umwelt. Starnberg: Studienkreis für Tourismus.
Hasse, J. und Schumacher, F. (1990): Sanfter Tourismus. Über ein konstruktives Verhältnis von Tourismus, Freizeit und Umweltschutz. Bunderhee: Verlag für Umweltforschung.
Klingenberg, K.H., Trensky, M. und Winter, G. (1991): Wende im Tourismus. Vom Umweltbewußtsein zu einer neuen Reisekultur. Stuttgart: Verlagswerk der Diakonie.
Krippendorf, J. (1975): Die Landschaftsfresser. Tourismus und Erholungslandschaft – Verderben oder Segen? Bern, Stuttgart: Hallwag.
Krippendorf, J. (1986): Alpsegen – Alptraum. Für eine Tourismus-Entwicklung im Einklang mit Mensch und Natur. Bern: Kümmerle und Frey.
Opaschowski, H.W. (1991): Ökologie von Freizeit und Tourismus. Freizeit- und Tourismusstudien. Opladen: Leske und Budrich.

1.3.3.12 Bodendegradation infolge militärischer Einwirkungen: Das „Verbrannte-Erde-Syndrom"

Obwohl Bodendegradationen nur selten in Verbindung mit militärischen Einwirkungen gesehen werden, kommt der Vielfalt und Qualität ihrer Schadenssymptomatik eine besondere Bedeutung zu. Ihre extremste Form drückt sich in der gewählten Benennung „Verbrannte-Erde-Syndrom" aus, die für eine militärische Strategie im 2. Weltkrieg steht und eine bedingungslose Umweltzerstörung zur Erschwernis des Feindvormarsches beinhaltet.

Allgemein gehören die physikalische Zerstörung der Bodenstruktur, insbesondere aber auch Kontamination und Abfallakkumulation zu den augenfälligsten Merkmalen militärischer und kriegerischer Aktionen. Aufgrund der Weiterentwicklung der Waffensysteme und ihrer Mobilität brauchen personell vergleichbar große Einheiten in der Regel ca. 20 mal soviel Bodenraum als zu Zeiten des 2. Weltkrieges. Schätzungen gehen von einem weltweiten Bodenverbrauch von bis zu 1% der Landoberfläche (ca. 1,5 Mio. km^2) aus (Renner, 1994). So wurden und werden für militärische Zwecke beispielsweise in den USA 200.000 km^2 (entsprechend 2,1%), in den alten Bundesländern 14.000 km^2 (entsprechend 5,6%) und im Gebiet der ehemaligen DDR 4.900 km^2 (entsprechend 4,5%) der Gesamtfläche beansprucht (Renner, 1994). Auf dem Höhepunkt des 2. Weltkrieges waren in Großbritannien ca. 20% der Fläche militärisch genutzt.

Die regelmäßig durchgeführten militärischen Manöver zur Vorbereitung, Übung und Abschreckung
- verursachen oftmals eine Schädigung der natürlichen Flora und Fauna,
- führen zu Bodenerosion und Verdichtung,
- zerstören die physikalische Bodenstruktur,
- und kontaminieren die Böden (z.B. mit Blei, Sprengstoffen, Treibstoffen, hochgiftigen Chemikalien).

Beispiele für daraus entstehende Altlasten sowie verbleibende Schäden zeigen sich in der südkalifornischen Wüste, wo Zerstörungen und Spuren der Panzermanöver von General Patton selbst nach über 50 Jahren noch sichtbar sind. Insbesondere aber in den Grenzgebieten der ehemaligen Militärblöcke manifestiert sich das „Verbrannte-Erde-Syndrom" als Hinterlassenschaft des „Kalten Krieges". So sind z.B. in den neuen Bundesländern große Bereiche militärisch genutzter Flächen teilweise schwerwiegend durch Verunreinigungen mit Ölen, Chemikalien, Altmunition und durch Bodenstrukturzerstörungen degradiert. Diese Symptome zeigen sich punktuell auch in den alten Bundesländern. Eine zusätzliche Gefährdung stellen Rüstungsaltstandorte mit stofflichen Belastungen aus der Produktion und Lagerung dar (vgl. auch „Bitterfeld-Syndrom"). Dabei sind Sprengstoffe (Nitrotoluole, Pikrinsäure, Nitrosamine u.a.) wegen ihrer physikochemischen und toxikologischen Eigenschaften (Wasserlöslichkeit, hohe Toxizität) als besonders gefährlich hervorzuheben. Grundwasseruntersuchungen in Vysoke Myto (ehemalige Tschechoslowakei) ergaben zum Teil die 30 – 50fache Menge der erlaubten Giftstoffkonzentration.

Weltweit bedeutsam sind insbesondere die Altlasten aus ABC-Waffen-Produktion, Erprobung und Lagerung. Als ein Brennpunkt für chemische Waffen (Alt-Kontamination) ist hier das Gebiet der ehemaligen DDR zu nennen. Hier wurden von 1945 bis 1961 über 100.000 t Gift aus Produktions- und Lagerstätten geborgen, und noch heute werden an 49 Orten konventionelle und chemische Waffen vermutet.

Im Gegensatz dazu sind Böden dauerhaft – in menschlichen Maßstäben gemessen – geschädigt, die Zielgebiete für Atomwaffenerprobungen waren. So wurden bis 1980 über 460 Kernwaffenexplosionen durchgeführt. Neben den betroffenen Wüsten (z.B. Mohave-Wüste in Kalifornien) entstand dabei ein fast als irreversibel zu bezeichnender Schaden auf einigen Inseln im Pazifik (Bikini Atoll, Eniwetok, Muroroa, Fangataufa etc.) und im Osten von Kasachstan.

Neben diesen „in der Vorbereitung" bzw. im Rahmen der Abschreckung verursachten Bodendegradationen entstanden und entstehen Schäden durch direkte kriegerische Aktionen: Hierbei standen seit dem zweiten Weltkrieg keine großräumigen, sondern regionale Auseinandersetzungen mit geographisch abgrenzbaren, aber ökologisch bedeutsamen Schäden im Vordergrund, wobei Bodenzerstörungen teilweise sogar bewußt als Waffe eingesetzt wurden. Beispiele sind (Matthies, 1988):

- Koreakrieg (1950 – 1953) mit weiträumigen Zerstörungen von städtischen Ballungszentren sowie Wald- und Freilandregionen.
- Algerienkrieg (1954 – 1962) mit weiträumigen Zerstörungen von ländlichen Siedlungen.

D 1.3.3 Hauptsyndrome der Bodendegradation

Abbildung 44: Syndromspezifisches Beziehungsgeflecht: Verbrannte-Erde-Syndrom

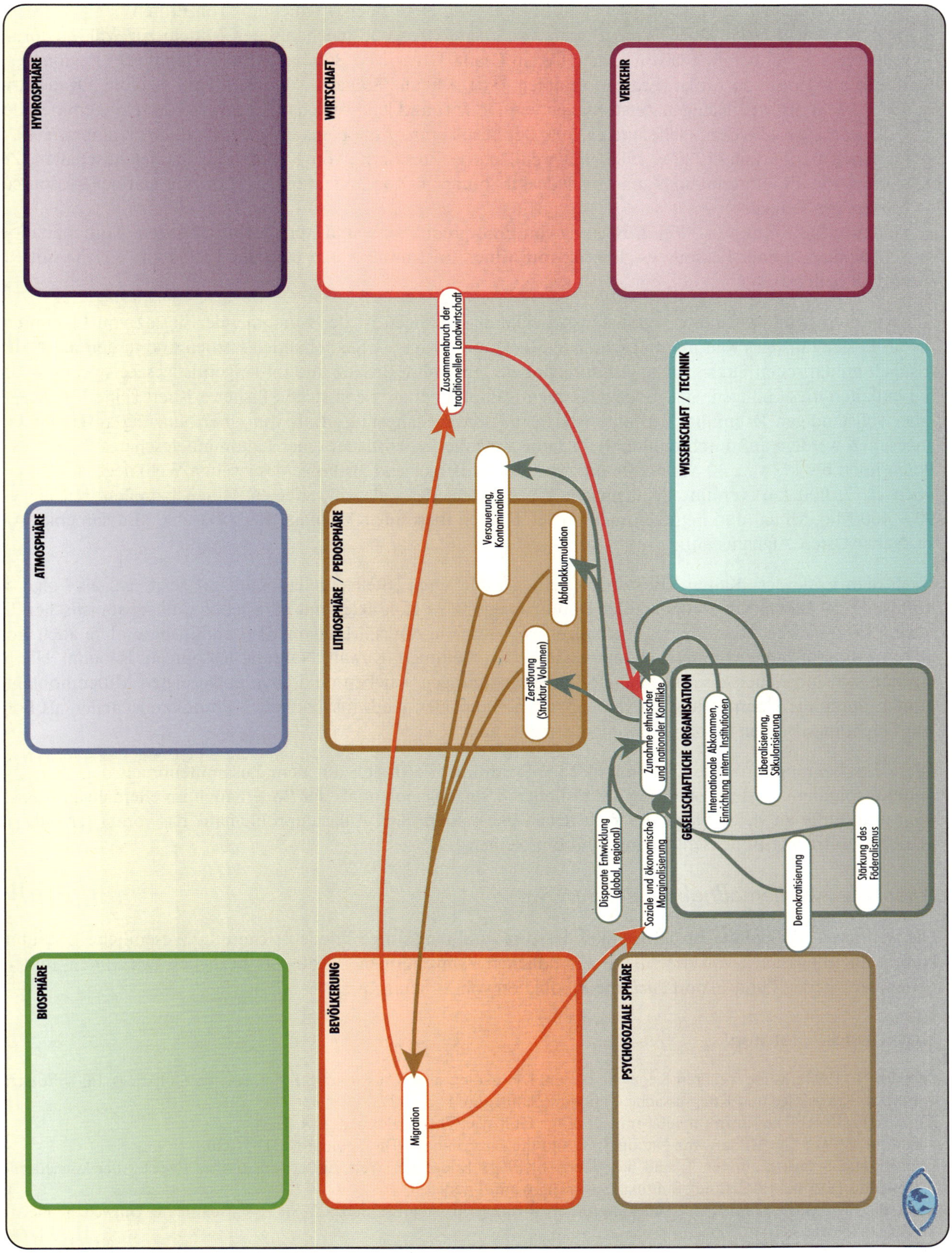

- Angola-Portugal Konflikt (1961 – 1975) mit Einsatz von Herbiziden, Vernichtung von Ernten.
- Indochinakriege (1960 – 1975) mit Einsatz von chemischen und mechanischen Mitteln zur Waldzerstörung, weitflächigen Vernichtungen von Ernten (Agent Orange), massiven Bombardierungen ländlicher Regionen.
- Kriege am Horn von Afrika (Eritrea-Äthiopien 1961 – heute, Somalia-Äthiopien 1960 – heute, Ogadenkrieg 1977/1978) mit weitflächigen Zerstörungen von Dörfern und landwirtschaftlichen Flächen, Hungerblockaden; 1984 waren ca. 43% der Fläche und ca. 30% der Bevölkerung Äthiopiens in Kriegshandlungen einbezogen).
- Golfkrieg Iran – Irak (1980 – 1988) mit weitflächiger Zerstörung von Kultur- und Städtelandschaften, Zerstörung von Erdölproduktions- und -verladeeinrichtungen (Kontamination), Schädigung mariner Ressourcen, Einsatz von Giftgas.
- Golfkrieg Irak - Kuwait (1992): Zerstörung von Erdölproduktions- und -verladeeinrichtungen (Kontamination), Schädigung mariner Ressourcen, Einsatz von Minen (in Kuwait waren 60% der 17.000 km^2 Fläche mit Ruß und Öl bedeckt).

Ein typisches Symptom dieser regionalen Auseinandersetzungen ist der zunehmende Einsatz von Landminen, die als kostengünstiges Kampfmittel schon zu Stückpreisen von 3 US-$ gehandelt werden und in den meist kurzfristigen militärischen Strategien Anwendung finden. Ihre wahre Brisanz und ihr längerfristiges Zerstörungspotential entfalten diese billigen, aber hochwirksamen Kampfmittel aber erst später. Bisher existiert keine Möglichkeit einer vollständigen Räumung. Verminte Böden müssen auf längere Zeit als von einer Nutzung ausgeschlossen angesehen werden: auf durchschnittlich 75 Jahre wird die Lebensdauer einer Landmine geschätzt. So gab es in Polen noch bis 1977 ca. 40 Minentote pro Jahr, in Nordafrika sind als Folge des zweiten Weltkrieges auch heute noch ca. 75.000 km^2 vermint. Schätzungen, die die Zahl der weltweit verlegten Minen betreffen, reichen von 90 – 400 Mio. Minen und betreffen mehr als 60 Staaten (besonders Vietnam, Kambodscha, Mittelamerika, Afrika, Naher Osten, Afghanistan).

Nach dem Ende des „Kalten Krieges" mit seinen zahlreichen „Stellvertreterkonflikten" zeigt sich als Folge der Auflösung der Blöcke ein zunehmender Trend zu regionalen Konflikten mit ethnischen und separatistischen Ursachen (Jugoslawien, Bereiche der ehemaligen Sowjetunion, Afrika, Mittelamerika) und insbesondere auch Konflikte im Kampf um Ressourcen (Bodenschätze, Ölvorkommen: Kuwait, Nahrungsressourcen: Ruanda). Hierbei ergeben sich möglicherweise nachhaltige Bodenzerstörungen – neben dem eben aufgezeigten Minenproblem – oftmals durch die Übernutzung der verbleibenden marginalen landwirtschaftlichen Produktionsflächen als Folge von Flüchtlingsströmen (Sudan, Äthiopien, Somalia etc.).

Diese Erscheinungsform des „Verbrannte-Erde-Syndroms" zeigt sich mit dem Zusammenbruch der Nahrungsmittelversorgung und der Zerstörung des bisherigen Nutzungspotentials der Böden auch im ehemaligen Jugoslawien und dürfte an vielen Orten der Welt neben der militärischen Altlastenproblematik das vorherrschende militärisch verursachte Bodenschädigungssyndrom bleiben.

Potentielle Abhilfemaßnahmen und Hinweise

Die wichtigste Maßnahme ist naturgemäß die kurz- und langfristige Friedenssicherung. Wesentliche Bedeutung kommt allerdings auch völkerrechtlich verbindlichen Konventionen zu, die z.B. bezüglich des Minenproblems neben dem Verkauf und Export *auch* die Produktion von Minen ächten.

Ergänzende Literatur:

Barcelo, N. (1992): Keine weiteren Siege wie diesen! Die ökologischen Auswirkungen des zweiten Golfkriegs. In: Umweltzerstörung. Kriegsfolge und Kriegsursache. Frankfurt: Suhrkamp, 117 – 127.
Barnaby, F. (1991): The Environmental Impact of the Gulf War. The Ecologist, (21) 4, 166.
Finger, M. (1991): The Military, the Nation State and the Environment. The Ecologist, (21) 5, 220.
Gantzel, K.J., Schwinghammer, T. und Siegelberg, J. (1992): Kriege der Welt: Ein systematisches Register der kriegerischen Konflikte 1985 bis 1992. Bonn: Stiftung Entwicklung und Frieden.
Haas, R.et al. (1991): Grundwasserbelastung durch Rüstungsaltlastemissionen. UWSF – Zeitschrift für Umweltchemie und Ökotoxikologie 3, 70 – 73.
Renner, M. (1992): Assessing the Military's War on the Environment. In: Brown, L.R. (Hrsg.): State of the World 1991. New York, London: W.W. Norton, 132 – 153.
Rippen, G. (1992): Rüstungsaltlasten-Erkundung, Bewertung, Sanierungsverfahren. 8. Münchner Gefahrstofftage 1992

D 1.3.3 Hauptsyndrome der Bodendegradation

1.3.3.13 Syndromübergreifende Handlungsempfehlungen

Aus der Analyse der Syndrome lassen sich verschiedene Handlungsempfehlungen ableiten. Da diesen *übergreifenden* Empfehlungen wegen der bei ihrer Implementation zu erwartenden Synergieeffekte eine besondere Bedeutung zukommt, sind sie in *Tab. 22* synoptisch und in der Reihenfolge der Häufigkeit ihres Auftretens aufgeführt. Dabei stellen die Bezeichnungen der Handlungsempfehlungen notwendigerweise Vergröberungen dar; sie sollten daher immer im Zusammenhang mit dem jeweiligen Syndrom interpretiert werden. Die Bedeutung der jeweils *syndromspezifischen* Abhilfemaßnahmen und Hinweise (vgl. 1.3.3.1 bis 1.3.3.12) soll durch die zusammenfassende Hervorhebung *übergreifender* Aspekte nicht geschmälert werden.

Aus der Synopse *(Tab. 22)* der übergreifenden Handlungsempfehlungen wird ersichtlich, daß der *Förderung von „Bodenbewußtsein"* eine besondere Bedeutung zukommt. Derzeit findet die Bodenproblematik mit ihren Wechselbeziehungen bei der Mehrheit der Bevölkerung, aber auch bei Entscheidungsträgern und expliziten Bodenak-

Tabelle 22: Übergreifende Handlungsempfehlungen für die Syndrome der Bodendegradation

Empfehlungen	Huang He	Dust Bowl	Sahel	Sarawak	Aralsee	Saurer Regen	Bitterfeld	São Paulo	Los Angeles	Katanga	Alpen	Verbr. Erde
Förderung von „Bodenbewußtsein"	●	●	●	●	●	●	●	●	●	●	●	●
Nationale Bodenschutzgesetze	●	●		●	●		●		●	●	●	●
Stärkung der Bürgerbeteiligung (Partizipation; Demokratisierung)	●	●	●	●	●				●	●	●	
Renaturierungsmaßnahmen (u. a. Sanierung)		●		●	●		●		●	●	●	●
Bodenschonende Raumplanung (integrierte Siedlungsplanung)		●	●	●	●			●	●		●	
Agrarpolitik (angepaßt, dezentral, umweltverträglich)	●	●	●	●	●	●		●				
Sozialbindung von Bodeneigentum; Eindämmung von Spekulation	●	●		●				●	●		●	
Emissionsreduktion (Energie-/Verkehrs-/Agrarpolitik etc.)		●				●	●	●	●		●	
Reduktion von Bevölkerungswachstum und Migration	●	●	●		●			●				
Armutsbekämpfung	●		●	●				●	●			
Neue/angepaßte Technologien und Technologietransfer			●		●	●	●	●				
Stadtentwicklung (u. a. zur Verhinderung von Stadtflucht)								●	●		●	
Zuweisung von Eigentumsrechten/ Landreform etc.	●		●					●				
Entschuldung			●	●								
Entwicklungshilfe (unter Beachtung der Kultur-/Sozialfunktion)			●							●		
Zusammenführung von Wohnen, Arbeiten und Versorgung								●			●	

Quelle: WBGU

teuren (z.B. Landwirten) nur geringe Beachtung. Deshalb ist es notwendig, Boden in allen gesellschaftlichen Bereichen zum Gegenstand von Umwelterziehung und Umweltinformation zu machen.

Dabei müssen alle Ebenen der Mensch-Boden-Beziehung berücksichtigt werden, um ein entsprechendes Verantwortungsbewußtsein zu wecken. So kommt der Vermittlung von Wissen über Böden und über den Zusammenhang von menschlichem Verhalten und Bodendegradation ebenso große Bedeutung zu wie der Förderung emotionaler Zugänge zur Bodenproblematik. Boden muß „erfahrbar" und „begreifbar" gemacht werden und die konkreten Handlungsmöglichkeiten und -kompetenzen in bezug auf Böden (von der Bodenbearbeitung und -entlastung bis hin zum Einkauf bodenschonend hergestellter Produkte) müssen vermittelt werden. Dabei kann die Stärkung der Beteiligungsmöglichkeiten der Bürger an bodenrelevanten Entscheidungen in vielen Bereichen zu einem erhöhten Verantwortungsbewußtsein für den Boden führen.

Diese Maßnahmen im psychosozialen Bereich, die langfristig angelegt sind, müssen ergänzt werden durch übergreifende Maßnahmen rechtlicher und planerischer Art. Die politischen Rahmenbedingungen des *Bodenschutzes* (nationale Bodenschutzgesetze, bodenschonende Raumplanung, Agrarpolitik, Stadtplanung, Zuweisung von Handlungs- und Verfügungsrechten, Zusammenführung von Wohnen, Arbeit und Versorgung) müssen der Bedeutung des Problems angepaßt werden, ebenso wie die technisch orientierten Einflußnahmemöglichkeiten (Renaturierungsmaßnahmen, Emissionsreduktion, neue/angepaßte Technologien) und *flankierende Maßnahmen in bezug auf die Bevölkerungsentwicklung* (Reduktion des Bevölkerungswachstums, Armutsbekämpfung) und – nicht zuletzt – die *Entwicklungspolitik* (Entschuldung, technische und finanzielle Hilfemaßnahmen).

Die Folgen der Bodennutzung sind teils langfristig, teils irreversibel und gehen über den genutzten Bodenbereich weit hinaus. Daher sollten die Interessen der Allgemeinheit am Boden im Sinne einer Sozialbindung bzw. Ökologiepflichtigkeit des Bodeneigentums in alle bodenbezogenen Instrumentarien einfließen, in das Recht ebenso wie in das wirtschaftliche Handeln und die Politik.

2 Zwei regionale Fallbeispiele der Bodendegradation

Die folgenden Fallbeispiele behandeln exemplarisch die Krankheitsbilder „Überbeanspruchung marginaler Standorte: Das „Sahel-Syndrom" und „Lokale Kontamination, Abfallakumulation und Altlasten: Das „Bitterfeld-Syndrom". Diese Analysen sollen ein fachübergreifendes und syndromorientiertes Fundament mit regionaler Auflösung für das „bodenbezogene globale Beziehungsgeflecht" liefern. Die fachübergreifende Betrachtungsweise dient der Identifikation der regionsspezifischen zentralen Wirkungsmechanismen; die Erfassung von Detailwissen wird zugunsten dieses Ziels zurückgestellt.

Derartige Analysen können als Basis für Untersuchungen mit noch höherer regionaler Auflösung dienen, die die wirtschaftlichen, politischen und soziokulturellen Trends mit ihren Wechselwirkungen differenzierter betrachten. Die Zusammenschau von Analysen unterschiedlicher Auflösung (von global bis regional) stellt nach Auffassung des Beirats ein geeignetes Instrumentarium zur Bearbeitung von Problemen dar, die sich durch indirekte Wechselwirkungen mit großer Reichweite auszeichnen. Das Fallbeispiel „Sahel" steht stellvertretend für einen Großraum, das Fallbeispiel „Leipzig-Halle-Bitterfeld" für einen Ballungsraum.

2.1 Fallbeispiel Großraum „Sahel"

In diesem Kapitel soll das Syndrom „Überbeanspruchung marginaler Standorte" am Beispiel der Sahelzone bearbeitet werden. Der regionale Schwerpunkt der Darstellung liegt dabei auf den für die Sahelzone besonders typischen Ländern Burkina Faso, Niger und Mali.

Die Wahl dieses regionalen Schwerpunkts spiegelt, wie zu zeigen sein wird, die *globale Bedeutung* der Probleme in der Sahelzone wider. Ökozonen mit ähnlicher naturräumlicher Ausprägung wie die Sahelzone (Savannen und Steppen) machen etwa ein Viertel der Landoberfläche der Erde aus, mit etwa 37% der terrestrischen Nettoprimärproduktion (Enquete-Kommission, 1990). Weitere Trockengebiete, die wie der Sahel desertifikationsgefährdet sind und bei Klimaänderungen mit Verlusten an landwirtschaftlich nutzbarer Fläche zu rechnen haben, sind: der Maghreb, das südliche Afrika, Westarabien, Teile Südostasiens, Teile von Mexiko und Ostbrasilien. Zusätzliche Gebiete, die ebenfalls von Wasserknappheit und Desertifikation bedroht sind, liegen im Südwesten der USA, in Australien und im Mittelmeerraum (Enquete-Kommission, 1990; IPCC, 1990a). Insgesamt leben zur Zeit ca. 135 Mio. Menschen in Gebieten, die akut von Desertifikation betroffen sind. Darüber hinaus befinden sich die meisten LLDCs in den Trockenzonen der Erde (Falkenberg und Rosenström, 1993), und auch das Problem der Umweltflüchtlinge konzentriert sich in diesen Ländern.

In der Berichterstattung über Umweltkrisen in der Sahelzone (im folgenden auch „Sahel" abgekürzt) und anderen desertifikationsbedrohten Regionen findet man häufig die Kette: „Bevölkerungsdruck, Überweidung, Abholzung und Bodendegradation". Ausgangspunkt der folgenden Untersuchung ist jedoch die Annahme, daß die Bodendegradation in vielen Fällen nicht nur ein Problem des Bevölkerungswachstums, sondern vor allem auch eine Folge anderer gesellschaftlicher Veränderungen ist. In der folgenden Querschnittbetrachtung wird die genannte Ursachenkette daher um eine Reihe sozioökonomischer Faktoren ergänzt, und es werden die für die Bodendegradation wichtigsten wirtschaftlichen und sozialen Trends in ihren Wechselwirkungen analysiert.

2.1.1 Natur- und sozialräumliche Einführung

Definition der Sahelzone

Geographisch handelt es sich bei der Sahelzone um einen Landstreifen in Afrika, der sich um den 15. nördlichen Breitengrad vom Atlantik bis zum Roten Meer erstreckt. Er hat ca. 5.000 km Länge und eine durchschnittliche Breite von 400 km. Der Begriff „Sahel" stammt aus dem Arabischen und bedeutet „Ufer" – hier der südliche Rand der Sahara. Geoökologisch wird der Sahel als Übergangsbereich zwischen Wüste und Savanne definiert. Schlüsselfaktor ist dabei der Niederschlag: die Sahelzone wird im Norden etwa durch die 200 mm und im Süden durch die 600 mm Isohyete (Linie gleicher Niederschlagsmenge) begrenzt. Die folgenden Staaten liegen ganz oder teilweise in der Sahelzone: Äthiopien, Burkina Faso, Cap Verde, Gambia, Guinea Bissau, Mali, Mauretanien, Niger, Senegal, Sudan, Tschad.

Klima und Wasser

Abb. 45 zeigt die streifenförmige Klimazonierung der Region, wobei die Zone mit 200 – 600 mm Niederschlag in etwa den Sahel definiert.

Klimatisch gesehen ist die Sahelzone tropisch arid bis semiarid, mit hoher Einstrahlung und hohen Temperaturen, sie hat ein Monsunklima mit starker Saisonalität, d.h. Sommerregen und Trockenheit im Winter. Die feuchte Jahreszeit dauert im Süden bis zu sechs Monate, im Norden nur ca. einen Monat, mit einem Regenmaximum im August. Sowohl die saisonale als auch die räumliche Niederschlagsvariabilität sind sehr groß; die Trockengrenze des Feldbaus *(Abb. 45)* kann entsprechend von Jahr zu Jahr um bis zu 450 km wandern.

Der Sahel ist also durch Wasserknappheit charakterisiert, d.h. durch kurzzeitige Niederschläge, geringe Luftfeuchte in der Trockenzeit mit entsprechend hoher potentieller Verdunstung, aber auch durch geringe Wasserspeicherfähigkeit der Böden. Lediglich im Bereich der großen, permanent wasserführenden Flüsse, wie Niger, Senegal und Nil, steht das ganze Jahr Oberflächenwasser zur Verfügung. Die Niederschläge haben oft hohe Intensität, was spontanen Oberflächenabfluß, Fluten und Überschwemmungen zur Folge hat.

Stärker als in anderen Regionen treten im Sahel lange Perioden starker Abweichungen vom mittleren Klima auf, vor allem extreme Dürren (z.B. 1972/73 und 1983/84). Verschärft wird die Klimasituation dadurch, daß die jährlichen Regenfälle in den letzten drei Dekaden um 20 – 40% gegenüber den drei vorhergehenden Dekaden abnahmen und die Regenzeiten kürzer ausfielen (Arnould, 1990; Nicholson, 1993).

Böden und Vegetation

Dem Niederschlag folgend sind auch die Böden und die Vegetation des Sahel zonal angeordnet. Mit zunehmenden Niederschlägen nach Süden hin sind die Böden stärker ausgewaschen, verwittert, stärker eisenhaltig und rötlicher als im Norden. Einen großen Teil der Sahelzone nehmen sogenannte Altdünen ein, d.h. die Sahelböden sind entsprechend sandig („Arenosols", gemäß FAO Nomenklatur). Sie sind arm an organischer Substanz und die Kohlenstoffgehalte liegen meist unter 0,3%. Die Bodenfruchtbarkeit ist überwiegend gering, die für die Versorgung der Pflanzen mit Nährstoffen wichtige Kationenaustauschkapazität ist niedrig, wie auch die Wasserspeicherfähigkeit, die Tiefgründigkeit und die Strukturstabilität (Sivakumar et al., 1992). Daher sind die Böden der Sahelzone recht empfindlich gegenüber anthropogenen Eingriffen. Klimatisch bedingt sind diese Böden etwa neun Monate im Jahr sehr trocken und entsprechend durch Winderosion gefährdet. Wie im Kap. D 1.1.2 beschrieben, entwickeln sich Böden im allgemeinen langsam. Die Trockenheit im Sahel verlangsamt die Bodenbildung weiter, so daß anthropogene Bodendegradationen nicht mehr natürlich kompensiert und somit irreversibel werden können.

Die Vegetation des Sahel *(Tab. 23)* folgt der streifenförmigen Zonierung von Klima und Böden mit einem Übergang von reinem Grasland im Norden zu den Trockensavannen im Süden mit einer Zunahme der Vegetationsdichte und Artenvielfalt. Die Wachstumsperiode wird mit zunehmenden Niederschlägen nach Süden hin länger, von weniger als 75 Tagen nördlich des 16. Breitengrades bis zu 150 Tagen im Bereich des 14. Breitengrades (FAO, 1982b). Dementsprechend steigt die potentielle Produktivität der Landwirtschaft nach Süden hin an.

Heute ist durch unangepaßten Feldbau, Viehweide und Feuer die Primärvegetation des Sahel fast völlig vernichtet und das Artenspektrum entsprechend stark verändert. Trockenwälder sind zu Sekundärsavannen umgewandelt. Diese Degradation der natürlichen Ressourcen wird in ariden Gebieten als *Desertifikation* bezeichnet *(Kasten 21)*.

Abb. 46 zeigt die Bedeutung der verschiedenen Arten der Bodendegradation im Sahel. Deutlich dominiert im trockenen Norden die Winderosion, im feuchteren Süden die Wassererosion.

D 2.1 Großraum „Sahel"

Abbildung 45: Niederschläge im Sahel

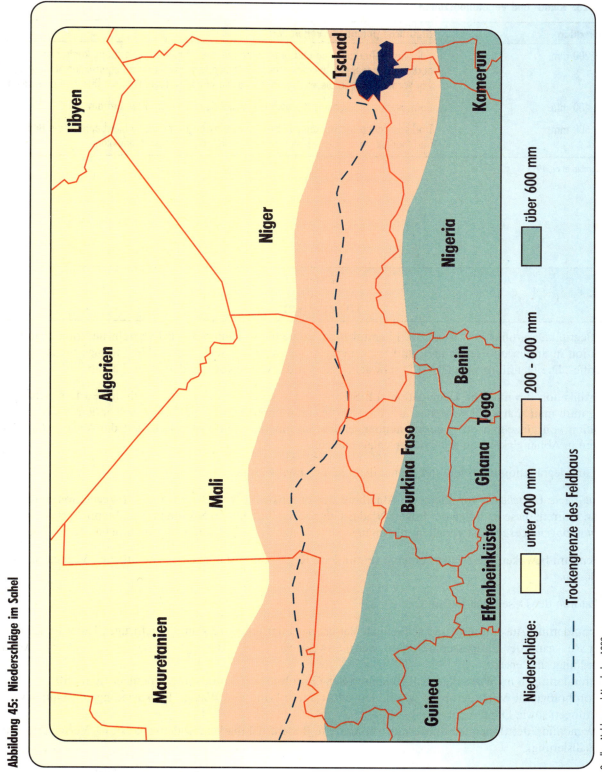

Quelle: Nohlen und Nuscheler, 1993

Tabelle 23: Klima- und Vegetationszonen

Niederschlag	Natürliche potentielle Vegetation
100 – 200 mm:	Halbwüsten-Trockenrasen und Grassteppe mit mehrjährigen Horstgräsern, kontrahierte trockenheitsangepaßte (xeromorphe) Vegetation, vorzugsweise an begünstigten Standorten wie Wadirändern, in dieser Zone begrenzt die Wasserverfügbarkeit die Biomasseproduktion
200 – 400 mm:	Dornsavanne mit Dornensträuchern und einjährigen Kräutern bzw. Gräsern
400 – 600 mm:	Trockensavanne mit Trockengehölzen sowie einjährigen Kräutern; hier begrenzt die Bodenfruchtbarkeit stärker als die Wasserverfügbarkeit die Biomasseproduktion

Quelle: Lambin et al., 1993

Kasten 21

Desertifikation

Der Begriff „Desertifikation" ist in der Literatur nicht einheitlich definiert. UNEP versteht darunter „Landdegradation in ariden und semiariden und trockeneren subhumiden Zonen hauptsächlich infolge menschlicher Eingriffe". Die Definition von UNCED schwächt dagegen die Verantwortung des Menschen ab.

Desertifikation bewirkt eine Degradation von Steppen oder Savannen hin zu wüstenähnlichen Landschaften. Diese muß man sich nicht vorstellen als eine ständig voranschreitende Front der Wüste, sondern als eine Degradation von einzelnen oft unzusammenhängenden Savannenflächen. Dabei fluktuiert die Ausdehnung der Wüsten in Abhängigkeit von den Niederschlagsmengen.

Die Landdegradation in ariden und semiariden Gebieten hat verschiedene Ursachen:

- *Natürliche Ursache* ist vor allem die Abnahme der Produktivität von Böden und der Vegetation aufgrund von Dürren; diese ist Folge der hohen Niederschlagsvariabilität in den Savannen- und Steppengebieten.
- *Anthropogene Ursache* ist vor allem die unangepaßte Nutzung und Belastung der natürlichen Ressourcen.

Gemeinsam bewirken diese Faktoren eine verminderte Regenerationsfähigkeit der natürlichen Vegetation und der Böden.

Indikatoren der Desertifikation sind:

- Veränderung, Ausdünnung und schließlich Verlust der Pflanzendecke, damit langfristiger, kaum umkehrbarer Rückgang der Biomasseproduktion. Beispielsweise werden mehrjährige Gräser durch einjährige Arten verdrängt und ersetzt.
- Veränderungen im Wasserhaushalt (Bodenwasser, Grundwasser, Verdunstung, Oberflächenabfluß).
- Morphologische Veränderungen wie Bodenverlust durch Wind und Wasser, Reaktivierung von Dünenwanderungen sowie Dünenneubildung.
- Degradation der Böden (Aridifizierung, verminderte Bodenfruchtbarkeit, Bodenverkrustung, Versalzung und Alkalisierung).

Die Schätzwerte unterschiedlicher Quellen über den Verlust an landwirtschaftlicher Fläche durch Desertifikation liegen weit auseinander. Nach Hahn (1991) gehen im Sahel seit der großen Dürre 1972/73 jedes Jahr etwa 1,5 Mio. ha landwirtschaftlich nutzbarer Fläche durch Desertifikation verloren. Inzwischen sind demnach ca. 90% des Weidelandes und 80% des unbewässerten Ackerlandes im Sahel von zumindest schwacher Desertifikation betroffen. Inwieweit solche Desertifikationsprozesse reversibel sind, ist noch nicht eindeutig geklärt.

D 2.1 Großraum „Sahel"

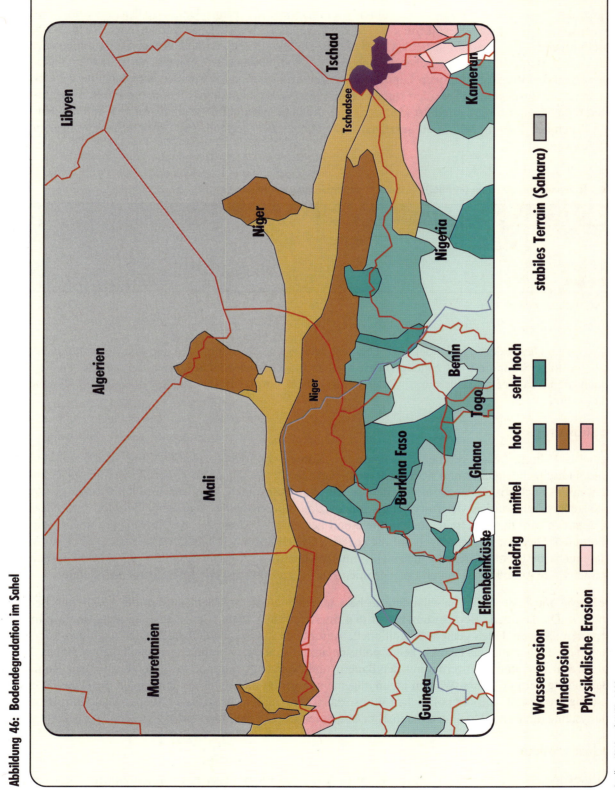

Abbildung 46: Bodendegradation im Sahel

Quelle: ISRIC und UNEP, 1990

Bevölkerung

Bis zu 90% der Bevölkerung der Sahelzone leben im ländlichen Raum. Allerdings unterliegt die Bevölkerungsstruktur einer raschen Dynamik, die durch zwei Phänomene gekennzeichnet ist: *Wachstum* und *Migration*. Die Wachstumsrate der Sahelbevölkerung ist eine der höchsten weltweit, sie beträgt etwa 3% pro Jahr. Die durchschnittliche Lebenserwartung beträgt 51,8 Jahre (UNDP, 1992). Zu dem hohen Bevölkerungswachstum kommt eine Verschlechterung der Lebensbedingungen in den ländlichen Gebieten hinzu, was in Verbindung mit Dürreperioden die Migration vom Land in die Städte und in die angrenzenden Küstenländer verstärkt. Aus temporären „Arbeitsmigranten" werden zunehmend permanente Siedler in den naturräumlich begünstigten feuchteren Gebieten. Es wird geschätzt, daß der Grad der Urbanisierung für ganz Afrika von 16% im Jahr 1980 auf voraussichtlich 24% im Jahr 2000 ansteigen wird, wobei das Wachstum der Städte bislang weitgehend unkontrolliert verläuft.

Tabelle 24: Bevölkerungszahlen (in Mio.) für die Schwerpunktregion im Sahel

	1975 (FAO)	1991 (WB)	2000 (WB)	2025 (WB)
Mali	5,8	8,7	11	24
Niger	4,6	7,9	11	24
Burkina Faso	6,1	9,3	12	23

Quellen: FAO, 1982b und Weltbank, 1993

Die *Bevölkerungsdichte* der Sahelländer zeigt ebenfalls eine zonale Strukturierung, die den naturräumlichen Gegebenheiten folgt. Sie nimmt mit zunehmenden Niederschlägen nach Süden hin zu; die feuchtesten Regionen im Süden dieser Länder sind allerdings wieder weniger dicht bevölkert, da Krankheiten sich dort klimabedingt leichter ausbreiten.

Sozialstruktur

Der Sahel ist kulturhistorisch gesehen eine komplexe „Kontakt- und Konfliktzone" (Krings, 1993) arabo-berberischer nomadischer Viehhalter und negrider Bauern und Städter. Neben vielen Unterschieden in der ethnischen Struktur gibt es auch soziale Gemeinsamkeiten, so z.B. stark ausgeprägte Familien- und Dorfstrukturen. Vorhandene Kastensysteme wurden vielerorts bereits um die Jahrhundertwende abgeschafft (Nohlen und Nuscheler, 1993), dennoch wird die Unterscheidung in Freie und Leibeigene von einigen Bevölkerungsgruppen heute noch vorgenommen. Dies hat Auswirkungen auf die sozialen Beziehungen, z.B. das Heiratsverhalten oder das Verbot des Gebrauchs bestimmter ackerbaulicher Hilfsmittel (Knierim, 1993). Die Situation der Frauen im Sahel ist durch wachsende Arbeitsbelastung und mangelnden Zugang zu Bildungseinrichtungen gekennzeichnet.

Die *politische Macht* ist in den Sahelländern in besonderer Weise zentralisiert und auf die städtischen Bereiche konzentriert. Die ländliche Bevölkerung hat in den meisten Fällen keine lokalen Institutionen, die ihre Interessen vertreten könnten. Doch genießen traditionelle Autoritäten bei der ländlichen Bevölkerung noch immer hohes Ansehen, auch wenn sie faktisch keine politisch-administrativen Kompetenzen mehr haben (Weiß, 1993). Die unzureichende Interessenvertretung der Bauern und Nomaden führt oft zu gesellschaftlichen Konflikten. Die Beteiligung bei politischen Wahlen ist im allgemeinen gering und unter der ländlichen Bevölkerung besonders niedrig. Insgesamt sind die politischen und sozialen Strukturdefizite im Sahel hoch, zumal Korruption und Klientelsysteme die Entwicklung demokratischer Strukturen bislang behindert haben.

Wirtschaftsstruktur

Die sozioökonomischen Daten für den Sahel im vorliegenden Kapitel basieren auf nationalen Erhebungen für die Länder Burkina Faso, Mali, Mauretanien, Niger, Senegal, Sudan und Tschad. Diese Länder gehören zu den ärmsten der Welt (LLDCs). Das Pro-Kopf-Einkommen lag beispielsweise 1991 in Mali, Niger und Burkina Faso zwischen 280 und 300 US-$ (zum Vergleich: Bundesrepublik, alte Länder 23.650 US-$). Der größte Teil des

Bruttosozialprodukts (BSP) der Sahelländer wird im landwirtschaftlichen Sektor erwirtschaftet. Dabei muß allerdings berücksichtigt werden, daß in Entwicklungsländern wie denen des Sahel das BSP nur ein sehr unvollkommener Maßstab für die wirtschaftliche Leistungskraft ist, weil Güter und Dienstleistungen, die nicht über den Markt gehandelt werden, unberücksichtigt bleiben.

Afrika ist die einzige Region der Welt, in der in den letzten 25 Jahren die Nahrungsmittelproduktion pro Kopf der Bevölkerung gesunken ist (Quiroga, 1990). In bezug auf die Ernährung liegt der Sahel im unteren bis mittleren Bereich der Entwicklungsländer; die Kalorienversorgung in Burkina Faso, Mali und Niger liegt unter 2.200 kcal pro Kopf und Tag und damit unter dem UN-Standard (FAO, 1993b). Die Abhängigkeit von Nahrungsmittelimporten ist hoch, es werden vor allem Weizen und Reis importiert.

Kasten 22

Bodendegradation im Sahel

In der Sahelzone finden sich die vier Kategorien der Bodendegradation: Wassererosion, Winderosion, chemisch bedingte Degradation und physikalisch bedingte Degradation. Da diese oft als Folge unangepaßter Landnutzung auftreten, werden sie im folgenden im Zusammenhang mit den jeweiligen Landnutzungsarten dargestellt.

Ackerbau: Der Ersatz der natürlichen Vegetation und die Beseitigung der verbliebenen Vegetationsreste (Bäume und Büsche) bei der Landkultivierung sowie der Anbau in Monokulturen führen zu verstärkter Bodenexposition und -erosion; unangepaßte Bodenbearbeitungsmaßnahmen können dies beschleunigen. Darüber hinaus werden den ohnehin nährstoffarmen Böden durch die derzeit vorherrschenden Formen des Ackerbaus permanent Nährstoffe bei der Ernte entnommen und nicht wieder ersetzt *(nutrient mining)*.

Grundwasserabsenkung durch *Übernutzung* der *Wasserressourcen* vermindert die Bodenfeuchte und damit die pflanzliche Wasserversorgung. Künstliche Bewässerung als Antwort auf den Wassermangel führt bei unzureichender Drainage zur Versalzung oder Alkalisierung der Oberböden.

Bei der Übernutzung durch *Beweidung* kommt es zu einem Ersatz der mehrjährigen Gräser durch einjährige, die sich dank schnellerer Samenreife behaupten können. Daraus ergeben sich Änderungen der Artenzusammensetzung hin zu wüstenartigen Pflanzengesellschaften. Die Durchwurzelungstiefe und damit der Schutz des Bodens gegen Erosion sinkt. Fortdauernder Weidedruck, einschließlich des Viehverbisses an Holzpflanzen, führt schließlich zum Verlust der Pflanzendecke und zu Bodendegradation. Die mangelnde Pflanzenbedeckung erhöht den Erosionseinfluß von Wasser und Wind weiter. Viehtritt wirkt hierbei verstärkend, da er die Bodenstruktur zerstört (Klaus, 1986). Organische Substanz und Nährstoffe, die zuvor im Oberboden gebunden und deshalb gut gegen Auswaschung geschützt waren, werden aus dem System ausgetragen.

Die *Abholzung* aufgrund des hohen Brennholzbedarfs überschreitet die Regeneration durch nachwachsende Bäume erheblich, sahelweit um ca. 30% (Timberlake, 1985). In Burkina Faso werden z.B. über 90% des nationalen Energiebedarfs aus Holz gedeckt. Dort, wo der Bedarf an Brennmaterial aus Holz nicht mehr gedeckt werden kann, wird getrockneter Kuhdung verwendet, dessen Funktion als Dünger damit verlorengeht, mit der Folge weiterer Bodenverarmung.

Die bei abnehmender Vegetationsbedeckung zunehmende Exposition des Bodens gegenüber der sehr intensiven Sonneneinstrahlung sowie ein verändertes Mikroklima führen zu verstärkter *Bodenaustrocknung*. Dabei werden Bodentemperaturen von 60 °C und mehr erreicht, was zu einer Aridifizierung der Böden, zusätzlich erhöhter Anfälligkeit für Winderosion und extremen Umweltbedingungen für die verbliebenen Pflanzen führt. Gleichzeitig ändern sich die physikalischen Eigenschaften des Bodens. Wenn sich z.B. die Wasserspeicherfähigkeit des Bodens vermindert, verlängert sich die Trockenzeit für die Pflanzen und die Standortsituation begünstigt trockenheitsangepaßte (xeromorphe) Pflanzen, es kommt zu einer Änderung der Artenzusammensetzung.

> Die Tropfen der im Sahel sehr intensiven *Regen* werden bei abnehmender Vegetationsbedeckung nicht mehr gebremst, zerstören die Bodenaggregate und nachfolgend werden Bodenporen mit Feinmaterial aufgefüllt. Verstärkt durch Krustenbildung bei anschließender Austrocknung wird damit die Bodenoberfläche zunehmend versiegelt. So vermindert sich die Infiltration, was negative Auswirkungen auf die Grundwasserneubildung hat. Gleichzeitig verstärkt sich der Oberflächenabfluß mit seiner erosiven Wirkung. Diese Folgen werden durch die Verdichtung des Bodens aufgrund von Viehtritt weiter verstärkt.
>
> *Winderosion* ist in den ariden und semiariden Tropen weit verbreitet. Ursache ist fast immer der Verlust natürlicher Vegetationsbedeckung. In Westafrika werden 400 – 600 Mio. t Boden jährlich vom Wind ausgetragen (Herkendell und Koch, 1991). Besonders die heißen Harmattan-Winde der Trockenzeit tragen dazu bei.
>
> *Wassererosion* ist in den Tropen aufgrund der empfindlichen Bodenstruktur und der tropisch heftigen Regenfälle erheblich stärker als in gemäßigten Breiten (Sivakumar et al., 1992). Die Erosionsraten sind bestimmt von den Regenmengen und -intensitäten sowie von Hangneigung und Vegetationsbedeckung (Lal, 1987). Die Erosionszahlen sowie Meßmethoden sind jedoch umstritten. Wichtigster Erosionseffekt sowohl bei der Wasser- als auch bei der Winderosion ist der Verlust von Oberboden.

Um die syndromspezifischen Wechselwirkungen zu identifizieren wird im folgenden eine Querschnittsbetrachtung gewählt, wobei nach den im Sahel dominierenden Landnutzungsformen, d.h. Weidewirtschaft *(Nomadismus),* Ackerbau *(Subsistenzfeldbau)* und Intensivlandwirtschaft *(Cash-Crop-Anbau)* unterschieden wird.

2.1.2 Nomadismus und Übernutzung der Böden

Der Begriff Nomadismus umfaßt ein weites Spektrum mobiler Lebens- und Wirtschaftsweisen in einem Naturraum, in dem die natürlichen Ressourcen für das dauerhafte Überleben von Menschen, deren Existenzgrundlage die Viehhaltung bildet, an einem festen Standort nicht ausreichen. Dieses unterscheidet den Nomadismus grundsätzlich von anderen Formen der mobilen Tierhaltung (Scholz, 1991).

2.1.2.1 Traditionelle nomadische Lebensweise

Die traditionelle Viehhaltung der Nomaden und Halbnomaden im Sahel gilt in der wissenschaftlichen Literatur als Inbegriff einer angepaßten Nutzung der Ressourcen Wasser, Boden und Weideraum (Fuchs, 1985). Räumliche und organisatorische Flexibilität sichern die ökologische Angepaßtheit. Der Grundsatz der Flexibilität wird ergänzt durch eine Strategie der Risikominimierung: im Zentrum der Verhaltensnormen steht bei diesem traditionellen System nicht die Gewinnmaximierung, sondern die Risikominimierung. Wanderungen, Herdengröße und -zusammensetzung werden bestimmt von der Ergiebigkeit der Weidegründe. Räumliche Nutzungsregelungen und Reservierung gewisser, sich ergänzender Gebiete für Notzeiten, d.h. Nichtnutzung über längere Zeiträume, begrenzen die Beweidung, so daß es der Vegetation möglich ist, sich von überhöhtem Weidedruck zu erholen. Des weiteren wird durch eine Diversifizierung der Nutztierarten eine einseitige Beweidung und damit eine zu einseitige Nutzung der pflanzlichen Ressourcen vermieden, die das Ökosystem erheblich verändern würde.

Die Strategien zur Sicherung der räumlichen und organisatorischen Flexibilität und damit der ökologischen Angepaßtheit der Landnutzung gehen einher mit einer Reihe von sozialen Sicherheitsstrategien. Der Überlebenssicherung dienen insbesondere verschiedene Formen der Arbeitsteilung sowie soziale Systeme der Risikoverteilung. Hier ist vor allem die hauswirtschaftliche Organisation zu nennen, die ihre Absicherung über die Herdengröße und die Anzahl von Arbeitskräften erzielt. Eine größere Einkommenssicherheit wird auch durch die Haltung verschiedener Nutztierarten, durch den Milch- und Viehverkauf und durch Zusatzaktivitäten (wie z.B. das Handwerk) erreicht (Lachenmann, 1984).

Soziale Solidarität heißt im Sahel für fast alle Bevölkerungsgruppen vor allem Solidarität von Verwandten. Je größer die Verwandtengruppe und je weiter sie gebietsmäßig ausgebreitet ist, desto geringer ist das Risiko der einzelnen Familienmitglieder. Innerhalb dieser „sozialen Netze" sind gegenseitige Rechte und Pflichten institutionalisiert. Darüber hinaus gibt es eine Risikoverteilung, der die Prinzipien der Reziprozität und der Redistribution zugrundeliegen (Weiß, 1990).

Diese Transferleistungen finden ihre Grenzen in Zeiten großräumiger Hungersnöte. Keines der sozioökonomischen Systeme im Sahel ist auf eine wirtschaftliche Selbstversorgung in allen Bereichen ausgerichtet, sondern jede wirtschaftliche Einheit, ob Nomadenlager oder Dorf, erweitert ihre ökologische Basis durch ein Netz von überwiegend nicht-monetären, weitläufigen Tauschbeziehungen (Fuchs, 1985). Diese räumliche und organisatorische Flexibilität hat über Jahrhunderte das Überleben der Menschen gesichert und die kärglichen Ressourcen durch periodische Nicht-Nutzung geschont. In der jüngsten Zeit unterliegt diese traditionelle, nachhaltige Lebensweise allerdings einem starken Wandel.

2.1.2.2 Wandel der traditionellen Lebensweise

Ein Niedergang des traditionellen Nomadismus im Sahel ist bereits seit Mitte des vergangenen Jahrhunderts zu beobachten. Äußerliche Anzeichen sind der Rückgang der traditionellen Formen der Wanderwirtschaft, die Seßhaftwerdung sowie die Umfunktionierung und Aufgabe von traditionellen Nutzungsräumen (Scholz, 1991). Es sind eine Reihe von endogenen und exogenen Faktoren, die diesen Wandel bewirkt haben und weiter verstärken, mit unterschiedlichen Folgen für die Landnutzung und die Bodendegradation.

2.1.2.2.1 *Veränderungen des Landnutzungsrechts*

Im Sahel existierte ursprünglich eine große Vielfalt traditioneller Landrechtsverhältnisse, die sich je nach naturräumlichen und soziopolitischen Gegebenheiten und Bevölkerungsdichte unterschieden. Es gab jedoch wichtige Gemeinsamkeiten. Meist handelte es sich um eine Form des *Common Property Regime (Kasten 23)*. Nur Angehörige bestimmter ethnischer Gruppen hatten Zugang zu festgelegten Weideflächen, und es bestanden Kontroll- und Sanktionsmöglichkeiten durch die traditionellen Autoritäten. Es gab zwar meist keine formale Fixierung dieser Rechte, dennoch existierte ein hohes Maß an Rechtssicherheit.

Einige dieser traditionellen Landnutzungsrechtssysteme finden sich noch heute auf lokaler Ebene. Gleichzeitig behielten viele frankophone Sahelstaaten nach ihrer Unabhängigkeit das französische Landrecht bei. Das entstandene „Mischsystem" ist sehr zentralisiert, von hoher Komplexität, wenig transparent und daher wenig effizient.

Für die Nomaden hatte die Veränderung der Landnutzungsrechte weitreichende Konsequenzen. Die Macht ging von einzelnen Nomadengruppen auf die Zentralregierung über und führte zu einem System, das dem freien Zugang *(free access)* ähnlicher ist als den *Common Property Regimes* (Hartje, 1993). Das hat negative Konsequenzen für den Bodenschutz: Um die Rechtssicherheit zu erhöhen, sind viele Regierungen dazu übergegangen, Land zu Staatseigentum zu erklären und/oder an Investoren zu verkaufen bzw. zu verpachten. Die dadurch bewirkte Unsicherheit der Besitzverhältnisse macht für Gruppen und Individuen Maßnahmen mit nur langfristig absehbarem Nutzen (wie Bodenschutzmaßnahmen) tendenziell unattraktiv.

Die politischen Entwicklungen nach der Unabhängigkeit haben die Problematik weiter verstärkt. Durch die Festlegung neuer Staatsgrenzen wurden Gruppen derselben Ethnie getrennt und die mobile Wanderviehhaltung erheblich erschwert. Die zentralistisch geprägten politischen Strukturen lassen bis heute Partizipation und demokratische Interessenvertretung nur in sehr begrenztem Maße zu, und werden damit den lokalen Erfordernissen nicht gerecht. Die Funktion des Stammes als soziales und politisches Bezugssystem sowie als organisatorische „Überlebenssicherung" hat damit an Bedeutung verloren (Scholz, 1991). Die vorwiegend nomadisch genutzten marginalen Gebiete werden zunehmend als wirtschaftlich-administrative Randgebiete behandelt und bleiben ohne hinreichende infrastrukturelle Anbindung.

Man kann in allen Sahelstaaten eine generelle Geringschätzung jeglicher Form mobiler Lebensweise feststellen. Ein hoher Anteil an nomadisierender Bevölkerung gilt heute als Rückständigkeit. Politische Maßnahmen zielen deshalb auf die Seßhaftmachung der Nomaden ab. Die Tatsache, daß die kargen Böden dieser Länder durch mobile Tierhaltung genutzt und erst dadurch volkswirtschaftlich in Wert gesetzt wurden, wird dabei vernachlässigt

Kasten 23

Landnutzungsrechte

In der entwicklungspolitischen Literatur findet sich häufig die These, Bodendegradation sei eine unmittelbare Folge von nicht eindeutig definierten Landnutzungsrechten. Insbesondere sei die unzureichende Definition und Zuweisung von Eigentumsrechten dafür verantwortlich, daß niemand von der Nutzung einer Ressource ausgeschlossen werden könne, so daß sich der einzelne Nutzer individuell rational verhielte, wenn er diese Nichtausschlußsituation zu seinem Vorteil nutzt. Dieses von Garrett Hardin in seinem klassischen Aufsatz „*The Tragedy of the Commons*" (1968a) beschriebene Phänomen wird von nationalen Regierungen wie von internationalen Entwicklungsinstitutionen oft als Begründung für Privatisierungsmaßnahmen angeführt. Andererseits wird aber auch bestritten, daß Privatbesitz die *einzige* ressourcenschonende Landbesitzform darstellt (stellvertretend Hartje, 1993; Ciriacy-Wantrup und Bishop, 1975; Ostrom, 1990).

Privatbesitz – *Private Property*
Private Property ist dadurch gekennzeichnet, daß Individuen, denen die Ressource gehört, das Recht haben, andere von der Nutzung auszuschließen *(Ausschlußprinzip)*. Daß diese Form des Landnutzungsrechts bodenschützend wirkt, wird durch folgende Argumente zu belegen versucht:

- der Besitzer dieser Rechte hat ein individuelles Interesse an der Erhaltung und Pflege der Ressource Boden, da er auch der Nutznießer der Qualitätsverbesserung ist bzw. „gutes" Land einen höheren Marktwert besitzt;
- bei Geltung des Ausschlußprinzips erfolgt die Nutzung durch wenige bzw. nur einen Nutzer und ist daher weniger intensiv;
- Bodenschutzmaßnahmen können teuer sein; Finanzinstitutionen sind bei privatem Landbesitz als Sicherheit am ehesten bereit, Kredite zu gewähren.

Clark (1973) und andere Autoren sind jedoch der Meinung, daß es auch bei Privateigentum unter bestimmten Umständen ökonomisch rational sein kann, die Ressource zu übernutzen.

Allmende-Systeme – *Common Property Regimes*
Im Unterschied zur *Open Access*-Situation (s.u.) sind *Common Property Regimes* regulierte Landnutzungssysteme. Genau definierte, begrenzte Gruppen regeln den Zugang zu der Ressource untereinander. Empirische Untersuchungen haben ergeben, daß unter bestimmten Bedingungen, vor allem bei funktionierender sozialer Kontrolle, dieses Regime kein Freifahrerverhalten bewirkt und somit trotz mehrerer Nutzer die Gefahr einer Ressourcendegradation nicht grundsätzlich besteht (Stevenson, 1991).

Bei erfolgreichen *Common Property Regimes* handelt es sich quasi um Verträge zwischen den Nutzern der Ressource. Diese Verträge regeln die Anzahl der Nutzer und die Grenzen der Ressource, Anpassungen an sich verändernde Eigenschaften der Ressource, kollektive Entscheidungen und die interne Überwachung von Beschlüssen, die die Ressource betreffen sowie Verfahren und Sanktionen bei Konflikten (Hartje, 1993). Es gibt jedoch eine Reihe von elementaren Voraussetzungen, die erfüllt sein müssen, damit *Common Property Regimes* funktionieren können:

- eine überschaubare Anzahl von Teilnehmern an der Nutzung; mit steigender Zahl erhöhen sich die Einigungskosten,
- eine homogene Interessenstruktur der Gruppe,
- geringe Opportunitätskosten; je höher der zu erwartende Gewinn aus dem Verletzen der Regeln, desto höher die Opportunitätskosten (der entgangene Gewinn) der Regelbefolgung.

Freier Zugang – *Open Access*
In einem Landnutzungssystem mit freiem Zugang *(Open Access)* haben alle Nutzer dieselben Rechte auf die Ressource. In der Tradition Hardins wird davon ausgegangen, daß dieser freie Zugang zwangsläufig einen Wettlauf aller an der Nutzung Interessierten um einen möglichst großen Anteil an der Ressource, in unserem Fall Boden, bewirkt. Übernutzung ist zu erwarten, weil Kooperationswillige befürchten müssen, daß die Nutz-

> nießer ihres Entsagens andere sind. Eine Übernutzung ist auch dann wahrscheinlich, wenn die Ressource knapp ist und/oder die Interessenten zu zahlreich sind.
>
> Fazit: Will man die Frage beantworten, ob ein bestimmtes System der Landnutzungsrechte zu Bodendegradation führt, müssen die Parameter Landverfügbarkeit, Eignung des Bodens für die Nutzung, Bevölkerungsdichte und Sozialverhalten sorgfältig beachtet werden.

(Scholz, 1991). Die Agrarpolitik zielt einseitig auf die Förderung von Ackerbau, auf seßhafte Produktionsformen oder investiert in Bewässerungsprojekte und entzieht damit der pastoralen Viehwirtschaft große Weidegebiete.

Bezüglich der Landnutzungsrechte im Sahel kann heute von einem *anomischen Zustand* gesprochen werden, d.h. es existiert eine Unklarheit bezüglich der Geltung von Normen und Regeln. Die traditionellen Regeln gelten offiziell nicht mehr, der Staat verfügt aber nicht über genügend Legitimität, um neue Bestimmungen durchzusetzen. Langfristige Investitionen, insbesondere Bodenschutzmaßnahmen, werden dadurch unattraktiv.

Diese unklaren Rechtsverhältnisse hindern die Nomaden an einer flexiblen Nutzung des Landes und tragen ihrem Bedürfnis nach Durchzugsrechten sowie Notzeitweiden nicht Rechnung. Darüber hinaus trägt die Privatisierung von Ressourcen auch zur wirtschaftlichen und sozialen Randstellung der Nomaden bei. Da die Nomaden selten über private Bodentitel verfügen, ist für sie die Kreditnahme und damit die Möglichkeit zur Marktteilnahme erschwert. Zahlreiche weitere Faktoren verstärken die entstehende ökonomische Unsicherheit.

2.1.2.2.2 Destabilisierung der traditionellen Lebensweise

Die wachsende Kommerzialisierung des Bodens, Lohnarbeit und Marktprozesse betreffen in zunehmendem Maße auch die verschiedenen nomadischen Gruppen im Sahel (Weiß, 1990). Damit entstehen neue Möglichkeiten des Einkommenserwerbs, die im Grundsatz zur Verbesserung der Ernährungssituation beitragen könnten. Auch Hilfeleistungen werden in zunehmendem Maße monetarisiert und nicht mehr freiwillig, aufgrund bestehender wechselseitiger Verpflichtungen, erbracht. Hand in Hand mit dieser Monetarisierung gehen Individualisierungstendenzen, d.h. kleiner werdende Produktions-, Konsum- und Lebenseinheiten. Monetarisierung und Individualisierung tragen insgesamt dazu bei, daß die Identifikation mit größeren Verbänden abnimmt, daß die herkömmlichen Mechanismen der gegenseitigen Hilfe und der Regelung des Ressourcenzugangs an Bedeutung verlieren und sich traditionelle Sicherheitsstrategien verändern.

Die Marktintegration trägt damit zur Auflösung der traditionellen Austauschbeziehungen bei, wodurch die betroffenen Bevölkerungsgruppen zur Überlebenssicherung wiederum stärker auf erfolgreiche Marktteilnahme angewiesen sind. All dies gestaltet sich in der gegenwärtigen Situation aber eher problematisch. Zum einen sind die Nomaden gerade in Dürrezeiten, d.h. in Zeiten des Überangebots an Tieren, zum Verkauf von Tieren gezwungen, zum anderen sind sie der Konkurrenz der seßhaften Viehhalter ausgesetzt. Als Hindernis für die Marktteilnahme erweist sich auch ihr kulturelles Erbe, wonach Tiere nicht nur als Statussymbole gelten, sondern auch als Symbolisierung interpersoneller Beziehungen, so daß der Halter nicht völlig frei über sie verfügen kann. So werden z.B. Tiere auch als Pfand verwendet, und ein akuter Mangel an Tieren kann über Geschenke oder Leihgaben ausgeglichen werden, wenn dies für die Ernährung der Familie bzw. die Reproduktion der Herde notwendig ist. Ein Viehverkauf dagegen bedeutet grundsätzlich die Aufkündigung wechselseitiger Hilfsbeziehungen.

Scheitert aus den oben beschriebenen Gründen die Marktintegration und fehlen andere Möglichkeiten zur Lebenssicherung, kommt es zur Abwanderung, meist zunächst der jungen Männer. Je nach der Höhe der Transferzahlungen an die zurückbleibenden Familienmitglieder kann die Migration zwar durchaus positive Effekte haben, die Viehwirtschaft wird dadurch aber auch einer wichtigen Stütze beraubt (Ibrahim, 1989). Die zurückbleibenden Frauen, Alten und Kinder legen keine längeren Distanzen mehr zurück; verkürzte Weidewanderungen belasten durch lokale Übernutzung die Böden.

Da die Marktintegration im Sahel noch nicht vollständig gelingt, während alte Überlebensstrategien nicht mehr in ausreichendem Maße greifen, sind die betroffenen Gruppen in ihrer Existenz bedroht. Seßhaftwerdung oder

Abwanderung werden häufig als einziger Ausweg gesehen, um der drohenden Armut zu entgehen. Das Ergebnis sind Bevölkerungsdruck und Viehkonzentration an anderer Stelle.

2.1.2.2.3 Zurückdrängung der Nomaden durch seßhafte Viehhalter

Seit Mitte der 70er Jahre hat die Zahl seßhafter Viehhalter im Sahel stark zugenommen. Es handelt sich dabei vor allem um private Investoren und Spekulanten aus der Gruppe der städtischen und politischen Eliten sowie um Bauern, die aus Gründen der Ernährungssicherung Viehhaltung betreiben. Dadurch wuchs, mit Ausnahme der Einbrüche in den Dürreperioden (z. B. 1972/73, 1983/84), der Viehbestand erheblich an *(Abb. 47)*.

Als Folge der zunehmend konzentrierten stationären Viehhaltung in Stadtnähe, z.B. in Form von Maststationen, ist es zu lokaler Ressourcenübernutzung und Bodendegradation gekommen (Degradationsringe) (Krings, 1993).

Nomaden wurden durch seßhafte Viehbesitzer sukzessive verdrängt, zum einen bedingt durch einen Übergang der Weidekontrolle auf die Seßhaften, zum anderen durch deren Marktmacht, insbesondere die Kontrolle der Handelsnetze. Diese Faktoren haben dazu beigetragen, daß die Wirtschaftskraft der Nomaden zugunsten der seßhaften Viehhalter geschwächt und ihre Marktintegration erschwert wurde. Darüber hinaus setzen die seßhaften Viehhalter oft Lohnhirten ein, deren Interesse an der Erhaltung von Land gering ist und die daher Weideregeln oft nicht einhalten. In Mali beispielsweise sind je nach Region 25 – 60% der Herden im Besitz von *absentee pastoralists*, also Viehhaltern, die sich nicht selber um die Weide kümmern (OECD et al., 1988).

Die Situation wird weiter dadurch verschärft, daß viele hochwertige Futtergräser, die vorher den Nomaden zur Verfügung standen, inzwischen von anderen Bevölkerungsgruppen gesammelt und an seßhafte Viehhalter verkauft werden. Die Konsequenz ist, daß die nomadischen Gruppen immer häufiger Zusatzfutter auf dem Markt erwerben müssen, wobei sie sich oft verschulden.

Insgesamt kann man festhalten, daß die oben beschriebene geringe Konkurrenzfähigkeit der Nomaden die lokale Ressourcenübernutzung weiter fördert.

2.1.2.2.4 Zurückdrängung der Nomaden durch Ackerbau

Während die Zahl der Nomaden und der Halbnomaden im Sahel weiter abnimmt, gewinnen gemischte ackerbauliche und viehhalterische Systeme durch ehemalige Nomaden oder Ackerbauern, insbesondere aber moderne Landwirtschaftsbetriebe in der Hand von gebietsfremden, städtischen Landbesitzern an Bedeutung. In der modernen Landwirtschaft tritt die Wechselwirkung zwischen Nomaden und Bauern im Nährstoffkreislauf der Felder zurück: die Weide auf abgeernteten Feldern, mit der Rückführung von Nährstoffen über Mist in den Boden, wird seltener (Johnson, 1993). Diese symbiotische Beziehung wird zunehmend durch Konkurrenz- und Konfliktbeziehungen ersetzt.

Traditionell steht der Nomadismus nicht in einem Konkurrenzverhältnis zum Ackerbau, zumal er dort seinen Schwerpunkt hatte, wo die ökologischen Verhältnisse kaum eine andere Landbewirtschaftung zuließen. Erst unter dem heutigen Nutzungsdruck kommt es zur Ausbreitung des Ackerbaus auf Kosten von Weidearealen, besonders durch Bewässerungsanbau. Überdies gehen die in Trockenzeiten wichtigen Weidemöglichkeiten auf den Überflutungsgebieten der Flüsse, z.B. des Niger, durch den Ackerbau verloren. Dort geht man unter Einbeziehung von Wasserbaumaßnahmen, wie Dämmen und Bewässerungssystemen, immer stärker vom Regenfeldbau zu permanentem Feldbau ohne Brachezeiten über. Nomaden werden in die Marginalzonen mit geringer Weidekapazität verdrängt. Es kommt zu Entwaldung der Savannen mit nachfolgendem Überbesatz an Vieh und intensivierter Landnutzung und den damit verbundenen Degradationserscheinungen (Ibrahim, 1989).

2.1.2.2.5 Internationale Einflüsse auf die nomadische Viehhaltung

Neben den oben geschilderten endogenen Ursachen für den wirtschaftlichen und sozialen Wandel der Nomaden im Sahel verstärken auch exogene Faktoren diese Entwicklungen. Auf zwei wesentliche internationale Einflüsse soll im folgenden eingegangen werden, auf Entwicklungszusammenarbeit und auf Fleischimporte.

D 2.1 Großraum „Sahel"

Abbildung 47: Viehbestände in ausgewählten Sahelländern

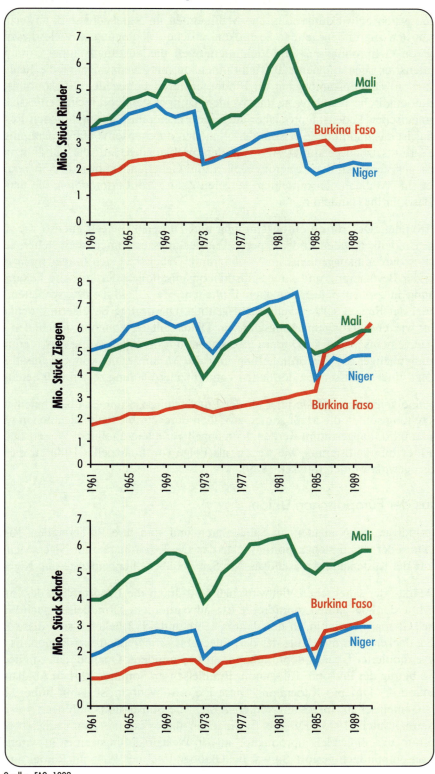

Quelle: FAO, 1992

Entwicklungszusammenarbeit

In der Vergangenheit waren entwicklungspolitische Maßnahmen im Sahel sehr stark an technischen Lösungen orientiert, weniger an den zugrundeliegenden sozioökonomischen Bedingungen. Viele dieser Maßnahmen, wie z.B. die Einrichtung von Viehproduktions- und Viehfutterfarmen, die Nutzung knapper Grundwasserreserven unter Einsatz kapitalintensiver Technologien (z.B. Tiefbrunnenbau mit freiem Zugang), die Realisierung von Großbewässerungsprojekten sowie Impfkampagnen für Rinder, erwiesen sich weder als ökonomisch noch als sozial sinnvoll. So wurden nomadische Wanderwege und Weidenutzungssysteme oft nicht berücksichtigt, was eine Einschränkung des nomadischen Lebensraumes, aber auch die Erschöpfung der natürlichen Ressourcen zur Folge hatte. Darüber hinaus ist das traditionelle Wissen der Nomaden durch externe Hilfsprogramme, die „bequemere" Alternativen bieten, grundsätzlich gefährdet. Als besonders problematisch für die Landnutzung erwies sich auf Kurzfristigkeit angelegtes Verhalten der Regierungsstellen und Geberländer sowie der oft verarmten Nutzergruppen (BMZ, 93). Hier sind Maßnahmen mit einem längeren Zeithorizont erforderlich, die den betroffenen Menschen eine stabile Basis für ihr Handeln bieten.

Die AGENDA 21 (Kapitel „Desertifikationsbekämpfung und Dürren") spiegelt ebenso wie das Positionspapier des BMZ (1993) ein Umdenken wider. In der neueren Entwicklungszusammenarbeit stehen zunehmend Ansätze eines verbesserten Ressourcenmanagements im Vordergrund. Dabei setzt sich immer mehr die Einsicht durch, daß die Beteiligung der Bevölkerung und ihrer Selbsthilfeorganisationen der kritische Faktor für den Erfolg ist. Aufgrund der Planung in großen naturräumlichen Einheiten, wie z.B. Flußeinzugsgebieten, wurde bisher das Entwicklungspotential der Region selbst häufig nicht genutzt. Die dortige Bevölkerung denkt in kleinräumigen sozialen Kategorien, wie etwa Dorfgemarkungsgrenzen. Daher gilt es, zunehmend an den kleinsten sozialen Einheiten, den Nutzergemeinschaften in Dörfern anzusetzen, um die Aufdeckung bzw. Vermittlung von Wissen über Problemzusammenhänge, die Zielformulierung und die Mobilisierung von Organisationspotential zu erleichtern. Erste Erfolge einer umfassenden dörflichen Landnutzungsplanung zeigen sich bereits (GTZ, 1992a).

Darüber hinaus ist eine *konzertierte Aktion* aller an der Entwicklungszusammenarbeit beteiligten Träger wichtig. Schon in der Vorbereitung sollten die Maßnahmen zwischen den verschiedenen staatlichen wie auch nichtstaatlichen Organisationen (NRO) abgestimmt werden. Es mangelt vor allem an einem Wissenstransfer der gewonnenen Erfahrungen. Einer Bürokratisierung, wie sie z.B. als Folge von finanzieller Hilfe an die Staaten des Sahel auftrat, sollte entgegengewirkt werden (Stryker, 1989).

Fleischimporte aus der Europäischen Union

Wichtigste Lebensgrundlage der Nomaden im Sahel waren und sind ihre Rinderherden. Rindfleisch stellt traditionell aber auch eines der wichtigsten Exportprodukte dar. Die Exportmärkte für Niger, Mali und Burkina Faso sind die großen Städte der Küstenländer Westafrikas, von Senegal über Elfenbeinküste und Nigeria bis Kamerun.

Die traditionellen Märkte der sahelischen Viehwirtschaft sind durch die Exportpolitik der Europäischen Union (EU) bedroht. Seit Mitte der 80er Jahre exportiert die EU subventioniertes Rindfleisch nach Westafrika, vor allem nach Elfenbeinküste, Ghana und Benin. In den Jahren 1991 und 1992 beliefen sich diese Exporte auf jeweils mehr als 50.000 t. Sie decken etwa die Hälfte des derzeitigen Fleischbedarfs dieser Region. Es handelt sich dabei um Fleisch aus subventionierter Überschußproduktion, oft von minderer Qualität, das zu Niedrigpreisen in Afrika abgesetzt wird. So betrug der Preis pro Kilogramm Rindfleisch im Sommer 1991 in Abidjan z.B. 3,33 DM, die europäische Subvention 4,– DM pro Kilogramm. Diese Exportsubvention ist damit höher als für alle anderen Exportregionen der Gemeinschaft. Insgesamt addierten sich die Subventionszahlungen 1991 auf ca. 200 Mio. DM (FIAN und Germanwatch, 1993). Für die EU machen diese Exporte zwar lediglich 5% ihres gesamten Fleischhandels und nur 0,6% ihrer Fleischproduktion aus, in Westafrika hingegen ist inzwischen der gesamte regionale Handel davon empfindlich gestört. So war bis Oktober 1993 der Preis für Rinder aus Burkina Faso auf die Hälfte des Normalpreises zurückgegangen (Eurostep, 1993).

Darüber hinaus importierte die EU Anfang der 90er Jahre insgesamt ca. 500.000 t Futtermittel jährlich aus Westafrika, eine Nachfrage, die die Futtermittel in diesen Ländern verteuert und damit auch die nomadische Viehwirtschaft unterminiert. Schätzungen zufolge sind durch diese EU-Politik heute zwei bis drei Millionen Nomaden in ihrer Existenz gefährdet (Deutsches Allgemeines Sonntagsblatt, 9.7.1993).

Paradoxerweise laufen diese Maßnahmen anderen Politikbemühungen der EU diametral entgegen. Es gibt im Rahmen des Lomé-Abkommens III mehrere EU-Entwicklungshilfeprojekte, die den Aufbau von lokalen Rinderzuchtbetrieben fördern sollen, wie z.B. Tiefkühlschlachthöfe in Ougadougou und Bamako. Allein die Bundesrepublik hat bis 1988 mehr als 84 Mio. DM für derartige Projekte in Westafrika zur Verfügung gestellt (GTZ, 1992b). Es ist zu bezweifeln, ob deren Rentabilität bei sinkenden Fleischpreisen noch gegeben ist (FIAN und Germanwatch, 1993).

Seitens der EU hat es zwar erste Bemühungen gegeben, dieses Problem anzugehen, im Juni 1993 wurden die Subventionen für Rindfleisch nach Westafrika z.B. um 20% gekürzt. Nach wie vor liegen jedoch die Preise des EU-Fleisches niedriger als die der afrikanischen Anbieter, und die Exporte der Sahelländer sind bislang nicht wieder angestiegen.

2.1.2.3 Folgen für die Böden

Im wesentlichen lassen sich drei Effekte der Veränderungen der nomadischen Landnutzung im Sahel beschreiben, die zu Bodendegradation führen:

1. Nomaden werden in ihrer Mobilität und Flexibilität beschränkt, weshalb viele Elemente der traditionell angepaßten Landnutzung verloren gehen. Dies sind z.B. Nichtnutzung von Weidegebieten für längere Zeiträume sowie die symbiotischen Beziehungen zwischen Weidewirtschaft und Ackerbau. Die Konzentration der Weidewirtschaft und der sonstigen Landnutzung auf Gebiete, in denen die Nomaden seßhaft werden (bzw. gemacht werden), bewirkt eine Übernutzung der lokalen Ressourcen.
2. Die Konkurrenz durch andere Landnutzungsformen führt zur Verdrängung der Nomaden auf marginale Standorte, die für Weidenutzung nur bedingt geeignet sind. Daneben verringert sich die für Beweidung insgesamt verfügbare produktive Fläche. Die Folge ist auch hier eine Übernutzung der Böden.
3. Ein Nutzungswandel hin zu anderen Tierarten (Ziegen, Schafe, Rinder) führt durch Änderungen im Weideverhalten ebenfalls zu veränderter Ressourcennutzung. Ziegen weiden Sträucher und Bäume ab, Rinder verdichten durch erhöhte Trittwirkung den Boden. Darüber hinaus steigt der Weidedruck durch vergrößerte Herden insgesamt weiter an.

Die unmittelbaren Wirkungen dieser Effekte auf den Boden sind in *Kasten 22* beschrieben.

2.1.3 Subsistenzfeldbau und Übernutzung der Böden

Unter Subsistenzfeldbau wird eine Form der Landwirtschaft verstanden, die in kleinem Maßstab und kapitalextensiv überwiegend für die Selbstversorgung produziert. Typische Formen sind im Sahel der Wander- und der Rotationsfeldbau, die sich dadurch auszeichnen, daß regelmäßig neue Flächen oder Flächen, die längere Zeit brach gelegen haben, in Nutzung genommen werden. Dabei handelt es sich traditionell fast ausschließlich um Regenfeldbau, also Feldbau, der ohne Bewässerung auskommt. Subsistenzfeldbau stellte im Sahel über lange Zeit eine zentrale Wirtschafts- und Lebensform dar.

2.1.3.1 Traditionelle Feldbausysteme

Die traditionelle Landwirtschaft der Savannenbauern, meist in Form von Wanderhackbau, zeichnete sich durch periodische Nutzung der Ressourcen, eine Vielzahl von angebauten Arten, ein komplexes Produktspektrum sowie durch geringe Investitionen in den Boden aus. Hirse, Sorghum, Reis, Mais, Bohnen oder Erdnüsse stehen mit vielen Sorten an vorderster Stelle. Hirse und Sorghum als besonders an Trockenheit angepaßte Kulturpflanzen werden je nach Land auf 50 – 70% der Fläche angebaut. Die jeweiligen Ansprüche der Pflanzen werden in unterschiedlichen Fruchtfolgen und Mischkultursystemen berücksichtigt, Brachezeiten ermöglichen die Regeneration des Bodens. Mit Hilfe der Sortenvielfalt ist eine flexible Anpassung an die hohe Niederschlagsvariabilität möglich.

Diese Form des Wirtschaftens dient, ebenso wie die traditionelle Weidewirtschaft der Nomaden, dem Ziel, Risiken zu minimieren. Durch die auseinanderliegenden Saat- bzw. Erntezeiten der einzelnen Produkte werden die Arbeitsspitzen gestreckt, so daß die Arbeitskräfte gleichmäßig ausgelastet werden. Auch die bäuerliche Vorratshaltung mit ihren verschiedenen Lagerungssystemen sowie die Diversifizierung der Viehwirtschaft und des Ackerbaus sind hierzu zu nennen. All dies ermöglicht vor allem das Auffangen klimatischer Risiken.

Zu den risikominimierenden Anbauformen zählt weiterhin die Bewirtschaftung mehrerer Parzellen an unterschiedlich weit entfernten Standorten durch verschiedene Arbeitskräfte. Darüber hinaus werden Viehherden unter Aufsicht auf die (Fern-)Weide geschickt, während die Milchziegen von Kindern in der Nähe der Siedlung gehütet werden. Als weitere traditionelle Einnahmequellen im Sahel sind das Handwerk, das Sammeln von Feuerholz, Futtergras und Gummiarabikum zu nennen (Ibrahim, 1989).

Typisch ist also die Mischung verschiedener Quellen des Haushaltseinkommens. Die flexible Organisation von Haushalten bezüglich der Zusammensetzung ihrer Mitglieder und ihres Eingebundenseins in das gemeinsame Leben führte dazu, daß unterschiedliche Formen von Einkommen, auch zu unterschiedlichen Zeitpunkten, in die Haushalte eingebracht wurden. Verwandtschafts-, Klientelbeziehungen und Wanderarbeit bieten die Möglichkeit, in anderen Gegenden vom dort besser verteilten Niederschlag direkt oder indirekt zu profitieren.

Institutionen wie der „Erdherr" *(Kasten 24)* regeln die periodische Neuverteilung von Land. Die Größe der Produktionseinheit und deren soziale Organisation sind ausgerichtet auf das Gleichgewicht zwischen Arbeitskraft und Versorgung. Auch Alters- und Solidargemeinschaften haben risikominimierende Funktion.

Kasten 24

Der traditionelle Naturbegriff im Sahel

In den traditionellen westafrikanischen Gesellschaften herrscht ein Naturbegriff vor, nach welchem die Natur nicht dem Menschen untergeordnet und damit ausbeutbar ist, es besteht vielmehr ein wechselseitiges Verhältnis zwischen Natur, der sozialen und der spirituellen Welt. Eingriffe in die Natur werden innerhalb der allgemeinen kulturellen und gesellschaftlichen Handlungsregeln gerechtfertigt und in kulturelle Rituale eingebunden und können so kontrolliert werden (Lachenmann, 1990).

So kann z.B. in den meisten Fällen Land traditionellerweise nicht käuflich erworben, sondern nur geerbt werden. Geerbt wird damit eine mythische Bindung an das Land, denn Land besteht nicht nur aus der Materie des Bodens, sondern hat auch einen immateriellen Aspekt. Die Erde, auf der man lebt, wird als Gottheit betrachtet, und nur derjenige, der mit dieser Gottheit in einer kultischen Beziehung steht, d.h. der „Erdherr", ein direkter Nachfahre des Erstbesitzers (manchmal auch eine Frau), erhält das Recht, auf diesem Land zu leben bzw. über dessen Nutzung zu entscheiden.

Der „Erdherr" ist auch verantwortlich für die Durchführung der Kulte, bestimmt den Zeitpunkt des Säens und Erntens und verwaltet das Land für die Gemeinschaft, wobei er vererbbare Nutzungsrechte vergeben kann. Sind die existentiellen Bedürfnisse befriedigt, wird in der Regel keine zusätzliche Arbeit mehr geleistet. Die Ursache hierfür ist nicht Trägheit, sondern hängt mit den sinkenden Grenzerträgen weiterer Arbeitsinvestitionen und dem großen Aufwand an Zeit zusammen, den das soziale Leben im Sahel erfordert (Fuchs, 1985).

Insgesamt haben diese sozialen und wirtschaftlichen Sicherheitsstrategien in der Vergangenheit ein standortgerechtes, nachhaltiges und umweltschonendes Wirtschaften ermöglicht und damit die Tragfähigkeit der Region sichergestellt. Auch hier, wie beim Nomadismus, sind seit der Zeit der Kolonialisierung die Voraussetzungen für diese Lebensweise immer weniger gegeben. Die beschriebenen traditionellen Werte und Strukturen sind dennoch nicht ganz verschwunden, auch wenn sie vielerorts nur noch in abgeschwächter Form wirksam sind. Im folgenden werden diese Veränderungen mit ihren Folgen für Mensch und Natur genauer betrachtet.

2.1.3.2 Wandel der traditionellen Feldbausysteme

In der Berichterstattung über die Umwelt- und Hungerkrisen der letzten Jahrzehnte im Sahel wurden meist die natürlichen Bedingungen stärker in den Vordergrund gestellt als die gesellschaftlichen und politischen Ursachen. Es sind jedoch gerade diese Veränderungen, insbesondere die Verdrängung der Kleinbauern und die Destabilisierung ihrer traditionellen Lebensweise, welche zum Verlust der Nachhaltigkeit im Subsistenzfeldbau, zur Bodendegradation und damit zur Krise der Nahrungsmittelversorgung beitragen.

Die überwiegende Zahl der Bauern im Sahel betreibt heute eine Mischproduktion, d. h. daß sie sowohl *Cash Crops* für den (Export-)Markt als auch Nahrungsmittel zur Eigenversorgung anbaut. Dies entspricht ihrem Bedürfnis nach Sicherheit einerseits und Bargeld andererseits.

Vor allem durch das hohe Bevölkerungswachstum wurden Veränderungen in der Landwirtschaft des Sahel notwendig. Da die traditionelle Landwirtschaft durch eine niedrige Produktivität sowie eine geringe Ausstattung mit landwirtschaftlichen Hilfsmitteln gekennzeichnet war, erfolgte eine Ausdehnung der bearbeiteten Flächen *(Extensivierung)*, wobei die traditionellen *Brachezeiten* wegen der Nahrungsmittelknappheit und der Landverknappung meist nicht mehr eingehalten wurden. Vor allem an günstigeren Standorten fand zusätzlich eine *Intensivierung* der Landwirtschaft statt, insbesondere durch den Einsatz von Pflügen (zumeist Ochsenpflüge). Deren Verwendung bedeutet aber einen höheren Arbeitsaufwand (z.B. für die Pflege der Tiere oder das Entfernen der Wurzeln aus dem Boden), weshalb die Produktivität pro Fläche und Arbeitskraft nicht in gleichem Maße wie der Arbeitsaufwand anstieg.

Um eine Erosion der Böden zu vermeiden, müßte ein intensiverer Anbau auch mit intensiveren Bodenschutzmaßnahmen einhergehen. Angesichts des ohnehin erhöhten Arbeitsaufwandes wird diese Bodenpflege jedoch in aller Regel vernachlässigt. Außerdem fehlen den meisten Ackerbauern die finanziellen Mittel für Investitionen in Bodenschutzmaßnahmen. So ist durch das Pflügen eine Zunahme von Erosionsschäden eingetreten, insbesondere auf marginalen Standorten (Fahrenhorst, 1988). Frauen kommt bei der Nutzung und Bewirtschaftung der natürlichen Ressourcen und damit auch bei Maßnahmen zur Änderung der Landnutzung eine Schlüsselrolle zu; sie sind in hohem Maße von Armut betroffen.

2.1.3.2.1 Agrarpolitische Einflüsse

Als endogene, innenpolitische Ursachen der Krise der sahelischen Landwirtschaft werden in der entwicklungspolitischen Diskussion oft die bestehenden nicht-demokratischen Herrschaftsstrukturen und die Vernachlässigung der kleinbäuerlichen Interessen genannt. Dabei spielen jedoch auch die politischen Prioritäten der Kolonialzeit noch eine Rolle.

Die koloniale Wirtschaftspolitik hatte sich vorwiegend an der agrarischen Exportproduktion der Sahelländer orientiert. Dies förderte Agrarstrukturen, welche zum Verdrängungsprozeß der Subsistenzwirtschaft beitrugen. Die nachhaltige Landwirtschaft mit Rotationsfeldbau und langen Brachezeiten wurde oft durch eine auf Monokulturen ausgerichtete Landwirtschaft ersetzt. Ihre Fortsetzung fand diese koloniale Agarpolitik in den Entwicklungsplänen der unabhängig gewordenen Sahelstaaten seit den 60er Jahren. Neue nationale Eliten übernahmen die politische Macht (Krings, 1993). Deren Wirtschaftspolitik war lange Zeit von der Vorstellung geprägt, Entwicklung des Landes sei in erster Linie über urbane bzw. industrielle Entwicklung zu erreichen *(urban bias)*.

Ein Blick auf die Haushaltspläne und -ausgaben der Sahelstaaten zeigt, daß die Nahrungsmittelproduktion seit Erlangung der Unabhängigkeit vernachlässigt wurde. Die ohnehin knappen finanziellen Ressourcen wurden primär für den Aufbau einer (unrentablen) Industrie, für städtische Gebiete und nicht zuletzt für zahlreiche Klientelbeziehungen verwendet (Weidmann, 1991). Den geringen Ausgaben für den Agrarsektor stehen relativ hohe Einnahmen der Regierungen aus der Besteuerung der Landwirtschaft gegenüber. Die Regierung Malis beispielsweise entnimmt seit 1973 kontinuierlich mehr Geld aus der Landwirtschaft als sie in diesen Sektor investiert (OECD, 1986). Die wenigen staatlichen Mittel für den Agrarsektor flossen zum großen Teil in kapitalintensive, aber wenig arbeitsintensive landwirtschaftliche Großprojekte. Diese einseitige Förderung moderner Erzeuger- und Produktionssysteme hat nicht nur ökologisch, sondern auch sozial schwerwiegende Folgen: Der Landbedarf trug zu einer Verdrängung der ärmeren Bauern und Nomaden von guten Ackerböden und Weidegebieten bei.

Zusätzlich zu dieser verfehlten Agrarpolitik hat die staatliche Kontrolle der Preise und der Vermarktung jahrzehntelang zu Verzerrungen im Agrarsektor der Sahelstaaten geführt. Staatlich festgesetzte Niedrigpreise für Nahrungsmittel dienten dazu, die städtischen Verbraucher, von denen die wesentliche politische Unterstützung kam, günstig mit Nahrungsmitteln zu versorgen, während die Produktionsanreize für Bauern entsprechend gering blieben.

Obwohl sich das Mißverhältnis von relativ hohen Exportpreisen im Vergleich zu den niedrigen lokalen Nahrungsmittelpreisen, auch aufgrund einiger Politikreformen z.B. in Mali, inzwischen entschärft hat, sind die Produktionsbedingungen für Kleinbauern nach wie vor ungünstig. Eine OECD-Studie über die Einkommensentwicklung der Bauern Malis hat ergeben, daß, obwohl sich die Erzeugerpreise im Zeitraum von 1960 bis 1982 versechsfacht haben, das reale Einkommen der Bauern um etwa 25% gesunken ist (OECD, 1986). Aufgrund ihrer vergleichsweise geringen Wirtschaftskraft sind die negativen Auswirkungen der agrarpolitischen Fehlentscheidungen für Kleinbauern am stärksten zu spüren. Die relativ hohen Preise für landwirtschaftliche Produktionsmittel, verbunden mit geringen Erzeugerpreisen, schwächen ihre ökonomische Basis erheblich. Die Folge davon ist unter anderem, daß sie sich gutes Land immer weniger leisten können und auf marginale Standorte ausweichen müssen. Es gibt inzwischen Versuche in einigen Ländern des Sahel, die ländlichen Lebensverhältnisse zu verbessern, z.B. durch verbesserten Zugang zu den städtischen Märkten. Der Grad der Selbstversorgung verschlechtert sich trotzdem in fast allen Sahelstaaten weiterhin. Insbesondere nach schlechten Ernten führen die immer noch unzureichende infrastrukturelle Anbindung und die administrativen Defizite zu erheblichen Problemen bei der Versorgung mit Nahrungsmitteln.

2.1.3.2.2 Internationale Einflüsse auf den Subsistenzfeldbau

Neben den geschilderten endogenen Faktoren gibt es auch internationale Einflüsse, die die Krise des Subsistenzfeldbaus im Sahel bedingt haben und weiter verstärken. Ein solches Problem stellt die *externe Nahrungsmittelhilfe* dar, von der Afrika zunehmend abhängig geworden ist. Der Bedarf für den Zeitraum 1991 – 1992 wurde auf ca. 6 Mio. t geschätzt (Roth und Abbott, 1990). Ohne diese Lieferungen kann derzeit die Versorgung der Bevölkerung nicht gewährleistet werden. Diese Hilfen haben jedoch erhebliche Auswirkungen.

Externe Nahrungsmittelhilfe beeinflußt die ökonomischen Entscheidungen der Bauern dadurch, daß sie die lokalen Getreidepreise drückt. Je höher das Hilfsangebot, desto geringer die Preise für das im Land produzierte Getreide. Außerdem kam es, mitverursacht durch externe Nahrungsmittelhilfen, in den Städten des Sahel zu Veränderungen der Konsumgewohnheiten. In der Folge haben Reis und Weizen zunehmend die traditionellen Getreidesorten ersetzt. Der Rückgang der Nachfrage nach heimischen Getreidesorten in Verbindung mit dem Preisrückgang führt dazu, daß der Anreiz zur Nahrungsmittelproduktion und zur Bodenerhaltung sinkt, und damit die Abhängigkeit von externen Hilfen noch weiter steigt. Die Bereitschaft der internationalen Staatengemeinschaft, insbesondere in Krisenzeiten Nahrungsmittel bereitzustellen, vermindert zudem den Druck auf die jeweiligen nationalen Regierungen, eine funktionierende und nachhaltige Agrarpolitik zu entwerfen und umzusetzen.

Die Entscheidungen in der nationalen Agrarpolitik werden maßgeblich beeinflußt durch die Gegebenheiten auf dem *Weltmarkt*. So haben die Ergebnisse der Uruguay-Runde des GATT unter anderem ergeben, daß künftig die Zölle um bis zu 30% und die Agrarsubventionen um bis zu 20% gesenkt werden. An den hieraus entstehenden weltweiten Wohlfahrtsgewinnen wird der afrikanische Kontinent jedoch kaum beteiligt sein, im Gegenteil: Da erwartet wird, daß die Lebensmittelpreise, bedingt durch den Abbau von Agrarsubventionen, in den nächsten Jahren um ca. 10% steigen werden, wird der afrikanische Kontinent unter sonst gleichen Bedingungen als Netto-Nahrungsmittelimporteur voraussichtlich jährliche Wohlfahrtsverluste von ca. 2,6 Mrd. US-$ erleiden (zum Vergleich: die weltweiten Wohlfahrtsgewinne als Resultat der Uruguay-Runde werden auf ca. 210 Mrd. US-$ jährlich geschätzt (Goldin et al., 1993)). Bereits heute müssen die Sahelstaaten einen großen Teil ihrer Exporteinnahmen für Nahrungsmittelimporte verwenden; in Burkina Faso waren es im Zeitraum zwischen 1972 und 1980 durchschnittlich über 60%, in manchen Jahren sogar über 100% (Roth und Abbott, 1991). Dieser Verschlechterung kann nur entgegengewirkt werden, wenn von höheren Marktpreisen ein Anreiz zu Produktionssteigerungen im Inland ausgeht.

Doch würde der dadurch zu erwartende Anstieg der landwirtschaftlichen Produktion keineswegs nur positive Folgen für die Bodenfruchtbarkeit und die Begrenzung der Bodendegradation haben. Da sich im Sahel vor allem der kommerzielle landwirtschaftliche Sektor (Großbetriebe) an den Marktgegebenheiten orientiert, führen höhere Preise für Agrarprodukte zu erhöhten Produktionsanreizen und damit zu einer weiteren Intensivierung der landwirtschaftlichen Produktion und wo möglich zu einer zusätzlichen Ausdehnung ackerbaulicher Fläche. Mit dieser Intensivierung bzw. Ausweitung der Landnutzung in einer ökologisch sensiblen Region können zusätzliche Probleme für die Böden entstehen (Lutz, 1992). Eine Intensivierung der Landwirtschaft ist zwar erforderlich, darf aber nicht unkritisch die Methoden der gemäßigten Breiten übernehmen. Sie muß vielmehr den lokalen Gegebenheiten angepaßt sein, d.h. die Erfahrungen der traditionellen sahelischen Landwirtschaft integrieren. Zu dieser Angepaßtheit gehören auch arbeitsintensive Methoden, da die Kapitalausstattung der Sahelländer generell gering ist.

2.1.3.2.3 Destabilisierung der traditionellen Lebensweise

Die geschilderten Entwicklungen haben dazu beigetragen, daß die Wirtschaftsweise in der Sahelzone heute nicht mehr als reine Subsistenzwirtschaft bezeichnet werden kann. Ein Teil der Produktion erfolgt für den Markt, da die Erwirtschaftung von Geldeinkommen notwendig ist, um die Ausgaben für Steuern, landwirtschaftliche Produktionsgeräte, Nahrungsmittel, Kleidung, Schulgeld usw. zu decken. Ebenso wie die Nomaden verfügen auch die Kleinbauern nicht in ausreichendem Maße über die Möglichkeit, am Marktgeschehen teilzunehmen. Sie können nicht ohne weiteres, wie die besser ausgestatteten ländlichen Großbetriebe, auf Erzeugerpreiserhöhungen bei Getreide mit Produktionssteigerungen reagieren. Darüber hinaus haben sie keinen Zugang zu günstigen Krediten (Leisinger und Schmitt, 1992). Die Bedingungen für Konkurrenzfähigkeit mit den Großbetrieben sind somit nicht gegeben. Dies führt entweder zu verstärktem Einsatz von Arbeitskraft oder zur Ausdehnung ihrer Ackerflächen – und damit zu Bodendegradation (Krings, 1993).

Mit dem Aufbrechen der Subsistenzproduktion sind auch Veränderungen der hauswirtschaftlichen Organisation verbunden. Der Bedarf an Bargeld wird durch Arbeitsmigration vor allem der männlichen Familienmitglieder während der Trockenzeit in die Städte und aus der Lohnarbeit von Frauen und Männern auf den Feldern gebietsfremder Landbesitzer gedeckt. Dadurch entsteht eine zusätzliche Belastung, da abgewanderte Angehörige in der Stadt mit Nahrungsmitteln aus der Subsistenzwirtschaft unterstützt werden müssen, ohne daß deren Arbeitskraft zur Verfügung steht. Mit dieser Auflösung der alten Familienstrukturen sind die Voraussetzungen für das Funktionieren kleinbäuerlicher Wirtschaftsbetriebe (mindestens zwei volle Arbeitskräfte neben den erforderlichen Kräften zur Kindererziehung) immer weniger gegeben.

Individualisierung und Verarmung gehen häufig einher mit einer Ausdehnung bzw. Übernutzung der Kulturflächen, einer Überlastung der Arbeitskräfte und einer Verkürzung der Regenerationszeit für die Böden. Die Auflösung von Familien- bzw. Clanstrukturen wird zudem begleitet von zahlreichen westlichen Einflüssen, insbesondere der Ausrichtung auf bisher fremde Konsumbedürfnisse. Diese Veränderungen führen tendenziell zu einem Verlust traditionellen Wissens über ökologisch sinnvolle Praktiken der Landnutzung und an kultureller und sozialer Identität, aber auch zu einem Bedeutungsverlust der mythischen Bindung an den Boden.

2.1.3.3 Folgen für die Böden

Im wesentlichen lassen sich zwei Trends im Subsistenzfeldbau des Sahel beschreiben, die zu Bodendegradation führen:

1. Subsistenzfeldbauern werden auf marginale Böden *verdrängt*, die für landwirtschaftliche Nutzung nur bedingt geeignet sind. Die geringe Produktivität dieser Standorte zwingt zu intensiverer Nutzung. Eine teilweise Übernutzung der empfindlichen Böden und Ökosysteme ist die Folge.
2. Der Subsistenzfeldbau wird *intensiviert*. Die teilweise Mechanisierung und die Einführung von Bewässerung verändern die Ressourcennutzung und damit die Umweltauswirkungen dieser Form der Landwirtschaft. Mit der Mechanisierung geht eine Vergrößerung der Anbauflächen einher, die jedoch nicht von entsprechend intensivierten Bodenpflegemaßnahmen (wie Erosionsschutz) begleitet werden. Darüber hinaus entfällt die Brache und mit ihr die Möglichkeit der Böden, sich zu regenerieren. Dadurch kommt es zu Bodenverarmung und Strukturzerstörung.

2.1.4 *Cash-Crop-Anbau* und Übernutzung der Böden

Unter *Cash-Crop-Anbau* wird hier die großskalige Produktion von landwirtschaftlichen Gütern verstanden, die nicht der Eigenversorgung dient, für den Exportmarkt gedacht ist und meist in Form von Monokulturen erfolgt. Der *Cash-Crop-Anbau* in dieser Form ist seiner Struktur nach dem „Dust-Bowl-Syndrom" (Kap. D 1.3.3.2) zuzuordnen. Er wird dennoch im Fallbeispiel „Sahel" behandelt, um ein vollständiges Bild der Bodendegradation zu erhalten und die Wechselwirkungen mit der Subsistenzlandwirtschaft aufzuzeigen.

Die Ausdehnung des *Cash-Crop-Anbaus* im Sahel begann mit unterschiedlicher regionaler Ausprägung in der Kolonialzeit, vor allem mit dem Anbau von Baumwolle und von Erdnüssen. In Mali und Burkina Faso dominiert heute der Baumwollanbau. Die Produktionsmengen für Baumwolle haben sich in den letzten 20 Jahren verfünffacht (Grainger, 1990). Anders als in der Grundnahrungsmittelproduktion wurde hier ein erheblicher Anstieg der Hektarerträge erzielt. Der Erdnußanbau wurde in den 50er und 60er Jahren forciert; Niger beispielsweise hat hierfür seine Anbaufläche in ca. 30 Jahren versechsfacht, obwohl nur im äußersten Süden des Landes die Grundbedingung für Erdnußanbau, mindestens 500 mm Niederschlag, erfüllt ist. Auch Burkina Faso und Mali widmeten zunehmend mehr Flächen dem Anbau von Erdnüssen. Ein Grund für diesen Wandel in der Landnutzung war der von Frankreich garantierte, subventionierte Abnahmepreis für Erdnüsse, mit dessen Hilfe Frankreich das Eindringen der USA in den europäischen Pflanzenölmarkt abwehren wollte (Grainger, 1990).

Flächenmäßig ist der Anteil der Cash Crops heute allerdings immer noch vergleichsweise gering. In Mali werden z.B. nur rund 10% der landwirtschaftlich nutzbaren Fläche für den Anbau von Cash Crops verwendet *(Abb. 48)*, und die Zahl für den gesamten afrikanischen Kontinent – 12,8% – zeigt, daß dies keine Ausnahme ist (Barbier, 1989). Bei der Frage nach den Auswirkungen auf den Boden ist die Betrachtung der absoluten Fläche allein jedoch irreführend. Von *Cash Crops* werden nämlich vielfach die Gunststandorte belegt, d.h. die besten Böden sind nicht mehr länger für die nationale Eigenversorgung verfügbar.

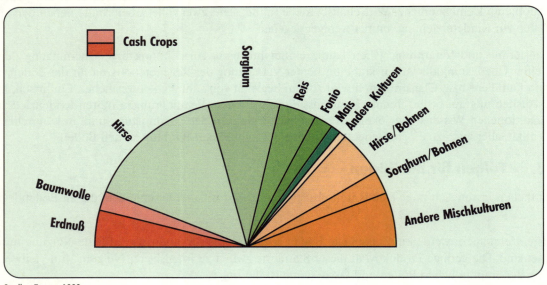

Abbildung 48: Hauptpflanzkulturen in Mali

Quelle: Traore, 1980

2.1.4.1 Internationale Einflüsse auf den *Cash-Crop*-Anbau

Die innenpolitischen Fehlentscheidungen, die die unangepaßte Bodenbearbeitung der *Cash-Crop*-Landwirtschaft entscheidend mitverursacht haben, sind im wesentlichen dieselben wie sie bereits im Abschnitt 2.1.3.2.1. beschrieben wurden. Hinzu kommen auch hier externe politische und ökonomische Einflußfaktoren, die die Probleme in den letzten Jahren weiter verstärkt haben. Insbesondere die supranationalen Entwicklungsinstitutionen haben lange Zeit auf die *Cash-Crop*-Landwirtschaft als Mittel zur Lösung der Probleme des Sahels gesetzt. Hierbei kam es zu teilweise erheblichen Fehlkonzeptionen.

Beispielsweise wurde in den Niederungen der Flüsse Senegal und Niger Land privatisiert und Produzenten zugeteilt, die Kredite für den Anbau von Reis im Rahmen von *Weltbankprojekten* erhielten. Inzwischen existieren auf etwa 150.000 ha des Sahel bewässerte Reiskulturen, hauptsächlich in flußnahen Gebieten. Zwar sind deren Erntezuwächse beträchtlich, über die Nachhaltigkeit des Reisanbaus gibt es jedoch höchst unterschiedliche Einschätzungen. So erfordert Reisanbau in bewässerten Kulturen auf den relativ salzhaltigen Böden der Region eine regelmäßige und ausreichende Drainage, ein Aspekt, der bei diesen Projekten entweder nicht oder zu wenig beachtet wurde. Die allmähliche Versalzung der Oberböden ist somit Ergebnis einer Projektpolitik, die nicht ausreichend auf Nachhaltigkeit ausgerichtet war. Darüber hinaus wurde nicht hinreichend bedacht, daß die einheimische Bevölkerung über keine Tradition des Reisanbaus und der Bewässerungskultur verfügt und daher die Akzeptanz und letztlich auch die Produktivität dieser Anbauform im Sahel nicht vergleichbar ist mit der anderer Reisanbauregionen der Welt.

Ein anderes Thema, das in mittelbarem Zusammenhang mit der Bodenproblematik steht, sind die internationalen Rohstoffpreise, die seit 1988 auf niedrigem Niveau geblieben sind. Afrikas Exporterlöse sind entsprechend rückläufig, während die Ausgaben für Importe weiter angestiegen sind. In Verbindung mit dem Preisanstieg für fossile Energieträger verschlechterten sich die Zahlungsbilanzen der Staaten des Kontinents zunehmend, und die internationale Verschuldung wuchs rapide. Die Verschlechterung der *terms of trade* hat bewirkt, daß zunehmend mehr *Cash Crops* exportiert werden müssen, nur um die Exporterlöse einigermaßen *konstant* halten zu können. Für den Boden bedeutete das konkret, daß entweder die bebaute Fläche weiter ausgedehnt oder aber die Bebauung intensiviert wurde (Pearce und Warford, 1993).

Bei der Diskussion um die Rolle internationaler ökonomischer Einflüsse auf die nachhaltige Entwicklung *(sustainable development)* taucht ein weiterer Problemkreis immer wieder auf: der Zusammenhang zwischen externer Verschuldung eines Landes und deren Einfluß auf die ökologischen Gegebenheiten. Für die Analyse der Verschuldungssituation des Sahel ist es wichtig, zu beachten, daß die LLDCs, die wirtschaftlich am stärksten benachteiligten Länder, von den diversen Umschuldungsmaßnahmen der letzten Jahre nicht in gleichem Maße profitiert haben wie andere Entwicklungsländer.

Zum einen haben diese Länder meist nur noch langfristige Kredite bei multilateralen Geberinstitutionen, diese Kredite weisen aber einige Besonderheiten auf:

- sie können nicht nachverhandelt werden,
- sie müssen bisher voll zurückgezahlt werden, die Möglichkeit einer Stundung/Streichung analog zum privaten Sektor besteht bisher nicht.

Zum zweiten sind die privaten Schulden durch verschiedene Programme zwar reduziert worden, der verbleibende Rest trägt jedoch weit überproportional zu den gesamten Zinsverpflichtungen bei. Für die Länder Afrikas südlich der Sahara gilt, daß zwar nur 16% der Gesamtschulden privater Art sind, diese aber über 30% der Schuldendienstverpflichtungen ausmachen (Ezenwe, 1993). Im Sahel finden sich Länder mit den höchsten Schuldendienstquoten der Welt, z.B. der Sudan mit über 300% (1989). Auch absolut sind die Auslandsschulden der meisten Sahelländer stetig gestiegen; in Mali, Niger und Burkina Faso um über 60% von 1985 bis 1991, von ca. 3,2 auf ca. 5,15 Mrd. US-$ (Weltbank, 1993). Zwischen der externen Verschuldungssituation und den Umweltproblemen, speziell der Bodendegradation, besteht ein enger Zusammenhang. Für den Sahel lassen sich diesbezüglich zwei Verbindungen formulieren:

1. Die Sahelländer müssen *Cash-Crop*-Anbau betreiben, um durch den Export dieser Produkte Devisen zu erwirtschaften, die zum Abbau der Außenverschuldung beitragen. Aus diesem *Cash-Crop*-Anbau resultieren jedoch eine Reihe negativer ökologischer Folgen, einschließlich der Bodendegradation.
2. Die aus der Außenverschuldung resultierende Armut trägt zur Bodendegradation durch Ressourcenübernutzung bei. Externe Schulden sind damit ein wesentlicher hemmender Faktor auf dem Weg zu einer standortgerechten, nachhaltigen und umweltschonenden Landwirtschaft.

Strukturanpassungsprogramme

Unter anderem als Antwort auf die Verschuldungsproblematik haben insgesamt 14 afrikanische Länder, darunter Mali, Niger und Burkina Faso, am 12. Januar 1994 ihre Währungen (den CFA und den CF) um 50% (CFA) bzw. 33,5% (CF) abgewertet. Diese Abwertung geschah im Rahmen von sogenannten erweiterten Strukturanpassungsfazilitäten *(enhanced structural adjustments facilities)* des Internationalen Währungsfonds, d.h. von IWF-Krediten mit makroökonomischen Auflagen. Die Abwertung war eine dieser Auflagen, die Kürzung der Staatsausgaben sowie Importliberalisierung waren andere.

Die Abwertung hatte zum Ziel, die internationale Wettbewerbsfähigkeit der Exportprodukte dieser Länder zu verbessern, da durch die Abwertung Exporte verbilligt werden und somit die Nachfrage auf dem Weltmarkt nach einheimischen Produkten steigt. Die gleichzeitig resultierende Verteuerung von Importen soll außerdem dazu führen, daß einheimische Produkte auf dem Binnenmarkt wieder stärker konkurrenzfähig werden. Vor allem durch die Verteuerung der landwirtschaftlichen Importe erhofft man sich einen erhöhten Anreiz für die heimische Nahrungsmittelproduktion und damit zur Erhaltung der Böden, die dafür Grundlage sind. Welche Auswirkungen die Abwertung für die Sahelländer tatsächlich haben wird, ist zum gegenwärtigen Zeitpunkt aber noch nicht voll abzusehen.

Den negativen ökologischen und sozialen Auswirkungen von Strukturanpassungsprogrammen versucht der IWF inzwischen zu begegnen. Die ursprünglichen Programme, die rein auf makroökonomische Reformen angelegt waren, wurden ergänzt durch soziale Absicherungen sowie durch verstärkte technische Hilfe. Burkina Faso beispielsweise hat sich im Zusammenhang mit dem jüngsten Kredit in Höhe von 25 Mio. US-$ (März 1994) unter anderem zu einer Verbesserung des Grundschulsystems, der Gesundheitsdienste und der Ausbildung von Arbeitslosen verpflichtet (IMF, 1994); in Niger (Kredit über 26 Mio. US-$, Januar 1994) sollen die möglichen negativen Auswirkungen durch Nahrungsmittelhilfen an besonders benachteiligte Bevölkerungsgruppen abgefedert werden.

Die Erfahrungen mit Strukturanpassungsprogrammen in den afrikanischen Ländern sind insgesamt unterschiedlich (Commander, 1989). Positiv zu vermerken ist vor allem die *relative* Verbesserung der wirtschaftlichen Situation der Kleinbauern (Rauch, 1991). Die Währungsabwertung, der Subventionsabbau, die Aufhebung von Preiskontrollen und insgesamt eine forcierte Entstaatlichungspolitik haben dazu beigetragen, daß die meist arbeitsintensiv und mit lokalen Ressourcen wirtschaftenden Kleinbauern begünstigt wurden, weil ihre inputarmen Produktionsmethoden weitgehend ohne devisenabhängige und damit verteuerte Importprodukte wie Mineraldünger, Maschinen und Pestizide auskommen. Die Steigerung der Nahrungsmittelproduktion, wie sie aus Gründen der Ernährungssicherung dringend erforderlich wäre, ist damit allerdings nicht gewährleistet.

2.1.4.2 Konsequenzen des *Cash-Crop*-Anbaus

Die Einführung und Förderung des *Cash-Crop*-Anbaus im großen Maßstab hat in den feuchteren Bereichen des Sahel zu einer Verdrängung des traditionellen Subsistenzfeldbaus auf marginale Standorte geführt. Dadurch kam es zugleich zu Ausweitungen der Anbauflächen, zur Etablierung des Dauerfeldbaus (ohne Brache) und zu einer Intensivierung der Landwirtschaft. Der Nährstoff- und Wasserbedarf der meisten *Cash Crop*, insbesondere der Baumwolle, ist sehr hoch (Grainger, 1990). Bevorzugt für *Cash Crop* verwendet werden deshalb Gunststandorte, wie Flußniederungen, die vormals zur lokalen Eigenversorgung dienten. Diese Flußniederungen wurden in der Trockenzeit traditionell als Weiden genutzt. Der *Cash-Crop*-Anbau erzwingt jetzt die ganzjährige Weidenutzung der Trockensavanne als Ausweichstandorte, wodurch es dort zu Überweidung kommt (siehe auch Kap. D 2.1.2 und 2.1.3).

Der Anbau von *Cash Crop* hatte in der Vergangenheit im Sahel oft negative Auswirkungen auf die Böden: Die Mechanisierung der Bodenbearbeitung erhöht die Erosionsgefahr erheblich, und wegen unzureichenden Ersatzes der entzogenen Nährstoffe verarmen die Böden. Baumwolle wird im Sahel in der Regel in bewässerten Monokulturen angebaut. Künstliche Bewässerung in ariden Gebieten ist je nach Mineralzusammensetzung des Bodens oft mit Versalzung oder Alkalisierung verbunden. Die Böden in Mali und Niger sind bereits natürlicherweise sehr salzhaltig. Ohne ausreichende Drainage besteht daher die Tendenz zur Versalzung der Oberböden (siehe Reisanbau).

Darüber hinaus hat sich dort, wo eine intensivere Wassernutzung stattfand, der hydrologische Kreislauf verändert (Arnould, 1990). Wasserstände von Oberflächengewässern sinken; z.B. werden dem Tschad See immer noch große Mengen Wasser für die Bewässerung von Baumwolle entzogen, zunehmende Austrocknung ist zu erwarten. Überflutungen durch Flußhochwasser gehen ebenfalls zurück und Grundwasserstände sinken. Da moderne, mit Motorpumpen betriebene Tiefbrunnen für die Bewässerung von *Cash Crop* vielfach unerläßlich sind, werden zunehmend nicht-erneuerbare Wasservorräte übernutzt.

Für die Mechanisierung werden oft die natürlichen Vegetationsreste ausgeräumt (Krings, 1986). Pestizideinsatz unterdrückt zwar Schädlings- und Unkrautbefall in den Monokulturen (auch durch solche Pestizide, deren Anwendung in den Industrieländern verboten ist), jedoch kommt es oft zu erheblichen negativen Auswirkungen auf die menschliche Gesundheit und die Böden. Außerdem erhöht sich der Devisenbedarf in diesen Ländern für die Beschaffung der Pestizide. Der Anbau von Baumwolle ist in diesem Zusammenhang besonders problematisch. Mit den erhöhten Standortansprüchen der *Cash Crop* geht eine höhere Anfälligkeit dieser meist in Monokulturen angebauten Arten einher. Anders als in Mischkulturen des herkömmlichen Feldbaus fehlt die nötige Variabilität, welche auch unter extremem Umweltstreß einzelne Arten noch überleben läßt. Des weiteren sind landwirtschaftliche Großprojekte pro Flächeneinheit weniger arbeitsintensiv als Subsistenzfeldbau. Die dadurch freigesetzten Arbeitskräfte, die nicht in die Städte abwandern, bebauen in Folge das noch verfügbare marginale Land und tragen somit gezwungenermaßen zur Flächenausdehnung der Landwirtschaft bei.

2.1.4.3 Folgen für die Böden

Was die Auswirkungen des *Cash-Crop*-Anbaus auf die Böden im Sahel angeht, so ist zunächst auf die indirekte Wirkung, die Verdrängung von Ackerbauern auf marginale Standorte, hinzuweisen. Mit dem intensiv betriebenen *Cash-Crop*-Anbau in Monokulturen geht ein erhöhter Maschineneinsatz einher, was direkte Auswirkungen auf die Sahelböden (mit typischerweise geringer Strukturstabilität) in Form von Verdichtung und anderen Strukturveränderungen hat, die nachteilig auf Vegetation und Wasserhaushalt wirken. Darüber hinaus wird der Boden nach maschineller Bearbeitung stärker von Wind und Wasser erodiert.

Erhöhter Pestizideinsatz führt, vor allem wenn es sich um schwer abbaubare Pestizide handelt, zu Bodenkontamination. Wie schon im Abschnitt „Subsistenzfeldbau" beschrieben, ist eine Intensivierung der Landwirtschaft mit einem Wegfall der Brachezeiten und somit der Verringerung der Regenerationsmöglichkeit der Böden verbunden. Die Kombination von Pestizideinsatz und fehlender Brachevegetation stört wiederum die natürliche Artenvielfalt.

In Zukunft gilt es zu prüfen, wie die beiden Anbauformen, Subsistenzfeldbau und *Cash-Crop*-Anbau, umweltschonend nebeneinander betrieben werden können. Zur Bewertung der ökologischen Auswirkungen von *Cash Crop* ist zu klären, welche alternativen Anbaumethoden es für die derzeitigen *Cash Crop* gibt und ob andere *Cash Crop* sich für den Anbau im Sahel besser eignen. Die verschiedenen *Cash Crop* unterscheiden sich in ihren Umweltauswirkungen erheblich, der Erdnußanbau ist ökologisch besonders negativ zu bewerten. Dabei ist zu beachten, daß auf Gunstböden eine Intensivierung der Produktion noch möglich ist. Diese ist angesichts der allgemeinen schlechten Versorgungslage der Bevölkerung im Sahel unbedingt erforderlich; sie sollte aber ökologisch und sozial verträglich gestaltet werden.

2.1.5 Migration im Sahel

Die Bodendegradation im Sahel führt dazu, daß die Tragfähigkeit der Region, insbesondere das Potential zur Ernährungssicherung, abnimmt. Bei gleichzeitig ansteigenden Bevölkerungszahlen kommt es zur Migration eines erheblichen Teils der Bevölkerung. Die Abwanderung erfolgt vor allem in die naturräumlich begünstigten, küstenwärts gelegenen Gebiete und Länder. Aus der Sahelzone wandern insgesamt weit mehr Personen aus als ein. So migrieren in Burkina Faso sowohl saisonal als auch für einen längeren Zeitraum zusammengenommen bis zu 2 Mio. Menschen, vor allem nach Elfenbeinküste. Auch in Mali sind es ca. 2 Mio. Menschen, die zyklisch in die Städte oder ins Ausland, vor allem nach Elfenbeinküste und Senegal abwandern (Statistisches Bundesamt, 1992). Da ein Ausweichen auf die südlich gelegenen Gebiete nur begrenzt möglich ist, kommt es zu erhöhtem Druck auch auf die ariden Gebiete (Stryker, 1989).

Ein Grund für die Migration liegt in der Überschreitung der Tragfähigkeitsgrenzen der Böden. Das Konzept der Tragfähigkeit (siehe Kap. D 1.2) ist zur Beschreibung der Situation im Sahel allerdings nur bedingt geeignet. Neben dem naturräumlich definierten Konzept der Tragfähigkeit müßte die soziale Tragfähigkeit beachtet werden, welche nicht nur Bevölkerungszahl und Ressourcenbasis, sondern auch sozioökonomische Faktoren in die Betrachtung mit einbezieht (Manshard, 1988).

Abbildung 49: Wanderungsbilanz westafrikanischer Staaten zwischen 1960 und 1990

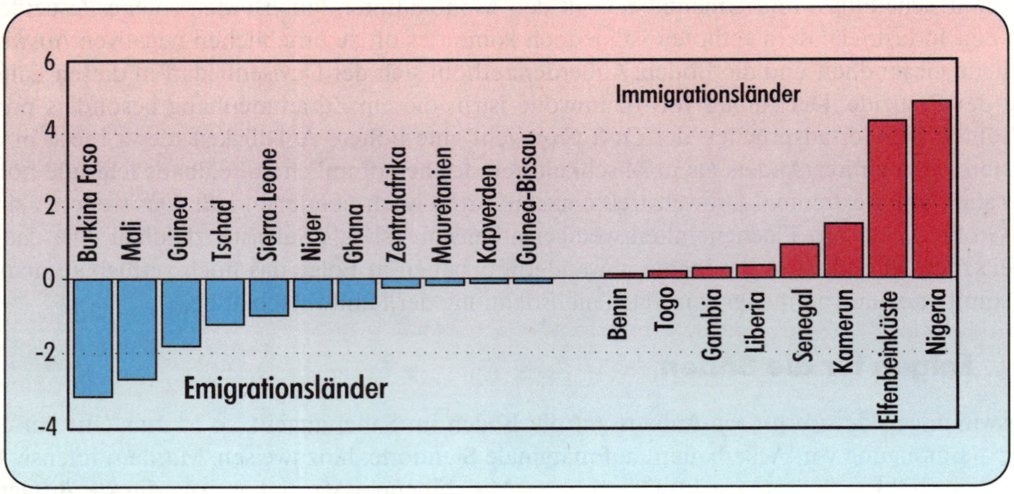

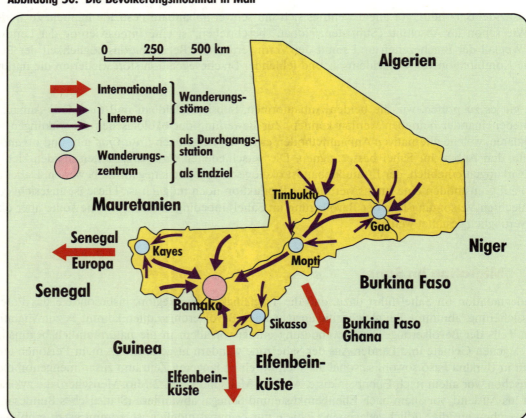

Quelle: OECD et al., 1988

Abbildung 50: Die Bevölkerungsmobilität in Mali

Quelle: Barth, 1986

Für die Menschen im Sahel besteht oft ein unmittelbarer Zwang, aufgrund der Umweltbedingungen aus ihren Heimatgebieten abzuwandern *(Abb. 49 und 50)*. Desertifikation und Migration hängen eng zusammen: in Dürrejahren schwellen die Flüchtlingsströme regelmäßig an. Diese Umweltflüchtlinge sind von der Bodendegradation besonders betroffen, verstärken sie aber auch weiter, indem sie an anderen Stellen die Ressourcen übernutzen (z.B. durch Brennholzbeschaffung). Mit zunehmender Bodendegradation und Landverknappung kann auch die Zahl militärischer Konflikte steigen, wenn Ressourcen zunehmend mit Waffengewalt verteidigt werden.

Ein weiterer Grund für Migration ist das Fehlen von Arbeitsplätzen, von Ausbildungsmöglichkeiten und sonstiger Infrastruktur, vor allem in den ländlichen Gebieten. Die aus der Ungleichverteilung der Lebensbedingungen resultierende Migration richtet sich sowohl in die weniger dicht besiedelten Gebiete mit noch relativ geringem Bevölkerungsdruck als auch in die Städte.

In Mali, Niger und Burkina Faso leben derzeit rund 20% der Bevölkerung in Städten, deren Wachstum erheblich über dem der Gesamtbevölkerung liegt. In den Hauptstädten (Bamako, Niamey, Ouagadougou) lebt mehr als die Hälfte der städtischen Bevölkerung des Landes, und dort sind Verwaltung, Industrie und Infrastruktur konzentriert. Dezentralisierungsversuche durch die Errichtung von kleineren Städten *(counter-magnets)* erwiesen sich bisher als nicht erfolgreich (Salan, 1990).

Infolge der zunehmenden Bevölkerungskonzentration in den Städten kommt es dort ebenfalls zur Ressourcenübernutzung. Es entstehen Desertifikationsringe um die Städte, vor allem durch Viehhaltung und Abholzung. Die Zuwanderer behalten als Randgruppen (auch räumlich zu verstehen, sie leben häufig in Slums am Rande der Stadt ohne angemessene Ver- und Entsorgung) ihre traditionelle Lebensweise so weit wie möglich bei. So ist der Druck auf die Holzressourcen, der von den Städten ausgeht, enorm: der Brennholzverbrauch von Ouagadougou erreicht nach Schätzungen etwa 95% dessen, was insgesamt an Holz in Burkina Faso nachwächst. Auch andere Ressourcen, wie Viehfutter und Trinkwasser, werden um die Städte herum extrem übernutzt.

2.1.6 Mögliche Lösungsansätze

Die Sahelstaaten gehören, unter anderem aufgrund der naturräumlichen Gegebenheiten, zu den Ländern mit den niedrigsten Pro-Kopf-Einkommen der Welt. Die meisten Zukunftsprognosen für diese Region sind entsprechend pessimistisch. Daraus erwächst für die Staatengemeinschaft – aber auch speziell für die Bundesrepublik Deutschland – eine besondere Verpflichtung zur Hilfe. Auch unter dem Gesichtspunkt der Kosteneffizienz ist eine verstärkte Hilfe für diese Region sinnvoll – mit vergleichsweise geringen Mitteln bzw. Know-how-Transfer läßt sich relativ viel erreichen. Hier sei auf die Möglichkeit der *Joint Implementation* verwiesen (siehe Kap. C 1.4). Dies ist nicht zuletzt auch wegen der durch die sozialen und ökologischen Probleme hervorgerufenen Migrationsströme, auch in die europäischen Länder, ratsam.

Das oberste Ziel bei der Suche nach Lösungsansätzen für die Bodendegradation im Sahel muß es sein, eine ausreichende Nahrungsmittelversorgung der Bevölkerung sowie den Schutz des Bodens und der übrigen natürlichen Ressourcen gleichzeitig zu gewährleisten *(sustainable development)*. Dazu ist eine standortgerechte, nachhaltige und umweltschonende landwirtschaftliche Produktion möglichst ohne eine weitere Ausdehnung der genutzten Flächen notwendig.

Maßnahmen zum Bodenschutz sind nur erfolgversprechend, wenn sie an den analysierten sozioökonomischen Ursachen ansetzen und vorsorgeorientiert sind. Dies bedeutet, an Armut und Marginalisierung der Bevölkerung und der Vergrößerung von Handlungsspielräumen anzusetzen, demokratische Strukturen zu fördern, z.B. durch eine Dezentralisierung oder durch die Stärkung intermediärer Institutionen, die zwischen der nationalen Regierung und der lokalen Ebene vermitteln. Diese organisatorische Dezentralisierung muß von einer entsprechenden Verlagerung der Budgetverfügbarkeit begleitet sein. Auch wenn es gelingt, eine ausreichende nationale Planungs- und Steuerungskapazität zu schaffen, sind diese Ziele allerdings nur langfristig zu erreichen.

Die Partizipation der lokalen Bevölkerung ist nicht nur bei der Durchführung von Entwicklungsprojekten, sondern schon bei der Problemanalyse und in der Planungsphase zu gewährleisten, aber auch bei der nachträglichen Evaluierung der Projekte. Gerade die Handlungsrationalitäten der Menschen im Sahel, insbesondere die Strategie der Risikominimierung, sind bei der Planung aller bodenbezogenen Maßnahmen wie auch im Rahmen von Umwelterziehung, Aus- und Fortbildungsmaßnahmen zu berücksichtigen. Die Entwicklungsstrategie muß in Zukunft sehr viel stärker an der nach wie vor lebendigen sahelischen Kultur als an vordergründig modernen, westlichen Maßstäben ausgerichtet werden.

Die traditionelle Landwirtschaft ist heute nicht mehr in der ursprünglichen Form praktizierbar, weil soziale Regelungsmechanismen ausgefallen sind und/oder ökonomische Bedingungen sich verändert haben. In dieser Situation muß versucht werden, den Interessenausgleich der verschiedenen Nutzergruppen und den Bodenschutz wiederzubeleben bzw. in einer anderen Form zu institutionalisieren. Ohne ein Bodenrecht, das Rechtssicherheit und eigenverantwortliche Ressourcennutzung garantiert, ist dies nicht möglich. Angesichts der Variabilität der naturräumlichen Bedingungen des Sahel ist die Sicherung flexibler Formen der Landnutzung zentral. Ein Instrument dafür können regionale und lokale Landnutzungspläne sein, die nach dem Subsidiaritätsprinzip den lokalen Einheiten größtmögliche Freiheit und Flexibilität bei der Landnutzung sichern.

Die Handlungsmöglichkeiten der Bundesrepublik Deutschland in bezug auf die Sahelzone sind nicht auf bilaterale entwicklungspolitische Maßnahmen beschränkt. Sie kann daneben die internationalen Handels- und Finanzmechanismen in stärkerem Maße zur Lösung der strukturellen Probleme des Sahel nutzen, auch und gerade in Richtung aktiver Maßnahmen zur Erhöhung der Bodenproduktivität und zur Verminderung der Bodendegradation.

Eine wesentliche Verbesserung der wirtschaftlichen Situation der Sahelländer könnte durch die internationale Finanzpolitik erreicht werden, wenn kurzfristig der Nettotransfer aus den Sahelländern gestoppt und langfristig die Zahlungen an diese Länder entscheidend erhöht würden. An dieser Stelle sei noch einmal auf die Empfehlung des Beirats im Jahresgutachten 1993 verwiesen, die deutsche Entwicklungshilfe auf 1% des Bruttosozialprodukts aufzustocken.

Es gilt zugleich zu bedenken, daß bilaterale Politik angesichts der nationenübergreifenden Entwicklungs- und Umweltprobleme des Sahel ihre Grenzen hat. Die Sahelzone wird zu Recht als eine Region definiert, die zwar nationalstaatlich organisiert ist, deren Probleme zum Teil aber gerade aufgrund dieser Organisationsstruktur bestehen. Gefragt sind also besser abgestimmte bodenbezogene Projekte und Strategien. Die zuständigen internationalen Institutionen (wie FAO, UNDP, Weltbank, IWF) müssen auf regionaler und lokaler Ebene den Austausch von Informationen, die gemeinsame Planung, Durchführung und Auswertung von Maßnahmen verbessern und so eine Verknüpfung lokaler, regionaler und globaler Perspektiven schaffen. Hierbei mangelt es noch an einem geeigneten Analyseinstrumentarium, das alle für die Bodendegradation relevanten Trends in ihrer Verknüpfung aufzeigt und Expertenwissen aus den entsprechenden Disziplinen, insbesondere auch den Sozialwissenschaften vereint.

2.1.6.1 Syndrombezogene Handlungsempfehlungen

Geeignete Maßnahmen zur Umsetzung der obengenannten Prinzipien und Zielsetzungen sollen im folgenden anhand der drei Querschnittsthemen Nomadismus, Subsistenzfeldbau und *Cash-Crop*-Anbau dargestellt werden.

2.1.6.1.1 *Nomadismus*

Die mobile pastorale Viehhaltung ist das ökologisch, sozial und ökonomisch bestangepaßte großräumige Nutzungssystem in Trockengebieten. Die nomadische Viehhaltung in ihrer traditionellen Form ist im Sahel aufgrund der beschriebenen Einflüsse stark eingeschränkt worden. Für andere Formen der mobilen und flexiblen Tierhaltung bestehen jedoch im Sahel weiterhin gute Voraussetzungen.

Die Sahelländer müssen bei der Schaffung derartiger Landnutzungsformen und beim Bodenschutz von außen unterstützt werden, so lange jedenfalls, bis eigene Anstrengungen zur Förderung des Agrarsektors wirksam werden. Im Rahmen bilateraler und multilateraler Verhandlungen ist darauf zu achten, daß langfristig gesicherte Landnutzungsrechte für die Nomaden, vor allem Trockenzeitweiden und Durchzugsrechte zugesagt werden. Weiterhin sind Maßnahmen notwendig, die das traditionelle Wissen erhalten und fortentwickeln und die Selbsthilfeinstitutionen der Landnutzer fördern. Generell gilt es, pastorale Landnutzungssysteme auf politischer Ebene in den Sahelländern zu unterstützen.

D 2.1 Großraum „Sahel" 215

Nach Auffassung des Beirats bedarf die Exportsubventionierung von Fleisch seitens der Europäischen Union einer sorgfältigen Überprüfung, um den Nomaden der Sahelzone ihre ohnehin eingeschränkte wirtschaftliche Grundlage nicht zu zerstören. Darüber hinaus ist die Handelspolitik der Europäischen Union generell auf mögliche negative ökologische Effekte hin zu überprüfen.

2.1.6.1.2 Subsistenzfeldbau

Der traditionelle Subsistenzfeldbau als Landwirtschaftsform im Sahel, die der Selbstversorgung der lokalen Bevölkerung dient, kann unter den heutigen Bedingungen nicht mehr nachhaltig betrieben werden. Es wird zunehmend schwerer, die wachsende Bevölkerung zu ernähren und gleichzeitig den Schutz der natürlichen Ressourcen zu gewährleisten. Neben der notwendigen Intensivierung der Landwirtschaft ist es erforderlich, für die ländliche Bevölkerung zusätzliche Einkommensmöglichkeiten zu schaffen. Dazu gehören Kleingewerbe und Handwerk, die auf den vorhandenen Fähigkeiten und sozialen Netzen basieren und z.B. durch Designberatung und Vermarktungshilfen unterstützt werden können. Industrielle Produkte werden aufgrund der sahelischen Tradition und Kultur wahrscheinlich nur langfristig konkurrenzfähig werden können. Am ehesten bietet sich hier die Weiterverarbeitung der landwirtschaftlichen Produkte an.

Im bestehenden Subsistenzfeldbau gilt es, einfache Maßnahmen zum Bodenschutz zu fördern. Elemente angepaßter Bodennutzung können sein: Agroforstwirtschaft, sylvopastorale Systeme, organische Düngung durch Integration von Ackerbau und Viehzucht, Weidekontrolle, Wechselwirtschaft, Mischkulturen sowie die Nutzung trockenheitsangepaßter Pflanzensorten.

Zur Erhaltung der natürlichen Ressourcen und zur Steigerung der Erträge sind Maßnahmen zum Erosionsschutz und zur Infiltrationserhöhung erforderlich, wie Konturpflügen, Steinwälle, Barrieren und Dämme in Abflüssen, Terrassierungen, Windschutzhecken oder Palisaden auf Wanderdünen. Zur Verbesserung der Bodenfruchtbarkeit müssen Bodenverkrustungen aufgebrochen werden, ein dosierter Düngereinsatz und die Nutzung von stickstoffbindenden Leguminosen bieten sich ebenfalls an.

Dem besorgniserregenden Schwund der Holzressourcen im Sahel muß mit Projekten zur Neuanpflanzung von Bäumen und Sträuchern begegnet werden. Dies dient langfristig der geregelten Bau- und Brennholzversorgung, der kontrollierten Baumweide, dem Erosionsschutz und der Erhaltung der Biodiversität. Ergänzend ist die Nutzung von brennholzsparenden Öfen zu propagieren, und der praktikablen Nutzung der Solartechnik muß endlich zum Durchbruch verholfen werden. Neun Sahelstaaten, darunter auch Mali, Niger und Burkina Faso, haben sich inzwischen zum Einstieg in die Solartechnik entschlossen (Der Spiegel, 30.5.94). Diese Bemühungen sollten aktiv, mit finanziellen Mitteln und technischem Know-how, unterstützt werden. Diese technischen Maßnahmen müssen aber sozial vermittelt sein, damit sie langfristig aufrechtzuhalten sind und nachhaltig wirksam werden.

2.1.6.1.3 Cash-Crop-Anbau

Wie gezeigt, kann der großflächige *Cash-Crop*-Anbau in seiner bisherigen Form im Sahel nicht nachhaltig betrieben werden. Eine Umstrukturierung in Richtung eines standortgerechten, nachhaltigen und umweltschonenden Landbaus ist daher dringend erforderlich. Zukünftig sollte *Cash-Crop*-Anbau nicht mehr in Monokulturen erfolgen, sondern mit geeigneten Fruchtfolgen oder im Mischanbau mit anderen Produkten. Insbesondere der Baumwoll- und Erdnußanbau bedarf innovativer Veränderung unter Beachtung der Standortbedingungen (Erosionsanfälligkeit, Wasserverknappung, Versalzungsgefahr). Nur so ist ein größtmöglicher Bodenschutz zu gewährleisten. Des weiteren müssen im Rahmen der erforderlichen Diversifizierung des Einkommens der ländlichen Bevölkerung die Erzeugerpreise so hoch sein, daß eine weitere ökologisch bedenkliche Flächenausdehnung vermieden und der Bodenschutz finanziert werden kann.

2.2 Fallbeispiel Ballungsraum „Leipzig-Halle-Bitterfeld"
2.2.1 Naturräumliche Situation

Penck (1887) hat die Region „Leipzig-Halle-Bitterfeld" einmal als das „Herz Deutschlands" bezeichnet. Dieser Ballungsraum ist heute allerdings von seinem Umfang her nicht eindeutig definiert. Schönfelder (1993) zählt folgende 25 Gebietseinheiten mit einer Gesamtfläche von 9.114 km² (Flächenaufteilung in *Tab. 25*) zu dieser Region:

- die 3 Städte: Leipzig, Halle und Dessau,
- die 10 Kreise des Ballungsraumes: Altenburg, Bitterfeld, Borna, Delitzsch, Hohenmölsen, Leipzig-Land, Merseburg, Saalkreis, Weißenfels und Zeitz,
- die 12 Kreise des Randgebietes: Eilenburg, Eisleben, Geithain, Gräfenhainichen, Grimma, Köthen, Naumburg, Nebra, Querfurt, Roßlau, Wittenberg und Wurzen.

Tabelle 25: Flächenaufteilung im Ballungsraum „Leipzig-Halle-Bitterfeld", in ha

Fläche gesamt	Landwirtschaftl. Nutzfläche	Fläche Bergbau
911.400	537.345	46.647

Quelle: Statistisches Bundesamt, 1993

Von Zeuchner (1992), der diese Region in Arbeitsmarktkreise unterteilt hat, werden die Kreise Bernburg, Hettstedt, Sangerhausen, Torgau und Zerbst (Kreise im Randgebiet des Ballungsraumes) hinzugezählt, während Wittenberg nicht berücksichtigt wird. Für die Aussagen zur ökonomischen und sozialen Situation ist das jedoch von untergeordneter Bedeutung.

Geologisch gesehen wurden oberflächennaher Untergrund und Relief in der Leipziger Tieflandbucht im Tertiär angelegt; die Lößschicht wurde im Quartär abgelagert. Von Süden sich ausbreitende Schwemmfächer wurden von Meeressedimenten bedeckt. Es wurden vier abbauwürdige Braunkohlenflöze, die zum Teil seit 1698 abgebaut werden, nachgewiesen: Das sächsisch-thüringische Unterflöz, das Bornaer Hauptflöz, der Bitterfelder Flözkomplex und das miozäne Flöz der Lausitzer Gruppe. Die Täler von Saale, Weißer Elster und Mulde gliedern den Raum, sind als flach eingetiefte alte Schmelzwasserbahnen jedoch nur wenig raumprägend.

Naturräumlich bestimmt wird die Region Leipzig-Halle-Bitterfeld durch das mittlere Elbetal im Norden, die Dübener Heide im Nordosten, den Westteil des Lößgürtels (Lößgefilde des östlichen Harzvorlandes und des Leipziger Landes) und durch den Ostteil des Lößgürtels (sächsische Lößgefilde). Vorherrschende Bodentypen sind die Löß-Schwarzerden der Köthener Lößebene und des Halleschen Löß-Hügellandes, tondifferenzierte braune Böden auf Sandlößdecken und geringmächtigen Lößderivaten des Leipziger Landes sowie des Weißenfelser Lößhügellandes und des Altenburg-Zeitzer Lößhügellandes. Diese Böden wurden bisher wegen ihrer hohen Humusgehalte und guten Sorptionsvermögen intensiv agrarisch genutzt. Die geringe ökologische Diversität wird an der Monotonie der Landschaft sichtbar. Bergbau und Industrie wirkten in der Vergangenheit als Reliefgestalter, was die Landschaft, die ohnehin karg und reizarm ist, zusätzlich belastet.

Klimatisch gesehen liegt die Region teilweise im Regenschatten des Harzes und des Thüringer Waldes; das führt vor allem im Gebiet um Halle zu geringen Jahresniederschlägen. Das Binnentiefland ist im Nordosten und Osten kontinental, im Nordwesten maritim beeinflußt. Die Lufttemperatur beträgt im Jahresmittel ca. 9 °C; die durchschnittlichen Niederschläge betragen in Halle 476 mm, in Leipzig 586 mm, in Grimma 635 mm und in Narsdorf 711 mm.

2.2.2 Ökonomische und soziale Situation

Wirtschaftshistorische Entwicklung

Der Raum Leipzig-Halle-Bitterfeld stellt, bedingt durch die Ballung von Braunkohle- und Chemieindustrie, eine Region mit typisch altindustrieller Prägung dar, vergleichbar mit Gebieten in Polen (Oberschlesien), in den ehemaligen GUS-Staaten (Donezk-, Kusnetzkbecken, Ural) oder in Rumänien. Die industrielle Entwicklung setzte in den Städten Leipzig und Halle etwa ab 1850 ein. Mit dem Übergang zur Großindustrie und der Umstellung auf Maschinen wurde die Braunkohle zum wichtigsten Energieträger des Raumes.

Neben dem Entstehen der großstädtischen Siedlungen hat vor allem die Entwicklung des umliegenden Braunkohlenreviers zur Herausbildung des Ballungsraumes beigetragen. Aufgrund des hohen Wassergehaltes (50 – 70%) und Aschegehaltes (15%) ist ein Transport der Braunkohle über weite Entfernungen unwirtschaftlich. Die Folgeindustrien (mechanische Aufbereitung, Stromerzeugung usw.) ließen sich deshalb in der Nähe der Tagebaue nieder. Seit der Jahrhundertwende gab es in diesem Gebiet fünf Braunkohlen-Abbaugebiete, um die sich die chemischen Großbetriebe in Bitterfeld/Wolfen (Farben), Leuna (Methanol, Stickstoff) und Buna (synthetischer Kautschuk) herausbildeten.

Nach Ende des Zweiten Weltkrieges waren viele Betriebe in der sowjetischen Besatzungszone zerstört. Abgeschnitten von der Zulieferindustrie wurde sie zu einem isolierten Wirtschaftsgebiet. In der nachfolgenden DDR wurden eigene Kapazitäten in der Grundstoffindustrie, der Elektrotechnik und im Schwermaschinenbau geschaffen. War in den frühen 70er Jahren zunächst geplant, die Produktion auf Petrochemie umzustellen, wurde ab Ende dieses Jahrzehnts wegen Devisenmangels wieder die Braunkohlenchemie forciert. Es erfolgte auch keine Umstellung der Haushalte auf Öl- bzw. Gasfeuerung. Die Wachstumsvorgaben konnten nicht mehr eingehalten werden, weil die Auslandsverschuldung, die erhöhten Rohstoffpreise, die Förderung der Rüstung und die Subventionslasten dies verhinderten. Ab 1988 mehrten sich die Anzeichen für eine Wirtschaftskrise: die Planziele wurden nicht mehr erreicht, es gab Versorgungslücken, und die Lieferengpässe häuften sich (Zeuchner, 1992). Die angespannte wirtschaftliche Situation der DDR, aber auch ideologisch bedingte Voreingenommenheit führten zu einer sträflichen Vernachlässigung ökologischer Belange, was sich in den industriellen Ballungsräumen drastisch bemerkbar machte. Die Landwirtschaft entwickelte sich aufgrund zentraler staatlicher Steuerung von bäuerlichen Einzelbetrieben zu Großbetrieben mit industriellem Charakter. Das bedeutete die Anlage großer Schläge sowie intensive Viehhaltung und in der Folge den weiteren Rückgang in der biologischen Vielfalt.

Rahmenbedingungen und aktuelle Situation

Im Umkreis des Ballungsraumes „Leipzig-Halle-Bitterfeld" liegen die Verdichtungsgebiete Berlin, Dresden, Chemnitz, Prag, Nürnberg, Würzburg und Kassel sowie die Städteachse Magdeburg-Braunschweig-Hannover. Zu einigen dieser Gebiete bestehen Autobahnverbindungen. Bedingt durch die starke Nord-Süd-Ausrichtung in Deutschland fehlen jedoch gute Anbindungen an das Ruhrgebiet und den Köln-Bonner Raum.

Die Infrastruktur wird zwar zügig verbessert, vor allem auf dem Gebiet der Telekommunikation, im Verkehrsnetz sind jedoch noch erhebliche quantitative Defizite (fehlende Ost-West-Verbindungen) und qualitative Defizite (Beschaffenheit der Verkehrswege) zu verzeichnen. Mit dem Ausbau des Flugplatzes Leipzig-Schkeuditz wird der Anschluß an die internationale Luftfahrt angestrebt. Leipzig entwickelt sich in Verbindung mit dem Flughafen und dem auszubauenden Schienenverkehrsnetz zu einem Knotenpunkt des Verkehrs und gewinnt zunehmend als Standort von internationalen Fachmessen an Bedeutung; Leipzig und Halle werden zu Kommunikations- und Medienzentren der Region. All diese Faktoren werden sich mittelfristig sicherlich positiv auf die wirtschaftliche, soziale und kulturelle Entwicklung der gesamten Region auswirken.

Der Anteil der Industrie an der Wirtschaftsleistung ist, historisch bedingt, im Vergleich zu anderen Regionen der ehemaligen DDR sehr hoch. 1989 lag der Anteil der in der Industrie Beschäftigten zwischen 40 und 50%. Während der Arbeitsmarkt Leipzig (bestehend aus Stadt Leipzig und umliegenden Kreisen) eine breite Branchenstruktur aufwies, waren die anderen Arbeitsmarktkreise stark auf den Chemiesektor ausgerichtet, d.h. monostrukturiert. Nach 1989 brach die Planwirtschaft in der DDR wie auch in den osteuropäischen Staaten zusammen. Damit gingen die östlichen Absatzmärkte verloren. Das führte auch in der Region Leipzig-Halle-Bitterfeld zu einer erheblichen Freisetzung von Arbeitskräften. Beispielhaft sei hier auf die Zunahme der Arbeitslosigkeit in einem der wichtigsten Unternehmen dieses Raumes, der Mitteldeutschen Braunkohlen-AG (MIBRAG), hingewiesen *(Tab. 26)*.

Der Anteil der Beschäftigten beträgt im verarbeitenden Gewerbe zur Zeit in Leipzig 56 je 1.000 Einwohner. Im Vergleich dazu liegen diese Zahlen in Hannover bei 147, in Frankfurt/Main bei 155 und in Stuttgart bei 207 je 1.000 Einwohner (Neumann und Usbeck, 1993). Auch dieser Vergleich verdeutlicht die Beschäftigungsprobleme der Region.

Besonders betroffen von der Arbeitslosigkeit sind Frauen, Erwerbsfähige im höheren Lebensalter sowie mit geringer bzw. nicht mehr benötigter Qualifikation. Bei wiedervermittelten Arbeitnehmern ist oft ein Positionsverlust festzustellen; beispielsweise üben Facharbeiter oft Anlerntätigkeiten aus (Kabisch, 1993).

Tabelle 26: Entwicklung der Arbeitslosigkeit im Ballungsraum „Leipzig-Halle-Bitterfeld" am Beispiel der MIBRAG

Datum	Zahl der Mitarbeiter
1.7.1990	56.584
1.1.1992	27.496
31.12.1992	17.439
1.1.1994	7.349
Stillegung von Tagebauen von Dez. 1990 – März 1992:	11
Betroffene Mitarbeiter:	9.741
Stillegung von Brikettfabriken von Aug. 1990 – Juni 1992:	21
Betroffene Mitarbeiter:	6.647

Quelle: MIBRAG, 1992

Das Arbeitskräftepotential wird (noch) nicht als Engpaßfaktor für die regionale Entwicklung angesehen (Zeuchner, 1992); der Anteil der Arbeitsfähigen an der Bevölkerung ist allerdings rückläufig. Dies kann problematisch werden, da vor allem mobile qualifizierte Arbeitskräfte die Region verlassen, meist in Richtung der alten Bundesländer (Neumann und Usbeck, 1993). Eine Abnahme der Bevölkerung war allerdings bereits in früheren Jahren zu verzeichnen *(Tab. 27)*.

Während in den Jahren vor 1989 die Abnahme der Bevölkerungszahlen vor allem durch Abwanderung von Personen jüngerer Altersklassen in den Berliner Raum erfolgte (was eine Überalterung der verbleibenden Bevölkerung bedeutete), ist seit 1991 neben der Abwanderung ein Geburtenrückgang aufgrund der unsicheren wirtschaftlichen Situation zu verzeichnen (Usbeck und Kabisch, 1993).

Tabelle 27: Entwicklung der Bevölkerung im Ballungsraum „Leipzig-Halle-Bitterfeld"

Jahr	Bevölkerungszahl	Zeitraum	Bevölkerungsabnahme	
			Differenz	pro Jahr
1970	2.696.048			
1980	2.573.593	1970 – 1980	-122.455	-12.456
1989	2.436.157	1980 – 1989	-137.436	-15.271
1992	2.242.583	1989 – 1992	-193.574	-64.525

Quelle: Schönfelder, 1993

Das Ausbildungsniveau entspricht zwar formal dem in den alten Bundesländern, es gibt jedoch erhebliche Defizite bei Fremdsprachenkenntnissen und im kaufmännischen und verwaltungstechnischen Bereich. Die Bildungsstruktur bietet jedoch aufgrund der vorhandenen Universitäten und Fachhochschulen gute Voraussetzungen zum schnellen Aufholen dieser Defizite.

Die angespannte wirtschaftliche Situation und die hohe Arbeitslosigkeit führen zu den in Kap. D 2.2.3 näher beschriebenen „Lösungen", wie dem schnellen Ausbau der Straßen und dem Aufbau von Firmen auf bisher unversiegelten Flächen mit den damit verbundenen Schädigungen der Böden und Verlusten an Böden.

Gesundheitliche Effekte

Die Bevölkerung der Region Leipzig-Halle-Bitterfeld hatte seit der Entwicklung zum industriellen Ballungsraum stets unter Luftverschmutzung und damit verbundener gesundheitlicher Belastung zu leiden (Herbarth, in Vorbereitung). Die extreme Schadstoffbelastung (SO_2, Stäube und Staubniederschlag) führte bei Kindern zu einer Verzögerung des Knochenwachstums und zu einer negativen Beeinflussung von Atemfunktion, Blutbild und Abwehrsystem. Verstärkt wurden ferner Bronchitis, Krupp und Husten registriert. Außerdem war bei den Untersuchten häufig eine eingeschränkte Leberfunktion zu beobachten. Der Einfluß von hohen Schadstoffkonzentrationen führte zu einer Prädisposition im Hinblick auf Erkrankungen, die zwar noch im Rahmen der physiologischen Norm blieb, bei Dauerbelastung aber chronische Schäden entstehen ließ.

Halle liegt im Raum mit der höchsten Bronchitis-Morbidität ganz Ostdeutschlands. Insgesamt waren bis 1989 in den Regierungsbezirken Leipzig 88% bzw. Halle 76% der Bevölkerung mit SO_2 und 77% bzw. 53% durch erhöhten Staubniederschlag belastet. Die Jahresmittelwerte von SO_2-Gehalten, die in den Jahren 1984 – 1987 um 0,3 mg m^{-3} lagen (in Smogsituationen stiegen sie sogar kurzzeitig auf 4,5 – 5 mg m^{-3} im 30-min-Mittel), sanken aufgrund des Rückgangs der Industrieproduktion bereits 1990 auf ca. 0,11 mg m^{-3} (UBA, 1992). Im Februar 1992 lag das 24-h-Mittel für SO_2 im Bereich des Grenzwerts (0,15 mg m^{-3}; Regierungspräsidium Leipzig, 1992). Die Umstellung auf andere Energieträger senkte die Emissionen, die Zunahme des Autoverkehrs erhöhte dagegen die Emissionen seit 1990. So setzt sich bei den Stickoxiden z.B. der Trend zu höheren Werten fort (Herbarth, 1991).

Eine weitere starke Belastung der Böden wie auch des Grundwassers ging von den dezentralen, meist ungeordneten Deponien sowie von der Intensivlandwirtschaft (Gülle, Agrochemikalien, Nitrate) in der ehemaligen DDR aus. Großflächige Untersuchungen zur Gesundheitsgefährdung durch Lebensmittel bzw. kontaminiertes Trinkwasser liegen allerdings noch nicht vor. Ein direkter Kontakt mit den vorhandenen Bodenverunreinigungen ist zwar selten gegeben, sehr wohl aber auf Kinderspielplätzen möglich (Herbarth, in Vorbereitung).

Die Wasserversorgung für die Bevölkerung im Raum Leipzig-Halle-Bitterfeld stellt ein besonderes Problem dar. Das Trinkwasser der zentralen Wasserversorgungsunternehmen enthält hohe Konzentrationen an Sulfat, Chlorid, Eisen und Mangan. Damit ist zwar keine unmittelbare Gesundheitsgefährdung verbunden, bedenklich ist allerdings die Bildung von Trichlormethan und anderen Organochlorverbindungen durch nichtoptimierte Chlordesinfektion bei nahezu allen Wasserwerken. Das Trinkwasser aus Einzelwasser-Versorgungsanlagen, die mit oberflächennahem Grundwasser versorgt werden, weist zum Teil erhebliche Überschreitungen der Nitratgrenzwerte auf (Plassmann, 1993).

2.2.3 Belastung der Böden

Der Raum Leipzig-Halle-Bitterfeld ist eine der Regionen mit den stärksten Umweltbelastungen in Europa *(Abb. 51)*. Diese Belastung ist vor allem auf den Einsatz von schwefelhaltiger Braunkohle in der Energiewirtschaft und auf die Konzentration der chemischen Industrie in der Region zurückzuführen. Das beeinträchtigte Landschaft und Boden erheblich. Durch die Stillegung von Altanlagen war allerdings seit 1989 ein erheblicher Rückgang von *luftgebundenen Stoffeinträgen* zu verzeichnen. So verminderte sich die SO_2-Belastung durch die Chemie-AG Bitterfeld auf 45%, die Staub- und die Stickoxidbelastung auf 30 bzw. 35% der früheren Werte. Ähnliche Tendenzen sind für die Großstädte Leipzig und Halle zu verzeichnen (Haase et al., 1993). Interessant ist auch der Befund, daß in emittentennahen Zonen in der Dübener Heide durch alkalische Flugstäube eine Verschiebung des pH-Milieus im Boden von „sauer" zu „alkalisch" stattfand. Einzelne Schwermetalle im Sedimentationsstaub liegen zu unterschiedlichen prozentualen Anteilen in wasserlöslicher und damit pflanzenverfügbarer Form vor, be-

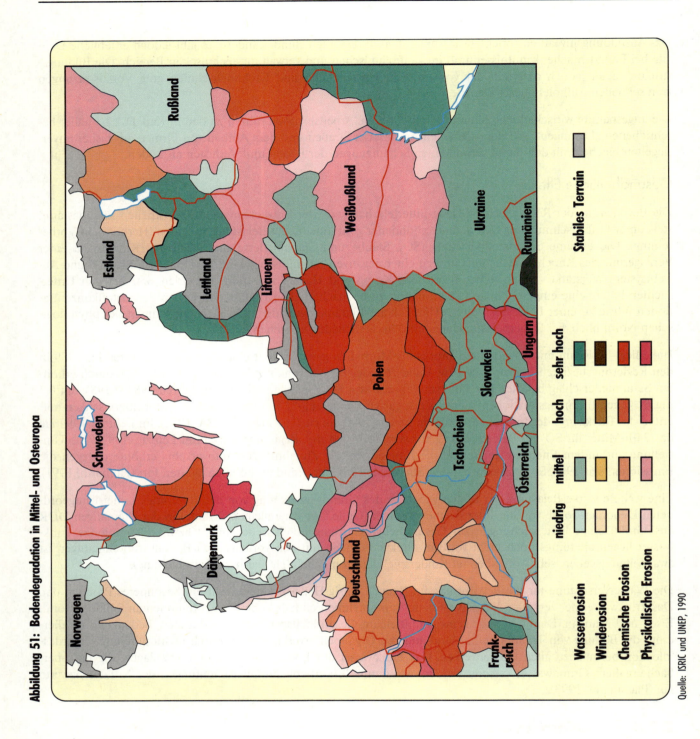

Abbildung 51: Bodendegradation in Mittel- und Osteuropa

Quelle: ISRIC und UNEP, 1990

sonders hoch bei Cadmium (ca. 80%) und Zink (ca. 60 – 75%). Dagegen sind nur etwa 30 – 40% des Kupfers und Bleis leicht bis mäßig schnell mobilisierbar.

Die Anreicherung von Schadstoffen in Pflanzen unter Einbeziehung des Luft- und Bodeneinflusses wird am Beispiel des Welschen Weidelgrases dargestellt *(Tab. 28)*.

In den Sedimentstäuben wurde eine Vielzahl organischer Verbindungen nachgewiesen. Obwohl die Staubbelastung abgenommen hat, stellen diese partikelgebundenen Substanzen ein Gefährdungspotential dar, wobei eine klare Quellenzuordnung noch nicht möglich ist. Im Ballungsraum ist jedoch nicht überall ein hoher Eintrag organischer Schadstoffe zu verzeichnen: die Spitzenbelastungswerte sind räumlich-zeitlich eng begrenzt (z.B. urbane Zentren während des Winterhalbjahres).

D 2.2 Ballungsraum „Leipzig-Halle-Bitterfeld"

Tabelle 28: Metallkonzentrationen im „Welschen Weidelgras" aus dem Ballungsraum „Leipzig-Halle-Bitterfeld"

Element	Gesamtgehalt (mg kg^{-1} Trockensubstanz)	Belastung
Zink	72,00	mäßig bis hoch
Kupfer	7,70	niedrig bis mäßig
Blei	2,09	niedrig
Cadmium	0,27	niedrig

Quelle: Haase et al., 1993

Relativ hoch ist nach wie vor die Emission *organischer Verbindungen* durch den Hausbrand. Messungen für die Stadt Leipzig in der Heizperiode 1992/93 ergaben, daß 65.417 kg Benzol und substituierte Benzole, 25.493 kg polycyclische Aromaten und 5.552 kg Heteroverbindungen emittiert wurden (Haase et al., 1993). Böden und Kippsubstrate in unmittelbarer Nähe von Industrieanlagen wiesen hohe Schwermetallgehalte auf. Eine Analyse von Sedimentationsstäuben ergab jedoch, daß diese nicht aus Braunkohlenfilteraschen stammen, sondern Verunreinigungen industrieller Herkunft darstellen.

Eine Untersuchung von landwirtschaftlich genutzten Böden ergab keine großräumige Schwermetallbelastung, wobei die Werte auf Agrarflächen in der Nähe von urbanen Zentren und Industriekomplexen höher lagen als auf anderen Flächen. Kontaminationen in Höhe der Richtwerte der „Holländischen Liste" wurden generell nicht beobachtet. Die *Grundwasserbelastung* mit Stickstoffverbindungen in Agrarlandschaften ist jedoch offenkundig. Hierfür muß die intensive umweltschädigende Landbewirtschaftung in Großbetrieben verantwortlich gemacht werden.

Langjährige Überdüngung auf großen Schlägen und industriemäßige Tierhaltung führten zu Stickstoffüberschüssen von mehr als 110 kg ha^{-1}, die im Boden verblieben und das Grundwasser stark gefährden. Auf Sandlöß-Standorten wird der Grenzwert für Grundwasser von 50 mg l^{-1} um das Zwei- bis Dreifache überschritten, auf

Tabelle 29: Anzahl der Betriebe, der landwirtschaftlichen Nutzfläche und der durchschnittlich pro Betrieb bewirtschafteten Nutzfläche (1955 – 1992)

	Anzahl der Betriebe	landwirtschaftliche Nutzfläche	bewirtschaftete Nutzfläche pro Landwirtschaftsbetrieb
		1.000 ha	ha
1955			
Sachsen	155.404*	1.137,7	7,3
Sachsen-Anhalt	184.388*	1.366,7	7,4
1961			
Sachsen	12.096	1.120,4	92,6
Sachsen-Anhalt	13.213	1.348,2	102,0
1989			
Sachsen	1.733	978,6	564,7
Sachsen-Anhalt	1.859	1.217,0	654,6
1992			
Sachsen	4.100	804,5	196,2
Sachsen-Anhalt	2.781	1.037,1	372,9

Quellen: Deutsche Demokratische Republik, 1956, 1962, 1990; Statistisches Bundesamt, 1993

* land- und forstwirtschaftliche Betriebe mit Wirtschaftsfläche über 0,5 ha

Löß-Parabraunerde wird der Grenzwert erreicht. Trotz des Rückgangs der Tierhaltung werden die Folgen dieser Belastung auch noch in den nächsten Jahren spürbar sein (Krönert, 1993). Daher besitzt die Region trotz relativ ergiebiger Grundwasservorkommen noch keine Eigenversorgung, sondern ist auf ein Fremdwasser-Versorgungssystem angewiesen. Auch die Flüsse sind weiterhin durch hohe Schmutzfrachten belastet.

Eignung, Leistung und Belastbarkeit von Bodentypen in der Region sind bezüglich einer *Mehrfachnutzung* sehr unterschiedlich. Die Leistung wird sowohl für Fremdstoffabbau (Regulationsfunktion) als auch für Ackerbau (Produktionsfunktion) für
- die Lößschwarzerden als hoch,
- die Lößparabraunerden als mittel bis hoch,
- die Parabraunerden auf Sandlöß als mittel,
- die Aueböden als mittel und
- die meist sandigen Böden der Dübener Heide als gering

eingeschätzt (Haase et al., 1993). Eine Eignung für die Erholung ist lediglich in der Porphyrhügellandschaft bei Halle und in den Heidelandschaften gegeben und dort als „mittelhoch" anzusetzen. Die Sandlößebenen sind durch Winderosion und die Lößhügellandschaften durch Wassererosion gefährdet.

Altlasten stellen ein besonders gravierendes Problem des Raumes Leipzig-Halle-Bitterfeld dar. Altlasten lassen sich beschreiben als „... in der Vergangenheit begründete, durch menschliche Handlungen hervorgerufene Wasser- oder Bodenverunreinigungen im Zusammenhang mit Altablagerungen oder Altstandorten, von denen öffentlich-rechtlich oder privatrechtlich relevante Gefährdungen bzw. Beeinträchtigungen ausgehen (können)". (SRU, 1991; Müller und Süss, 1993a und b). Als hochgradig umweltgefährdend gelten die Deponien im Kreis Bitterfeld. Gefährdungen gehen aber auch von den Absetzbecken in Buna, Leuna und von einigen Tagebaurestlöchern aus, in die Säureharze und andere Abfälle verkippt wurden. In der Region sind in den letzten 100 Jahren ca. 560 km² landwirtschaftliche Nutzflächen, Wälder und Siedlungsflächen durch *Braunkohleabbau* zerstört worden. Als schwierige Aufgabe erweist sich in diesem Zusammenhang die Wiederherstellung des Gebietswasserhaushaltes. Mit dem Tagebauvortrieb waren weiträumige Grundwasserabsenkungen verbunden. Grundwasserleiter wurden abgetragen oder vermischt. Das führte zu einer Störung im Grundwasserverbund. Zusätzliche Beeinträchtigungen entstanden durch die Beseitigung von Standgewässern und die Verlegung von Fließgewässern.

Die Bergbaugebiete bieten gewisse Möglichkeiten für die Naherholung sowie den Biotop- und Artenschutz; wegen der stark belasteten Flußsedimente (Schwermetalle) kommt jedoch eine Flutung von Tagebaurestlöchern oder eine Bewässerung trockenheitsgefährdeter Auwälder z.B. mit ungereinigtem Pleiße- oder Elsterwasser nicht in Frage, wie die nachfolgend aufgeführten Mengen an Schwermetallen in den Sedimenten zeigen. Die Summe der Schwermetallkonzentrationen von Blei, Cadmium, Chrom, Kupfer, Mangan, Zink, Nickel und Arsen im Sediment des Elsterbeckens liegt bei 4.500 – 6.000 mg kg^{-1} Trockensubstanz. In Einzelfällen wurden bis zu 6.000 mg kg^{-1} Zink, 300 mg kg^{-1} Nickel oder 10 – 15 mg kg^{-1} Cadmium im Sediment nachgewiesen (Haase et al., 1993).

Es ist abzusehen, daß die künftigen *Änderungen der Landnutzung* weitreichende Folgen für den Landschaftshaushalt haben werden. Böden werden versiegelt; im Regierungsbezirk Leipzig (der bis auf drei Kreise zum Ballungsraum zählt) wurden von 1990 bis 1993 ca. 108 km² (das entspricht 2,6% der Gesamtfläche) zur Bebauung zugelassen. Davon entfallen ca. 50 km² auf Gewerbegebiete, 27 km² auf den Wohnungsbau und ca. 23 km² auf sonstige Flächen. Fast alle Kommunen der Region verfügen über ein Gewerbegebiet, das auf der grünen Wiese entstand und zu erheblichen Bodeneinbußen geführt hat und weiterhin führt. Die Autonomie der Kommunen erschwert ein abgestimmtes, langfristiges regionales Entwicklungskonzept.

Die geplanten neuen Verkehrstrassen sind zwar wichtig für die wirtschaftliche Entwicklung der Region, zerschneiden jedoch die Landschaft. Das hat negative Folgen für die biologische Vielfalt, da Populationen bzw. Biozönosen eine bestimmte Arealgröße zum Überleben benötigen. Wird es verkleinert, wie es bei der Fragmentierung durch Straßenbau geschieht, ist das Weiterbestehen der Populationen in Frage gestellt. Hier sollten Tabuzonen festgelegt werden, um das Aussterben seltener Arten zu verhindern (SRU, 1994).

2.2.4 Mögliche Lösungsansätze

Die Region stand wegen der oben beschriebenen Wirtschaftsstruktur und den daraus resultierenden Problemen im Mittelpunkt einer Reihe von Untersuchungen (TÜV Rheinland, 1991; Zeuchner, 1992; Haase et al., 1993; Neumann und Usbeck, 1993), aus denen Vorschläge zur weiteren Entwicklung abgeleitet wurden. Vor allem aus *wirtschaftlicher Sicht* ist zu beachten:

- Herstellung der Rechtssicherheit in Eigentumsfragen, vor allem bei Grundstücken.
- Branchenspezifische Qualifizierung der Arbeitskräfte.
- Verbesserung der materiellen Infrastruktur (Verkehr, Ver- und Entsorgung).

Dabei sollte die durch Bund, Land, Kommunen sowie die EU erfolgende Wirtschaftsförderung so ausgerichtet sein, daß regionale Unterschiede im Einkommensniveau zügig abgebaut werden, wobei die Stabilisierung der Wirtschaft durch Abbau von Monostrukturen erfolgen sollte. Das bedeutet eine größere Diversität und so eine Verminderung konjunktureller und struktureller Krisenanfälligkeit. Zeuchner (1992) plädiert zu Recht für eine Verlagerung von Entscheidungen auf die regionale Ebene und die Erarbeitung von Entwicklungskonzepten. Dabei ist der umweltentlastende *Strukturwandel* zu fördern; die Fördermittel sollten nicht zu Erhaltungssubventionen für veraltete Wirtschaftsstrukturen, sondern für zukunftsträchtige Branchen eingesetzt werden. Natürlich ist auch eine Verbesserung der Umweltqualität anzustreben, wobei hier die Verantwortung nicht nur in der Region, sondern auch bei den Ländern und der Bundesregierung liegt. Für das Schutzgut Boden und seine Funktionen sind das Bodenschutzkonzept (Bundesregierung, 1985) und die Maßnahmen zum Bodenschutz (Bundesregierung, 1987) generell richtungsweisend; sie sollten alsbald in der Region umgesetzt werden.

Im TÜV-Bericht (1991) wird davon ausgegangen, daß bis zum Jahr 2000 die Anpassung und Modernisierung der Wirtschaft in den neuen Bundesländern gelingt. Dabei wird der Anteil der Arbeitsplätze im verarbeitenden Gewerbe von über 40% (1989) auf 28% zurückgehen, während die Anteile von Dienstleistungssektor, Handel und Baugewerbe zunehmen werden. Bei einer parallel erfolgenden ökologischen Sanierung kann trotz des zu erwartenden Arbeitsplatzverlustes in den großen Industrien die wirtschaftliche Situation insgesamt stabilisiert werden. Das TÜV-Gutachten schätzt, daß in der Region für über 800.000 Menschen Beschäftigungsmöglichkeiten geboten werden könnten.

Neumann und Usbeck (1993) sind der Ansicht, daß unternehmensorientierte Dienstleistungen wie Wirtschaftsdienste, technische Dienste, Werbung und Datenverarbeitung bei dem wirtschaftlichen Strukturwandel eine Schlüsselrolle spielen werden. Sie plädieren aber gleichzeitig für die Schaffung günstiger Rahmenbedingungen zu einer stabilen Entwicklung des verarbeitenden Gewerbes. Speziell für Leipzig gilt als Vorteil, daß die Stadt über eine breitgefächerte Branchenstruktur verfügt.

Die Privatisierung der ostdeutschen Chemiebetriebe wird bis Ende 1994 kaum gelingen; zur Zeit wird erwogen, die mitteldeutsche Chemie mit den Standorten Leuna, Buna, Bitterfeld und Böhlen in einen Staatskonzern umzuwandeln, der später nach dem Vorbild von VEBA und VIAG privatisiert wird. Lukrative Produktionsabschnitte wie die Leuna-Raffinerie wurden bereits privatisiert.

Mit Blick auf eine rasche wirtschaftliche Entwicklung sollten im Ballungsraum sowohl die sogenannten „harten" Standortfaktoren wie Flächenverfügbarkeit, Verkehrsanbindung, Nähe zu Zulieferern, Absatzmärkte, qualifizierte Arbeitskräfte, Aus- und Weiterbildungseinrichtungen, Forschungseinrichtungen als auch die „weichen" Standortfaktoren wie das Verhalten der öffentlichen Verwaltung, das Wirtschaftsklima, das politisch-soziale Klima, die Arbeitnehmermentalität, der Wohn- und Freizeitwert, das Bildungs- und Kulturangebot, persönliche Präferenzen der Unternehmer sowie das Image des Standortes auf ihren Beitrag für die wirtschaftliche Entwicklung und den Schutz der Umwelt hin überprüft werden. Klare Abgrenzungen zwischen diesen Faktorentypen können nicht gezogen werden.

Wichtig wäre für die Region auch, daß nach Möglichkeiten der *länderüberschreitenden Verwaltung und Planung* gesucht wird (Schönfelder, 1993). Dafür bieten sich die Entwicklung eines Zweckverbandes (z.B. Verkehrsverbund) und dessen schrittweiser Ausbau zu einem Kommunal- oder Raumordnungsverbund an.

Für die ökonomische und gleichzeitig ökologisch verträgliche Entwicklung der Region sind die *Sanierung des Bodens* und die *Beseitigung der Altlasten* besonders wichtig. Müller und Süss (1993a und b) verweisen auf die Schwierigkeit, wissenschaftlich exakte Aussagen darüber zu erhalten, welche Schadstoffanreicherungen im Boden mit welchen konkreten Risiken für Mensch und Umwelt verbunden sind. Ob und inwieweit Bodenverunreinigungen eine Gefährdung darstellen, hängt hauptsächlich von der bestehenden oder geplanten Nutzung des betreffenden Grundstücks ab. An Flächen, die im weitesten Sinne der Pflanzenproduktion dienen, sind höhere Qualitätsanforderungen zu stellen als an den Untergrund von Produktions- und Lagerhallen.

In allen neuen Bundesländern existieren mittlerweile Abfall-, Altlasten- bzw. Bodengesetze. Diese regeln die Haftung bzw. die Sanierungsverantwortlichkeit für ökologische Schäden wie auch den Umgang mit Altlasten und die Sanierung der Böden. So erfaßt das Abfallwirtschafts- und Bodenschutzgesetz des Freistaates Sachsen die Altlastenproblematik unter dem Aspekt des Bodenschutzes. Bodenbelastungen werden hier wie folgt definiert: Es sind „... Veränderungen der Beschaffenheit des Bodens, insbesondere durch stoffliche Einwirkungen, bei denen die Besorgnis besteht, daß die Funktionen des Bodens als Naturkörper oder als Lebensgrundlage für Menschen, Tiere und Pflanzen erheblich oder nachhaltig beeinträchtigt werden". Neben Untersuchungs-, Sanierungs- und Sicherungsmaßnahmen können laut Gesetz auch „Maßnahmen zur Verhütung, Verminderung oder Beseitigung von Beeinträchtigungen des Wohls der Allgemeinheit" verlangt werden. Damit sind die rechtlichen Rahmenbedingungen geschaffen, um ehemalige Industriestandorte für die Ansiedlung innovativer Industriezweige wieder nutzbar zu machen, was die zur Zeit massiv stattfindende Versiegelung bisher unbebauten Landes unterbinden könnte.

Die Beseitigung der Altlasten ist allerdings kostenaufwendig und nicht allein dem neuen Eigentümer von beeinträchtigten Flächen anzulasten. Dieser kann in den neuen Bundesländern eine Freistellung beantragen, wenn das Gelände weiterhin gewerblich genutzt wird. Bei einer Selbstbeteiligung von ca. 10% durch den Eigentümer ist eine Kostenbeteiligung von Bund und Ländern von 60:40 des verbleibenden Aufwandes für den Mittelstand und von 75:25 für großindustrielle Projekte vereinbart. Für die ersten zehn Jahre ist ein Finanzrahmen von 1 Mrd. DM für die neuen Bundesländer vorgesehen. Die Bundesregierung beschloß 1993, in den neuen Bundesländern besonders kontaminierte Industriebereiche zu sanieren, um die Industriestandorte wieder einer industriellen und gewerblichen Nutzung unter Berücksichtigung ökologischer Belange zuführen zu können. Zu diesen Großprojekten gehört auch der Industriebereich Bitterfeld-Wolfen. Zwischen der Treuhandanstalt und dem Land Sachsen-Anhalt wurde ein Sanierungskonzept vereinbart, das sich zur Zeit in der Erarbeitung befindet. Dieses Beispiel zeigt aber, daß eine Sanierung von industriell so stark geprägten Regionen wie dem Ballungsraum „Leipzig-Halle-Bitterfeld" einer erheblichen Unterstützung durch den Staat bedarf.

Zum Schutz bzw. zur Sanierung der Umwelt wurde im TÜV-Bericht (1991) die Verbesserung der *Trinkwasserqualität*, vor allem die Verminderung des Nitratgehaltes im Trinkwasser gefordert. Das zielt ganz wesentlich auf eine Umsteuerung der Landwirtschaft in Richtung *umweltverträgliche Landbewirtschaftung* ab. Für die bisher intensiv genutzten Agrargebiete der Region wird die agrarische Überproduktion in der Europäischen Union Auswirkungen haben. Die geforderte Rotationsbrache zur Verringerung der Getreideproduktion sollte allerdings durch einen niedrigeren Einsatz an Düngemitteln sowie durch Freisetzung von Agrarland für landeskulturelle Zwecke ersetzt werden, um das Regulationspotential der Landschaft zu verbessern und eine langfristige nachhaltige Mehrfachnutzung der Landschaft zu gewährleisten (Haase et al., 1993).

Wichtig wäre auch eine Erhöhung des Flächenanteils von Flurgehölzen für den Schutz vor Erosion. Das würde neben dem Schutz für den Boden auch einen Schutz der Gewässer vor Kontamination bewirken. In den Löß-Agrarlandschaften könnten zusätzliche Habitate entstehen, und die Erholungsfunktion würde steigen.

In den sandigen Heidelandschaften besteht die Tendenz zum Auflassen landwirtschaftlicher Nutzflächen; das wirkt sich ungünstig auf die Erholungsfunktion der Landschaft und die Grundwasserneubildung aus. Hier bedarf es allerdings noch eingehender wissenschaftlicher Untersuchungen, um den Extensivierungsbedarf und die Bereitschaft der Landbevölkerung für ein solches Vorgehen zu ermitteln. Ebenso wichtig ist die Entwicklung von Methoden für ein systematisches Monitoring der Landnutzungsänderungen als Voraussetzung für die Verbesserung des Regulationspotentials der Landschaft. Es sollte ein Prozeß der Neustrukturierung eingeleitet werden, der die Agrarlandschaften als wichtigen Teil der Kulturlandschaft erhält, so daß sie *Mehrfachfunktionen* gerecht werden.

Zur Verbesserung der *Luftqualität* wurden Luftreinhaltepläne aufgestellt (z.B. Luftreinhalteplan; Regierungspräsidium Leipzig, 1992). Diese sind Voraussetzung dafür, daß Schutzgebiete ausgewiesen werden, für die Smogverordnungen zu erlassen und umzusetzen sind. Damit werden bei austauscharmen Wetterlagen ein Verbot des Kraftfahrzeugverkehrs sowie Produktionsbeschränkungen für genehmigungspflichtige Anlagen möglich.

Der Ballungsraum „Leipzig-Halle-Bitterfeld" befindet sich gegenwärtig in einem rasanten ökonomischen, ökologischen und sozialen Umbruch. Er ist daher nicht typisch für Regionen mit seit langem marktwirtschaftlich geprägter Wirtschaftsweise. Aufgrund ehemals ähnlicher wirtschaftlicher und politischer Strukturen der Länder Mittel- und Osteuropas könnte seine Entwicklung jedoch für belastete Wirtschaftsräume in diesen Ländern beispielgebend werden.

3 Forschungsempfehlungen zum Schwerpunktteil

3.1 Bodenforschung und globaler Wandel

Die Erforschung von Eigenschaften, Verbreitung und Funktionen der Böden hat in Deutschland Tradition und ist in einer Vielzahl von Institutionen verankert. Lange Zeit lagen die Forschungsschwerpunkte bei der Ertragssicherung und -steigerung im land- und forstwirtschaftlichen Bereich sowie auf der Inventarisierung der Ressource Boden. Die Forschung wurde entweder als Grundlagenforschung überwiegend an Universitäten oder als angewandte Forschung an Landesämtern und Bundesanstalten durchgeführt. Erst in den vergangenen zwei Jahrzehnten sind Umweltprobleme zum Thema bodenkundlicher Forschung geworden. In einer Vielzahl von Einzelprojekten wurden diese im Rahmen der Bodenschutzforschung, der Waldschadensforschung und der ökotoxikologischen Forschung seitens des BMFT sowie durch Programme des BMU und des BML gefördert. Aufbauend auf diesen Erfahrungen wurde die Bodenforschung des BMFT in den letzten Jahren in integrierte Forschungsansätze, wie z.B. die Ökosystemforschung, die Stadtökologieforschung oder die Forschung zum Biotop- und Artenschutz einbezogen. Es kann also festgestellt werden, daß auf nationaler Ebene wesentliche Gebiete bodenkundlicher Forschung behandelt werden, wenngleich auch hier, wie bereits im Jahresgutachten 1993 des WBGU gezeigt wurde, noch erhebliche Defizite vorhanden sind.

Anders verhält es sich mit der internationalen Einbindung der bodenkundlichen Forschung. Zwar haben einzelne Wissenschaftler immer wieder wichtige Beiträge zur Erforschung außereuropäischer Böden geliefert, doch waren diese Aktivitäten mehr durch Interessen von Einzelpersonen oder kleinen Gruppen (Sonderforschungsbereiche) als durch eine umfassende Strategie zur Lösung der globalen Bodenprobleme gesteuert. Auch muß festgestellt werden, daß die Beteiligung deutscher Bodenkundler an der Konzeption und Durchführung internationaler Forschungsprogramme bisher sehr selten war; dies gilt auch für Veröffentlichungen in international relevanten Zeitschriften.

In den vergangenen Jahren ist eine gewisse Umorientierung der bodenbezogenen Forschungsförderung festzustellen. So werden z.B. bodenrelevante Themen im Rahmen des tropenökologischen Begleitprogramms des BMZ behandelt. Auch das SHIFT-Projekt *(Studies on Human Impact on Forests and Floodplains in the Tropics)* sowie der BMFT-Schwerpunkt „Landwirtschaft und Spurengase" haben Probleme der Böden der Tropen zum Thema. Der Beirat begrüßt diese Entwicklung, wenngleich die genannten Aktivitäten erst als Beginn einer notwendigen stärkeren Beteiligung an handlungsorientierter Forschung zur Lösung globaler Bodenprobleme betrachtet werden können.

Die bisher nur unzureichende Beteiligung deutscher Forscher an bilateralen und internationalen Programmen ist deshalb so bedauerlich, weil einerseits ein wissenschaftliches Potential vorhanden ist, andererseits der globale Bodenschutz, wie in diesem Gutachten gezeigt, nicht nur einen Beitrag zur Sicherung der Ernährung der rasch wachsenden Weltbevölkerung und zur Erhaltung der biologischen Vielfalt darstellt, sondern auch der Vorbeugung von Konflikten dient. Um dieses Defizit zu verringern, ist nach Ansicht des Beirats Forschungsbedarf zum Thema Böden in folgenden Bereichen gegeben.

3.2 Globale Bodeninventur

Die Kenntnisse über die räumliche Verteilung der Böden und über ihre Eigenschaften sind noch immer unzureichend. Besonders wenn es darum geht, diese Kenntnisse für die Entwicklung standortgerechter, nachhaltiger und umweltschonender Nutzungsstrategien einzusetzen, sind die räumliche Auflösung und die notwendigen Kenndaten nicht hinreichend. Die nötigen Informationen lassen sich häufig nur durch zeitraubende Kartierungen beschaffen. Es besteht daher ein Bedarf, die Methoden der Fernerkundung für die Erfassung von Boden- und Vegetationskennwerten und deren Veränderung nutzbar zu machen. Das in Deutschland vorhandene Know-how sowohl im Bereich der Fernerkundung wie bei der Boden- und Ökosystemforschung sollte stärker genutzt werden, um anwenderfreundliche und verläßliche Erfassungs- und Monitoring-Systeme zu entwickeln, die mit Nutzungsmodellen gekoppelt werden können. Diese können dann in Regionen eingesetzt werden, deren Informationsdichte nicht ausreichend ist.

3.3 Lebensraumfunktion

Die Funktion der Böden als Lebensraum ist bisher überwiegend im Hinblick auf die Pflanzen und deren Versorgung mit Wasser, Sauerstoff und Nährstoffen untersucht worden. Die Bedeutung von Böden als Lebensraum für andere Organismen und die von ihnen regulierten Prozesse ist dagegen nur unzureichend erforscht. Letzteres ist aber von großer Bedeutung, wenn Reaktionen der Bodenorganismen auf Nutzungs- und Klimaänderungen abgeschätzt oder Organismen gezielt für die Regeneration von Böden eingesetzt werden sollen. Die Forschungen zur Ökologie der Mikroorganismen und Tiere der Böden bedürfen dringend zusätzlicher Förderung.

Auch zur Rolle der Bodenorganismen für die Synchronisation von Stoffkreisläufen und damit für die Stabilität terrestrischer Ökosysteme ist vertiefte Grundlagenforschung erforderlich. Dies gilt besonders für die Charakterisierung der biologischen Diversität in Böden. Ohne verbesserte Methoden zur Erfassung dieser Größen und Prozesse werden viele Fragen der ökotoxikologischen Forschung offen bleiben.

Darauf aufbauend empfiehlt der Beirat, ein Indikatorensystem zu entwickeln, mit dem biotische Zustände in Böden quantitativ beschrieben werden können. Ohne ein solches System sind die Eingriffe der Menschen letztlich nicht bewertbar. Die bisherigen Ansätze sind für den Einsatz auf der Systemebene unzureichend.

Fast alle Böden der Welt verfügen über ein hohes Abfallverwertungssystem für organische Substanzen. Die metabolischen Leistungen der beteiligten Mikroorganismen sind aber zum Teil noch nicht erforscht. Basierend auf den hier zu gewinnenden Erkenntnissen sollten Regenerationsstrategien entwickelt werden, die die biotische Komponente von Böden und ihr Stabilisierungspotential nutzen. Dies setzt allerdings vertiefte Einsichten in die Zusammenhänge zwischen Vegetationsdecke, Wasserretention und Bodenmechanik voraus.

3.4 Regelungsfunktion

Für die Regelungsfunktion der Böden, die den internen Umsatz von Energie und Stoffen sowie deren Austausch über die Bodengrenzen hinweg beschreibt, liegt eine Reihe von Einzeluntersuchungen vor, und es gibt punktuelle Ergebnisse, die aber nicht ohne weiteres übertragbar sind. Eine wesentliche Aufgabe der kommenden Jahre ist daher, Punktmessungen auf größere Einheiten zu extrapolieren. Dies gilt sowohl für biotische, chemische und physikalische Bodenzustände als auch für Bodenprozesse und die damit verbundenen Umsetzungen und Stofftransporte. Zur Beantwortung dieser Fragen sollte ein integriertes Programm aufgelegt werden. Das bereits laufende Schwerpunktprogramm der DFG für Wasser könnte dafür einen Nukleus bilden.

Ein weiterer Schwerpunkt sollte in der Quantifizierung der biogeochemischen Kreisläufe von Kohlenstoff, Stickstoff, Schwefel und Phosphor in Böden liegen. Diese Elemente und ihre Verbindungen sind wesentlich an den chemischen Prozessen in der Atmosphäre und am Treibhauseffekt sowie an der Kontamination von Gewässern beteiligt; sie sind aber gleichzeitig wichtige Nährstoffe der Pflanzen. Ihr Einsatz bei der Düngung zur Sicherung der Ernährung der Weltbevölkerung ist daher immer mit dem Risiko der Umweltbelastung behaftet. Die Aufklärung der biotischen Regulation der Umsetzungsprozesse in Böden ist die Basis für eine standortgerechte, nachhaltige und umweltschonende Bodenbewirtschaftung. Darüber hinaus ist sie Grundlage für die Abschätzung des Risikos (Spurengase, Wasserkontamination, Verlust an Diversität), das aus den erwarteten Nutzungs- oder Klimaänderungen erwächst.

Einträge von Säuren und anderen organischen oder anorganischen Schadstoffen stellen Belastungen für die Böden und ihre Organismen dar. Zur Vermeidung dauerhafter oder irreversibler Schäden ist es daher erforderlich, die standortspezifische Belastbarkeit der Böden systematisch zu erfassen und in ein umfassendes Bewertungskonzept zu integrieren.

Der Beirat betont nochmals die grundsätzliche Bedeutung, die den Wechselwirkungen zwischen Böden und Klima im globalen System zukommt. Hier gilt es insbesondere, die Auswirkungen von möglichen Klimaänderungen auf die Emissionen aus den Böden und deren Rückkopplung zum atmosphärischen Zustand zu erforschen.

3.5 Nutzungsfunktion

Zur Sicherung der Nahrungsmittelversorgung der weiterhin rasch wachsenden Weltbevölkerung bedarf es zusätzlicher Anstrengungen zur Verbesserung der land- und forstwirtschaftlichen Produktion und zur Eindämmung der fortschreitenden Bodendegradation. Hierzu ist die Entwicklung standortgerechter, nachhaltiger und umweltschonender Nutzungsstrategien in der Land- und Forstwirtschaft erforderlich, die weit stärker als bisher das abiotische und biotische Potential der Böden berücksichtigen und durch geeignete Maßnahmen erhalten oder schützen können. Gemeinsame Projekte von deutschen Wissenschaftlern mit Wissenschaftlern aus Entwicklungsländern sollten daher gefördert werden. Dieser Forschung „vor Ort" kommt eine bedeutende Multiplikatorfunktion zu. Es wird empfohlen, daß das BMZ wesentlich mehr Mittel als bisher für die Förderung der Forschung über Böden und Bodendegradation in den Entwicklungsländern bereitstellt. Diese Aktivitäten sollten mit denen des BMFT und des BML abgestimmt werden. Zur stärkeren Einbindung des vorhandenen Forschungspotentials der Universitäten sollte auch die DFG mit in die Konzipierung entsprechender Programme einbezogen werden.

Ein Schwerpunkt sollte hierbei die Entwicklung von dezentralen Systemen der Wassergewinnung, der Wasserkonservierung und der Wassernutzung sein. Die effektive Nutzung des Wassers für die Pflanzenproduktion stellt eine große Herausforderung für Techniker wie für Landwirte dar. Der Einsatz regenerierbarer Energien im Zusammenhang mit der Wassergewinnung sowie verlustfreie Bewässerungstechniken sollten gefördert werden.

Im Zusammenhang mit der Bodenproblematik sollte ein ökonomisches Bewertungskonzept entwickelt werden, in welchem die bisher in den Bilanzen nicht auftauchenden Guthaben wie biologische Vielfalt, sauberes Grund- und Oberflächenwasser und Fruchtbarkeit der Böden mit einbezogen werden.

Die sozialen Voraussetzungen und Folgen der weltweiten Einführung einer standortgerechten, nachhaltigen und umweltschonenden Bodennutzung sollten systematisch untersucht werden. Die Unkenntnis über die Bodenbeschaffenheit und die biologische Vielfalt am Standort war und ist bei der Nutzung von Böden Ursache vieler Degradationserscheinungen oder nutzungsbedingter Umweltbelastungen. Dazu beigetragen hat das Fehlen einer Konzeption zur Bewertung der Nutzung über den ökonomischen Bereich hinaus. Das erweiterte *critical-loads*-Konzept, wie in diesem Gutachten vorgestellt (und für den stofflichen Teil zur Zeit von der Arbeitsgemeinschaft „Bodenschutz" der Großforschungseinrichtungen bearbeitet), stellt eine Möglichkeit dar, auf diesem Gebiet Fortschritte zu erzielen.

Der Beirat empfiehlt, daß die Entwicklung eines umfassenden Bodenbewertungskonzepts weiter verfolgt und intensiviert wird. Dabei sollte nicht nur die wissenschaftliche Absicherung der Bemessungsgrundlage von Bedeutung sein, sondern auch die Entwicklung eines Informationssystems zur Anwendung des vorhandenen Wissens.

Darauf aufbauend sollten standortspezifische Tragfähigkeitskonzepte entwickelt werden, die auf Nachhaltigkeit und Umweltschonung aufgebaut sind. Solche Tragfähigkeitskonzepte stellen eine Basis für die wirtschaftliche Entwicklung von Regionen und Ländern dar. Sie lassen frühzeitig mögliche Konflikte erkennen und erlauben es, geeignete Gegenmaßnahmen zu ergreifen.

Durch die weltweit rasch zunehmende Urbanisierung und durch den zunehmenden internationalen Handel mit Agrarprodukten werden die Entkopplungsprozesse zwischen Produktion und Konsumtion beschleunigt. Das hat zum einen die stoffliche Verarmung der Böden zur Folge, zum anderen die massive Akkumulation von Stoffen auf engem Raum. Dieses Problem, das auf nationaler wie auf globaler Ebene auftritt, bedarf aus ökologischer wie auch ökonomischer Sicht dringend der systematischen Analyse.

3.6 Kulturfunktion

Die Menschen sind auch in der hochentwickelten Industriegesellschaft von den Böden und deren Funktionen abhängig. Diese Tatsache gerät aber zunehmend in Vergessenheit. Der Beirat sieht in dieser Distanz, d.h. einem mangelnden „Bodenbewußtsein", eine der wesentlichen Ursachen für Bodendegradation. Um zukünftig eine größere Akzeptanz für bodenschonendes Verhalten in Wirtschaft, Arbeit und Freizeit zu erzeugen, sollte das Thema „Boden" im Rahmen gesellschaftswissenschaftlicher Forschung stärker als bisher thematisiert werden. Dies

D 3 Forschungsempfehlungen

gilt insbesondere für kulturspezifische und kulturvergleichende Forschungsansätze sowie für die historische Analyse von Mensch-Boden-Beziehungen. Dabei kommt einer Analyse der Wahrnehmung und Bewertung von Boden und Bodenveränderungen im jeweiligen sozialen, kulturellen, historischen und ökonomischen Zusammenhang besondere Bedeutung zu. Bereits vorhandene Studien zu diesen Themenfeldern sollten systematisch zusammengeführt werden.

Darüber hinaus sollte der Problembereich „Boden" in interdisziplinären Projekten und unter verstärkter Berücksichtigung sozial- und verhaltenswissenschaftlicher, handlungsorientierter Konzepte untersucht werden. Vorbild und Anknüpfungspunkt für Aktivitäten deutscher Forscher könnte das gemeinsame Projekt von IGBP und HDP *„Land use and land cover change"* sein.

4 Handlungsempfehlungen zum Schwerpunktteil

4.1 Vorbemerkung

Der Beirat hat sich dem Thema Böden und Bodendegradation zugewandt, weil er schon im Jahresgutachten 1993 hierin einen der fünf Haupttrends der globalen Umweltveränderungen sah und weil dieser Trend bisher am wenigsten analysiert und umweltpolitisch angegangen worden ist. Böden sind für das Überleben der Menschheit auf dieser Erde essentiell. Sie sind beeinträchtigt durch die Art und Weise, wie Menschen direkt und indirekt, absichtlich oder unabsichtlich mit Böden umgehen.

Bodendegradation versteht der Beirat als die Beeinträchtigung der vier wesentlichen Bodenfunktionen:

- der *Lebensraumfunktion*, die einen engen Bezug zur Biodiversität hat,
- der *Regelungsfunktion*, insbesondere der Rolle des Bodens im globalen Kohlenstoff- und Stickstoffkreislauf,
- der *Nutzungsfunktion*, insbesondere für die Nahrungsmittelproduktion, und
- der *Kulturfunktion*, der Ausbildung der Beziehung zwischen Mensch und Natur.

Die Bedeutung der Kulturfunktion zeigt sich besonders daran, daß unter den Abhilfemaßnahmen zu den Syndromen der Bodendegradation die Förderung von „Bodenbewußtsein" die einzige Maßnahme ist, die für alle zwölf Syndrome zugleich bedeutsam ist *(Tab. 22)*.

In dem Spannungsfeld dieser vier Funktionen ist das Thema zu sehen, das an erster Stelle der folgenden Handlungsempfehlungen steht: das Welternährungsproblem. Vielerorts gehen Böden schneller verloren, werden geschädigt oder versiegelt, als entsprechende Flächen hinzukommen. Insgesamt nimmt die pro Kopf zur Nahrungsmittelproduktion zur Verfügung stehende Fläche ab. Die zentrale Frage lautet daher: Wie kann die weiter rasch wachsende Menschheit auf Dauer ernährt werden?

Neben dieser Frage müssen zugleich drei weitere beantwortet werden: Wie kann der Lebensraum für wildlebende Tiere und Pflanzen und damit die Biodiversität ausreichend gesichert werden? Wie kann die Rolle der natürlichen Ökosysteme und ihrer Böden im Klimasystem aufrechterhalten werden? Wie können möglichst rasch bodenschonende menschliche Verhaltensweisen entwickelt und gefördert werden? Zusammengefaßt: Wie kann die anthropogene Nutzung der Böden, Pflanzen und Tiere so naturnah gestaltet werden, daß sie standortgerecht, nachhaltig und umweltschonend ist?

Eine Reihe von Maßnahmen sind genannt worden, mit denen man meinte, das Problem schnell lösen zu können. Dazu gehören beispielsweise: Aufgabe marginaler landwirtschaftlich genutzter Böden, Drosselung des Fleischverzehrs in Industrieländern, Verringerung der Verluste bei der Vorratshaltung und beim Transport zum Verbraucher, Verzicht auf Pflügen, Vermeidung von Pestiziden, Übergang zu Mischkulturen und zur Agroforstwirtschaft. Ferner sollten nach verbreiteter Ansicht Handlungs- und Eigentumsrechte definiert und zugeordnet werden. Alle diese Maßnahmen können für sich genommen das Welternährungsproblem aber *nicht* lösen, denn sie setzen entweder einen erheblichen Wertewandel voraus *oder* sind allein wegen zu hoher Bevölkerungsdichte nicht durchführbar. *Wachsende Erträge pro Flächeneinheit* sind daher unerläßlich, um die Ernährung der Menschheit langfristig zu sichern.

Die Diskussion der zwölf charakteristischen Syndrome der Bodendegradation in Kap. D 1.3.3 hat gezeigt, daß vier dieser Syndrome herausragende Bedeutung haben:

- Bodendegradation durch Strukturwandel traditioneller Landwirtschaft (sogenanntes „Huang-He-Syndrom").
- Bodendegradation durch industrielle Landwirtschaft (sogenanntes „Dust-Bowl-Syndrom").
- Übernutzung marginaler Böden (sogenanntes „Sahel-Syndrom").
- Entwaldung und nachfolgend nur kurzfristige landwirtschaftliche Nutzung (sogenanntes „Sarawak-Syndrom").

Weil die Eigenschaften und die Belastbarkeiten von Böden kleinräumig variieren und die Kultur- und Gesellschaftsformen, die den Umgang mit den Böden bestimmen, je nach Region unterschiedlich sind, gibt es keine generell anwendbaren Maßnahmen zum Erhalt der Böden. Im folgenden werden daher *übergreifende* Handlungsempfehlungen vorgestellt, *spezielle* Empfehlungen zu den einzelnen Syndromen finden sich im Text.

Einige dieser Syndrome treten auch in Deutschland auf, z.B. das „Saurer-Regen-Syndrom", das „Bitterfeld-Syndrom" und das „Alpen-Syndrom". Der Beirat geht davon aus, daß die damit bezeichneten Bodenprobleme im Rahmen der deutschen Umweltpolitik (siehe Umweltbericht 1994 der Bundesregierung) und von den entsprechenden Beratungsinstitutionen, etwa dem Rat von Sachverständigen für Umweltfragen, berücksichtigt werden.

4.2 Weltweite Sicherung der Ernährung

4.2.1 Leitlinie

Die wichtigste Frage in Hinblick auf Böden und ihre Degradation lautet, ob und gegebenenfalls wie die weiter wachsende Weltbevölkerung angesichts der begrenzten landwirtschaftlich nutzbaren Bodenfläche langfristig ernährt werden kann und wie dies dort geschehen kann, wo die Versorgungsengpässe besonders kritisch sind. Auf der Basis dieser Frage schlägt der Beirat folgende *Leitlinie* zur Landnutzung vor:

Landwirtschaftliche Produktion muß der Belastbarkeit der Böden angepaßt sein; sie sollte weltweit vornehmlich dort erfolgen, wo sie nachhaltig mit verhältnismäßig geringen Umweltbelastungen, kostengünstig und ertragreich betrieben werden kann.

Diese Leitlinie sucht einen Weg zwischen den Vorstellungen einer vollständigen Autarkie und eines unbegrenzten Freihandels mit landwirtschaftlichen Produkten. Da keines dieser beiden Extreme realisierbar bzw. unter Nachhaltigkeitsgesichtspunkten wünschenswert erscheint, bietet die Leitlinie einen gangbaren Mittelweg an.

Eine vollständige Autarkie wäre schon deshalb nicht realisierbar, weil viele Entwicklungsländer in Zukunft eine zu geringe Nahrungsmittelproduktion haben werden, um ihre Bevölkerung ernähren zu können, d.h. sie werden auf Nettoimporte von Nahrungsmitteln angewiesen sein. Um diese finanzieren zu können, muß Kaufkraft auf nichtlandwirtschaftlicher Basis geschaffen werden, also durch angepaßte Formen der Industrialisierung und durch Dienstleistungen. Die Möglichkeiten dieser Länder, hierfür Kapital zu schöpfen, sind begrenzt; es muß ihnen teilweise von außen zufließen. Man wird vielen von ihnen Kapitalhilfe zu besonders günstigen Bedingungen gewähren müssen. In diesem Sinne wiederholt der Beirat die Empfehlung des Jahresgutachtens 1993, die deutsche Entwicklungshilfe auf 1% des Bruttosozialprodukts aufzustocken.

4.2.2 Handlungsempfehlungen

Für die *fruchtbaren Böden* gilt es, ihre Produktivität langfristig zu sichern.

- Dies betrifft zum einen Gunstböden, wie sie z.B. in den USA oder Deutschland zu finden sind. Die Grenzen ihrer Nutzung kennzeichnet das „Dust-Bowl-Syndrom". Dennoch ist eine Intensivierung auch unter Nachhaltigkeitsgesichtspunkten oft noch möglich. Eine agrarpolitisch erzwungene Flächenstillegung ist, wenn überhaupt, nur wegen Degradationsgefahr, nicht aber unter dem Aspekt der weltweiten Nahrungsmittelproduktion sinnvoll. Hier ist die deutsche und europäische Agrarpolitik gefordert. Sie muß zwischen den Anforderungen der zukünftigen Welternährung, der Verringerung der Bodendegradation, der Öffnung der Agrarmärkte für Entwicklungsländer sowie der Einkommenssicherung der heimischen Landwirte die richtige Linie finden. Deutsche und europäische Beiträge zur Produktivitätssteigerung in den Entwicklungsländern, etwa durch besser standortangepaßte Nutzpflanzen und -tiere, sollten gefördert werden.
- Es gibt mehr Gunstböden in den Tropen, als die gängigen Vorstellungen vom „nährstoffarmen Tropenboden" vermuten lassen. Auf diesen Böden sollte die Produktion erhöht werden, zumal dies auch oft Regionen mit großem Bevölkerungswachstum sind. Seine Grenze findet dieses Vorgehen, wenn es dabei zu Einschränkungen der Lebensraumfunktion der Böden kommt.

Auf den *wenig fruchtbaren Böden* ist die Produktion in nachhaltiger Weise zu erhöhen. Wo dies nicht möglich ist, weil erhebliche Degradation auftritt, ist die Nutzung zu reduzieren.

- Zur Sicherung der Welternährung ist der Beitrag dieser Böden gering. Für die regionale Ernährungsbasis sind sie aber, etwa im Sahel, sehr wichtig, besonders da viele dieser Regionen ein hohes Bevölkerungswachstum aufweisen.
- Durch Beratung und Technologietransfer ist weltweit eine standortgerechte, nachhaltige und umweltschonende Nutzung zu ermöglichen. Wo dies für die Sicherung der Ernährungsbasis nicht ausreicht, muß sich die Beratung auch auf die Schaffung von Arbeitsplätzen außerhalb der Landwirtschaft erstrecken. Dies stellt eine besondere Herausforderung für die beratenden Länder und Institutionen dar; landwirtschaftliche und außerlandwirtschaftliche Projekte müssen besser aufeinander abgestimmt werden, und die verschiedenen Förderinstitutionen müssen ihre Förderung stärker koordinieren. Diese Zielsetzung sollte auch in der deutschen Entwicklungshilfe einen breiten Raum einnehmen.

4.3 Berücksichtigung der Lebensraumfunktion bei der Ernährungssicherung

4.3.1 Die andere Problemlage

Die oben definierte Leitlinie ist unter der Bedingung der Nachhaltigkeit und Umweltschonung formuliert. Verstöße gegen das Nachhaltigkeitsprinzip schmälern auf lange Sicht die Ernährungsbasis, aber auch die Versorgung mit nachwachsenden Rohstoffen. Einige der aus diesen Verstößen resultierenden Umweltbelastungen sind eher *lokaler* und *nationaler* Art und werden daher von den betroffenen Ländern selbst bekämpft werden müssen. Dies gilt auch für Umweltbelastungen als Folge der Bodennutzung, wie die Kontamination des Grundwassers, die Verschlammung und Eutrophierung der Gewässer oder die Auffüllung von Staudämmen mit Sedimenten. Andere Umweltbelastungen sind allerdings *globaler* Art; die Schäden betreffen tendenziell alle Länder und einen großen Teil der Menschheit. Neben den klimawirksamen Schadstofffrachten handelt es sich vor allem um die Zerstörung der Lebensraumfunktion der Böden für freilebende Tiere und Pflanzen, d.h. um die Reduzierung der biologischen Vielfalt. Entwaldung, Trockenlegung der Feuchtgebiete usw. sind zwar zunächst vor allem für das betreffende Land mit Verlust verbunden, sie sind aber auch global relevant.

4.3.2 Handlungsempfehlungen

Die standortgerechte Optimierung der natürlichen Bodenproduktivität sollte langfristig den Druck mindern, marginale Böden in Nutzung zu nehmen bzw. durch Übernutzung weiter zu degradieren. Auf diese Weise kann vielerorts schon ein entscheidender Beitrag zum Erhalt der Lebensraumfunktion geleistet werden. Im übrigen muß der Schutz der Lebensraumfunktion für freilebende Tiere und Pflanzen aber anders erreicht werden als die Sicherung der Ernährung, zumal die Interessenlage unterschiedlich ist. Während im Falle der Ernährung grundsätzlich ein Eigeninteresse der Menschen vorliegt und daher Hilfe zur Selbsthilfe ein wichtiges Prinzip ist, muß der Schutz der Lebensraumfunktion für Tiere und Pflanzen kollektiv, d.h. durch politische Einsicht und Entscheidung erreicht werden. Dabei ist zu beachten, daß nicht jeder Lebensraum gleich schützenswert ist und daß die internationalen Anstrengungen schon aus finanziellen Gründen auf die wichtigen Ausschnitte dieser Lebensräume konzentriert werden müssen. Eine Sicherung der Lebensraumfunktion bestimmter Böden ist letztlich nur durch rechtlich verbindliche Vorschriften zu erreichen. Da staatliche Raumplanung aber bisher, wenn überhaupt, nur auf nationaler Ebene greift, müssen zusätzlich auf internationaler Ebene ökonomische Instrumente (Abgaben, Zertifikate, Fonds) als Anreiz für alternative Nutzungen von Böden geschaffen werden.

Der Beirat verweist in diesem Zusammenhang auf seinen Vorschlag aus dem Jahresgutachten 1993, für den Erhalt der tropischen Wälder einen internationalen Fonds aufzulegen, mit dessen Hilfe entsprechende Nutzungsverzichte bzw. Alternativnutzungen finanziell entgolten werden. Damit könnte die Lebensraumfunktion in einem wichtigen Bereich, den tropischen Regenwäldern, gesichert werden.

Darüberhinaus müssen für andere Bodenprobleme, für die ein Ausgleichsinstrument geschaffen werden soll, ähnliche Lösungen angestrebt werden. Die Bundesregierung sollte sich frühzeitig auf diese Fragen vorbereiten, die im Kontext eines möglichen Rahmenübereinkommens der Vereinten Nationen (*„Boden-Konvention"*) mit großer Wahrscheinlichkeit in die internationale Diskussion eingebracht werden.

4.4 Bevölkerungsdruck und Bodendegradation

Der Beirat hatte in seinem Jahresgutachten 1993 das Bevölkerungswachstum als einen Haupttrend der globalen Umweltveränderungen herausgestellt. Dies muß mit Blick auf die Bodendegradation erneut betont werden. Der Bevölkerungsdruck und der nachfolgende Druck auf die Nutzungsfunktion der Böden bedrohen auch deren Lebensraum-, Regelungs- und Kulturfunktionen.

Auch wenn die Bundesregierung aus Rücksicht auf die politische Empfindlichkeit vieler Länder das Problem des Bevölkerungswachstums international zur Zeit nicht besonders betont, sieht es der Beirat dennoch als seine Pflicht an, auf eine gravierende Entwicklung hinzuweisen: Die absehbaren zukünftigen Ernährungsprobleme ergeben sich aus der Kombination von Bodendegradation mit dem Bevölkerungswachstum, das gerade in denjenigen Regionen der Welt besonders hoch ist, deren Landwirtschaft in den nächsten Jahrzehnten nicht oder nur begrenzt in der Lage sein wird, die zunehmende Bevölkerung zu ernähren (vgl. *Abb. 27* und *28*).

Weil abzusehen ist, daß die Nahrungsmittelproduktion für die weiterhin rasch wachsende Weltbevölkerung nicht ausreichen wird, sind auch Länder mit niedrigen oder stagnierenden Bevölkerungswachstumsraten zur Beteiligung an der Lösung der Bodenprobleme aufgerufen und zwar besonders aus folgenden Gründen:

- Die Probleme, die mit der Bodendegradation zusammenhängen, werden zunehmen und die internationale Umweltpolitik herausfordern, also auch Deutschland verstärkt in die Pflicht nehmen.
- Wenn keine außerlandwirtschaftliche Einkommensbasis entsteht, mit deren Hilfe Nahrungsmittelimporte bezahlt werden können, drohen lokale und regionale Mangelernährung und Hungerkatastrophen, die entweder
  - vermehrte finanzielle Transfers in diese Länder erfordern oder
  - zu Migration („Umweltflüchtlinge") führen, die dann zu einem innenpolitischen Problem der möglichen Zielländer, also auch der Bundesrepublik, werden kann.

Die Vermeidung von Bodendegradation ist insoweit nicht nur ein Mittel zur nachhaltigen Sicherung der Ernährungsbasis der weiter zunehmenden Weltbevölkerung, sondern kann gleichzeitig helfen, internationale Krisen zu vermeiden. Die konzeptionelle und finanzielle Unterstützung einer aktiven Bevölkerungspolitik (Familienplanung) kann sich daher als eine kostengünstige Maßnahme erweisen, sowohl für die Länder, die von Unterernährung und Bodendegradation bedroht sind als auch für die Zielländer einer Migration.

4.5 Auf dem Wege zu internationalen Regelungen

4.5.1 Die richtigen Akzente setzen

Die verschiedenen Formen der Bodendegradation sind aus globaler Sicht nicht alle als gleichermaßen gravierend einzustufen. Vier der zwölf Syndrome haben aus Sicht des Beirats besonderes Gewicht: (1) Bodendegradation durch Strukturwandel traditioneller Landwirtschaft („Huang-He-Syndrom"), (2) Bodendegradation durch industrielle Landwirtschaft („Dust-Bowl-Syndrom"), (3) Übernutzung marginaler Böden („Sahel-Syndrom") und (4) Entwaldung und nachfolgend nur kurzfristige landwirtschaftliche Nutzung („Sarawak-Syndrom"). Als global weniger gravierend werden z.B. die touristische Nutzung („Alpen-Syndrom") und die nichtlandwirtschaftliche Kontamination („Bitterfeld-Syndrom") eingeschätzt. Letztere kann für einzelne Regionen zwar verheerend sein, wie insbesondere die Tschernobyl-Katastrophe gezeigt hat; weltweit betrifft dieses Syndrom aber nur einen kleinen Teil der nutzbaren Bodenfläche und insofern das Hauptproblem, die großflächige Sicherung der zukünftigen Ernährungsbasis der Weltbevölkerung, nur geringfügig. Bei der Zielformulierung und der Erstellung des Instrumentariums der entsprechenden internationalen Regelungen zur Bodenproblematik (*„Boden-Konvention"*) sollten daher zunächst die global relevanteren Syndrome berücksichtigt werden.

4.5.2 Die Vielfalt der Bodenproblematik beachten

Wegen der Vielfalt der Bodenprobleme empfiehlt der Beirat eine intensivere Behandlung der global dringlichen Fragen durch Wissenschaft und Politik in der Bundesrepublik Deutschland (vgl. dazu im einzelnen auch die Forschungsempfehlungen in Kap. D 4.4).

Die Entwicklungszusammenarbeit muß die standortgerechte, nachhaltige und umweltschonende Bodennutzung in der Landwirtschaft stärker als bisher zum Thema machen. Dabei sollte ein erweitertes, integriertes Tragfähigkeitskonzept für Böden entwickelt werden, das die Beeinträchtigung der Lebensraum-, Regelungs- und Kulturfunktion der Böden mit einbezieht. Darauf aufbauend sollten für die von Bodendegradation besonders betroffenen Länder Verfahren und Regeln für eine nachhaltige Bewirtschaftung entwickelt werden. Dies könnte analog zu den für die Bundesrepublik Deutschland vorgeschlagenen Regeln der ordnungsgemäßen Landbewirtschaftung, also in einer Art „Technischen Anleitung Landwirtschaft" (vgl. SRU, 1985) und unter Heranziehung der EU-Verordnung „Ökologischer Landbau" erfolgen.

4.5.3 Internationale Regelungen schaffen

Weil der internationale Abstimmungsbedarf angesichts der Vielfalt der Bodenprobleme erheblich ist und die Krankheitssyndrome und entsprechend die Therapieansätze sehr unterschiedlich und schwierig sind, ist eine nationale Bodenschutzpolitik oft erst nach Behandlung der übrigen Umweltmedien in Angriff genommen worden und international bisher über Deklarationen nicht hinausgekommen. Nur für einen Ausschnitt der Bodenprobleme, die Desertifikation, ist bereits eine internationale Konvention formuliert worden („Wüsten-Konvention"), und nur für eine Landnutzungsart, den Wald, gibt es eine internationale Erklärung, die „Wald-Erklärung". Was wäre unter diesen Vorzeichen in einem zukünftigen internationalen Regelwerk vornehmlich zu regeln?

1. Am Anfang einer Erklärung bzw. Konvention sollte die Aussage stehen, daß Boden analog zu Wasser oder Luft als Schutzgut anerkannt wird und deshalb institutioneller Regelungen bedarf. Dabei wäre an die vier Bodenfunktionen anzuknüpfen und ihrer Beeinträchtigung wäre mit zu formulierenden Schutzzielen zu begegnen. Insbesondere darf dabei die Nahrungsmittelproduktion nicht bedroht werden, und eine standortgerechte, nachhaltige und umweltschonende Entwicklung muß möglich bleiben.
2. Die vier Bodenfunktionen, vor allem die Nutzungs- und die Lebensraumfunktion, sind international als schützenswert festzuschreiben. Ferner sind Kriterien festzulegen, die es dem einzelnen Land erlauben zu bestimmen, welche Böden von der Regelung besonders betroffen sind. Die Festlegung dieser Kriterien kann in der Vereinbarung selbst erfolgen oder einer internationalen Expertengruppe übertragen werden. Um diese internationalen Arbeiten zu beschleunigen, sollte die Bundesregierung im Rahmen der EU mit der Bearbeitung beginnen.
3. Unter Zuhilfenahme dieser Kriterien sind weltweit vergleichbare Daten zur Bodendegradation und Belastbarkeit der Böden sowie für die standortgerechte, nachhaltige und umweltschonende Nutzung zu erheben. Sie könnten in ein weltweit koordiniertes Bodenkataster münden. Um die Umsetzung vorhandenen Wissens zu erhöhen, sollten parallel dazu auch Daten über die bodenbezogenen ökonomischen und soziokulturellen Rahmenbedingungen erfaßt werden.
4. Wenn darüber hinaus internationale finanzielle Ausgleichsmechanismen beschlossen werden sollen, wie beispielsweise die Einbeziehung der Bodenproblematik in das Finanzierungssystem der GEF, würde eine „Boden-Erklärung" nicht ausreichen, eine globale „Boden-Konvention" wäre notwendig.
5. Es bedarf der besonderen Prüfung, ob neue zusätzliche Instrumente zu entwickeln sind. Der Beirat hat unter diesem Blickwinkel die Gefährdungshaftung, das Grenzwertkonzept und die Idee eines internationalen Marktes für Bodenfunktionsrechte diskutiert.
6. Schließlich ist zu klären, ob und gegebenenfalls welche neuen Institutionen eine internationale Vereinbarung über Böden implementieren sollen. Wenn keine neuen Institutionen geschaffen werden sollen, könnte die Lebensraumfunktion in die Verantwortung des UNEP und die Nutzungsfunktion in die der FAO übertragen werden. Die institutionelle Verankerung einer „Boden-Erklärung" bzw. „Boden-Konvention" sollte in jedem Fall so hochrangig erfolgen, daß ihre Durchsetzung gesichert ist.

Nach Auffassung des Beirats kann die Bundesregierung einen sofortigen Beitrag zum Aufbau einer standortgerechten, nachhaltigen und umweltschonenden Landwirtschaft in den Entwicklungs- und Schwellenländern lei-

D 4 Handlungsempfehlungen

sten, indem sie im Rahmen des GATT und der neuen Welthandelsorganisation (WTO) den Bestrebungen entgegenwirkt, Umweltgesichtspunkte zur Legitimierung eines neuen Protektionismus der einkommensstarken Länder zu benutzen. Dies gilt nicht nur für Agrarprodukte, sondern auch für Industrieprodukte, mit deren Export die Länder mit nur geringer Nahrungsmittelproduktion ihre Nahrungsmittelimporte bezahlen müssen.

Der Beirat hält die Schaffung eines veränderten institutionellen Rahmens zur Bewältigung der globalen Bodenprobleme für dringend erforderlich. Die Bundesregierung sollte grundsätzlich festlegen, ob eine differenzierte „Boden-Erklärung" ausreicht *oder* ob eine globale „Boden-Konvention" angestrebt werden sollte. Immerhin wird die „Wüsten-Konvention" einen Teil der Probleme behandeln, und durch eine „Wald-Konvention", für die sich der Beirat schon in seinem Jahresgutachten 1993 ausgesprochen hat, könnte ein weiteres gravierendes Syndrom angegangen werden. Für eine globale „Boden-Erklärung" bzw. „Boden-Konvention" liefert das vorliegende Gutachten relevante Argumente.

Die erst über längere Frist wirksame Klimaveränderung wird politisch inzwischen vergleichsweise intensiv angegangen. Die Wirkungen der globalen Bodendegradation sind dagegen bereits heute schon sichtbar und werden sich in allernächster Zeit verstärken. *Die Bundesregierung möge daher dem globalen Bodenschutz einen ähnlichen internationalen Stellenwert erkämpfen, wie ihr dies für den Klimaschutz weitgehend gelungen ist.*

E Literaturangaben

Abdul-Jalil, M.-A. (1988): Some Political Aspects of Zaghawa Migration and Resettlement. In: Ibrahim, F. und Ruppert, H. (Hrsg.): Rural Urban Migration and Identity Change. Case Studies from the Sudan. Bayreuth: Druckhaus Bayreuther Verlagsgesellschaft, 13–36.

Achilles, W. (1989): Umwelt und Landwirtschaft in vorindustrieller Zeit. In: Herrmann, B. (Hrsg.): Umwelt in der Geschichte. Göttingen: Vandenhoeck und Rupprecht, 77–88.

Agrarbündnis (1993): Der kritische Agrarbericht. Rheda-Wiedenbrück: Bauernblatt.

Ahmad, Y. J. und Kassas, M. (1987): Desertification: Financial Support for the Biosphere. London: Hodder and Stoughton.

Alcamo, J., Amann, M., Hettelingh, J.-P., Holmberg, M., Hordijk, L., Kämäri, J., Kauppi, L., Kornai, G. und Mäkelä, A. (1987): Acidification in Europe: A Simulation Model for Evaluating Control Strategies. Ambio 16, 232–245.

Althammer, W. und Buchholz, W. (1993): Internationaler Umweltschutz als Koordinationsproblem. In: Wagner, A. (Hrsg.): Dezentrale Entscheidungsfindung bei externen Effekten. Innovation, Integration und internationaler Handel. Tübingen: J.C.B. Mohr, 289–315.

Amelung, T. (1987): Zum Einfluß von Interessengruppen auf die Wirtschaftspolitik in Entwicklungsländern. Weltwirtschaft 38 (1), 158–171.

Anderson, A.B. (1990): Alternatives to Deforestation. Steps Towards Sustainable Use of the Amazonian Rain Forest. Oxford, New York: Oxford University Press.

Anspaugh, L., Catlin, R. J. und Goldman, M. (1988): The Global Impact of the Chernobyl Reactor Accident. Science 242, 1513–1519.

Arnould, E.J. (1990): Changing the Terms of Rural Development: Collaborative Research in Cultural Ecology in Sahel. Human Organization 49, 339–350.

Ayres, R.U. und Simonis, E.U. (1994): Industrial Metabolism. Restructuring for Sustainable Development. Tokio, New York, Paris: United Nations University Press.

Axelrod, R. (1986): An Evolutionary Approach to Norms. American Political Science Review 80, 1095–1111.

Baccini, P. und Brunner, P. H. (1991): Metabolism of the Anthroposphere. Berlin: Springer.

Barbier, E.B. (1989): Cash Crops, Food Crops, and Sustainability: The Case of Indonesia. World Development 17 (6), 879–895.

Barbier, E.B. (1992): Wildlife Utilization in Biodiversity Conservation. In: Swanson, T.M. und Barbier, E.B. (Hrsg.): Economics for the Wilds. Wildlife, Wetlands, Diversity and Development. London: Earthscan.

Barrett, S. (1993a): Joint Implementation for Achieving National Abatement Commitments in the Framework Convention on Climate Change. Revised Draft for Environment Directorate Organisation for Economic Cooperation and Development. London: London Business School and Centre for Social and Economic Research on the Global Environment.

Barrett, S. (1993b): A Strategic Analysis of „Joint Implementation" Mechanisms in the Framework Convention on Climate Change. Preliminary Draft for United Nations Conference on Trade and Development. London: London Business School and Centre for Social and Economic Research on the Global Environment.

Barth, H.K. (1986): Mali: Eine geographische Landeskunde. Darmstadt: Wissenschaftliche Buchgesellschaft.

Basedow, T., Braun, C., Lühr, A., Naumann, J., Norgall, T. und Yanes, G. (1991): Abundanz, Biomasse und Artenzahl epigäischer Raubarthropoden auf unterschiedlich intensiv bewirtschafteten Weizen- und Rübenfeldern: Unterschiede und ihre Ursachen. Ergebnisse eines dreistufigen Vergleichs in Hessen, 1985 bis 1988. In: Zoologische Jahrbücher Abteilung für Systematik. Band 118, 87–116.

Bassand, M. (1990): Urbanization. Appropriation of Space and Culture. New York: City University of New York.

Bauchhenß, J. (1991): III. Regenwurmtaxozönosen auf Ackerflächen unterschiedlicher Düngungs- und Pflanzenschutzintensitäten. Landwirtschaftliches Jahrbuch 68 (3), 335–354.

Beese, F. (1992): Umweltbelastung und Standort. In: Arbeitsgemeinschaft der Großforschungseinrichtungen (AGF) (Hrsg.): Boden, Wasser und Luft. Umweltvorsorge in der AGF. Bonn: AGF, 36–39.

Begon, M., Harper, J.L. und Townsend, C.R. (1991): Ökologie – Individuen, Populationen, Lebensgemeinschaften. Basel, Boston, Berlin: Birkhäuser.

Beissinger, S.R. und Bucher, E.H. (1992): Can Parrots be Conserved Through Sustainable Harvesting? Washington, DC: Smithsonian.

Bendormir-Kahlo, G. (1989): CITES-Washingtoner Artenschutzübereinkommen. Regelung und Durchführung auf internationaler Ebene und in der Europäischen Union. Berlin, Bielefeld, München: Erich Schmidt.

Bergbäck, B., Anderberg, S. und Lohm, U. (1989): A Reconstruction of Emission, Flow and Accumulation of Chromium in Sweden 1920–1980. Water Air and Soil Pollution 48, 391–407.

Berkes, F. (1989): Common Property Resources: Ecology and Community-based Sustainable Development. London: Belhaven Press.

Beyer, H. und Beyer, A. (1985): Sprichwörterlexikon. München: C.H. Beck.

Bhatti, N., Streets, D.G. und Foell, W. K. (1992): Acid Rain in Asia. Environmental Management 16 (4), 541–562.

Bick, H., Hansmeyer, K.-H. und Olschowy, G. (1984): Angewandte Ökologie. Mensch und Umwelt. Band I und II. Stuttgart: Gustav Fischer.

Birnie, P. und Boyle, A. (1992): International Law and the Environment. Oxford, New York: Oxford University Press.

Blaikie, P.M. (1985): The Political Economy of Soil Erosion in Developing Countries. London, New York: Longman.

Blaikie, P. und Brookfield, H. (1987): Land Degradation and Society. London: Methuen.

Blume, H.-P. und Brümmer, G. (1991): Prediction of Heavy Metal Behavior in Soil by Means of Simple Field Tests. Ecotoxicology and Environmental Safety (22), 164–174.

Blume, H.-P. (1992): Handbuch des Bodenschutzes. Landsberg: Ecomed.

Blume, H.-P. und Ahlsdorf, B. (1993): Prediction of Pesticide Behavior in Soil by Means of Simple Field Tests. Ecotoxicology and Environmental Safety (26), 313–322.

BMBau – Bundesministerium für Raumordnung, Bauwesen und Städtebau (1994): Raumordnungsbericht 1993. Unterrichtung durch die Bundesregierung. Bonn: BMBau.

BMI – Bundesministerium des Innern (1985): Bodenschutzkonzeption der Bundesregierung. Stuttgart: Metzler-Poeschel.

BMU – Bundesministerium für Umwelt, Naturschutz und Reaktorsicherheit (1986): Leitlinien Umweltvorsorge: Leitlinien der Bundesregierung zur Umweltvorsorge durch Vermeidung und stufenweise Verminderung von Schadstoffen. Bonn: BMU.

BMZ (17.03.1994): Einigung über die Globale Umweltfazilität perfekt. Entwicklungspolitik – Pressemitteilung Nr. 23. Bonn: BMZ.

BMZ – Bundesministerium für Wirtschaftliche Zusammenarbeit (1993): Desertifikationsbekämpfung und Ressourcenmanagement in den Trockenzonen der Dritten Welt. Eine entwicklungspolitische Einschätzung. Bonn: BMZ.

Bohm, P. (1993): Incomplete International Carbon-Emission Quota Agreements: Efficiency and Distributional Implications of Joint Implementation and Quota Tradeability. Draft for International Conference on Economic Instruments of Air Pollution in Laxenburg. Stockholm: Stockholm University Department of Economics.

Bowers, C. (1993): Europe's Motorways – The Drive for Mobility. The Ecologist 23 (4), 125–130.

Bouwman, A.F., Fang, I., Matthews, E. und John, J. (1993): Global Analysis of the Potential for the N_2O Production in Natural Soils. Global Biogeochemical Cycles 7, 557–597.

Braun, W. (1991): Auswirkungen abgestufter Intensitäten im Pflanzenbau auf die Ausprägung von Acker-Wildpflanzengesellschaften. Landwirtschaftliches Jahrbuch 68 (3), 312–335.

Brown, L.R. (1988): Breakthrough on Soil Erosion. WorldWatch Magazine, Mai/Juni, 19–42.

Brown, S. (1993): Tropical Forests and the Global Carbon Cycle: The Need for Sustainable Land-Use Patterns. Agriculture, Ecosystems and Environment (46), 31–44.

Brunner, P.H., Daxbeck, H. und Baccini, P. (1994): Industrial Metabolism at the Regional and Local Level:
A Case Study on a Swiss Region. In: Ayres, R.U. und Simonis, U.E. (Hrsg.): Industrial Metabolism. Restructuring for Sustainable Development. Tokio, New York, Paris: United Nations University Press, 163–193.

Bryde, B.-O. (1993): Umweltschutz durch allgemeines Völkerrecht? Archiv des Völkerrechts 31 (1–2), 1–12.

Buchanan, J.M. (1968): The Demand and Supply of Public Goods. Chicago: Chicago University Press.

Bucher, E.H. (1991): Status and Management of Blue-Fronted Amazon Parrots in Argentina. Unveröffentlichtes Manuskript.

Bundesregierung (1985): Bodenschutzkonzeption der Bundesregierung vom 7. März 1985. Bonn. Bundestags Drucksache BT 10/2977.

Bundesregierung (1987): Maßnahmen zum Bodenschutz der Bundesregierung vom 8. Dezember 1987. Bonn: Bundestags Drucksache BT 11/1625.

Bundesregierung (1992): Fünfter Immissionsschutzbericht der Bundesregierung. Bericht an den Deutschen Bundestag. Bonn: Bundesministerium für Umwelt, Naturschutz und Reaktorsicherheit (BMU).

Buntzel, R. (1986): Eindrücke von einer Agrarkultur in der industriellen Wachstumsgesellschaft: Eine Fallstudie aus Hohenlohe/Württemberg. In: Glaeser, B. (Hrsg.): Die Krise der Landwirtschaft. Zur Renaissance von Agrarkulturen. Frankfurt a.M.: Campus, 31–46.

Buringh, P. (1979): Introduction to the Study of Soils in Tropical and Subtropical Regions. Wageningen: Pudoc, Center for Agricultural Publishing and Documentation.

Büttner, S. und Simonis, U. E. (1993): Wasser in Not. Universitas 48 (566), 735–744.

Butler, J.H., Elkins, J.B., Hall, B.D., Cummings, S.O. und Montzka, S.A. (1992): Decrease in the Groove of Atmospheric Halon Concentrations. Nature 359, 403–405.

Cameron, J. (1993): Environmental Protection, Sustainable Development and International Trade. Mutually Supportive or Exclusive. Wirtschaftspolitische Blätter 30 (3–4), 385–394.

CCE – Coordination Center for Effects (1991): Mapping Critical Loads for Europe. Band 1. Bilthoven: National Institute of Public Health and Environmental Protection (RIVM).

CCE – Coordination Center for Effects (1993): Calculating and Mapping of Critical Loads in Europe: Status Report 1993. Bilthoven: National Institute of Public Health and Environmental Protection (RIVM).

CEC – Commission of the European Communities (1992): Europeans and the Environment in 1992. Survey Conducted in the Context of the Eurobarometer 37.0. Brüssel: CEC.

Cicerone, R.J. und Oremland, R.S. (1988): Biogeochemical Aspects of Atmospheric Methane. Global Biogeochemical Cycles 4, 299–327.

Ciriacy-Wantrup, S.V. und Bishop, R.C. (1975): „Common Property" as a Concept in Natural Resources Policy. Natural Resources Journal 15 (4), 713–727.

CITES – Convention on the International Trade in Endangered Species of Wild Fauna and Flora (1994): Draft Resolution of the Conference of the Parties. Criteria for the Amendment of Appendices I and II. Genf: CITES-Sekretariat.

Clark, C.W. (1973): Profit Maximisation and Extinction of Animal Species. Journal of Political Economy 81 (4), 950–961.

Clark, C.W. und Munn, R.E. (Hrsg.) (1986): Sustainable Development of the Biosphere. Cambridge: Cambridge University Press.

Cleaver, K. und Schreiber, G. (1992): The Population, Agriculture and Environment Nexus in Sub-Saharan Africa. World Bank Agricultural and Rural Development Series No. 1. Washington, DC: World Bank.

Commander, S. (Hrsg.) (1989): Structural Adjustment and Agriculture. Theory and Practice in Africa and Latin America. Oxford: Heinemann.

Conford, P. (1992): A Future for the Land: Organic Practice from a Global Perspective. Hartland: Green Books.

Cook, C.C. und Grut, M. (1989): Agroforestry in Sub-Saharan Africa. Washington, DC: World Bank.

Corbin, A. (1988): Pesthauch und Blütenduft. Eine Geschichte des Geruchs. Frankfurt a.M.: Fischer.

Coseforma (1993): Bosque – Manejo Sostenido. San José, Costa Rica: Coseforma.

Cosgrove, D. und Petts, G. (Hrsg.) (1990): Water, Engineering and Landscape. London, New York: Belhaven Press.

Crosson, P. und Anderson, J. (1992): Resources and Global Food Prospects – Supply and Demand for Cereals to 2030. Washington, DC: World Bank.

Crutzen, P.J. und Andreae, M.O. (1990): Biomass Burning in the Tropics: Impact on Atmospheric Chemistry and Biogeochemical Cycles. Science 250, 1669–1678.

Deutsche Demokratische Republik (1956): Statistisches Jahrbuch der Deutschen Demokratischen Republik. Berlin: Verlag die Wissenschaft.

Deutsche Demokratische Republik (1962): Statistisches Jahrbuch der Deutschen Demokratischen Republik. Berlin: Staatsverlag der Deutschen Demokratischen Republik.

Deutsche Demokratische Republik (1990): Statistisches Jahrbuch der Deutschen Demokratischen Republik. Berlin: Rudolf Haufe.
DGVN – Deutsche Gesellschaft für die Vereinten Nationen (1992): Weltbevölkerungsbericht 1992. Die Welt im Gleichgewicht. Bonn: DGVN.
DGVN – Deutsche Gesellschaft für die Vereinten Nationen (1993): Weltbevölkerungsbericht 1993. Das Individuum und die Welt: Bevölkerung, Migration und Entwicklung in den neunziger Jahren. Bonn: DGVN.
Diem, A. (1987): Kahlschlag in den Wäldern Britisch Kolumbiens. Allgemeine Forstzeitschrift 48 (4), 169–173.
Dietz, F.J. (1992): Sustainable Use of Nutrients in Agriculture: The Manur Problem in the Netherlands. In: Dietz, F.J., Simonis, U.E. und Straaten van der, J. (Hrsg.): Sustainability and Environmental Policy. Restraints and Advances. Berlin: Edition Sigma, 150–178.
Driessen, P.M. und Dudal, R. (Hrsg.) (1991): The Major Soils of the World. Wageningen: Agricultural University.
Drosdowski, G. (1963): Der Duden. Herkunftswörterbuch der deutschen Sprache. Band 7. Mannheim: Dudenverlag.
Drosdowski, G. (1976): Der Duden. Das große Wörterbuch der deutschen Sprache. Band 1. Mannheim: Dudenverlag.
Drosdowski, G. (1992): Der Duden. Redewendungen und sprichwörtliche Redensarten. Wörterbuch der deutschen Idiomatik. Band 11. Mannheim: Dudenverlag.
Düngen, H. und Schmitt, D. (1993): Klimapolitik – Chancen für internationale Kompensationslösungen. Wirtschaftsdienst 73 (12), 649–654.

ECO-Tibet (26.01.1994): Ökologischer und kultureller Kahlschlag in Tibet. In: Ökologische Briefe 4, 11–13.
Ehrlich, P.R. und Ehrlich, A.H. (1992): The Value of Biodiversity. Ambio 21 (3), 219–226.
Ehrlich, P.R. (1992): Der Verlust der Vielfalt: Ursachen und Konsequenzen. In: Wilson, E.O. (Hrsg.): Ende der biologischen Vielfalt. Heidelberg, Berlin, New York: Spektrum Akademischer Verlag, 39–45.
EIA – Environmental Investigation Agency (1992): Flight to Extinction. The Wild-Caught Bird Trade. London: EIA.
Eickhof, N. (1989): Zum Reformbedarf in der deutschen Energiepolitik. List-Forum 15 (2), 173–196.
El-Ashry, M. (1994): Statement on the GEF Meeting, Genf, March 14–16, 1994. Genf: GEF-Sekretariat.
Elsäßer, M. und Briemle, G. (1992): Grünland extensiv nutzen – worauf kommt es an? top agrar (4), 86–90.
EMEP – Co-operative Programme for Monitoring and Evaluation of the Long-range Transmission of Air Pollutants in Europe (1993): Calculated Budgets for Airborne Acidifying Components in Europe, 1985, 1987, 1988, 1989, 1990, 1991 and 1992. Band 1. Blindern: EMEP.
Endres, A. (1989): Allokationswirkungen des Haftungsrechts. Jahrbuch für Sozialwissenschaft 40, 115-129.
Enquete-Kommission „Schutz der Erdatmosphäre" des 11. Deutschen Bundestags (1990): Schutz der Erde. Band 1. Bonn, Karlsruhe: Economica, C.F. Müller.
Enquete-Kommission „Vorsorge zum Schutz der Erdatmosphäre" des 11. Deutschen Bundestags (1991): Schutz der Erde. Eine Bestandsaufnahme mit Vorschlägen zu einer neuen Energiepolitik. Bonn, Karlsruhe: Economica, C.F. Müller.
EP – Europäisches Parlament (1991): Bericht des Ausschusses für Umweltfragen, Volksgesundheit und Verbraucherschutz über den Handel mit exotischen Vögeln. Sitzungsdokumente (A3-021). Genf.
Erichsen, S. (1991): Das liability-Projekt der ILC. Zeitschrift für ausländisches öffentliches Recht und Völkerrecht 51 (2), 94–145.
Erichsen, S. (1993): Der ökologische Schaden im internationalen Umwelthaftungsrecht: Völkerrecht und Rechtsvergleichung. Frankfurt: Peter Lang.
Erisman, J. W. (1993): Acid Deposition to Nature Areas in the Netherlands: Part I. Methods and Results. Water Air and Soil Pollution 71, 51–80.
Esser, G. (1993): Eingriffe der Landwirtschaft in den Kohlenstoffkreislauf: Studie A für die Enquete-Kommission des Deutschen Bundestages „Schutz der Erdatmosphäre". Gießen.
EU – European Union (1994): Position Paper on Joint Implementation. Ninth Session of the Negotiating Committee for a Framework Convention on Climate Change. Genf: International Negotiating Committee on the Framework Convention on Climate Change.
Eurostep (1993): The Subsidised Exports of European Union Beef to West Africa: How European Beef Mountains Undermine Cattle Farming in the Sahel. Briefing Paper. Brüssel: Eurostep.
Ezenwe, U. (1993): The African Debt Crisis and the Challenge of Development. Intereconomics (1), 35–43.

Fahrenhorst, B. (1988): Der Versuch einer integrierten Umweltpolitik. Das Entwicklungsmodell Burkina Faso unter Sankara. Hamburg: Institut für Afrika-Kunde.

Falkenberg, M. und Rosenström, J. (1993): Curbing Rural Exodus from Tropical Drylands. Ambio 22 (7), 427–437.

FAO – Food and Agriculture Organization of the United Nations (1982a): World Soil Charta. Rom: FAO.

FAO – Food and Agriculture Organization of the United Nations (1982b): Potential Population Supporting Capacities of Lands in the Developing World. Rom: FAO.

FAO – Food and Agriculture Organization of the United Nations (1989): Soil Conservation for Small Farmers in the Humid Tropics. Rom: FAO.

FAO – Food and Agriculture Organization of the United Nations (1990a): Soil Map of the World. Revised legend. Rom: FAO.

FAO – Food and Agriculture Organization of the United Nations (1990b): FAO Yearbook 1989. Production. Rom: FAO.

FAO – Food and Agriculture Organization of the United Nations (1992): The State of Food and Agriculture. Rom: FAO.

FAO – Food and Agriculture Organization of the United Nations (1993a): Guidelines for Distinguishing Third Level Units in the FAO/UNESCO/ISRIC. Revised Legend. Rom: FAO.

FAO – Food and Agriculture Organization of the United Nations (1993b): Agriculture. Towards 2010. Twenty-seventh Session of the Food and Agriculture Organization. Rom: FAO.

FAO – Food and Agriculture Organization of the United Nations und ISRIC - International Soil Reference and Information Centre (1994): World Reference Base for Soil Resources. Rom: FAO.

Farago, P. und Peters, M. (1990): Einstellungen zum Bodensparen. Bericht 48 des Nationalen Forschungsprogramms „Boden". Liebefeld-Bern: Nationales Forschungsprogramm 22 „Nutzung des Bodens in der Schweiz".

FIAN – Food First Informations- & Aktions-Netzwerk und Germanwatch (1993): Der subventionierte Unsinn – Das Dumping europäischer Rindfleischüberschüsse gefährdet die Viehhaltung und Ernährungssituation in Westafrika. Herne: FIAN und Germanwatch.

Fietkau, H.-J., Glaeser, B., Hennecke, A. und Kessel, H. (1982): Umweltinformation in der Landwirtschaft. Frankfurt a.M.: Campus.

Frankenfeld, P. (1991): Grundlagen einer Theorie der Wirtschafts-Politik von Welt-Organisationen. Marburg: Metropolis.

Friedland, A.J. (1992): The Use of Organic Forest Soils as Indicators of Atmospheric Deposition of Trace Metals. In: Verry, E.S. und Vermette, S.J. (Hrsg.): The Deposition and Fate of Trace Metals in Our Environment. Philadelphia: U.S. Department of Agriculture – Forest Service North Central Forest Experimental Station, 97–104.

Fuchs, P. (1985): Agrarsoziale Situation im Sahel. Die Erde 116, 169–175.

GEF – Global Environment Facility (1992): Work Program. Fiscal Year 1992 - First Tranche. Washington, DC, New York, Nairobi: World Bank, United Nations Development Programme (UNDP) und United Nations Environment Programme (UNEP).

GEF – Global Environment Facility (1994a): Die Globale Umweltfazilität. Restrukturierung und Wiederauffüllung. Bonn: Bundesministerium für wirtschaftliche Zusammenarbeit (BMZ).

GEF – Global Environment Facility (1994b): Instrument for the Establishment of the Restructured Global Environment Facility. Report of the GEF Participant Meeting Geneva. Washington, DC, New York, Nairobi: World Bank, United Nations Development Programme (UNDP) und United Nations Environment Programme (UNEP).

Gehring, T. und Jachtenfuchs, M. (1990): Haftung bei grenzüberschreitenden Umweltschäden: Allgemeine Grundlagen des internationalen Umwelthaftungsrechts. Zeitschrift für Umweltpolitik und Umweltrecht 13 (3), 233–254.

Geisler, G. (1988): Pflanzenbau. Berlin, Hamburg: Paul Parey.

Goldin, I., Knudsen, O. und van der Mensbrugghe, D. (1993): Trade Liberalisation: Global Economic Implications. Washington, DC: World Bank.

Goodland, R. J. A. (1992): Environmental Priorities for Financing Institutions. Environmental conservation 19 (1), 9–18.

Grainger, A. (1990): The Threatening Desert – Controlling Desertification. London: Earthscan.

Graumann, C.-F. (1990): Aneignung. In: Kruse, L., Graumann, C. F. und Lantermann, E.-D. (Hrsg.): Ökologische Psychologie. Ein Handbuch in Schlüsselbegriffen. München: Psychologie Verlags Union, 124–130.

Greenpeace (1992): Ökologische Landwirtschaft für Europa – der Schritt in die Zukunft und wer ihn verhindern will. Hamburg: Greenpeace e.V.

Grimm, J. und Grimm, W. (1860): Deutsches Wörterbuch. Band 2. Leipzig: S. Hirzel.

Grosch, S. (1986): Wet and Dry Deposition of Atmospheric Trace Elements in Forest Areas. In: Georgii, H. W. (Hrsg.): Atmospheric Pollutants in Forest Areas. Dordrecht: Reidel, 35–45.

Gschwendtner, H. (1993): Umwelt als Kollektivgut. Zeitschrift für Umweltpolitik und Umweltrecht 16 (1), 55–71.

GTZ – Deutsche Gesellschaft für Technische Zusammenarbeit (1992a): Der Funke ist übergesprungen. Bonn: GTZ.

GTZ – Deutsche Gesellschaft für Technische Zusammenarbeit (1992b): Vorhaben der deutschen EZ im Bereich Ressourcenmanagement in Trockengebieten („Desertifikationsbekämpfung") – Fördervolumen und Schwerpunkte. Bonn: GTZ.

Gygi, B. (1990): Internationale Organisationen aus der Sicht der Neuen Politischen Ökonomie. Heidelberg: Physica.

Haase, K. (1983): Die politische Ökonomie der Agrarpolitik – eine Untersuchung zur Anwendbarkeit der Neuen Politischen Ökonomie auf die Entscheidungen in der deutschen und europäischen Agrarpolitik. Hannover: Strothe.

Haase, G., Krönert, R. und Nagel, C. (1993): Ökologische Konzepte für die Region Leipzig-Halle-Bitterfeld (ÖKOR) – Erhebung von Basisdaten (Projekt gefördert vom BMFT). Leipzig: Umweltforschungszentrum Leipzig-Halle GmbH.

Häberli, R., Lüscher, C., Chastonay, B.P. und Wyss, C. (1991): Boden – Kultur. Vorschläge für eine haushälterische Nutzung des Bodens in der Schweiz (Schlußbericht des Nationalen Forschungsprogrammes 22 „Nutzung des Bodens in der Schweiz"). Zürich: Verlag der Fachvereine.

Haber, W. und Duhme, F. (1990): Naturraumspezifische Entwicklungsziele als Kriterium zur Lösung regionalplanerischer Zielkonflikte. Raumforschung und Raumordnung (2–3), 84–91.

Haber, W. (1992): Ökologische Aspekte der Pflanzenproduktion – Intensivwirtschaft. In: Haug, G., Schuhmann, G. und Fischbeck, G. (Hrsg.): Pflanzenproduktion im Wandel – Neue Aspekte in den Agrarwissenschaften. Weinheim, Basel, Cambridge, New York: VCH Verlagsgesellschaft, 481–498.

Hahn, R. (1991): Erosionsschutz und Wiederaufforstung im Niger. AFZ 13, 657–661.

Hall, C.A.S. und Hall, M.H.P. (1993): The Efficiency of Land and Energy Use in Tropical Economies and Agriculture.

Hanf, M. (1986): Pflanzenschutz und Artenschutz. Mitteilungen aus der Biologischen Bundesanstalt für Land- und Forstwirtschaft Berlin-Dahlem (232), 18–29.

Hanisch, T. (1991): Joint Implementation of Commitments to Curb Climate Change. Policy Note (2).

Hanisch, T., Selrod, R., Torvanger, A. und Aaheim, A. (1993): Study to Develop Practical Guidelines for „Joint Implementation" under the UN Framework Convention on Climate Change. A Cicero Study to the OECD Environment Directorate. Oslo: Center for International Climate and Energy Research (CICERO).

Hanneberg, P. (1993): Stockholm - World City on Water. Enviro (15), 7–11.

Harborth, H.-J. (1992): Armut und Umweltzerstörung in Entwicklungsländern. In: Sautter, H. (Hrsg.): Entwicklung und Umwelt. Band 215. Verein für Socialpolitik. Berlin: Duncker & Humblot, 41–71.

Hardin, G.R. (1968a): The Tragedy of the Commons. Science 162, 1243-1248.

Hardin, G.R. (1968b): The Tragedy of the Commons. San Francisco: Stanford University Press.

Hartje, V. (1993): Landnutzungsrechte im Sahel. In: Sautter, H. (Hrsg.): Umweltschutz und Entwicklungspolitik. Schriften des Vereins für Socialpolitik. Gesellschaft für Wirtschafts- und Sozialwissenschaften. Neue Folge. Band 226. Berlin: Duncker & Humblot, 41–71.

Hauff, V. (1987): Unsere gemeinsame Zukunft. Der Brundtland-Bericht der Weltkommission für Umwelt und Entwicklung. Greven: Eggenkamp.

Hauser, J.A. (1991): Bevölkerungs- und Umweltprobleme der Dritten Welt. Band 2. Bern, Stuttgart: Haupt.

Hecht, D. und Werbeck, N. (im Druck): Ökonomie des Bodenschutzes. In: Erbguth, W., Haber, W., Klemmer, P., Schultz, R. und Thoenes, H.-W. (Hrsg.): Kompendium der angewandten Umweltforschung. Berlin: Analytica.

Hedin, L. O., Granat, L., Likens, G. E., Buishand, T. A., Galloway, J. N., Butler, T. J. und Rodhe, H. (1994): Steep Declines in Atmospheric Base Cations in Regions of Europe and North America. Nature 367, 351–354.

Heij, G.T. und Schneider, T. (1991): Acidification Research in the Netherlands. Band 46. Amsterdam: Elsevier.

Herbarth, O. (1991): Bericht Umwelthygiene 1990. Leipzig: Hygiene-Institut Leipzig.

Herkendell, J. und Koch, E. (1991): Bodenzerstörung in den Tropen. München: C.H. Beck.

Higgins, G.M., Kassam, A.H. und Naiken, L. (1983): Potential Population Supporting Capacities of Lands in the Developing World. Technical Report of Project Land Resources for Populations of the Future. Rom: Food and Agricultural Organization of the United Nations (FAO).

Holznagel, B. (1990): Konfliktlösung durch Verhandlungen – Aushandlungsprozesse als Mittel der Konfliktverarbeitung bei der Ansiedlung von Entsorgungsanlagen für besonders überwachungsbedürftige Abfälle in den Vereinigten Staaten und der Bundesrepublik. Baden-Baden: Nomos.

Holzner, W. (1991): Unkraut-Typen. Eine Einteilung der Ruderal- und Segetalpflanzen nach komplexen biologisch-ökologischen Kriterien. 1. Teil: die „ein- und zweijährigen" Arten. Bodenkultur 42 (1), 1–20.

Hofmann, D.J., Oltmans, S.J., Komhyr, W.D., Harris, J.M., Lathrop, J.A., Langford, A.O., Deshler, T., Johnson, B.J., Torres, A. und Matthews, W.A. (1994): Ozone Loss in the Lower Stratosphere Over the United States in 1992–1993: Evidence for Heterogeneous Chemistry on the Pinatubo Aerosol. Geophysical Research Letters 21 (1), 65–68.

Höfken, K.D., Meixner, F.X. und Ehhalt, D.H. (1983): Deposition of Atmospheric Trace Constituents Onto Different Natural Surfaces. In: Pruppacher, H.R., Semonin, R.G. und Slinn, W.G.N. (Hrsg.): Precipitation Scavenging, Dry Deposition and Resuspension. Band 2. New York: Elsevier, 825–835.

Howells, G. (1990): Acid Rain and Acid Waters. Chichester: Ellis Horwood Ltd.

Hübler, K.H. (1985): Bodenschutz als Gegenstand der Umweltpolitik. Berlin: Technische Universität Berlin.

Hübler, K.H. (1991): Die Zerstörung des Umweltmediums Boden. In: Jänicke, M., Simonis, U. E. und Weigmann, G. (Hrsg.): Wissen für die Umwelt. 17 Wissenschaftler bilanzieren. Berlin: de Gruyter, 95–118.

IAEA – International Atomic Energy Agency (1991): The International Chernobyl Project. Surface Contamination Maps. Wien: IAEA.

Ibrahim, F. (1989): Hunger im Sahel. Geographie Heute 72, 12–16.

Ibrahim, F. (1992): Gründe des Scheiterns der bisherigen Strategien zur Bekämpfung der Desertifikation im Sahel. Geomethodika 17, 71–93.

IEA – International Energy Agency (1993): Energy Environment Update. (1): Paris: IEA.

IIASA – International Institute for Applied Systems Analysis (1991): Chemical Time Bombs: Definition, Concepts, and Examples. Laxenburg: IIASA.

IMF – International Monetary Fund (1994): Burkina Faso. Enhanced Structural Adjustment Funds. IMF Survey (April), 119–121.

Immler, H. (1985): Natur in der ökonomischen Theorie. Opladen: Westdeutscher Verlag.

INCD – Intergovernmental Negotiating Committee for the Elaboration of an International Convention to Combat Desertification in Those Countries Experiencing Serious Drought and/or Desertification, Particularly in Africa (1994): Final Negotiating Text of the Convention, 31 March 1994. Genf: INCD.

IPCC – Intergovernmental Panel on Climate Change (1990a): Climate Change. The IPCC Impacts Assessment. Canberra: Australian Government Publishing Service.

IPCC – International Panel on Climate Change (1990b): Climate Change. The IPCC Scientific Assessment. Cambridge: Cambridge University Press.

IPCC – International Panel on Climate Change (1992): Climate Change 1992. The Supplementary Report to the IPCC Scientific Assessment. Cambridge: Cambridge University Press.

IPOS – Institut für Praxisorientierte Sozialforschung (1992): Einstellungen zu Fragen des Umweltschutzes 1992. Ergebnisse jeweils einer repräsentativen Bevölkerungsumfrage in den alten und neuen Bundesländern. Mannheim: Institut für Praxisorientierte Sozialforschung.

Ipsen, K. (1990): Völkerrecht. München: C.H. Beck.

Isermann, K. (1994): Agriculture's Share in the Emission of Trace Gases Affecting the Climate and Some Cause-oriented Proposals for Sufficiently Reducing This Share. Environmental Pollution 83, 95–111.

ISOE – Institut für sozial-ökologische Forschung (1993): Sustainable Netherlands - Aktionsplan für eine nachhaltige Entwicklung in den Niederlanden. Frankfurt: ISOE.

ISRIC – International Soil Reference and Information Center und UNEP – United Nations Environment Programme (1990): World Map on the Status of Human-induced Soil Degradation. Wageningen: ISRIC.

IUCN – International Union for the Conservation of Nature und SSC – Species Survival Commission of IUCN (1992): Analysis of Proposals to Amend the CITES Appendices. Cambridge: IUCN.

Iverfeldt, Å. (1991): Occurrence and Turnover of Atmospheric Mercury Over The Nordic Countries. Water Air and Soil Pollution 56, 251–265.

Iversen, T. (1993): Modelled and Measured Transboundary Acidifying Pollution in Europe – Verification and Trends. Atmospheric Environment 27A, 889–920.

Jensen, A. (1991): Historical Deposition Rates of Mercury in Scandinavia Estimated by Dating and Measurement of Mercury in Cores of Peat Bogs. Water Air and Soil Pollution 56, 769–777.

Jiang, D. und Wu, Y. (1980): Sediment Yield and Utilization. In: Chinese Society of Hydraulic Engineering (Hrsg.): Proceedings of the International Symposium on River Sedimentation, March 24–29, 1980. Band 1. Beijing: Guanghua Press, 1127–1136.

Johansson, K., Aastrup, M., Bringmark, L. und Iverfeldt, Å. (1991): Mercury in Swedish Forest Soils and Waters - Assessment of Critical Load. Water Air and Soil Pollution 56, 267–281.

Johnson, D.W., Richter, D.D., Lovett, G.M. und Lindberg, S.E. (1985): The Effects of Atmospheric Deposition on Potassium, Calcium and Magnesium Cycling in two Deciduous Forests. Canadian Journal of Forest Research 15, 773–782.

Johnson, D.L. (1993): Nomadism and Desertification in Africa and the Middle East. Geo-Journal 31 (1), 51–66.

Jones, D.W. und O'Neill, R.V. (1991): Land Use with Endogenous Environmental Degradation and Conservation. Resources and Energy 14 (4), 381–400.

Jones, T. (1994): 8 Operational Criteria for Joint Implementation. In: OECD/IEA (Hrsg.): The Economics of Climate Change: Proceedings of an OECD/IEA Conference. Paris: OECD.

Kabisch, S. (1993): Vortragsmanuskript "Regionale Nachhaltigkeit - eine Utopie für den Leipziger Raum?" Leipzig: Workshop „Nachhaltige Entwicklung in der Region Leipzig".

Kallend, A.S., Marsh, A.R.W., Pickels, J.H. und Proctor, V. (1983): Acidity of Rain in Europe. Atmospheric Environment 17, 127–137.

Karl, H. (1992): Umweltschutz mit Hilfe zivilrechtlicher und kollektiver Haftung. RWI-Mitteilungen 43 (3), 183-199.

Kellogg, C. (1935): Soil Blowing and Dust Storms. In: U.S. Department of Agriculture. Washington, DC: Miscellaneous Publication 221.

Khalil, M.A.K., Rasmussen, R.A. und Gunawardena, R. (1993): Atmospheric Metyl Bromide: Trends and Global Mass Balance. Journal of Geophysical Research 98, 2887–2896.

Kilian, M. (1987): Umweltschutz durch internationale Organisationen. Eine Antwort des Völkerrechts auf die Krise der Umwelt? Berlin: Duncker & Humblot.

Klaus, D. (1986): Desertifikation im Sahel. Geographische Rundschau 38, 577–583.

Klemmer, P., Werbeck, N. und Wink, R. (1993): Institutionenökonomische Aspekte globaler Umweltveränderungen. Berlin: Analytica.

Klingauf, F. (1988): Ackerschonstreifen als Beitrag zu einer umweltschonenden Landnutzung. Mitteilungen aus der Biologischen Bundesanstalt für Land- und Forstwirtschaft Berlin-Dahlem (247), 7–14.

Klötzli, F.A. (1989): Ökosysteme. Stuttgart: Gustav Fischer.

Knauer, N. (1991): Integrierter Pflanzenbau – ein moderne Methode der Regelung in Agrarökosystemen. GIT – Fachzeitschrift für das Laboratorium, 184–190.

Knierim, A. (1993): Wahrnehmung von Umweltveränderungen. Eine Fallstudie bei den Rimaïbe und den Fulbe im Sahel von Burkina Faso. Bochum: Institut für Entwicklungsforschung und Entwicklungspolitik der Ruhr-Universität Bochum.

Konold, W., Amler, K. und Wiegmann, B. (1991): Der Einfluß sich ändernder Bewirtschaftung auf das Pflanzenarteninventar in einem landwirtschaftlich benachteiligten Gebiet. Natur und Landschaft 66 (2), 93–97.

Krägenow, T. (14.01.1994): Ablaß für die Sünder. Internationale Umweltpolitik: Statt selbst Energie zu sparen, wollen die Industrieländer den Klimaschutz lieber auf die Dritte Welt abwälzen – ein untaugliches Rezept. Hamburg, Die Zeit, 31.

Krings, T. (1993): Struktur- und Entwicklungsprobleme der Sahelländer. In: Nohlen, D. und Nuscheler, F. (Hrsg.): Handbuch der Dritten Welt. Band 4 : Westafrika und Zentralafrika. Bonn: J.H.W. Dietz, 130–153.

Krishna Murti, C.R. (1987): The Cycling of Arsenium, Mercury, Cadmium and Lead in India. In: Hutchinson, T.C. und Meema, K.M. (Hrsg.): Lead, Mercury, Cadmium and Arsenic in the Environment. Band 31. New York: Wiley & Sons, 315–333.

Kröger, W. und Chakraborty, S. (1989): Tschernobyl und weltweite Konsequenzen. Köln: TÜV Rheinland.

Krönert, R. (1993): Ökologischer Handlungsbedarf zur Sicherung der Mehrfachnutzung im Raum Leipzig-Halle. Bochum: 49. Deutscher Geographentag.

Kulessa, M. (1992): Freihandel und Umweltschutz. Ist das GATT reformbedürftig? Wirtschaftsdienst 72 (9), 299–307.

Kuntze, H., Niemann, J., Roeschmann, G. und Schwerdtfeger, G. (1981): Bodenkunde. Stuttgart: Eugen Ulmer.

Kühbauch, W. (1993): Intensität der Landnutzung im Wandel der Zeit. Die Geowissenschaften 11 (4), 121–129.

Küpper, H. (1983): Illustriertes Lexikon der deutschen Umgangssprache. Band 2. Stuttgart: Klett.

Lachenmann, G. (1984): Ökologie und Sozialstruktur im Sahel. Wechselwirkungen zwischen ökologischen und ökonomischen Veränderungen sowie soziostrukturellem und -kulturellem Wandel. Afrika Spektrum 19 (3), 209–229.

Lachenmann, G. (1989): Frauenpolitik in der Entwicklungspolitik. Verbesserung der Rahmenbedingungen für die Frauenförderung in Afrika durch Entwicklungszusammenarbeit. Berlin: Deutsches Institut für Entwicklungspolitik.

Lachenmann, G. (1990): Ökologische Krise und sozialer Wandel in afrikanischen Ländern. Handlungsrationalität der Bevölkerung und Anpassungsstrategien in der Entwicklungspolitik. Saarbrücken: Breitenbach.

Lal, R. (1987): Effects of Soil Erosion on Crop Productivity. CRC Critical Reviews in Plant Science 5 (4), 303–367.

Lambin, E. F., Cashman, P., Moody, A., Parkhurst, B. H. und Pax, M. H. (1993): Agricultural Production Monitoring in the Sahel Using Remote Sensing: Present Possibilities and Research Needs. Journal of Environmental Management 38, 301–322.

Lantermann, S. und Lantermann, W. (1986): Die Papageien Mittel- und Südamerikas. Arten, Haltung, Zucht. Oberhausen: Schaper.

Lauber, W. (1989): Umweltpolitik der EG zum Wasser. Mit einem Vergleich EG-Österreich. Teil I: der Institutionelle Rahmen. Wien: Institut für Wirtschaft und Umwelt des Österreichischen Arbeitskammertages.

Leinonen, L. und Juntto, S. (1992): Air Quality Measurements 1991. Helsinki: Finnish Meteorological Institute.

Leisinger, K.M. und Schmitt, K. (1992): Überleben im Sahel. Eine ökologische und entwicklungspolitische Herausforderung. Basel: Birkhäuser.

Levy, M.A., Keohane, R.O. und Haas, P.M. (1993): Improving the Effectiveness of International Environmental Institutions. In: Haas, P.M., Keohane, R.O. und Levy, M.A. (Hrsg.): Institutions for the Earth: Sources of Effective International Environmental Protection. Cambridge, Ma., London: MIT Press, 397–426.

Levy, M.A. (1993): European Acid Rain: The Power of Tote-board Diplomacy. In: Haas, P.M., Keohane, R.O. und Levy, M.A. (Hrsg.): Institutions for the Earth: Sources of Effective International Environmental Protection. Cambridge, Ma., London: MIT Press, 75–132.

Likens, G.E., Wright, R.F., Galloway, J.N. und Butler, T.N. (1979): Acid Rain. Scientific American 241, 39–47.

Lindberg, S.E. (1987): Emission and Deposition of Atmospheric Mercury Vapor. In: Hutchinson, T.C. und Meema, K.M. (Hrsg.): Lead, Mercury, Cadmium and Arsenium in the Environment. Band 31. New York: Wiley & Sons, 89–106.

Litz, N. und Blume, H.-P. (1989): Verhalten organischer Chemikalien in Böden und dessen Abschätzung nach einer Kontamination. Zeitschrift für Kulturtechnik und Landschaftsentwicklung (30), 355–364.

Logan, J.A. (1983): Nitrogen Oxides in the Troposphere: Global and Regional Budgets. Journal of Geophysical Research 88, 10785–10807.

Lohm, U., Anderberg, S. und Bergbäck, B. (1994): Industrial Metabolism at the National Level: A Case Study on Chromium and Lead Pollution in Sweden, 1880-1980. In: Ayres, R.U. und Simonis, U.E. (Hrsg.): Industrial Metabolism. Restructuring for Sustainable Development. Tokio, New York, Paris: United Nations University Press, 103–118.

Loske, R. und Oberthür, S. (1994): Joint Implementation under the Climate Change Convention. International Environmental Affairs 6 (1), 45–58.

Lovett, G.M., Likens, G.E. und Nolan, S.S. (1992): Dry Deposition of Sulfur to the Hubbard Brook Experimental Forest: A Preliminary Comparison of Methods. In: Schwartz, S.E. und Slinn, R.G.W. (Hrsg.): Precipitation Scavenging and Atmosphere-surface Exchange. Band 3. New York: Hemisphere Publishing Corporation, 1391–1401.

Lövblad, G., Amann, M., Andersen, B., Hovmand, M., Joffre, S. und Pedersen, S. (1992): Deposition of Sulfur and Nitrogen in the Nordic Countries: Present and Future. Ambio 21, 339–347.

Lowi, M.R. (1993): Water and Power. The Politics of a Scarce Resource in the Jordan River Basin. Cambridge, New York: Cambridge University Press.

Lugo, A.E., Parrotta, J.A. und Brown, S. (1993): Loss in Species Caused by Tropical Deforestation and Their Recovery Through Management. Ambio 22 (2–3), 106–109.

Lutz, E. und Daly, H. (1990): Incentives, Regulations and Sustainable Land Use in Costa Rica. Washington, DC: World Bank.

Lutz, E. (1992): Agricultural Trade Liberalization, Prize Changes, and Environmental Effects. Environmental and Resource Economics (2), 79–89.

Lyster, S. (1985): International Wildlife Law. Cambridge: Butterworth Legal Publishers.

Mahn, E.-G., Braun, U., Germershausen, K., Helmecke, K., Kästner, A., Machulla, G., Prasse, J., Rosche, O., Sternkopf, G. und Witsack, W. (1988): Zum Einfluß mehrjährigen unterschiedlichen Stickstoffangebotes auf die zönotischen Strukturen eines Agro-Ökosystems. Archiv für Naturschutz und Landschaftsforschung 28, 215–243.

Maier-Rigaud, G. (1994): Umweltpolitik mit Mengen und Märkten. Lizenzen als konstituierendes Element einer ökologischen Marktwirtschaft. Marburg: Metropolis.

Manö, S. und Andreae, M. O. (1994): Emissions of Methyl Bromide from Biomass Burning. Science 263, 1255–1257.

Manshard, W. (1988): Entwicklungsprobleme in den Agrarräumen des tropischen Afrika. Darmstadt: Wissenschaftliche Buchgesellschaft.

McCann, B. und Appleton, B. (1993): European Water. Meeting the Supply Challenges. London: Financial Times Business Information.

Mensching, H.G. (1993): Die globale Desertifikation als Umweltproblem. Geographische Rundschau 6, 360–365.

Merchant, C. (1987): Der Tod der Natur. Ökologie, Frauen und neuzeitliche Naturwissenschaft. München: C.H. Beck.

Meszaros, A., Friedland, A. J., Haszpra, L., Lasztity, A. und Harvath, A. (1987): Lead and Cadmium Deposition Rates and Temporal Patterns in Central Hungary. International Conference on Heavy Metals in the Environment. New Orleans: CEP Consultants Ltd.

MIBRAG – Mitteldeutsche Braunkohlegesellschaft mbH (1992): MIBRAG-Sozialbericht 1991/92. Theißen: Abteilung Presse- und Öffentlichkeitsarbeit der MIBRAG.

Micheel, B. (1994): Bodennutzung als umweltökonomisches Problem. Anknüpfungspunkte zur Verbesserung der Bodenordnung als Zielbeitrag zum Boden- und Landschaftsschutz. Bochum: Brockmeyer Verlagsbuchhandlung.

Milavsky, J.R. (1991): The U.S. Public's Changing Perceptions of Environmental Change 1950 to 1990. Report 1. In: Pawlik, K. (Hrsg.): Perception and Assessment of Global Environmental Change (PAGEC). Barcelona: Human Dimensions Programme (HDP) Secretariat.

Millikan, B. (1992): Tropical Deforestation, Land Degradation, and Society. Lessons from Rondonia, Brazil. Latin America Perspectives 19 (1), 45–72.

Mills, S. (1994): Species Bought off Endangered List. BBC-Wildlife 12 (2), 62.

Minns, C.K., Elder, F.C. und Moore, J.E. (1988): Using Biological Measures to Estimate Critical Sulphate Loadings to Lake Ecosystems. Ottawa: Ontario Department of Environment.

Mooney, P. (1991): Bäuerinnen und Bauern sind PflanzenzüchterInnen. In: Baumann, M. (Hrsg.): Bäuerinnen und Bauern erhalten die biologische Vielfalt – Beispiele aus dem Süden. Bern, Barcelona: Swissaid Grain, 7–17.

Morrisette, P.M. (1991): Political Structure and Global Resource Use: A Typology. Band 92/04. Washington, DC: Resources for the Future.

Moscovici, S. (1982): Versuch über die menschliche Geschichte der Natur. Frankfurt: Suhrkamp.

Mückenhausen, E. (1973): Die Produktionskapazität der Böden der Erde. In: Rheinisch-Westfälische Akademie der Wissenschaften (Hrsg.): Vorträge N 234. Opladen: Rheinisch-Westfälische Akademie der Wissenschaften.

Müller, A., Briemle, G. und Kunz, H.-G. (1987): Grünlandnutzung und Artenvielfalt unter einen Hut gebracht. DLG-Mitteilungen (9), 477–483.

Müller, R. und Süss, H.B. (1993a): Das Rechtsregime der Haftung bzw. Sanierungsverantwortlichkeit für ökologische Schäden, die vor dem 1.7.1990 auf dem Gebiet der neuen Bundesländer verursacht worden sind. Teil 1. Versicherungsrecht (25), 1047 ff.

Müller, R. und Süss, H.B. (1993b): Das Rechtsregime der Haftung bzw. Sanierungsverantwortlichkeit für ökologische Schäden, die vor dem 1.7.1990 auf dem Gebiet der neuen Bundesländer verursacht worden sind. Teil 2. Versicherungsrecht (31), 1324 ff.

Necker, U. (1989): Alternativer Landbau – umweltschonender als konventionell? LÖLF-Mitteilungen (3), 34–39.

Neumann, H. und Usbeck, H. (1993): Standortfaktoren und Regionalentwicklung. Das Beispiel Stadtregion Leipzig. Studie im Auftrag des Umweltforschungszentrums Leipzig-Halle GmbH. Leipzig: UFZ.

Nicholson, S. (1993): An Overview of African Rainfall Fluctuations of the Last Decade. Journal of Climate 6, 1463–1466.

Nilsson, J. und Grennfelt, P. (1988): Critical Loads for Sulphur and Nitrogen. Band 1988: 15. Kopenhagen: Nordic Council of Ministers.

Nisbet, E.G. (1994): Globale Umweltveränderungen. Ursachen, Folgen, Handlungsmöglichkeiten. Heidelberg, Berlin, Oxford: Spektrum Akademischer Verlag.

Nohlen, D. und Nuscheler, F. (1993): Handbuch der Dritten Welt. Grundprobleme – Theorien – Strategien. Band 1. Bonn: J.H.W. Dietz.

Nriagu, J.O. und Pacyna, J.M. (1988): Quantitative Assessment of Worldwide Contamination of Air, Water and Soils by Trace Metals. Nature 333 (12), 134–139.

Nriagu, J.O. (1992): Worldwide Contamination of the Atmosphere With Toxic Metals. In: Verry, E.S. und Vermette, S.J. (Hrsg.): The Deposition and Fate of Trace Metals in our Environment. Philadelphia: U.S. Department of Agriculture. Forest Service North Central Forest Experiment Station, 9–22.

O'Brian, L. und Zaglitsch, H. (1993): Costa Rica Reisehandbuch. Horgau: Tucan.

Oberthür, S. (1993): Discussions of Joint Implementation and the Financial Mechanism. Environmental Policy and Law 23 (6), 245–249.

OECD – Organization for Economic Cooperation and Development (1986): Economic Policies and Agricultural Performance. The Case of Mali 1960–1983. Paris: OECD.

OECD – Organization for Economic Cooperation and Development, CILSS - Comité permanent Inter-Etat de Lutte contre la Secheresse au Sahel und Club du Sahel (1988): Livestock Activities in the Sahel. Paris: OECD.

Oldeman, L.R., Hakkeling, R.T.A. und Sombroek, W.G. (1991): World Map of the Status of Human-induced Soil Degradation. Global Assessment of Soil Degradation GLASOD. Wageningen: International Soil Reference and Information Centre (ISRIC).

Oldeman, L.R. (1992): Global Extent of Soil Degradation. ISRIC Bi-Annual Report 1991–1992. Wageningen: International Soil Reference and Information Centre (ISCRIC).

Olson, M.J. (1985a): Aufstieg und Niedergang von Nationen – Ökonomisches Wachstum, Stagflation und Starrheit. Tübingen: J.C.B. Mohr.

Olson, M.J. (1985b): Die Logik des kollektiven Handelns. Kollektivgüter und die Theorie der Gruppen. Tübingen: J.C.B. Mohr.

ONF – Office National des Forêts (1993): Les dépôts atmosphériques en France de 1850 à 1990. Fontainebleau: ONF.

Oodit, D. und Simonis, U. E. (1992): Water and Development. Productivity. A Quarterly Journal of the National Productivity Council 32 (4), 677–692.

Osten-Sacken, A. (1992): Neuausrichtung des CGIAR. Von einer Bekämpfung von Hungersnöten zu einer dauerhaften Entwicklung. Finanzierung & Entwicklung 29 (1), 26–29.

Ostrom, E. (1990): Governing the Commons: The Evolution of Institutions for Collective Action. Cambridge: Cambridge University Press.

Pearce, D.W. und Warford, J.J. (1993): World Without End. Economics, Environment, and Sustainable Development. Oxford, New York: Oxford University Press.

Penck, A. (1887): Das Deutsche Reich. Wien, Prag, Leipzig.

Perrings, C., Folke, C. und Mäler, K.-G. (1992): The Ecology and Economics of Biodiversity Loss: The Research Agenda. Ambio 21 (3), 201–211.

Petersen, G. (1992): Belastung von Nord- und Ostsee durch ökologisch gefährliche Stoffe am Beispiel atmosphärischer Quecksilberverbindungen. Geesthacht: GKSS-Forschungszentrum.

Petersen, G. und Krüger, O. (1993): Untersuchung und Bewertung des Schadstoffeintrags über die Atmosphäre im Rahmen von PARCOM (Nordsee) und HELCOM (Ostsee) – Teilvorhaben: Modellierung des großräumigen Transports von Spurenmetallen. Geesthacht: GKSS-Forschungszentrum.

Plassmann, E. (1993): Ökologisches Sanierungs- und Entwicklungskonzept für den Raum Halle-Leipzig-Bitterfeld-Merseburg. In: Altner, G., Mettler-Meibom, B., Simonis, U.E. und von Weizsäcker, E.U. (Hrsg.): Jahrbuch Ökologie 1993. München: C.H. Beck.

Pongratz, H. (1992): Die Bauern und der ökologische Diskurs. Befunde und Thesen zum Umweltbewußtsein in der bundesdeutschen Landwirtschaft. München: Profil.

Potter, C.S. und Meyer, R.E. (1990): The Role of Soil Biodiversity in Sustainable Dryland Farming Systems. Advances in Soil Science 13, 241–251.

Prinz, B., Specovius, J., Schwela, D., Thiele, V. und Metzger, F. (1989): Jahresbericht 1988. Essen: Landesanstalt für Immissionsschutz Nordrhein-Westfalen.

Puetz, D., von Braun, J., Hopkins, R., Madani, D. und Pandya-Lorch, R. (1992): Underrated Agriculture. Washington, DC: The International Food Policy Research Institute.

Quiroga, E.R. (1990): Irrigation Development in the Sahelian Countries: The Kirene District in Senegal. Human Ecology 13 (3), 247–265.

Range, U. (1991): Umweltschutz und Entwicklungspolitik. Band 135. Bochum: Institut für Entwicklungsforschung und Entwicklungspolitik der Ruhr-Universität Bochum.

Raskin, R., Glück, E. und Pflug, W. (1992): Floren- und Faunenentwicklung auf herbizidfrei gehaltenen Agrarflächen – Auswirkungen des Ackerrandstreifenprogramms. Natur und Landschaft 67 (1), 7–14.

Rauch, T. (1991): Strukturanpassungspolitik und Agrarentwicklungsstrategie. Nord-Süd Aktuell (3), 398–404.

Ravishankara, A.R., Turnipseed, A.A., Jensen, N.R., Barone, S., Mills, M., Howard, C.J. und Solomon, S. (1994): Do Hydrofluorocarbons Destroy Stratospheric Ozone? Science 263, 71–75.

Regierungspräsidium Leipzig (1992): Luftreinhalteplan Leipzig. Leipzig: Selbstverlag.

Renner, M. (1994): Cleaning Up After the Arms Race. In: Brown, L.R. (Hrsg.): State of the World 1994. New York: W.W. Norton, 137–156.

Repetto, R. (1991): Accounts Overdue: Natural Resource Depreciation in Costa Rica. Washington: World Resources Institute.

Rest, A. (1991): Effektives internationales Umwelthaftungsrecht durch verbesserte Sanktionsmechanismen und einen neuen UN-Umweltgerichtshof. Umwelt- und Planungsrecht 11 (11–12), 417–423.

RGAR – The United Kingdom Review Group on Acid Rain (1990): Acid Deposition in the United Kingdom 1986-1988. Band 3. London: RGAR – Department of the Environment.

Ripl, W. (1993): Management of the Water Cycle and Energy Flow for Ecosystems Control – The Energy Transport Reaction (ETR) Model. Innsbruck: Proceedings of the International Conference on Mathematical Modelling in Limnology.

RIVM – National Institute of Public Health and Environmental Protection (1992): The Environment in Europe: A Global Perspective. Bilthoven: RIVM.

Rodhe, H. (1988): Acidification and Regional Air Pollution in the Tropics. In: Rodhe, H. und Herrera, R. (Hrsg.): Acidification in Tropical Countries. Band 36. Chichester: Wiley & Sons, 3–39.

Rometsch, L. (1993): Möglichkeiten zur Implementation und Ausgestaltung alternativer institutioneller Arrangements im Bereich globaler Umweltveränderungen. Bochum: Ruhr-Universität Bochum.

Rosman, K.J.B., Chisholm, W., Boutron, C.F., Candelone, J.P. und Görlach, U. (1993): Isotopic Evidence of the Source of Lead in Greenland Snows Since the Late 1960s. Nature 362, 333–335.

Rosencranz, A. und Scott, A. (1992): Siberia's Threatened Forests. Nature 225, 293ff.

Roth, M.J. und Abbott, P.C. (1990): Agricultural Price Policy, Food Aid and Subsidy Reforms in Burkina Faso. Journal of Agricultural Economics 41 (3), 326–344.

Routledge, R.D. (1987): The Impact of Soil Degradation on the Expected Present Net Work of Future Timber Harvests. Forest Science 33 (4), 823–834.

Ruh, H. (1988): Ethik und Bodennutzung. In: Brassel, K.E. und Rotach, M.C. (Hrsg.): Die Nutzung des Bodens in der Schweiz. Zürich: Zürcher Hochschulforum, 249–261.

Salan, A.T. (1990): Urbanization and Spatial Strategies in West Africa. In: Salan, A.T. und Potter, R.B. (Hrsg.): Cities and Development in the Third World. London, New York: Mansell, 157–171.

Sanwald, I. und Thorbrietz, P. (1988): Unser Boden – unser Leben. Rastatt: Moewig.

Sattler, F. und Wistinghausen von, E. (1989): Der Landwirtschaftliche Betrieb: Biologisch - Dynamisch. Stuttgart: Ulmer.

Schmitt, G. und Hagedorn, U. (1985): Die politischen Gründe für eine Vorzugsbehandlung der Landwirtschaft. In: Herder-Dorneich, P., Böttcher, E. und Schmidtchen, K. (Hrsg.): Jahrbuch für Neue Politische Ökonomie. Band 4. Tübingen: J.C.B. Mohr, 258–295.

Schmitt, D. und Düngen, H. (1992): Klimapolitik in der Sackgasse? Einsatzmöglichkeiten für Kompensationslösungen. Wirtschaftsdienst 72 (5), 271–276.

Schnitzer, M. (1978): Humic Substances: Chemistry and Reactions. In: Schnitzer, M. und Khan, S. U. (Hrsg.): Soil Organic Matter. New York: Elsevier, 1–58.

Scholz, F. (1991): Nomaden: Mobile Tierhaltung. Zur gegenwärtigen Lage von Nomaden und zu den Problemen und Chancen mobiler Tierhaltung. Berlin: Das arabische Buch.

Schönfelder, G. (1993): Der Ballungsraum LHD – das Zentrum Mitteldeutschlands. In: Carmona-Schneider, J.-J. und Karrasch, P. (Hrsg.): Die Region Leipzig-Halle im Wandel. Chancen für die Zukunft. Köln: Sven von Loga, 11–23.

Schramm, E. (1987): Zu einer Umweltgeschichte des Bodens. In: Brüggemeier, F.J. und Rommelspacher, T. (Hrsg.): Besiegte Natur. Geschichte der Umwelt im 19. und 20. Jahrhundert. München: C.H. Beck, 86–105.

Schulte, W. (1988): Auswirkungen von Verdichtungen und Versiegelungen des Bodens auf die Pflanzenwelt als Teil städtischer Ökosysteme. Informationen zur Raumentwicklung (8/9), 505–515.

Schultz, S. (1984): Der neue Protektionismus – Merkmale, Erscheinungsformen und Wirkungen im industriellen Bereich. In: Vorstand des Arbeitskreises Europäische Integration (Hrsg.): Neuer Protektionismus in der Weltwirtschaft und EG-Handelspolitik. Band 24. Baden-Baden: Nomos, 35-68.

Schwartz, S.E. (1989): Acid Deposition. Unraveling a Regional Phenomenon. Science 243, 753-763.

Scobie, G.M (1989): Macroeconomic Adjustment and the Poor: Toward a Research Policy. Cornell Food and Nutrition Programm Monograph (1).

SenStadtUm – Senator für Stadtentwicklung und Umweltschutz (1986): Grundzüge einer Bodenschutzkonzeption für Berlin. Berlin: SenStadtUm.

Seymour, J. und Giradet, H. (1985): Fern vom Garten Eden. Die Geschichte des Bodens, Kultivierung, Zerstörung, Rettung. Frankfurt a.M.: Krueger.

Sharma, N. P. (1992): Managing the World's Forests. Dubuque, Iowa: Kendall/Hunt Publishing Company.

Siebert, H. (1988): Haftung ex post versus Anreize ex ante. In: Nicklisch, F. (Hrsg.): Prävention im Umweltrecht. Risikovorsorge, Grenzwerte, Haftung. Band 10. Heidelberg: Physica, 111–131.

Simon, H.M. und Wilson, J.J.N. (1987): Modelling Atmospheric Dispersal of the Chernobyl Release Across Europe. Boundary-layer Meteorology 41, 123–133.

Sivakumar, M.V.K., Manu, A., Virmani, S.M. und Kanemasu, E.T. (1992): Myths and Science of Soils of the Tropics. Madison, WI: Soil Science Society of America (SSSA).

Solbrig, O.T. (1991): From Genes to Ecosystems: A Research Agenda for Biodiversity. Report of a IUBS-SCOPE-UNESCO Workshop. Harvard Forest, Petersham, Ma. Cambridge, Ma.: IUBS.

Sorsa, P. (1993): Competitiveness and Environmental Standards – Some Exploratory Results. Wirtschaftspolitische Blätter 30 (3-4), 326–337.

Söntgen, M. (1988): Auswirkungen von Verdichtungen und Versiegelungen des Bodens auf die Tierwelt. Informationen zur Raumentwicklung (8/9), 517–521.

Spangenberg, J. (1992): Das grüne Gold der Gene. Wuppertal: Peter Hammer.

SRU – Rat von Sachverständigen für Umweltfragen (1985): Umweltprobleme der Landwirtschaft. Sondergutachten. Stuttgart, Mainz: Kohlhammer.

SRU – Rat von Sachverständigen für Umweltfragen (1987): Umweltgutachten 1987. Stuttgart, Mainz: Kohlhammer.

SRU – Rat von Sachverständigen für Umweltfragen (1991): Sondergutachten Abfallwirtschaft 1990. Stuttgart: Metzler & Poeschel.

SRU – Rat von Sachverständigen für Umweltfragen (1994): Umweltgutachten 1994. Für eine dauerhaft-umweltgerechte Entwicklung. Stuttgart, Mainz: Kohlhammer.

Statistisches Bundesamt (1991): Konzeption für eine umweltökonomische Gesamtrechnung. Umweltpolitik. Information des Bundesumweltministeriums (BMU). Bonn: BMU.
Statistisches Bundesamt (1992): Länderbericht Burkina Faso 1992. Stuttgart: Metzler & Poeschel.
Statistisches Bundesamt (1993): Statistisches Jahrbuch 1993 für die Bundesrepublik Deutschland. Wiesbaden: Statistisches Bundesamt.
Steudler, P.A., Bowden, R.D., Melillo, J.M. und Aber, J.D. (1989): Influence of Nitrogen Fertilization on Methane Uptake in Temperate Forest Soils. Nature 41, 314-316.
Stevenson, G.G. (1991): Common Property Economics: A General Theory and Land Use Applications. Cambridge: Cambridge University Press.
Stigliani, W.M und Anderberg, S. (1994): Industrial Metabolism at the Regional Level. The Rhine Basin. In: Ayres, R.U. und Simonis, U.E. (Hrsg.): Industrial Metabolism. Restructuring for Sustainable Development. Tokio, New York, Paris: United Nations University Press, 119-162.
Stone, C.D. (1987): Umwelt vor Gericht. Die Eigenrechte der Natur. München: Trickster.
Stryker, D.J. (1989): Technology, Human Pressure and Ecology in the Arid and Semi-Arid Tropics. In: Leonard, H.J. (Hrsg.): Environment and the Poor. Development Strategies for a Common Agenda. Band 11. Third World Policy Perspectives. New Brunswick: Transaction Books, 87-109.
Suchantke, A. (1993): Partnerschaft mit der Natur. Entscheidung für das kommende Jahrtausend. Stuttgart: Urachhaus.
Sukopp, H. und Wittig, R. (Hrsg.) (1993): Stadtökologie. Stuttgart: Fischer.
Swanson, T.M. und Barbier, E.B. (1992): Economics for the Wilds. Wildlife, Wetlands, Diversity and Development. London: Earthscan.

Tesdorpf, J.C. (1984): Landschaftsverbrauch. Berlin, Vilseck: Selbstverlag.
Thomsen, J. B. und Bräutigam, A. (1991): Sustainable Use of Neotropical Parrots. In: Robinson, J.G. und Redford, K.H. (Hrsg.): Neotropical Wildlife Use and Conservation. Chicago, London: University of Chicago Press.
Timberlake, L. (1985): Africa in Crisis. The Causes, the Cures of the Environmental Bankruptcy. Philadelphia: New Society Publishers.
Torvanger, A. (1993): Prerequisites for Joint Implementation Projects Under the UN Framework Convention on Climate Change. Policy Note (3).
Toulmin, C. (1992): From „Combatting Desertification" to Improving Natural Resource Management – a Significant Advance? London: Royal Institute of International Affairs.
Traore, M. (1980): Agriculture. Atlas du Mali. Paris. S. 34-38. In: Barth, H. K. und Storkebaum, W. (1986): Mali. Eine geographische Landeskunde. Wissenschaftliche Länderkunden. Band 25. Darmstadt: Wissenschaftliche Buchgesellschaft, 263.
TÜV Rheinland - Institut für Umweltschutz und Energietechnik (1991): Ökologisches Sanierungs- und Entwicklungskonzept Leipzig/Bitterfeld/Halle/Merseburg. Köln: TÜV Rheinland.

UBA – Umweltbundesamt (1984): Daten zur Umwelt 1984. Berlin, Bielefeld, München: Erich Schmidt.
UBA – Umweltbundesamt (1992): Daten zur Umwelt 1990/91. Berlin, Bielefeld, München: Erich Schmidt.
UBA – Umweltbundesamt (1993): Mapping Critical Levels/Loads. Berlin: Umweltbundesamt.
UBA – Umweltbundesamt (1994): Presseinformation 23. Berlin: Umweltbundesamt.
Ulrich, B., Mayer, R. und Khauna, P.K. (1979): Deposition von Luftverunreinigungen und ihre Auswirkungen in Waldökosystemen im Solling. Schriften der Forstwirtschaftlichen Fakultät der Universität Göttingen, Band 58. Frankfurt: Sauerländer.
Ulrich, B. (1989): Effects of Acidic Precipitation on Forest Ecosystems in Europe. Advances in Environmental Sciences 2, 189-272.
UNCED – United Nations Conference on Environment and Development (1992): Agenda 21. Agreements on Environment and Development. Rio de Janeiro: UNCED.
UNDP – United Nations Development Programme (1992): Human Development Report 1992. New York, Oxford: Oxford University Press.
UNDP – United Nations Development Programme (1993): The GEF NGO Small Grants Programme. Progress Report No. 3. New York.
UNDP – United Nations Development Programme, UNEP – United Nations Environment Programme und

World Bank (1993a): GEF. Report by the Chairman to the December 1993 Participants Meeting. Cartagena 1993. Washington, DC.

UNDP – United Nations Development Programme, UNEP – United Nations Environment Programme und World Bank (1993b): Report on the Independent Evaluation of the Global Environmental Facility Pilot Phase. Washington, DC.

Urff von, W. (1992): Nachhaltige Nahrungsmittelproduktion und Armutsbekämpfung. In: Sautter, H. (Hrsg.): Entwicklung und Umwelt. Berlin: Duncker & Humblot, 85–112.

Usbeck, H. und Kabisch, S. (1993): Ökonomische, soziale und ökologische Entwicklungsbedingungen und -perspektiven in der Stadtregion Leipzig. Leipzig: Institut für Ingenieur- und Tiefbau GmbH und Umweltforschungszentrum Leipzig.

Vermetten, A.W.M., Hofschreuder, P., Duyzer, J.H., Bosfeld, F.C. und Bouten, W. (1992): Dry Deposition of SO_2 Onto a Stand of Douglas Fir: The Influence of Canopy Wetness. In: Schwartz, S.E. und Slinn, R.G.W. (Hrsg.): Precipitation Scavenging and Atmosphere-surface Exchange. Band 3. New York: Hemisphere Publishing Corporation, 1403–1414.

Verry, E.S. und Vermette, S.J. (1992): The Deposition and Fate of Trace Metals in Our Environment. Philadelphia: Symposium on the Deposition and Fate of Trace Metals in Our Environment, 171ff.

Vieting, U.K. (1988): Untersuchungen in Hessen über Auswirkungen und Bedeutung von Ackerschonstreifen. 1. Konzeption des Projektes und der Botanische Aspekt. Mitteilungen aus der Biologischen Bundesanstalt für Land- und Forstwirtschaft (247), 29–41.

Vogtmann, H. (1985): Ökologischer Landbau. Stuttgart: Pro Natur.

Warneck, P. (1988): Chemistry of the Natural Atmosphere. Band 41. San Diego: Academic Press.

Wasmer, M. (1990): Umweltprobleme aus der Sicht der Bevölkerung. Die subjektive Wahrnehmung allgemeiner und persönlicher Umweltbelastungen 1984 und 1988. In: Müller, W., Mohler, P.P., Erbslöh, B. und Wasmer, M. (Hrsg.): Blickpunkt Gesellschaft. Einstellungen und Verhalten der Bundesbürger. Opladen: Westdeutscher Verlag, 118–143.

WBGU – Wissenschaftlicher Beirat der Bundesregierung Globale Umweltveränderungen (1993): Welt im Wandel: Grundstruktur globaler Mensch-Umwelt-Beziehungen. Bonn: Economica.

Weidmann, K. (1991): Die EG-Enwicklungspolitik in Afrika. Hungerhilfe oder Elitenförderung? Baden-Baden: Nomos.

Weimann, J. (1991): Umweltökonomik. Eine theorieorientierte Einführung. Berlin: Springer.

Weiß, R. (1993): Sozio-kulturelle Kurzanalyse: Niger. Hamburg: Institut für Afrikakunde.

Wells, M.P. (1994): The Global Environment Facility and Prospects for Biodiversity Conservation. International Environmental Affairs 6 (1), 69–97.

Weltbank (1991): Weltentwicklungsbericht 1991. Bonn, Frankfurt, Wien: UNO, Knapp.

Weltbank (1992): Weltentwicklungsbericht 1992. Bonn, Frankfurt, Wien: UNO, Knapp.

Weltbank (1993): Weltentwicklungsbericht 1993. Bonn, Wien, Genf: UNO, Gerold & Co., Librairie Payot.

Werbeck, N. (1993): Konflikte um Standorte für Abfallbehandlungs- und beseitigungsanlagen – Ursachen und Lösungsansätze aus ökonomischer Sicht. Berlin: Duncker & Humblot.

Wingerden van, K.R.E., Kreveld van, A.R. und Bongers, W. (1992): Analysis of Species Composition and Abundance of Grasshoppers (Orth., Acrididae) in Natural and Fertilized Grasslands. Journal of Applied Entomology 113, 138–152.

Wirth, W. (1988): Ökologische Grenzen der Versiegelung – Artenverdrängung auf unversiegelten Flächen. Informationen zur Raumentwicklung (8/9), 523–527.

WM – World Media (30.05.1992): World Media. Das Wasser und sein Preis. Berlin: Die Tageszeitung. Beilage.

Wöhlcke, M. (1992): Umweltflüchtlinge. Ursachen und Folgen. München: C.H. Beck.

Wong, M.H. (1987): A Review on Lead Contamination of Hong Kong's Environment. In: Hutchinson, T.C. und Meema, K.M. (Hrsg.): Lead, Mercury, Cadmium and Arsenium in the Environment. Band 31. New York: Wiley & Sons, 217–233.

Wood, J.M. (1974): Biological Cycles for Toxic Elements in the Environment. Science 183, 1049–1052.

World Bank, UNDP – United Nations Development Programme und UNEP – United Nations Environment Programme (1992a): A Selection of Projects from the First Three Tranches. Work Papers No. II. Washington, DC.

World Bank, UNDP – United Nations Development Programme und UNEP – United Nations Environment Programme (1992b): Global Environment Facility. The Pilot Phase And Beyond. Working Paper Series No. I. Washington, DC.

World Bank, UNDP – United Nations Development Programme und UNEP – United Nations Environment Programme (o. J.): Global Environmental Facility. Partners in Global Solutions. Washington, DC.

Worster, D. (1987): „Dust Bowl". Dürre und Winderosion im amerikanischen Südwesten. In: Sieferle, R.P. (Hrsg.): Fortschritte der Naturzerstörung. Frankfurt a.M.: Suhrkamp.

WRI – World Resources Institute (1987): Internationaler Umweltatlas – Jahrbuch der Weltressourcen. Bonn: Ecomed.

WRI – World Resources Institute (1991): Accounts Overdue: Natural Resource Depreciation in Costa Rica. Oxford, New York: Oxford University Press.

WRI – World Resources Institute (1992): World Resources 1992–93. Oxford, New York: Oxford University Press.

WRI – World Resources Institute (1994): World Resources 1994–95. People and the Environment. Oxford, New York: Oxford University Press.

WWF – World Wide Fund for Nature (1993): The World's „Most Wanted" Species. Focus 15 (3), 4–7.

WWI – World Watch Institute (1992): Zur Lage der Welt 1992. Frankfurt a.M.: S. Fischer.

WWI – World Watch Institute (1994): Zur Lage der Welt 1993. Frankfurt a.M.: S. Fischer.

Zeuchner, S. (1992): Sanierung der alten Industrieregion Leipzig-Halle-Bitterfeld. Erfahrungen aus der Ruhrgebietspolitik. Bochum: Ruhr-Forschungsinstitut für Innovations- und Strukturpolitik e.V.

Zhao, D. und Seip, H.M. (1991): Assessing Effects of Acid Deposition in South Western China. Using the MAGIC Model. Water Air and Soil Pollution 60, 83–97.

Zieschank, R. und Schott, P. (1989): Umweltinformationssysteme im Bodenschutz. In: Leipert, C. und Zieschank, R. (Hrsg.): Perspektiven der Wirtschafts- und Umweltberichterstattung. Berlin: edition sigma.

F Akronyme

BMFT	Bundesministerium für Forschung und Technologie
BML	Bundesministerium für Ernährung, Landwirtschaft und Forsten
BMU	Bundesministerium für Umwelt, Naturschutz und Reaktorsicherheit
BMZ	Bundesministerium für Wirtschaftliche Zusammenarbeit und Entwicklung
BSP	Bruttosozialprodukt
CITES	Convention on the International Trade in Endangered Species of Wild Fauna and Flora
DFG	Deutsche Forschungsgemeinschaft
ECE	Economic Commission for Europe (UN) (Regionale Wirtschaftskommission für Europa)
ECOSOC	Economic and Social Council (UN) (Wirtschafts- und Sozialausschuß)
EU	Europäische Union
FAO	Food and Agriculture Organisation (UN)
GATT	General Agreement on Tariffs and Trade (Allgemeines Zoll- und Handelsabkommen)
GEF	Global Environmental Facility (Globale Umweltfazilität)
GIS	Geographisches Informationssystem (Geographic Information System)
HDP	Human Dimensions Programme for Global Environmental Change
IGBP	International Geosphere – Biosphere Programme
IIASA	International Institute for Applied Systems Analysis
INCD	International Negotiating Committee for the Elaboration of an International Convention to Combat Desertification
LLDCs	Least less developed countries
MIBRAG	Mitteldeutsche Braunkohlen-AG
NAFTA	North American Free Trade Agreement (Nordamerikanisches Freihandelsabkommen)
NPP	Nettoprimärproduktion
NRO	Nichtregierungs-Organisation
OECD	Organization for Economic Cooperation and Development (Organisation für Wirtschaftliche Zusammenarbeit und Entwicklung)
SHIFT	Studies on Human Impact on Forests and Foodplains in the Tropics
SRU	Rat von Sachverständigen für Umweltfragen
UN	United Nations (Vereinte Nationen)
UNCED	United Nations Conference on Environment and Development (Rio Konferenz zu Umwelt und Entwicklung, 1992)
UNCOD	United Nations Conference on Desertification
UNCSD	United Nations Commission on Sustainable Development
UNDP	United Nations Development Programme
UNEP	United Nations Environment Programme
UNESCO	United Nations Educational, Scientific and Cultural Organization
UNFPA	United Nations Trust Fund for Population Activities (Bevölkerungsfonds der Vereinten Nationen)
UNPD	United Nations Population Division
WBGU	Wissenschaftlicher Beirat Globale Umweltveränderungen
WHO	World Health Organization (Weltgesundheitsorganisation)
WMO	World Meteorological Organization
WTO	World Trade Organisation (Welthandelsorganisation)

G Glossar

Agroforstwirtschaft
In ein landwirtschaftliches Betriebssystem integrierte Form des plantagenmäßigen Anbaus von Bäumen zur Erzeugung von Holz und anderen Walderzeugnissen.

Alkalisierung
Prozesse der Entstehung von Alkaliböden; diese entstehen vorwiegend in aridem und semiaridem Klima auf tonigen Substraten mit schlechter Wasserführung (mangelhafte Bewässerungssysteme) und sind durch hohe Anteile von Chloriden, Sulfaten und Karbonaten gekennzeichnet.

Allmende
Teil der Gemeindeflur, der sich (in Deutschland bis etwa Mitte des 18. Jahrhunderts) im Gemeineigentum der Dorfbewohner befand und von ihnen gemeinschaftlich genutzt wurde, gewöhnlich Weide und Wald. Hardin (1968b) benutzte die Allmende als Beispiel für das ökologisch-soziale Dilemma der möglichen Übernutzung einer begrenzten natürlichen Ressource durch Individuen, die auf die Vergrößerung ihres eigenen, unmittelbaren Gewinnes bedacht sind und langfristige Folgen für die Gemeinschaft ignorieren („*The tragedy of the commons*", Allmende-Klemme) (siehe *Kasten 23*, Kap. D 2.1.2.2.1).

Allokation
Die Lenkung knapper Güter in ihre gesamtwirtschaftlich effizienteste Verwendung.

Anomie
Geltungsverlust gesellschaftlicher Nutzungsregeln.

arides Klima
Trockenes Klima mit weniger als drei feuchten Monaten pro Jahr (→ Ariditätsindex).

Ariditätsindex
Der Ariditätsindex errechnet sich aus dem Verhältnis zwischen Niederschlägen und Feuchtigkeitsverlust des Bodens. Der Ariditätsindex unterscheidet hyperaride, aride, semiaride, subhumide und trockene Gebiete, gemäß des Umfangs ihres Feuchtigkeitsdefizits.

Atmosphäre
Von *atmos* (griechisch: Dunst, Dampf) und *sphaira* (griechisch; (Erd) Kugel). Die gasförmige Hülle eines Himmelskörpers, speziell die Lufthülle der Erde. Die Hauptbestandteile der Erdatmosphäre sind Stickstoff, Sauerstoff, Argon sowie Wasserdampf und Kohlendioxid. Nach der mittleren vertikalen Temperaturverteilung ergibt sich eine Gliederung der unteren Atmosphäre in folgende Schichten:
Troposphäre – unterster Bereich der Atmosphäre; hier finden die wesentlichen Wettervorgänge statt. Die Troposphäre reicht bis zu der in Höhe zwischen 8 und 17 km liegenden Grenzschicht, der Tropopause.
Stratosphäre – sie beginnt oberhalb der Troposphäre und erstreckt sich bis zur Stratopause in etwa 50 km Höhe. In der Stratosphäre befindet sich die Ozonschicht.

Biodiversität
→ biologische Vielfalt.

Biologische Vielfalt
Die Variabilität unter lebenden Organismen jeglicher Herkunft, darunter u.a. Land-, Meeres- und sonstige aquatische Ökosysteme und die ökologischen Komplexe, zu denen sie gehören. Dies umfaßt die Vielfalt innerhalb der Arten und zwischen den Arten sowie die Vielfalt der Ökosysteme (synonym: Biodiversität).

Biosphäre
Die Bereiche der Umwelt, die von lebenden Organismen besiedelt sind.

Biotop
Die Gesamtheit der lebenswirksamen Umweltfaktoren des Standortes einer Lebensgemeinschaft (→ Biozönose).

Biozönose
Gemeinschaft der einem → Biotop angehörenden Lebewesen.

Boden
Boden ist der Teil der oberen Erdkruste, der nach unten durch festes oder lockeres Gestein, nach oben durch eine Pflanzendecke oder den Luftraum begrenzt ist, während er zur Seite in benachbarte Böden übergeht. Er ist ein dynamisches System im Fließgleichgewicht. Auf Veränderungen der Randbedingungen reagiert dieses System in unterschiedlichen Zeitskalen von wenigen Jahren (z.B. pH-Wert) bis Jahrtausenden (Textur und Struktur). (siehe Kap. D 1.1.2).

Bodendegradation
Anthropogene Bodendegradationen sind dauerhafte oder irreversible Veränderungen der Strukturen und Funktionen von Böden, die durch physikalische und chemische oder biotische Belastungen durch den Menschen entstehen und die Belastbarkeit der jeweiligen Systeme überschreiten (siehe Kap. D 1.1.2.3).

Bodenfruchtbarkeit
Die Bodenfruchtbarkeit wird bestimmt durch die Höhe des natürlichen Nährstoffvorrats und die pflanzenverfügbare Wassermenge. Als besonders fruchtbar gelten weitgehend natürlich belassene Böden, z.B. Flußmarschen oder Moorgebiete.

Bodenfunktionen
Man unterscheidet vier wichtige Funktionen von Böden: Lebensraumfunktion, Regelungsfunktion, Nutzungsfunktion (besteht aus Produktionsfunktion, Trägerfunktion und Informationsfunktion) und Kulturfunktion von Böden (siehe Kap. D 1.1.2.1).

Bodenstruktur
Anordnung der festen Bodenbestandteile. Die Bodenstruktur bestimmt neben anderen Faktoren (Bodentextur, Bodentiefe) wesentlich die → Bodenfruchtbarkeit. Sie ist abhängig von Korngrößenverteilung, organischer Substanz, Wassergehalt und äußeren Einflüssen.

Bodentyp
Kleinste räumliche Einheit, die innerhalb vorgegebener Grenzen eine einheitliche Gestalt (Struktur) aufweist, was sich in einer vertikalen Anordnung der Bodeneigenschaft ausdrückt (Bodenhorizonte).

Bodenverdichtung
Verringerung des Gesamtvolumens des Bodens durch Verpressung oder Setzung. Die Lagerungsdichte, das Porenvolumen sowie die Porengrößenverteilung ändern sich. Dadurch sinkt die Versickerungsrate, während der Oberflächenabfluß und damit die Erosionsgefahr steigen (siehe Kap. D 1.1.2.3).

Bodenversalzung
Anreicherung von Salzen in und auf Böden, speziell in semiariden und ariden Klimazonen (→ Ariditätsindex), zumeist infolge mangelhafter künstlicher Bewässerungssysteme. Dabei werden die Grundwasserverhältnisse negativ verändert, salzhaltige Wässer kommen an die Oberfläche, werden aber nicht abgeführt, so daß bei der Verdunstung des Wassers die Salze zurückbleiben. Die Böden werden dadurch unfruchtbar.

Bodenversauerung
Abnahme des pH-Wertes von Böden aufgrund starker Belastung durch Schadstoffimmissionen aus der Luft. Eintritt, Verlauf und Ausmaß der Belastung sind von Standort-, Bestands- und Bewirtschaftungsfaktoren abhängig.

Boreale Wälder
Wälder, die den kalt-gemäßigten Klimazonen Europas, Asiens und Amerikas zugehören.

Cash crop
Anbaukulturen, die finanziellen Erlös durch Export erzielen und somit Devisen in ein Land bringen, z.B. Erdnüsse und Baumwolle, aber auch Futtermittel (siehe Kap. D 2.1.4).

CO_2-Düngeeffekt
Verstärkung des Pflanzenwachstums durch eine höhere CO_2-Konzentration in der Atmosphäre und damit bessere C-Versorgung der Pflanzen. Durch das so verstärkte Pflanzenwachstum wird zusätzlich CO_2 aus der Atmosphäre entnommen.

Critical-loads-Konzept
Konzept, demzufolge mit einer Belastung eines → Umweltkompartiments durch einen oder mehrere Schadstoffe unterhalb festgelegter Grenzwerte auf der Grundlage gegenwärtigen Wissensstandes noch keine Schädigung des Ökosystems verbunden ist. Hierbei werden Synergismen verschiedener Schadstoffe vernachlässigt (siehe *Kasten 9*, Kap. D 1.2.1).

Desertifikation
Ein nicht eindeutig definierter Begriff, unter dem im allgemeinen → Bodendegradation in ariden und semiariden Gebieten (→ Ariditätsindex) verstanden wird (siehe *Kasten 21*, Kap. D 2.1.1).

El Niño
Unregelmäßig im Abstand einiger Jahre auftretendes Phänomen, bei dem das Oberflächenwasser vor der Küste Perus und entlang des äquatorialen Pazifiks wesentlich wärmer ist als im Jahresdurchschnitt. Dieses Phänomen hat klimatische Auswirkungen weit über Peru und Südamerika hinaus.

Entwicklungsländer
Länder, deren wirtschaftlicher Wohlstand im Vergleich zu dem der Industrieländer, gemessen u.a. am Pro-Kopf-Einkommen, wesentlich geringer ist. Im Vergleich mit der sozioökonomischen Situation in den Industrieländern werden sie als „unterentwickelt" eingestuft. Derzeit zählen dazu ca. 130 Länder, vor allem auf der Südhalbkugel. Die ärmsten Länder werden von der UN zur sog. „Vierten Welt" gerechnet (auch *„Least Less Developed Countries"* − am wenigsten entwickelte Länder; 1986: 36 Staaten mit 300 Mio. Menschen, d.h. 9% der Gesamtbevölkerung der Dritten Welt). Charakteristisch für die Entwicklungsländer sind u.a. eine geringe Industrialisierungsrate, hohes Bevölkerungswachstum, Armut und Arbeitslosigkeit, große Mängel des Gesundheitswesens, hoher Anteil an Analphabeten, hohe Verschuldung.

Erosion
Abtrag der obersten lockeren Gesteinsverwitterungsschicht (→ Boden), der von Wasser- und Windkräften bewirkt und vom Menschen durch unbedachte Landnutzung gefördert wird (siehe Kap. D 1.1.2.3).

Eutrophierung
Veränderung des ökosystemaren Gefüges in Gewässern infolge übermäßiger Zufuhr von Nährstoffen (vor allem Phosphat und Nitrat). Kennzeichnend sind erhöhte Produktion von Algen und Überforderung des Ökosystems beim Abbau der Algenblüten.

Evapotranspiration
Verdunstung von Wasser durch Lebewesen (Transpiration) und von unbelebten Oberflächen (Evaporation).

Externe Kosten
Kosten, die der Gesellschaft entstehen, ohne daß sie in der Wirtschaftsrechnung der privaten und öffentlichen Haushalte als Kosten auftauchen.

Gemeinlastprinzip
Nach diesem Prinzip wird die öffentliche Hand anstelle der Verursacher mit öffentlichen Mitteln tätig, um Umweltbeeinträchtigungen direkt oder indirekt zu vermindern (→ Verursacherprinzip).

Gunstböden
Böden, die günstige Bedingungen für landwirtschaftliche Produktion bieten.

Human Development Index (HDI)
Der HDI soll den Prozeß der Entwicklung von Mensch und Gesellschaft quantifizieren. Hierzu werden im UNDP-Report Indikatoren zur Kaufkraft, Erziehung/Bildung und Gesundheit zum HDI kombiniert.

Humus
Die abgestorbene pflanzliche und tierische Substanz sowie ihre Umwandlungsprodukte auf und im Boden mit Ausnahme frischer, noch unzersetzter Fein- und Grobstreu der Blätter, Zweige, Stämme und Wurzeln. Humusbildung verläuft über komplexe Prozesse wie u.a. Mineralisierung, Huminsäurebildung.

Hydrosphäre
Alle Bestandteile des hydrologischen Kreislaufs: Meere, Oberflächengewässer, Bodenwasser, Grundwasser und Wasser in der Atmosphäre.

Internalisierung externer Kosten
Einbeziehen der → externen Kosten in die Preise. Damit ist gewährleistet, daß das Wirtschaftssubjekt, welches externe Effekte (externe Kosten) verursacht, die Konsequenzen seines Handelns trägt (→ Verursacherprinzip).

Joint implementation
Instrument der Klimarahmenkonvention, mit dem ein Signatarstaat sein Emissionsziel nicht nur durch Emissionsreduktion im eigenen Land, sondern auch durch Finanzierung von Vermeidungsaktivitäten in anderen Ländern erfüllen kann (siehe Kap. C 1.4.1).

Kontamination
Belastung oder Verseuchung von → Umweltmedien mit schädlichen Stoffen wie z.B. Schwermetallen, Kohlenwasserstoffen, radioaktiven Substanzen, Keimen etc. Kontaminationen in Böden können durch die Mikroflora nicht oder nur sehr langsam abgebaut werden, so daß es zu Ablagerungen, Anreicherungen oder Auswaschungen kommen kann (siehe Kap. D 1.1.2.3).

Lithosphäre
Äußere Gesteinshülle des Erdkörpers.

Montrealer Protokoll
Ausführungsbestimmungen (1987) zum Wiener Übereinkommen zum Schutz der Ozonschicht (1985), seit 1.1.1989 in Kraft. Im Protokoll werden Produktion und Verbrauch der wichtigsten vollhalogenierten FCKW und bestimmter Halone geregelt. In den Vertragsstaatenkonferenzen zum Montrealer Protokoll 1990 in London und 1992 in Kopenhagen wurden Verschärfungen der Protokollregelung beschlossen.

Nachhaltigkeit
Aus der Forstwirtschaft stammender Begriff, der ein Kriterium für eine am Erhalt des Bestandes orientierte Bewirtschaftung des Waldes beschreibt. Im weiteren Sinn als Kriterium für → *Sustainable development* verwendet.

Nettoprimärproduktion (NPP)
Nettofluß von Kohlenstoff aus der Atmosphäre in die grünen Pflanzen. Die Nettoprimärproduktion ergibt sich aus dem Bruttofluß von Kohlenstoff in die Pflanzen, der durch die Photosynthese in den Pflanzen fixiert wird, und den CO_2-Verlusten der Pflanzen durch Atmung. Es kommt in einer Vegetationseinheit zu einem Nettozuwachs von Biomasse.

Nicht-Regierungsorganisationen (NRO)
Sammelbegriff für nicht-staatliche Organisationen, der zumeist in bezug auf Gruppierungen der neuen sozialen Bewegungen (Ökologiebewegung, Friedensbewegung u.a.) verwendet wird.

NIMBY-Phänomen
Das Sankt-Florians-Prinzip („Heiliger Sankt Florian, verschon' unser Haus, zünd' andere an!") – in der sozialwissenschaftlichen Literatur bekannt als NIMBY-Phänomen (*not in my backyard*) – bezeichnet die häufig mangelnde Standort-Akzeptanz vor allem von technischen Anlagen mit Risikopotential (z.B. Kernkraftwerke, Chemieanlagen, Mülldeponien) durch die jeweilige lokale Bevölkerung, wobei die Notwendigkeit einer entsprechenden Anlage zum Teil durchaus bejaht wird.

Ökosystem
Ein Wirkungsgefüge von Lebewesen und deren abiotischer Umwelt, das zwar offen, aber bis zu einem gewissen Grad zur Selbstregulation fähig ist.

Pedosphäre
Bodenzone; Grenzbereich der Erdoberfläche, in dem sich Gestein, Wasser, Luft und Lebewesen durchdringen und in der die bodenbildenden Prozesse stattfinden.

Pestizide
Chemikalien zur Abtötung unerwünschter Organismen, z.B. Herbizide oder Arborizide zur Abtötung von Pflanzen bei der Kultur- und Bestandspflege, Insektizide zur Vernichtung von Insekten oder Fungizide gegen Pilze im Forst- und Holzschutz. In den Organismen von Nahrungsketten können sich Pestizide oder ihre Umwandlungsprodukte anreichern.

Preiselastizität
Das Verhältnis einer relativen Nachfragemengenänderung bezogen auf die sie auslösende relative Preisänderung.

Primärwald
Urwald; im strengsten Sinne ein autochtoner Waldbestand, dessen Entwicklung nicht oder nur so wenig vom Menschen beeinflußt wurde, daß sein Erscheinungsbild von der natürlichen Umwelt geformt und bestimmt wird (→ Sekundärwald).

Ressourcen
Im weiteren Sinn alle Bestände der Produktionsfaktoren Arbeit, → Boden und Kapital, die bei der Produktion von Gütern eingesetzt werden können. Im engeren Sinn werden unter Ressourcen das natürliche Kapital, Rohstoffe, Energieträger und Umweltmedien verstanden, wobei zwischen (bedingt) regenerierbaren und nichtregenerierbaren Ressourcen unterschieden werden kann.

Saurer Regen
Übersauerung des Regens und Nebels vor allem durch Schwefelsäure und Salpetersäure. Diese Säuren werden in der Atmosphäre aus den Schadstoffen Schwefeldioxid (SO_2) bzw. Stickoxid (NO_x) gebildet. Saurer Regen und saurer Nebel haben gegenüber dem natürlichen Regenwasser einen um das zehn bis hundertfache erhöhten Säuregrad. Saurer Regen kann zu Bodenversauerung führen.

Schutzgut
Schutzgüter sind Güter der Umwelt, die vor erheblichen Nachteilen, Schäden oder Gefahren zu bewahren sind. Für die Probleme der globalen Umweltveränderungen können die Schutzgüter folgenden Bereichen zugeordnet werden: → Atmosphäre, → Hydrosphäre, → Böden/Landschaft, → Biosphäre (Tiere, Pflanzen, Mikroorganismen und ihre → Biologische Vielfalt), Mensch/Gesellschaft.

Schwellenländer
→ Entwicklungsländer mit einem verhältnismäßig fortgeschrittenen Entwicklungsstand werden als Schwellenländer bezeichnet.

Sekundärwald
Natürlicher Folgebestand von Bäumen nach Beseitigung des primären Ursprungsbestandes (→ Primärwald) durch den Menschen oder Aufwuchs, der sich nach natürlichen Katastrophen (Feuer, Insekten) einstellt.

Senke
Unter einer Senke wird ein → Umweltkompartiment verstanden, in dem Stoffe angereichert werden und gegebenenfalls durch Abbauvorgänge eliminiert werden können.

Spurengase
Gase, die nur in Spuren in der Atmosphäre vorkommen, z.B. CO_2, N_2O, CH_4, FCKW. Bedeutsam wegen ihrer Wirkung als Treibhausgase oder wegen ihres Ozonzerstörungspotentials.

Subsidiaritätsprinzip
Gesellschafts- und sozialpolitisches Prinzip, nach dem übergeordnete Einheiten (z. B. Länder) nur die Aufgaben erfüllen sollen, die auf untergeordneter Ebene (z. B. Gemeinden) nicht übernommen werden können.

Subsistenzwirtschaft
Selbstversorgung mit Nahrungsmitteln, Produktion von Nahrungsmitteln nur für den Eigenbedarf. Subsistenzwirtschaft kennt kaum Geld, da Überschüsse für den Verkauf nicht produziert werden. Derzeit gibt es ca. 300 Mio. Menschen, die von der Subsistenzwirtschaft leben, der Anteil ist weiter steigend (siehe Kap. D 2.1.3).

Sustainable development
Ein nicht klar definierter Begriff, für den es verschiedene Definitionen, Übersetzungen und Interpretationen gibt. Er steht für ein umwelt- und entwicklungspolitisches Konzept, das u.a. durch den Brundtland-Bericht formuliert und auf der UN-Konferenz für Umwelt und Entwicklung 1992 in Rio de Janeiro weiterentwickelt wurde. Im Brundtland-Bericht heißt es: „*Sustainable development* ist eine Entwicklung, die den gegenwärtigen Bedarf zu decken vermag, ohne gleichzeitig späteren Generationen die Möglichkeit zur Deckung des ihren zu verbauen." (Hauff, 1987).

Terms of trade
Dieser Begriff bezeichnet das Verhältnis des Index der Ausfuhrpreise zum Index der Einfuhrpreise jeweils in der Währung des betreffenden Landes ausgedrückt. Steigen die Ausfuhrpreise bei konstanten oder sinkenden Einfuhrpreisen oder sinken die Einfuhrpreise bei konstanten Ausfuhrpreisen, verbessern sich die *terms of trade*, weil für die gleiche Exportgütermenge mehr Importgüter eingeführt werden können. Sinkende *terms of trade* sind vor allem für viele Entwicklungsländer zu beobachten, da deren Exportgüter, überwiegend Rohstoffe, auf dem Weltmarkt vergleichsweise immer geringere Preise erzielen, die Preise für deren Importgüter (Maschinen, andere Fertigprodukte) jedoch steigen.

Tertiärisierung
Insbesondere in den Industrieländern der westlichen Welt steigt der Anteil des Dienstleistungssektors (tertiärer Sektor) am Bruttoinlandsprodukt im Vergleich zu primärem (Landwirtschaft) und sekundärem (Industrie) Sektor („Wandel hin zur Dienstleistungsgesellschaft").

Transaktionskosten
Kosten, die bei wirtschaftlichen Aktionen anfallen (z. B. bei Tauschvorgängen am Markt), darunter fallen u.a. Informationsbeschaffungs- und Verhandlungskosten sowie Kosten der Risikoabsicherung (siehe *Kasten 15*, Kap. D 1.3.1.5.1).

Treibhauseffekt
Der Treibhauseffekt wird von Gasen in der Atmosphäre hervorgerufen, die die kurzwellige Sonnenstrahlung nahezu ungehindert zur Erdoberfläche passieren lassen, die langwellige Wärmestrahlung der Erdoberfläche und der Atmosphäre hingegen stark absorbieren. Aufgrund der wärmeisolierenden Wirkung dieser Spurengase ist die Temperatur in Bodennähe um etwa 30 °C höher als die Strahlungstemperatur des Systems Erde/Atmosphäre ohne diese Gase *(natürlicher Treibhauseffekt)*. Wegen des menschlich verursachten Anstiegs der → Spurengase wird mit einer Verstärkung des Treibhauseffektes *(zusätzlicher Treibhauseffekt)* und einer Temperaturerhöhung gerechnet.

Überdüngung
Überdüngung tritt ein, wenn auf Böden direkt oder indirekt mineralische oder organische Stoffe über den (physiologischen) Bedarf des entsprechenden Ökosystems hinausgehen. Entweder kann es zu einer Anreicherung im System kommen oder die im Überfluß vorhandenen Stoffe werden an Nachbarsysteme gasförmig oder mit dem Sickerwasser abgegeben und können dort zu Belastungen führen. Eine Überdüngung ist nicht nur unökonomisch, sondern kann auch negative Auswirkungen auf die Vegetation, den Boden und vor allem auf das Wasser haben.

Ultraviolettstrahlung (UV-Strahlung)
Elektromagnetische Strahlung mit kürzeren Wellenlängen (unter 400 nm) als sichtbares Licht. Die UV-Strah-

lung unterteilt sich in drei Bereiche: UV-A (320 – 400 nm), UV-B (280 – 320 nm) und UV-C (40 – 290 nm). Überhöhte UV-Strahlung führt zu Schädigung von Lebewesen.

Umweltkompartiment
Abgrenzbarer Ausschnitt aus der Umwelt, wie z.B. → Boden, Wasser, Luft.

Umweltmedien
Umweltmedien oder → Umweltkompartimente bezeichnen → Hydro-, → Pedo-, → Atmo- und → Biosphäre als homogene Räume in ihrem Vermögen, Stoffe aufzunehmen, zu verteilen, gegebenenfalls um- oder abzubauen oder anzureichern und sie an ein anderes Medium abzugeben.

Verursacherprinzip
Das Verursacherprinzip strebt an, die Kosten zur Vermeidung, zur Beseitigung oder zum Ausgleich von Umweltbelastungen dem „Verursacher" zuzurechnen. Auf diese Weise soll eine volkswirtschaftlich sinnvolle und schonende Nutzung der Naturgüter erreicht werden. Alle umweltpolitischen Maßnahmen (Instrumente), die sich an diesem Prinzip orientieren, haben die Aufgabe, Umweltschäden als → „externe Kosten" bzw. „soziale Zusatzkosten" von Produktion und Konsum in möglichst großem Maße in die Wirtschaftsrechnung der Umweltbeeinträchtiger einzubeziehen, d. h. diese Kosten zu → „internalisieren".

Vorsorgeprinzip
Das Vorsorgeprinzip besagt, daß umweltpolitische und sonstige staatliche Maßnahmen so getroffen werden sollen, daß von vornherein möglichst sämtliche Umweltgefahren vermieden und damit die (für die Existenz der Menschen vorsorgend) Naturgrundlagen geschützt und schonend in Anspruch genommen werden.

H   Der Wissenschaftliche Beirat

Prof. Dr. Hartmut Graßl, Hamburg (Vorsitzender)
Prof. Dr. Horst Zimmermann, Marburg (Stellvertretender Vorsitzender)

Prof. Dr. Friedrich O. Beese, Göttingen
Prof. Dr. Gotthilf Hempel, Bremen
Prof. Dr. Lenelis Kruse-Graumann, Hagen
Prof. Dr. Paul Klemmer, Essen
Prof. Dr. Karin Labitzke, Berlin

Prof. Dr. Heidrun Mühle, Leipzig
Prof. Dr. Hans-Joachim Schellnhuber, Potsdam
Prof. Dr. Udo Ernst Simonis, Berlin
Prof. Dr. Hans-Willi Thoenes, Wuppertal
Prof. Dr. Paul Velsinger, Dortmund

Assistentinnen und Assistenten der Beiratsmitglieder

Dr. Arthur Block, Potsdam
Dipl.-Ing. Sebastian Büttner, Berlin
Dr. Svenne Eichler, Leipzig
Dipl.-Volksw. Oliver Fromm, Marburg
Dipl. Psych. Gerhard Hartmuth, Hagen
Dipl.-Met. Birgit Köbbert, Berlin
Dr. Gerhard Lammel, Hamburg

Dipl.-Volksw. Wiebke Lass, Marburg
Dipl.-Ing. Roger Lienenkamp, Dortmund
Dr. Heike Schmidt, Bremen
Dr. Ralf Schramedei, Essen
Dipl.-Ök. Rüdiger Wink, Bochum
Dr. Ingo Wöhler, Göttingen

Geschäftsstelle des Wissenschaftlichen Beirats, Bremerhaven*

Prof. Dr. Meinhard Schulz-Baldes (Geschäftsführer)
Dr. Marina Müller (Stellvertretende Geschäftsführerin)

Dipl. Geoök. Holger Hoff
Vesna Karic
Ursula Liebert

Dr. Carsten Loose
Dipl.-Volksw. Barbara Schäfer
Martina Schneider-Kremer, M.A.

---

* Geschäftsstelle WBGU am Alfred-Wegener-Institut für Polar- und Meeresforschung, Postfach 12 01 61, 27515 Bremerhaven

I Der Errichtungserlaß des Beirats

Gemeinsamer Erlaß zur Errichtung des Wissenschaftlichen Beirats Globale Umweltveränderungen

§ 1

Zur periodischen Begutachtung der globalen Umweltveränderungen und ihrer Folgen und zur Erleichterung der Urteilsbildung bei allen umweltpolitisch verantwortlichen Instanzen sowie in der Öffentlichkeit wird ein wissenschaftlicher Beirat „Globale Umweltveränderungen" bei der Bundesregierung gebildet.

§ 2

(1) Der Beirat legt der Bundesregierung jährlich zum 1. Juni ein Gutachten vor, in dem zur Lage der globalen Umweltveränderungen und ihrer Folgen eine aktualisierte Situationsbeschreibung gegeben, Art und Umfang möglicher Veränderungen dargestellt und eine Analyse der neuesten Forschungsergebnisse vorgenommen werden. Darüberhinaus sollen Hinweise zur Vermeidung von Fehlentwicklungen und deren Beseitigung gegeben werden. Das Gutachten wird vom Beirat veröffentlicht.

(2) Der Beirat gibt während der Abfassung seiner Gutachten der Bundesregierung Gelegenheit, zu wesentlichen sich aus diesem Auftrag ergebenden Fragen Stellung zu nehmen.

(3) Die Bundesregierung kann den Beirat mit der Erstattung von Sondergutachten und Stellungnahmen beauftragen.

§ 3

(1) Der Beirat besteht aus bis zu zwölf Mitgliedern, die über besondere Kenntnisse und Erfahrung im Hinblick auf die Aufgaben des Beirats verfügen müssen.

(2) Die Mitglieder des Beirats werden gemeinsam von den federführenden Bundesminister für Forschung und Technologie und Bundesminister für Umwelt, Naturschutz und Reaktorsicherheit im Einvernehmen mit den beteiligten Ressorts für die Dauer von vier Jahren berufen. Wiederberufung ist möglich.

(3) Die Mitglieder können jederzeit schriftlich ihr Ausscheiden aus dem Beirat erklären.

(4) Scheidet ein Mitglied vorzeitig aus, so wird ein neues Mitglied für die Dauer der Amtszeit des ausgeschiedenen Mitglieds berufen.

§ 4

(1) Der Beirat ist nur an den durch diesen Erlaß begründeten Auftrag gebunden und in seiner Tätigkeit unabhängig.

(2) Die Mitglieder des Beirats dürfen weder der Regierung noch einer gesetzgebenden Körperschaft des Bundes oder eines Landes noch dem öffentlichen Dienst des Bundes, eines Landes oder einer sonstigen juristischen Person des Öffentlichen Rechts, es sei denn als Hochschullehrer oder als Mitarbeiter eines wissenschaftlichen Instituts, angehören. Sie dürfen ferner nicht Repräsentant eines Wirtschaftsverbandes oder einer Organisation der Arbeitgeber oder Arbeitnehmer sein, oder zu diesen in einem ständigen Dienst- oder Geschäft-besorgungsverhältnis stehen. Sie dürfen auch nicht während des letzten Jahres vor der Berufung zum Mitglied des Beirats eine derartige Stellung innegehabt haben.

§ 5

(1) Der Beirat wählt in geheimer Wahl aus seiner Mitte einen Vorsitzenden und einen stellvertretenden Vorsitzenden für die Dauer von vier Jahren. Wiederwahl ist möglich.

(2) Der Beirat gibt sich eine Geschäftsordnung. Sie bedarf der Genehmigung der beiden federführenden Bundesministerien.

(3) Vertritt eine Minderheit bei der Abfassung der Gutachten zu einzelnen Fragen eine abweichende Auffassung, so hat sie die Möglichkeit, diese in den Gutachten zum Ausdruck zu bringen.

§ 6

Der Beirat wird bei der Durchführung seiner Arbeit von einer Geschäftsstelle unterstützt, die zunächst bei dem Alfred-Wegener-Institut (AWI) in Bremerhaven angesiedelt wird.

§ 7

Die Mitglieder des Beirats und die Angehörigen der Geschäftsstelle sind zur Verschwiegenheit über die Beratung und die vom Beirat als vertraulich bezeichneten Beratungsunterlagen verpflichtet. Die Pflicht zur Verschwiegenheit bezieht sich auch auf Informationen, die dem Beirat gegeben und als vertraulich bezeichnet werden.

§ 8

(1) Die Mitglieder des Beirats erhalten eine pauschale Entschädigung sowie Ersatz ihrer Reisekosten. Die Höhe der Entschädigung wird von den beiden federführenden Bundesministerien im Einvernehmen mit dem Bundesminister der Finanzen festgesetzt.

(2) Die Kosten des Beirats und seiner Geschäftsstelle tragen die beiden federführenden Bundesministerien anteilig je zur Hälfte.

Dr. Heinz Riesenhuber
Bundesminister für Forschung
und Technologie

Prof. Dr. Klaus Töpfer
Bundesminister für Umwelt,
Naturschutz und Reaktorsicherheit

– Anlage zum Mandat des Beirats –

Erläuterung zur Aufgabenstellung des Wissenschaftlichen Beirats gemäß § 2, Abs. 1

Zu den Aufgaben des Beirats gehören:

1. Zusammenfassende, kontinuierliche Berichterstattung von aktuellen und akuten Problemen im Bereich der globalen Umweltveränderungen und ihrer Folgen, z.B. auf den Gebieten Klimaveränderungen, Ozonabbau, Tropenwälder und sensible terrestrische Ökosysteme, aquatische Ökosysteme und Kryosphäre, Artenvielfalt, sozioökonomische Folgen globaler Umweltveränderungen;

   In die Betrachtung sind die natürlichen und die anthropogenen Ursachen (Industrialisierung, Landwirtschaft, Übervölkerung, Verstädterung, etc.) einzubeziehen, wobei insbesondere die Rückkopplungseffekte zu berücksichtigen sind (zur Vermeidung von unerwünschten Reaktionen auf durchgeführte Maßnahmen).

2. Beobachtung und Bewertung der nationalen und internationalen Forschungsaktivitäten auf dem Gebiet der globalen Umweltveränderungen (insbesondere Meßprogramme, Datennutzung und -management, etc.).

3. Aufzeigen von Forschungsdefiziten und Koordinierungsbedarf.

4. Hinweise zur Vermeidung von Fehlentwicklungen und deren Beseitigung.

Bei der Berichterstattung des Beirats sind auch ethische Aspekte der globalen Umweltveränderungen zu berücksichtigen.

Berichte und Studien der Enquete-Kommission „Schutz der Erdatmosphäre"

Mobilität und Klima

Wege zu einer klimaverträglichen Verkehrspolitik

Zweiter Bericht der Enquete-Kommission (Hrsg.). 1994, 405 S., br., DM/SFr 69,00 / ÖS 538, ISBN 3-87081-323-7

Schutz der Grünen Erde

Klimaschutz durch umweltgerechte Landwirtschaft und Erhalt der Wälder

Dritter Bericht der Enquete-Kommission (Hrsg.). 1994, 724 S., br., DM/SFr 94,00 / ÖS 733, ISBN 3-87081-284-2

Endbericht

Vorschläge für eine klimaverträgliche Energienutzung

Abschlußbericht der Enquete-Kommission (Hrsg.). 1994, ca. 1.000 Seiten, broschiert, ca. DM/SFr 98,00 / ÖS 765, ISBN 3-87081-464-0

Studienprogramm

Gesamtwerk

Studienprogramm der Enquete-Kommission "Schutz der Erdatmosphäre" (Hrsg.) in 4 Bänden. 1994, ca. 5.400 S., zahlreiche Tabellen und Graphiken, broschiert, DIN A4, Band 1-4 ca. DM/SFr 798,00 / ÖS 6.225, ISBN 3-87081-454-3

Band 1: Landwirtschaft
1.347 Seiten in 2 Teilbänden, DM/SFr 208,00, ÖS 1.623, ISBN 3-87081-394-6

Band 2: Wälder
667 Seiten, DM/SFr 98,00 / ÖS 765, ISBN 3-87081-404-7

Band 3: Energie
ca. 1.800 S. in 2 Teilbänden, ca. DM/SFr 278,00, ÖS 2.169, ISBN 3-87081-414-4

Band 4: Verkehr
1.534 Seiten in 2 Teilbänden, DM/SFr 238,00, ÖS 1.857, ISBN 3-87081-014-9

Fordern Sie bitte unser kostenloses Fachbuchverzeichnis
UMWELT - BERICHTE-STUDIEN-GUTACHTEN an!

Economica Verlag

Fontanestraße 12 · 53173 Bonn · Tel. 0228/9 57 13-0 · Fax 9 57 13 22

Berichte und Studien der Enquete-Kommission „Schutz des Menschen und der Umwelt"

Verantwortung für die Zukunft

Wege zum nachhaltigen Umgang mit Stoff- und Materialströmen

Zwischenbericht der Enquete-Kommission (Hrsg.). 1993, 348 S., br., DM/SFr 52,00 / ÖS 406, ISBN 3-87081-503-5

Mit der Enquete-Kommission "Schutz des Menschen und der Umwelt" wurde erstmals ein parlamentarisches Gremium beauftragt, Perspektiven für eine dauerhafte Industriegesellschaft aus einer ganzheitlichen und systematischen Betrachtung ihrer gefährdeten Grundlagen zu entwickeln.

Die Industriegesellschaft gestalten

Perspektiven für einen nachhaltigen Umgang mit Stoff- und Materialströmen

Abschlußbericht der Enquete-Kommission (Hrsg.). 1994, 768 S., br., DM/SFr 88,00 / ÖS 687, ISBN 3-87081-364-4

Umweltverträgliches Stoffstrommanagement NEU

Konzepte - Instrumente - Bewertung - Anwendungsbereiche

Studienprogramm der Enquete-Kommission (Hrsg.) in 5 Bänden. 1994, ca. 3.720 Seiten, zahlr. Tabellen und Graphiken, brosch., DIN A4, Band 1-5 DM/SFr 518,00 / ÖS 4.041, ISBN 3-87081-544-2

Band 1: Konzepte
432 Seiten, DM/SFr 64,80 / ÖS 506, ISBN 3-87081-494-2

Band 2: Instrumente
1.200 Seiten, DM/SFr 178,00 / ÖS 1.389, ISBN 3-87081-504-3

Band 3: Bewertung
632 Seiten, DM/SFr 94,80 / ÖS 740, ISBN 3-87081-514-0

Band 4: Anwendungsbereich Textilien
464 Seiten, DM/SFr 69,80 / ÖS 545, ISBN 3-87081-524-8

Band 5: Anwendungsbereiche Mobilität und Sekundärrohstoffe
992 Seiten, DM/SFr 148,80 / ÖS 1.161, ISBN 3-87081-534-5

Fordern Sie bitte unser kostenloses Fachbuchverzeichnis
UMWELT - BERICHTE-STUDIEN-GUTACHTEN an!

Economica Verlag

Fontanestraße 12 · 53173 Bonn · Tel. 0228/9 57 13-0 · Fax 9 57 13 22